"十三五"全国统计规划教材

（第三版）

试验设计

茆诗松　周纪芗　周迎春　王亚平　主编

中国统计出版社
China Statistics Press

图书在版编目(CIP)数据

试验设计 / 茆诗松等主编. —— 3版. —— 北京：中国统计出版社，2020.12

ISBN 978-7-5037-9409-4

Ⅰ. ①试… Ⅱ. ①茆… Ⅲ. ①试验设计-高等学校-教材 Ⅳ. ①O212.6

中国版本图书馆CIP数据核字(2020)第252071号

试验设计(第三版)

作　　者/茆诗松　周纪芗　周迎春　王亚平
责任编辑/徐颖　钟钰
封面设计/张　冰
出版发行/中国统计出版社
通信地址/北京市西城区月坛南街57号　邮政编码/100826
办公地址/北京市丰台区西三环南路甲6号　邮政编号/100073
电　　话/邮购(010)63376909　书店(010)68783171
网　　址/http://www.zgtjcbs.com
印　　刷/河北鑫兆源印刷有限公司
经　　销/新华书店
开　　本/787×1092mm　1/16
字　　数/645千字
印　　张/27.75
版　　别/2020年12月第3版
版　　次/2020年12月第1次印刷
定　　价/79.00元

国家统计局
全国统计教材编审委员会第七届委员会

出版说明

全国统计教材编审委员会成立于1988年，是国家统计局领导下的全国统计教材建设工作的最高指导机构和咨询机构。自编审委员会成立以来，分别制定并实施了“七五”至“十三五”全国统计教材建设规划，共组织编写和出版了“七五”至“十二五”六轮“全国统计教材编审委员会规划教材”，这些规划教材被全国各院校师生广泛使用，对中国的统计和教育事业作出了积极贡献。自本轮规划教材起，“全国统计教材编审委员会规划教材”更名为“全国统计规划教材”，将以全新的面貌和更积极的精神，继续服务全国院校师生。

《国家教育事业发展“十三五”规划》指出，要实行产学研用协同育人，探索通识教育和专业教育相结合的人才培养方式，推动高校针对不同层次、不同类型人才培养的特点，改进专业培养方案，构建科学的课程体系和学习支持体系。强化课程研发、教材编写、教学成果推广，及时将最新科研成果、企业先进技术等转化为教学内容。加快培养能够解决一线实际问题、宽口径的高层次复合型人才。提高应用型、技术技能型和复合型人才培养比重。

《“十三五”时期统计改革发展规划纲要》指出，“十三五”时期，统计改革发展的总体目标是：形成依靠创新驱动、坚持依法治统、更加公开透明的统计工作格局，逐步实现统计调查的科学规范，统计管理的严谨高效，统计服务的普惠优质，统计运作效率、数据质量和服务水平明显提升，建立适应全面建成小康社会要求的现代统计调查体系，保障统计数据真实准确完整及时，为实现统计现代化打下坚实基础。

围绕新时代中国特色社会主义教育事业和统计事业新特点，全国统计教材编审委员会将组织编写和出版适应新时代特色、高质量、高水平的优秀统计规划教材，以培养出应用型、复合型、高素质、创新型的统计人才。

2015年9月，经李克强总理签批，国务院印发了《促进大数据发展行动纲要》系统部署大数据发展工作，我国各项工作进入大数据时代，拉开了统计教育和统计教材建设的大数据新时代。因此，在完成以往传统统计专业规划教材的编写和出版外，本轮规划教材要把编写大数据内容统计规划教材作为重点工作，以培养新一代适应大数据时代需要的统计人才。

为了适应新时代对统计人才的需要，组织编写出版高质量、高水平教材，本轮规划教材在组织编写和出版中，将坚持以下原则：

1. 坚持质量第一的原则。本轮规划教材将从内容编写、装帧设计、排版印刷等各环节把好质量关，组织编写和出版高质量的统计规划教材。

2. 坚持高水平原则。本轮规划教材将在作者选定、选题编写内容确定、编辑加工等环节上严格把关，确保规划教材在专业内容和写作水平等各方面，保证高水平高标准，坚决杜绝在低水平上重复编写。

3. 坚持创新的原则。无论是对以往规划教材进行修订改版，还是组织编写新编教材，本轮规划教材将把统计工作、统计科研、统计教学以及教学方法、方式的新内容融合在教材中，从规划教材的内容和传播方式上，实行创新。

4. 坚持多层次、多样性规划的原则。本轮规划教材将组织编写出版专科类、本科类、研究生和职业教育类等不同层次的统计教材，并可以考虑根据需要组织编写社会培训类教材；对于同一门课程，鼓励教师编写若干不同风格和适应不同专业培养对象的教材。

5. 坚持教材编写与教材研讨并重的原则。本轮规划教材将注重帮助院校师生学习和使用这些教材，使他们对教材中一些重要概念进一步理解，使教材内容的安排与学生的认知规律相符，发挥教材对统计教学的指导作用，进一步加强统计教材研讨工作，对教材进行分课程的研讨，以促进统计教材的向前发展。

6. 坚持创品牌、出精品、育经典的原则。本轮规划教材将继续修订改版已经出版的优秀规划教材，使它们成为精品，乃至经典，与此同时，将有意识地培养优秀的新作者和新内容规划教材，为以后培养新的精品教材打下基础，把“全国统计规划教材”打造成国内具有巨大影响力的统计教材品牌。

7. 坚持向国际优秀统计教材学习和看齐的原则。不论是修订改版教材还是新编教材，本轮规划教材将坚持与国际接轨，积极吸收国内外统计科学的新成果和统计教学改革的新成就，把这些优秀内容融进去。

8. 坚持积极利用新的教学方式和教学科技成果的原则。本轮规划教材将积极利用数据和互联网发展成果，适应院校教学方式、教学方法以及教材编写方式的重大变化，立体发展纸介质和利用数据、互联网传播方式的统计规划教材内容，适应新时代发展需要。

总之，全国统计教材编审委员会将不忘初心，牢记使命，积极组织各院校统计专家学者参与编写和评审本轮规划教材，虚心听取读者的积极建议，努力组织编写出版好本轮规划教材，使本轮规划教材能够在以往的基础上，百尺竿头，更进一步，为我国的统计和教育事业作出更大贡献。

国家统计局

全国统计教材编审委员会

第三版前言

试验设计是统计学中应用最广的分支之一，在工业、农业等领域产生了巨大的经济效益。尽管试验设计历史悠久，但随着科技、特别是计算机技术的飞速发展，其理论和方法仍然与日俱新。本书自第一、第二版发行以来受到很多关注，许多学校用作试验设计课程教材，也有不少实际工作者作为参考书。为了使本书的内容更加全面和与时俱进，我们乘此次再版机会对书中内容作了更新，并对第二版中的部分内容进行了重新编排，对打印错误也进行了仔细校正。

现代计算机技术使得诸多成本较高的传统试验可以由计算机仿真试验替代。与传统试验的重复、随机化、分区组技术不同，计算机试验需要新的理论与方法来构造设计。计算机仿真试验设计也成为当代试验设计的一个热门研究课题。本书新增了计算机试验设计一章，专门介绍了计算机试验的背景、诸多空间填充设计和基本建模方法，其中部分内容包含了该方向的一些最新研究成果。

对区组设计一章，我们补充了拉丁方设计和希腊拉丁方设计的内容，这两种设计在实际中对具有两个或三个区组干扰因素的试验给出了方案。

最优设计能够在统计模型已知时给出对参数估计最佳的设计方案，也能评价本书中其他诸多设计的优劣。我们在第 8 章补充了最优设计理论的基本框架、常用最优准则和等价性定理的介绍，以及本书中其他一些设计的联系。

另外，我们将第二版中的一些内容做了重新编排和修订，以期本书的结构更加合理。由于全因子设计是一种特殊的正交设计，其分析方法和正交设计类似，我们将全因子试验的数据分析内容放到了正交设计一章。我们将第二版的第 5 章删去了，不过对其中的饱和设计和超饱和设计的内容做了重新编排，放到了第 8 章（在此向陈颖老师表示感谢）。对第 8 章均匀设计部分，我们做了些更新，在第 7 章也专门介绍了均匀设计在计算机试验中的应用。

另外，统计软件给模型拟合、方差分析、模型检验中的诸多计算和作图带来了巨大便利。我们将第二版中的方差分析表中加上了检验的 P 值，将人工正态概率纸作图方法换成了统计软件中较为流行的正态 Q-Q

图方法，对一些图作了重新绘制，并增加了一些基于残差的模型诊断内容。

我们在此次再版过程中得到了许多同行的关注和支持，也参考了许多国内外最新教材和研究成果，在此我们十分感谢。最后还是希望广大读者对本书提出批评和指正，以便不断修改、充实和提高。

编者

2020 年 9 月

第二版前言

本书首版发行以来各方反应尚可。有的作教材用，有的作现场使用参考。本书初始目的也在这两方面。大家对常用试验设计方法能在本书内找到而感到满意。

这次乘再版机会我们对书中一些不当之处都作了校正，对部分叙述作了改进，使表述更清楚易懂。此外对区组和区组设计作了部改等。

大家对区组作为试验设计三个基本原则之一已有了共识，另二个原则是重复与随机化。可在国内资料所见实际使用并不多。在实践中尽量使用区组概念就是承认环境对试验结果有干扰，此种干扰有大有小，当大到不可忽略地步时，正确使用区组可使试验结果的统计结论更为可信。

“区组是不是因子?”在国内外都有一些争论。最近几年我们通过实践对此也有一些感受，认为区组不是可挖因子，但在一定场合下可看作噪声因子。这看法在本书中也作了叙述，引起讨论。

最后还是希望广大读者对本书提出批评和指正，以便不断修改，充实和提高。

编者

2012 年 1 月

第一版前言

本书是按照全国统计教材编审委员会审定的《试验设计》编写大纲编写的、供高等院校统计专业学生使用的教科书，也可供相关专业学生和实际工作者使用。

试验设计是使用频率最高的统计方法之一。著名统计学家 G. E. P. Box 说过，假如有 10% 的工程师使用各种试验设计方法，产品的质量与数量都会得到很大提高。质量工程学创始人田口玄一（G. Taguchi）博士说过，不懂试验设计的工程师只能算半个工程师。可见普及试验设计方法对我国现代化建设是一件重要的战略措施。这个任务无疑落在统计专业的学生和教师身上。只有经过系统而严格的试验设计课程的学习才能担负起这个任务，也为今后研究试验设计打下基础。本书就是为此目的而编写的。

试验设计是英国统计学家 R. A. Fisher 创立的，至今已有近 80 年的历史，产生了许多试验设计的方法，其中有些方法已被近 30 年创立的新方法所替代。我们选了其中最为实用且各具一格的方法作为本书内容。包括区组设计、正交设计、饱和设计与超饱和设计、参数设计、回归设计、均匀设计、混料设计等。这些方法有共同点，也有不同点。只有懂得多种试验设计方法，在比较中才能选出最适合你的课题所应使用的方法。我们用通俗语言、生动例子详尽地叙述这些方法（当然用墨不等），就是想使学生能达到一个理想的境界，即能较为透彻地理解各种方法的设计思想及其实践过程，并在将来能运用自如，除旧创新。

本书收集了我们在大学教学和为工程师培训所用的大量实例，以帮助学生更具体地认识试验设计的基本概念和基本方法。还把很多的例子改编为习题供学生练习之用，习题分节设立，针对性强，习题都附有答案并放在书末。这些习题会使学生加深对试验设计的理解以便灵活应用。当然这一切还希望学生自己动手去做，不要怕繁生畏，而要善于利用计算机作为助手完成这些作业。要知道，善于完成作业就能善于思考，这是今后从事研究工作特别需要的能力。

还有一点要讲的是，我们首次把饱和设计和超饱和设计搬上了教科书，想借这本教材在我国推广这类设计的研究和应用。产生这个想法有点偶然。当我们前两位作者正在努力编写这本教材的时候，我系在德国留学的陈颖博士回来了。初次交谈使我们感觉他在饱和设计研究上颇有心得，他在饱和设计上提出的假设检验方法特别有效，希望他能加盟我们的编写队伍。这一想法立即得到他的积极响应，并同意把他的研究成果和全部数表如实地引入教材。这不仅增加了本书的成色，也为读者贡献了一点2003年的最新成果。

本书共分八章，茆诗松编写第一、二、三、六章，周纪芗编写第四、七、八章，陈颖编写第五章，最后由茆诗松负责审阅全部书稿，并几经讨论修改，最后与读者见面了。由于我们水平有限，不当之处，敬请批评指正，以便不断修正、充实和提高。

最后要感谢张润楚教授在百忙中审阅了全部书稿，提出了许多宝贵的改进意见和建议，使本书质量大有提高。还要感谢国家统计局教育培训中心及其教育科研处诸同志的指导和关心。也要感谢中国统计出版社为此所付出的辛勤劳动，没有他们的多次叮嘱，本书不可能这么快就和读者见面。

编者

2003年12月

目 录

第 1 章　试验设计概要

§1.1　什么是试验

目的在于回答一个或几个经过精心构思的问题的实践活动称为**试验**，又称为实验。一项试验必须要有明确的目的，即要明确要回答的问题，如：

- 为提高产品产量或质量而寻找最佳的或满意的工艺参数搭配；
- 为开发新产品而寻找性能稳定和成本低廉的设计方案；
- 为控制生产过程而寻求描述过程的数学模型；
- 为了证明一个或几个特定因子对某个重要指标所发挥的作用在统计上是否具有显著性，这里的指标与因子将在下面解释。

前三个问题常出现在工农业生产中，最后一个问题常出现在科学研究中。可见试验可以广泛地应用在工农业生产和科学研究中，但它们的目的往往有很大的差别，这种差别会影响试验的设计与数据的分析。譬如，在生产中为了达到某种目的(如前三个问题之一)，常常希望用尽量少的(费用)观察值对一些因子影响生产过程的程度获得最大的客观的(无偏见的)信息，区别出哪些因子对产品质量有重要影响，再利用这些信息，工程师们不断地调节生产过程，使生产过程不断得到改进，直到获得最佳质量为止。而在科学研究中是为证明某个命题在统计学意义上是否成立，它在费用和时间上较少考虑，而集中于探索事物的本质，如在科学研究中方差分析常用来揭示因子间实际存在的交互作用，甚至高阶交互作用，而在生产中常对此不甚感兴趣，认为这样做有时反而把认识过程中的重要因子的工作搞得复杂化了。要把试验设计从科学家手中转化为工程师手中的实用工具，不仅要在观念上认识两者的差别，而且要在操作上和计算上简化试验设计方法，有时还要寻找更简化的计算方法。在这方面，正交试验法可以称为楷模，在那里有时可以不用方差分析法，而改用极差分析法或贡献率法。

§1.2　几个名词的解释

1.2.1　指标

用于衡量试验结果好坏的特性值称为指标。在回归设计中指标又称为**响应变量。**

常见的指标有两类：定量指标与定性指标。用测量结果表示的指标称为**定量指标**，如电阻器的电阻、橡胶件的强度、粮食的产量等。用等级评分等表示的指标称为**定性指标**，如药物的疗效、物质的光谱度、布料的柔软度等。对定量指标要用具有一定准确度和精密度的测量仪器测得，对定性指标要组织专家评判组进行等级评分。由于测量数据含有的信息丰富,故在试验中要尽量选用定量指标,在不得已场合下才选用定性指标。

在一个试验问题中仅考察一个指标称为**单指标试验问题**,若考察两个或更多个指标称为**多指标试验问题**。目前给出的试验设计方案都是对单指标试验问题而言的,但它也可以用于多指标试验问题,然后在各指标间寻求平衡或折中,或用综合指标把多指标问题化为单指标问题。这些方法将结合具体例子加以说明。

1.2.2 因子与水平

影响试验结果的因素称为因子,因子所处的状态称为水平。

因子常可分为两类:可控因子与不可控因子。可用某种控制方式将其状态(即水平)作审慎改变的因子称为**可控因子**,有时简称因子,常用大写字母 A、B、C 等表示,如反应时间、反应温度、原料产地、机器编号等。在实际操作中不能控制、或难以控制、或要花费昂贵才能控制、或试验人员尚未意识到对试验结果会有影响的因子统称为**不可控因子**,又称**噪声因子**或**误差因子**,如环境温度与湿度、机器的老化、电源电压的波动等。

试验中的噪声因子会对试验结果起干扰作用,要消除这种干扰有时是不可能的,只能尽量限制它,使其干扰作用尽量减少。所以试验是在尽量限制噪声因子的条件下考察可控因子的变化对试验结果(指标值)的影响,从中寻找可控因子水平的最佳搭配,使产品的指标值接近目标值,有时还要求指标值的波动尽量小。这一过程可用黑箱模型来描述。见图 1.2.1。

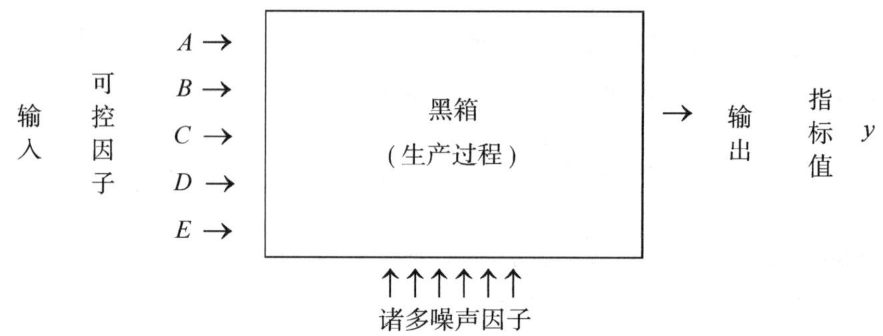

图 1.2.1 黑箱模型框图

噪声因子是引起指标值波动的"元凶",或者说是引起试验误差的源泉。要罗列一切噪声因子是困难的,但要尽力列举,以便人们研究它、限制它。田口玄一建议,可以从如下三个方面去考察噪声因子:(1)外部噪声,它是在产品之外引发的一类噪声,如生产过程中的环境温度、湿度、灰尘、磁场、电源电压等;(2)内部噪声,它是由产品内部产生的一类噪声,如储存期过长、机器老化等;(3)产品间的噪声,由产品间的差异引发的一类噪声,如一个电路设计需要 100Ω 的电阻,而从市场上买来的标称值为 100Ω 的电阻未必恰好是 100Ω,可能是 99Ω,也可能是 102Ω,它与标称值的差值对电路输出值会有影响,此种影响是不可控的。

1.2.3 试验误差

试验结果常用指标的测量值(或评分值)y 表示,**测量值 y 与指标真值 μ 之间的偏差**

$\varepsilon = y - \mu$ 称为**试验误差**，简称**误差**。由于诸多不可控因子存在，误差是不可避免的，它或大或小，或正或负，以不可预测的方式出现，使误差总呈现随机性，故 ε 是一个随机变量。根据中心极限定理，只要把每个不可控因子都限制在一定范围内，无特殊波动出现，随机误差 ε 总可认为是服从均值为 0、方差为 σ^2 的正态分布 $N(0,\sigma^2)$ 的随机变量，这也为众多实践所证实。其中**标准差 σ 是度量随机误差大小的尺度**，σ 愈小试验误差就愈小，这说明试验的组织实施很好；σ 愈大试验误差就愈大，这说明不可控因子干扰过大，要努力改进试验的实施。σ 过大会使试验误差淹没了可控因子水平变化而产生的影响，这将要导致试验失败。

1.2.4　试验设计

在明确所要考察的(可控)因子及其水平后对试验进行总体安排称为试验设计。

要使一项试验设计有效必须在安排试验时注意以下几点：

准确估计试验误差。试验设计是费希尔在进行农业田间试验时提出的，他发现在田间试验中，环境条件难以严格控制，试验误差不可避免，故提出对试验方案必须作合理的安排，以准确估计随机误差，提高试验结果的可靠性。

尽量减少试验次数。这意味着减少试验费用、缩短试验周期，特别在生产中更要注意这一点，过多的试验次数使企业难以承受，以至于不得不放弃试验设计方案。

便于对试验结果(即指标值)进行统计分析。由于在试验中存在随机误差，并体现在指标的测量值上，所以对指标值的分析只有用统计方法才是客观的和科学的分析方法。这样一来，任何一个试验问题就有两个方面：试验的设计和数据的统计分析。这两个方面紧密相连，设计时要想到下一步如何进行统计分析，统计分析时要考虑到试验是按什么设计方案进行的。

试验设计的方法有多种，早期的有各种区组设计、拉丁方设计、尤登方设计、交叉设计，这些设计在农业试验中使用较多，现代工业试验中使用相对较少，其中少数也已成为纯数学的研究对象。这里仅对区组设计、拉丁方设计方案进行介绍。当今在生产和科学研究中使用最多的是正交试验设计、回归设计、空间填充设计、参数设计、均匀设计和混料设计，这些将是本书介绍的主要内容。

§1.3　基 本 原 则

试验设计有三个基本原则：重复、随机化和区组。这三个基本原则在每个试验中都必须考虑。

1.3.1　重复

重复是指一个试验点在相同条件下重复进行若干次试验。若重复进行 n 次试验，其 n 个试验结果记为 $y_1, y_2, \cdots, y_n$，它就是一个样本。常假定

$$y_i = \mu + \varepsilon_i, \quad i = 1, 2, \cdots, n$$

其中 μ 是一个试验点上指标的真值，ε_i 为第 i 次重复试验的误差，且

有 $\varepsilon_i \sim N(0,\sigma^2)$，$i=1,2,\cdots,n$。

重复有两个作用：

• 提供标准差 σ 的估计：

$$\hat{\sigma}=s=\left[\frac{1}{n}\sum_{i=1}^{n}(y_i-\bar{y})^2\right]^{1/2}$$

其中 $\bar{y}=\frac{1}{n}\sum\limits_{i=1}^{n}y_i$ 为样本均值。

• 提供指标均值 μ 的更为精确的估计：

$$\hat{\mu}=\bar{y}\sim N(\mu,\sigma^2/n)$$

其中样本均值的方差 $\sigma_{\bar{y}}^2=\sigma^2/n$ 与原来方差 σ^2 相比缩小了，是原来方差的 $1/n$，而相应的样本标准差 $\sigma_{\bar{y}}=\sigma/\sqrt{n}$（又称标准误）是原来标准差的 $1/\sqrt{n}$。由此可见，重复次数愈多，所得结论愈可信。但这也带来试验时间的延长和试验费用的增加。试验设计要求根据实际情况在两者之间取得平衡。譬如在生物、化学和农业试验中重复次数要略多一些，而在工业试验中，若试验稳定，重复次数可略少一些。

1.3.2　随机化

随机化是指试验材料的分配和各试验点的试验次序都要随机确定。它有如下一些好处：

• 随机化常能使各次试验结果相互独立，而这是试验设计中正确使用统计方法分析试验结果的基石；

• 可以使不可控因子的影响“抵消”部分，不至于积累成灾；

• 对试验人员尚未意识到的不可控因子的影响可以得到减弱；

• 可使试验误差得到准确的估计。

随机化可视同参加保险，有可能会增加麻烦和费用，但确能起到消灾防灾的作用，只有在随机化实施十分困难时才可以不进行随机化。

进行随机化的方法很多，可以用随机数表进行，也可把试验号放入袋中，然后一个一个地随机取出，再按抽签得到的次序进行试验。

1.3.3　区组

一组试验总希望在相同或近似相同条件下进行，以便在比较中得到正确结论。可是在很多实际场合相同条件很难得到，甚至近似相同也很难得到，特别在试验次数较多的场合，相同或近似相同条件就更难得到。这时在实验中常采用分“区组”方法，**把试验单元分为若干个小组，使每组内的试验条件相同或近似相同，而组与组之间在试验条件上允许有较大差异，这样的小组在试验设计中被称为区组**。

譬如，一项农田试验中要用到 20 个试验田块，但它们的肥沃程度、日照强弱、水分多少很难达到完全相同或近似相同。若把 20 个田块分成几个区组，使区组内差异小，而区组间允许差异大一些，这在很多场合较容易办到。又如在工业试验中，常按操作者的技术水平的高低把试验单元分成若干个区组，或按原材料的均匀程度把试验单元分成若干个区组，或按操作时间（早、中、晚）把试验单元分成若干个区组。

在试验设计中实施区组技术，是为了把区组间的差异估计出来，从而有可能把区组对试验结果的干扰排除或减少到最低限度，保证统计分析结果的正确性，本书将在第3章专门叙述使用区组技术的各种统计方法。

§1.4　试验设计一般指南

要做好一项试验从设计到统计分析，直至做出结论的全过程中要注意以下几个事项。

1.有关人员（领导、工程师、质量保证人员、制造人员、试验人员等）都要对试验目的清楚（目的是什么?）、理解（为什么要这样做?）和接受（这样做是对的）。这对最终获得问题的解答有重大帮助。

2.所选指标一定要对所研究的问题能提供重要信息，甚至是关键信息，测定指标值的仪表和量具要有较好的重复性和再现性。

3.选好可控因子及其水平。在一项试验中可控因子有很多，根据专业知识，大部分可控因子在这项试验中应固定在某一成熟的水平上，要改变水平的仅是少部分可控因子。当尚未形成如上清晰认识时，需要做些调查研究和少量的探索性试验（见第8章第二、三节），直至清晰为止，然后确定这些因子的变化范围，以及在做试验时对这些因子应取哪几个水平。当目的是筛选因子时，各因子的水平数一般是2，最多是3，不宜过多。

4.选择试验设计的方案。这要根据因子个数、水平个数、可允许的重复次数、试验经费、试验时间及试验目的综合选择试验方案。假如对本书给出的各种试验方案很熟悉，从中选出一个满意的设计方案是不难的。

5.进行试验。要谨慎监视试验过程都按计划完成，使得每个试验结果（数据）都含有设计中规定的信息。这一过程所花经费最多、时间最长，容易疲劳，也容易轻视。这一过程发生的任一个错误通常会导致丧失试验的有效性。这一环节的重要性不可低估。

6.统计分析。若试验按设计计划顺利完成，统计分析也会按预定的方法顺利完成，并得到一些统计推断的结果。这些结果在工程上如何解释？这是必须回答的问题。当统计分析与工程知识结合在一起时，才能获得较为完美的结论。

7.结论与建议。上述结论还需作验证试验，确认无误时，再写出试验报告并提出今后的行动建议。

8. 倘若试验失败要查找原因，是试验目的不明确还是试验要求过高；是设计问题还是试验操作问题；是数据测量上的问题还是数据分析中的问题等。失败是成功之母，失败的原因弄清楚也是一种收获。

第2章　单因子试验的设计与分析

单因子试验是最常见和最简单的一种试验。它的设计较为单纯，主要采用随机化技术，故又称为完全随机设计。但它的数据分析要涉及效应模型、参数估计、方差分析、多重比较、残差分析和方差齐性检验等统计方法，这些统计方法也是以后学习多因子试验的基础。单因子试验这只麻雀虽小，但却五脏齐全。下面先从一个例子开始来介绍单因子试验，逐步解剖这只麻雀。

§2.1　单因子试验

2.1.1　一个例子

例 2.1.1　茶是世界上最为广泛的一种饮料，但很少人知其营养价值。任一种茶叶都含有叶酸(folacin)，它是一种维生素 B。如今已有测定茶叶中叶酸含量的方法。这里将要研究各产地的绿茶的叶酸含量是否有显著差异？

在这个问题中，绿茶是一个因子，用 A 表示。它的产地是水平，如今选了四个产地，分别记为 A_1, A_2, A_3, A_4，它就是因子 A 的四个水平。

为了测定试验误差，需要重复。**重复数相等的设计称为平衡设计，重复数不等的设计称为不平衡设计。**如今我们选用不平衡设计，即 A_1 制作了 7 个样品，A_2 制作了 5 个样品，A_3 与 A_4 各制作了 6 个样品，共有 24 个样品等待测试。

这里一次测试就是一次试验。试验次序要随机化，为此把这 24 次试验按序编号，结果如表 2.1.1 所示。

表 2.1.1　24 个样品的编号

因子 A 的水平	试验编号						
A_1	1	2	3	4	5	6	7
A_2	8	9	10	11	12		
A_3	13	14	15	16	17	18	
A_4	19	20	21	22	23	24	

假如试验就按试验号顺序进行，譬如 1 到 8 号在上午进行，9 到 16 号在下午进行，17 到 24 号在晚间进行，一天内就完成 24 个试验，但是一天从早到晚人的注意力的集中程度是在逐渐减弱的，光线也是在变化的，操作者的熟练程度和厌倦程度也在变化。若水平 A_4 的叶酸含量较低，这是由于第四个产地造成的，还是晚间进行试验引起的？这种混杂现象在设计中要尽力避免，随机化是防止此种混杂的一种有效办法。

为了实现随机化，可在 1 到 24 个试验号中一个接一个地随机抽取，每次记录抽到的试验号，譬如得到如下序列：

9,13,2,20,18,10,5,7,14,1,6,15,23,…

这个序列就是实际进行试验的次序，先做第 9 号试验，再做第 13 号试验，等等。若一天做完可以如此安排：上午做前 8 个，下午做中间 8 个，晚上做最后 8 个。若有四个操作者，那么可以把序列均分为四段，各人完成其中一段试验号对应的试验。如此安排后，若水平 A_4 的叶酸含量较低就不能责怪时间或操作者了，只能说 A_4 的叶酸含量本身是较低的。这样安排的单因子试验在试验设计中称为**不平衡（或平衡）完全随机设计**。

在完成 24 次试验之后，得到 24 个叶酸含量数据，再按试验号位置"对号入座"，填写试验结果，见表 2.1.2。

表 2.1.2　绿茶的叶酸含量数据

因子 A 的水平	数据（毫克）							样本均值
A_1	7.9	6.2	6.6	8.6	8.9	10.1	9.6	8.27
A_2	5.7	7.5	9.8	6.1	8.4			7.50
A_3	6.4	7.1	7.9	4.5	5.0	4.0		5.82
A_4	6.8	7.5	5.0	5.3	6.1	7.4		6.35

用图示法先考察一下数据是一个好主意。图 2.1.1 是叶酸含量的打点图（dotplot）。每个水平下的若干数据实际上是来自同一总体的一个样本。这个试验涉及四个总体，并获得四个样本。图 2.1.1 是按四个样本画出的打点图，图上圆圈是试验数据，横线是样本均值。从图 2.1.1 上看每个绿茶的叶酸含量有高有低，但是从样本均值看，似乎 A_1 与 A_2 的叶酸含量偏高一些，另外两地的叶酸含量偏低一些。从样本的极差看，A_1，A_2，A_3 的极差相差不大，A_4 的极差略小一点。这些直观的印象是重要的，但是它们之间的差异是否是本质的呢？这要在排除了试验误差后才能认清，这需要用方差分析等方法对这些数据做进一步分析。

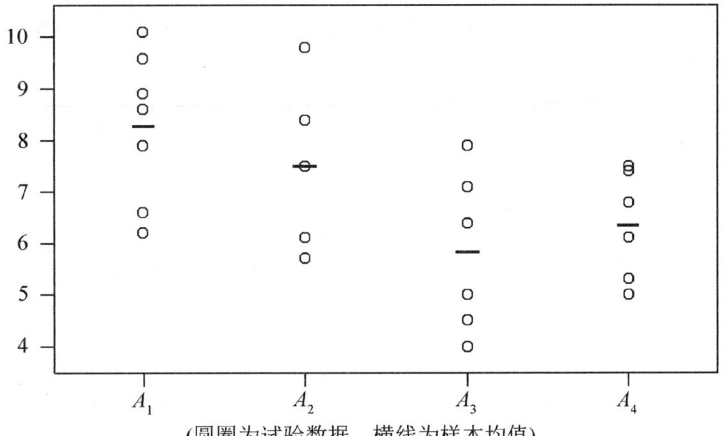

图 2.1.1　叶酸含量数据的打点图

2.1.2 单因子试验

一、单因子试验的一般概述

设在一个试验中只考察一个因子及其 r 个水平，记因子为 A，其 r 个水平记为 A_1，A_2，…，A_r。又设在水平 A_i 下重复进行 m_i 次试验，$i=1,2,\cdots,r$，总试验次数为 $n=m_1+m_2+\cdots+m_r$。假如各水平下重复试验次数相等，即 $m_1=m_2=\cdots=m_r=m$，则称此为平衡设计，否则称为不平衡设计。显然平衡设计是不平衡设计的一个特例。以下叙述对不平衡设计进行。

设 y_{ij} 是在第 i 个水平下的第 j 次重复试验的结果，这里 i 是水平号，j 是重复号。经过随机化之后，把所得到的 n 个试验结果按表 2.1.3 顺序排列，并计算每一水平下数据的和与均值。

表 2.1.3 单因子试验的数据

因子 A 的水平	数据	和	均值
A_1	y_{11} y_{12} … y_{1m_1}	$T_1=y_{11}+y_{12}+\cdots+y_{1m_1}$	$\bar{y}_1=T_1/m_1$
A_2	y_{21} y_{22} … y_{2m_2}	$T_2=y_{21}+y_{22}+\cdots+y_{2m_2}$	$\bar{y}_2=T_2/m_2$
⋮	… … … …	…	…
A_r	y_{r1} y_{r2} … y_{rm_r}	$T_r=y_{r1}+y_{r2}+\cdots+y_{rm_r}$	$\bar{y}_r=T_r/m_r$

二、单因子试验的基本假定

对表 2.1.3 上的单因子试验数据进行统计分析需要以下三项基本假定：

A1. 正态性。在水平 A_i 下的数据 $y_{i1},y_{i2},\cdots,y_{im_i}$ 是来自正态总体 $N(\mu_i,\sigma_i^2)$ 的一个样本，$i=1,2,\cdots,r$。

A2. 方差齐性。r 个正态总体的方差相等，即 $\sigma_1^2=\sigma_2^2=\cdots=\sigma_r^2=\sigma^2$。

A3. 独立性。所有数据 y_{ij} 都相互独立。

上述三个基本假定在实际中容易得到满足。譬如正态性(A1)在很多测量数据场合都可得到满足，方差齐性(A2)只要在相同环境下进行试验，常可得到满足，独立性(A3)可在随机化下得到满足。

前两个基本假定 A1 与 A2 可用图 2.1.2 上四个相同形状的正态分布曲线直观表示，它们位置不同表示四个水平均值的差异。

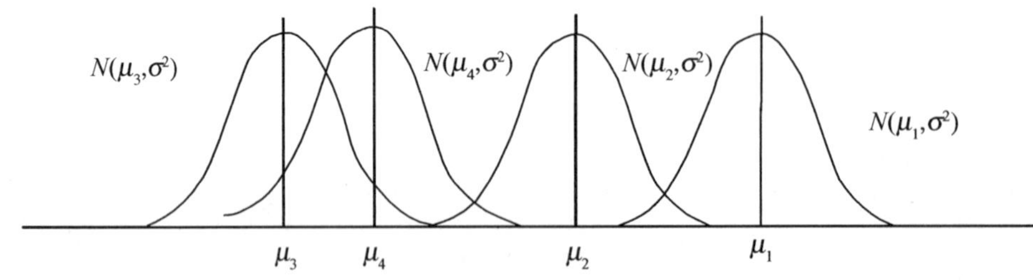

图 2.1.2 单因子试验所涉及的多个正态总体

单因子试验中要研究的问题是：

1. 若干个水平均值 $\mu_1,\mu_2,\cdots,\mu_r$ 是否彼此相等？这要用单因子方差分析方法去研究。

2. 假如这些水平的均值不全相等，哪些均值间的差异是重要的？这要用多重比较的方法去研究。

单因子方差分析与多重比较将分别在§2.2与§2.3中介绍。

三、单因子试验模型

单因子试验的三项基本假定用到试验数据 y_{ij} 上去，可得到如下统计模型：

$$y_{ij}=\mu_i+\varepsilon_{ij}\quad (i=1,2,\cdots,r;j=1,2,\cdots,m_i)\tag{2.1.1}$$

其中 y_{ij} 是因子 A 的第 i 个水平下第 j 次试验结果；

μ_i 是因子 A 的第 i 个水平的均值，是待估参数；

ε_{ij} 是因子 A 的第 i 个水平下第 j 次试验误差，它是随机变量，诸 ε_{ij} 是相互独立同分布的随机变量，其共同分布为 $N(0,\sigma^2)$，σ^2 为误差方差，也是待估参数。

由模型(2.1.1)可以得到如下几点认识：

(1)数据 y_{ij} 是两个分量的和，一个分量是常数项 μ_i，另一个分量是随机误差项 ε_{ij}；

(2)由于 $E(\varepsilon_{ij})=0,\mathrm{var}(\varepsilon_{ij})=\sigma^2$，所以

$$E(y_{ij})=\mu_i,\quad \mathrm{var}(y_{ij})=\sigma^2$$

这表明，第 i 个水平下所有观察值都具有相同均值 μ_i，而所有观察值具有相同方差；

(3)由于 $\varepsilon_{ij}\sim N(0,\sigma^2)$，故有 $y_{ij}\sim N(\mu_i,\sigma^2)$；

(4)诸误差项相互独立意味着任一试验的误差项不影响其他试验的误差项，从而诸 y_{ij} 亦相互独立。

四、诸 μ_i 的估计

基于数据 y_{ij}，利用最小二乘法可以获得诸水平均值 μ_i 的估计量。由于 $E(y_{ij})=\mu_i$，最小二乘法是使所有的偏差 $y_{ij}-\mu_i$ 的平方和

$$Q=\sum_{i=1}^{r}\sum_{j=1}^{m_i}(y_{ij}-\mu_i)^2=\sum_{j=1}^{m_1}(y_{1j}-\mu_1)^2+\sum_{j=1}^{m_2}(y_{2j}-\mu_2)^2+\cdots+\sum_{j=1}^{m_r}(y_{rj}-\mu_r)^2$$

达到最小。由于每个参数 μ_i 仅在 Q 的一个部分平方和中出现，要使 Q 达到最小，只要每个部分平方和最小即可，大家知道，样本均值可使部分平方和最小，所以 μ_i 的最小二乘估计是

$$\hat{\mu}_i=\bar{y}_i,\quad i=1,2,\cdots,r$$

譬如，在例2.1.1中，由表2.1.2可得

$$\hat{\mu}_1=8.27,\quad \hat{\mu}_2=7.50,\quad \hat{\mu}_3=5.82,\quad \hat{\mu}_4=6.35$$

上述诸 μ_i 的最小二乘估计表明：四个正态均值间均有差异。进一步要问：此种差异是随机的（随机误差引起的），还是系统的（不同水平引起的）？这个问题要用方差分析给出回答，下面研究这个问题。

§2.2　单因子方差分析

单因子方差分析就是为了解决单因子试验中 r 个水平均值 $\mu_1,\mu_2,\cdots,\mu_r$ 是否彼此

相等的问题而产生的。用统计语言说,单因子方差分析就是基于试验数据 y_{ij},要寻找一个检验统计量,对如下一对假设:

$$\begin{aligned} &H_0: \mu_1 = \mu_2 = \cdots = \mu_r \\ &H_1: \mu_1, \mu_2, \cdots, \mu_r \text{ 不全相等} \end{aligned} \tag{2.2.1}$$

作出判断。若在显著性水平 α 上拒绝原假设,则称**因子 A 在显著性水平 α 上是显著的**,简称**因子 A 显著**,否则称因子 A 不显著。

以下从偏差平方和及其自由度开始逐步叙述单因子方差分析方法。

2.2.1 偏差平方和及其自由度

在统计学中,把 k 个数据 $y_1, y_2, \cdots, y_k$ 对其均值 $\bar{y}$ 的偏差的平方和

$$Q = (y_1 - \bar{y})^2 + (y_2 - \bar{y})^2 + \cdots + (y_k - \bar{y})^2 = \sum_{j=1}^{k} (y_j - \bar{y})^2 \tag{2.2.2}$$

称为 **k 个数据的偏差平方和**,有时简称为**平方和**,其中 $\bar{y} = (y_1 + y_2 + \cdots + y_k)/k$。偏差平方和常用来度量若干个数据集中与分散的程度,或者说是度量若干个数据间的差异(即波动)大小的一个重要的统计量。

在偏差平方和 Q 中的 k 个偏差 $y_1 - \bar{y}, y_2 - \bar{y}, \cdots, y_k - \bar{y}$ 间有一个恒等式:

$$\sum_{j=1}^{k} (y_1 - \bar{y}) = 0$$

故 Q 中独立的偏差只有 $k-1$ 个,在统计学中,**把平方和中独立偏差的个数称为该平方和的自由度**,常记为 f。自由度是偏差平方和的重要参数。关于偏差平方和在统计学中有一个基本定理,现叙述如下,其证明可在任何一本统计学书中找到。

定理 2.2.1 假如 $y_1, y_2, \cdots, y_k$ 是来自正态总体 $N(\mu, \sigma^2)$ 的一个样本,则有:

1. 样本均值 $\bar{y} \sim N(\mu, \sigma^2/k)$;
2. 样本的偏差平方和 Q 与方差 σ^2 之比 $Q/\sigma^2 \sim \chi^2(k-1)$;
3. $\bar{y}$ 与 Q 相互独立。

方差分析中将多次引用这个基本定理。

最后谈及偏差平方和的计算。经过简单的代数运算可把(2.2.2)式化简为

$$Q = \sum_{j=1}^{k} y_j^2 - \frac{T^2}{k} \tag{2.2.3}$$

其中 $T = y_1 + y_2 + \cdots + y_k$ 为诸数据之和。

例 2.2.1 计算表 2.1.2 上所列茶叶的叶酸含量在各水平下的偏差平方和。

在水平 A_1 下有 7 个数据,其和是 $T_1 = 57.9$,则其偏差平方和按(2.2.3)式计算得

$$Q_1 = 7.9^2 + 6.2^2 + 6.6^2 + 8.6^2 + 8.9^2 + 10.1^2 + 9.6^2 - \frac{57.9^2}{7} = 12.88$$

$$f_1 = 7 - 1 = 6$$

类似地,可算得

$$Q_2=11.30, \quad f_2=4$$
$$Q_3=12.03, \quad f_3=5$$
$$Q_4=5.61, \quad f_4=5$$

另外,数据经过线性变换后,还可简化偏差平方和的计算,这可由下列几个性质表明,其证明容易获得。

性质1 若数据 $y_1,y_2,\cdots,y_k$ 的偏差平方和为Q,则数据 $y_1+c,y_2+c,\cdots,y_k+c$ 的偏差平方和仍然为 Q。这表明,平移一组数据不会改变偏差平方和。

性质2 若数据 $y_1,y_2,\cdots,y_k$ 的偏差平方和为Q,则在 $c\neq0$ 的情况下,数据 cy_1,$cy_2,\cdots,cy_k$ 的偏差平方和为$Q'=c^2Q$,从而 $Q=Q'/c^2$。

例2.2.2 5个数98,100,101,103,108的偏差平方和的计算可用性质1简化计算。我们选 $c=-100$,即每个数据减去100,则得 -2,0,1,3,8,它们的和$T=-2+0+1+3+8=10$,于是其偏差平方和按(2.2.3)式计算为

$$Q=(-2)^2+0^2+1^2+3^2+8^2-\frac{10^2}{5}=58$$

若选 $c=-102$,则上述5个数据变为 $-4,-2,-1,1,6$,它们的和 $T=0$,则其偏差平方和为

$$Q=(-4)^2+(-2)^2+(-1)^2+1^2+6^2-\frac{0^2}{5}=58$$

这表明:合理地使用平移变换可简化偏差平方和的计算。

2.2.2 总平方和的分解公式

一、总平方和的分解公式

单因子试验共有 $n=m_1+m_2+\cdots+m_r$ 个数据(见表2.1.3),它的总平均值为

$$\bar{y}=\frac{1}{n}\sum_{i=1}^{r}\sum_{j=1}^{m_i}y_{ij}=\frac{1}{n}\sum_{i=1}^{r}m_i\bar{y}_i$$

其中 $\bar{y}_i$ 为水平 A_i 下 m_i 次重复试验结果的均值。这 n 个数据(即 r 组数据)的波动可用总的偏差平方和 S_T 表示,相应的自由度记为 f_T,即

$$S_T=\sum_{i=1}^{r}\sum_{j=1}^{m_i}(y_{ij}-\bar{y})^2, \quad f_T=n-1 \tag{2.2.4}$$

利用简单的代数运算可以把 S_T 分解为两个平方和

$$\begin{aligned}S_T&=\sum_{i=1}^{r}\sum_{j=1}^{m_i}(y_{ij}-\bar{y})^2=\sum_{i=1}^{r}\sum_{j=1}^{m_i}(y_{ij}-\bar{y}_i+\bar{y}_i-\bar{y})^2\\&=\sum_{i=1}^{r}\sum_{j=1}^{m_i}(y_{ij}-\bar{y}_i)^2+\sum_{i=1}^{r}m_i(\bar{y}_i-\bar{y})^2\end{aligned} \tag{2.2.5}$$

其中第一个平方和称为**组内平方和**,又称为**误差平方和**,第二个平方和称为**组间平方和**,

又称为因子 A 的 r 个水平间的平方和，简称为**因子 A 的平方和**。这些名称的缘由如下：

第一个平方和是由 r 个组内平方和 $Q_1,Q_2,\cdots,Q_r$ 组成，其中

$$Q_i=\sum_{j=1}^{m_i}(y_{ij}-\bar{y}_i)^2,\quad f_i=m_i-1$$

是第 i 个水平 A_i 下的 m_i 次重复试验数据求得的组内平方和，它可以用来估计误差。由于诸水平下的方差相同，故可以把这些组内平方和合并，仍称为组内平方和：

$$S_e=\sum_{i=1}^{r}Q_i=\sum_{i=1}^{r}\sum_{j=1}^{m_i}(y_{ij}-\bar{y}_i)^2,\quad f_e=\sum_{i=1}^{r}f_i=n-r \tag{2.2.6}$$

由于它可以用来估计误差，故又称误差平方和，记为 S_e。

第二个平方和是 r 个均值 $\bar{y}_1,\bar{y}_2,\cdots,\bar{y}_r$ 的加权平方和，其权数为重复次数：

$$S_A=m_1(\bar{y}_1-\bar{y})^2+m_2(\bar{y}_2-\bar{y})^2+\cdots+m_r(\bar{y}_r-\bar{y})^2,\quad f_A=r-1 \tag{2.2.7}$$

它完全是因子 A 的 r 个水平间的差异引起的波动，故称为组间平方和，又称因子 A 的平方和，记为 S_A。

综合上述，可得如下的**总平方和的分解公式**：

$$S_T=S_A+S_e,\quad f_T=f_A+f_e \tag{2.2.8}$$

我们既要弄清这个纯代数学的基本恒等式，又要弄清它们统计学的含义。

二、各平方和的计算

记各水平下数据和为 T_i，总和为 T，即

$$T_i=y_{i1}+y_{i2}+\cdots+y_{im_i},\quad i=1,2,\cdots,r \tag{2.2.9}$$

$$T=T_1+T_2+\cdots+T_r \tag{2.2.10}$$

再经过简单的代数运算，可以把三个平方和 S_T、S_A 和 S_e 的计算公式简化如下：

$$S_T=\sum_{i=1}^{r}\sum_{j=1}^{m_i}y_{ij}^2-\frac{T^2}{n},\quad f_T=n-1 \tag{2.2.11}$$

$$S_A=\frac{T_1^2}{m_1}+\frac{T_2^2}{m_2}+\cdots+\frac{T_r^2}{m_r}-\frac{T^2}{n},\quad f_A=r-1 \tag{2.2.12}$$

$$S_e=Q_1+Q_2+\cdots+Q_r,\quad f_e=n-r \tag{2.2.13}$$

其中 $n=m_1+m_2+\cdots+m_r$，

$$Q_i=\sum_{j=1}^{m_i}y_{ij}^2-\frac{T_i^2}{m_i},\quad i=1,2,\cdots,r \tag{2.2.14}$$

若利用总平方和的分解公式，在求得 S_T 和 S_A 后，可用

$$S_e=S_T-S_A,\quad f_e=f_T-f_A \tag{2.2.15}$$

求得误差平方和，从而省略了 S_e 的大量计算，上述诸计算公式可以提高计算的精度。因为诸 T_i 和 T 不会出现舍入误差，而平均值 $\bar{y}_i$ 和 $\bar{y}$ 却容易出现舍入误差。

例 2.2.3　计算表 2.1.2 上所列茶叶的叶酸含量数据的各类平方和。

1. 首先列表计算诸 T_i 和 T，并计算 S_e。

表 2.2.1 茶叶的叶酸含量计算表

水平	数据	重复数	和	组内平方和
A_1	7.9 6.2 6.6 8.6 8.9 10.1 9.6	$m_1=7$	$T_1=57.9$	$Q_1=12.83$
A_2	5.7 7.5 9.8 6.1 8.4	$m_2=5$	$T_2=37.5$	$Q_2=11.30$
A_3	6.4 7.1 7.9 4.5 5.0 4.0	$m_3=6$	$T_3=34.9$	$Q_3=12.03$
A_4	6.8 7.5 5.0 5.3 6.1 7.4	$m_4=6$	$T_4=38.1$	$Q_4=5.61$
和		$n=24$	$T=168.4$	$S_e=41.77$

其中诸 Q_i 按(2.2.14)式求得，S_e 按(2.2.13)式求得(见例 2.2.1)。

2. 按(2.2.12)式计算因子 A 的平方和

$$S_A=\frac{57.9^2}{7}+\frac{37.5^2}{5}+\frac{34.9^2}{6}+\frac{38.1^2}{6}-\frac{168.4^2}{24}=23.50$$

3. 按(2.2.11)式计算总平方和

$$S_T=(7.9^2+6.2^2+\cdots+6.1^2+7.4^2)-\frac{168.4^2}{24}=65.27$$

4. 亦可按(2.2.15)式计算误差平方和

$$S_e=65.27-23.50=41.77$$

这样就可省略表 2.2.2 中最后一列组内平方和的计算。

2.2.3 统计分析

一、均方和

平方和除以自己的自由度称为均方和(或称均方)。在我们的问题中对误差平方和 S_e 和因子 A 的平方和 S_A 都有各自的均方和。误差的均方和为

$$MS_e=\frac{S_e}{n-r}$$

因子 A 的均方和为

$$MS_A=\frac{S_A}{r-1}$$

使用均方和的含义是排除自由度(数据个数)对平方和的干扰。因为在一般场合下，自由度愈大，相应的平方和也愈大，这就不便于在平方和之间进行比较，有了均方和就可对误差均方和与因子 A 的均方和进行比较。

为了更进一步认识各均方和的成分，我们先来考察各平方和的期望值。

定理 2.2.2 在单因子方差分析的三个基本假定下，有

$$E(S_e)=(n-r)\sigma^2 \tag{2.2.16}$$

$$E(S_A)=(r-1)\sigma^2+\sum_{i=1}^{r}m_i(\mu_i-\mu)^2 \tag{2.2.17}$$

其中 $\mu=\frac{1}{n}\sum_{i=1}^{r}m_i\mu_i=E(\bar{y})$。

证明:由 S_e 的定义(2.2.6)式知,$S_e=\sum_{i=1}^{r}Q_i$,其中

$$\frac{Q_i}{\sigma^2}=\frac{1}{\sigma^2}\sum_{j=1}^{m_i}(y_{ij}-\bar{y}_i)^2\sim\chi^2(m_i-1)$$

此分布可以用定理 2.2.1 获得。再由诸 Q_i 的相互独立性可得

$$\frac{S_e}{\sigma^2}=\frac{1}{\sigma^2}\sum_{i=1}^{r}Q_i\sim\chi^2(n-r)$$

其中 $n=m_1+m_2+\cdots+m_r$。再由 χ^2 分布的数学期望可得(2.2.16)式。

再由 S_A 的定义可得

$$\begin{aligned}S_A&=\sum_{i=1}^{r}m_i(\bar{y}_i-\bar{y})^2=\sum_{i=1}^{r}m_i[(\bar{y}_i-\mu_i)+(\mu_i-\mu)-(\bar{y}-\mu)]^2\\&=\sum_{i=1}^{r}m_i[(\bar{y}_i-\mu_i)^2+(\mu_i-\mu)^2+(\bar{y}-\mu)^2+2(\bar{y}_i-\mu_i)(\mu_i-\mu)\\&\quad-2(\bar{y}_i-\mu_i)(\bar{y}-\mu)-2(\mu_i-\mu)(\bar{y}-\mu)]\end{aligned}$$

注意到 $\bar{y}_i\sim N(\mu_i,\sigma^2/m_i)$,$\bar{y}\sim N(\mu,\sigma^2/n)$,则 $E(\bar{y}_i-\mu_i)=0$,$E(\bar{y}-\mu)=0$,由此可得 S_A 的期望为

$$E(S_A)=\sum_{i=1}^{r}m_i\left[\frac{\sigma^2}{m_i}+(\mu_i-\mu)^2+\frac{\sigma^2}{n}-2E(\bar{y}_i-\mu_i)(\bar{y}-\mu)\right]$$

由于 $\bar{y}=\frac{1}{n}\sum_{i=1}^{r}m_i\bar{y}_i$,且诸 $\bar{y}_i$ 相互独立,可知

$$E\left[\sum_{i=1}^{r}m_i(\bar{y}_i-\mu_i)(\bar{y}-\mu)\right]=E[n(\bar{y}-\mu)^2]=\sigma^2$$

代回原式,可得

$$E(S_A)=\sum_{i=1}^{r}m_i\left[\frac{\sigma^2}{m_i}+(\mu_i-\mu)^2+\frac{\sigma^2}{n}\right]-2\sigma^2=(r-1)\sigma^2+\sum_{i=1}^{r}m_i(\mu_i-\mu)^2$$

这就是(2.2.17)式。

定理 2.2.2 表明,误差均方和 MS_e 与因子 A 的均方和 MS_A 的期望值分别为

$$E(MS_e)=\sigma^2 \tag{2.2.18}$$

$$E(MS_A)=\sigma^2+\frac{1}{r-1}\sum_{i=1}^{r}m_i(\mu_i-\mu)^2 \tag{2.2.19}$$

即误差均方和 MS_e 是 σ^2 的无偏估计,而因子 A 的均方和 MS_A 是 σ^2 的有偏估计,其偏差与各水平均值 $\mu_1,\mu_2,\cdots,\mu_r$ 间的差异有关,差异愈小偏差愈小,差异愈大偏差愈大,可见

MS_A 对原假设 $H_0: \mu_1 = \mu_2 = \cdots = \mu_r$ 成立与否是很敏感的一个统计量。

二、均方和之比

在上述分析的基础上可以看出：均方和之比

$$F = \frac{MS_A}{MS_e}$$

在原假设 H_0 成立时，分子与分母都是 σ^2 的无偏估计，故比值 F 在 1 附近；而当原假设 H_0 不成立时 F 的分子平均来讲要大于分母，从而比值 F 较大，且 F 值愈大愈倾向于拒绝 H_0。若以均方和之比 F 作为检验统计量，则其拒绝 H_0 的**拒绝域**应为

$$W = \{F > c\}$$

其中临界值 c 由 H_0 成立下统计量 F 的分布以及显著性水平 α 确定。

三、F 分布

可以证明（见§2.2.5）：

$$S_A/\sigma^2 \sim \chi^2(r-1) \quad \text{（在原假设 } H_0 \text{ 成立时）}$$
$$S_e/\sigma^2 \sim \chi^2(n-r)$$
$$S_A \text{ 与 } S_e \text{ 相互独立}$$

由此可以得出，在原假设 H_0 成立时两个均方和之比服从 F 分布，具体是

$$\frac{S_A/\sigma^2/(r-1)}{S_e/\sigma^2/(n-r)} = \frac{MS_A}{MS_e} \sim F(r-1, n-r)$$

即

$$F = \frac{MS_A}{MS_e} \sim F(r-1, n-r)$$

对给定的显著性水平 α，可最终定出拒绝域：

$$W = \{F > F_{1-\alpha}(r-1, n-r)\}$$

其中 $F_{1-\alpha}(r-1, n-r)$ 是 F 分布 $F(r-1, n-r)$ 的 $1-\alpha$ 分位数，它可以在附表 4 中查得。

四、方差分析表

上述全过程就是单因子方差分析的全过程，它可总结在如下的方差分析表中。

表 2.2.2　单因子方差分析表

来源	平方和	自由度	均方和	F 比
因子 A	$S_A = \sum_{i=1}^{r} m_i(\bar{y}_i - \bar{y})^2$	$f_A = r-1$	$MS_A = \frac{S_A}{r-1}$	$F = \frac{MS_A}{MS_e}$
误差 e	$S_e = \sum_{i=1}^{r}\sum_{j=1}^{m_i}(y_{ij} - \bar{y}_i)^2$	$f_e = n-r$	$MS_e = \frac{S_e}{n-r}$	—
和 T	$S_T = \sum_{i=1}^{r}\sum_{j=1}^{m_i}(y_{ij} - \bar{y})^2$	$f_T = n-1$	—	—

判断:对给定的显著性水平 α,查得分位数 $F_{1-\alpha}(r-1,n-r)$,据此可做如下判断:

- 当 $F>F_{1-\alpha}(r-1,n-r)$ 时,拒绝原假设 $H_0:\mu_1=\mu_2=\cdots=\mu_r$,即认为诸正态均值间有显著差异;
- 当 $F\leqslant F_{1-\alpha}(r-1,n-r)$ 时,保留原假设 H_0,因为尚无发现诸均值 $\mu_1,\mu_2,\cdots,\mu_r$ 间有显著差异的迹象,只好保留 H_0。

我们也可以根据假设检验的 P 值,即利用观测值能够作出拒绝原假设 H_0 的最小显著性水平,来作出判断。对表 2.2.2,由 F 分布 $F(r-1,n-r)$ 和 F 比的观测值容易计算出 P 值 $=\inf_\alpha\{F>F_{1-\alpha}(r-1,n-r)\}$,在统计软件中对检验问题一般都会给出检验的 P 值。

五、小结

单因子方差分析的主要内容是如下三项:

- 三项基本假设;
- 总平方和分解式;
- 方差分析表。

单因子方差分析的主要结果也有三项:

- 判断诸水平均值 $\mu_1,\mu_2,\cdots,\mu_r$ 间有无显著差异;
- 给出诸水平均值 μ_i 的无偏估计 $\hat{\mu}_i=\bar{y}_i,i=1,2,\cdots,r$;
- 给出方差 σ^2 的无偏估计 $\hat{\sigma}^2=MS_e=S_e/f_e$。

此外还可以给出诸水平均值 μ_i 的区间估计。由于 $\bar{y}_i\sim N(\mu_i,\sigma^2/m_i)$,而 $S_e/\sigma^2\sim\chi^2(n-r)$,且两者独立,从而

$$\frac{\dfrac{\bar{y}_i-\mu_i}{\sigma/\sqrt{m_i}}}{\sqrt{\dfrac{S_e/\sigma^2}{n-r}}}=\frac{\bar{y}_i-\mu_i}{\hat{\sigma}/\sqrt{m_i}}\sim t(n-r)$$

其中 $\hat{\sigma}=\sqrt{S_e/(n-r)}=\sqrt{MS_e}$。由此可以得到 μ_i 的置信水平为 $1-\alpha$ 的置信区间为:$\bar{y}_i\pm t_{1-\alpha/2}(n-r)\hat{\sigma}/\sqrt{m_i},i=1,2,\cdots,r$。这里 $t_{1-\alpha/2}(n-r)$ 是自由度为 $n-r$ 的 t 分布的 $1-\alpha/2$ 分位数,可以在附表 3 中查到。

例 2.2.4 在例 2.2.3 中已求得绿茶叶酸含量的各平方和,现把它们移到方差分析表(表 2.2.3)中,继续进行统计分析。

表 2.2.3 绿茶叶酸含量的方差分析表

来源	平方和	自由度	均方和	F 比	P 值
因子 A	23.50	3	7.83	3.75	2.75×10^{-2}
误差 e	41.77	20	2.09		
和 T	65.27	23			

若取显著性水平 $\alpha=0.05$。查表可得 $F_{0.95}(3,20)=3.10$,由于 $F>3.10$,故应拒绝原假设 H_0,即认为四种绿茶的叶酸平均含量有显著差异。或者,我们根据 P 值 2.75×10^{-2} 小于 0.05,也能在显著性水平 $\alpha=0.05$ 下作出拒绝原假设 H_0 的决定。

此外，我们还可以获得 σ^2 的无偏估计 $\hat{\sigma}^2=2.09$，σ 的估计为 $\hat{\sigma}=\sqrt{2.09}=1.45$。

诸水平叶酸含量均值的估计分别为

$$\hat{\mu}_1=8.27,\quad \hat{\mu}_2=7.50,\quad \hat{\mu}_3=5.82,\quad \hat{\mu}_4=6.35$$

从诸水平叶酸含量平均值的估计值可以看到 A_1 的平均叶酸含量最高，其均值 μ_1 的 95% 的置信区间可以如下求得：查表可知 $t_{1-\alpha/2}(n-r)=t_{0.975}(20)=2.0860$，$m_1=7$，$\hat{\sigma}=1.45$，那么

$$\bar{y}_1 \pm t_{1-\alpha/2}(n-r)\hat{\sigma}/\sqrt{m_1}=8.27\pm 2.0860\times 1.45/\sqrt{7}=8.27\pm 1.14$$

则均值 μ_1 的 95%的置信区间是[7.13,9.41]。

2.2.4 等重复试验的一些结果

上述分析是基于不等重复试验数据进行的。在单因子试验中若每个水平的重复试验次数相等，即

$$m_1=m_2=\cdots=m_r=m$$

这种试验称为等重复试验。显然，等重复试验是不等重复试验的特例。它的一切计算公式都可由不等重复试验相应公式导出。

由于等重复试验有如下优点：

- 排除不等重复数对试验结果分析的影响；
- 计算公式更为简单，不易发生错误。

所以等重复试验在实际中被采用的频率远高于不等重复试验。现把其要点简述如下：

1. 方差分析的三项基本假定不变，即：

- 在水平 A_i 下的数据都服从正态分布，$N(\mu_i,\sigma^2)$，$i=1,2,\cdots,r$；
- 不同水平下诸方差相等，记为 σ^2；
- 诸数据 $y_{ij}(i=1,2,\cdots,r;j=1,2,\cdots,m)$ 相互独立。

2. 总平方和分解公式不变，即

$$S_T=S_A+S_e$$

其中诸平方和的计算公式如下：

$$S_T=\sum_{i=1}^{r}\sum_{j=1}^{m}(y_{ij}-\bar{y})^2=\sum_{i=1}^{r}\sum_{j=1}^{m}y_{ij}^2-\frac{T^2}{mr},\quad f_T=mr-1$$

$$S_A=m\sum_{i=1}^{r}(\bar{y}_i-\bar{y})^2=\frac{1}{m}\sum_{i=1}^{r}T_i^2-\frac{T^2}{mr},\quad f_A=r-1$$

$$S_e=\sum_{i=1}^{r}\sum_{j=1}^{m}(y_{ij}-\bar{y}_i)^2=\sum_{i=1}^{r}\sum_{j=1}^{m}y_{ij}^2-\frac{1}{m}\sum_{i=1}^{r}T_i^2,\quad f_e=(m-1)r$$

其中符号 $\bar{y}_i$，$\bar{y}$ 与 T_i，T 的含义都与以前相同，只是这时有

$$\bar{y}=\frac{1}{r}\sum_{i=1}^{r}\bar{y}_i=\frac{1}{mr}\sum_{i=1}^{r}\sum_{j=1}^{m}y_{ij}$$

而且这些平方和除以自由度而得到的均方和的分布也不变，具体是

$$S_A/\sigma^2 \sim \chi^2(r-1) \qquad (\text{在原假设 } H_0 \text{ 成立时})$$
$$S_e/\sigma^2 \sim \chi^2((m-1)r)$$

并且 S_A 与 S_e 相互独立，由此得到检验假设 $H_0:\mu_1=\mu_2=\cdots=\mu_r$ 的检验统计量为

$$F=\frac{MS_A}{MS_e}$$

在原假设 H_0 成立时 $F\sim F(r-1,(m-1)r)$。对于给定的显著性水平 α，检验该假设的拒绝域为

$$W=\{F>F_{1-\alpha}[r-1,(m-1)r]\}$$

3. 方差分析表也没有变，形同表 2.2.2。

例 2.2.5 有四种不同牌号的铁锈防护剂（简称防锈剂），现要比较其防锈能力。

试验：制作 40 个大小形状相同的铁件（试验样品），然后把他们随机分为四组，每组 10 件样品。在每一组样品上涂上同一牌号的防锈剂，最后把 40 个样品放在一个广场上让其经受日晒、风吹和雨打。一段时间后再行观察其防锈能力。

评分：防锈能力无测量仪器，只能请专家评分。五位受聘专家对评分标准进行讨论，取得共识。样品上无锈迹的评 100 分，全锈了评 0 分。他们在不知牌号的情况下进行独立评分。最后把一个样品的 5 个评分的平均值作为该样品的防锈能力。数据列于表 2.2.4 上。

表 2.2.4 防锈能力数据及有关计算

因子 A（防锈剂）		A_1	A_3	A_3	A_4	
数据 y_{ij}	1	43.9	89.8	68.4	36.2	
	2	39.0	87.1	69.3	45.2	
	3	46.7	92.7	68.5	40.7	
	4	43.8	90.6	66.4	40.5	
	5	44.2	87.7	70.0	39.3	
	6	47.7	92.4	68.1	40.3	
	7	43.6	86.1	70.6	43.2	
	8	38.9	88.1	65.2	38.7	
	9	43.6	90.8	63.8	40.9	
	10	40.0	89.1	69.2	39.7	
和 T_i		431.4	894.4	679.5	404.7	$T=2410$
均值 $\bar{y}_i$		43.14	89.44	67.95	40.47	$\bar{y}=60.25$
组内平方和 Q_i		81.004	44.284	42.325	53.421	$S_e=221.036$

这是一个等重复试验的单因子试验。防锈剂是因子，四种不同牌号是其水平，记为 A_1,A_3,A_3,A_4。现要比较四个水平的防锈能力是否存在差异。

单因子方差分析主要是计算三个偏差平方和，其中误差平方和已在表 2.2.4 中求得

$$S_e=221.036,\quad f_e=36$$

再按(2.2.11)式和(2.2.12)式可分别求得总平方和 S_T 和因子 A 的平方和 S_A 如下：

$$S_T=43.9^2+39.2^2+\cdots+40.9^2+39.7^2-\frac{2410^2}{40}=16174.50,\quad f_T=39$$

$$S_A=\frac{1}{10}(431.4^2+894.4^2+679.5^2+404.7^2)-\frac{2410^2}{40}=15953.47,\quad f_A=3$$

把上述各平方和及其自由度移到方差分析表上，继续计算各均方和与 F 比，具体见表 2.2.5。

表 2.2.5 防锈能力的方差分析表

来源	平方和	自由度	均方和	F 比	P 值
因子 A	15953.47	3	5317.85	866.1	<0.0001
误差 e	221.036	36	6.14		
和 T	16174.50	39			

若给定显著性水平 $\alpha=0.05$，查表可得 $F_{0.95}(3,36)=2.87$，由于 $F>2.87$，故因子 A 显著，即四种防锈剂的防锈能力有显著差异。该检验的 P 值非常小，根据 P 值小于 0.05 也能作出同样判断。

各种防锈剂的防锈能力均值分别为

$$\hat{\mu}_1=43.14,\quad \hat{\mu}_2=89.44,\quad \hat{\mu}_3=67.95,\quad \hat{\mu}_4=40.47$$

第二种牌号的防锈剂的防锈能力最强。

此外，试验误差的方差 σ^2 的估计为 $\hat{\sigma}^2=6.14$，σ 的估计为 $\hat{\sigma}=\sqrt{6.14}=2.48$。

由于第二种牌号的防锈剂的防锈能力最强，我们还可求出其均值 μ_2 的 95%的置信区间，现在 $t_{1-\alpha/2}(n-r)=t_{0.975}(36)=2.0281$，$\hat{\sigma}=2.48$，$m=10$，$\hat{\mu}_2=\bar{y}_2=89.44$，则

$$\bar{y}_2\pm t_{1-\alpha/2}(n-r)\hat{\sigma}/\sqrt{m}=89.44\pm1.73$$

即 μ_2 的 95%的置信区间为[87.71,91.17]。

2.2.5 正态变量的二次型及其分布

设 $Y=(y_1\ y_1\cdots\ y_n)'$ 为 n 维正态随机变量的列向量，若 A 为 $n\times n$ 阶实对称矩阵，则称 $Y'AY$ 为正态变量的**二次型**。若 A 的秩为 r，则称**二次型 $Y'AY$ 的秩**为 r，记为 $rank(A)=r$。

在单因子方差分析中的 n 个观察值 $y_{ij}(i=1,2,\cdots,r;j=1,2,\cdots,m_i)$ 是 n 个相互独立的随机变量，且 $y_{ij}\sim N(\mu_i,\sigma^2)$，若把它们排成一个列向量

$$\begin{aligned}\boldsymbol{Y}'&=(y_{11}\quad y_{12}\quad\cdots\quad y_{1m_1}\quad y_{21}\quad y_{22}\quad\cdots\quad y_{2m_2}\quad\cdots\quad y_{r1}\quad y_{r2}\quad\cdots\quad y_{rm_r})\\&=(y_1'\quad y_2'\quad\cdots\quad y'_r)\end{aligned}$$

其中

$$y'_i=(y_{i1}\quad y_{i2}\quad\cdots\quad y_{im_i}),\quad i=1,2,\cdots,r$$

则有如下定理。

定理 2.2.3 在总平方和分解公式中总平方和 S_T、误差平方和 S_e 和因子 A 的平方和 S_A 都是正态变量的二次型，它们的秩分别为各自的自由度，即

$$S_T=Y'\boldsymbol{A}Y,\quad \boldsymbol{A}=\boldsymbol{I}_n-\boldsymbol{J}_n/n,\quad rank(\boldsymbol{A})=n-1$$
$$S_e=Y'\boldsymbol{A}_1Y,\quad \boldsymbol{A}_1=\boldsymbol{I}_n-\boldsymbol{C},\quad rank(\boldsymbol{A}_1)=n-r$$
$$S_A=Y'\boldsymbol{A}_2Y,\quad \boldsymbol{A}_2=\boldsymbol{C}-\boldsymbol{J}_n/n,\quad rank(\boldsymbol{A}_2)=r-1$$

其中 $n=m_1+m_2+\cdots+m_r$，$\boldsymbol{I}_n$ 是 n 阶单位阵，$\boldsymbol{J}_n$ 是元素全为 1 的 $n\times n$ 阶矩阵，$\boldsymbol{C}=diag(C_1,C_2,\cdots,C_r)$，是分块对角阵，$C_i=J_{m_i}/m_i$，$i=1,2,\cdots,r$。

证明：根据矩阵 $\boldsymbol{I}_n$、$\boldsymbol{J}_n$ 和 $\boldsymbol{C}$ 的结构容易看出 $\boldsymbol{A}$、$\boldsymbol{A}_1$、$\boldsymbol{A}_2$ 都是实对称矩阵，其次是涉及三个基本二次型的计算，它们是

$$Y'Y=\sum_{i=1}^{r}\sum_{j=1}^{m_i}y_{ij}^{2}$$

$$Y'J_nY=T^2,\quad T=\sum_{i=1}^{r}\sum_{j=1}^{m_i}y_{ij}$$

$$Y'CY=\sum_{i=1}^{r}T_i^2/m_i,\quad T_i=\sum_{j=1}^{m_i}y_{ij},\quad i=1,2,\cdots,r$$

这些等式容易验证。由这三个基本等式即可得 S_T、S_e 和 S_A 的二次型表达式。另外，容易验证：$\boldsymbol{A}$、$\boldsymbol{A}_1$、$\boldsymbol{A}_2$ 都是幂等矩阵，从而这个幂等矩阵的秩等于幂等矩阵的迹，即

$$rank(\boldsymbol{A})=\text{tr}(\boldsymbol{A})=\text{tr}(\boldsymbol{I}_n)-\text{tr}(\boldsymbol{J}_n)/n=n-1=f_T$$
$$rank(\boldsymbol{A}_1)=\text{tr}(\boldsymbol{A}_1)=\text{tr}(I_n)-\text{tr}(\boldsymbol{C})=n-r=f_e$$
$$rank(\boldsymbol{A}_2)=\text{tr}(\boldsymbol{A}_2)=\text{tr}(\boldsymbol{C})-\text{tr}(\boldsymbol{J}_n)/n=r-1=f_A$$

这样就完成了定理的证明。

最后，我们引用 Cochran 定理（证明见[3]）就可获得需要的结果。

定理 2.2.4 （Cochran）设 n 维随机变量 $Y\sim N(\boldsymbol{\mu},I_n)$，假如二次型 $Y'\boldsymbol{A}Y$ 可以分解为 k 个二次型：

$$Y'\boldsymbol{A}Y=Y'\boldsymbol{A}_1Y+Y'\boldsymbol{A}_2Y+\cdots+Y'\boldsymbol{A}_kY$$

又记 $rank(\boldsymbol{A})=R$，$rank(\boldsymbol{A}_i)=R_i$，$i=1,2,\cdots,k$，则二次型 $Y'\boldsymbol{A}Y$ 和诸 $Y'\boldsymbol{A}_iY$ 分别服从自由度为 R 和 R_i 的 χ^2 分布，且诸 $Y'\boldsymbol{A}_iY$ 相互独立的充要条件是 $\boldsymbol{A}$ 和 $\boldsymbol{A}_i$ 均为幂等矩阵，$\sum_{i=1}^{r}R_i=R$，$\boldsymbol{A\mu}=0$，诸 $\boldsymbol{A}_i\boldsymbol{\mu}=0$。

如今在原假设 $H_0:\mu_1=\mu_2=\cdots=\mu_r$ 成立时对总平方和分解公式 $S_T=S_A+S_e$ 使用 Cochran 定理。由定理 2.2.3 知：

- $Y'\boldsymbol{A}Y=Y'\boldsymbol{A}_1Y+Y'\boldsymbol{A}_2Y$，其中 $\boldsymbol{A}$、$\boldsymbol{A}_1$、$\boldsymbol{A}_2$ 如定理 2.2.3 所示；
- $\boldsymbol{A}$、$\boldsymbol{A}_1$、$\boldsymbol{A}_2$ 均为幂等矩阵；
- $rank(\boldsymbol{A})=rank(\boldsymbol{A}_1)+rank(\boldsymbol{A}_2)$

最后，在原假设 H_0 成立下，$\mu=\mu_1\boldsymbol{1}_n$，其中 $\boldsymbol{1}_n$ 是全为 1 的 n 维列向量，通过计算可得：

$$I_n\boldsymbol{\mu}=J_n\boldsymbol{\mu}/n=\mathbf{C}\boldsymbol{\mu}=\mu_1\mathbf{1}_n$$

从而可得 $\boldsymbol{A\mu}=0,\boldsymbol{A}_1\boldsymbol{\mu}=0,\boldsymbol{A}_2\boldsymbol{\mu}=0$。

以上验算表明，Cochran 定理的条件全部满足，故在原假设 H_0 成立下有

$$S_T/\sigma^2=Y'\boldsymbol{A}Y/\sigma^2\sim\chi^2(n-1)$$
$$S_e/\sigma^2=Y'\boldsymbol{A}_1Y/\sigma^2\sim\chi^2(n-r)$$
$$S_A/\sigma^2=Y'\boldsymbol{A}_2Y/\sigma^2\sim\chi^2(r-1)$$

且 S_A 与 S_e 相互独立

由此立即可得在原假设 H_0 成立下有

$$F=\frac{S_A/f_A}{S_e/f_e}=\frac{MS_A}{MS_e}\sim F(f_A,f_e)$$

这就是单因子方差分析所需要的检验统计量的概率分布。

习题 2.2

1. 设样本 $y_1,y_2,\cdots,y_n$ 的偏差平方和为 Q，证明

$$Q=\sum_{i=1}^n y_i^2-n\bar{y}^2,\quad Q=\sum_{i=1}^n y_i^2-\frac{1}{n}\left(\sum_{i=1}^n y_i\right)^2$$

其中 $\bar{y}$ 是该样本的均值。

2. 证明：容量为 2 的样本 $\{y_1,y_2\}$ 的偏差平方和为

$$Q=(y_1-y_2)^2/2$$

3. 现有容量为 n 的一个样本 A，分别减去一个正数 d 后得到样本 B，试比较两个样本的均值 $\bar{y}_A$ 与 $\bar{y}_B$，样本中位数 $\tilde{y}_A$ 与 $\tilde{y}_B$，样本极差 R_A 与 R_B，样本方差 S_A^2 与 S_B^2 间的大小。

4. 在一个单因子试验中，因子 A 有两个水平，每个水平下各重复 4 次，具体数据及其均值、组内平方和如下：

水平	数据	均值	组内平方和
一水平	8,5,7,4	6	10
二水平	0,1,5,2	2	14

试计算误差平方和 S_e、因子 A 的平方和 S_A、总平方和 S_T，并指出它们各自的自由度。

5. 在一个单因子试验中，因子 A 有 4 个水平，每个水平下重复次数分别为 5,7,6,8。那么误差平方和、A 的平方和及总平方和的自由度各是多少？

6. 单因子试验中有如下试验结果：

水平	数据	和 T_i	均值 $\bar{y}_i$	组内平方和 Q_i^2	自由度 f_i
A_1	4,8,5,7,6	30			
A_2	2,0,2,2,4	10			
A_3	3,4,6,2,5	20			

试填写上表,并计算误差平方和 S_e、因子 A 的平方和 S_A、总平方和 S_T,并指出它们各自的自由度。

7. 在单因子试验中,因子 A 有 r 个水平,每个水平下各重复 m 次试验,那么误差平方和、A 的平方和及总平方和的自由度各是多少?

8. 在单因子试验中,因子 A 有四个水平,每个水平下各重复 3 次试验,现已求得每个水平下试验结果的样本标准差分别为 1.5,2.0,1.6,1.2,则其误差平方和为多少?误差的方差 σ^2 的估计值是多少?

9. 研究四个人群住院治疗的期限,其平均住院治疗天数与标准差分别为

$$\mu_1=5.1,\quad \mu_2=6.3,\quad \mu_3=7.9,\quad \mu_4=9.5,\quad \sigma=2.8$$

假定单因子方差分析模型(2.1.1)成立。

(1)请画出如图 2.1.2 所示的模型示意图;

(2)假如从每个人群中各随机抽取 100 人进行研究,请算出 $E(MS_e)$ 与 $E(MS_A)$。若 $E(MS_A)$ 比 $E(MS_e)$ 大很多,这意味着什么?

(3)假如 $\mu_2=5.6$,$\mu_3=9.0$,而 μ_1,μ_4 不变,请再计算 $E(MS_A)$;

(4)上述两组 μ_1,μ_2,μ_3,μ_4 的极差没变,而两个 $E(MS_A)$ 相差较大是什么原因?

10. 一种儿童糖果设计了四种包装(造型、图案、色彩都有不同),为实际考察儿童及其家长对各种包装的喜爱程度(用销售量表示),特选十家食品店进行试销,这十家食品店的规模及所处地段的繁华程度相似,糖果陈列的位置也相似,把十家食品店随机编号,并规定第 1、2 号食品店放甲种包装,第 3、4、5 号食品店放乙种包装,第 6、7、8 号食品店放丙种包装,第 9、10 号食品店放丁种包装。经过一周考察,各店的销售量如下所示:

糖果销售量(单位:公斤)

包装方式 A	m_i	销售量 y_{ij}	和 T_i
A_1:甲种	2	12　18	30
A_2:乙种	3	14　12　13	39
A_3:丙种	3	19　17　21	57
A_4:丁种	2	24　30	54

(1)把数据 y_{ij} 减去 20 后计算各类平方和;

(2)对给定的显著性水平 $\alpha=0.05$,在方差分析表上做 F 检验;

(3)因子 A(包装方式)的四种包装的销售量是否有显著差异?

(4)给出各水平下的平均销售量的估计;

(5)给出误差方差 σ^2 的估计值。

11. 在饲料对养鸡增肥的研究中,某研究所提出三种饲料配方:A_1 是以鱼粉为主的饲料,A_2 是以槐树粉为主的饲料,A_3 是以苜蓿粉为主的饲料。为比较三种饲料的效果,特选 30 只雏鸡随机均分为三组,每组各喂一种饲料,60 天后观察它们的重量。试验结果如下表所示:

鸡饲料试验数据

饲料 A	鸡重(克)									
A_1	1073	1058	1071	1037	1066	1026	1053	1049	1065	1051
A_2	1016	1058	1038	1042	1020	1045	1044	1061	1034	1049
A_3	1084	1069	1106	1078	1075	1090	1079	1094	1111	1092

在显著性水平 $\alpha=0.05$ 下，进行方差分析，可以得到哪些结果？

12. 在单因子方差分析中，因子 A 有三个水平，每个水平各做 4 次重复试验，请完成下列方差分析表，并在显著性水平 $\alpha=0.05$ 下对因子 A 是否显著作出检验。

方差分析表

来源	平方和	自由度	均方和	F 比	P 值
因子 A	4.2				
误差 e	2.7				
和 T	6.9				

13. 用 4 种安眠药在兔子身上进行试验，特选 24 只健康的兔子，随机把它们均分为 4 组，每组各服一种安眠药，安眠时间如下所示。在显著性水平 $\alpha=0.05$ 下对其进行方差分析，可以得到什么结果？

安眠药试验数据

安眠药	安眠时间(小时)					
A_1	6.2	6.1	6.0	6.3	6.1	5.9
A_2	6.3	6.5	6.7	6.6	7.1	6.4
A_3	6.8	7.1	6.6	6.8	6.9	6.6
A_4	5.4	6.4	6.2	6.3	6.0	5.9

14. 为研究咖啡因对人体功能的影响，特选 30 名体质大致相同的健康的男大学生进行手指叩击训练，此外咖啡因选三个水平：

$$A_1=0\text{mg},\quad A_2=100\text{mg},\quad A_3=200\text{mg}$$

每个水平下冲泡 10 杯水，外观无差别，并加以编号，然后让 30 位大学生每人从中任选一杯服下，2 小时后，请每人做手指叩击，统计员记录其每分钟叩击次数，试验结果统计如下表：

手指叩击试验数据

咖啡因剂量	叩击次数									
A_1:0mg	242	245	244	248	247	248	242	244	246	242
A_2:100mg	248	246	245	247	248	250	247	246	243	244
A_3:200mg	246	248	250	252	248	250	246	248	245	250

请对上述数据进行方差分析，从中可得到什么结论？

15. 在等重复试验场合和诸方差相等的条件下，运用定理 2.2.1 证明：

(1)误差平方和 $S_e=\sum_{i=1}^{r}\sum_{j=1}^{m}(y_{ij}-\bar{y}_i)^2$ 有

$$S_e/\sigma^2\sim\chi^2(rm-r)$$

（2）因子 A 的平方和 $S_A=m\sum_{i=1}^{r}(\bar{y}_i-\bar{y})^2$ 在假设 $H_0:\mu_1=\mu_2=\cdots=\mu_r$ 为真时有

$$S_A/\sigma^2\sim\chi^2(r-1)$$

（3）S_A 与 S_e 相互独立。

16. 证明 F 分布的分位数间有如下关系：

$$F_\alpha(f_1,f_2)=\frac{1}{F_{1-\alpha}(f_2,f_1)},\quad 0<\alpha<1$$

§2.3 多重比较

在单因子方差分析中，若经 F 检验拒绝了原假设 $H_0:\mu_1=\mu_2=\cdots=\mu_r$，这表明，因子 A 的 r 个水平均值 $\mu_1,\mu_2,\cdots,\mu_r$ 不全相等，但不一定两两之间都有差异。故还需要进一步去确认哪些水平均值间确有显著差异，哪些水平均值间无显著差异。这要进行多重比较。

在多个水平场合，同时比较其中任意两个水平均值间有无显著差异的问题称为**多重比较问题**。

这里的关键是“同时”两字。若有 $r(r>2)$ 个水平均值 $\mu_1,\mu_2,\cdots,\mu_r$，则同时检验以下 $\binom{r}{2}$ 个假设：

$$H_0^{ij}:\mu_i=\mu_j\quad(i<j;i,j=1,2,\cdots,r)\tag{2.3.1}$$

的检验问题就是多重比较问题。譬如在 $r=3$ 时，同时检验如下三个假设：

$$H_0^{12}:\mu_1=\mu_2,\quad H_0^{13}:\mu_1=\mu_3,\quad H_0^{23}:\mu_2=\mu_3$$

的检验问题就是多重比较问题的一个例子。

下面分重复数相等与重复数不等两种情况分别讨论多重比较问题。

2.3.1 重复数相等情况的 T 法

这是 Tukey[8]在 1953 年提出的多重比较方法，简称 T 法，适用于重复数相等的情况，这里设重复数皆为 m。

直观考虑，当 H_0^{ij} 为真时，$|\bar{y}_i-\bar{y}_j|$ 不应过大，过大就应拒绝 H_0^{ij}。因此在同时考虑 $\binom{r}{2}$ 个假设 H_0^{ij} 时，“诸 H_0^{ij} 中至少有一个不成立”就构成多重比较的拒绝域 W，它应有如下形式：

$$W=\bigcup_{i<j}\{|\bar{y}_i-\bar{y}_j|>c\}\tag{2.3.2}$$

这里 $\bar{y}_i$ 表示水平 A_i 下数据的平均值，$i=1,2,\cdots,r$ 。如果给定显著性水平 α，就要确定这样的临界值 c，使得上述 $\binom{r}{2}$ 个假设 H_0^{ij} 都成立时，而犯第一类错误的概率 $P(W)=\alpha$。下面来确定临界值 c。

$$
\begin{aligned}
P(W) &= P\left(\bigcup_{i<j}\{|\bar{y}_i-\bar{y}_j|>c\}\right)=1-P\left(\bigcap_{i<j}\{|\bar{y}_i-\bar{y}_j|\leqslant c\}\right) \\
&= 1-P\left(\max_{i<j}|\bar{y}_i-\bar{y}_j|\leqslant c\right)=P\left(\max_{i<j}|\bar{y}_i-\bar{y}_j|>c\right) \\
&= P\left(\max_{i<j}\left|\frac{\bar{y}_i-\bar{y}_j}{\sqrt{MS_e/m}}\right|>\frac{c}{\sqrt{MS_e/m}}\right) \\
&= P\left(\max_{i<j}\left|\frac{(\bar{y}_i-\mu_i)-(\bar{y}_j-\mu_j)}{\sqrt{MS_e/m}}\right|>\frac{c}{\sqrt{MS_e/m}}\right) \\
&= P\left(\max_{i}\left(\frac{(\bar{y}_i-\mu_i)}{\sqrt{MS_e/m}}\right)-\min_{i}\left(\frac{(\bar{y}_i-\mu_i)}{\sqrt{MS_e/m}}\right)>\frac{c}{\sqrt{MS_e/m}}\right)
\end{aligned}
\tag{2.3.3}
$$

其中 MS_e 为方差分析中的误差均方和，它是方差 σ^2 的无偏估计，并且与诸 $\bar{y}_i$ 相互独立，从而

$$
\frac{\bar{y}_i-\mu_i}{\sqrt{MS_e/m}}\sim t(f_e)
$$

于是

$$
t_{(r)}=\max_{i}\left(\frac{(\bar{y}_i-\mu_i)}{\sqrt{ME_e/m}}\right),\quad t_{(1)}=\min_{i}\left(\frac{(\bar{y}_i-\mu_i)}{\sqrt{ME_e/m}}\right)
$$

分别是来自 $t(f_e)$ 分布的容量为 r 的样本的最大与最小次序统计量，从而

$$
q(r,f_e)=t_{(r)}-t_{(1)} \tag{2.3.4}
$$

是 $t(f_e)$ 分布的容量为 r 的样本极差，它被称为 t 化极差统计量，它的分布不易导出，但知它的分布只与 t 分布的自由度 f_e（即误差平方和的自由度）和样本量 r（即因子 A 的水平数）有关，因此可以用随机模拟法获得 $q(r,f_e)$ 分布的分位数（见附表 5），为使

$$
P(W)=P\left(q(r,f_e)>\frac{c}{\sqrt{MS_e/m}}\right)=\alpha
$$

可取 $q(r,f_e)$ 的 $1-\alpha$ 分位数，使

$$
\frac{c}{\sqrt{MS_e/m}}=q_{1-\alpha}(r,f_e)
$$

从而显著性水平为 α 的临界值为

$$
c=q_{1-\alpha}(r,f_e)\sqrt{MS_e/m} \tag{2.3.5}
$$

综上可知，检验问题（2.3.1）的显著性水平为 α 的拒绝域为

$$
|\bar{y}_i-\bar{y}_j|>q_{1-\alpha}(r,f_e)\sqrt{MS_e/m}\quad (i<j;i,j=1,2,\cdots,r) \tag{2.3.6}
$$

例 2.3.1 在显著性水平 $\alpha=0.05$ 下对例 2.2.5 做多重比较。

在例 2.2.5 中，$r=4$，$m=10$，$MS_e=6.14$，$f_e=36$，在 $\alpha=0.05$ 时，从附表 5 中查得 $q_{0.95}(4,36)=3.82$，可得临界值

$$
c=3.82\sqrt{6.14/10}=2.99
$$

从而当 $i<j$ 时，$|\bar{y}_i-\bar{y}_j|>2.99$，则拒绝 $H_0^{ij}:\mu_i=\mu_j$，否则就保留该假设，现从例 2.2.5 中得

$$\bar{y}_1=43.14,\quad \bar{y}_2=89.44,\quad \bar{y}_3=67.95,\quad \bar{y}_4=40.47$$

可求得任意两个均值的差的绝对值

$|\bar{y}_1-\bar{y}_2|=46.3$

$|\bar{y}_1-\bar{y}_3|=24.8$

$|\bar{y}_1-\bar{y}_4|=2.67<2.99$，保留 H_0^{14}，认为 $\mu_1=\mu_4$

$|\bar{y}_2-\bar{y}_3|=21.49$

$|\bar{y}_2-\bar{y}_4|=49.97$

$|\bar{y}_3-\bar{y}_4|=27.48$

从以上比较可见，四种防锈剂可分为三类：

第一类仅含 A_2，它是防锈能力最强的防锈剂；

第二类仅含 A_3；

第三类含 A_1 与 A_4，这是防锈能力最差的一类。

在这三类间都有显著差异。

2.3.2 重复数不等情况的 S 法

这是 Scheffe[9]在 1953 年提出的多重比较法，简称 S 法，适用于重复数不等的情况。因子 A 的 r 个水平的重复数分别记为 $m_1,m_2,\cdots,m_r$。

当 $H_0^{ij}:\mu_i=\mu_j$ 成立时，有

$$\bar{y}_i-\bar{y}_j\sim N\left(0,\left(\frac{1}{m_i}+\frac{1}{m_j}\right)\sigma^2\right)$$

若用误差均方和 MS_e 代替 σ^2，并且 MS_e 与诸 $\bar{y}_i$ 相互独立，故有

$$F_{ij}=\frac{(\bar{y}_i-\bar{y}_j)^2}{\left(\frac{1}{m_i}+\frac{1}{m_j}\right)MS_e}\sim F(1,f_e)$$

当 H_0^{ij} 成立时，F_{ij} 不应过大，过大会拒绝 H_0^{ij}。当一切 H_0^{ij} 都成立时，多重比较的拒绝域应有如下形式：

$$W=\bigcup_{i<j}\{F_{ij}>c\}$$

如同(2.3.3)式的推导，有

$$P(W)=P\left(\bigcup_{i<j}\{F_{ij}>c\}\right)=P\left(\max_{i<j}F_{ij}>c\right)$$

Scheffe 证明了

$$\frac{\max\limits_{i<j}F_{ij}}{r-1}\ \dot{\sim}\ F(r-1,f_e)$$

(符号 $A\ \dot{\sim}\ F$ 表示随机变量 A 近似服从分布 F。)若给定显著性水平 α，要使 $P(W)=\alpha$，

可取

$$c=(r-1)F_{1-\alpha}(r-1,f_e)$$

即对一切 $i<j$：

$$|\bar{y}_i-\bar{y}_j|>\sqrt{(r-1)F_{1-\alpha}(r-1,f_e)\left(\frac{1}{m_i}+\frac{1}{m_j}\right)MS_e}$$

若记

$$c_{ij}=\sqrt{(r-1)F_{1-\alpha}(r-1,f_e)\left(\frac{1}{m_i}+\frac{1}{m_j}\right)MS_e}$$

则当

$$|\bar{y}_i-\bar{y}_j|>c_{ij}\quad(i<j;i,j=1,2,\cdots,r)$$

拒绝 H_0^{ij}，否则保留 H_0^{ij}。

例 2.3.2　在显著性水平 $\alpha=0.10$ 下对例 2.1.1 作多重比较。

在茶叶叶酸含量的例 2.2.1～2.2.3 中：

$$r=4,\quad m_1=7,\quad m_2=5,\quad m_3=6,\quad m_4=6\quad（见表 2.1.2）$$
$$MS_e=2.09,\quad f_e=20\quad（见表 2.2.3）$$

在 $\alpha=0.10$ 时，从附表查得 $F_{0.09}(3,20)=2.38$，从而可得

$$c=(4-1)\times2.38=7.14$$

又可求得

$$c_{12}=\sqrt{7.14\times\left(\frac{1}{7}+\frac{1}{5}\right)\times2.09}=2.26$$

$$c_{13}=c_{14}=\sqrt{7.14\times\left(\frac{1}{7}+\frac{1}{6}\right)\times2.09}=2.15$$

$$c_{23}=c_{24}=\sqrt{7.14\times\left(\frac{1}{5}+\frac{1}{6}\right)\times2.09}=2.34$$

$$c_{34}=\sqrt{7.14\times\left(\frac{1}{6}+\frac{1}{6}\right)\times2.09}=2.23$$

另外，从表 2.1.2 获得诸水平下数据的均值：

$$\bar{y}_1=8.27,\quad\bar{y}_2=7.50,\quad\bar{y}_3=5.82,\quad\bar{y}_4=6.35$$

可求得任意两个均值之差的绝对值：

$|\bar{y}_1-\bar{y}_2|=0.77<c_{12}$

$|\bar{y}_1-\bar{y}_3|=2.45>c_{13}$，　拒绝 H_0^{13}，可认为 $\mu_1\neq\mu_3$

$|\bar{y}_1-\bar{y}_4|=1.92<c_{14}$

$|\bar{y}_2-\bar{y}_3|=1.68<c_{23}$

$|\bar{y}_2-\bar{y}_4|=1.15<c_{24}$

$|\bar{y}_3-\bar{y}_4|=0.53<c_{34}$

综上可知,在显著性水平 $\alpha=0.10$ 下,四种绿茶中叶酸的平均含量只有 A_1 与 A_3 间有显著差异,其他诸对水平均值的比较中皆无显著差异。

习题 2.3

1. 某粮食加工厂试验三种储藏方法对粮食含水率有无显著影响。现取一批粮食分成若干份,分别用三种不同的方法储藏,过一段时间后测得的含水率如下表:

储藏方法	含水率数据				
A_1	7.3	8.3	7.6	8.4	8.3
A_2	5.4	7.4	7.1		
A_3	7.9	9.5	10.0		

(1)假定各种方法储藏的粮食的含水率服从正态分布,且方差相等,试在 $\alpha=0.05$ 水平下检验这三种方法对含水率有无显著影响;

(2)对每种方法的平均含水率给出置信水平为 0.95 的置信区间;

(3)对三种储藏方法的平均含水率在 $\alpha=0.05$ 下作多重比较。

2. 在入户推销上有五种方法,某大公司想比较这五种方法有无显著的效果差异,设计了一项实验:从应聘的且无推销经验的人员中随机挑选一部分人,将他们随机地分为五个组,每一组用一种推销方法进行培训,培训相同时间后观察他们在一个月内的推销额,数据如下:

组别	推销额(千元)						
第一组	20.0	16.8	17.9	21.2	23.9	26.8	22.4
第二组	24.9	21.3	22.6	30.2	29.9	22.5	20.7
第三组	16.0	20.1	17.3	20.9	22.0	26.8	20.8
第四组	17.5	18.2	20.2	17.7	19.1	18.4	16.5
第五组	25.2	26.2	26.9	29.3	30.4	29.7	28.2

(1)假定数据满足进行方差分析的假定,对数据进行分析,在 $\alpha=0.05$ 下,这五种方法在平均月推销额上有无显著差异?

(2)哪种推销方法的效果最好?试对该种方法一个月的平均推销额求置信水平为 0.95 的置信区间;

(3)对五种推销方法在 $\alpha=0.05$ 下作多重比较。

3. 有人调查过美国某年不同工种的工人每小时的收入情况,见下表:

工种	每小时收入(美元)						
日用品	9.80	10.15	10.00	9.65	9.90	9.85	9.95
非日用品	9.40	9.00	9.15	9.20	9.15	9.30	
建筑业	11.40	11.40	10.80	11.45	10.80		
零售业	8.60	8.65	8.90	8.80	8.75	8.50	

假定四种工种每小时的收入服从同方差的正态分布,那么这四种类型的工种的平均收入有无显著差

异？并作多重比较。

4. 有七种人造纤维，每种抽 4 根测其强度，得每种纤维的平均强度如下：

i	1	2	3	4	5	6	7
$\bar{y}_i$	6.3	6.2	6.7	6.8	6.5	7.0	7.1

又有 $\sum_{i=1}^{7}\sum_{j=1}^{4}(y_{ij}-\bar{y}_i)^2=18.9$，并假定各种纤维的强度服从等方差的正态分布。

(1)试问七种纤维强度间有无显著差异(取 $\alpha=0.05$)；

(2)若各种纤维的强度间有显著差异，请进一步在 $\alpha=0.05$ 给出多重比较，并指出哪种纤维的平均强度最大，同时给出该种纤维平均强度的置信水平为 0.95 的置信区间。若各种纤维的强度间无显著差异，则给出平均强度的置信水平为 0.95 的置信区间。

§2.4　效应模型

描述单因子试验的数据结构是效应模型。它可以使我们更深入地认识单因子试验、发现更深层次的问题。效应模型有两类：一类是**固定效应模型**，另一类是**随机效应模型**。他们分别描述两类不同性质的单因子试验。§2.2 中的单因子试验数据可用固定效应模型描述。假如因子 A 的 r 个水平是从众多水平中随机选出来的，此时单因子试验数据就要用随机效应模型来描述。

譬如，在研究绿茶中叶酸含量时(见例 2.1.1)，假如用精心选出的有代表性的四种绿茶作为因子的水平，那可用固定效应模型描述这个单因子试验的数据；假如是从很多绿茶中随机选出的四种绿茶作为因子的水平，这时单因子试验的数据应用随机效应模型来描述。

这两类效应模型在方差分析上并无多大差别，差别主要表现在效应是固定的还是随机的，从而在假设的设置和参数估计上显现出来。多重比较在固定效应模型场合是有意义的，而在随机效应场合就无必要了。

下面将分别叙述这两类效应模型。

2.4.1　固定效应模型

一、数据结构

在单因子试验中，设因子 A 有 r 个水平 $A_1,A_2,\cdots,A_r$，在水平 A_i 下重复进行 m_i 次试验，$i=1,2,\cdots,r$，这样共做了 $n=m_1+m_2+\cdots+m_r$ 次试验。记 y_{ij} 为在第 i 个水平下的第 j 次重复试验的结果，在单因子方差分析的三项基本假定(见 2.1.2)下，应有

$$y_{ij}\sim N(\mu_i,\sigma^2)$$

其中 μ_i 是水平 A_i 的均值，σ^2 为试验误差的方差。这时数据 y_{ij} 一般认为有如下的数据结构(见(2.1.1))：

$$y_{ij}=\mu_i+\varepsilon_{ij}\qquad(i=1,2,\cdots,r;j=1,2,\cdots,m_i)\tag{2.4.1}$$

其中诸 ε_{ij} 可看作来自 $N(0,\sigma^2)$ 的一个随机样本。

若记各均值 μ_i 的加权平均为

$$\mu=\sum_{i=1}^{r} w_i\mu_i,\quad \sum_{i=1}^{r} w_i=1 \tag{2.4.2}$$

其中权 w_i 是各水平重复次数在总试验次数中所占比重。在非平衡设计场合，$w_i=m_i/n,i=1,2,\cdots,r$。在平衡设计（$m_1=m_2=\cdots=m_r=n/r$）场合，$w_i=1/r$，$i=1,2,\cdots,r$。此时称 μ 为**一般平均**，或称为**总均值**。又记

$$a_i=\mu_i-\mu,\quad i=1,2,\cdots,r \tag{2.4.3}$$

它表示水平 A_i 的均值中除去总均值后特有的贡献，称 a_i 为**水平 A_i 的效应**，它可正可负，容易看出，诸 a_i 受到约束

$$\sum_{i=1}^{r} w_i a_i=0 \tag{2.4.4}$$

这样一来，数据结构(2.4.1)可改写为

$$y_{ij}=\mu+a_i+\varepsilon_{ij}\quad (i=1,2,\cdots,r;j=1,2,\cdots,m_i) \tag{2.4.5}$$

其中诸 ε_{ij} 是来自 $N(0,\sigma^2)$ 的一个样本，诸 a_i 满足约束条件(2.4.4)。假如因子 A 的 r 个水平 $A_1,A_2,\cdots,A_r$ 是指定的，那么(2.4.5)式中的诸效应是**固定的**，则由数据结构式(2.4.5)和对诸 ε_{ij} 的假定、对诸 a_i 的约束就组成**固定效应模型**。假如 r 个水平 $A_1,A_2,\cdots,A_r$ 是从因子 A 的所有可能水平中随机选出的一个样本，从而构成**随机效应模型**，进一步的叙述将在 2.4.2 节中进行。

二、方差分析

在固定效应模型场合，人们最关心的是检验一对假设：

$$H_0:a_1=a_2=\cdots=a_r=0$$
$$H_1:\text{诸 } a_i \text{ 不全为 } 0$$

这一对假设与原来的一对假设：

$$H_0:\mu_1=\mu_2=\cdots=\mu_r$$
$$H_1:\text{诸 } \mu_i \text{ 不全相等}$$

是等价的，也就是说，单因子方差分析与固定效应模型在方差分析上是相同的。

三、参数估计

现转入讨论(2.4.5)中总均值 μ 和诸效应 a_i 的估计。由(2.4.5)式可得误差（或残差）平方和

$$\varphi(\mu,a_1,a_2,\cdots,a_r)=\sum_{i=1}^{r}\sum_{j=1}^{m_i}(y_{ij}-\mu-a_i)^2$$

最小二乘估计是指要求 μ 和诸 a_i 的估计使上述平方和达到最小。用微分法，并令其为0，可得如下方程组：

$$\frac{\partial\varphi}{\partial\mu}=(-2)\sum_{i=1}^{r}\sum_{j=1}^{m_i}(y_{ij}-\mu-a_i)=0$$

$$\frac{\partial\varphi}{\partial a_i}=(-2)\sum_{j=1}^{m_i}(y_{ij}-\mu-a_i)=0,\quad i=1,2,\cdots,r$$

和以前一样，记

$$T_i=\sum_{j=1}^{m_i}y_{ij},\quad i=1,2,\cdots,r$$

$$T=\sum_{i=1}^{r}T_i=\sum_{i=1}^{r}\sum_{j=1}^{m_i}y_{ij}$$

可把上述方程组简化为

$$\begin{aligned}
&n\mu+m_1a_1+m_2a_2+\cdots+m_ra_r=T\\
&m_1\mu+m_1a_1=T_1\\
&m_2\mu+m_2a_2=T_2\\
&\cdots\\
&m_r\mu+m_ra_r=T_r
\end{aligned}$$

这就是最小二乘法的正规方程组。在这 $r+1$ 个方程中后 r 个方程之和即为第一个方程，这一线性相关性使得其解不唯一。若把约束条件(2.4.4)加入这个方程组中就可以得到合理的唯一解，其解为

$$\hat{\mu}=\bar{y}=T/n \tag{2.4.6}$$

$$\hat{a}_i=\bar{y}_i-\bar{y},\quad i=1,2,\cdots,r \tag{2.4.7}$$

这组解很直观，总均值 μ 的估计恰好是全部数据的总平均，而第 i 个水平的效应 a_i 的估计是该水平下数据之平均与总平均之差。

由单因子方差分析的三个基本假定(见 2.2.4 节)可得

$$\bar{y}_i\sim N(\mu_i,\sigma^2/m_i),\quad i=1,2,\cdots,r$$

$$\hat{\mu}=\bar{y}\sim N(\mu_i,\sigma^2/n)$$

$$\hat{a}_i=\bar{y}_i-\bar{y}\sim N\left(a_i,\left(\frac{1}{m_i}-\frac{1}{n}\right)\sigma^2\right),\quad i=1,2,\cdots,r$$

由此可见，$\hat{\mu}$ 与 $\hat{a}_i$ 分别是 μ 与 a_i 的无偏估计，即

$$E(\hat{\mu})=\mu,\quad E(\hat{a}_i)=a_i,\quad i=1,2,\cdots,r$$

另外，在方差分析中已知误差均方和 $MS_e\sim\chi^2(n-r)$，且 MS_e 与诸 $\bar{y}_i$(也与 $\bar{y}$)相互独立，这样利用 t 分布 $t(n-1)$ 很容易构造如下一些置信区间：

1. μ_i 的 $1-\alpha$ 置信区间是 $\bar{y}_i\pm t_{1-\alpha/2}(n-r)\sqrt{MS_e/m_i}$；

2. $\mu_i-\mu_j$ 的 $1-\alpha$ 置信区间是 $(\bar{y}_i-\bar{y}_j)\pm t_{1-\alpha/2}(n-r)\sqrt{\left(\frac{1}{m_i}+\frac{1}{m_j}\right)MS_e}$；

3. a_i 的 $1-\alpha$ 置信区间是 $(\bar{y}_i-\bar{y})\pm t_{1-\alpha/2}(n-r)\sqrt{\left(\frac{1}{m_i}-\frac{1}{n}\right)MS_e}$。

例 2.4.1　在绿茶中叶酸含量的例 2.1.1 及后续例子中：

$$r=4,\quad m_1=7,\quad m_2=5,\quad m_3=6,\quad m_4=6,\quad n=24$$

$$\bar{y}_1=8.27,\quad \bar{y}_2=7.50,\quad \bar{y}_3=5.82,\quad \bar{y}_4=6.35$$
$$\bar{y}=7.02,\quad MS_e=2.09$$

在那里水平 A_1 的均值 μ_1 的估计最大，在多重比较中差 $\mu_1-\mu_3$ 显著不为 0，现在作这些参数的 0.95 的置信区间。μ_1 的 0.95 的置信区间为

$$\begin{aligned}&\bar{y}_1\pm t_{0.975}(24-4)\sqrt{MS_e/m_1}\\=&8.27\pm2.0860\times\sqrt{2.09/7}\\=&8.27\pm1.14=[7.13,9.41]\end{aligned}$$

而 $\mu_1-\mu_3$ 的 0.95 的置信区间为

$$\begin{aligned}&(\bar{y}_1-\bar{y}_3)\pm t_{0.975}(24-4)\sqrt{\left(\frac{1}{m_1}+\frac{1}{m_3}\right)MS_e}\\=&(8.27-5.82)\pm2.0860\times\sqrt{\left(\frac{1}{7}+\frac{1}{6}\right)\times2.09}\\=&2.45\pm1.68=[0.77,4.13]\end{aligned}$$

最后我们对四个水平的效应 a_1,a_2,a_3,a_4 作出估计，它们的点估计分别为

$$\hat{a}_1=8.27-7.02=1.25,\quad \hat{a}_2=7.50-7.02=0.48$$
$$\hat{a}_3=5.82-7.02=-1.20,\quad \hat{a}_4=6.35-7.02=-0.67$$

其中两个是正效应，两个是负效应。还可求出 a_1 的 0.95 的置信区间

$$\begin{aligned}&(\bar{y}_1-\bar{y})\pm t_{0.975}(24-4)\sqrt{\left(\frac{1}{m_1}-\frac{1}{n}\right)MS_e}\\=&1.25\pm2.0860\times\sqrt{\left(\frac{1}{7}-\frac{1}{24}\right)\times2.09}\\=&1.25\pm0.96=[0.39,2.21]\end{aligned}$$

类似可求得 a_2,a_3,a_4 的置信区间。

2.4.2 随机效应模型

一、数据结构

在单因子试验中，若因子 A 的 r 个水平是从很多个水平中随机选取的，则称 A 为随机因子。对随机因子的试验结果所作的统计推断不是仅限于随机选出的 r 个水平均之间差异，而是通过这 r 个水平来认识随机因子的全部水平之间的差异。

随机因子 A 的第 i 个水平 A_i 的第 j 次重复试验的结果仍记为 y_{ij}，它有如下的数据结构：

$$y_{ij}=\mu+a_i+\varepsilon_{ij}\qquad(i=1,2,\cdots,r;j=1,2,\cdots,m_i)\tag{2.4.8}$$

其中μ 是因子 A 的全部水平指标的总均值，它是待估常数；

a_i 是第 i 个水平的随机效应。一般假定 $a_1,a_2,\cdots,a_r$ 是来自某正态分布 $N(0,\sigma_a^2)$ 的一个随机样本，其中 σ_a^2 是未知参数；

ε_{ij} 是试验误差，一般假定诸 ε_{ij} 是来自正态分布 $N(0,\sigma^2)$的一个随机样本，其中 σ^2

是未知参数；

此外还假定诸 a_i 与诸 ε_{ij} 是相互独立的随机变量。

由数据结构式(2.4.8)及其上述诸项假定构成了单因子试验的随机效应模型。由于任一试验结果 y_{ij} 的方差为

$$\mathrm{var}(y_{ij})=\sigma_a^2+\sigma^2 \tag{2.4.9}$$

其中 σ_a^2 和 σ^2 称为 y_{ij} 的两个方差分量。这一现象在固定效应模型中未出现过，这是随机效应模型所特有的特征，故随机效应模型又称为**方差分量模型**。

二、方差分析

在固定效应模型中首要的问题是检验 r 个均值是否有显著差异，即检验假设 $H_0:\mu_1=\mu_2=\cdots=\mu_r$ 是否成立。但是在随机效应模型中再这样做就显得不够了，它需要检验因子 A 的一切可能的效应是否相等，这等价于检验效应方差 σ_a^2 是否为 0。因为方差为 0 的随机变量必几乎处处为常数。这样一来，在随机效应模型中需要对如下一对假设做判断：

$$H_0:\sigma_a^2=0,\quad H_1:\sigma_a^2>0 \tag{2.4.10}$$

若拒绝 H_0，则接受 H_1。而方差 $\sigma_a^2>0$ 意味着因子 A 的效应存在差异，σ_a^2 愈大，此种差异就愈大。

对上述一对假设作出判断仍然可用总平方和的分解公式：

$$S_T=S_A+S_e,\quad f_T=f_A+f_e$$

因为总平方和分解公式是代数恒等式，在随机效应模型中仍然有效，不过其成分发生了变化，这可以从 S_A 和 S_e 的数学期望看出(见下面的定理 2.4.1)，但在 H_0 成立下其分布不变，即在 $\sigma_a^2=0$ 的假设下：

$$S_e/\sigma^2\sim\chi^2(n-r)$$
$$S_A/\sigma^2\sim\chi^2(r-1)$$
$$S_e \text{ 与 } S_A \text{ 相互独立}$$

由此可得在 $\sigma_a^2=0$ 下

$$F=\frac{MS_A}{MS_e}\sim F(r-1,n-r)$$

与固定效应模型相同，在给定显著性水平 α 后，拒绝原假设 $H_0:\sigma_a^2=0$ 的拒绝域为

$$W=\{F>F_{1-\alpha}(r-1,n-r)\} \tag{2.4.11}$$

其中 $F_{1-\alpha}(r-1,n-r)$ 为相应 F 分布的 $1-\alpha$ 分位数。

综上可见，随机效应模型与固定效应模型在方差分析上，直至计算上都是一样的，差别仅表现在假设的设置上。

三、方差分量的估计

在随机效应模型中需要估计的参数是总均值 μ 和两个方差分量 σ_α^2 与 σ^2。μ 的无偏估计仍可用全部数据的总平均值，即

$$\hat{\mu}=\bar{y}=\frac{1}{n}\sum_{i=1}^{r}\sum_{j=1}^{m_i}y_{ij} \tag{2.4.12}$$

而方差分量的无偏估计需要下面的定理。

定理 2.4.1 在随机效应模型(2.4.8)下,误差平方和 S_e 和因子 A 的平方和 S_A 的数学期望分别为

$$E(S_e)=(n-r)\sigma^2$$

$$E(S_A)=(r-1)\sigma^2+\left(n-\sum_{i=1}^{r}\frac{m_i^2}{n}\right)\sigma_a^2$$

在等重复情况($m_1=m_2=\cdots=m_r=m, n=m_r$),有

$$E(S_A)=(r-1)\sigma^2+m(r-1)\sigma_a^2$$

证明:利用数据结构式(2.4.8),先计算 y_{ij}, $T_i=\sum_{j=1}^{m_i}y_{ij}$ 和 $T=\sum_{i=1}^{r}\sum_{j=1}^{m_i}y_{ij}$ 的平方的数学期望。考虑到诸 a_i 与诸 ε_{ij} 是相互独立的随机变量,且 $a_i\sim N(0,\sigma_a^2)$, $\varepsilon_{ij}\sim N(0,\sigma^2)$,可得

$$E(y_{ij}^2)=E(\mu+a_i+\varepsilon_{ij})^2=\mu^2+\sigma_a^2+\sigma^2$$

$$\begin{aligned}E(T_i{}^2)&=E\Big[\sum_{j=1}^{m_i}(\mu+a_i+\varepsilon_{ij})\Big]^2=E(m_i\mu+m_i a_i+m_i\bar{\varepsilon}_i)^2\\&=m_i^2(\mu^2+\sigma_a^2+\sigma^2/m_i)\end{aligned}$$

$$\begin{aligned}E(T^2)&=E\Big[\sum_{i=1}^{r}\sum_{j=1}^{m_i}(\mu+a_i+\varepsilon_{ij})\Big]=E\left(n\mu+\sum_{i=1}^{r}m_i a_i+n\bar{\varepsilon}\right)^2\\&=n^2\mu^2+\sum_{i=1}^{r}m_i^2\sigma_a^2+n\sigma^2\end{aligned}$$

利用上述结果很容易求得 S_e 与 S_A 的数学期望

$$\begin{aligned}E(S_e)&=E\Big[\sum_{i=1}^{r}\sum_{j=1}^{m_i}(y_{ij}-\bar{y}_i)^2\Big]=E\left[\sum_{i=1}^{r}\sum_{j=1}^{m_i}y_{ij}^2-\sum_{i=1}^{r}\frac{T_i^2}{m_i}\right]\\&=n\mu^2+n\sigma_a^2+n\sigma^2-\sum_{i=1}^{r}m_i\left(\mu^2+\sigma_a^2+\frac{\sigma^2}{m_i}\right)=(n-r)\sigma^2\end{aligned}$$

$$\begin{aligned}E(S_A)&=E\Big[\sum_{i=1}^{r}m_i(\bar{y}_i-\bar{y})^2\Big]=E\left[\sum_{i=1}^{r}\frac{T_i^2}{m_i}-\frac{T^2}{n}\right]\\&=\sum_{i=1}^{r}m_i\left(\mu^2+\sigma_a^2+\frac{\sigma^2}{m_i}\right)-\frac{1}{n}\left(n^2\mu^2+\sum_{i=1}^{r}m_i{}^2\sigma_a^2+n\sigma^2\right)\\&=(r-1)\sigma^2+\left(n-\sum_{i=1}^{r}\frac{m_i^2}{n}\right)\sigma_a^2\end{aligned}$$

在 $m_1=m_2=\cdots=m_r=m, n=mr$ 时,有

$$E(S_A)=(r-1)\sigma^2+m(r-1)\sigma_a^2$$

证毕。

从上述定理立即可得 σ^2 和 σ_a^2 的无偏估计

$$\hat{\sigma}^2 = MS_e = S_e/(n-r) \tag{2.4.13}$$

$$\hat{\sigma}_a^2 = \frac{MS_A - MS_e}{n_0} \tag{2.4.14}$$

其中 $n = m_1 + m_2 + \cdots + m_r$，

$$n_0 = \begin{cases} \dfrac{1}{r-1}\left(n - \sum\limits_{i=1}^{r} \dfrac{m_i^2}{n}\right), & \text{当重复数不等时} \\ m, & \text{当重复数相等，且为 } m \text{ 时} \end{cases} \tag{2.4.15}$$

σ^2 的置信区间可从 $\chi^2(n-r)$ 获得，而 σ_a^2 的置信区间难以获得。

注意：在采用(2.4.14)式时，有时会出现 $\hat{\sigma}_a^2 < 0$，这是值得注意的现象，从 $\hat{\sigma}_a^2 < 0$ 可知 $MS_A < MS_e$，从而 $F = \dfrac{MS_A}{MS_e} < 1$，这时总是接受原假设 $H_0: \sigma_a^2 = 0$，故这时常把 $\hat{\sigma}_a^2$ 改为

$$\tilde{\sigma}_a^2 = \min(\hat{\sigma}_a^2, 0)$$

当然还要考察出现 $MS_A < MS_e$ 的原因，可能试验误差过大，或模型不合适等原因引起。找到原因后再对试验进行改进。

例 2.4.2 绿茶的种类(产地)很多，例 2.1.1 中所选的四种绿茶可以看作是从诸多种类绿茶中随机抽取的，这时例 2.1.1 应用随机效应模型描述更为确当，即试验结果

$$y_{ij} = \mu + a_i + \varepsilon_{ij} \quad (i = 1,2,3,4;\ j = 1,2,\cdots,m_i)$$

其中 $m_1 = 7, m_2 = 5, m_3 = m_4 = 6$，而 $a_i \sim N(0, \sigma_a^2)$，$\varepsilon_{ij} \sim N(0, \sigma^2)$，诸 a_i 与诸 ε_{ij} 皆相互独立。这里 σ^2 是试验误差引起的方差，σ_a^2 是绿茶种类不同引起的方差。这时的方差分析要对以下一对假设作出判断：

$$H_0: \sigma_a^2 = 0, \quad H_1: \sigma_a^2 > 0$$

判断仍可使用方差分析表 2.2.3，在该表中

$$MS_A = 7.83, \quad MS_e = 2.09$$

方差分析表明，在显著性水平 $\alpha = 0.05$ 下，拒绝原假设 H_0，不同种类绿茶的叶酸含量间有显著差异。这时还可得到方差分量 σ^2 和 σ_a^2 的无偏估计如下：

$$\hat{\sigma}^2 = 2.09$$

$$\hat{\sigma}_a^2 = \frac{7.83 - 2.09}{n_0} = \frac{5.74}{5.97} = 0.96$$

其中 $n_0 = \dfrac{1}{r-1}\left(n - \sum\limits_{i=1}^{r} \dfrac{m_i^2}{n}\right) = \dfrac{1}{3}\left[24 - \dfrac{7^2 + 5^2 + 6^2 + 6^2}{24}\right] = 5.97$。

由此可得叶酸含量的总方差(见(2.4.9 式))的估计值为

$$\widehat{\text{var}}(y_{ij}) = \hat{\sigma}_a^2 + \hat{\sigma}^2 = 0.96 + 2.09 = 3.05$$

可见，试验误差的方差在总方差中占大部分，叶酸含量的方差只占小部分。

例 2.4.3[2] 纺织厂有很多纺机用来纺织纤维,希望各纺机的纤维强度波动小,一致性好。工程师推测,同一台机器纺出的纤维的强度间有差异,各台纺机之间纺出的纤维的强度间亦有差异。为研究这两种差异,随机选取四台纺机,在每台纺机生产的纤维中测定四个强度。这一试验以随机顺序进行,所得数据如表 2.4.1 所示。从打点图上看出,组内差异小于组间差异。

表 2.4.1 纺机生产的纤维的强度数据

纺机号	强度数据	和	均值
1	98 97 99 96	390	97.50
2	91 90 93 92	366	91.50
3	96 95 97 95	383	95.75
4	95 96 97 95	388	97.00

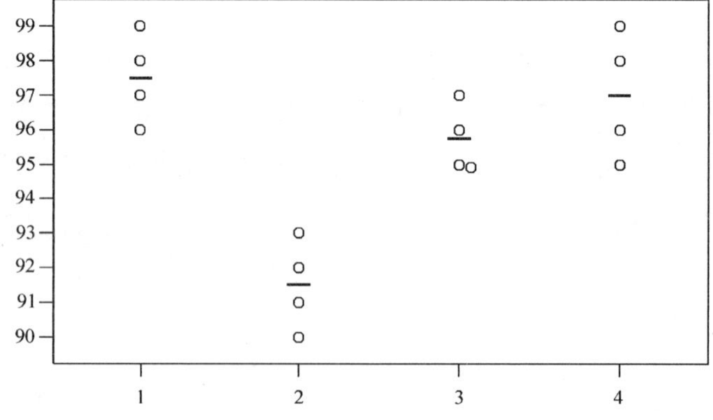

图 2.4.1 强度数据的点图

为了简化计算,我们把表 2.4.1 中的强度数据各减去 90 后列于表 2.4.2 上,这不会影响各种偏差平方和的大小。在表 2.4.2 上可计算各行和 T_i、总和 T、各行的组内平方和 Q_i。

表 2.4.2 强度数据减去 90 后的数据

纺机号	数据	和	均值	组内平方和
1	8 7 9 6	$T_1=30$	$\bar{y}_1=7.50$	$Q_1=5.00$
2	1 0 3 2	$T_2=6$	$\bar{y}_2=1.50$	$Q_2=5.00$
3	6 5 7 5	$T_3=23$	$\bar{y}_3=5.75$	$Q_3=2.75$
4	5 6 9 8	$T_4=28$	$\bar{y}_4=7.00$	$Q_4=10.00$
		$T=87$		$S_e=22.75$

在表 2.4.2 的基础上可求得随机因子 A（纺机）的平方和

$$S_A=\frac{T_1^2+T_2^2+T_3^2+T_4^2}{4}-\frac{T^2}{16}=\frac{30^2+6^2+23^2+28^2}{4}-\frac{87^2}{16}=89.19$$

把 S_A、S_e 移至方差分析表（表 2.4.3）上继续计算：

表 2.4.3　方差分析表

来源	平方和	自由度	均方和	F 比	P 值
纺机 A	89.19	3	29.73	15.65	1.90×10^{-3}
误差 e	22.75	12	1.90		
总和 T	111.94	15			

在给定的显著性水平 $\alpha=0.05$ 下，查得 $F_{0.95}(3,12)=3.49$，由于 $F>3.49$，所以在 $\alpha=0.05$ 水平上拒绝原假设 $H_0:\sigma_a^2=0$，接受 $H_1:\sigma_a^2>0$（或者根据 P 值小于 0.05 作出相同判断）。这表明该厂纺机在纤维强度上的差异是显著的。

现在来估计各方差分量，$\hat{\sigma}^2=MS_e=1.90$，另一方差分量的估计值为

$$\hat{\sigma}_a^2=\frac{29.73-1.90}{4}=6.96$$

因此任一强度数据的方差的估计值为 $\hat{\sigma}^2+\hat{\sigma}_a^2=1.90+6.96=8.86$，其中大部分来自纺机间的差异，小部分来自试验误差。这一结果表明：纤维强度的波动主要来自纺机，要提高纤维强度的合格率，就要研究纺机间差异形成的原因，可能是有些纺机装配不合格、或保养不好、或管理不好、或操作工技术不够、或原料不合格等。找到原因后加以改进就可减少纺机间的差异 σ_a^2，从而提高纤维质量。这一切都是由于把两个方差分量分开的结果，方差分量是一个很有用的概念。

习题 2.4

1. 某商店经理给出了评价职工的业绩指标，按此将商店职工的业绩分为优、良、中等三类，为增加客观性，经理又设计了若干项测验，现从优、良、中等三类职工中各随机抽 5 人，下表列出了他们各项测验的总分：

	优	良	中等
1	104	68	41
2	87	69	37
3	86	71	44
4	83	65	47
5	86	66	33

（1）假定各类人员的成绩分布都服从正态分布，且假定方差相同，试问三种人员的测验的平均分有无

显著差异？($\alpha=0.05$)

(2)在上述假定下，给出优等职工测验平均分的置信水平为 0.95 的置信区间；

(3)请识别：这可用固定效应模型还是用随机模型效应描述。

2. 为测定一大型化工厂对周围环境的污染，随机选了四个观察点 A_1,A_2,A_3,A_4，在每一观察点上各测四次空气中 SO_2 的含量。现得各观察点上的平均含量 $\bar{y}_i$ 及样本标准差 s_i 如下：

	A_1	A_2	A_3	A_4
$\bar{y}_i$	0.031	0.100	0.079	0.058
s_i	0.009	0.014	0.010	0.011

假定每一观察点上 SO_2 的含量服从正态分布，且方差相同，试问：

(1)在 $\alpha=0.05$ 水平上各观察点 SO_2 的平均含量有无显著差异？

(2)请识别：这可用固定效应模型还是用随机模型效应描述；

(3)若用固定效应模型描述，请给出多重比较；若用随机效应模型描述，请给出方差分量的估计。

3. 在一个车间里随机选出五台机器，在一段时间内观察这五台机器生产的产品的粘接强度。记录粘接强度，但各台机器记录次数不等，具体数据见下表：

机器 A	粘接强度(kg/cm^2)										m_i
A_1	40	47	48	46	45	43					6
A_2	43	45	40	40	43	45	47	44			8
A_3	42	39	45	31	38	40	38	33	36	35	10
A_4	42	32	38	35	35	35	36	36			8
A_5	31	35	34	31	37	34					6

(1)在 $\alpha=0.05$ 水平上各台机器粘接强度有无显著差异？

(2)对两个方差分量 σ^2 和 σ_a^2 给出估计值。

§2.5 模型诊断

在单因子试验的方差分析中，对试验结果有三项基本假定：(1)正态性；(2)方差齐性(即方差相等)；(3)相互独立性。这些假定在实际问题中满足吗？如果不满足的话，方差分析中的检验统计量 F 不再服从 F 分布，从而方差分析的结论就不可靠了。

若在试验过程中随机化得到很好的实现，试验结果的相互独立性一般可以得到满足。可正态性与方差齐性就不那么简单了，需要另外寻求统计检验方法。若正态性和方差齐性分别不被接受，还要寻求补救方法——数据变换，使其正态性或方差齐性分别得到满足，或基本满足。

2.5.1　正态性检验

一、正态性的图检验方法

1. 正态 Q-Q 图

正态 Q-Q(Quantile-Quantile)图是一种专门可以用于评估正态性假设的图形。它展示了样本分位数与观测值确实是来自正态分布时所会观测到的理论分位数之间的关系。假设 $y_1, y_2, \cdots, y_m$ 是一组观测数据，观测值从小到大排序后为 $y_{(1)} \leqslant y_{(2)} \leqslant \cdots \leqslant y_{(m)}$。当 $y_{(j)}$ 互不相同时，则观测数据中恰好有 j 个观测值小于或等于 $y_{(j)}$，因此 $y_{(j)}$ 就可以看成样本 j/m 分位数。假设 $y_1, y_2, \cdots, y_m$ 来自一连续型分布，为了方便，样本小于等于 $y_{(j)}$ 的频率 j/m 用 $\dfrac{j-0.375}{m+0.25}$（或 $\dfrac{j}{m+1}$）来近似。

记标准正态分布的 $\dfrac{j-0.375}{m+0.25}$ 分位数为 $q_{(j)}$，$j=1, \cdots, m$，它们可由附表 1 查到或统计软件计算。正态 Q-Q 图的基本想法是，在同一累积概率 $\dfrac{j-0.375}{m+0.25}$ 下，考察分位数对 $(q_{(j)}, y_{(j)})$。若数据 $y_1, y_2, \cdots, y_m$ 确实由一正态分布产生，不妨设该分布为 $N(\mu, \sigma^2)$，则 $y_{(j)}$ 的理论分位数为 $\mu+\sigma q_{(j)}$，因此把 $(q_{(j)}, y_{(j)})(j=1, \cdots, m)$ 在二维平面直角坐标系中画出，这些点应该近似在一条直线上。

综上，用正态 Q-Q 图来检验一组数据 $y_1, y_2, \cdots, y_m$ 是否是来自正态分布的一个样本，具体操作步骤如下：

(1)把样本数据进行排序 $y_{(1)} \leqslant y_{(2)} \leqslant \cdots \leqslant y_{(m)}$，一般要求 $m \geqslant 8$；

(2)在点 $y_{(j)}$ 处的累积概率 $\Phi(y_{(j)})=P(Y \leqslant y_{(j)})$ 用**修正频率** $\dfrac{j-3/8}{m+1/4}$（或 $\dfrac{j}{m+1}$）去估计，对 $j=1,2,\cdots,m$ 计算这些估计值，然后计算标准正态分布的 $\dfrac{j-3/8}{m+1/4}$ 分位数 $q_{(j)}$；

(3)作 m 个点

$$\left(q_{(1)}, y_{(1)}\right), \left(q_{(2)}, y_{(2)}\right), \cdots, \left(q_{(m)}, y_{(m)}\right)$$

的图形；

(4)用目测法去判断：

- 若 m 个点近似在一直线附近，则认为该样本来自某正态总体；
- 若 m 个点明显不在一直线附近，则认为该样本来自非正态总体。

例 2.5.1　用正态 Q-Q 图检验四种牌号防锈剂的防锈能力 y_{ij}（见例 2.2.5)是否分别服从不同的正态分布。

在例 2.2.5 中有四组防锈能力数据，每组 10 个，按上述操作步骤(1)与(2)，先把它们在每组内从小到大排序，然后计算累积概率的估计值，由于样本量 m 相同，此类估计值只要计算一次，具体结果见表 2.5.1。

表 2.5.1 防锈剂的有序样本及累积概率估计值

j	$y_{(1j)}$	$y_{(2j)}$	$y_{(3j)}$	$y_{(4j)}$	$\frac{j-0.375}{10+0.25}$	$q_{(j)}$
1	38.9	86.1	63.8	36.2	6.1%	−1.55
2	39.0	87.1	65.2	38.7	15.9%	−1.00
3	40.0	87.7	66.4	39.3	25.6%	−0.66
4	43.6	88.1	68.1	39.7	35.4%	−0.38
5	43.6	89.1	68.4	40.5	45.1%	−0.12
6	43.8	89.8	68.5	40.5	54.9%	0.12
7	43.9	90.6	69.2	40.7	64.6%	0.38
8	44.2	90.8	69.3	40.9	74.4%	0.66
9	46.7	92.4	70.0	43.2	84.1%	1.00
10	47.7	92.7	70.6	45.2	93.9%	1.55

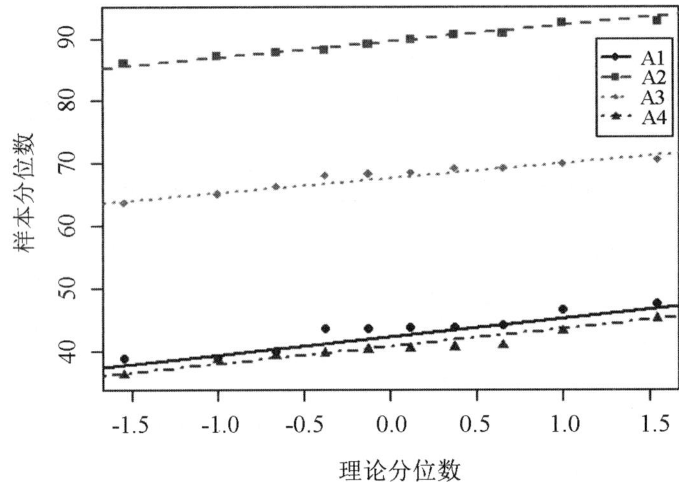

图 2.5.1 四种防锈剂防锈能力的正态 Q-Q 图

第(3)步作图可在统计软件中进行，从图 2.5.1 可见：

• 每组 10 个点均在一条直线附近，可认为四种牌号防锈剂的防锈能力服从正态分布；

• 由于四条直线近似平行，可认为四个正态分布的方差近似相等。

2. 残差 Q-Q 图

当各水平下重复数据个数小于 8 时，对此种小样本，经常会出现明显的波动，所以在正态 Q-Q 图上常出现偏离正态性的现象，这时作出“偏离正态性”的判断不一定合适。而在方差分析中，每个水平下的重复次数 $m<8$ 是常见的。这时单独对它们使用正态 Q-Q 图检验往往成效不大。一种可行的方法是：用残差把这些小样本合并为一个较大的样本后，再用诊断方法来判断数据是否服从正态分布。下面来叙述这种近似的诊断方法。

在单因子试验中，设有 r 个水平，在每个水平下各重复 m 次试验，共获得 mr 个数据 $\{y_{ij}, i=1,2,\cdots,r, j=1,2,\cdots,m\}$，在第 i 个水平下的数据为 $y_{i1}, y_{i2}, \cdots, y_{im}$，其均值记为 $\bar{y}_i$，则称

$$e_{ij} = y_{ij} - \bar{y}_i \quad (i=1,2,\cdots,r; j=1,2,\cdots,m) \tag{2.5.1}$$

为残差(residual)。可以证明：在方差分析的三个基本假定下，

$$e_{ij} \sim N\left(0, \left(1-\frac{1}{m}\right)\sigma^2\right) \quad (i=1,2,\cdots,r; j=1,2,\cdots,m) \tag{2.5.2}$$

这是因为 $E(e_{ij})=0$，而

$$\mathrm{var}(e_{ij}) = \mathrm{var}(y_{ij}) + \mathrm{var}(\bar{y}_i) - 2\mathrm{cov}(y_{ij}, \bar{y}_i) = \sigma^2 + \frac{\sigma^2}{m} - \frac{2\sigma^2}{m} = \left(1-\frac{1}{m}\right)\sigma^2$$

其中 $\mathrm{cov}(y_{ij}, \bar{y}_i) = \frac{1}{m}\mathrm{cov}\left(y_{ij}, \sum_{j=1}^{m} y_{ij}\right) = \frac{\sigma^2}{m}$。

由(2.5.2)式可见，在重复数相等情况下，诸残差来自同一正态分布，因此对诸残差画正态 Q-Q 图。若在正态 Q-Q 图上诸残差呈直线状，可认为诸水平下的数据都来自正态分布。这张图称为残差 Q-Q 图。当诸水平下重复次数较为接近时，也可使用这个方法对正态性进行诊断。

例 2.5.2[2]　合成纤维(对成品布)的抗拉强度进行试验，工程师的经验表明：某种合成纤维的抗拉强度与棉花在纤维中所占百分比有关。考虑到成品布的其他质量特性，棉花含量在 10%到 40%之间为宜。对棉花含量这个因子工程师选定五个水平：

$$A_1:15\% \qquad A_2:20\% \qquad A_3:25\% \qquad A_4:30\% \qquad A_5:35\%$$

并决定对每个水平各重复 5 次试验，共做 25 次试验。经过对试验次序随机化后，共获得 25 个试验结果。由于试验结果大多在 10 以上，为简化计算，把数据都减去 10 后记录在表 2.5.2 上，并在表 2.5.2 上计算各水平的均值与组内平方和。

表 2.5.2　合成纤维强度数据(减去 10)

水平	$y_{ij}-10$					和	均值	组内平方和
A_1	−3	−3	5	1	−1	−1	−0.2	44.8
A_2	2	7	2	8	8	27	5.4	39.2
A_3	4	8	8	9	9	38	7.6	17.2
A_4	9	15	12	9	13	58	11.6	27.2
A_5	−3	0	1	5	1	4	0.8	32.8
						$T=126$	$\bar{y}=5.04$	$S_e=161.2$

从表 2.5.2 均值一列看出，强度随棉花含量增大是先增加后下降，最大抗拉强度在 30%(A_4)含量附近。现转入方差分析，考察这五个水平间的差异在统计意义上是否显著。为此计算：

$$S_T=(-3)^2+(-3)^2+5^2+\cdots+5^2+1^2-\frac{126^2}{25}=636.96,\quad f_T=24$$

$$S_A=\frac{1}{5}[(-1)^2+27^2+38^2+58^2+4^2]-\frac{126^2}{25}=475.76,\quad f_A=4$$

由于 $S_T=S_A+S_e$，故计算无误。可把它们移至方差分析表上继续计算：

表 2.5.3 抗拉强度的方差分析表

来源	平方和	自由度	均方和	F 比	P 值
因子 A	475.76	4	118.94	14.76	<0.0001
误差 e	161.20	20	8.06		
和 T	636.96	24			

由 F 分布表查得 $F_{0.01}(4,20)=4.43$，由于 $F>4.43$，故因子 A 的五个水平间有高度显著的差异，且五个水平均值的估计值分别为

$$\bar{y}_1=9.8,\quad \bar{y}_2=15.4,\quad \bar{y}_3=17.6,\quad \bar{y}_4=21.6,\quad \bar{y}_5=10.8$$

该试验的误差方差 σ^2 的估计值为 $\hat{\sigma}^2=8.06$。

还可用 T 法对上述 5 个水平进行多重比较，这里省略了。

现转入正态性检验。由于每个水平只有 5 次重复，不宜单独进行正态性检验，故把 25 个残差合并成一个样本后，用残差 Q-Q 图进行正态性诊断。表 2.5.4 列出了抗拉强度的残差的次序统计量和对应的累积概率的估计值 $F_i=\dfrac{i-0.375}{25.25}$。

表 2.5.4 抗拉强度残差的次序统计量和累积概率

序号	残差 $e_{(ij)}$	累积概率(%)	序号	残差 $e_{(ij)}$	累积概率(%)
1	−3.8	2.5	14	0.4	54.0
2	−3.6	6.4	15	0.4	57.9
3	−3.4	10.4	16	1.2	61.9
4	−3.4	14.4	17	1.4	65.8
5	−2.8	18.3	18	1.4	69.8
6	−2.8	22.3	19	1.4	73.8
7	−2.8	26.2	20	1.6	77.7
8	−2.6	30.2	21	2.6	81.7
9	−0.8	34.2	22	2.6	85.6
10	−0.8	38.1	23	3.4	89.6
11	0.2	42.1	24	4.2	93.6
12	0.2	46.0	25	5.2	97.5
13	0.4	50.0			

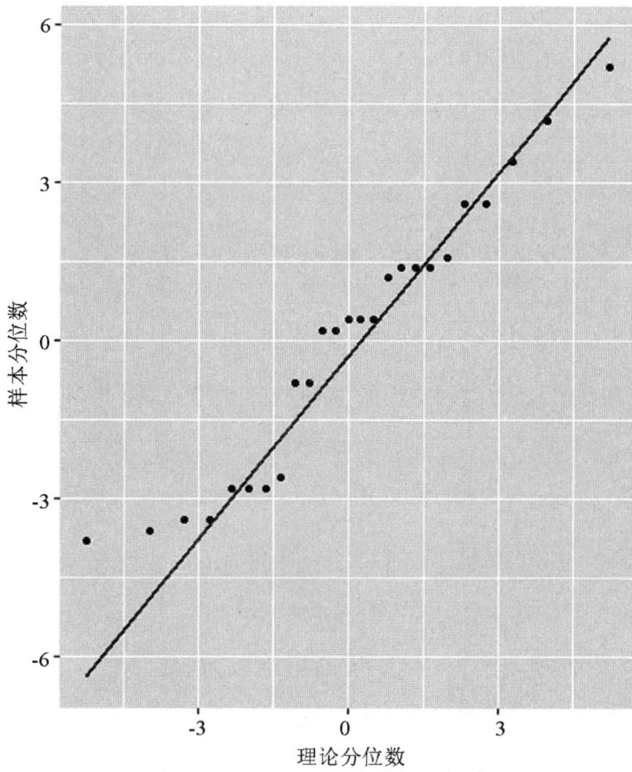

图 2.5.2　抗拉强度的残差 Q-Q 图

图 2.5.2 是依据表 2.5.4 上的残差画出的残差 Q-Q 图。从图上看除左侧尾部稍有弯曲外。其他点基本位于一直线附近,可以认为该组残差近似为正态分布。由于 F 检验对正态性假定是稳健的,近似的正态分布对 F 检验的影响是轻微的。

二、W 检验

正态性检验除了图方法外,还有很多使用检验统计量的检验方法。国家标准 GB4882—85 推荐其犯第二类错误概率最小的 W 检验,它适用的样本量至少为 8,最大为 50。下面叙述这个方法,其原理可以参阅[10]。

设从总体 X 中随机抽取容量为 n 的样本 $x_1,x_2,\cdots,x_n$,现在要检验如下假设:

H_0:X 服从正态分布

在 $8 \leqslant n \leqslant 50$ 时,Wilk 与 Shapiro 提出同如下 W 统计量:

$$W=\frac{\left[\sum_{i=1}^{n}(a_i-\bar{a})(x_{(i)}-\bar{x})\right]^2}{\sum_{i=1}^{n}(a_i-\bar{a})^2\sum_{i=1}^{n}(x_i-\bar{x})^2} \tag{2.5.3}$$

它可以看成是数对 $(a_i,x_{(i)})$,$i=1,2,\cdots,n$ 的相关系数的平方,故统计量 W 在区间$[0,1]$内取值,其中 $x_{(i)}$ 是样本的第 i 个次序统计量,而 $a_1,a_2,\cdots,a_n$ 是特定系数,有表可查(见附表 6),它具有如下性质:

- $a_i=-a_{n+1-i}$,$i=1,2,\cdots,[n/2]$

- $\sum_{i=1}^{n} a_i = 0$
- $\sum_{i=1}^{n} a_i^2 = 1$

利用系数 a_i 的性质，统计量 W 可简化为

$$W = \frac{\left[\sum_{i=1}^{[n/2]} a_i (x_{(n+1-i)} - x_{(i)})\right]^2}{\sum_{i=1}^{n} (x_i - \bar{x})^2} \tag{2.5.4}$$

可以证明，在原假设 H_0 为真时，W 的取值应接近于 1，因此 W 检验的拒绝域应取如下形式：

$$\{W \leqslant c\}$$

对给定的显著性水平 α，在原假设 H_0 成立下，使得

$$P(W \leqslant c) = \alpha$$

的临界值可从附表 7 中查得，记 $c = W_\alpha$，从而拒绝域为

$$\{W \leqslant W_\alpha\}$$

例 2.5.3 在某种铁锈防化剂（简称防锈剂）的防锈能力的试验中获得容量为 10 的一个样本（见例 2.2.5）：

43.9 39.0 46.7 43.8 44.2 47.7 43.6 38.9 43.6 40.0

现要在显著性水平 $\alpha = 0.05$ 下检验这个样本是否来自正态分布。

在这个例子中 $n=10$，$\alpha = 0.05$，从附表 7 中查得 $W_{0.05} = 0.842$，故用统计量 W 作正态性检验的拒绝域为

$$\{W \leqslant 0.842\}$$

为了计算统计量 W（见（2.5.4）式）的值，常列成如表 2.5.5 的计算表。其中第二列 $x_{(i)}$ 为较小的一半观察值按升序排列，第三列 $x_{(n+1-i)}$ 为较大的一半观察值按降序排列，第四列为其对应之差，第五列上的 a_i 诸值可从附表 6 查得。

表 2.5.5 统计量 W 的计算表

i	$x_{(i)}$	$x_{(n+1-i)}$	$x_{(n+1-i)} - x_{(i)}$	a_i
1	38.9	47.7	8.8	0.573
2	39.0	46.7	7.7	0.3291
3	40.0	44.2	4.2	0.2141
4	43.6	43.9	0.3	0.1224
5	43.6	43.8	0.2	0.0399

对表 2.5.5 上的数值继续进行计算，可先后求得

$$\sum_{i=1}^{5} a_i (x_{(n+1-i)} - x_{(i)}) = 8.5284$$

$$\sum_{i=1}^{n} (x_i - \bar{x})^2 = 81.004$$

$$W = \frac{8.5284^2}{81.004} = 0.8979$$

与临界值 $W_\alpha = 0.842$ 比较，由于 $W > W_\alpha$，故不应拒绝这个样本来自正态分布的假设。

注：对大样本（$n > 50$），国家标准 GB4882-85 还推荐了另一个检验统计量，读者可参阅该标准。

三、数据的变换

当确认观察值不服从正态分布时，常采用数据变换的方法，使变换后的数据服从或近似服从正态分布。图 2.5.3(a)上显示了一组数据的直方图，它是在区间(0,100)上呈右偏状的直方图，当采用平方根变换后，变换后的数据的直方图(图 2.5.3(b))就近似正态了。可见，变换可改变分布的形状。

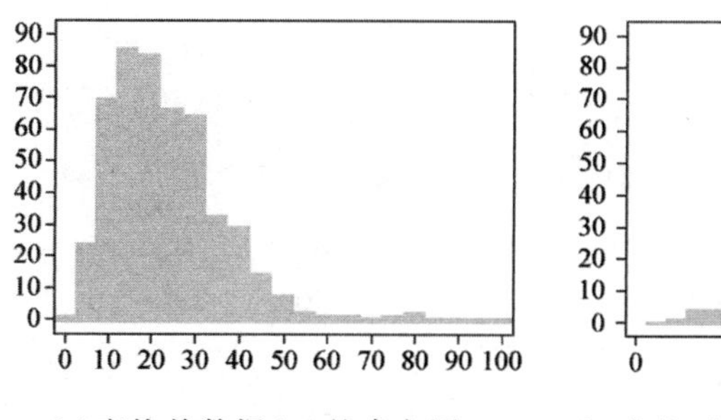

(a)变换前数据(y)的直方图　　(b)变换后数据($z = \sqrt{y}$)的直方图

图 2.5.3　变换可以改变分布的形状

关于数据的变换有很多研究成果，这里摘其主要的、实用的一些变换进行叙述，其中有些是经验之谈。

1. 已知观察值的分布

在有些场合人们知道某类观察值的理论分布，譬如离散数据等，这时需要经过数据变换后才能进行方差分析。譬如：

- 观察值是计数数据，即取整数值，其中不少可认为服从泊松分布，这时可选用平方根变换，即 $z = \sqrt{y}$ 或 $z = \sqrt{1+y}$；
- 观察值是用分数表达的比率，其分子部分可能服从二项分布，这时可采用反正弦变换，即 $z = \arcsin\sqrt{y}$；
- 观察值服从对数正态分布，这时可采用对数变换，即 $z = \ln y$。

2. 未知观察值的分布

大多数场合，人们并不知道观察值的分布，这时要凭经验来寻找合适的变换。其中常用的变换有以下几个：

$$z = \ln y, \quad z = \sqrt{y}, \quad z = 1/y$$

然后在逐一试探中寻找出合适的变换。

例 2.5.4 从一批电子元件中随机抽取 10 只进行寿命试验,获得如下 10 个寿命时间(单位:小时):

32.4　310.7　216.5　130.0　93.0　361.3　905.3　2.2　9.7　14.1

这组数据从个位数到百位数,横跨三个量级,很可能不是来自正态总体。对该数据画出正态 Q-Q 图(见图 2.5.4),可见 10 个点明显不在一直线附近,所以这组数据不是来自正态分布。

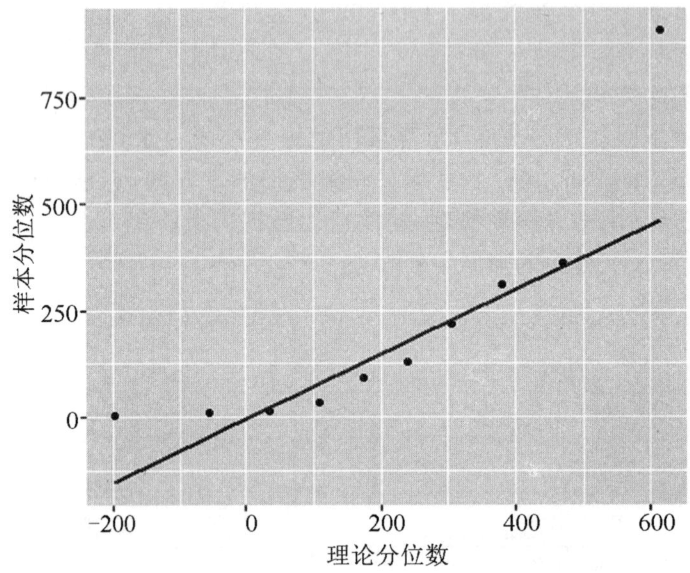

图 2.5.4　例 2.5.4 数据的正态 Q-Q 图

现对此 10 个寿命数据作对数变换 $y_i = \ln x_i$, $i=1,2,\cdots,10$,而相应的累积概率的估计值不变,详见表 2.5.6。

表 2.5.6　计算表

i	$x_{(i)}$	$y_i = \ln x_i$	$\dfrac{i-0.375}{10+0.25}$
1	2.2	0.788	0.061
2	9.7	2.272	0.159
3	14.1	2.646	0.256
4	32.4	3.478	0.354
5	93.0	4.533	0.451
6	130.0	4.868	0.549
7	216.5	5.378	0.646
8	310.7	5.739	0.744
9	361.3	5.890	0.841
10	905.3	6.808	0.939

利用表 2.5.4 中最后两列数据画出正态 Q-Q 图，详见图 2.5.5。从图上看。10 个点近似位于某直线附近，对数变换有效。可以认为该电子元件寿命的对数 $\ln(X)$ 服从正态分布 $N(\mu,\sigma^2)$，其中 μ 和 σ 可从图 2.5.5 上读出：

$$\hat{\mu}=4.2,\quad \hat{\sigma}=6.5-4.2=2.3$$

从而可得：该电子元件寿命服从对数正态分布 $LN(4.2,2.3^2)$。

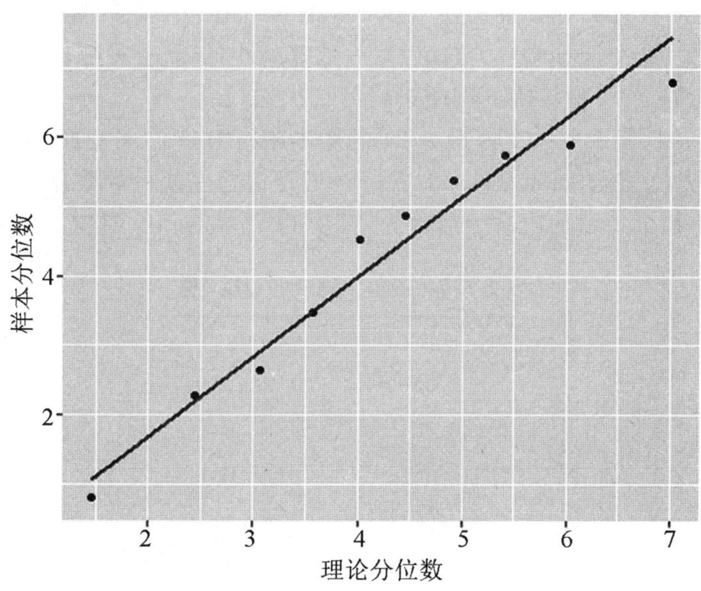

图 2.5.5 经过对数变换后的正态 Q-Q 图

3. Box-Cox 变换

Box 与 Cox[11]于 1964 年从实际数据出发提出一个很有效的变换，它把上述常用变换作为其特例包含其中，这个变换称为 Box-Cox 变换。具体是如下变换：

$$z=\begin{cases} y^{\lambda}, & \lambda \neq 0 \\ \ln y, & \lambda = 0 \end{cases}$$

Box-Cox 变换有如下特点：

- 这个变换可改变分布形状，使之成为正态分布，至少是对称分布；
- 当 $y \geqslant 0$ 时，这类变换能保持数据的大小次序；
- 对变换结果可以有一个很好的解释，譬如：

  $\lambda=2$ 时，就是平方变换

  $\lambda=1$ 时，就是恒等变换

  $\lambda=0.5$ 时，就是平方根变换

  $\lambda=0$ 时，就是对数变换

  $\lambda=-0.5$ 时，就是平方根倒数变换

  $\lambda=-1$ 时，就是倒数变换
- 这个变换是 λ 的连续函数，这对 λ 的选取带来方便；

• 注意:当 $y_{max}/y_{min}>2$ 时,使用这个变换常有效,而在 $y_{max}/y_{min}\leqslant 2$ 时,使用这个变换是无效的。

使用 Box-Cox 变换的关键在于对具体一组数据 $y_1,y_2,\cdots,y_m$ 寻找 λ,使变换后的数据 $z_1,z_2,\cdots,z_m$ 呈正态分布。Montgomery 在他的书[2]中提出,λ 的极大似然估计就是使 $z_1,z_2,\cdots,z_m$ 的偏差平方和 $Q(\lambda)=\sum_{i=1}^{n}(z_i-\bar{z})^2$ 达到最小的 λ。此 λ 值可以通过画出 $Q(\lambda)$ 的曲线,然后在此曲线上读出使 $Q(\lambda)$ 最小的 λ 值。一个更简单的方法是:选出 10 个到 20 个 λ 的值,分别计算 $Q(\lambda)$ 的值,然后选其最小的 Q_{min} 对应的 λ 即可。如果还需要更精确地估计 λ,可用更精确的网络进行第二次迭代。

例 2.5.5 表 2.5.7 是一个容量为 24 的样本施行 Box-Cox 变换,左边一列是试验者选用的 10 个 λ 值,它们的间隔是 0.25,右边一列是根据变换后的数据求得的偏差平方和 $Q(\lambda)$ 的值,它随着 λ 的增加先减少后增大,其中 $Q_{min}=35.42$,对应的 $\lambda=0.50$。

表 2.5.7 不同 λ 对应的 $Q(\lambda)$ 值

λ	$Q(\lambda)$
−1.00	7922.11
−0.50	687.19
−0.25	232.52
0.00	91.96
0.25	46.99
0.50	35.42
0.75	40.61
1.00	62.08
1.25	109.82
1.50	208.12

假如还想得到更精确的 λ 值,可在 $\lambda=0.50$ 附近再布置更细的网络,譬如间隔 0.02 求一个 $Q(\lambda)$,这样可得 $Q_{min}=35.00$,对应的 $\lambda=0.52$。其实在 $\lambda=0.50$ 与 $\lambda=0.52$ 之间的实际差别是较小的,而采用 $\lambda=0.50$ 更容易解释。这些计算都可以在统计软件上实现。

2.5.2 方差齐性检验

在单因子试验中 r 个水平的指标可以用 r 个正态分布 $N(\mu_i,\sigma_i^2),i=1,2,\cdots,r$ 表示。在施行方差分析时要求 r 个方差相等,这称为方差齐性。而方差齐性不一定自然具有。理论研究表明,F 检验对正态性的偏离具有一定的稳健性,而 F 检验对方差齐性的偏离较为敏感。所以 r 个方差的齐性检验就显得十分必要。

所谓方差齐性检验是对如下一对假设作出判断:

$$H_0:\sigma_1^2=\sigma_2^2=\cdots=\sigma_r^2$$

$$H_1: \text{诸 } \sigma_i^2 \text{ 不全相等} \tag{2.5.5}$$

很多统计学家对此进行研究，提出一些很好的检验，这里将其中最常用的几个进行叙述，它们是：

- Bartlett 检验，可用于样本量相等或不等的场合，但是每个样本量不得低于 5；
- 修正的 Bartlett 检验，在样本量较小或较大、相等或不等场合均可使用；
- Hartley 检验，仅适用于样本量相等的场合。

下面分别来叙述它们。

一、Bartlett 检验

大家知道，几何平均数总不会超过算术平均数，Bartlett 检验正立论于此。

在单因子方差分析中有 r 个样本，设第 i 个样本方差为

$$s_i^2 = \frac{1}{m_i - 1}\sum_{j=1}^{m_i}(y_{ij} - \bar{y}_i)^2 = \frac{Q_i}{f_i}, \quad i = 1, 2, \cdots, r$$

其中 m_i 为第 i 个样本的容量（即重复数），Q_i 与 f_i 为该样本的偏差平方和及其自由度。此 r 个样本方差 $s_1^2, s_2^2, \cdots, s_r^2$ 的（加权）算术平均数不是别的，正是误差均方和 MS_e，即

$$MS_e = \frac{1}{f_e}\sum_{i=1}^{r} Q_i = \sum_{i=1}^{r}\frac{f_i}{f_e}s_i^2$$

而相应的 r 个样本方差的几何平均数记为 GMS_e，它是

$$GMS_e = \left[(s_1^2)^{f_1}(s_2^2)^{f_2}\cdots(s_r^2)^{f_r}\right]^{1/f_e}$$

其中 $f_e = f_1 + f_2 + \cdots + f_r = \sum_{i=1}^{r}(m_i - 1) = n - r$。

由于几何平均数总不会超过算术平均数，故有

$$GMS_e \leqslant MS_e$$

其中等号成立当且仅当诸 s_i^2 彼此相等，若诸 s_i^2 间的差异愈大，则此两个平均值相差也愈大。由此可见，当诸总体方差相等时，其样本方差间不应相差较大，从而比值 MS_e/GMS_e 接近于 1。反之，在比值 MS_e/GMS_e 较大时，就意味着诸样本方差差异较大，从而反映诸总体方差差异也较大。这个结论对此比值的对数也成立。从而检验(2.5.5)表示的一对假设的拒绝域应是

$$W = \{\ln(MS_e/GMS_e) > d\}$$

Bartlett 证明了：在大样本场合，$\ln(MS_e/GMS_e)$ 的某个函数近似服从自由度为 $r-1$ 的 χ^2 分布，具体是

$$B = \frac{f_e}{C}(\ln MS_e - \ln GMS_e) \;\dot{\sim}\; \chi^2(r-1) \tag{2.5.6}$$

其中

$$C = 1 + \frac{1}{3(r-1)}\left[\sum_{i=1}^{r}\frac{1}{f_i} - \frac{1}{f_e}\right] \tag{2.5.7}$$

且 C 通常会大于 1。

根据上述结论，可取

$$B=\frac{1}{C}\left[f_e\ln MS_e-\sum_{i=1}^{r}f_i\ln s_i^2\right] \tag{2.5.8}$$

作为检验统计量，对给定的显著性水平 α，检验原假设 $H_0:\sigma_1^2=\sigma_2^2=\cdots=\sigma_r^2$ 的拒绝域为

$$W=\{B>\chi_{1-\alpha}^2(r-1)\} \tag{2.5.9}$$

其中 $\chi_{1-\alpha}^2(r-1)$ 是自由度为 $r-1$ 的 χ^2 分布的 $1-\alpha$ 分位数。考虑到 χ^2 分布是近似分布，在诸样本量 m_i 均不小于 5 时使用上述检验是适当的。

例 2.5.6 在绿茶的叶酸含量试验（见例 2.1.1）中有四个水平（即 $r=4$）。现对四个水平下的方差是否相等施行 Bartlett 检验。

从表 2.2.1 上可查得

$$Q_1=12.83,\quad Q_2=11.30,\quad Q_3=12.03,\quad Q_4=5.61$$
$$f_1=6,\quad f_2=4,\quad f_3=5,\quad f_4=5$$

从而用公式 $s_i^2=Q_i/f_i$ 可求得

$$s_1^2=2.14,\quad s_2^2=2.83,\quad s_3^2=2.41,\quad s_4^2=1.12$$

再从表 2.2.3 上查得 $MS_e=2.09$，由此可求得

$$C=1+\frac{1}{3(4-1)}\left[\left(\frac{1}{6}+\frac{1}{4}+\frac{1}{5}+\frac{1}{5}\right)-\frac{1}{20}\right]=1.0856$$

还可求得 Bartlett 检验统计量的值

$$\begin{aligned}B&=\frac{1}{1.0856}[20\times\ln 2.09-(6\times\ln 2.14+4\times\ln 2.83\\&\quad+5\times\ln 2.41+5\times\ln 1.12)]\\&=0.970\end{aligned}$$

对给定的显著性水平 $\alpha=0.05$，可从 χ^2 分布的分位数表上查得 $\chi_{0.95}^2(4-1)=7.815$。由于 $B<7.815$，故应保留原假设 H_0，即可认为诸水平下的方差间无显著差异。

二、修正的 Bartlett 检验

针对样本量低于 5 时不能使用 Bartlett 检验的缺点，Box 提出修正的 Bartlett 检验统计量

$$B'=\frac{f_2BC}{f_1(A-BC)}$$

其中 B 与 C 如(2.5.8)式与(2.5.7)式所示；

$$f_1=r-1$$

$$f_2=\frac{r+1}{(C-1)^2}$$

$$A=\frac{f_2}{2-C+2/f_2}$$

在原假设 $H_0:\sigma_1^2=\sigma_2^2=\cdots=\sigma_r^2$ 成立下，Box 还给出了统计量 B' 的近似分布是 F 分布 $F(f_1,f_2)$，对给定的显著性水平 α，该检验的拒绝域为

$$W=\{B'>F_{1-\alpha}(f_1,f_2)\}$$

其中 $F_{1-\alpha}(f_1,f_2)$ 是自由度为 f_1 与 f_2 的 F 分布的 $1-\alpha$ 分位数。而 f_2 的值可能不是整数，这时对 F 分布的分位数表施行内插法。

例 2.5.7　对例 2.5.6 中的数据，用修正的 Bartlett 检验再一次对方差齐性作出检验。

在例 2.5.6 中已求得

$$C=1.0856,\quad B=0.970$$

还可求得

$$f_1=4-1=3$$

$$f_2=\frac{4+1}{(1.0856C-1)^2}=682.4$$

$$A=\frac{682.4}{2-1.0856+2/682.4}=743.9$$

$$B'=\frac{682.4\times 0.970\times 1.0856}{3(743.9-0.970\times 1.0856)}=0.322$$

对给定的显著性水平 $\alpha=0.05$，在 F 分布的分位数表上可查得

$$F_{0.95}(3,682.4)=F_{0.95}(3,\infty)=2.60$$

由于 $B'<2.60$，故保留原假设 H_0，即认为四个水平下的方差间无显著差异。

三、**Hartley 检验**

当各水平的重复试验次数相等时，即

$$m_1=m_2=\cdots=m_r=m$$

Hartley 提出检验方差相等的检验统计量

$$H=\frac{\max\{s_1^2,s_2^2,\cdots,s_r^2\}}{\min\{s_1^2,s_2^2,\cdots,s_r^2\}}$$

它是 r 个样本方差的最大值与最小值之比。这个统计量的分布尚无明显的表达式，但在诸方差相等条件下，可通过随机模拟方法获得 H 分布的分位数，该分布依赖与水平数 r 与样本方差的自由度 $f=m-1$，因此该分布可记为 $H(r,f)$，其分位数表列于附表 8 上。

直观上看，当 H_0 成立时，诸方差相等时，即 $\sigma_1^2=\sigma_2^2=\cdots=\sigma_r^2$，$H$ 的值应接近于 1，当 H 的值较大时，诸方差间的差异就大，H 愈大，诸方差间的差异就愈大，这时应拒绝 H_0。由此可知，对给定的显著性水平 α，检验 H_0 的拒绝域为

$$W=\{H>H_{1-\alpha}(r,f)\}$$

其中 $H_{1-\alpha}(r,f)$为 H 分布的 $1-\alpha$ 分位数。

例 2.5.8 在显著性水平 $\alpha=0.05$ 时检验例 2.2.5 中四个总体方差是否有显著差异。

在例 2.2.5 中四个样本方差可从表 2.2.4 中诸 Q_i 求出，即

$$s_1^2=\frac{81.0004}{9}=9.000,\quad s_2^2=\frac{44.283}{9}=4.920$$

$$s_3^2=\frac{42.329}{9}=4.703,\quad s_4^2=\frac{53.421}{9}=5.936$$

由此可得统计量 H 的值

$$H=\frac{9.000}{4.703}=1.914$$

在 $\alpha=0.05$ 时，由附表 8 查得 $H_{0.95}(4,9)=6.31$，由于 $H<6.31$，所以应该保留原假设 H_0，即四个总体方差间无显著差异。

§2.5.3 其他检验

模型充分性检验的主要诊断工具是基于残差。前面基于残差 Q-Q 图检验了模型的正态性假定。我们还可以对残差做其他图形。

一、残差对时间顺序作图

假设数据量为 n，各条时间搜集的时间顺序已知，我们可以以时间顺序 1 到 n 作为 x 轴，残差 e_{ij} 作为 y 轴画出残差对时间顺序图。这个图形有助于检验残差之间的相关性。若残差对时间顺序有明显的趋势或规律，则表明各残差依时间顺序是相关的，即违反了模型的误差独立性假定。一旦数据违反了独立性假定，比较难纠正或补救。因此，试验者应当尽量在进行试验时就防止这一现象发生，例如：采用随机化顺序进行试验。

有时，随着试验的进行，误差可能随时间逐渐变大或变小。比如试验者的技巧在试验过程中不断改变。这样残差对时间序列的图形会产生逐渐分散或逐渐收缩的形状。这时可以采用本节前面介绍的 Box-Cox 等变换，使得变换后数据的方差稳定。

例 2.5.9 考虑例 2.1.1 中的茶叶叶酸含量试验，假设采用如下的次序依次做试验，试验序列为：9, 23, 1, 4, 19, 17, 5, 13, 12, 22, 14, 20, 24, 3, 16, 7, 11, 21, 8, 2, 6, 18, 15, 10

按照上述序列依次对表 2.1.1 中的样品编号进行试验得到数据，作残差值对时间顺序的图像如图 2.5.6 所示。可以明显看出残差随着时间增大，有向右开口的漏斗形的形状，表明误差独立性假定很可能不满足。出现这种现象的原因可能是随着试验的进行测量变得更加不稳定，导致误测量叶酸的误差逐渐增大。

当然上述例子是人造的，我们特定选择了一个试验次序。实际试验如本章开头所描述，按照以下顺序进行：9, 13, 2, 20, 18, 10, 5, 7, 14, 1, 6, 15, 23, 8, 4, 17, 21, 24, 22, 3, 16, 11, 12, 19

残差值对时间顺序的图像如图 2.5.7 所示，不能从图像看出明显存在违反独立性或

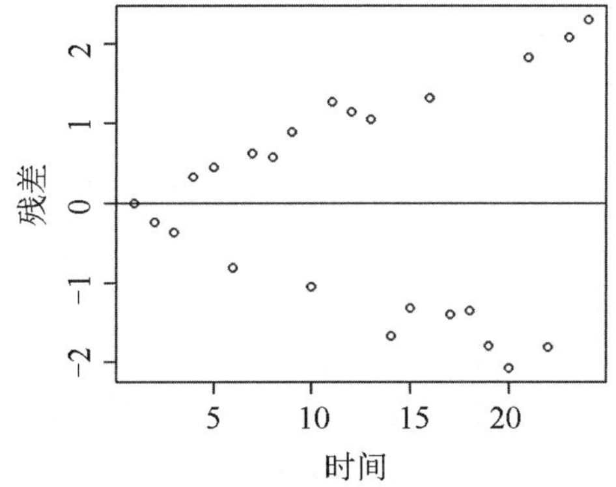

图 2.5.6　残差对时间顺序作图

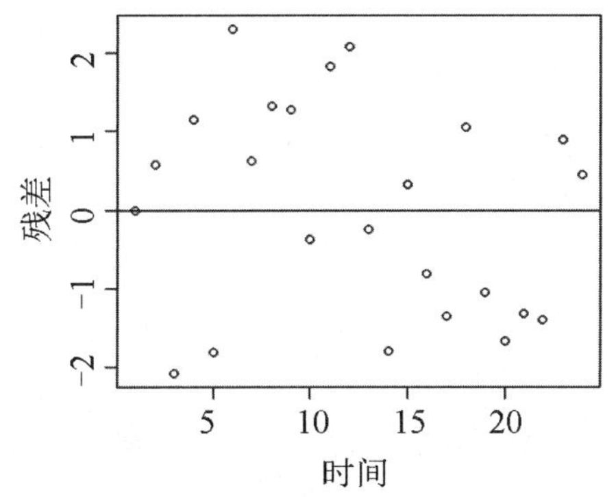

图 2.5.7　残差对时间顺序作图

常数方差的趋势。

二、残差对拟合值 $\hat{y}_{ij}$ 作图

假设模型是正确的，则残差应该是与任何其他变量没关系，自然也与响应的预测值 $\hat{y}_{ij}$ 无关。我们可以以 $\hat{y}_{ij}$ 作为 x 轴，残差 e_{ij} 作为 y 轴画出残差对预测值的图，观测这个图形有没有异常形状。这种图像在回归分析的诊断中使用很广泛。对本章考虑的单因子试验，在第 i 个水平下的数据为 $y_{i1},y_{i2},\cdots,y_{im}$ 的均值 $\bar{y}_i$ 即为 $\hat{y}_{ij}$，其中 $i=1,\cdots,r$。

如果观测值的方差会随观测值的增加而增大，那么在残差对拟合值图上，会是一个朝右开口的喇叭形状。这种情形常出现在试验的测量误差与真实值的尺度成正比的情形。另外，当误差分布为偏态分布，方差大体上也是均值的函数，这时残差对拟合值的图也会呈现特殊形状。当图形检测出有异常方差时，通常也是采用 Box-Cox 等变换，使得变换后数据的方差稳定。

例 2.5.10[2]　一位土木工程师感兴趣于确定四种不同的估计洪水流量频率的方法在应用于同一流域时是否能产生相同的峰值排水量的估计量。每种方法在此流域中使用六次，所得的排水量数据(单位：立方英尺/秒)如表 2.5.8 所示。直接用数据作方差分析，得到的拟合值即各个估计方法的样本均值 $\bar{y}_i$ 。

表 2.5.8　峰值排水量数据

估计方法	观察值						样本均值 $\bar{y}_i$	样本标准差 S_i
1	0.34	0.12	1.23	0.70	1.75	0.12	0.71	0.66
2	0.91	2.94	2.14	2.36	2.86	4.55	2.63	1.09
3	6.31	8.37	9.75	6.09	9.82	7.24	7.93	1.66
4	17.15	11.82	10.95	17.20	14.35	16.82	14.72	2.77

图 2.5.8 画出了表 2.5.8 数据的残差对拟合值的图像，可见有一个向右开口的漏斗形的形状，表明很可能原数据不满足常数方差的假定。

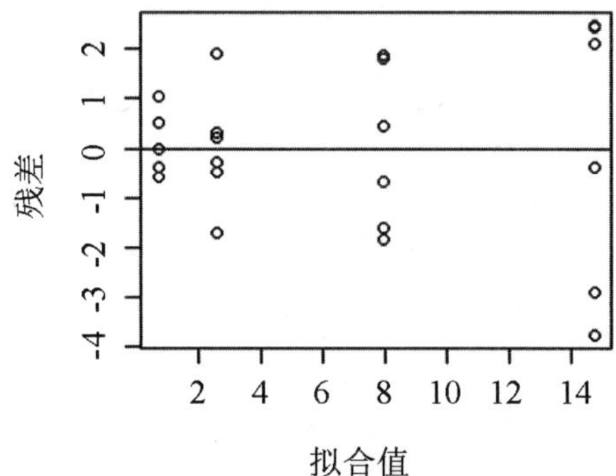

图 2.5.8　残差对拟合值作图

对数据作平方根变换后，我们再作方差分析，得到变换后数据的残差对拟合值图像如图 2.5.9 所示，该图没有明显的趋势和形状，可见平方根变换是有帮助的。

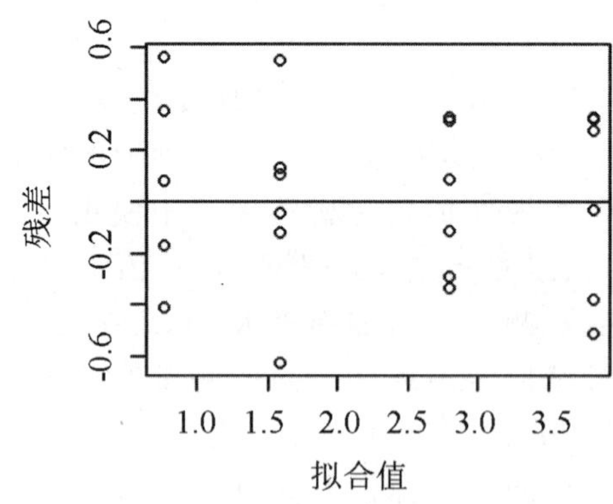

图 2.5.9　经平方根变换后的残差对拟合值作图

习题 2.5

1. 一位经济学家对生产电子计算机设备的企业收集了在一年内生产力提高指数(用 0 到 100 内的数表

示）并按过去三年间在科研和开发上的平均花费分为三类：

A_1：花费少　　A_2：花费中等　　A_3：花费多

生产力提高的指数如下表所示：

水平	生产力提高指数											
A_1	7.6	8.2	6.8	5.8	6.9	6.6	6.3	7.7	6.0			
A_2	6.7	8.1	9.4	8.6	7.8	7.7	8.9	7.9	8.3	8.7	7.1	8.4
A_3	8.5	9.7	10.1	7.8	9.6	9.5						

请研究以下问题：

（1）用正态 Q-Q 图分别检验 A_1 和 A_2 下数据的正态性；

（2）计算各水平下的残差 $e_{ij}=y_{ij}-\bar{y}_i$；

（3）用正态 Q-Q 图检验残差的正态性；

（4）已求得 $S_A=20.125$，$S_e=15.362$，请列出方差分析表，从中你能得到什么结论？

（5）进行多重比较。

2. 某化妆品公司有六台灌装机，同时灌装某种化妆品，规格是净重 32 克。管理人员抱怨这六台灌装机不能把相同重量的化妆品灌入瓶内。特请一位统计咨询师来考察问题，咨询师要求从每台灌装机上随机地各抽 20 瓶，并称其净重，结果记录如下表（数据已减去 32）：

	NO. 1	NO. 2	NO. 3	NO. 4	NO. 5	NO. 6
1	−0.14	0.46	0.21	0.49	−0.19	0.05
2	0.20	0.11	0.78	0.58	0.27	−0.05
3	0.07	0.12	0.32	0.52	0.06	0.28
4	0.18	0.47	0.45	0.29	0.11	0.47
5	0.38	0.24	0.22	0.27	0.23	0.12
6	0.10	0.06	0.35	0.55	0.15	0.27
7	−0.04	−0.12	0.54	0.40	0.01	0.08
8	−0.27	0.33	0.24	0.14	0.22	0.17
9	0.27	0.06	0.47	0.48	0.29	0.43
10	−0.21	−0.03	0.62	0.34	0.14	−0.07
11	0.39	0.05	0.47	0.01	0.20	0.20
12	−0.07	0.53	0.55	0.33	0.30	0.01
13	−0.02	0.42	0.59	0.18	−0.11	0.10
14	0.28	0.29	0.71	0.13	0.27	0.16
15	0.09	0.36	0.45	0.48	−0.20	−0.06
16	0.13	0.04	0.48	0.54	0.24	0.13
17	0.26	0.17	0.44	0.51	0.20	0.43
18	0.07	0.02	0.50	0.42	0.14	0.35
19	−0.01	0.11	0.20	0.45	0.35	−0.09
20	−0.19	0.12	0.61	0.20	−0.18	0.05

（1）对每一台灌装机的 20 个数据分别用 Q-Q 图检验正态性；

（2）已求得 $S_A=1.9098$，$S_e=3.4285$，请列出方差分析表，从中你能得到什么结论？

（3）已求得 $\bar{y}_1=0.0735$，　$\bar{y}_2=0.1905$，　$\bar{y}_3=0.4600$，　$\bar{y}_4=0.3655$，　$\bar{y}_5=0.1440$，　$\bar{y}_6=0.1515$

请进行多重比较，从中可得什么结果？

3. 在生产力提高的指数研究中(见习题 2.5.1)已求得三个样本方差，它们是

$$s_1^2=0.663,\quad s_2^2=0.574,\quad s_3^2=0.752$$

请用 Bartlett 检验考察三个总体方差是否彼此相等。

4. 在对六台灌装机研究中(见习题 2.5.2)已求得 6 个样本方差，它们是

$$s_1^2=0.03707,\quad s_2^2=0.03437,\quad s_3^2=0.02711$$

$$s_4^2=0.02734,\quad s_5^2=0.02446,\quad s_6^2=0.03010$$

请用 Bartlett 检验考察六个总体方差是否彼此相等。

5. 在对粮食含水率的研究中(见习题 2.3.1)已求得三个水平下的组内平方和

$$Q_1=1.148,\quad Q_2=2.237,\quad Q_3=2.407$$

请用修正的 Bartlett 检验考察三个总体方差是否彼此相等。

6. 在糖果包装的研究中(见习题 2.2.10)已求得各组内平方和为

$$Q_1=18,\quad Q_2=2,\quad Q_3=8,\quad Q_4=18$$

请用修正的 Bartlett 检验考察四个总体方差是否彼此相等。

7. 在安眠药试验(见习题 2.2.13)中已求得四个样本方差

$$s_1^2=0.02,\quad s_2^2=0.08,\quad s_3^2=0.036,\quad s_4^2=0.1307$$

请用 Hartley 检验考察四个总体方差是否彼此相等。

第3章 区 组 设 计

§3.1 随机化完全区组设计

3.1.1 区组与区组设计

在单因子方差分析问题中，要比较某因子 A 的 v 个水平(本章内水平数 r 改用 v)时，总希望所做的诸试验中除水平可能有变化外，其他条件尽量保持不变，使得比较 v 个水平的统计结论更为可信。这项要求在有些场合(如某些实验室试验)是可能会做到的，但在另一些场合(如某些现场试验)就不大容易实现。怎么办？英国统计学家费希尔(R. A. Fisher)建议：这时可选择一个主要干扰源(噪声因子)，按其强弱把全部参试单元分为若干组，使每个组内的参试单元的条件差异小，而组间的差异大一些。这样的组费希尔称为**区组**，如何建立区组称为**区组设计**。在区组设计中所涉及的水平称为**处理**，v 个水平就是 v 个处理。具体看下面例子。

例 3.1.1 考察如下 5 种施肥方案(处理)对某稻种单位产量的影响：

A_1：$K_2O+P_2O_5$(钾肥＋磷肥)

A_2：$N+K_2O+P_2O_5$(氮肥＋钾肥＋磷肥)

A_3：K_2O(钾肥)

A_4：$N+K_2O$(氮肥＋钾肥)

A_5：$N+P_2O$(氮肥＋磷肥)

为安排试验特选 20 块田地使每种处理各有 4 次重复。如何把 5 种处理均分到这 20 块田地上去呢？这里有两个设计方案可供选择。

(1)随机化设计。若这 20 块田的土壤肥沃程度相近，那可把这 20 块田地随机地均分为 5 组，每组(4 块田地)内同施一种处理，具体施什么处理亦可随机决定。之后的其他田间管理 20 块田地完全相同，最后获得的 20 个单位产量数据可按单因子方差分析进行。

(2)随机化区组设计。若这 20 块田地的土壤肥沃程度有显著差异，忽略这种差异可能会影响最终结果的判断，这时应采用随机化区组设计，具体如下：

• 请土壤学家对 20 块田地作土壤分析，区别其肥沃程度，并按肥沃程度从高到低进行排序：最好的田块为 1 号，次好的为 2 号，…，最差的为 20 号。

• 把这编了号的 20 块田地均分为 4 组，使组内 5 个田块间差异小，而组间差异允许大一些，如下分组即达到要求：

把 $1^{\#}$ 到 $5^{\#}$ 田块归入一组，称为区组 1(B_1)；

把 $6^{\#}$ 到 $10^{\#}$ 田块归入一组,称为区组 2(B_2);

把 $11^{\#}$ 到 $15^{\#}$ 田块归入一组,称为区组 3(B_3);

把 $16^{\#}$ 到 $20^{\#}$ 田块归入一组,称为区组 4(B_4)。

• 在每个区组内,随机地把 5 种处理分到 5 个田块上去,使每个田块各施行一种处理详见图 3.1.1,这就完成了一个随机化区组设计。这种设计的特点是:区组内实现随机化,区组间的差异保持不变,且每个处理在每个区组内仅出现一次。

处理 \ 区组	B_1	B_2	B_3	B_4
A_1	$1^{\#}$	$8^{\#}$	$11^{\#}$	$18^{\#}$
A_2	$4^{\#}$	$6^{\#}$	$13^{\#}$	$20^{\#}$
A_3	$2^{\#}$	$10^{\#}$	$15^{\#}$	$17^{\#}$
A_4	$5^{\#}$	$7^{\#}$	$14^{\#}$	$19^{\#}$
A_5	$3^{\#}$	$9^{\#}$	$12^{\#}$	$16^{\#}$

图 3.1.1　随机化区组设计

处理				
A_1	$1^{\#}$	$2^{\#}$	$4^{\#}$	$6^{\#}$
A_2	$3^{\#}$	$5^{\#}$	$7^{\#}$	$10^{\#}$
A_3	$8^{\#}$	$10^{\#}$	$15^{\#}$	$19^{\#}$
A_4	$9^{\#}$	$12^{\#}$	$14^{\#}$	$20^{\#}$
A_5	$13^{\#}$	$16^{\#}$	$17^{\#}$	$18^{\#}$

图 3.1.2　随机化设计

这时不用区组,而只用随机化设计安排试验就不妥了,譬如从 20 块田地中随机抽 4 块施处理 A_1,从余下中再抽 4 块施处理 A_2,以此类推把 20 块田地安排完毕,结果如图 3.1.2 所示。从图 3.1.2 上看出,土壤较为肥沃的田地几乎全在施用 A_1 与 A_2。这时最后的单位产量 A_1 与 A_2 比 A_3 与 A_4 高也不能肯定地说:施肥方案 A_1 与 A_2 为佳,因为单位产量会受到土壤肥沃程度的干扰,致使比较结果不能令人信服。使用区组设计可排除土壤肥沃程度的大部分干扰,使结果比较较为公平可信。

上述对例 3.1.1 的考察与分析使我们对随机化区组设计有了直观认识,在此基础上我们可以给出一般的随机化区组设计的定义。

定义 3.1.1 设有 v 个处理需要比较优劣,且有 n 个试验单元可供使用。若诸试验单元间的差异主要是由于某干扰源引起的,则可按此干扰源的强弱把 n 个试验单元分为 b 组($b=n/v$)。使各组内差异尽量小,而各组间差异尽量大,这样的组称为**区组**,若在区组内各试验单元以随机方式实施不同处理,这样的安排称为**随机化区组设计**。此种设计还分为二种情况:

• 若区组大小 k(区组中所含试验单元数)恰好等于处理数 v(即 $k=v$),这样的设计称为**随机化完全区组设计**(如例 3.1.1),并简称**区组设计**。

• 若区组大小 k 小于处理数 v($k<v$),这样的设计称为**随机化不完全区组设计**(见§3.3),简称**不完全区组设计**,将在§3.3 中讨论。

例 3.1.2 随机化设计、区组设计和不完全区组设计是在不同场合下使用的三种试验设计方法,要根据实际情况选用。

1. 在考察三种饲料配方(A_1,A_2,A_3)对养鸡增肥的试验中(见习题 2.2.11),要选 30 只鸡做试验,这里每只鸡就是一个试验单元。

• 若选 30 只雏鸡,由于它们刚出生相差不大,可用随机化设计安排试验。

• 若选 30 只健康小鸡,由于初重对以后成长会有影响,应把初重看作对试验的干扰源,且按小鸡初重大小把 30 只小鸡均分成 10 个区组,然后在区组内再施行随机化,形成随机化区组设计。

2. 在对动物作药物反应的试验中，按药物强度（高、中、低）可设置三种处理，现有 15 只健康兔子可做试验单元，为减少兔子之间体重差异对试验干扰，需把兔子体重作为干扰源，且按体重把 15 只兔子分为 5 组，最重的 3 只为一组，最轻的三只为一组其他按此分组，然后在组内实施随机化各接受一种处理，这就获得一个随机化区组设计方案。

3. 在比较两种作为鞋跟的人造物质（A_1 与 A_2）的耐磨试验中，人的一双脚就是一个自然形成的区组，因为一个人的一双脚在每天中的活动是很相似的，故其磨损类型也是相似的，而不同人之间其磨损情况具有很大差异的。再选 15 位不同职业的成年男子，用人造物质 A_1 与 A_2 各制造 15 只鞋跟，它们的厚度是相同的，都是 10mm。两种不同材料的鞋跟是装在左脚鞋上还是装在右脚鞋上是随机的，这样就组成有 15 个区组的区组设计，即随机化完全区组设计。若有三种人造物质制作的鞋跟需要比较，再用上述区组设计就不行了，而要采用§3.3 讲的随机化不完全区组设计了。

3.1.2 统计分析

一、随机化完全区组设计的数据

在随机化完全区组设计中一般假定有 v 个处理和 b 个区组，共需进行 $n=v\times b$ 次试验，其中在一个区组内的 v 个处理的次序是随机的。这种对随机性的限制是由区组带来的。以下用 y_{ij} 表示第 i 个处理在第 j 个区组内进行试验所得到的观察值。表 3.1.1 列出随机化完全区组设计的数据。

表 3.1.1 随机化完全区组设计的数据

区组 / 处理	1	2	…	b	和	平均
1	y_{11}	y_{12}	…	y_{1b}	T_1	$\bar{T}_1$
2	y_{21}	y_{22}	…	y_{2b}	T_2	$\bar{T}_2$
⋮	⋮	⋮	⋱	⋮	⋮	⋮
v	y_{v1}	y_{v2}	…	y_{vb}	T_v	$\bar{T}_v$
和	B_1	B_2	…	B_b	$T=\sum_{i=1}^{v}\sum_{j=1}^{b}y_{ij}$	
平均	$\bar{B}_1$	$\bar{B}_2$	…	$\bar{B}_b$	$\bar{y}=T/vb$	

其中：$T_i=\sum_{j=1}^{b}y_{ij},\quad \bar{T}_i=T_i/b,\quad i=1,2,\cdots,v$

$$B_j=\sum_{j=1}^{v}y_{ij},\quad \bar{B}_j=B_j/v,\quad j=1,2,\cdots,b$$

表 3.1.1 的右侧还列出各处理下所有观察值之和 T_i（行和）及其平均值 $\bar{T}_i$，该表下侧还列出各区组内所有观察值之和 B_j（列和）及其平均值 $\bar{B}_j$，该表的右下角还列出了 $v\times b$ 个数据的总和 T 及总平均 $\bar{y}$。

二、统计模型

随机化完全区组设计的统计模型是

$$y_{ij}=\mu+a_i+b_j+\varepsilon_{ij}\quad (i=1,2\cdots,v;j=1,2,\cdots,b) \tag{3.1.1}$$

其中y_{ij}为第i个处理在第j个区组内的试验结果；

μ为总均值，是待估参数；

a_i为第i个处理的效应，是待估参数，且满足$a_1+a_2+\cdots+a_v=0$；

b_j为第j个区组的效应，是待估参数，且满足$b_1+b_2+\cdots+b_b=0$；

ε_{ij}为试验误差，诸ε_{ij}是相互独立同分布的随机变量，它们的共同分布为$N(0,\sigma^2)$，其中σ^2为误差方差，是待估参数。

利用最小二乘法很容易获得各种效应的估计，它们是

$$\left.\begin{aligned}&\hat{\mu}=\bar{y}\\&\hat{a}_i=\overline{T}_i-\bar{y},\quad i=1,2,\cdots,v\\&\hat{b}_j=\overline{B}_j-\bar{y},\quad j=1,2,\cdots,b\end{aligned}\right\} \tag{3.1.2}$$

由此可得各拟合值与残差：

$$\hat{y}_{ij}=\hat{\mu}+\hat{a}_i+\hat{b}_j=\overline{T}_i+\overline{B}_j-\bar{y} \tag{3.1.3}$$

$$e_{ij}=y_{ij}-\hat{y}_{ij}=y_{ij}-\overline{T}_i-\overline{B}_j+\bar{y} \tag{3.1.4}$$

由模型（3.1.1）可知，第i个处理在第j个区组内的观察值y_{ij}服从正态分布$N(\mu+a_i+b_j,\sigma^2)$，它们涉及$v\times b$个正态总体，这些总体的方差都相同，而它们的期望$E(y_{ij})=\mu+a_i+b_j$依赖于处理效应和区组效应。区组效应的设立是为了把它从随机误差中分离出来，以便更准确地估计误差方差σ^2，从而使以后的方差分析结果更为可信。

在随机化完全区组设计中我们关心的重点仍在v个处理效应是否彼此相等，即需要检验的一对假设仍是

$$\begin{aligned}&H_0:a_1=a_2=\cdots=a_v=0\\&H_1:\text{诸 }a_i\text{ 不全为零}\end{aligned} \tag{3.1.5}$$

我们仍然采用方差分析来检验这一对假设。下面从总平方和的分解开始来讨论这个问题。

三、总平方和分解式

在模型（3.1.1）中，共有$v\times b$个观察值，其总平均为$\bar{y}$，它们的总平方和S_T及其自由度f_T分别为

$$S_T=\sum_{i=1}^{v}\sum_{j=1}^{b}(y_{ij}-\bar{y})^2,\quad f_T=vb-1$$

S_T可进一步改写为

$$S_T=\sum_{i=1}^{v}\sum_{j=1}^{b}[(\overline{T}_i-\bar{y})+(\overline{B}_j-\bar{y})+(y_{ij}-\overline{T}_i-\overline{B}_j+\bar{y})]^2$$

展开上式,可算得三个交叉乘积项皆为零,故有

$$S_T=b\sum_{i=1}^{v}(\overline{T}_i-\bar{y})^2+v\sum_{j=1}^{b}(\overline{B}_j-\bar{y})^2+\sum_{i=1}^{v}\sum_{j=1}^{b}(y_{ij}-\overline{T}_i-\overline{B}_j+\bar{y})^2$$

其中

$$S_A=b\sum_{i=1}^{v}(\overline{T}_i-\bar{y})^2,\quad f_A=v-1$$

反映 v 个处理间的差异,称为**处理平方和**,若把 v 个处理看作因子 A 的 v 个水平,故又称为 A 的平方和。

$$S_B=v\sum_{j=1}^{b}(\overline{B}_j-\bar{y})^2,\quad f_B=b-1$$

反映 b 个区组间的差异,称为**区组平方和**。

$$S_e=\sum_{i=1}^{v}\sum_{j=1}^{b}(y_{ij}-\overline{T}_i-\overline{B}_j+\bar{y})^2$$

反映诸误差 ε_{ij} 间的差异,称为**误差平方和**,它的自由度 f_e 应为 $f_T-f_A-f_B$,即

$$f_e=vb-1-(v-1)-(b-1)=(v-1)(b-1)$$

综上,可得总平方和 S_T 的分解公式

$$\left.\begin{aligned}S_T&=S_A+S_B+S_e\\ f_T&=f_A+f_B+f_e\end{aligned}\right\}\tag{3.1.6}$$

利用模型(3.1.1)及其若干假定,可以证明:平方和的期望分别是

$$\left.\begin{aligned}E(S_A)&=(v-1)\sigma^2+b\sum_{i=1}^{v}a_i^2\\ E(S_B)&=(b-1)\sigma^2+v\sum_{j=1}^{b}b_j^2\\ E(S_e)&=(v-1)(b-1)\sigma^2\end{aligned}\right\}\tag{3.1.7}$$

由此可得误差方差 σ^2 的无偏估计

$$\hat{\sigma}^2=MS_e=S_e/f_e$$

最后指出,经过代数运算,可得几个平方和的简化计算公式

$$\left.\begin{aligned}S_T&=\sum_{i=1}^{v}\sum_{j=1}^{b}y_{ij}^2-\frac{T^2}{vb}\\ S_A&=\frac{T_1^2+T_2{}^2+\cdots+T_v^2}{b}-\frac{T^2}{vb}\\ S_B&=\frac{B_1^2+B_2^2+\cdots+B_b^2}{v}-\frac{T^2}{vb}\\ S_e&=S_T-S_A-S_B\end{aligned}\right\}\tag{3.1.8}$$

四、方差分析

在总平方和分解公式(3.1.6)基础上,利用定理 2.2.4 可以证明

$$\left.\begin{array}{l}\text{在处理效应皆为零时}, S_A/\sigma^2 \sim \chi^2(v-1) \\ \text{在区组效应皆为零时}, S_B/\sigma^2 \sim \chi^2(b-1) \\ S_e/\sigma^2 \sim \chi^2((v-1)(b-1))\end{array}\right\} \tag{3.1.9}$$

并且它们相互独立。因此检验处理效应皆为零的假设(3.1.5)可用的检验统计量是

$$F=\frac{MS_A}{MS_e}=\frac{S_A/f_A}{S_e/f_e}$$

在假设(3.1.5)为真时,它服从 F 分布 $F(f_A, f_e)$。对给定的显著性水平 α,其拒绝域为

$$W=\{F>F_{1-\alpha}(f_A, f_e)\}$$

以上这些都可以概括在如下的一张方差分析表上。

表 3.1.2 随机化完全区组设计的方差分析表

来源	平方和	自由度	均方和	F 比
处理	$S_A=\frac{1}{b}\sum_{i=1}^{v} T_i^2-\frac{T^2}{vb}$	$f_A=v-1$	$MS_A=S_A/f_A$	$F=\frac{MS_A}{MS_e}$
区组	$S_B=\frac{1}{v}\sum_{j=1}^{b} B_j^2-\frac{T^2}{vb}$	$f_B=b-1$	$MS_B=S_B/f_B$	—
误差	$S_e=S_T-S_A-S_B$	$f_e=(v-1)(b-1)$	$MS_e=S_e/f_e$	
总和	$S_T=\sum_{i=1}^{v}\sum_{j=1}^{b} y_{ij}^2-\frac{T^2}{vb}$	$f_T=vb-1$		

五、回到例 3.1.1

让我们回到 5 种施肥方案对稻谷产量影响的例 3.1.1 上来。按图 3.1.1 上的随机化区组设计进行施肥,20 块田地上的田间管理是相同的,在收割时算得 20 块田的单位产量,然后对号放入表 3.1.3 中。

表 3.1.3 稻谷的单位产量(已减去 60 斤)

区组 j / 处理 i	1	2	3	4	T_i
1	17	13	8	2	40
2	35	32	25	11	106
3	25	15	5	4	49
4	17	19	8	10	54
5	33	25	10	19	87
B_j	127	104	59	46	336

现进入数据分析，先进行各平方和计算：

$$S_T=(17^2+13^2+\cdots+19^2)-\frac{336^2}{20}=1915.2,\quad f_T=19$$

$$S_A=\frac{1}{4}(40^2+106^2+49^2+54^2+87^2)-\frac{336^2}{20}=785.7,\quad f_A=4$$

$$S_B=\frac{1}{5}(127^2+104^2+59^2+46^2)-\frac{336^2}{20}=863.6,\quad f_B=3$$

$$S_e=S_T-S_A-S_B=265.9,\quad f_e=12$$

把这些平方和及其自由度移至方差分析表(表 3.1.4)中继续计算各均方和与 F 比。

表 3.1.4 产量数据的方差分析表

来源	平方和	自由度	均方和	F 比	P 值
处理	785.7	4	196.4	8.69	1.56×10^{-3}
区组	863.6	3	287.9	—	—
误差	265.9	12	22.6	—	—
总和	1915.2	19	—	—	—

若取显著性水平 $\alpha=0.05$，则其临界值 $F_{0.95}(4,12)=3.26$，由于 $F>3.26$，故拒绝 H_0，即在排除土壤区组影响后，5 种施肥处理间有显著差异。从表 3.1.3 中诸 T_i 的数据容易获得诸施肥方案的平均单位产量的估计值，不要忘记加上 60。具体如下：

$$\hat{\mu}_1=70,\quad \hat{\mu}_2=86.5,\quad \hat{\mu}_3=72.25,\quad \hat{\mu}_4=73.5,\quad \hat{\mu}_5=81.75$$

另外，从方差分析表 3.1.4 中还可得试验的误差方差 σ^2 的无偏估计 $\hat{\sigma}^2=22.6$，其标准差的估计为 $\hat{\sigma}=4.75$。

讨论：假如在 5 种施肥方案对稻谷产量影响的问题中，不设立区组，只用随机化设计，即把 20 个田块随机均分到 5 个处理上去，又若很巧合，所得单位产量如表 3.1.3 所示。对这些数据采用单因子数据结构式

$$y_{ij}=\mu+a_i+\varepsilon_{ij}\quad (i=1,\cdots,5;j=1,\cdots,4)$$

其中各符号含义如前所述，这里不再重复。这时总平方和分解式中只含处理平方和与误差平方和，其中误差平方和是表 3.1.4 中的区组平方和与误差平方和之和，最后所得方差分析表如表 3.1.5 所示。

表 3.1.5 不设立区组的方差分析表

来源	平方和	自由度	均方和	F 比	P 值
处理	785.7	4	196.4	2.61	7.76×10^{-2}
误差	1129.5	15	75.3	—	—
总和	1915.2	—	—	—	—

若取显著性水平 $\alpha=0.05$，则其临界值 $F_{0.05}(4,15)=3.06$。由于 $F<3.06$，故不应

拒绝 H_0,即 5 种施肥方案对该稻谷产量无显著差异。这一错误结论是因为没有设立区组、不重视区组作用而导致的。所以在试验中,凡是在试验单元间存在(或可能存在)明显差异时,都应设立区组,排除干扰,以便作出正确判断。

3.1.3 区组是不是因子

这个问题常有争论。我们的实践经验是:区组不是一个可控因子,但在某些场合可看作噪声因子。

如对动物作药物反应试验中,药量有三种剂量(处理):高、中、低。选了 30 只动物(如兔子)做试验单元,为了减少动物体重对药物试验的干扰,需把参试动物按体重高低分为 10 个区组,最重的 3 只为第 1 区组,最轻的 3 只为第 10 区组。这时把区组看作有 10 个水平的可控因子就不妥当了,因为区组是临时划分的。选体重相同的 30 只动物是不容易的事,且体重大的动物一般抗药物能力强,根据体重分组是合理的。如今分组不是事先把体重划分为若干区间,然后找适当动物;区组个数又无一定要求,多一个或少一个也无多大关系;区组大小不能自由确定,而是由动物个数与处理个数决定;设立区组不是试验目的,而是一种手段,把区组影响从试验误差中分离出来,从而减少体重对试验结果的干扰,以提高对各处理间差异性作出正确判断的能力。

假如我们的兴趣只在几种处理是否有显著差异上,为了排除试件上的差异给判断带来的影响,这时就像清除垃圾一样,把区组平方和从总平方和中分离出来就可以了,不需要把区组看作一个因子来研究。这是多数场合应持有的观点。至于“垃圾”的多少要看区组平方和的大小,若区组平方和相对误差平方和较小,那么在将来的试验中,区组就不是必需的了;若区组平方和相对误差平方和较大,如例 3.1.1 那样,设立区组就很必要,在将来的试验中更为必要。从这个角度看,设立区组也是一种预防措施。

假如我们的兴趣不仅在处理上,还在区组上,譬如在考查若干个处理时,把机器(或操作者、或原料产地等)看作区组,不同机器看作不同区组,这时就可以把区组看作一个噪声因子 B,从而把试验看作双因子试验,对噪声因子 B 的效应也可以作出如下假设:

$$H_0: b_1 = b_2 = \cdots = b_b = 0$$

$$H_1: \text{诸 } b_i \text{ 中至少有一个不为零}$$

并用 F 检验对此假设作出判断,所用的检验统计量为

$$F = \frac{MS_B}{MSe} \tag{3.1.10}$$

对此检验的合理性存在着争论:

(1)Anderson 和 MeLean(1974)指出:由于在随机化区组设计中,随机化仅在区组内的处理上进行,这一限制使得在比较区组效应时使用的检验统计量(3.1.10)不是一个有意义的检验法则,因此种检验受到随机化限制的影响。

(2)Box 和 Hunter(1978)指出:虽然随机化限制在比较区组效应的检验中不再显现出合理性,但是如果诸误差 ε_{ij} 是来自正态分布 $N(0,\sigma^2)$的一个样本,则统计量(3.1.10)还是可以用来比较区组效应的显著性。

那么,在实践中,我们怎么做呢?我们建议,首先不把区组当作一个因子,用表 3.1.4 的方式作方差分析;其次,在需要考查区组效应时,把(3.1.10)当作近似的 F 检验使用也

未尝不可，把检验结果作为一种参考也是有价值的。

最后，我们再看一个例子。

例 3.1.3 大家知道，化学制剂对布料有侵蚀作用，从而降低布料的抗拉强度，某工程师研究出一种能抗化学制剂的新型布料，为检验此种能力，特选定 4 种化学制剂对新型布料进行试验，考虑到布匹间的差异，工程师决定用随机化区组设计。把一匹布作为一个区组，他选取 5 匹布，并用 4 种化学制剂（处理）对每匹布进行试验，这是一个 $v=4$，$b=5$ 的随机化完全区组设计。在每个区组内经过随机化后所得试验结果（抗拉强度）如表 3.1.6 所示。表中的数据已减去 70，这不会影响各平方和的计算。

表 3.1.6 例 3.1.3 的试验数据（原始数据－70）

处理 \ 区组	1	2	3	4	5	T_i	$\overline{T}_i$
1	3	−1	3	1	−3	3	0.6
2	3	−2	4	2	−1	6	1.2
3	5	2	4	3	−2	12	2.4
4	5	2	7	5	2	21	4.2
B_j	16	1	18	11	−4	$T=42$	
$\overline{B}_j$	4	0.25	4.5	2.75	−1	$\bar{y}=2.1$	

对上述问题做如下统计分析：

(1)方差分析。为此先按(3.1.8)式计算各平方和：

$$S_T=3^2+(-1)^2+3^2+\cdots+5^2+2^2-\frac{42^2}{20}=139.8,\ f_T=19$$

$$S_A=\frac{1}{5}(3^2+6^2+12^2+21^2)-\frac{42^2}{20}=37.8,\ f_A=3$$

$$S_B=\frac{1}{4}[16^2+1^2+18^2+11^2+(-4)^2]-\frac{42^2}{20}=91.3,\ f_B=4$$

$$S_e=145.8-37.8-91.3=16.7,\ f_e=12$$

把这些平方和及其自由度移至方差分析表上再进行 F 检验，见表 3.1.7。

表 3.1.7 例 3.1.4 的方差分析表

来源	平方和	自由度	均方和	F 比	P 值
处理	37.8	3	12.6	14.16	2.62×10^{-4}
区组	91.3	4	22.83	—	—
误差	10.7	12	0.89		—
总和	139.8	19			—

若取显著性水平 $\alpha=0.05$，则其临界值 $F_{0.95}(3,12)=3.49$，由于 $F>3.49$，从而拒绝 H_0，故 4 种化学制剂对新型布料的抗拉强度的影响有显著差异，有强有弱，为了提高抗化学制剂的能力，还需改进布料设计。另外，还可得到这个试验的误差方差 σ^2 的估计：$\hat{\sigma}^2=$

0.89,其标准差的估计为 $\hat{\sigma}^2=0.94$。

(2)对区组作检验。

$$F=\frac{\text{区组均方和}}{\text{误差均方和}}=\frac{22.83}{0.89}=25.65$$

仍给定 $\alpha=0.05$,其临界值为 $F_{0.05}(4,12)=3.26$,由于 $F>3.26$,从而认为区组效应显著,当初设立区组是很有必要的．若不设立区组,区组平方和将并入误差平方和,其方差分析如表 3.1.8 所示。

表 3.1.8　不设立区组的方差分析表

来源	平方和	自由度	均方和	F 比	P 值
处理	37.8	3	12.6	1.97	0.16
误差	102.0	16	6.38		
总和	139.8	19			

若设显著性水平为 0.05,那么该检验的临界值为 $F_{0.95}(3,16)=3.24$,由于 $F<3.24$,故不能拒绝 H_0,即 4 种处理间没有显著差异。这一错误结论是没有重视区组作用而导致的。所以在试验中,凡是在试件中存在(或可能存在)明显差异时,都应运用区组概念去减少数据中的误差。

(3)多重比较。在随机化区组设计中,若经方差分析处理因子是显著的,那对各处理间还需作多重比较,以便发现哪些处理是值得重视的,所用方法与§2.3 节相同。但要注意在区组设计场合,区组数 b 就是重复数,且各处理的重复数都相同,这时误差自由度 $f_e=(n-1)(b-1)$。

在本例中,经方差分析已确认 4 种化学制剂间有显著差异。现用 T 法对此 4 种处理进行多重比较。在给定的显著性水平 α 下,拒绝域应为

$$|\overline{T}_i-\overline{T}_j|>q_{1-\alpha}(r,f_e)\sqrt{\frac{MS_e}{b}},\quad i<j$$

现在设 $\alpha=0.05$,又 $v=4,b=5,f_e=12,MS_e=0.89$(从表 3.1.8 中查得),$q_{0.95}(4,12)=4.20$(从附表 5 中查得),故当

$$|\overline{T}_i-\overline{T}_j|>4.20\times\sqrt{\frac{0.89}{5}}=1.76$$

时,表示第 i 个处理与第 j 个处理间有显著差异。如今从表 3.1.7 可查得

$$\overline{T}_1=0.6,\quad \overline{T}_2=1.2,\quad \overline{T}_3=2.4,\quad \overline{T}_4=4.2$$

它们两两之间差的绝对值分别为

$$|\overline{T}_1-\overline{T}_2|=0.6,\quad |\overline{T}_1-\overline{T}_3|=1.8>1.76$$

$$|\overline{T}_1-\overline{T}_4|=3.6>1.76,\quad |\overline{T}_2-\overline{T}_3|=1.2$$

$$|\overline{T}_2-\overline{T}_4|=3.0>1.76,\quad |\overline{T}_3-\overline{T}_4|=1.8>1.76$$

由此可见,除了第 1 种与第 2 种、第 2 种与第 3 种化学制剂之间无显著差异外,其他各对之间均有显著差异。特别是平均抗拉强度最大的第 3 种和第 4 种化学制剂间有显著差

异。这表明处理 4 是最好的。

(4)讨论模型的适合性。这里涉及正态性假定和方差齐性等两个问题。在缺少重复情况下,对误差方差齐性的检验还缺少方法,我们只能从数据产生过程对误差方差齐性做些定性的判断。譬如数据是在相同的或类似的试验环境下产生的,常可以认为误差方差近似达到齐性。又如试验环境得到有效的控制,特别大的误差得到有效的控制,试验进行得很正常,这时常可认为误差方差齐性近似得到满足。

关于正态性诊断仍可借助残差分析进行。

在本例中 $v=4$,$b=5$,共进行 20 次试验,故有 20 个残差。考虑到区组效应显著,故残差计算公式为

$$e_{ij}=y_{ij}-\overline{T}_i-\overline{B}_j+\bar{y}$$

可得 20 个残差,它们(按从小到大次序)是

−1.35	−1.3	−1.1	−0.8	−0.5	−0.35	−0.25	−0.1	0.05	0.0
0.15	0.15	0.25	0.4	0.4	0.5	0.7	0.9	0.9	1.45

这时残差的正态 Q-Q 图如图 3.1.3 所示。从该图看出,没有非正态性的严重标志,可认为该组残差近似为正态分布。

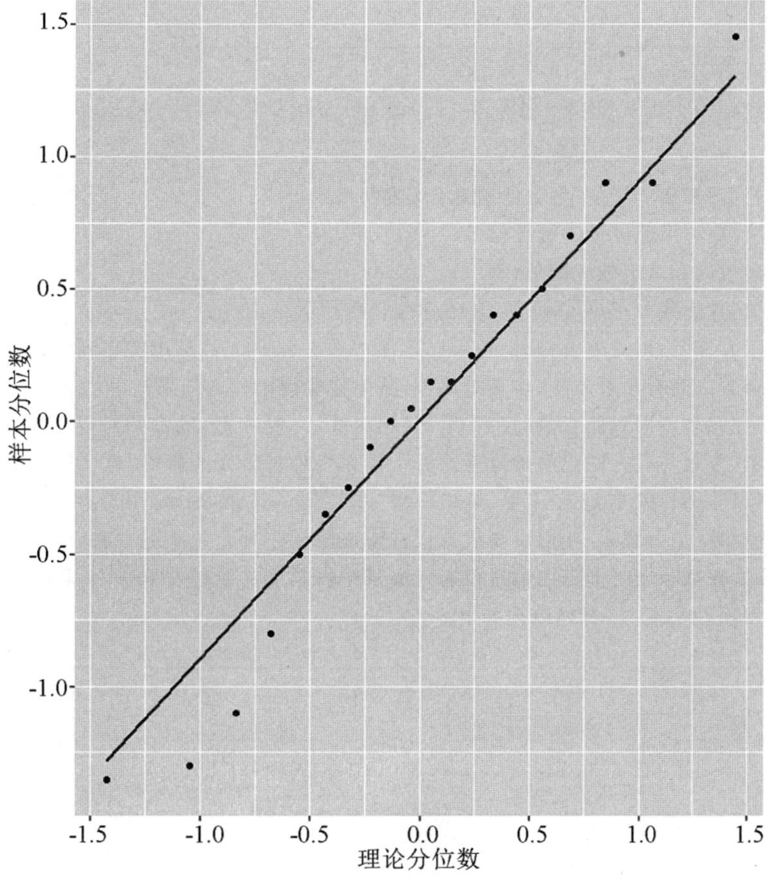

图 3.1.3 例 3.1.3 的残差的正态 Q-Q 图

习题 3.1

1. 有 5 个处理需要考察其间的差异，若采用随机化完全区组设计，选 4 个区组，如何将 5 个处理随机地安排到 20 个试验单元中去？

2. 为考察某种产品的不同价格对销售量的影响，某公司在其下属连锁店进行试销，应如何设计区组？

3. 为考察牲畜对几种药物的反应速度，牲畜作为试验单元，应如何设计区组？

4. 有两个处理和一个对照物参加随机化完全区组设计。使用 5 个区组，每个区组有 4 个试验单元，在每个区组内每个处理各安排一个试验单元，而对照物安排在两个试验单元上，如何把处理随机地安排到试验单元上去？

5. 某会计师事务所对报名的 30 名审计员准备同时比较 3 种培训方法的效果，他们按随机化完全区组设计要求做如下安排：

a. 把 30 名审计员按毕业年限从小到大排队；

b. 均分为 10 组，毕业年限最短的 3 人分到第一个区组，而毕业年限最长的 3 人分到第十个区组；

c. 把每个区组内的 3 名审计员随机地安排到三个方法中去。

在培训结束时，每名审计员都要去分析一个复杂的案例，根据分析结果，评分小组给每名审计员评分，结果如下表所示。

处理 \ 区组	1	2	3	4	5	6	7	8	9	10
1	73	76	75	74	76	73	68	64	65	62
2	81	78	76	77	71	75	72	74	73	69
3	92	89	87	90	88	86	88	82	81	78

(1)你为什么相信“按毕业年限”划分区组是合理的？

(2)按模型(3.1.1)写出此设计的统计模型；

(3)作出各处理效应和区组效应的估计；

(4)计算诸残差，并作残差正态 Q-Q 图，从中你能得出什么结论？

(5)计算各类平方和，写出方差分析表，若取显著性水平 $\alpha=0.05$，你从中能得到什么结果？

(6)若 3 种培训方法间有显著差异，作多重比较，从中你能得出什么结果？

6. 一位研究者研究三种不同脂肪含量(1. 极低，2. 相当低，3. 适当低)的食物对冠心病人血浆中总脂肪量的影响，有 15 位冠心病人同意参加试验。为了排除年龄对研究的影响，这位研究者按年龄大小分为 5 个区组(1. 15～24 岁，2. 25～34 岁，3. 35～44 岁，4. 45～55 岁，5. 55～64 岁)，每个区组内的 3 位病人年龄较为接近(见下表)。他们按随机方式被安排服用三种食物中的一种，并在一段时间内服用食物不再改变。在这一段时间后测量每位病人血浆中的总脂肪的减少量 y_{ij}，其中 $i=1,2,3$ 为处理号，$j=1,2,3,4,5$ 为区组号，具体数据如下：

处理 i \ 区组 j	1	2	3	4	5
1	0.73	0.86	0.94	1.40	1.62
2	0.67	0.75	0.81	1.32	1.41
3	0.15	0.21	0.26	0.75	0.78

(1)你为什么相信患者年龄是合适的区组变量?

(2)写出此设计的统计模型;

(3)作出各处理效应和区组效应的估计;

(4)计算诸残差,并作残差正态 Q-Q 图,从中你能得出什么结论?

(5)计算各类平方和,写出方差分析表,若取显著性水平 $\alpha=0.05$,你从中能得到什么结果?

(6)若 3 种处理方法间有显著差异,作多重比较,从中你能得出什么结果?

7. 硬度计把杆尖压入金属试件后显示的读数就是该金属硬度的测量值。如今要考察 4 种不同的杆尖在同一台硬度计上是否得出不同的读数。为了减少金属试件间的差异对硬度读数的影响,只取 4 块金属试件,让每个杆尖在每块试件上各压入一次。这样安排是含有 4 个处理(杆尖)和 4 个区组(金属试件)的随机化完全区组设计。实测数据如下:

处理 i \ 区组 j	1	2	3	4
1	9.3	9.4	9.6	10.0
2	9.4	9.3	9.8	9.9
3	9.2	9.4	9.5	9.7
4	9.7	9.6	10.0	10.2

(1)计算各类平方和,写出方差分析表,若取显著性水平 $\alpha=0.05$,你从中能得到什么结果?

(2)若 4 种处理方法间有显著差异,作多重比较,从中你能得出什么结果?

8. 在处理效应仅为随机的场合下,研究随机化完全区组设计

(1)给出统计模型;

(2)给出数据 y_{ij} 的分布;

(3)证明各平方和的数学期望分别是

$$E(S_A)=(v-1)\sigma^2+(v-1)b\sigma_a^2$$

$$E(S_B)=(b-1)\sigma^2+v\sum_{j=1}^{b}b_j^2$$

$$E(S_e)=(v-1)(b-1)\sigma^2$$

(4)给出两个方差分量 σ_a^2 与 σ^2 的无偏估计。

9. 在处理效应与区组效应都是随机的场合下,研究随机化完全区组设计。

(1)给出统计模型;

(2)给出数据 y_{ij} 的分布;

(3)证明各平方和的数学期望分别是

$$E(S_T)=(v-1)b\sigma_a^2+v(b-1)\sigma_b^2+(vb-1)\sigma^2$$

$$E(S_A)=(v-1)\sigma^2+(v-1)b\sigma_a^2$$

$$E(S_B)=(b-1)\sigma^2+v(b-1)\sigma_b^2$$

$$E(S_e)=(v-1)(b-1)\sigma^2$$

(4)给出三个方差分量 σ_a^2、σ_b^2 与 σ^2 的无偏估计。

§3.2 拉丁方设计与希腊拉丁方设计

随机化完全区组设计可以减少由一个分区组变量的干扰所带来的试验误差。在实际试验中,若有两个或三个干扰因素(噪声因子),可以分别使用拉丁方设计和希腊拉丁

方设计，其原理和随机化完全区组设计一样，都是利用分区组技术排除噪声因子的干扰。以下分别介绍拉丁方设计和希腊拉丁方设计。

3.2.1 拉丁方设计

一、拉丁方设计(Latin Square design)

例 3.2.1 考虑一个工业试验例子，该例选自[2]。试验者欲研究用在机组人员救生系统中的火箭推进剂的 5 种不同配方对于燃烧率的效应。每一种配方都是由一批原料混合而成，这些原料仅够 5 种配方进行测试。此外，这些配方是为几个操作人员准备的，这些操作人员在技能和经验上可能有很大的差别。这个试验中，干扰因素有两个：原料批次和操作人员。因此，要设计一个试验以同时消除由于原料批次和操作人员所引起的差异。表 3.2.1 中我们给出了这个试验的设计和结果，该设计按照正方形排列，行和列号分别表示原料批次和操作人员，五种配方(处理)用拉丁字母 A，B，C，D，E 表示，其中的数字代表试验结果。

表 3.2.1 火箭推进剂配方试验的拉丁方设计

原料批次	操作人员				
	1	2	3	4	5
1	$A=24$	$B=20$	$C=19$	$D=24$	$E=24$
2	$B=17$	$C=24$	$D=30$	$E=27$	$A=36$
3	$C=18$	$D=38$	$E=26$	$A=27$	$B=21$
4	$D=26$	$E=31$	$A=26$	$B=23$	$C=22$
5	$E=22$	$A=30$	$B=20$	$C=29$	$D=31$

表 3.2.1 中使用的设计有如下特点：它的两个分区组因子分别由行和列表示，分区组因子和试验因子都具有 5 个水平，对每个原料批次，5 种配方都恰好试验一次，而且对每个操作人员，5 种配方都恰好试验一次。该设计事实上采用了一个一个 5 阶拉丁方作为设计，称为拉丁方设计(Latin Square design)，它的两个分区组因子分别由拉丁方的行和列表示。

定义 3.2.1 一个 k 阶**拉丁方**(或称为 $k\times k$ 拉丁方)，是一个含有 k 行和 k 列的方阵，k^2 个单元中的每一个单元含有与处理对应的 k 个字母之一，每一字母在每行每列中恰好出现一次。

表 3.2.2 给出了几个常用阶数的拉丁方。

对任意的 k，k 阶拉丁方不是唯一的，其构造方法有很多。例如表 3.2.3 给出了一个与表 3.2.2 中不同的 4 阶拉丁方。表 3.2.3 的拉丁方是由第一行 $ABCD$ 进行 4 次左循环得到的，即下一行总是将上一行的第一个元素移到最后得到，这样的设计称为左循环拉丁方设计。同理可定义右循环拉丁方设计。容易看出，只要给定第一行是 $\{A,B,C,D\}$ 的一个排列，那么就一定能确定一个左循环或右循环的拉丁方设计。另外，我们称一个拉丁方为标准的，如果它的第一行和第一列都是按字母序顺序排列。例如表 3.2.2 和表 3.2.3 的两个 4 阶拉丁方都是标准的。由于第一行和第一列都给定，对给定的 k，不同的 k 阶标准拉丁方的数目为 $k! \times (k-1)!$。

表 3.2.2 几个常用的拉丁方

3×3	4×4	5×5
A B C	A B D C	A D B E C
B C A	B C A D	D A C B E
C A B	C D B A	C B E D A
	D A C B	B E A C D
		E C D A B
6×6	**7×7**	**8×8**
A D C E B F	A B C D E F G	A B C D E F G H
B A E C F D	B C D E F G A	B A D C F E H G
C E D F A B	C D E F G A B	C D A B G H E F
D C F B E A	D E F G A B C	D C B A H G F E
F B A D C E	E F G A B C D	E F G H A B C D
E F B A D C	F G A B C D E	F E H G B A D C
	G A B C D E F	G H E F C D A B
		H G F E D C B A

表 3.2.3 一个 4 阶左循环拉丁方

4×4
A B C D
B C D A
C D A B
D A B C

二、统计分析

拉丁方设计的统计模型是

$$y_{ijl} = \mu + a_i + b_j + c_l + \varepsilon_{ijl} \quad (j,l=1,2,\cdots,k;\ i \text{ 由}(j,l)\text{ 唯一决定}) \tag{3.2.1}$$

其中 y_{ijl} 为第 i 个处理在第 j 行第 l 列的试验结果，其中 i 由行号 j 和列号 l 唯一确定，是拉丁方中(j,l)位置上的拉丁字母序号。例如表 3.2.1 火箭推进剂试验中，当 $j=2$，$l=3$ 时，拉丁方中的处理是 D，对应 $i=4$；

μ 为总均值，是待估参数；

a_i 为第 i 个处理的效应，是待估参数，且满足 $a_1+a_2+\cdots+a_k=0$；

b_j 为第 j 个行区组的效应，是待估参数，且满足 $b_1+b_2+\cdots+b_k=0$；

c_l 为第 l 个列区组的效应，是待估参数，且满足 $c_1+c_2+\cdots+c_k=0$；

ε_{ijl} 为试验误差，诸 ε_{ijl} 是相互独立同分布的随机变量，它们的共同分布为 $N(0,\sigma^2)$，其中 σ^2 为误差方差，是待估参数。

注意到(3.2.1)式是一个效应模型，而且是完全可加的，也就是说，行、列与处理之间无交互作用。

类似于随机化完全区组设计，定义：

$$T=\sum_{j=1}^{k}\sum_{l=1}^{k}y_{ijl},\quad \bar{y}=T/k^2$$

$T_i=$第 i 个处理下的数据之和，$\overline{T}_i=T_i/k$

$B_j=\sum_{l=1}^{k}y_{ijl}$（第 j 个行区组内的数据之和），$\quad \overline{B}_j=B_j/k$

$C_l=\sum_{j=1}^{k}y_{ijl}$（第 j 个列区组内的数据之和），$\quad \overline{C}_l=C_l/k$

利用最小二乘可以得到模型(3.2.1)中各种效应的估计，它们是

$$\left.\begin{aligned}&\hat{\mu}=\bar{y}\\&\hat{a}_i=\overline{T}_i-\bar{y},\quad i=1,2,\cdots,k\\&\hat{b}_j=\overline{B}_j-\bar{y},\quad j=1,2,\cdots,k\\&\hat{c}_l=\overline{C}_l-\bar{y},\quad j=1,2,\cdots,k\end{aligned}\right\}\tag{3.2.2}$$

由此可得各拟合值与残差：

$$\hat{y}_{ijl}=\hat{\mu}+\hat{a}_i+\hat{b}_j+\hat{c}_l=\overline{T}_i+\overline{B}_j+\overline{C}_l-2\bar{y}\tag{3.2.3}$$

$$e_{ijl}=y_{ijl}-\hat{y}_{ijl}=y_{ijl}-\overline{T}_i-\overline{B}_j-\overline{C}_l+2\bar{y}\tag{3.2.4}$$

在拉丁方设计中我们关心的重点仍在 k 个处理效应是否彼此相等，即需要检验的一对假设仍是

$$\begin{aligned}&H_0:a_1=a_2=\cdots=a_k=0\\&H_1:\text{诸 } a_k \text{ 不全为零}\end{aligned}\tag{3.2.5}$$

用来检验上述假设的方差分析可推导如下。首先从总平方和的分解式开始，对拉丁方设计，在模型(3.2.1)中，共有 k^2 个观测值，其总平均为 $\bar{y}$。将(3.2.3)式的左右两边同时减去 $\bar{y}$，再平方对所有 k^2 个观测求和，我们得到

$$\begin{aligned}\sum_{j=1}^{k}\sum_{l=1}^{k}(y_{ijl}-\bar{y})^2=&\sum_{i=1}^{k}k(\overline{T}_i-\bar{y})^2+\sum_{j=1}^{k}k(\overline{B}_j-\bar{y})^2+\sum_{l=1}^{k}k(\overline{C}_l-\bar{y})^2+\\&\sum_{i=1}^{k}\sum_{j=1}^{k}(y_{ijl}-\overline{T}_i-\overline{B}_j-\overline{C}_l+2\bar{y})^2\end{aligned}\tag{3.2.6}$$

上式左边为总平方和

$$S_T=\sum_{j=1}^{k}\sum_{l=1}^{k}(y_{ijl}-\bar{y})^2=\sum_{j=1}^{k}\sum_{l=1}^{k}y_{ijl}{}^2-\frac{T^2}{k^2}$$

其自由度记为 $f_T=k^2-1$。(3.2.6)式右边各项依次分别为处理平方和

$$S_A=\sum_{i=1}^{k}k(\overline{T}_i-\bar{y})^2=\sum_{i=1}^{k}T_i{}^2-\frac{T^2}{k^2}$$

其自由度记为 $f_A = k-1$。行(区组)平方和

$$S_B = \sum_{j=1}^{k} k(\bar{B}_j - \bar{y})^2 = \sum_{j=1}^{k} B_j^2 - \frac{T^2}{k^2}$$

其自由度记为 $f_B = k-1$。列(区组)平方和

$$S_C = \sum_{l=1}^{k} k(\bar{C}_l - \bar{y})^2 = \sum_{l=1}^{k} C_l^2 - \frac{T^2}{k^2}$$

其自由度记为 $f_C = k-1$，以及误差平方和

$$S_e = \sum_{i=1}^{k}\sum_{j=1}^{k} (y_{ijl} - \bar{T}_i - \bar{B}_j - \bar{C}_l + 2\bar{y})^2$$

其自由度记为

$$f_e = f_T - f_A - f_B - f_C = k^2 - 1 - 3(k-1) = (k-2)(k-1)$$

综上，可得总平方和 S_T 的分解公式

$$\left.\begin{aligned} S_T &= S_A + S_B + S_C + S_e \\ f_T &= f_A + f_B + f_C + f_e \end{aligned}\right\} \tag{3.2.7}$$

可以证明，误差方差 σ^2 的无偏估计

$$\hat{\sigma}^2 = MS_e = S_e / f_e$$

在误差正态性假设以及总平方和分解公式(3.2.7)基础上可以得到拉丁方设计的方差分析表，具体概述在表 3.2.4 中。假设检验(3.2.5)的检验统计量依然是

$$F = \frac{MS_A}{MS_e} = \frac{S_A / f_A}{S_e / f_e}$$

在假设(3.2.5)为真时，它服从 F 分布 $F(f_A, f_e)$。对给定的显著性水平 α，其拒绝域为

$$W = \{F > F_{1-\alpha}(f_A, f_e)\}$$

表 3.2.4　拉丁方设计的方差分析表

来源	平方和	自由度	均方和	F 比
处理	$S_A = \sum_{i=1}^{k} T_i{}^2 - \frac{T^2}{k^2}$	$f_A = k-1$	$MS_A = S_A / f_A$	$F = \frac{MS_A}{MS_e}$
行	$S_B = \sum_{j=1}^{k} B_j^2 - \frac{T^2}{k^2}$	$f_B = k-1$	$MS_B = S_B / f_B$	—
列	$S_C = \sum_{l=1}^{k} C_l^2 - \frac{T^2}{k^2}$	$f_C = k-1$	$MS_C = S_C / f_C$	—
误差	$S_e = S_T - S_A - S_B - S_C$	$f_e = (k-2)(k-1)$	$MS_e = S_e / f_e$	
总和	$S_T = \sum_{j=1}^{k}\sum_{l=1}^{k} y_{ijl}{}^2 - \frac{T^2}{k^2}$	$f_T = k^2 - 1$		

在拉丁方设计中,若经方差分析得出处理因子是显著的,那对各处理间还需作多重比较,以便发现哪些处理品值得重视的。

注记:通常应该避免拉丁方设计的阶数取得太大,如 $k \leqslant 8$,因为太大的阶数使得拉丁方设计很难控制区组间的变差,从而使设计的有效性较低。采用拉丁方设计的一个缺点是它给出相对小的误差自由度。例如一个 3×3 拉丁方只有 2 个误差自由度,一个 4×4 拉丁方只有 6 个误差自由度。当阶数 k 很小的时候,常常希望增加重复次数以增加误差自由度。假设一个 $k\times k$ 拉丁方有若干重复,其平方和分解将增加一项重复平方和,相应方差分析表的具体推导留作习题。

例 3.2.2　回到例 3.2.1 的火箭推进剂配方试验上来。从表 3.2.1 上诸 y_{ijl} 的数值我们得到计算表 3.2.5,其中 B_j、C_l 分别是表中数据的行和、列和,T_i 要对拉丁方里的相同拉丁字母求和。

表 3.2.5　火箭推进剂配方试验的计算表

原料批次	操作人员					B_j
	1	2	3	4	5	
1	$A=24$	$B=20$	$C=19$	$D=24$	$E=24$	111
2	$B=17$	$C=24$	$D=30$	$E=27$	$A=36$	134
3	$C=18$	$D=38$	$E=26$	$A=27$	$B=21$	130
4	$D=26$	$E=31$	$A=26$	$B=23$	$C=22$	128
5	$E=22$	$A=30$	$B=20$	$C=29$	$D=31$	132
C_l	107	143	121	130	134	
T_i	143	101	112	149	130	$T=635$

根据表 3.2.5 我们可以算出总平方和

$$S_T=\sum_{j=1}^{k}\sum_{l=1}^{k}y_{ijl}{}^2-\frac{T^2}{k^2}$$

$$=16805-\frac{(635)^2}{5^2}=676.00$$

处理平方和

$$S_A=\sum_{i=1}^{k}T_i{}^2-\frac{T^2}{k^2}$$

$$=\frac{143^2+101^2+112^2+149^2+130^2}{5}-\frac{(635)^2}{5^2}=330.00$$

原料批次(行)平方和

$$S_B=\sum_{j=1}^{k}B_j^2-\frac{T^2}{k^2}$$

$$=\frac{107^2+143^2+121^2+130^2+134^2}{5}-\frac{(635)^2}{5^2}=150.00$$

操作人员(列)平方和

$$S_C=\sum_{l=1}^{k}C_l^2-\frac{T^2}{k^2}$$
$$=\frac{111^2+134^2+130^2+128^2+132^2}{5}-\frac{(635)^2}{5^2}=68.00$$

误差平方和

$$S_e=S_T-S_A-S_B-S_C=128.00$$

由这些平方和及其自由度进一步得到方差分析表3.2.6。

表3.2.6 火箭推进剂配方试验的方差分析表

来源	平方和	自由度	均方和	F 比	P 值
处理	330.00	4	82.50	7.73	2.54×10^{-3}
行	68.00	4	17.00	—	—
列	150.00	4	37.50	—	—
误差	128.00	12	10.67		
总和	676.00	24			

若取显著性水平 $\alpha=0.05$,则其临界值 $F_{0.95}(4,12)=3.26$,由于 $F>3.26$,从而拒绝 H_0,即在排除操作人员和原料批次区组影响后,不同的火箭推进剂配方所产生的燃烧率有显著性差异。另外,方差分析表还表明操作人员之间亦有差异,因此关于该因子的区组化的确是一个好的预防措施,但没有强有力的证据表明原料批次检存在差异,所以在这个试验中不需太关心原料批次的差异,但试验前对原材料的批次进行分区组通常是必要的。

由于拒绝了假设 H_0,我们进一步采用多重比较来考察5种配方两两之间的差异性是否显著。我们采用T法,在拉丁方设计中每个处理水平重复了 k 次,对给定的显著性水平 α 下,拒绝域应为

$$|\overline{T}_i-\overline{T}_j|>q_{1-\alpha}(k,f_e)\sqrt{MS_e/k},\quad i<j$$

其中 $f_e=(k-2)(k-1)$。现在设 $\alpha=0.05$,又 $k=5$,$f_e=12$,从表3.2.6得到 $MS_e=10.67$,$q_{0.95}(5,12)=4.51$(从附表5中查得),故当

$$|\overline{T}_i-\overline{T}_j|>4.51\times\sqrt{10.67/5}=6.59$$

时,表示第 i 个处理与第 j 个处理间有显著差异。

从表3.2.5可以得到诸 T_i 的值,从而可以计算出

$$\overline{T}_1=28.6,\quad \overline{T}_2=20.2,\quad \overline{T}_3=22.4,\quad \overline{T}_4=29.8,\quad \overline{T}_5=26$$

它们两两之间差的绝对值分别为

$$|\overline{T}_1-\overline{T}_2|=8.4>6.59 \qquad |\overline{T}_2-\overline{T}_4|=9.6>6.59$$
$$|\overline{T}_1-\overline{T}_3|=6.2 \qquad |\overline{T}_2-\overline{T}_5|=5.8$$
$$|\overline{T}_1-\overline{T}_4|=1.2 \qquad |\overline{T}_3-\overline{T}_4|=7.4>6.59$$
$$|\overline{T}_1-\overline{T}_5|=2.6 \qquad |\overline{T}_3-\overline{T}_5|=3.6$$
$$|\overline{T}_2-\overline{T}_3|=2.2, \qquad |\overline{T}_4-\overline{T}_5|=3.8$$

由此可见,在 0.05 水平下,第 1 与第 2、第 2 与第 4、第 3 与第 4 种配方之间均有显著差异,配方 4 比配方 2、配方 3 有更高的燃烧率,配方 1 比配方 2 有更高的燃烧率。

3.2.2 希腊拉丁方设计

我们称两个 $k\times k$ 拉丁方是**正交的**,如果把其中一个拉丁方叠加在另一个拉丁方上面时,每一对字母组恰好出现一次。为了区别两个 $k\times k$ 拉丁方中的字母符号,我们把一个拉丁方的字母换成希腊字母 $\alpha,\beta,\gamma,\cdots$,并称两个拉丁方叠加所得到的设计叫作一个 k 阶(或 $k\times k$)希腊拉丁方(Graeco-Latin Square)设计。

表 3.2.7 给出了三个常用阶数的希腊拉丁方。可以证明希腊拉丁方除了 $k=6$ 之外对所有的 $k\geqslant 3$ 都存在。

表 3.2.7 三个常用的希腊拉丁方

3×3			4×4				5×5				
$A\alpha$	$B\beta$	$C\gamma$	$A\alpha$	$B\beta$	$C\gamma$	$D\delta$	$A\alpha$	$B\gamma$	$C\varepsilon$	$D\beta$	$E\delta$
$B\gamma$	$C\alpha$	$A\beta$	$B\delta$	$A\gamma$	$D\beta$	$C\alpha$	$B\beta$	$C\delta$	$D\alpha$	$E\gamma$	$A\varepsilon$
$C\beta$	$A\gamma$	$B\alpha$	$C\beta$	$D\alpha$	$A\delta$	$B\gamma$	$C\gamma$	$D\varepsilon$	$E\beta$	$A\delta$	$B\alpha$
			$D\gamma$	$C\delta$	$B\alpha$	$A\beta$	$D\delta$	$E\alpha$	$A\gamma$	$B\varepsilon$	$C\beta$
							$E\varepsilon$	$A\beta$	$B\delta$	$C\alpha$	$D\gamma$

希腊拉丁方设计能够用来系统地控制 3 个外部干扰因素的影响,也就是说,可以沿 3 个方向划分区组,从而给出处理的比较。通常一个希腊拉丁方设计将拉丁字母表示成处理,而行、列和希腊字母表示成三个分区组变量。这样一个 $k\times k$ 的希腊拉丁方设计可以仅通过 k^2 次试验考察均为 k 水平一个处理和三个分区组变量。另外,希腊拉丁方设计也能够用来考察具有两个分区组变量(由行、列表示)和两个处理因子(由拉丁和希腊字母表示)的试验。

类似地,如果存在多个同阶的相互正交的拉丁方,我们还可以把它们中的三个或更多个叠加在一起,这样的设计称为超希腊拉丁方(Hyper-Graeco-Latin Square)设计。但因为阶数较高的超希腊拉丁方设计组内差别过大,不利于数据分析,实际中较少用到。

一个希腊拉丁方设计的统计模型如下:

$$y_{ijlm}=\mu+a_i+b_j+c_l+d_m+\varepsilon_{ijlm} \quad (j,l=1,2\cdots,k;i\text{ 和 }m\text{ 由}(j,l)\text{ 唯一决定}) \tag{3.2.8}$$

其中 y_{ijlm} 为第 i 个处理在第 j 行第 l 列的试验结果,其中 i 和 m 由行号 j 和列号 l 唯一确定,分别是希腊拉丁方中(j , l)位置上的拉丁字母和希腊字母序号。例如表 3.2.7 中的

5×5 希腊拉丁方中，当 $j=2$，$l=3$ 时，处理是 D，对应 $i=4$，希腊字母是 α，对应 $m=1$；

μ 为总均值，是待估参数；

a_i 为第 i 个拉丁字母处理的效应，是待估参数，且满足 $a_1+a_2+\cdots+a_k=0$；

b_j 为第 j 个行区组的效应，是待估参数，且满足 $b_1+b_2+\cdots+b_k=0$；

c_l 为第 l 个列区组的效应，是待估参数，且满足 $c_1+c_2+\cdots+c_k=0$；

当希腊字母代表一个区组变量时，d_m 为第 m 个希腊字母区组的效应，当希腊字母代表一个处理变量时，d_m 为第 m 个希腊字母处理的效应，d_m 是待估参数，且满足 $d_1+d_2+\cdots+d_k=0$；

ε_{ijlm} 为试验误差，诸 ε_{ijlm} 是相互独立同分布的随机变量，它们的共同分布为 $N(0,\sigma^2)$，其中 σ^2 为误差方差，是待估参数。

模型(3.2.8)与模型(3.2.1)类似，是一个可加的效应模型，各因子之间没有交互作用。该模型的参数估计与方差分析与拉丁方设计类似，这里不再赘述其详细过程，下面直接给出方差分析表。

定义：

$$T=\sum_{j=1}^{k}\sum_{l=1}^{k}y_{ijlm},\quad \bar{y}=T/k^2$$

$T_i=$第 i 个拉丁字母处理下的数据之和，　$\bar{T}_i=T_i/k$

$B_j=\sum_{l=1}^{k}y_{ijlm}$（第 j 个行区组内的数据之和），　$\bar{B}_j=B_j/k$

$C_l=\sum_{j=1}^{k}y_{ijlm}$（第 j 个列区组内的数据之和），　$\bar{C}_l=C_l/k$

$D_m=$第 m 个希腊字母区组（或处理）下的数据之和，　$\bar{D}_m=D_m/k$

表 3.2.8　希腊拉丁方设计的方差分析表

来源	平方和	自由度	均方和	F 比
拉丁字母	$S_A=\sum_{i=1}^{k}T_i^{\,2}-\frac{T^2}{k^2}$	$f_A=k-1$	$MS_A=S_A/f_A$	$F=\frac{MS_A}{MS_e}$
希腊字母	$S_D=\sum_{i=1}^{k}D_i^{\,2}-\frac{T^2}{k^2}$	$f_D=k-1$	$MS_D=S_D/f_D$	—
行	$S_B=\sum_{j=1}^{k}B_j^2-\frac{T^2}{k^2}$	$f_B=k-1$	$MS_B=S_B/f_B$	—
列	$S_C=\sum_{l=1}^{k}C_l^2-\frac{T^2}{k^2}$	$f_C=k-1$	$MS_C=S_C/f_C$	—
误差	$S_e=S_T-S_A-S_B-S_C$	$f_e=(k-3)(k-1)$	$MS_e=S_e/f_e$	
总和	$S_T=\sum_{j=1}^{k}\sum_{l=1}^{k}y_{ijlm}^{\ \ 2}-\frac{T^2}{k^2}$	$f_T=k^2-1$		

例 3.2.3 重新考虑例 3.2.1 的火箭推进剂配方试验，假设还需要研究一个重要的分区组因素：测试装配，总共有 5 种测试装配，用希腊字母 $\alpha,\beta,\gamma,\delta,\varepsilon$ 表示。该试验采用表 3.2.7 中的 5×5 的希腊拉丁方设计，这个设计中的拉丁方与例 3.2.1 中的相同，试验数据表如下所示。

表 3.2.9　火箭推进剂配方试验的希腊拉丁方设计

原料批次	操作人员				
	1	2	3	4	5
1	$A\alpha=24$	$B\gamma=20$	$C\varepsilon=19$	$D\beta=24$	$E\delta=24$
2	$B\beta=17$	$C\delta=24$	$D\alpha=30$	$E\gamma=27$	$A\varepsilon=36$
3	$C\gamma=18$	$D\varepsilon=38$	$E\beta=26$	$A\delta=27$	$B\alpha=21$
4	$D\delta=26$	$E\alpha=31$	$A\gamma=26$	$B\varepsilon=23$	$C\beta=22$
5	$E\varepsilon=22$	$A\beta=30$	$B\delta=20$	$C\alpha=29$	$D\gamma=31$

该试验的总平方和、原料批次(行)平方和、操作人员(列)平方和与配方处理(拉丁字母)平方和与例 3.2.2 中计算相同。测试装配处理(希腊字母)平方和为

$$S_D=\sum_{i=1}^{k}D_i{}^2-\frac{T^2}{k^2}$$
$$=\frac{135^2+119^2+122^2+121^2+138^2}{5}-\frac{(635)^2}{5^2}=62.00$$

误差平方和

$$S_e=S_T-S_A-S_B-S_C-S_D=66.00$$

由这些平方和及其自由度进一步得到方差分析表 3.2.10。

表 3.2.10　考虑了测试装配因素的火箭推进剂配方试验的方差分析表

来源	平方和	自由度	均方和	F 比	P 值
拉丁字母	330.00	4	82.50	10.00	3.34×10^{-3}
希腊字母	62.00	4	15.30	—	—
行	68.00	4	17.00	—	—
列	150.00	4	37.50	—	—
误差	66.00	8	8.25		
总和	676.00	24			

若取显著性水平 $\alpha=0.05$,则其临界值 $F_{0.95}(4,8)=3.84$，由于 $F>3.84$,从而拒绝 H_0，即在排除操作人员、原料批次和测试装配的区组影响后,不同的火箭推进剂配方所产生的燃烧率有显著性差异。与拉丁方设计下的方差分析表 3.2.6 相比,在考虑了测试装配的不同后,会减少实验误差,然而在减少实验误差(误差平方和)的同时,由于试验次数没变,也将误差自由度由 12 减少至 8。这样使得误差的估计量少了几个自由度,从而可能使检验降低灵敏度。

由于拒绝了假设 H_0，进一步采用多重比较来考察 5 种配方两两之间的差异性是否显著。我们采用 T 法。诸 T_i 的计算与例 3.2.2 中相同,在希腊拉丁方设计中每个处理水平重复了 k 次,对给定的显著性水平 α 下,拒绝域应为

$$|\overline{T}_i-\overline{T}_j|>q_{1-\alpha}(k,f_e)\sqrt{MS_e/k},\quad i<j$$

这时 $f_e=(k-3)(k-1)$。现在设 $\alpha=0.05$，又 $k=5$，$f_e=8$，从表 3.2.10 得到 $MS_e=8.25$，$q_{0.95}(5,8)=4.89$（从附表 5 中查得），故当

$$|\overline{T}_i-\overline{T}_j|>4.89\times\sqrt{8.25/5}=6.28$$

时，表示第 i 个处理与第 j 个处理间有显著差异。根据诸 T_i 的两两之间差的绝对值，可以得出与例 3.2.2 中相同结论。即在 0.05 水平下，第 1 与第 2、第 2 与第 4、第 3 与第 4 种配方之间均有显著差异，配方 4 比配方 2、配方 3 有更高的燃烧率，配方 1 比配方 2 有更高的燃烧率。

习题 3.2

1. 给出一个 6 阶右循环拉丁方设计。

2. 对一个有 $r(r>1)$ 次重复的 k 阶拉丁方设计建立方差分析表，其中假设每次重复两个区组因素的水平保持相同。

3. 考虑一个磨损试验，目的是检验马丁戴尔（Martindale）磨损试验机器中塑胶覆面织物的耐磨性。试验中共有四种类型的材料，记为 A、B、C、D，响应是标准时间段内的重量损失（单位：0.1 毫克（mgm））。试验机器上有四个位置，使得一次可测试四个样本。过去经验表明四个位置之间可能有轻微差异，每次使用试验机器时，启动都可能有些不同，即应用到应用之间可能有系统的差异。为了消除由于位置和应用引起的差异，采用一个 4 阶拉丁方设计做试验，试验数据如下表所示。

磨损试验的拉丁方设计与重量损失数据

应用	位置			
	1	2	3	4
1	$C=235$	$D=236$	$B=218$	$A=268$
2	$A=251$	$B=241$	$D=227$	$C=229$
3	$D=234$	$C=273$	$A=274$	$B=226$
4	$B=195$	$A=270$	$C=230$	$D=225$

（1）计算各类平方和，写出方差分析表，若取显著性水平 $\alpha=0.05$，你从中能得到什么结果？

（2）若四种塑胶覆面织物的耐磨性之间有显著差异，作多重比较，从中你能得出什么结果？

4. 为了比较影响某产品的五种不同组装方法（用拉丁字母 A、B、C、D、E 表示），试验人员进行了一个试验，采用一个希腊拉丁方作为设计，其中包含三个分区组变量：时间、操作人员和机器类型。试验数据见下表，其中机器类型用五个希腊字母表示，响应为每天完成的件数。

产量数据

天	操作人员				
	1	2	3	4	5
1	$A\alpha=102$	$B\beta=105$	$C\gamma=82$	$D\delta=141$	$E\varepsilon=132$
2	$B\gamma=92$	$C\delta=112$	$D\varepsilon=131$	$E\alpha=112$	$A\beta=99$
3	$C\varepsilon=96$	$D\alpha=130$	$E\beta=108$	$A\gamma=73$	$B\delta=129$
4	$D\beta=120$	$E\gamma=100$	$A\delta=111$	$B\varepsilon=116$	$C\alpha=100$
5	$E\delta=123$	$A\varepsilon=110$	$B\alpha=111$	$C\beta=85$	$D\gamma=100$

(1)计算各类平方和,写出方差分析表,若取显著性水平 $\alpha=0.05$,你从中能得到什么结果?
(2)若五种组装方法之间有显著差异,作多重比较,那种方法最好?

§3.3　平衡不完全区组设计

3.3.1　平衡不完全区组设计(BIB 设计)

在随机化完全区组设计中若省去部分试验,只做另一部分试验,就可得到一个不完全区组设计。譬如某个因子 A 有 4 个处理 A_1,A_2,A_3,A_4,又有 4 个区组,假如每个区组可以放置 4 个处理(见表 3.3.1a),则共做 16 次试验,这是完全区组设计。假如想省去 4 次试验,只做其中 12 次试验,所得不完全区组设计有多种,表 3.3.1b 与表 3.3.1c 是其两个方案。

表 3.3.1a　完全区组设计

处理＼区组	1	2	3	4
1	y_{11}	y_{12}	y_{13}	y_{14}
2	y_{21}	y_{22}	y_{23}	y_{24}
3	y_{31}	y_{32}	y_{33}	y_{34}
4	y_{41}	y_{42}	y_{43}	y_{44}

表 3.3.1b　不完全区组设计

处理＼区组	1	2	3	4
1	y_{11}	y_{12}	y_{13}	
2	y_{21}	y_{22}		y_{24}
3	y_{31}	y_{32}	y_{33}	y_{34}
4		y_{42}		y_{44}

表 3.3.1 c　不完全区组设计

处理＼区组	1	2	3	4
1	y_{11}	y_{12}		y_{14}
2		y_{22}	y_{23}	y_{24}
3	y_{31}	y_{32}	y_{33}	
4	y_{41}		y_{43}	y_{44}

不完全区组设计可以减少总试验次数,这是一件好事,它可使区组设计得到广泛应用。但要使此件好事成为现实,还要考虑便于数据分析,这就不能随意地(如表 3.3.1 b)剔去一些试验组成不完全区组设计,而要按一定要求来组织不完全区组设计,常见的要求可以从表 3.3.1c 上看出,它们是:

- 每个区组含有的处理数相等,都为 3 个;
- 每个处理在不同区组中出现次数相等,都为 3 次;
- 每对处理在同一区组内相遇次数相等,都为 2 次。

前两个要求一眼就可从表 3.3.1c 上看出,第 3 个要求仔细观察也可看出。譬如,处理 A_1 与 A_2 在第 2 与第 4 个区组相遇,A_1 与 A_3 在第 1 与第 2 个区组相遇,其他各对处理(A_1,A_4),(A_2,A_3),(A_2,A_4),(A_3,A_4)也各在两个区组相遇。这些要求将使以后的数据分析方便可信。

在统计中满足上述三个要求的不完全区组设计称为平衡不完全区组设计(balanced incomplete block design,BIB 设计),它的一般定义如下:

定义 3.3.1 将 v 个处理安排到 b 个区组的一个不完全区组设计称为**平衡不完全区组设计**，假如该设计满足下列三个条件：

1. 每个区组都含 k 个不同处理，k 称为区组大小。

2. 每个处理都在 r 个不同区组中出现，r 称为处理重复数。

3. 任一对处理都在 λ 个不同区组中相遇，λ 称为相遇数。

从这个定义可以看出，一个 BIB 设计中的 v 个处理可以得到公平的比较，因为每个处理的重复数相同，任一处理与另外 $v-1$ 个处理可在相同条件下进行比较的次数是相同。这就是 BIB 设计中"平衡"之意。破坏上述三条之一就失去平衡。

在这个定义里，v,k,r,b,λ 等 5 个参数称为 BIB **设计参数**。在任一个 BIB 设计中，这 5 个参数都是确定的，譬如，表 3.2.1 c 所列的 BIB 设计的 5 个参数分别为

$$v=4,\quad k=3,\quad r=3,\quad b=4,\quad \lambda=2$$

不过，任意给定这 5 个设计参数，相应的 BIB 设计未必存在。譬如在 $v=4,b=3$ 时就找不到 BIB 设计。从 BIB 设计的内部结构看，这 5 个参数应满足什么条件才能使 BIB 设计存在成为可能呢？下面的定理说清了这个问题。

定理 3.3.1 BIB 设计存在的必要条件是：在 5 个设计参数间同时有下列三个关系式

$$(1)\ vr=bk \tag{3.3.1}$$

$$(2)\ r(k-1)=\lambda(v-1) \tag{3.3.2}$$

$$(3)\ b\geqslant v,\quad r\geqslant k \tag{3.3.3}$$

证明：(1)vr 与 bk 都等于这个试验设计的总试验次数。

(2)考察一个处理，譬如 A_1。按 BIB 设计定义，A_1 应在 r 个区组中出现，在这 r 个区组中，每个区组尚有 $k-1$ 个非 A_1 处理，所以这 r 个区组中非 A_1 处理共有 $r(k-1)$ 个。另一方面，处理 A_1 在这 r 个区组中与另外 $v-1$ 个非 A_1 处理相遇次数要相等，故有 $\lambda=r(k-1)/(v-1)$，这就是(2)。

(3)由(1)知，$b\geqslant v$ 与 $r\geqslant k$ 是等价的。下面证明 $b\geqslant v$。为此引入一个关联矩阵。令

$$n_{ij}=\begin{cases}1, & \text{若第 } i \text{ 个处理在第 } j \text{ 个区组中出现}\\ 0, & \text{其他场合}\end{cases} \tag{3.3.4}$$

其中 $i=1,2,\cdots,v$；$j=1,2,\cdots,b$。则称下列 $v\times b$ 阶矩阵

$$\boldsymbol{N}=\begin{pmatrix} n_{11} & n_{12} & \cdots & n_{1b}\\ n_{21} & n_{22} & \cdots & n_{2b}\\ \vdots & \vdots & \ddots & \vdots\\ n_{v1} & n_{v2} & \cdots & n_{vb}\end{pmatrix} \tag{3.3.5}$$

为该 BIB 设计的关联矩阵(或称设计矩阵)。譬如表 3.3.1c 所列的 BIB 设计的关联矩阵为

$$N=\begin{pmatrix}1&1&0&1\\0&1&1&1\\1&1&1&0\\1&0&1&1\end{pmatrix}$$

根据 BIB 设计的定义可知,其关联矩阵 N 的行和与列和分别为 r 与 k,即

$$\sum_{j=1}^{b} n_{ij}=r, \quad i=1,2,\cdots,v \tag{3.3.6}$$

$$\sum_{i=1}^{v} n_{ij}=k, \quad j=1,2,\cdots,b \tag{3.3.7}$$

另外,关联矩阵 N 的任两行的内积(N 的任意两行对应元素的乘积之和)等于 λ,即

$$\sum_{j=1}^{b} n_{ij}n_{kj}=\lambda, \quad i\neq k \tag{3.3.8}$$

现在转入(3)的证明。容易算得,N 与其转置 N' 的乘积为

$$NN'=\begin{pmatrix}r&\lambda&\cdots&\lambda\\\lambda&r&\cdots&\lambda\\\vdots&\vdots&\ddots&\vdots\\\lambda&\lambda&\cdots&r\end{pmatrix}$$

可以看出,它们的秩有如下等式:

$$rk(N)=rk(NN')=v$$

另一方面,N 的秩不会超过其列数,即 $rk(N)\leqslant b$。由此可得 $v\leqslant b$。这个不等式表明:**处理数超过区组数的 BIB 设计是不存在的。**

至今人们已经找到很多 BIB 设计。附表 9 对 $4\leqslant v\leqslant 10$ 和 $r\leqslant 10$ 给出一些 BIB 设计表。下面两个例子告诉我们应怎样使用附表 9。

例 3.3.1 附表 9 索引第一行给出设计 1,它的参数与设计方案如下:

$$v=4, \quad k=2, \quad r=3, \quad b=6, \quad \lambda=1$$

组Ⅰ	组Ⅱ	组Ⅲ
(1)1,2	(3)1,3	(5)1,4
(2)3,4	(4)2,4	(6)2,3

其中阿拉伯数字 1,2,3,4 表示处理号,(1)(2)…(6)表示区组号。罗马数字Ⅰ,Ⅱ,Ⅲ表示重复号。根据以上符号可写出这个 BIB 设计如下:

处理＼区组	1	2	3	4	5	6
1	y_{11}		y_{13}		y_{15}	
2	y_{21}			y_{24}		y_{26}
3		y_{32}	y_{33}			y_{36}
4		y_{42}		y_{44}	y_{45}	

例 3.3.2 附表 9 索引第四行给出一个 * 设计，它的参数分别为

$$v=5,\quad k=3,\quad r=6,\quad b=10,\quad \lambda=3$$

附表 9 中的带 * 设计可自行列出 BIB 设计，该设计中三个参数 v,k,b 间有一个组合关系：

$$\binom{v}{k}=b$$

其意是指：从 v 个处理中任取 k 个放入一个区组，如此区组共有 b 个。在这个例子中，具体的设计如下：

处理 \ 区组	1	2	3	4	5	6	7	8	9	10
1	y_{11}	y_{12}	y_{13}	y_{14}	y_{15}	y_{16}				
2	y_{21}	y_{22}	y_{23}				y_{27}	y_{28}	y_{29}	
3	y_{31}			y_{34}	y_{35}		y_{37}	y_{38}		$y_{3,10}$
4		y_{42}		y_{44}		y_{46}	y_{47}		y_{49}	$y_{4,10}$
5			y_{53}		y_{55}	y_{66}		y_{58}	y_{59}	$y_{5,10}$

在这个 BIB 设计中，区组编号可以交换，处理编号也可交换。在进行试验时，一个区组内的 k 个试验按随机次序进行。

3.3.2 统计模型及其参数估计

平衡不完全区组设计只适用于处理和区组间无交互作用的试验问题，因此它的统计模型是

$$y_{ij}=\mu+a_i+b_j+\varepsilon_{ij}\quad (i=1,2,\cdots,v;j=1,2,\cdots,b) \tag{3.3.9}$$

其中 y_{ij} 为第 i 个处理在第 j 个区组中的试验结果；

μ 是总均值；

a_i 是第 i 个处理的效应，且有 $\sum\limits_{i=1}^{v} a_i=0$；

b_j 是第 j 个区组的效应，且有 $\sum\limits_{j=1}^{b} b_j=0$；

ε_{ij} 为试验误差，诸 ε_{ij} 是来自正态总体 $N(0,\sigma^2)$的一个样本。

这个模型与随机化完全区组设计的模型相同，差别仅在于在 BIB 设计中不是每个区组都包含所有处理。

在 BIB 设计中人们的注意力主要集中在 v 个处理间是否有显著差别，我们设计区组是为排除一些明显的干扰，让人们更清楚地认识 v 个处理之间的差异是否显著。

这里我们先寻求处理效应 a_i 的最小二乘估计。考虑到 BIB 设计是“不完全”的，即不是对一切(i,j)都做试验，这时关联矩阵 $\boldsymbol{N}$(3.2.5)将起到区分作用。其目标函数为

$$\varphi=\sum_{i=1}^{v}\sum_{j=1}^{b} n_{ij}(y_{ij}-\mu-a_i-b_j)^2$$

对其求偏导数，令其为零，就可以得正规方程组，再利用各效应的约束条件和关联矩阵的性质，可简化正规方程组如下：

$$\left.\begin{aligned} & n\mu = T \\ & r\mu + ra_i + \sum_{j=1}^{b} n_{ij} b_j = T_i, \quad i=1,2,\cdots,v \\ & k\mu + \sum_{i=1}^{v} n_{ij} a_i + kb_j = B_j, \quad j=1,2,\cdots,b \end{aligned}\right\} \tag{3.3.10}$$

其中 $n = bk = vr$ (3.3.11)

$$T_i = \sum_{j=1}^{b} n_{ij} y_{ij} \quad (\text{第 } i \text{ 个处理的 } r \text{ 次重复之和}) \tag{3.3.12}$$

$$B_j = \sum_{i=1}^{v} n_{ij} y_{ij} \quad (\text{第 } j \text{ 个区组内 } k \text{ 个处理的数据之和}) \tag{3.3.13}$$

$$T = \sum_{i=1}^{v} T_i = \sum_{i=1}^{v} \sum_{j=1}^{b} n_{ij} y_{ij} = \sum_{j=1}^{b} B_j \quad (\text{数据总和}) \tag{3.3.14}$$

由(3.2.10)式中第一个方程可得 μ 的最小二乘估计

$$\hat{\mu} = T/n \tag{3.3.15}$$

由(3.2.10)式中第三个方程解出 b_j，再代入其第二个方程可得

$$r\hat{\mu} + ra_i + \sum_{j=1}^{b} n_{ij} \frac{1}{k}\left(B_j - k\hat{\mu} - \sum_{i=1}^{v} n_{ij} a_i\right) = T_i$$

若令

$$Q_i = T_i - \frac{1}{k} \sum_{j=1}^{b} n_{ij} B_j, \quad i=1,2,\cdots,v \tag{3.3.16}$$

它被称为第 i 个处理的调整总和，它等于第 i 个处理的未调整总和 T_i 减去包含第 i 个处理的区组总和的均值。利用 Q_i 可把原式改写，并注意到 $\sum_{j=1}^{b} n_{ij} = r$，可得

$$ra_i - \frac{1}{k} \sum_{j=1}^{b} n_{ij}(n_{1j} a_1 + n_{2j} a_2 + \cdots + n_{vj} a_v) = Q_i, \quad i=1,2,\cdots,v$$

再考虑到 $\sum_{j=1}^{b} n_{ij}^2 = \sum_{j=1}^{b} n_{ij} = r, \quad \sum_{j=1}^{b} n_{ij} n_{kj} = \lambda, \quad i \neq k$，上式还可改写为

$$[r(k-1)+\lambda]\, a_i/k = Q_i, \quad i=1,2,\cdots,v$$

由于 $r(k-1) = \lambda(v-1)$，立即可得 a_i 的最小二乘估计

$$\hat{a}_i = \frac{k}{\lambda v} Q_i, \quad i=1,2,\cdots,v \tag{3.3.17}$$

由此可得调整后的处理均值

$$\hat{\mu}_i = \hat{\mu} + \hat{a}_i, \quad i=1,2,\cdots,v \tag{3.3.18}$$

最后把诸处理效应的估计值(3.2.17)式代回(3.2.10)式第三个方程，可得各区组效应的

估计

$$\hat{b}_j = \frac{B_j}{k} - \hat{\mu} - \frac{1}{k}\sum_{i=1}^{v} n_{ij}\hat{a}_i, \quad j = 1, 2, \cdots, b \tag{3.3.19}$$

例 3.3.3 要比较 5 种工艺(处理)对产量的影响,有 10 个工厂答应参加新工艺试验,但每厂只能承担 3 种工艺的试验。每个工厂的试验条件都被认可,但不同工厂的试验条件是有差异的,因此把 10 个工厂看作 10 个区组,每个区组内含有 3 个处理。

这个试验方案可用 BIB 设计。由 $v=5, b=10, k=3$,从附表 9 中得知,可用其中第 4 行的 BIB 设计,其设计参数为

$$v=5, \quad k=3, \quad r=6, \quad b=10, \quad \lambda=3$$

这就是例 3.3.2 提供的 BIB 设计方案。在这个设计中,每个处理重复了 6 次,每个区组含有 3 种处理,任意两个处理在相同区组里相遇 3 次,这样安排可使各个处理得到公平比较。

按此 BIB 设计把工艺试验分配到各工厂(见表 3.3.2),每个工厂对从事的 3 种工艺可按随机次序进行,所得结果罗列在表 3.3.2 中。

表 3.3.2 BIB 设计的试验结果与计算表

区组 \ 处理	1	2	3	4	5	B_j
1	54.2	51.0	33.1			138.3
2	28.1	36.6		46.6		111.3
3	58.7	42.6			38.6	139.9
4	50.9		18.1	45.4		114.4
5	60.2		39.1		33.2	132.5
6	44.3			31.6	14.0	89.9
7		25.7	34.5	30.6		90.8
8		21.3	16.0		13.1	50.4
9		30.9		46.6	35.6	113.1
10			39.4	55.3	44.6	139.3
T_i	296.4	208.1	180.2	256.1	179.1	$T=1119.9$
$\frac{1}{k}\sum_{j=1}^{b} n_{ij}B_j$	242.1	214.6	221.9	219.6	221.7	$\hat{\mu}=\frac{1119.9}{30}$
$Q_i = T_i - \frac{1}{k}\sum_{j=1}^{b} n_{ij}B_j$	54.3	−6.5	−41.7	36.5	−42.6	$=37.33$
$\hat{a}_i = \frac{k}{\lambda v}Q_i$	10.86	−1.3	−8.34	7.3	−8.52	
$\hat{\mu}_i = \hat{\mu} + \hat{a}_i$	48.19	36.03	28.99	44.63	28.81	

为获得各处理效应及各处理均值的估计值,对试验结果的计算步骤如下:

1. 计算各处理下的产量之和 T_i,譬如

$$T_1=54.2+28.1+58.7+50.9+60.2+44.3=296.4$$

2. 计算各区组内产量之和 B_j，譬如

$$B_1=54.2+51.0+33.1=138.3$$

3. 计算各处理的调整总和 Q_i，譬如先计算

$$\frac{1}{k}\sum_{j=1}^{b} n_{1j}B_j=(138.3+89.9+139.9+111.3+114.4+132.5)/3=242.1$$

然后计算

$$Q_1=T_1-\frac{1}{k}\sum_{j=1}^{b} n_{1j}\,B_j=296.4-242.1=54.3$$

4. 计算各处理效应的估计量 $\hat{a}_i$，譬如

$$\hat{\alpha}_1=\frac{k}{\lambda v}Q_1=\frac{1}{5}\times 54.3=10.86$$

5. 计算调整后的处理均值 $\hat{\mu}_1$，譬如

$$\hat{\mu}_1=\hat{\mu}+\hat{a}_1=37.33+10.86=48.19$$

从表 3.3.2 的最后两行可见，第 1 与第 4 种工艺最佳，第 3 与第 5 种工艺较差，第 2 种工艺居中。最大处理效应与最小处理效应之极差为 10.86－(－8.52)＝19.38。

现在转入诸区组效应估计值 $\hat{b}_j$ 的计算，由(3.3.19)式可得

$$\hat{b}_1=\frac{B_1}{k}-\hat{\mu}-\frac{\hat{a}_1+\hat{a}_2+\hat{a}_3}{k}=\frac{138.3}{3}-37.33-\frac{10.86-1.30-8.34}{3}=8.36$$

$$\hat{b}_2=\frac{B_1}{k}-\hat{\mu}-\frac{\hat{a}_1+\hat{a}_2+\hat{a}_4}{k}=\frac{111.3}{3}-37.33-\frac{10.86-1.30+7.30}{3}=-5.86$$

其他 $\hat{b}_3$ 到 $\hat{b}_{10}$ 可类似计算，现把结果罗列如下：

$$\hat{b}_3=8.96,\quad \hat{b}_4=-2.47,\quad \hat{b}_5=8.84,\quad \hat{b}_6=-10.58$$

$$\hat{b}_7=-6.19,\quad \hat{b}_8=-14.48,\quad \hat{b}_9=1.21,\quad \hat{b}_{10}=12.29$$

诸区组效应估计的极差为 $\hat{b}_{10}-\hat{b}_8=12.29-(-14.48)=26.77$，这个极差超过处理效应估计值的极差，这是区组效应不应忽视的信号。

3.3.3 方差分析

BIB 设计的方差分析要检验的假设仍然是因子 A 的 v 个处理的效应 $a_1,a_2,\cdots,a_v$ 是否全为零，即

$$H_0:a_1=a_2=\cdots=a_v=0$$

H_1：诸 a_i 不全相等

为此,需要对如下总平方和 S_T 进行平方和分解:

$$S_T=\sum_{i=1}^{v}\sum_{j=1}^{b}n_{ij}(y_{ij}-\bar{y})^2$$
$$=\sum_{i=1}^{v}\sum_{j=1}^{b}n_{ij}y_{ij}^2-\frac{T^2}{n},\quad f_T=n-1 \tag{3.3.20}$$

其中 $T=\sum\limits_{i=1}^{v}T_i=\sum\limits_{j=1}^{b}B_j=\sum\limits_{i=1}^{v}\sum\limits_{j=1}^{b}n_{ij}y_{ij}$,$n=bk=vr=$总试验次数,而 S_T 中所含的区组平方和为

$$S_B=\sum_{j=1}^{b}\frac{B_j^2}{k}-\frac{T^2}{n},\quad f_B=b-1 \tag{3.3.21}$$

误差平方和 S_e 可从最小二乘法的剩余平方和获得,即

$$S_e=\min\sum_{i=1}^{v}\sum_{j=1}^{b}n_{ij}(y_{ij}-\mu-a_i-b_j)^2$$
$$=\sum_{i=1}^{v}\sum_{j=1}^{b}n_{ij}(y_{ij}-\hat{\mu}-\hat{a}_i-\hat{b}_j)^2$$

其中 $\hat{\mu},\hat{a}_i,\hat{b}_j$ 分别是 μ,a_i,b_j 的最小二乘估计,如(3.3.15)式,(3.3.17)式,(3.3.19)式所示,把它们代入上式,经过一些复杂的计算,可得

$$S_e=\sum_{i=1}^{v}\sum_{j=1}^{b}n_{ij}\left(y_{ij}-\frac{B_j}{k}-\hat{a}_i+\frac{1}{k}\sum_{i=1}^{v}n_{ij}\hat{\alpha}_i\right)^2$$
$$=\sum_{i=1}^{v}\sum_{j=1}^{b}n_{ij}y_{ij}^2-\frac{1}{k}\sum_{j=1}^{b}B_j^2-\frac{k}{\lambda v}\sum_{i=1}^{v}Q_i^2 \tag{3.3.22}$$

其中 Q_i 如(3.3.16)式所示。S_e 的自由度应为 $f_e=(n-1)-(v-1)-(b-1)=n-v-b+1$。

最后,我们来考察因子 A 的 v 个处理间的平方和 S_A。由于每个处理所在 r 个区组是有差异的,各处理和 $T_1,T_2,\cdots,Tv$ 间的差异受到区组间差异的影响,故按传统公式计算处理平方和 S_A 已不适合,下面用最小二乘法来获得 S_A。

在原假设 H_0 成立下的误差平方和为

$$S_0=\min\sum_{i=1}^{v}\sum_{j=1}^{b}n_{ij}(y_{ij}-\mu-b_j)^2=\sum_{i=1}^{v}\sum_{j=1}^{b}n_{ij}(y_{ij}-\tilde{\mu}-\tilde{b}_j)^2$$

其中 $\tilde{\mu}$ 与 $\tilde{b}_j$ 分别为 H_0 成立下 μ 与 b_j 的最小二乘估计,容易求得它们分别为

$$\tilde{\mu}=\frac{T}{n},\quad \tilde{b}_j=\frac{B_j}{k}-\tilde{\mu},\quad j=1,2,\cdots,b$$

其中 T,n,B_j 等如同以前说明,把它们代回 S_0,可得

$$S_0=\sum_{i=1}^{v}\sum_{j=1}^{b}n_{ij}\left(y_{ij}-\frac{B_j}{k}\right)^2=\sum_{i=1}^{v}\sum_{j=1}^{b}n_{ij}y_{ij}^2-\frac{1}{k}\sum_{j=1}^{b}B_j^2$$

这样一来,处理平方和 S_A 为 S_0 与 S_e 的差,即

$$S_A = S_0 - S_e = \frac{k}{\lambda v}\sum_{i=1}^{v} Q_i^2, \quad f_A = v-1 \tag{3.3.23}$$

其中 Q_i 如(3.3.16)式所示。

综合上述,由(3.3.20)式,(3.3.21)式,(3.3.22)式,(3.3.23)式就完成了总平方和分解公式:

$$S_T = S_A + S_B + S_e$$
$$f_T = f_A + f_B + f_e$$

根据总平方和分解公式可列出方差分析表,具体概述在表 3.3.3 中。

表 3.3.3　BIB 设计的方差分析表

来源	平方和	自由度	均方和	F 比
处理	$S_A = \frac{k}{\lambda v}\sum_{i=1}^{v} Q_i^2$	$f_A = v-1$	$MS_A = \frac{S_A}{f_A}$	$F = \frac{MS_A}{MS_e}$
区组	$S_B = \sum_{j=1}^{b}\frac{B_j^{\ 2}}{k} - \frac{T^2}{n}$	$f_B = b-1$	$MS_B = \frac{S_B}{f_B}$	—
误差	$S_e = \sum_{i=1}^{v}\sum_{j=1}^{b} n_{ij} y_{ij}^2 - \frac{1}{k}\sum_{j=1}^{b} B_j^2 - \frac{k}{\lambda v}\sum_{i=1}^{v} Q_i^2$	$f_e = n-v-b+1$	$MS_e = \frac{S_e}{f_e}$	
总和	$S_T = \sum_{i=1}^{v}\sum_{j=1}^{b} n_{ij} y_{ij}^2 - \frac{T^2}{n}$	$f_T = n-1$		

上述方差分析仅能对处理因子 A 进行,因为我们将总平方和 S_T 分解为已调整的处理平方和 S_A、未调整的区组平方和 S_B 以及误差平方和 S_e。有时我们想评估区组效应大小,要做到这一点,还需要对总平方和 S_T 作另一分解式,其中处理平方和不需调整,而区组平方和要做调整,调整方法如前述,这里就不再进行下去了。

例 3.3.4　在对 5 种工艺(处理)的 BIB 设计(见例 3.3.3)中已对诸处理效应 a_i 和区组效应 b_j 作出最小二乘估计,现在转入对诸处理效应间的方差分析。

由表 3.3.2 上提供的诸 Q_i 的值,可以算得处理平方和

$$S_A = \frac{k}{\lambda v}[Q_1^2 + Q_2^2 + Q_3^2 + Q_4^2 + Q_5^2]$$
$$= \frac{3}{5\times 3}[54.3^2 + (-6.5)^2 + (-41.7)^2 + 36.5^2 + (-42.6)^2] = 1575.33$$

由表 3.3.2 上诸 B_j 的值和 T 的值,可以算得区组平方和

$$S_B = \frac{1}{k}[B_1^2 + B_2^2 + \cdots + B_{10}^2] - \frac{T^2}{n}$$

$$=\frac{1}{3}[138.3^2+111.3^2+\cdots+139.3^2]-\frac{1119.9^2}{30}=2458.50$$

由表 3.3.2 上诸试验结果 y_{ij} 的值，可以算得总平方和

$$S_T=[54.2^2+51^2+\cdots+44.6^2]-\frac{1119.9^2}{30}=4932.98$$

最后，用减法可得误差平方和

$$S_e=S_T-S_A-S_B=4932.98-1575.33-2458.50=899.15$$

利用上述结果，列出方差分析表，对处理因子 A 的显著性进行检验。

表 3.3.4 例 3.3.3 的方差分析表

来源	平方和	自由度	均方和	F 比	P 值
处理	$S_A=1575.33$	4	$MS_A=393.83$	7.01	1.85×10^{-3}
区组	$S_B=2458.50$	9	—	—	—
误差	$S_e=899.15$	16	$MS_e=56.20$		
总和	$S_T=4932.98$	29			

对 $\alpha=0.05$，临界值为 $F_{0.95}(4,16)=3.01$，由于 $F=7.01>3.01$，故处理因子 A 是显著的，即 5 种工艺对产量的影响有显著差异。

为了进一步考察 5 种工艺的效应中两两之间的差异是否显著，需要使用多重比较。在 BIB 设计中每个处理的重复数相同，都为 r，因此可选用重复数相等的多重比较，这里选用 T 法(见 § 2.3.1)。当 v 个处理效应的估计 $\hat{a}_1,\hat{a}_2,\cdots,\hat{a}_v$ 中任意两个的差的绝对值满足

$$|\hat{a}_i-\hat{a}_j|>q_{1-\alpha}(v,f_e)\sqrt{MS_e/r}$$

就认为 a_i 与 a_j 间有显著差异。其中 v 为处理个数，f_e 为误差自由度，MS_e 为误差的均方和，r 为任一处理的重复数。

在例 3.3.3 中，已知

$$v=5,\quad f_e=16,\quad MS_e=56.20,\quad r=6$$

若取 $\alpha=0.05$，可从附表 5 中查得 $q_{0.95}(5,16)=4.33$，于是任意两个处理效应的多重比较的临界值为

$$q_{0.95}(5,16)\sqrt{MS_e/r}=4.33\times\sqrt{56.20/6}=13.25$$

如今从表 3.3.2 上可得 5 个处理效应的估计分别为

$$\hat{a}_1=10.86,\quad \hat{a}_2=-1.3,\quad \hat{a}_3=-8.34,\quad \hat{a}_4=7.3,\quad \hat{a}_5=-8.53$$

计算它们中间任意两个差的绝对值

$$|\hat{a}_1-\hat{a}_2|=12.16,\quad |\hat{a}_1-\hat{a}_3|=19.20$$

$$|\hat{a}_1-\hat{a}_4|=3.56,\quad |\hat{a}_1-\hat{a}_5|=19.38$$

$$|\hat{a}_2-\hat{a}_3|=7.04,\quad |\hat{a}_2-\hat{a}_4|=8.60$$

$$|\hat{a}_2-\hat{a}_5|=7.22,\quad |\hat{a}_3-\hat{a}_4|=15.64$$

$$|\hat{a}_3-\hat{a}_5|=0.18,\quad |\hat{a}_4-\hat{a}_5|=15.86$$

由此可见,5 个处理效应可分为三组:

$$\text{I}=\{a_1,a_4\},\quad \text{II}=\{a_2\},\quad \text{III}=\{a_3,a_5\}$$

组Ⅰ与组Ⅲ间有显著差异,组Ⅱ与另外两组都无显著差异。由于 5 种工艺是用产量来评价的,故应选第 1 和第 4 种工艺去推广使用。

习题 3.3

1. 下面的不完全区组设计是否是 BIB 设计?若是的话,请写出他们的 5 个设计参数 v,k,r,b,λ。

处理 \ 区组	1	2	3	4	5	6
1	y_{11}		y_{13}		y_{15}	
2	y_{21}			y_{24}		y_{26}
3		y_{32}	y_{33}			y_{36}
4		y_{42}		y_{44}	y_{45}	

2. 附表 9 中的设计 7 中 5 个 BIB 设计参数与各区组分别为

$$v=7,\quad k=3,\quad r=3,\quad b=7,\quad \lambda=1$$

(1)1,2,4　(2)2,3,5　(3)3,4,6　(4)4,5,7　(5)5,6,1　(6)6,7,2　(7)7,1,3

请写出这个 BIB 设计的具体方案及其关联矩阵。

3. 某种薄膜电阻是安装在陶瓷平板上的电阻器。设计了四种几何形状不同但电阻值相同的薄膜电阻,现要考察它们对电流噪声的影响是否有显著差异。由于一块陶瓷平板上只能安装 3 只薄膜电阻,故采用 BIB 设计,选用的参数如下:

$v=4$(四种几何形状),　$k=3$(每块平板上可安装的电阻数)
$r=3$(每种形状的重复数),　$b=4$(平板块数),　$\lambda=2$(相遇数)

此 BIB 设计共需电阻 $n=12$ 只。下表所列数据 y_{ij} 是电流噪声测量值的对数,这样可得更近似正态分布的数据。

平板号 \ 形状号	1	2	3	4
1	1.11		0.95	0.83
2	1.70	1.22		0.97
3	1.60	1.11	1.52	
4		1.22	1.54	1.18

(1)写出该 BIB 设计的统计模型;

(2)作出诸处理效应 a_i 的估计；

(3)作出诸区组效应 b_j 的估计；

(4)对处理因子 A 作方差分析，叙述你所得的结论；

(5)进行多重比较，叙述你所得的结论。

4. 为比较不同的催化剂对化学反应速度的影响，选用 4 种催化剂(记为 A_1,A_2,A_3,A_4)。试验方法是将一定数量的原料放入设备中，再将一种催化剂放入后开始试验，然后观察反应时间。由于不同的原料批可能会影响催化剂的作用。现有 4 批原料，但每一批原料只够 3 种催化剂试验用，这个试验可用 BIB 设计。一位工程师建议，将催化剂看成处理因子 A，而 A_1,A_2,A_3,A_4 看成 4 种不同处理。再把原料批看成区组，每个区组放三个处理，共有 4 个区组。催化剂在每个区组中试验的顺序是随机的。所选用的 BIB 设计及其试验结果如下：

处理 (催化剂)	区组(原料批)				T_i
	1	2	3	4	
A_1	73	74		71	218
A_2		75	67	72	214
A_3	73	75	68		216
A_4	75		72	75	222
B_j	221	224	207	218	$T=870$

(1)此题 BIB 设计与习题 3 中的 BIB 设计有无本质差异？

(2)作出诸处理效应 a_i 的估计；

(3)作出诸区组效应 b_j 的估计；

(4)对处理因子 A 作方差分析，叙述你所得的结论；

(5)进行多重比较，叙述你所得的结论。

5. 在生产某种规格的钢管时其内径是一个重要的质量指标，它可以用七种不同的合金钢制造。现在要考察的是不同的合金钢对内径尺寸的影响。在试验中有七台机床可供加工用，但每台机床在一定时间内只能加工三根钢管。为了对这个试验问题做设计，将合金钢作为处理因子，每台机床作为区组，采用 BIB 设计(见下表)，具体试验结果(内径尺寸，单位：mm)如下：

处理＼区组	1	2	3	4	5	6	7	T_i
1	5	4	9					18
2			12	9	9			30
3	7			6		8		21
4			7			5	3	15
5	4				6		5	15
6		10			12	9		31
7		4		4			3	11
B_j	16	18	28	19	27	22	11	$T=141$

(1)作出诸处理效应 a_i 的估计；

(2)对处理因子 A 作方差分析，叙述你所得的结论；

(3)进行多重比较，叙述你所得的结论。

6. 若一个 BIB 设计中处理数 v 与区组数 b 相等(从而 $r=k$)，称此设计为对称的 BIB 设计。譬如习题 5 中的设计就是对称 BIB 设计，其 $v=b=7, r=k=3, \lambda=1$。若把设计的关联矩阵中 $\boldsymbol{N}$ 中的 0 改为 1，把 1 改为 0，得到一个新的关联矩阵 $\overline{\boldsymbol{N}}$。此关联矩阵 $\overline{\boldsymbol{N}}$ 也对应着一个新的对称 BIB 设计，这个新设计称为原 BIB 设计的互补设计。请指出此互补设计的 5 个设计参数。

7. 互补设计在一定场合(非对称 BIB 设计)也存在。若 $\boldsymbol{N}$ 是原 BIB 设计的关联矩阵，$\overline{\boldsymbol{N}}$ 为其互补设计的关联矩阵。证明互补设计的 5 个参数 $\bar{v}, \bar{b}, \bar{r}, \bar{k}, \bar{\lambda}$ 与原 BIB 设计 5 个参数 v, b, r, k, λ 间有如下关系：

$$\bar{v}=v, \quad \bar{b}=b, \quad \bar{k}=v-k, \quad \bar{r}=b-r, \quad \bar{\lambda}=b-2r+\lambda$$

§3.4　链式区组设计

设因子 A 有 v 个水平(处理)，当 v 较大时，如有十几个、甚至几十个处理需要比较时，若用 BIB 设计安排试验将会导致区组数 b 更大，试验次数随着增多在实践中这是不可取的。这时若试验误差较小时，可采用链式区组设计。链式区组设计只需比处理数 v 略多一些观察就可构成链式区组设计，但在使用链式区组设计之前，必须确认处理效应间的重要差异明显大于试验误差。

3.4.1　链式区组设计的构造

链式区组设计的构造较为简便，下面通过一个实例来说明其构造。

例 3.4.1　对来自同一炉铁水铸成的 42 根棒要用光谱法测定其镍的含量，而测量所用的一个光谱底版只能对 18 根棒同时进行测量，不同的光谱底版对测试结果有影响。如何安排试验，获得镍的含量呢？

容易想到，每个光谱底版可看作一个区组，要测 42 根棒的镍含量至少要用三个区组，共可测 $18\times3=54$ 根棒，比需要多 12 根，多余部分可用于重复，即让 42 根棒中有 12 根重复测量一次。这样一来，42 根棒按随机方式分为两组，一组 12 根，一组 30 根。

第一组有 12 根棒，每根棒观察两次，如此共 24 次观察如何分到三个区组中是链式区组设计的关键。不失一般性，把第一组 12 根棒记为 $1,2,\cdots,12$，并均分为三组：

$$A_1=\{1,2,3,4\}, \quad A_2=\{5,6,7,8\}, \quad A_3=\{9,10,11,12\}$$

然后把这三个小组依次放入一个区组。若把重复观察的 12 根棒记为 $1',2',\cdots,12'$，也同样均分为三组，为了能够形成链状，把 $A_1'=\{1',2',3',4'\}$ 放入第三区组，把 $A_2'=\{5',6',7',8'\}$ 放入第一区组，把 $A_3'=\{9',10',11',12'\}$ 放入第二区组，具体见表 3.4.1。

第二组含余下的 30 根棒，各观察一次，然后随机地，尽量平均地放入三个区组中去，具体见表 3.4.1。

这样就完成了链式区组设计，这种设计有 5 个参数：

b＝区组数，　k_i＝第 i 个区组中的处理数，　$i=1,2,\cdots,b$

v＝处理数，　m＝每个小组 A_i 或 A_i' 中的处理数，　n＝总观察次数

表 3.4.1 3 个区组和 42 个处理的链式区组设计

($b=3$, $k_1=k_2=k_3=18$, $v=42$, $m=4$, $n=54$)

	区组		
	1	2	3
处理号	$A_1=\begin{cases}1\\2\\3\\4\end{cases}$	$A_2=\begin{cases}5\\6\\7\\8\end{cases}$	$A_3=\begin{cases}9\\10\\11\\12\end{cases}$
	$A_2'=\begin{cases}5'\\6'\\7'\\8'\end{cases}$	$A_3'=\begin{cases}9'\\10'\\11'\\12'\end{cases}$	$A_1'=\begin{cases}1'\\2'\\3'\\4'\end{cases}$
	13	23	33
	14	24	34
	15	25	35
	16	26	36
	17	27	37
	18	28	38
	19	29	39
	20	30	40
	21	31	41
	22	32	42

从上面例子可以看出,在一般链式设计中:

- 某些处理观察两次,某些处理观察一次;
- 把需要观察两次的处理均分为 b 个小组,记为 $A_1,A_2,\cdots,A_b$,把它们依次安排在第 1 到第 b 个区组中去,其中诸 A_i 可只含一个处理,也可含多个处理;
- 把重复观察类似地分为 b 组,记为 $A_1',A_2',\cdots,A_b'$,把它们依次安排在第 b、第 1 到第 $b-1$ 个区组中去(见表 3.4.2),如此安排是为了形成一个链条,把 b 个区组通过重复连接起来;
- 把只观察一次的处理尽量均分到 b 个区组中去;
- 在每个区组中并不要求有相同的处理数。

这样构造的链式区组设计相当容易,适应性强,对给定的区组数 b 和处理数 v,可以构造不同的链式区组设计。

表 3.4.2 链式区组设计的图示说明

区组				
1	2	…	$b-1$	b
A_1	A_2	…	A_{b-1}	A_b
A_2'	A_3'	…	A_b'	A_1'
y	y	…	y	y
⋮	⋮	⋮	⋮	⋮
y	y	…	y	y

表 3.4.3 和表 3.4.4 是两个链式区组设计的例子。

表 3.4.3 4 个区组和 13 种处理的链式区组设计

($b=4$, $k_1=6$, $k_2=k_3=k_4=5$, $v=13$, $m=2$, $n=21$)

区组			
1	2	3	4
$A_1=\begin{cases}1\\2\end{cases}$	$A_2=\begin{cases}3\\4\end{cases}$	$A_3=\begin{cases}5\\6\end{cases}$	$A_4=\begin{cases}7\\8\end{cases}$
$A_2'=\begin{cases}3'\\4'\end{cases}$	$A_3'=\begin{cases}5'\\6'\end{cases}$	$A_4'=\begin{cases}7'\\8'\end{cases}$	$A_1'=\begin{cases}1'\\2'\end{cases}$
9	10	11	12
13			

表 3.4.4 3 个区组和 11 种处理的链式区组设计

($b=3$, $k_1=k_2=7$, $k_3=6$, $v=11$, $m=3$, $n=20$)

区组		
1	2	3
$A_1=\begin{cases}1\\2\\3\end{cases}$	$A_2=\begin{cases}4\\5\\6\end{cases}$	$A_3=\begin{cases}7\\8\\9\end{cases}$
$A_2'=\begin{cases}4'\\5'\\6'\end{cases}$	$A_3'=\begin{cases}7'\\8'\\9'\end{cases}$	$A_1'=\begin{cases}1'\\2'\\3'\end{cases}$
10	11	

3.4.2 统计模型及其参数估计

为叙述方便和便于理解,这里将以光谱法测定镍含量(见例 3.4.1 和表 3.4.1)为例叙述其统计模型与参数估计。为此把涉及第 i 个处理的观察值记为 y_i,其部分重复观察值记为 y_i'。根据表 3.4.1 所示的链式区组设计方案,可写出其统计模型如下:

$$\left.\begin{array}{l} y_i=\begin{cases}\mu_i+b_1+\varepsilon_i, & i=1,2,3,4,13,\cdots,22\\ \mu_i+b_2+\varepsilon_i & i=5,6,7,8,23,\cdots,32\\ \mu_i+b_3+\varepsilon_i, & i=9,10,11,12,33,\cdots,42\end{cases}\\ y_i'=\begin{cases}\mu_i+b_1+\varepsilon_i', & i=1,2,3,4\\ \mu_i+b_2+\varepsilon_i', & i=5,6,7,8\\ \mu_i+b_3+\varepsilon_i', & i=9,10,11,12\end{cases}\end{array}\right\} \tag{3.4.1}$$

其中μ_i 为第 i 个处理的效应,它包含一般平均;

b_j 为第 j 个区组的效应,且有 $b_1+b_2+b_3=0$;

诸 ε_i 和 ε_i'是来自正态分布 $N(0,\sigma^2)$的一个样本。

下面用最小二乘法来获得诸效应 μ_i 和 b_j 的估计,其残差平方和为

$$\varphi=\sum_{i=1}^{4}[(y_i-\mu_i-b_1)^2+(y_i'-\mu_i-b_3)^2]+\sum_{i=13}^{22}(y_i-\mu_i-b_1)^2$$
$$+\sum_{i=5}^{8}[(y_i-\mu_i-b_2)^2+(y_i'-\mu_i-b_1)^2]+\sum_{i=23}^{32}(y_i-\mu_i-b_2)^2$$
$$+\sum_{i=9}^{12}[(y_i-\mu_i-b_3)^2+(y_i'-\mu_i-b_2)^2]+\sum_{i=33}^{42}(y_i-\mu_i-b_3)^2 \quad (3.4.2)$$

令 φ 对诸 μ_i 的偏导数为零，可得

$$\hat{\mu}_j=\begin{cases}(y_i+y_i')/2-(b_1+b_3)/2, & i=1,2,3,4\\(y_i+y_i')/2-(b_1+b_2)/2, & i=5,6,7,8,\\(y_i+y_i')/2-(b_2+b_3)/2, & i=9,10,11,12\\y_i-b_1, & i=13,\cdots,22\\y_i-b_2, & i=23,\cdots,32\\y_i-b_3, & i=33,\cdots,42\end{cases} \quad (3.4.3)$$

再令 φ 对诸 b_j 的偏导数为零，并把(3.4.3)式中表示的 $\hat{\mu}_j$ 代入，利用 $b_1+b_2+b_3=0$ 化简后，可得

$$\hat{b}_1=[(X_1-X_1')-(X_2-X_2')]/12$$
$$\hat{b}_2=[(X_2-X_2')-(X_3-X_3')]/12 \quad (3.4.4)$$
$$\hat{b}_3=[(X_3-X_3')-(X_1-X_1')]/12$$

式中 X_i 与 X_i' 分别表示 A_i 与 A_i' 中观察值之和。

最后，把诸 b_j 的估计量 $\hat{b}_j$ 代回(3.4.3)式，即可求得诸 μ_i 的估计量。这样一来，诸处理效应的估计可归结为如下两句话：

(Ⅰ)若处理被观察两次，该处理效应的估计是这两次观察的平均值减去出现观察值的那两个区组效应估计值的平均值。

(Ⅱ)若处理只被观察一次，该处理效应的估计是这个观察值减去出现观察值的那个区组效应估计值。

例 3.4.2 在用光谱法测定镍含量的例 3.4.1 中，按表 3.4.1 的区组设计方案进行试验，注意，在一个区组的 18 根棒的位置是随机置放的。最后测得的 54 个镍含量仍按设计次序排列在表 3.4.5 中，表中最后一行是各区组内观察值之和。

先作各区组效应 b_j 的估计，它们只涉及前 24 个数据，按(3.4.4)式，先计算每个 A_i 与 A_i' 中观察值之和，分别记为 X_i 与 X_i'，并计算对应的差 $D_i=X_i-X_i'$：

$$\begin{array}{lll}X_1=38 & X_2=23 & X_3=-12\\X_1'=8 & X_2'=49 & X_3'=20\\\hline D_1=30 & D_2=-26 & D_3=-32\end{array}$$

表 3.4.5　光谱法测定的镍含量（数据已减去一个常数）

底版（区组）		
1	2	3
$A_1=\begin{cases}8\\7\\14\\9\end{cases}$	$A_2=\begin{cases}4\\3\\10\\6\end{cases}$	$A_3=\begin{cases}-1\\0\\-3\\-8\end{cases}$
$A_2'=\begin{cases}13\\15\\12\\9\end{cases}$	$A_3'=\begin{cases}5\\7\\2\\6\end{cases}$	$A_1'=\begin{cases}1\\5\\2\\0\end{cases}$
11	10	5
5	9	−1
17	6	−3
14	7	−6
12	6	2
13	4	−2
14	7	−2
12	7	0
8	9	1
21	10	2
$B_1=214$	$B_2=118$	$B_3=-8$

由此可得区组效应的估计值

$$\hat{b}_1=(D_1-D_2)/12=(30+26)/12=4.67$$

$$\hat{b}_2=(D_2-D_3)/12=(-26+32)/12=0.5$$

$$\hat{b}_3=(D_3-D_1)/12=(-32-30)/12=-5.16$$

它们的和为 0，说明计算无误。

现转入计算诸处理效应的估计值，按公式（3.4.3），先计算出现两次观察值的处理效应的估计值

$$\hat{\mu}_1=(8+1)/2-(4.67-5.17)/2=4.75$$

$$\hat{\mu}_2=(7+5)/2-(4.67-5.17)/2=6.25$$

$$\hat{\mu}_3=(14+2)/2-(4.67-5.17)/2=8.25$$

$$\hat{\mu}_4=(9+0)/2-(4.67-5.17)/2=4.75$$

$$\hat{\mu}_5=(4+13)/2-(4.67+0.5)/2=5.92$$

$$\hat{\mu}_6=(3+15)/2-(4.67+0.5)/2=6.42$$

其他可类似算得

$$\hat{\mu}_7=8.42,\ \hat{\mu}_8=4.92,\ \hat{\mu}_9=4.33,\ \hat{\mu}_{10}=5.83,\ \hat{\mu}_{11}=1.83,\ \hat{\mu}_{12}=1.33$$

再计算仅出现一次观察值的处理效应的估计值

$$\hat{\mu}_{13}=11-4.67=6.33$$

$$\hat{\mu}_{14}=5-4.67=0.33$$

$$\hat{\mu}_{15}=17-4.67=12.33$$

其他可类似算得

$\hat{\mu}_{16}=9.33$，$\hat{\mu}_{17}=7.33$，$\hat{\mu}_{18}=8.33$，$\hat{\mu}_{19}=9.33$，$\hat{\mu}_{20}=7.33$，$\hat{\mu}_{21}=3.33$

$\hat{\mu}_{22}=16.33$，$\hat{\mu}_{23}=9.50$，$\hat{\mu}_{24}=8.50$，$\hat{\mu}_{25}=5.50$，$\hat{\mu}_{26}=6.50$，$\hat{\mu}_{27}=5.50$

$\hat{\mu}_{28}=3.50$，$\hat{\mu}_{29}=6.50$，$\hat{\mu}_{30}=6.50$，$\hat{\mu}_{31}=8.50$，$\hat{\mu}_{32}=9.50$，$\hat{\mu}_{33}=10.17$

$\hat{\mu}_{34}=4.17$，$\hat{\mu}_{35}=2.17$，$\hat{\mu}_{36}=-0.83$，$\hat{\mu}_{37}=7.17$，$\hat{\mu}_{38}=3.17$，$\hat{\mu}_{39}=3.17$

$\hat{\mu}_{40}=5.17$，$\hat{\mu}_{41}=6.17$，$\hat{\mu}_{42}=7.17$

由(3.3.3)式不难获得42个处理效应估计值的和

$$\sum_{i=1}^{42}\hat{\mu}_i=T-(G+G')/2 \tag{3.4.5}$$

其中 $G=\sum_{i=1}^{12}y_i$，$G'=\sum_{i=1}^{12}y_i'$，$G''=\sum_{i=13}^{42}y_i$，$T=G+G'+G''$=全部数据之和。

(3.4.5)式可用于验算，在例3.3.2中42个处理效应估计值之和为261，而 $T=324$，$G=49$，$G'=77$，$T-(G+G')/2=261$，故计算无误。

关于在一般场合下寻求链式区组设计各效应的估计在Cochran & Cox[14]的书中有详细叙述，这里只给出具体计算步骤。这个步骤共分七步，先计算区组效应估计值，后计算处理效应估计值。

1. 计算每个 A_i 与 A_i' 中观察值之和，分别记为 X_i 与 X_i'。

$$\begin{array}{cccc} X_1 & X_2 & \cdots & X_{b-1} \quad X_b \\ X_1' & X_2' & \cdots & X_{b-1}' \quad X_b' \\ \hline D_1 & D_2 & \cdots & D_{b-1} \quad D_b' \end{array}$$

2. 计算 X_i 与 X_i' 的差及各种数据和。

$$D_i=X_i-X_i',\quad i=1,2,\cdots,b$$

$$G=X_1+X_2+\cdots+X_b$$

$$G'=X_1'+X_2'+\cdots+X_b'$$

G''=只出现一次的处理的全部观察值之和

$T=G+G'+G''$=全部观察值之和

3. 计算：

$$L_1=(b-1)(D_1-D_2)+(b-3)(D_b-D_3)+(b-5)(D_{b-1}-D_4)+\cdots$$

若 b 为偶数,L_1 是 $b/2$ 项的和;若 b 是奇数,L_1 是$(b-1)/2$ 项的和。

4.计算:

$$H=\frac{G'-G}{mb}$$

其中 m 为诸 A_i 或 $A_i{}'$中的处理数。

5.计算第 1 个区组效应的估计值。

$$\hat{b}_1=\frac{L_1}{2mb}$$

6.计算其他区组效应的估计值。

$$\hat{b}_2=\hat{b}_1+D_2/m+H$$

$$\hat{b}_3=\hat{b}_2+D_3/m+H$$

$$\cdots$$

$$\hat{b}_b=\hat{b}_{b-1}+D_b/m+H$$

检查:诸区组效应的估计值之和应等于零,即 $\sum_{j-1}^{b}\hat{b}_j=0$。

7.计算诸处理效应的估计值。

如同前述的(Ⅰ)与(Ⅱ)。

检查:诸处理效应估计值之和 $\sum_{i-1}^{v}\hat{\mu}_i=T-(G+G')/2$

用上述程序对 $b=3,4,5$ 等值可推出相应的各区组效应的估计公式,现叙述如下,便于使用。

- $b=3$

$$\hat{b}_1=(D_1-D_2)/mb$$

$$\hat{b}_2=(D_2-D_3)/mb$$

$$\hat{b}_3=(D_3-D_1)/mb$$

- $b=4$

$$\hat{b}_1=(3D_1-3D_2-D_3+D_4)/2mb$$

$$\hat{b}_2=(D_1+3D_2-3D_3-D_4)/2mb$$

$$\hat{b}_3=(-D_1+D_2+3D_3-3D_4)/2mb$$

$$\hat{b}_4=(-3D_1-D_2+D_3+3D_4)/2mb$$

- $b=5$

$$\hat{b}_1=(4D_1-4D_2-2D_3+2D_5)/2mb$$

$$\hat{b}_2=(2D_1+4D_2-4D_3-2D_4)/2mb$$

$$\hat{b}_3=(2D_2+4D_3-4D_4-2D_5)/2mb$$

$$\hat{b}_4=(-2D_1+2D_3+4D_4-4D_5)/2mb$$

$$\hat{b}_5=(-4D_1-2D_2+2D_4+4D_5)/2mb$$

对 $b\geqslant 6$ 的区组效应的估计公式亦可类似推得。

3.4.3 方差分析

链式区组设计的方差分析是为检验因子 A 诸处理效应是否彼此相等，即检验如下一对假设：

$$H_0:\mu_1=\mu_2=\cdots=\mu_v$$
$$H_1:\text{诸 } \mu_i \text{ 不全相等}$$

为此需要对总平方和 S_T 进行平方和分解，其中

$$S_T=(\text{所有观察值的平方和})-T^2/n,\quad f_T=n-1$$

区组平方和 S_B 为

$$S_B=\frac{B_1^2}{k_1}+\frac{B_2^2}{k_2}+\cdots+\frac{B_b^2}{k_b}-\frac{T^2}{n},\quad f_B=b-1$$

下面结合例 3.4.2(光谱法测定镍含量)来寻求误差平方和。

在最小二乘法下，残差平方和就是误差平方和，当把诸效应估计 $\hat{\mu}_i$ 和 $\hat{b}_j$(见(3.4.3)式和(3.4.4)式)代入残差平方和(3.4.2)式，可得误差平方和

$$\begin{aligned}S_e=&\sum_{i=1}^{4}\left[(y_i-\hat{\mu}_i-\hat{b}_1)^2+(y_i'-\hat{\mu}_i-\hat{b}_3)^2\right]+\sum_{i=13}^{22}(y_i-\hat{\mu}_i-\hat{b}_1)^2\\&+\sum_{i=5}^{8}\left[(y_i-\hat{\mu}_i-\hat{b}_2)^2+(y_i'-\hat{\mu}_i-\hat{b}_1)^2\right]+\sum_{i=23}^{32}(y_i-\hat{\mu}_i-\hat{b}_2)^2\\&+\sum_{i=9}^{12}\left[(y_i-\hat{\mu}_i-\hat{b}_3)^2+(y_i'-\hat{\mu}_i-\hat{b}_2)^2\right]+\sum_{i=33}^{42}(y_i-\hat{\mu}_i-\hat{b}_3)^2\end{aligned}$$

在上述 6 个和中，第 2、第 4、第 6 个和恒为零，而另外 3 个和为

$$\begin{aligned}S_e=&\sum_{i=1}^{4}\frac{(y_i-y_i')^2}{2}+2(\hat{b}_1-\hat{b}_3)^2-(\hat{b}_1-\hat{b}_3)\sum_{i=1}^{4}(y_i-y_i')\\&+\sum_{i=5}^{8}\frac{(y_i-y_i')^2}{2}+2(\hat{b}_2-\hat{b}_1)^2-(\hat{b}_2-\hat{b}_1)\sum_{i=5}^{8}(y_i-y_i')\\&+\sum_{i=9}^{12}\frac{(y_i-y_i')^2}{2}+2(\hat{b}_3-\hat{b}_2)^2-(\hat{b}_3-\hat{b}_2)\sum_{i=9}^{12}(y_i-y_i')\end{aligned}$$

若用 A_j 中每个观察值减去 A_j' 中相应的观察值，并令这些差值为 $d_{j1},d_{j2},\cdots,d_{jm}$，$m$ 是 A_j 或 A_j' 中观察值的个数，这里 $m=4$，则有

$$d_{j1}+d_{j2}+\cdots+d_{jm}=D_j,\quad j=1,2,3$$

再令

$$S_{ej}=(d_{j1}^2+d_{j2}^2+\cdots+d_{jm}^2)/2-D_j^2/2m,\quad j=1,2,3$$

S_e 可改写为

$$S_e=(S_{e1}+S_{e2}+S_{e3})+2[(\hat{b}_1-\hat{b}_3)^2+(\hat{b}_2-\hat{b}_1)^2+(\hat{b}_3-\hat{b}_2)^2]$$
$$-[(\hat{b}_1-\hat{b}_3)D_1+(\hat{b}_2-\hat{b}_1)D_2+(\hat{b}_3-\hat{b}_2)D_3]$$
$$+(D_1^2+D_2^2+D_3^2)/2m$$

考虑到 $\hat{b}_1+\hat{b}_2+\hat{b}_3=0$ 和诸估计量

$$\hat{b}_1=(D_1-D_2)/12,\quad \hat{b}_2=(D_2-D_3)/12,\quad \hat{b}_3=(D_3-D_1)/12$$

上式中第二个括号项为

$$4(\hat{b}_1^2+\hat{b}_2^2+\hat{b}_3^2-\hat{b}_1\hat{b}_2-\hat{b}_1\hat{b}_3-\hat{b}_2\hat{b}_3)$$
$$=-12(\hat{b}_1\hat{b}_2+\hat{b}_1\hat{b}_3+\hat{b}_2\hat{b}_3)$$
$$=(D_1^2+D_2^2+D_3^2-D_1D_2-D_1D_3-D_2D_3)/12$$

第三个括号项为

$$(D_1^2+D_2^2+D_3^2-D_1D_2-D_1D_3-D_2D_3)/6$$

这样一来,S_e 中最后三项的代数和为

$$\frac{1}{24}(D_1^2+D_2^2+D_3^2)+\frac{1}{12}(D_1D_2+D_1D_3+D_2D_3)$$
$$=\frac{1}{24}(D_1+D_2+D_3)^2=\frac{1}{24}(G-G')^2$$

综合上述,可得

$$S_e=S_{e1}+S_{e2}+S_{e3}+S'$$

其中 $S'=(G-G')^2/24$。

在一般场合下,误差平方和有如下形式:

$$S_e=S_{e1}+S_{e2}+\cdots+S_{eb}+S',\quad f_e=n-b-v+1$$

其中 $S'=(G-G')^2/2bm$。

最后从总平方和 S_T 中减去区组平方和 S_B 和误差平方和 S_e,就可得到处理平方和

$$S_A=S_T-S_B-S_e,\quad f_A=v-1$$

处理效应的差异检验可用如下 F 统计量进行,并可证明

$$F=\frac{S_A/(v-1)}{S_e/(n-b-v+1)}\sim F(v-1,n-b-v+1)$$

对给定的显著性水平 α,当 $F>F_{1-\alpha}(v-1,n-b-v+1)$时就拒绝原假设 H_0,即认为处理效应间有显著差异,否则可以说该试验没有给出可以认为处理效应之间有显著差异的理由。

例 3.4.3 在光谱法测定镍含量的例 3.4.2 中,利用表 3.4.5 中的数据可以算得总平方和 S_T 与区组平方和 S_B

$$S_T = 3862 - 324^2/54 = 1918$$

$$S_B = [214^2 + 118^2 + (-8)^2] - 324^2/54 = 1377.333$$

为了检验处理效应间是否有显著性差异，我们还需要误差平方和 S_e。

由表 3.4.5 中的数据可算得：

- $d_{11}=7$， $d_{12}=2$， $d_{13}=12$， $d_{14}=9$， $D_1=30$
  $S_{e1}=278/2-900/8=26.5$
- $d_{21}=-9$， $d_{22}=-12$， $d_{23}=-2$， $d_{24}=-3$， $D_2=-26$
  $S_{e2}=238/2-676/8=34.5$
- $d_{31}=-6$， $d_{32}=-7$， $d_{33}=-5$， $d_{34}=-14$， $D_3=-32$
  $S_{e3}=306/2-1024/8=25.0$
- $G=49$， $G'=77$， $b=3$， $m=4$
  $S'=(49-77)^2/24=32.667$

综合上述四项，可得

$$S_e = 26.5 + 34.5 + 25.0 + 32.667 = 118.667$$

$$S_A = 1918 - 1377.333 - 118.667 = 422.0$$

它们的自由度分别为 $f_A = 42-1=41$，$f_e = 54-42-3+1=10$，用于检验的统计量 F 的值为

$$F = \frac{442.0/41}{118.667/10} = 0.8674$$

对给定的显著性水平 $\alpha = 0.05$，$F_{0.95}(41,10)=2.66$。由于 F 不大于 $F_{0.95}(41,10)$，故没有足够的根据认为处理(棒)间有显著差异。

习题 3.4

1. 有下列的链式区组设计：

区组			
1	2	3	4
$A_1=\begin{cases}1\\2\\3\end{cases}$	$A_2=\begin{cases}4\\5\\6\end{cases}$	$A_3=\begin{cases}7\\8\\9\end{cases}$	$A_4=\begin{cases}10\\11\\12\end{cases}$
$A_2'=\begin{cases}4'\\5'\\6'\end{cases}$	$A_3'=\begin{cases}7'\\8'\\9'\end{cases}$	$A_4'=\begin{cases}10'\\11'\\12'\end{cases}$	$A_1'=\begin{cases}1'\\2'\\3'\end{cases}$
13	14		

请写出设计中参数 v,b,m,n 和诸 k_i 的值。

2. 某因子有 10 个水平（处理）需要比较。

(1)若有 5 个区组，每个区组最多可容纳 4 个处理，如何作链式区组设计？

(2)若有 4 个区组，每个区组最多可容纳 5 个处理，如何作链式区组设计？

(3)若有 3 个区组，每个区组最多可容纳 7 个处理，如何作链式区组设计？

(4)若有 2 个区组，每个区组最多可容纳 10 个处理，如何作区组设计？

3. 某种农作物有 9 个品种，现要考察它们的亩产量，有 3 个农场愿意承担试验，但每一农场不超过 5 个品种。若把农场看作区组，品种看作处理，可做如下链式区组设计：

区组		
1	2	3
$A_1=\begin{cases}1\\2\end{cases}$	$A_2=\begin{cases}3\\4\end{cases}$	$A_3=\begin{cases}5\\6\end{cases}$
$A_2'=\begin{cases}3'\\4'\end{cases}$	$A_3'=\begin{cases}5'\\6'\end{cases}$	$A_1'=\begin{cases}1'\\2'\end{cases}$
7	8	9

按此设计把品种分到各个农场，按常规进行田间管理，第二年上报的亩产量如下（数据已减去 200 公斤）：

区组			
1	2	3	
$A_1=\begin{cases}71\\65\end{cases}$	$A_2=\begin{cases}46\\18\end{cases}$	$A_3=\begin{cases}35\\-21\end{cases}$	
$A_2'=\begin{cases}-10\\25\end{cases}$	$A_3'=\begin{cases}93\\52\end{cases}$	$A_1'=\begin{cases}36\\15\end{cases}$	
86	31	−13	
$B_1=237$	$B_2=240$	$B_3=52$	$T=529$

(1)作出各区组效应的估计，并用 $\hat{b}_1+\hat{b}_2+\hat{b}_3=0$ 加以验算；

(2)作出各处理效应的估计，并用 $\sum_{i=1}^{9}\hat{\mu}_i=T-(G+G')/2$ 加以验算；

(3)计算各类平方和及其自由度；

(4)对处理效应的差异作显著性检验，叙述你得到的结论。

4. 20 位学生参加为期一天的数学竞赛，组织者从众多的试卷中挑选出 4 份，它们各有特色，但难易程度不同，学生在上、下午各做一份试卷，通过评分选出优胜者。组织者用此 4 份试卷作为区组，用链式区组设计安排这次竞赛。具体设计如下：

区组				
1	2	3	4	
$A_1=\{1, 2, 3, 4, 5\}$	$A_2=\{6, 7, 8, 9, 10\}$	$A_3=\{11, 12, 13, 14, 15\}$	$A_4=\{16, 17, 18, 19, 20\}$	上午
$A_2'=\{6', 7', 8', 9', 10'\}$	$A_3'=\{11', 12', 13', 14', 15'\}$	$A_4'=\{16', 17', 18', 19', 20'\}$	$A_1'=\{1', 2', 3', 4', 5'\}$	下午

按此设计，第 1 到 5 号学生上午做 1 号卷，下午做 4 号卷；第 6 到 10 号学生上午做 2 号卷，下午做 1 号卷，以此类推。竞赛结束后，试卷的评分如下表所示。

区组			
1	2	3	4
$A_1=\{75, 63, 84, 91, 75\}$	$A_2=\{82, 75, 92, 68, 85\}$	$A_3=\{66, 83, 75, 78, 89\}$	$A_4=\{90, 85, 69, 79, 82\}$
$A_2'=\{73, 84, 79, 80, 92\}$	$A_3'=\{76, 92, 83, 88, 92\}$	$A_4'=\{89, 79, 73, 78, 80\}$	$A_1'=\{90, 75, 81, 87, 69\}$

(1)作出各区组效应的估计，并加以验算；

(2)作出各处理效应的估计，并加以验算；

(3)计算各类平方和及其自由度；

(4)对处理效应的差异作显著性检验，叙述你得到的结论。

第4章 正交设计

§4.1 多因子试验与正交表

4.1.1 多因子试验问题

在实际问题中,影响指标的因子往往有很多个,要考察它们就要涉及多因子的试验设计问题。多因子试验遇到的最大困难是试验次数太多,有时让人无法忍受。如果有十个因子对指标有影响,每个因子取两个水平进行比较,那么就有 $2^{10}=1024$ 个不同的水平组合,每个水平组合就是一个试验条件,这里需要对 1024 个试验条件进行比较,假定每个因子取三个水平的话,那么就有 $3^{10}=59049$ 个不同的试验条件需要进行比较,这在实际中是不可行的,因此我们只能从中选择一部分进行试验。

为了减少试验次数,传统采用"单因子轮换法",即逐个改变因子的水平,而将其他因子的水平固定,找出最好的水平并将其固定,这样反复进行。它把多因子试验问题化为若干个单因子试验问题。但在每个单因子试验中选出的最好水平其组合不一定是全局最好的水平组合。下面的例子可帮助我们认识这个问题。

例 4.1.1 在某化工生产中要考察反应温度(A)与反应时间(B)对产品收率的影响,这两个因子各取三个水平,希望找出使收率最高的条件。

因子 A A_1:低温 A_2:中温 A_3:高温

因子 B B_1:4 小时 B_2:6 小时 B_3:8 小时

若在试验中,先把因子 B 固定在 B_1 水平上,分别对条件

$$A_1B_1 \qquad A_2B_1 \qquad A_3B_1$$

做试验,结果是 A_3B_1 好(见表 4.1.1),然后再把因子 A 固定在 A_3 水平上,改变 B 的水平,分别对

$$A_3B_1 \qquad A_3B_2 \qquad A_3B_3$$

做试验(补做两个试验),发现仍然是 A_3B_1 好。如果得出结论:"A_3B_1 为最好水平组合",这就不一定正确,因为还有四个条件的试验没有进行,如果我们补做另外四个试验,其结果在表 4.1.1 中的括号内,那么实际上好的条件是 A_2B_2。

表 4.1.1 单因子轮换法的试验结果

	A_1	A_2	A_3
B_1	50	56	62
B_2	(56)	(70)	60
B_3	(54)	(60)	58

从这个例子可以看出，多因子试验问题远比单因子试验问题复杂，它不仅要考察每个因子的作用，还要考察因子间的交互作用。关于"交互作用"将在下一小段给出它的含义。

由上可知，在多因子试验中，试验的设计与分析更为重要，常用的多因子试验设计方法有以下几种：

- 正交设计法（本章讨论）
- 参数设计法（第 5 章讨论）
- 回归设计法（第 6 章讨论）
- 均匀设计法（第 8 章讨论）
- 混料设计法（第 8 章讨论）

4.1.2 交互作用

一个因子的水平好坏或好坏的程度受另一因子水平制约的情况，称为因子 A 与 B 的交互作用，记为 $A\times B$ 或 AB。

因子 A 与 B 的交互作用可以用图形直观地表示。如图 4.1.1a 表示因子 A 与 B 不存在交互作用，这时不管因子 B 取什么水平，因子 A 的 A_2 水平均值总比 A_1 水平均值高 h。而在图 4.1.1b 中情况就不是这样了，当因子 B 取不同水平时，虽然因子 A 的 A_2 水平均值总比 A_1 水平均值高，但高的程度有所不同，这表示因子 A 与因子 B 间有（正向）的交互作用。在图 4.1.1c 中，当因子 B 取 B_1 水平时，因子 A 的 A_2 水平均值比 A_1 水平均值高，但是当因子 B 取 B_2 水平时，因子 A 的 A_2 水平均值比 A_1 水平均值低，这表示因子 A 与因子 B 之间有（反向）的交互作用。

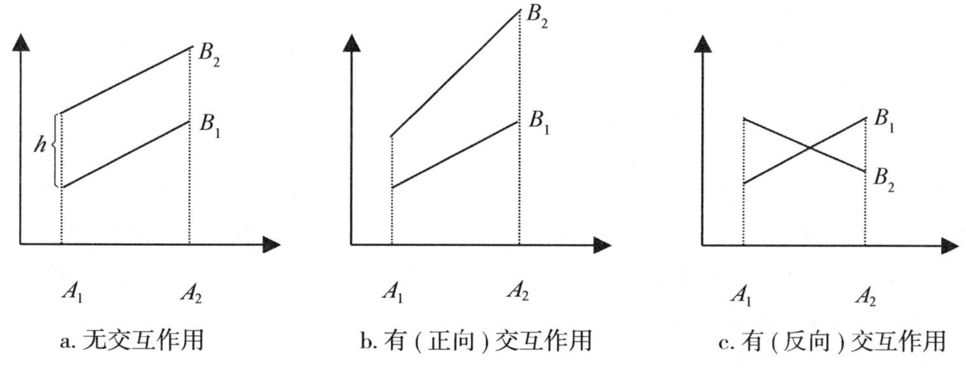

图 4.1.1 因子 A 与 B 的交互作用示意图

因子间的交互作用随着因子个数的增加而增加。如四个因子 A、B、C、D 间的交互作用有以下几类：

- 二级交互作用有 6 个：AB、AC、AD、BC、BD、CD
- 三级交互作用有 4 个：ABC、ABD、ACD、BCD
- 四级交互作用有 1 个：$ABCD$

共有 11 个，比因子个数还多。实际经验表明，多数交互作用是不存在的或很小以至可以忽略不计，实际中主要考虑部分二级交互作用，具体考察哪些二级交互作用还要依赖专业知识来决定。

4.1.3 正交表

正交表是正交设计的工具，需要对它作一介绍。

一、正交表及其特征

正交表有许多，表 4.1.2 便是一张 9 行 4 列的正交表，记为 $L_9(3^4)$，这里"L"是正交表的代号，L 的下标"9"表示表的行数，在试验中表示用这张表安排试验的话，要做 9 个不同条件的试验，圆括号中的指数"4"表示表的列数，在试验中表示用这张表安排试验的话，最多可以安排 4 个因子，圆括号中的底数"3"表示表的主体只有 3 个不同的数字：1，2，3，在试验中它代表因子水平的编号，即用这张表安排试验时每个因子应取 3 个不同水平。称这张表为三水平的正交表。

表 4.1.2 $L_9(3^4)$

试验号 \ 列号	1	2	3	4
1	1	1	1	1
2	1	2	2	2
3	1	3	3	3
4	2	1	2	3
5	2	2	3	1
6	2	3	1	2
7	3	1	3	2
8	3	2	1	3
9	3	3	2	1

同样，表 4.1.3 也是一张正交表，记为 $L_8(2^7)$，它有 8 行 7 列，表的主体仅有 1 与 2 两个数字，若用这张正交表安排试验，需要做 8 个不同条件的试验，最多可以安排 7 个二水平的因子。这是一张二水平正交表。

表 4.1.3 $L_8(2^7)$

试验号＼列号	1	2	3	4	5	6	7
1	1	1	1	1	1	1	1
2	1	1	1	2	2	2	2
3	1	2	2	1	1	2	2
4	1	2	2	2	2	1	1
5	2	1	2	1	2	1	2
6	2	1	2	2	1	2	1
7	2	2	1	1	2	2	1
8	2	2	1	2	1	1	2

其他的正交表见附表10。

正交表具有正交性，这是指它有如下两个特征：

1. **每列中不同的数字重复次数相同。**在表 $L_9(3^4)$ 中，每列有3个不同数字：1，2，3，每一个各出现3次。在表 $L_8(2^7)$ 中，每列有2个不同数字：1，2，每一个各出现4次。

2. **将任意两列的同行数字看成一个数对，那么一切可能数对重复次数相同。**在表 $L_9(3^4)$ 中，任意两列有9种可能的数对：(1,1)，(1,2)，(1,3)，(2,1)，(2,2)，(2,3)，(3,1)，(3,2)，(3,3)，每一对各出现一次。在表 $L_8(2^7)$ 中，任意两列有4种可能的数对：(1,1)，(1,2)，(2,1)，(2,2)，每一对各出现二次。

二、正交表的分类

正交表可以按其水平数分类，若记正交表为 $L_n(q^p)$，则称其为 q 水平的正交表。譬如：

- 二水平正交表：$L_4(2^3)$、$L_8(2^7)$、$L_{16}(2^{15})$、$L_{12}(2^{11})$ 等；
- 三水平正交表：$L_9(3^4)$、$L_{27}(3^{13})$、$L_{18}(3^7)$ 等；
- 四水平正交表：$L_{16}(4^5)$ 等；
- 五水平正交表：$L_{25}(5^6)$ 等；
- 混合水平正交表：$L_{18}(2\times 3^7)$ 等。

常用的正交表也可以按其行数 n、列数 p、水平数 q 之间的关系分为两大类：

一类正交表的行数 n、列数 p、水平数 q 之间有如下两个关系：

$$n=q^k,\quad k=2,3,\cdots$$

$$p=\frac{n-1}{q-1}$$

它们被称为**完全正交表**，譬如上述的 $L_9(3^4)$、$L_8(2^7)$，用这类正交表安排试验的话，将可以考察因子间的交互作用，每张正交表都附有一张交互作用列表；由于 $L_4(2^3)$、$L_9(3^4)$、$L_{16}(4^5)$、$L_{25}(5^6)$ 中任意两列的交互作用是其他各列，所以就不再给出交互作用列表了。

另一类正交表，上述两个关系中至少有一个不成立，譬如 $L_{18}(3^7)$、$L_{12}(2^{11})$ 等，一般不能考察因子间的交互作用，但是在某些场合也常被使用。

§4.2 无交互作用情况下的正交设计

4.2.1 用正交表进行整体设计

下面通过一个例子来叙述利用正交表安排试验的步骤。

例 4.2.1 某化工厂希望寻找提高产品转化率的生产工艺条件。

在安排试验时，一般应考虑如下几步：

一、明确试验目的

在本例中试验的目的是提高转化率。

二、明确试验指标

试验指标用来判断水平组合的好坏，在本例中直接用转化率作为考察指标，该指标越大表明水平组合越好，即它是一个望大特性。

三、确定因子与水平

在试验前首先要分析影响指标的因子是什么，每个因子在试验中取哪些水平。在本例中，经分析影响转化率的可能因子有三个，它们是：

A:反应温度　　B:反应时间　　C:加碱量

根据各因子的可能取值范围，经专业人员分析研究，决定在本试验中采用如下水平，见表 4.2.1。

表 4.2.1 因子水平表

因子 \ 水平	一	二	三
A:反应温度(℃)	80	85	90
B:反应时间(分)	90	120	150
C:加碱量(%)	5	6	7

四、选用合适的正交表，进行表头设计

1. 选正交表。首先根据在试验中所考察的因子水平数选择具有该水平数的一类正交表，再根据因子的个数具体选定一张表。

在本例中所考察的因子是三水平的，因此选用三水平正交表，又由于现在只考察三个因子，所以选用 $L_9(3^4)$ 是合适的。

2. 进行表头设计。选定了正交表后把因子放到正交表的列上去，称为表头设计。在不考虑交互作用的场合，可以把因子放在任意的列上，一个因子占一列。

譬如在本例中将三个因子分别置于前三列，将它写成如下的表头设计形式：

表头设计	A	B	C	
$L_9(3^4)$的列号	1	2	3	4

五、列出试验计划

有了表头设计便可写出试验计划，只要将放置因子的列中的数字换成因子的相应水平即可，不放因子的列就不予考虑。

本例的试验计划可以这样得到：将第 1 列的 1,2,3 分别换成反应温度的三个水平 80,85,90，将第 2 列的 1,2,3 分别换成反应时间的三个水平 90,120,150，将第 3 列的 1,2,3 分别换成加碱量的三个水平 5,6,7，则得试验计划（见表 4.2.2）。表中第 1 号试验的水平组合是反应温度取 80 ℃，反应时间取 90 分钟，加碱量取 5％的水平组合。其他各号试验的水平组合类似得到。

表 4.2.2　试验计划与试验结果

试验号 \ 因子	反应温度（℃）	反应时间（分）	加碱量（％）	试验结果 y 转化率（％）
1	(1)80	(1) 90	(1)5	31
2	(1)80	(2)120	(2)6	54
3	(1)80	(3)150	(3)7	38
4	(2)85	(1) 90	(2)6	53
5	(2)85	(2)120	(3)7	49
6	(2)85	(3)150	(1)5	42
7	(3)90	(1) 90	(3)7	57
8	(3)90	(2)120	(1)5	62
9	(3)90	(3)150	(2)6	64

由此可见，用正交表 $L_9(3^4)$ 安排试验共有 9 个不同的水平组合，由于它们是一起设计好的，而不是等一个试验结束后再决定下一个试验的水平组合，因此称这样的设计为“整体设计”。

在本例中我们考虑了三个三水平因子，其所有不同的水平组合共有 27 个，现在仅做了其中的 9 个，这是一个**部分实施**的设计方案，由于仅做了 1/3 的试验，也称为 1/3 实施。

我们现在选出的 9 个试验是从一切可能的 27 个水平组合中用正交表选出来的，表头设计不同，选出的 9 个试验也不同，但是效果是相同的。

六、进行试验和记录试验结果

为了避免事先某些考虑不周而产生系统误差，试验的次序要随机化，这可以用抽签的方式决定，譬如用 9 张同样的纸，分别写上 1 至 9，然后混乱后随机依次取出，如果依次摸到：3,5,2,9,1,6,4,7,8，那么就先做第 3 号试验，再做第 5 号试验，…，最后做第 8 号试验。

此外，在试验中还应尽量将其他条件控制得一致，避免因操作人员的不同，仪器设备的不同等引起的系统误差，尽可能使试验中除所考察的因子外的其他因素固定，在不能避免的场合可以增加一个“区组因子”。譬如试验由三个人进行，则可以把“人”也看成一个因子，三个人便是三个水平，将其放在正交表的空白列上，那么该列的 1,2,3 对应的试验分别由第一、第二、第三个人去做，这样就避免了因人员变动所造成的系统误差。

尽管在一个水平组合下进行一次试验也可以进行数据分析，但是如果在可能的条件下，在同一水平组合下进行若干次重复试验，这样可以观察试验结果的稳定性，还可以对误差的方差进行估计。

此外试验要由经过专业培训的试验人员去做，试验结果要用合格的测量仪表进行测量，测量仪表要经过校正，这样测得的结果准确、可靠。还要防止记录错误。

有了试验计划按其进行试验后，将试验结果记录在对应的水平组合后面。例 4.2.1 的试验结果见表 4.2.2 的最后一列。一般情况下可以用 $y_1, y_2, \cdots, y_n$ 表示，本例 $n=9$。

七、数据分析

在本例中数据分析的目的是找出哪些因子对指标是有明显影响的，各个因子的什么样的水平组合最好(在本例中使指标达到最大)。

数据分析有多种方法：

- 直观分析法
- 方差分析法
- 贡献率分析法

下面我们分别进行讨论。

4.2.2　数据的直观分析

一、综合可比性

我们首先来回答各因子取什么水平其组合是最好的。对本例来讲，从所有试验结果的比较可以看出第 9 号试验结果 $y_9=64$ 最大，故可认为对应的水平组合 $A_3B_3C_2$ 最好，但这是从 9 个试验中得出的最好，在全部 27 个试验中它是否是最好？这需要利用正交表的综合可比性来分析。根据正交表的特点，我们将数据进行分组，进行综合比较就可以来回答这一问题。

为方便起见，把试验结果写在正交表的右边一列上(见表 4.2.3)，并分别用 $y_1, y_2, \cdots, y_9$ 表示，所有计算可以在表上进行。

首先我们来看第 1 列，该列中的 1,2,3 分别表示因子 A 的三个水平，按水平号将数据分为三组："1"对应$\{y_1, y_2, y_3\}$，"2"对应$\{y_4, y_5, y_6\}$，"3"对应$\{y_7, y_8, y_9\}$。

"1"对应的三个试验都采用因子 A 的一水平进行试验，但因子 B 的三个水平各参加了一次试验，因子 C 的三个水平也各参加了一次试验。这三个试验结果的和与平均值分别记为

$$T_{11}=y_1+y_2+y_3=31+54+38=123, \quad \overline{T}_{11}=T_{11}/3=41$$

"2"对应的三个试验都采用因子 A 的二水平进行试验，但因子 B 的三个水平各参加了一次试验，因子 C 的三个水平也各参加了一次试验。这三个试验结果的和与平均值分别为

$$T_{12}=y_4+y_5+y_6=53+49+42=144, \quad \overline{T}_{12}=T_{12}/3=48$$

"3"对应的三个试验都采用因子 A 的三水平进行试验，但因子 B 的三个水平各参加了一次试验，因子 C 的三个水平也各参加了一次试验。这三个试验结果的和与平均值分

别为

$$T_{13}=y_7+y_8+y_9=57+62+64=183,\quad \overline{T}_{13}=T_{13}/3=61$$

由以上可知，$\overline{T}_{11}$、$\overline{T}_{12}$、$\overline{T}_{13}$ 之间的差异（T_{11}、T_{12}、T_{13} 之间的差异也一样）只反映了因子 A 的三个水平间的差异，因为这三组试验的水平组合除了因子 A 的水平有差异外，因子 B 与 C 的水平组合是一致的，所以可以通过比较这三个平均值的大小看出因子 A 的水平的好坏。从这三个数据可知因子 A 的三水平最好，因为其指标均值最大。这种比较方法称为**“综合比较”**，它是由正交表的正交性决定的。

以上计算的结果列在表 4.2.3 下方。

表 4.2.3 例 4.2.1 直观分析计算表

表头设计	A	B	C		y
试验号＼列号	1	2	3	4	
1	1	1	1	1	$31=y_1$
2	1	2	2	2	$54=y_2$
3	1	3	3	3	$38=y_3$
4	2	1	2	3	$53=y_4$
5	2	2	3	1	$49=y_5$
6	2	3	1	2	$42=y_6$
7	3	1	3	2	$57=y_7$
8	3	2	1	3	$62=y_8$
9	3	3	2	1	$64=y_9$
T_1	123	141	135	144	
T_2	144	165	171	153	
T_3	183	144	144	153	
$\overline{T}_1$	41	47	45	48	
$\overline{T}_2$	48	55	57	51	
$\overline{T}_3$	61	48	48	51	
R	20	8	12	3	

以上计算还可对第 2、第 3 列类似进行，按其中的 1，2，3 分别将数据分为三组，计算各自的数据和与平均值，它们也都列在表 4.2.3 的下方。由此可知，因子 B 取二水平好，因子 C 取二水平好。

对第 4 列也可以类似进行，按其中的 1，2，3 分别将数据分为三组，但是三组的水平组合相同，因此该列仅反映误差。

综上可知使指标达到最大的水平组合是 $A_3B_2C_2$，即反应温度取 90℃，反应时间取 120 分钟，加碱量取 6%可以使转化率达到最大。

二、用极差分析各因子对指标影响程度的大小

各因子对指标影响程度大小的分析可从各个因子的“极差”来看,这里指的一个因子的极差是该因子各水平均值的最大值与最小值的差,因为该值大的话,则改变这一因子的水平会对指标造成较大的变化,所以该因子对指标的影响大,反之,影响就小。

在本例中各因子的极差分别为

$$R_A=61-41=20$$
$$R_B=55-47=8$$
$$R_C=57-45=12$$

它们被置于表 4.2.3 的最下面一行。从三个因子的极差可知因子 A 的影响最大,其次是因子 C,而因子 B 的影响最小,通常记为 $R_A>R_C>R_B$。

三、水平均值图

为直观起见,可以将每个因子不同水平的均值画成一张图,例 4.2.1 的水平均值图见图 4.2.1,从图上可以明显看出每一因子的最好水平分别为 A_3,B_2,C_2,也可以看出每个因子水平间的最大差异。

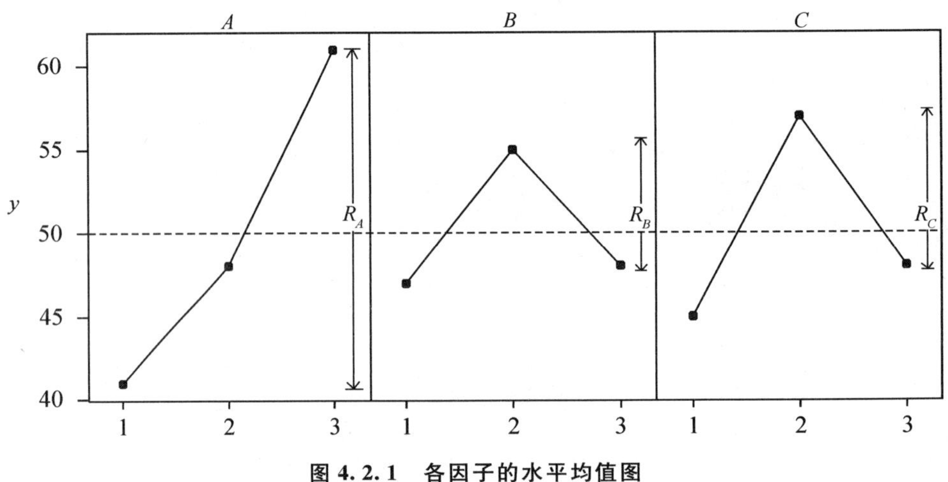

图 4.2.1 各因子的水平均值图

综上所述,利用直观分析法可以得到如下结论:

1. 获得最佳或满意的水平组合

在本例中最好的水平组合是 $A_3B_2C_2$,它与 9 个试验中最好的水平组合 $A_3B_3C_2$(第 9 号试验)有所不同。因为直观分析法是从 27 个可能水平组合中比较出来的,至于 B_2 与 B_3 对指标影响多大,还需要进一步分析,或作验证试验。

2. 区分因子的主次

在本例中,因子 A 是主要因子,因子 C 次之,因子 B 再次之,而空白列的极差最小,这表明试验误差较小。

4.2.3 数据的方差分析

一、统计模型

数据的直观分析法简单、有效,但还有不足之处,它不能回答哪些因子对试验指标有

显著影响，为回答这一问题可以采用方差分析方法，因此需要对试验结果作出若干假定。

1. 假定在同一水平组合下试验结果的全体构成一个总体，服从正态分布；在本例中共有 $n=9$ 个总体。

2. 各正态总体的方差是相同的，即假定每一总体的方差均为 σ^2。

3. 各正态均值与水平组合有关；在本例中，设在 $A_iB_jC_k$ 水平组合下均值为 μ_{ijk}，那么它被表示为

$$\mu_{ijk}=\mu+a_i+b_j+c_k$$

其中 μ 是一般平均，a_i 是因子 A 的第 i 水平的主效应，它满足效应的约束条件 $a_1+a_2+a_3=0$，同理 b_j、c_k 分别是因子 B 的第 j 水平的主效应、因子 C 的第 k 水平的主效应，它们也分别满足约束条件 $b_1+b_2+b_3=0$，$c_1+c_2+c_3=0$。称这种模型为效应可加模型。

4. 不同水平组合下的试验是相互独立进行的，即试验结果 $y_1,y_2,\cdots,y_n$ 相互独立。

上述假定可用一个模型表示，它包含了三个部分：一是数据结构式，二是关于效应的约束条件，三是关于误差的假定。

$$\begin{cases}y_{ijk}=\mu+a_i+b_j+c_k+\varepsilon_{ijk}, & i,j,k=1,2,3\\ a_1+a_2+a_3=0 \quad b_1+b_2+b_3=0, & c_1+c_2+c_3=0\\ \text{各 } \varepsilon_{ijk} \text{ 相互独立同分布} \sim N(0,\sigma^2)\end{cases} \tag{4.2.1}$$

其中 y_{ijk} 是在 $A_iB_jC_k$ 水平组合下的试验结果，对它们按正交表行号重新编号后，我们可以详细写出数据对应的结构式，譬如：

$$y_1=y_{111}=\mu+a_1+b_1+c_1+\varepsilon_1$$

其他类似。

在上述诸假定下，方差分析的任务就是对如下三对假设分别作出检验：

- $H_{A0}:a_1=a_2=a_3=0$，　$H_{A1}:a_1,a_2,a_3$ 不全为 0
- $H_{B0}:b_1=b_2=b_3=0$，　$H_{B1}:b_1,b_2,b_3$ 不全为 0
- $H_{C0}:c_1=c_2=c_3=0$，　$H_{C1}:c_1,c_2,c_3$ 不全为 0

二、总平方和分解

进行方差分析的第一步就是作总平方和分解，考察引起 $y_1,y_2,\cdots,y_n$ 波动的原因，将它们各自用一个平方和表示出来。

用 S_T 表示数据的总平方和

$$S_T=\sum_{i=1}^{n}(y_i-\bar{y})^2, \quad f_T=n-1 \tag{4.2.2}$$

其中 n 是试验次数，$\bar{y}$ 是试验结果的总平均，若记 $T=\sum_{i=1}^{n}y_i$，则 $\bar{y}=T/n$。f_T 是 S_T 的自由度。

对正交表 $L_9(3^4)$ 来讲，第 j 列的平方和为

$$S_j = 3\sum_{k=1}^{3}(\overline{T}_{jk} - \overline{y})^2 \quad (f_j = 2; j = 1,2,3,4)$$

其中 $\overline{T}_{jk}$ 为第 j 列第 k 水平均值。可以证明

$$S_T = S_1 + S_2 + S_3 + S_4, \quad f_T = f_1 + f_2 + f_3 + f_4$$

这是因为

$$\begin{aligned}\sum_{j=1}^{4} S_j &= \sum_{j=1}^{4}\sum_{k=1}^{3} 3(\overline{T}_{jk} - \overline{y})^2 \\ &= \sum_{j=1}^{4}\left(\frac{T_{j1}{}^2 + T_{j2}^2 + T_{j3}{}^2}{3} - \frac{T^2}{9}\right) \\ &= \frac{1}{3}\sum_{j=1}^{4}\sum_{k=1}^{3} T_{jk}^2 - \frac{4T^2}{9} \\ &= \frac{1}{3}\left(3\sum_{i=1}^{9} y_i^2 + T^2\right) - \frac{4T^2}{9} \\ &= \sum_{i=1}^{9} y_i^2 - \frac{T^2}{9} = \sum_{i=1}^{9}(y_i - \overline{y})^2 = S_T\end{aligned}$$

其中 T_{jk} 为第 j 列第 k 水平之和。

当正交表的行数 n、列数 p、水平数 q 满足下列关系时

$$n = q^k, \quad k = 2,3,\cdots$$

$$p = \frac{n-1}{q-1}$$

也可进行类似的推导,获得总平方和分解公式 $S_T = S_1 + S_2 + \cdots + S_p$,其中 S_T 如(4.2.2)式所示,第 j 列的平方和为

$$S_j = \frac{n}{q}\sum_{k=1}^{q}(\overline{T}_{jk} - \overline{y})^2 \quad (f_j = q-1; j = 1,2,\cdots,p)$$

三、各因子的平方和

在本例中引起数据波动的原因有:因子 A 的不同水平、因子 B 的不同水平、因子 C 的不同水平及随机误差。

下面首先来考虑因子 A 的不同水平所引起的数据波动大小。由于因子 A 放在第 1 列,故可用 $\overline{T}_{11}$、$\overline{T}_{12}$、$\overline{T}_{13}$ 表示其三个水平均值,那么因子 A 的不同水平所引起的数据的波动可以用 $\overline{T}_{11}$、$\overline{T}_{12}$、$\overline{T}_{13}$ 与 $\overline{y}$ 的偏差平方和表示,记为 S_A,即

$$S_A = \sum_{i=1}^{3} 3(\overline{T}_{1i} - \overline{y})^2, \quad f_A = 3 - 1 = 2 \qquad (4.2.3)$$

这里乘以 3 是因为每一水平重复进行了三次试验。S_A 除了误差外只反映因子 A 的效应间的差异,即由于因子 A 的不同水平所引起的试验结果的波动,因此称其为因子 A 的平方和。关于这一点还可以从统计模型(4.2.1)进一步加以说明,由数据结构式和约束条件可得

$$\overline{T}_{11}=\frac{1}{3}(y_1+y_2+y_3)=\mu+a_1+\bar{\varepsilon}_{A1}$$

其中 $\bar{\varepsilon}_{A1}=(\varepsilon_1+\varepsilon_2+\varepsilon_3)/3$。

同理有 $\overline{T}_{12}=\mu+a_2+\bar{\varepsilon}_{A2}$， $\overline{T}_{13}=\mu+a_2+\bar{\varepsilon}_{A3}$， $\bar{y}=\mu+\frac{1}{9}\sum_{i=1}^{9}\varepsilon_i\hat{=}\mu+\bar{\varepsilon}$，所以

$$S_A=\sum_{i=1}^{3}3(a_i+\bar{\varepsilon}_{Ai}-\bar{\varepsilon})^2$$

再由诸 ε_i 相互独立，服从同方差的正态分布 $N(0,\sigma^2)$，可得

$$E(S_A)=3(a_1^2+a_2^2+a_3^2)+2\sigma^2$$

这就进一步说明了 S_A 中除了误差外只反映因子 A 的效应间的差异。

由于这里的 $\overline{T}_{11}$、$\overline{T}_{12}$、$\overline{T}_{13}$ 是第 1 列的三个数字分别对应的均值，因此(4.2.3)式也可以看成是第 1 列的平方和，记为 S_1。因为因子 A 置于第 1 列，故

$$S_A=S_1,\quad f_A=f_1$$

同理由于因子 B、C 分别置于第 2、第 3 列，故有

$$S_B=S_2,\quad S_C=S_3,\quad f_B=f_C=2$$

第四列上没有放置因子，称为空白列。S_4 仅仅反映了由误差造成的数据波动，称它为误差的平方和，记为 S_e，即

$$S_e=S_4,\quad f_e=f_4=2 \tag{4.2.4}$$

这也可以用统计模型加以说明，对第 4 列来讲，若仍然用 $\overline{T}_{41}$、$\overline{T}_{42}$、$\overline{T}_{43}$ 表示其三个水平下的均值，用 $\bar{y}$ 表示试验结果的总平均。那么有

$$\overline{T}_{41}=\mu+\bar{\varepsilon}_{41},\quad \overline{T}_{42}=\mu+\bar{\varepsilon}_{42},\quad \overline{T}_{43}=\mu+\bar{\varepsilon}_{43},\quad \bar{y}=\mu+\bar{\varepsilon}$$

从而 $S_4=\sum_{i=1}^{3}3(\bar{\varepsilon}_{4i}-\bar{\varepsilon})^2$ 仅反映误差引起的波动，且有 $E(S_4)=2\sigma^2$。

四、F 检验

同第 2 章方差分析中一样，称平方和与其自由度的比为均方和。

利用定理 2.2.4 可以证明正交表各列的平方和 S_j 间相互独立，且

$$S_e/\sigma^2\sim\chi^2(2)$$

在假设 H_{A0} 成立时，$S_A/\sigma^2\sim\chi^2(2)$；

在假设 H_{B0} 成立时，$S_B/\sigma^2\sim\chi^2(2)$；

在假设 H_{C0} 成立时，$S_C/\sigma^2\sim\chi^2(2)$。

由于 $S_{因}$ 与 S_e 独立，$S_e/\sigma^2\sim\chi^2(f_e)$，当因子的效应均为 0 时，$S_{因}/f_{因}\sim\chi^2(f_{因})$，因此在一个因子的效应均为 0 时，有

$$F_{因}=\frac{S_{因}/(\sigma^2 f_{因})}{S_e/(\sigma^2 f_e)}=MS_{因}/MS_e\sim F(f_{因},f_e)$$

其中 $MS_{因}=S_{因}/f_{因}$ 是因子的均方和，$f_{因}$ 是对应因子的自由度，$MS_e=S_e/f_e$ 是误差的均方和，f_e 是误差的自由度。

当 $F_{因}=MS_{因}/MS_e>F_{1-\alpha}(f_{因},f_e)$ 时，认为在显著性水平 α 上因子是显著的，即该因子的效应不全为 0，其中 $F_{1-\alpha}$ 是相应自由度的 F 分布的 $1-\alpha$ 分位数。

五、计算

我们可以用列表的方法计算各列的平方和(见表 4.2.4)。通过代数运算，可以用下式计算 $L_9(3^4)$ 各列平方和与总平方和：

$$S_j=\sum_{i=1}^{3}\frac{T_{ji}^2}{3}-\frac{T^2}{n},\quad j=1,2,3,4$$

$$S_T=\sum_{i=1}^{9}y_i^2-\frac{T^2}{n} \tag{4.2.5}$$

其中 n 是试验次数，在本例中 $n=9$，T 是所有试验数据的总和。

表 4.2.4 例 4.2.1 各列平方和的计算表

表头设计	A	B	C		y
列号 / 试验号	1	2	3	4	
1	1	1	1	1	31
2	1	2	2	2	54
3	1	3	3	3	38
4	2	1	2	3	53
5	2	2	3	1	49
6	2	3	1	2	42
7	3	1	3	2	57
8	3	2	1	3	62
9	3	3	2	1	64
T_1	123	141	135	144	$T=450$
T_2	144	165	171	153	$\sum y_i^2=23484$
T_3	183	144	144	153	
S	618	114	234	18	$S_T=984$

六、方差分析表

把上述计算表中得到的平方和与自由度移至一张方差分析表(见表 4.2.5)中继续进行计算。

由于 F_C 大于 $F_{0.90}(2,2)=9.0$，F_A 大于 $F_{0.95}(2,2)=19.0$，因此因子 A 与 C 分别在显著性水平 0.05 与 0.10 上是显著的，因子 B 不显著。

对显著因子应该选择其最好的水平，因为其水平变化会造成指标的显著不同，而对不显著因子可以任意选择水平，实际中常可根据降低成本、操作方便等来考虑其水平的选择。

表 4.2.5 例 4.2.1 的方差分析表

来源	平方和 S	自由度 f	均方和 MS	F 比	P 值
因子 A	618	2	309	34.33	2.83×10^{-2}
因子 B	114	2	57	6.33	0.14
因子 C	234	2	117	13.00	7.14×10^{-2}
误差 e	18	2	9		
T	984	8	$F_{0.90}(2,2)=9.0$,	$F_{0.95}(2,2)=19.0$	

在例 4.2.1 中因子 A 与 C 是显著的，所以要选择其最好的水平，按前所述，应取 A_3C_2，对因子 B 可以选任意水平，譬如为了节约时间可选 B_1。

综上，我们在直观分析中从 9 个结果看到的最好水平组合是 $A_3B_2C_2$，而通过方差分析可以得到各因子最佳水平组合是 $A_3\ B\ C_2$，因子 B 可以选任意水平，它是从 27 个可能结果中选出的，两者并不完全相同。

七、最佳水平组合均值的估计

下面我们以最佳水平组合 A_3C_2 为例叙述在该水平组合下指标均值 $\mu_{3.2}$ 的估计。

1.点估计

由前面的统计模型，利用最小二乘法，可以得到一般平均 μ 与各因子每一水平效应的估计，它们是

$$\hat{\mu}=\bar{y}$$

若以 $\overline{T}_{1i}$ 表示 A_i 水平下数据的均值，那么 A_i 的主效应 a_i 的估计可以取为

$$\hat{a}_i=\overline{T}_{1i}-\bar{y}$$

其他主效应的估计可以类似得到。它们都是相应参数的无偏估计。

在本例中：

$$\begin{aligned}&\hat{\mu}=\bar{y}=50\\&\hat{a}_3=\overline{T}_{13}-\bar{y}=61-50=11\\&\hat{c}_2=\overline{T}_{32}-\bar{y}=57-50=7\end{aligned}$$

从而 A_3C_2 水平组合下指标均值的无偏估计可以取为

$$\hat{\mu}_{3.2}=\hat{\mu}+\hat{a}_3+\hat{c}_2=50+11+7=68$$

2.区间估计

在正态分布的假定下 $\hat{\mu}_{3.2}$ 是各独立的正态变量 $y_1,y_2,\cdots,y_n$ 的线性组合，在本例中可以表示为

$$\begin{aligned}\hat{\mu}_{3.2}&=\hat{\mu}+\hat{a}_3+\hat{c}_2=\overline{T}_{A3}+\overline{T}_{C2}-\bar{y}\\&=\frac{1}{3}(y_7+y_8+y_9)+\frac{1}{3}(y_2+y_4+y_9)-\frac{1}{9}\sum_{i=1}^{9}y_i\\&=-\frac{1}{9}y_1+\frac{2}{9}y_2-\frac{1}{9}y_3+\frac{2}{9}y_4-\frac{1}{9}y_5-\frac{1}{9}y_6+\frac{2}{9}y_7+\frac{2}{9}y_8+\frac{5}{9}y_9\end{aligned}$$

$$\hat{=}\sum_{i=1}^{9} k_i y_i$$

所以它仍然服从正态分布,其均值为 $\mu_{3.2}$,其方差通过计算得到:

$$\text{var}(\hat{\mu}_{3.2})=\sum_{i=1}^{9} k_i^2 \cdot \sigma^2=\left[(\frac{1}{9})^2\times 4+(\frac{2}{9})^2\times 4+(\frac{5}{9})^2\right]\sigma^2=\frac{5}{9}\sigma^2$$

将它记为 σ^2/n_e,即 $1/n_e=5/9$ 或 $n_e=9/5=1.8$。在本节所讨论的情况中,经过计算 n_e 可以用下面的简化公式计算:

$$n_e=1\Big/\sum_{i=1}^{n} k_i^2=\frac{\text{试验次数}}{1+\text{显著因子自由度之和}}=\frac{9}{1+4}=\frac{9}{5}=1.8 \qquad (4.2.6)$$

由于 σ^2 未知,而 σ^2 的无偏估计可以取为 $\hat{\sigma}^2=MS_e$,当存在不显著因子时,可以将不显著因子的平方和并入 S_e,以提高误差方差估计的精度,同时将相应的自由度也并入误差的自由度,即

$$\begin{aligned} S_e{}'&=S_e+\text{不显著因子的平方和}\\ f_e{}'&=f_e+\text{不显著因子的自由度} \end{aligned} \qquad (4.2.7)$$

并且可以证明 $S_e{}'/\sigma^2\sim\chi^2(f_e{}')$,且与 $\hat{\mu}_{3.2}$ 独立,从而得到 $\mu_{3.2}$ 的 $1-\alpha$ 置信区间为

$$\hat{\mu}_{3.2}\pm t_{1-\alpha/2}(f_e{}')\hat{\sigma}/\sqrt{n_e} \qquad (4.2.8)$$

这里 $\hat{\sigma}=\sqrt{S_e{}'/f_e{}'}$。

下面求本例中 $\hat{\mu}_{3.2}$ 的 0.95 置信区间:

$n_e=9/(1+f_A+f_C)=9/5=1.8$

$S_e{}'=S_e+S_B=132$, $f_e{}'=f_e+f_B=4$, $\hat{\sigma}=\sqrt{132/4}=5.74$

$t_{0.975}(4)=2.7764$

所以 $\hat{\mu}_{3.2}$ 的 0.95 的置信区间是

$$68\pm 2.7764\times 5.74/\sqrt{1.8}=68\pm 11.9=(56.1,79.9)$$

八、验证试验

在例 4.2.1 中找到的最佳水平组合是 A_3C_2,即试验中的第 9 号试验,其试验结果确为 9 次试验中指标最高的。但在实际问题中分析所得的最佳水平组合不一定在试验中出现,为此通常需要进行验证试验,譬如选择水平组合 $A_3B_1C_2$,该水平组合就不在所进行的 9 次试验中,它是否真的符合要求?所以在实际中验证试验是不可少的,即使分析所得的最佳水平组合在试验中出现,也需要通过验证试验看其是否稳定。

譬如在例 4.2.1 中对水平组合 $A_3B_1C_2$ 进行了三次试验,结果分别为:62,68,71,其平均值为 67,看来该水平组合是满意的。

4.2.4 贡献率分析

当试验指标不服从正态分布时,进行方差分析的依据就不充足,此时可以通过比较

各因子的“贡献率”来衡量因子作用的大小。

由于 $S_{因}$ 中除了因子的效应外，还包含误差，从而称 $S_{因}-f_{因}\cdot MS_e$ 为因子的纯平方和，将因子的纯平方和与 S_T 的比称为**因子的贡献率**。譬如对因子 A 来讲，记其贡献率为 ρ_A，那么

$$\rho_A=\frac{S_A-f_A\cdot MS_e}{S_T}=\frac{618-2\times 9}{984}=60.97\%$$

类似可计算 ρ_B 与 ρ_C，而纯误差平方和为

$$S_e+f_A MS_A+f_B MS_B+f_C MS_C=f_T MS_e$$

从而误差的贡献率为

$$\rho_e=f_T\cdot MS_e/S_T=\frac{8\times 9}{984}=7.32\%$$

可以把它们列在表 4.2.6 中。

表 4.2.6 例 4.2.1 的贡献率分析表

来源	平方和 S	自由度 f	纯平方和	贡献率(%)
因子 A	618	2	600	60.97
因子 B	114	2	96	9.76
因子 C	234	2	216	21.95
误差 e	18	2	72	7.32
T	984	8	984	

从表中可知，因子 A 最重要，它的水平变化引起的数据波动在总的平方和中占了60.97%，其次是因子 C，而因子 B 的水平变化引起的数据波动与误差引起的数据波动的贡献率差不多，所以因子 B 可以认为不重要。

习题 4.2

1. 为解决铬污水超标问题需要改进工艺，以提高树脂的使用时间，为此进行试验。现在考察四个三水平因子：

因子	一水平	二水平	三水平
A：pH 值	4.0	4.5	6.0
B：污水进水流量(m^3/h)	3	4	5
C：污水进水浓度(mg/l)	30	40	50
D：树脂填装高度(体积比)	1/2	2/3	3/4

用 $L_9(3^4)$ 安排试验,四个因子依次放在四列上,9 次试验的使用时间如下:

185 180 179 183 179 182 160 165 150

对数据作直观分析,指出因子的主次关系,找出使使用时间延长的水平组合,并画出各因子的水平均值图。

2. 某化工厂生产的一种产品的收率较低,为此希望通过试验提高收率。在试验中考察如下三个三水平因子:

因子	一 水 平	二 水 平	三 水 平
A:温度(℃)	80	85	90
B:加碱量(公斤)	35	48	55
C:催化剂种类	甲	乙	丙

用 $L_9(3^4)$ 安排试验,表头设计如下:

表头设计	A	B	C	
列号	1	2	3	4

九次试验的结果——收率(%)依次为:

51 61 58 72 69 59 87 85 84

(1)对数据作直观分析,画出各因子的水平均值图;

(2)在数据满足等方差正态分布的前提下,对数据作方差分析;

(3)找出使收率达到最高的水平组合,并求该水平组合下平均收率的 95%置信区间;

(4)对数据作贡献率分析。

3. 若在每一水平组合下进行一次试验,给出正交表 $L_{27}(3^{13})$,$L_{16}(4^5)$,$L_{25}(5^6)$各列平方和的计算公式。

4. 对二水平正交表 $L_n(2^{n-1})$,$n=2^k$,$k=2,3,4,\cdots$来讲,若在每一水平组合下进行一次试验,证明各列的平方和可以用如下公式计算:

$$S_j=\frac{(T_{j1}-T_{j2})^2}{n},\quad j=1,2,\cdots,n-1$$

其中 T_{j1}、T_{j2} 分别是第 j 列一水平、二水平数据和。

5. 为提高某种塑料稳定剂——有机锡的产量,对其合成条件进行研究,考察如下五个二水平因子:

因子	一 水 平	二 水 平
A:催化剂种类	甲	乙
B:催化剂用量(克)	1	1.5
C:配比	1.5∶1	2.5∶1
D:溶剂用量(毫升)	10	20
E:反应时间(小时)	2	1.5

用 $L_8(2^7)$ 安排试验,表头设计如下:

表头设计	A	B		C	D	E	
列号	1	2	3	4	5	6	7

8 次试验的产量依次为(单位:千克):

92.3 90.4 87.3 88.0 87.3 84.8 83.4 84.0

(1)对数据作直观分析,画出各因子的水平均值图;

(2)在数据满足等方差正态分布的前提下,对数据作方差分析;

(3)找出使产量达到最高的水平组合,并求该水平组合下平均产量的 95%置信区间。

6. 为选择合理的冶炼工艺以提高冶炼后钢的脱硫效率,考虑如下三个四水平因子:

因子	一水平	二水平	三水平	四水平
A:电流强度(安)	1000	1200	1400	1600
B:SiO_2 含量	5	10	15	20
C:规格	甲	乙	丙	丁

用 $L_{16}(4^5)$安排试验,表头设计如下:

表头设计	A	B	C		
列号	1	2	3	4	5

16 次脱硫效率依次为(单位:%):

46.7 50.0 44.3 27.4 36.4 42.5 34.2 23.4

57.5 45.5 25.5 13.6 50.0 40.4 45.5 29.7

(1)对数据作直观分析,画出各因子的水平均值图;

(2)在数据满足等方差正态分布的前提下,对数据作方差分析;

(3)找出使脱硫效率达到最高的水平组合,并求该水平组合下平均脱硫效率的 95%置信区间。

7. 设 y_1, y_2, y_3, y_4 是 $L_4(2^3)$的 4 次试验结果。

(1)写出 S_T 与各列平方和 S_1, S_2, S_3;

(2)验证 $S_T = S_1 + S_2 + S_3$。

§4.3 有交互作用情况下的正交设计

4.3.1 表头设计

在多因子试验中,有时两个因子间还存在交互作用,它与无交互作用时的正交设计主要差别在表头设计上。下面通过一个例子来叙述有交互作用情况下试验的设计。

例 4.3.1 为提高某种农药的收率,需要进行试验,具体考虑如下:

1. 明确试验目的。在本例中试验目的是提高农药的收率。

2. 明确试验指标。在本例中用收率来表示,收率越高表示该水平组合越好。

3. 确定试验中所考虑的因子与水平,并确定可能存在并要考察的交互作用。

经分析,影响农药收率的因子有四个,它们是反应温度 A、反应时间 B、两种原料配比 C 与真空度 D,根据经验反应温度与反应时间的交互作用对收率也有较大的影响,因此在本试验中还需考察交互作用 $A \times B$。试验中所考察的因子水平见表 4.3.1。

表 4.3.1　因子水平表

因子	一 水 平	二 水 平
A:反应温度(℃)	60	80
B:反应时间(小时)	2.5	3.5
C:两种原料配比	1.1∶1	1.2∶1
D:真空度(kPa)	50	60

4.选用合适的正交表,进行表头设计。

正交表的选用与表头设计要注意以下几点:

(1)与正交表有关的自由度有两个:

- 表的自由度为试验次数减 1,即 $f_{表}=n-1$,其中 n 是表的行数;
- 列的自由度为水平数减 1,即 $f_{列}=q-1$,其中 q 是该列的水平数。

譬如在正交表 $L_8(2^7)$中,表的自由度 $f_{表}=8-1=7$,任一列的自由度 $f_{列}=2-1=1$。

(2)因子与交互作用的自由度:

- 因子的自由度为水平数减 1;
- 交互作用的自由度为对应的两个因子自由度的乘积,即交互作用 $A\times B$ 的自由度为 $f_{A\times B}=f_A\times f_B$。

譬如二水平因子 A 与 B 的交互作用的自由度为 $f_{A\times B}=f_A\times f_B=1\times1=1$;

三水平因子 A 与 B 的交互作用的自由度为 $f_{A\times B}=f_A\times f_B=2\times2=4$。

(3)在表头设计时要注意:

- 因子的自由度应该等于所在列的自由度;
- 交互作用的自由度应该等于所在列的自由度,或其之和;
- 所有因子与交互作用自由度的和不能超过所选正交表的自由度。

正交表的选用与表头设计都要遵循上述原则。

在本例中,所考察的因子都是二水平的,所以可以从二水平正交表 $L_4(2^3)$,$L_8(2^7)$,$L_{16}(2^{15})$等中去选一张。由于有四个二水平因子与一个交互作用,因此它们的自由度之和为 5,所选正交表必须满足 $5\leqslant n-1$,即 $n\geqslant6$,所以选用 $L_8(2^7)$,一个因子占一列,一个交互作用也占一列。

(4)表头设计:

在进行表头设计时要利用交互作用表,$L_8(2^7)$的交互作用表见表 4.3.2,它表示任意两列的交互作用所位于的列号,例如第 1 列与第 2 列的交互作用位于第 3 列。

表 4.3.2　$L_8(2^7)$的交互作用表

列号	1	2	3	4	5	6	7
	(1)	3	2	5	4	7	6
		(2)	1	6	7	4	5
			(3)	7	6	5	4
				(4)	1	2	3
					(5)	3	2
						(6)	1

在进行表头设计时，应先把存在交互作用的两个因子放到表头上去，这时可以放在任意两列上，譬如现在将因子 A 与 B 分别放在第 1 与第 2 列上，然后从交互作用表上查出这两列的交互作用列，现查得第 1、2 列的交互列为第 3 列，则在第 3 列上标以 $A\times B$，再将余下的因子分别放在其他的空白列上，譬如把因子 C 与 D 放在第 4、7 列上，这便给出了如下表头设计：

表头设计	A	B	$A\times B$	C			D
列号	1	2	3	4	5	6	7

5. 列出试验计划。

有了表头设计后便可写出试验计划了，它同上节所述，只要将放置因子的列中的 1,2 改为该因子的真实水平即可。本例的试验计划见表 4.3.3。

有了试验计划后，按随机化后的次序进行试验，并记录试验结果。本例的试验结果见表 4.3.3 的最后一列。

表 4.3.3 试验计划

试验号	反应温度(℃)	反应时间(小时)	两种原料配比	真空度(kPa)	收率 y
1	(1)60	(1)2.5	(1)1.1/1	(1)50	86
2	(1)60	(1)2.5	(2)1.2/1	(2)60	95
3	(1)60	(2)3.5	(1)1.1/1	(2)60	91
4	(1)60	(2)3.5	(2)1.2/1	(1)50	94
5	(2)80	(1)2.5	(1)1.1/1	(2)60	91
6	(2)80	(1)2.5	(2)1.2/1	(1)50	96
7	(2)80	(2)3.5	(1)1.1/1	(1)50	83
8	(2)80	(2)3.5	(2)1.2/1	(2)60	88

4.3.2 数据的方差分析

步骤同 4.2.3 节所述，首先是作平方和分解，然后列出方差分析表，作 F 检验，以判断哪些因子与交互作用是显著的。这一切都可以列表进行。

一、统计模型

统计模型如同上节所述，只是数据结构式有所改变。

记在水平组合 $A_iB_jC_kD_l$ 下的试验结果为 y_{ijkl}，它有如下的结构式：

$$y_{ijkl}=\mu_{ijkl}+\varepsilon_{ijkl}$$

其中均值 μ_{ijkl} 可以表示为

$$\mu_{ijkl}=\mu+a_i+b_j+c_k+d_l+(ab)_{ij}$$

式中 μ 是一般平均，a_i、b_j、c_k、d_l 分别是各因子相应水平的主效应，它们满足效应的约束条件

$$a_1+a_2=0,\quad b_1+b_2=0,\quad c_1+c_2=0,\quad d_1+d_2=0$$

$(ab)_{ij}$ 是因子 A 的第 i 个水平与因子 B 的第 j 个水平的交互效应,它满足

$$\sum_{j=1}^{2}(ab)_{ij}=0,\quad i=1,2,\quad \sum_{i=1}^{2}(ab)_{ij}=0,\quad j=1,2$$

综上所述,具有交互作用的模型可以表示为

$$\begin{cases} y_{ijkl}=\mu+a_i+b_j+c_k+d_l+(ab)_{ij}+\varepsilon_{ijkl}, & i,j,k,l=1,2 \\ a_1+a_2=0,\quad b_1+b_2=0,\quad c_1+c_2=0,\quad d_1+d_2=0 \\ \sum_{j=1}^{2}(ab)_{ij}=0,\quad i=1,2;\quad \sum_{i=1}^{2}(ab)_{ij}=0,\quad j=1,2 \\ \text{各 } \varepsilon_{ijkl} \text{ 相互独立同分布} \sim N(0,\sigma^2) \end{cases} \tag{4.3.1}$$

二、平方和分解

首先把诸试验结果 y_{ijkl} 按正交表的行号重新编号,记为 $y_1,y_2,\cdots,y_n$,其中

$$y_1=y_{1111},\quad y_2=y_{1122},\quad \cdots,\quad y_8=y_{2222}$$

正交表 $L_8(2^7)$ 上 8 个数据的总平方和为

$$S_T=\sum_{i=1}^{8}(y_i-\bar{y})^2,\quad f_T=8-1=7$$

根据正交表的特性,它可以分解为诸列平方和之和,即

$$S_T=S_1+S_2+\cdots+S_7$$
$$f_T=f_1+f_2+\cdots+f_7$$

其中第 j 列的平方和为

$$S_j=4(\overline{T}_{j1}-\bar{y})^2+4(\overline{T}_{j2}-\bar{y})^2=\frac{(T_{j1}-T_{j2})^2}{8},\quad f_j=1$$

这里 T_{ji} 与 $\overline{T}_{ji}$ 分别表示第 j 列第 i 水平对应的数据之和与平均。

根据表头设计和统计模型(4.3.1),各因子与交互作用的平方和分别为

$$S_A=S_1,\quad f_A=1$$
$$S_B=S_2,\quad f_B=1$$
$$S_C=S_4,\quad f_C=1$$
$$S_D=S_7,\quad f_D=1$$
$$S_{A\times B}=S_3,\quad f_{A\times B}=1$$
$$S_e=S_5+S_6,\quad f_e=2$$

譬如

$$S_1=\frac{(T_{11}-T_{12})^2}{8}=\frac{(4a_1-4a_2+\varepsilon_1+\varepsilon_2+\varepsilon_3+\varepsilon_4-\varepsilon_5-\varepsilon_6-\varepsilon_7-\varepsilon_8)^2}{8}$$
$$=\frac{(8a_1+\varepsilon_1+\varepsilon_2+\varepsilon_3+\varepsilon_4-\varepsilon_5-\varepsilon_6-\varepsilon_7-\varepsilon_8)^2}{8}$$

这里利用了 $a_1+a_2=0$，因此有 $a_2=-a_1$，其期望为

$$E(S_1)=8a_1^2+\sigma^2$$

又如

$$\begin{aligned}S_3&=\frac{(T_{31}-T_{32})^2}{8}\\&=\frac{[2(ab)_{11}+2(ab)_{22}-2(ab)_{12}-2(ab)_{21}+\varepsilon_1+\varepsilon_2-\varepsilon_3-\varepsilon_4-\varepsilon_5-\varepsilon_6+\varepsilon_7+\varepsilon_8]^2}{8}\\&=\frac{[8(ab)_{11}+\varepsilon_1+\varepsilon_2-\varepsilon_3-\varepsilon_4-\varepsilon_5-\varepsilon_6+\varepsilon_7+\varepsilon_8]^2}{8}\end{aligned}$$

最后一个等式利用了 $a_{12}=-a_{11}$，$a_{21}=-a_{22}=-a_{11}$，从而其期望

$$E(S_3)=8a_{11}^2+\sigma^2$$

类似有

$$E(S_5)=E(S_6)=\sigma^2$$

各列各水平的和 T_1 与 T_2、平方和 S 见表 4.3.4。

表 4.3.4 例 4.3.1 的计算表

表头设计	A	B	$A\times B$	C			D	y
试验号＼列号	1	2	3	4	5	6	7	
1	1	1	1	1	1	1	1	86
2	1	1	1	2	2	2	2	95
3	1	2	2	1	1	2	2	91
4	1	2	2	2	2	1	1	94
5	2	1	2	1	2	1	2	91
6	2	1	2	2	1	2	1	96
7	2	2	1	1	2	2	1	83
8	2	2	1	2	1	1	2	88
T_1	366	368	352	351	361	359	359	$T=724$
T_2	358	356	372	373	363	365	365	$\sum y_i^2=65668$
S	8	18	50	60.5	0.5	4.5	4.5	$S_T=146$

三、方差分析表

有了各个因子、交互作用及误差的平方和与其相应的自由度，便可移到方差分析表上继续进行计算，具体见表 4.3.5。

表 4.3.5 例 4.3.1 的方差分析表

来源	平方和 S	自由度 f	均方和 MS	F 比	P 值
A	8.0	1	8.0	3.2	0.22
B	18.0	1	18.0	7.2	0.12
C	60.5	1	60.5	24.2	3.89×10^{-2}
D	4.5	1	4.5	1.8	0.31
$A\times B$	50.0	1	50.0	20.0	4.65×10^{-2}
e	5.0	2	2.5		
T	146.0	7		$F_{0.95}(1,2)=18.5$	

从方差分析表可知，在显著性水平 $a=0.05$ 下，因子 C 与交互作用 $A\times B$ 对指标有显著影响。

四、最佳水平组合的选择

对显著因子，其最佳水平可通过比较两个水平下数据均值或数据和得到，从表 4.3.4 可知，因子 C 取二水平为好。

对显著的交互作用，先要计算两个因子水平的所有不同搭配下数据的均值，再通过比较得出哪种水平组合为好。下面先计算 $A\times B$ 的四种搭配下的数据均值。从表头设计可知，因子 A 与 B 分别放在第一列与第二列，故其水平搭配从这两列的水平去看，用组合 A_1B_1 进行的试验号是 1 与 2，则将这两个试验结果求平均便得到在这一搭配下的数据均值，其他类似可得，计算结果见表 4.3.6。

表 4.3.6 $A\times B$ 的搭配表

	A_1	A_2
B_1	$(86+95)/2=90.5$	$(91+96)/2=93.5$
B_2	$(91+94)/2=92.5$	$(83+88)/2=85.5$

从该表可知，因子 A 与 B 的搭配以 A_2B_1 为好。

因子 D 不显著，其水平可任取。

综上可知，最佳水平组合是 $A_2B_1C_2$，即反应温度为 80℃，反应时间为 2.5 小时，两种原料的配比为 1.2/1。对因子 D 来讲，真空度在 50～60kPa 间都可以，取 60 可节约时间。

4.3.3 最佳水平组合下指标均值的估计

一、点估计

我们现在要估计最佳水平组合 $A_2B_1C_2$ 下的均值

$$\mu_{212\cdot}=\mu+c_2+(ab)_{21} \tag{4.3.2}$$

根据模型(4.3.1)，用最小二乘法可以获得

$$\hat{\mu}=\bar{y}=\frac{1}{8}\sum_{i=1}^{8}y_i$$
$$\hat{c}_2=\overline{T}_{C_2}-\bar{y}=\overline{T}_{42}-\bar{y}$$
$$(\widehat{ab})_{21}=\overline{T}_{A_2B_1}-\overline{T}_{A_2}-\overline{T}_{B_1}+\bar{y}=\overline{T}_{A_2B_1}-\bar{y}-\hat{a}_2-\hat{b}_1 \qquad (4.3.3)$$

其中 $\overline{T}_{A_2B_1}$ 是 A_2B_1 组合下的均值，由于 A、B 都不显著，因此可以认为一切 $a_i=0$，$b_j=0$，不需要再作估计，那么此时

$$(\widehat{ab})_{21}=\overline{T}_{A_2B_1}-\bar{y}$$

由此可见 $A_2B_1C_2$ 的均值的点估计为

$$\hat{\mu}_{212\cdot}=\hat{\mu}+(\widehat{ab})_{21}+\hat{c}_2=\overline{T}_{A_2B_1}+\overline{T}_{C_2}-\bar{y}$$
$$=93.5+373/4-724/8=96.75$$

二、区间估计

我们还可以给出 $\mu_{212\cdot}$ 的 95% 置信区间，估计公式同(4.2.8)式。现在把不显著因子的平方和 S_A，S_B，S_D 并入误差平方和中：

$$S_e{}'=S_e+S_A+S_B+S_D=35.5, \quad f_e{}'=5$$

由于 $\hat{\sigma}^2=MS_e{}'=33.5/5=7.1$，从而 $\hat{\sigma}=2.66$，$t_{0.975}(5)=2.5706$，下面求 n_e，为此先把 $\hat{\mu}_{212\cdot}$ 写成 $y_1,y_2,\cdots,y_n$ 的线性组合：

$$\hat{\mu}_{212\cdot}=\overline{T}_{A_2B_1}+\overline{T}_{C2}-\bar{y}=\frac{1}{2}(y_5+y_6)+\frac{1}{4}(y_2+y_4+y_6+y_8)-\frac{1}{8}\sum_{i=1}^{8}y_i$$
$$=-\frac{1}{8}y_1+\frac{1}{8}y_2-\frac{1}{8}y_3+\frac{1}{8}y_4+\frac{3}{8}y_5+\frac{5}{8}y_6-\frac{1}{8}y_7+\frac{1}{8}y_8$$

从而 $\frac{1}{n_e}=\left(\frac{1}{8}\right)^2\times 6+\left(\frac{3}{8}\right)^2+\left(\frac{5}{8}\right)^2=\frac{5}{8}$，故 $\mu_{212\cdot}$ 的 95% 的置信区间是

$$\hat{\mu}_{212\cdot}\pm t_{1-\alpha/2}(f_e{}')\hat{\sigma}/\sqrt{n_e}=96.75\pm 2.5706\times 2.66\times\sqrt{5/8}=96.75\pm 5.41$$

但是收率不会超过 100%，所以 95% 的置信区间为(91.34,100)。

由于收率是望大特性，也可以给出 $\mu_{212\cdot}$ 的 95% 的置信下限，此时 $t_{0.95}(5)=2.0150$，则

$$\hat{\mu}_{212\cdot}-t_{1-\alpha}(f_e{}')\hat{\sigma}/\sqrt{n_e}=96.75-2.0150\times 2.66\times\sqrt{5/8}$$
$$=96.75-4.24=92.51$$

三、一点补充

从最佳水平组合均值的估计可以看出，当因子 A 与 B 交互作用显著时，在选择最佳组合时只要从 A 与 B 的搭配中选择就可以了。拿上例来讲，如果因子 A、B、C 以及交互作用 $A\times B$ 都是显著的，那么

$$\mu_{ijk}=\mu+\alpha_i+b_j+c_k+(ab)_{ij}$$

从而由于 $(\widehat{ab})_{ij}=\overline{T}_{A_iB_j}-\hat{\mu}-\hat{a}_i-\hat{b}_j$，所以 $(\widehat{ab})_{ij}+\hat{\mu}+\hat{a}_i+\hat{b}_j=\overline{T}_{A_iB_j}$，则 μ_{ijk} 的估计

$$\hat{\mu}_{ijk}=\hat{\mu}+\hat{a}_i+\hat{b}_j+\hat{c}_k+\widehat{(ab)}_{ij}=\overline{T}_{A_iB_j}+\hat{c}_k-\bar{y}$$

所以当 A 与 B 的交互作用显著时，不管因子是否显著，都只要从诸 A 与 B 的搭配中寻找最好的组合就可以了。

4.3.4 避免混杂现象——表头设计的一个原则

在进行表头设计时，**若一列上出现两个因子，或两个交互作用，或一个因子与一个交互作用时，称为混杂现象**，简称“**混杂**”。当混杂现象所在列显著时，很难识别是哪个因子(或交互作用)是显著的。所以在表头设计时要尽量避免混杂现象的出现，这是表头设计的一个重要原则。

在用正交表安排试验时，因子应与所在列的自由度相同，而交互作用所占列的自由度之和应与交互作用的自由度相同。

根据表头设计避免混杂的原则，选择正交表时必须满足下面一个条件：“所考察的因子与交互作用自由度之和$\leqslant n-1$”，其中 n 是正交表的行数。不过在存在交互作用的场合，这一条件满足时还不一定能用来安排试验，所以这是一个必要条件。

例 4.3.2 给出下列试验的表头设计：

(1) A、B、C、D 为二水平因子，且要考察交互作用 $A\times B$、$A\times C$；

(2) A、B、C、D 为二水平因子，且要考察交互作用 $A\times B$、$C\times D$。

解：(1)由于因子均为二水平的，故选用二水平正交表，又因子与交互作用的自由度之和为

$$f_A+f_B+f_C+f_D+f_{A\times B}+f_{A\times C}=1+1+1+1+1+1=6$$

故所选正交表的行数应满足 $n\geqslant 6+1=7$，所以选 $L_8(2^7)$，表头设计如下：

表头设计	A	B	$A\times B$	C	$A\times C$	D	
列号	1	2	3	4	5	6	7

(2)由于因子均为二水平的，故仍选用二水平正交表，又因子与交互作用的自由度之和为 6，故所选正交表的行数应满足 $n\geqslant 6+1=7$，但 $L_8(2^7)$无法安排这四个因子与两个交互作用，因为不管四个因子放在哪四列上，两个交互作用或一个因子与一个交互作用总会共用一列，从而产生混杂，譬如：

表头设计	A	B	$A\times B$ $C\times D$	C			D
列号	1	2	3	4	5	6	7

在正交表上出现这一现象的原因是正交表的构造引起的，正交表的列是分组的，对等水平的完全正交表来讲 $L_n(q^p)$，如果 $n=q^k$ 那么全部列被分为 k 组，各组的列数分别为 $q^0,q^1,\cdots,q^{k-1}$。譬如 $L_8(2^7)$的列被分成三个组：

第一组：第 1 列

第二组:第 2、3 两列

第三组:第 4、5、6、7 四列

正交表上有交互作用的**两列如果在不同组时,那么其交互作用列必在组别高的组中,当有交互作用的两列在同一组时,交互作用必在低组别的组中。**譬如:

因子 A 与 B 分别置于第 1 列与第 2 列时,由于第 1 列在第一组,第 2 列在第二组,故交互作用在第二组,查表为第 3 列;

因子 A 与 B 分别置于第 1 列与第 4 列时,由于第 1 列在第一组,第 4 列在第三组,故交互作用在第三组,查表为第 5 列;

因子 A 与 B 分别置于第 2 列与第 3 列时,由于它们都在第二组,故交互作用在第一组,查表为第 1 列;

因子 A 与 B 分别置于第 4 列与第 7 列时,由于它们都在第三组,故交互作用在第一或第二组中,查表为第 3 列,现处于第二组中。

当出现混杂现象时,只要选择较大的正交表就可以避免了,譬如选用 $L_{16}(2^{15})$,表头设计如下:

表头设计	A	B	$A\times B$	C				D				$C\times D$			
列号	1	2	3	4	5	6	7	8	9	10	11	12	13	14	15

正因为正交表的列被分成若干组,所以在表上有多个空白列时,为避免可能存在的交互作用,可以首先将因子放在各组的第 1 列(也称为基本列)。$L_8(2^7)$的基本列是 1,2,4 列,$L_{16}(2^{15})$的基本列是 1,2,4,8 列。

此外,当"所考察的因子与交互作用自由度之和$=n-1$"时,表的各列都被排满了,这便成了饱和设计,那么此时的处理办法有:

- 进行重复试验后进行方差分析,这将在§4.4 中介绍;
- 如上改用较大的正交表,补充做一些试验;
- 将平方和较小的列看作误差列;
- 作为饱和设计进行分析,这将在第 8 章中介绍。

习题 4.3

1. 为提高在梳棉机上纺出的粘棉混纺纱的质量,考察三个二水平因子:

因子	一水平	二水平
A:金属针布的产地	甲地	乙地
B:产量水平(公斤)	6	10
C:速度(转/分)	238	320

试验指标为棉粒结数,该值越小越好。用 $L_8(2^7)$安排试验,三个因子分别置于 1,2,4 列,同时需考察交互作用 $A\times C$。试验结果依次为 0.30,0.35,0.20,0.30,0.15,0.50,0.15,0.40。

(1)指出交互作用所在列;

(2)在数据满足等方差正态分布的前提下,对数据作方差分析;

(3)找出最佳水平组合,并求该水平组合下的平均棉粒结数的 0.90 置信区间。

2. 选用试验次数最少的正交表给出下列问题的表头设计:

(1)考察五个二水平因子 A、B、C、D、E,并考察交互作用 $D\times E$;

(2)考察七个二水平因子 A、B、C、D、E、F、G,并考察交互作用 $A\times B$、$A\times C$、$A\times D$、$B\times C$、$B\times D$、$C\times D$;

(3)考察六个三水平因子 A、B、C、D、E、F,并考察交互作用 $B\times D$、$B\times C$、$C\times D$。

3. 为提高某种抗生素的产量,对发酵培养剂的组成配比进行试验,考察如下五个三水平因子:

因子	一水平	二水平	三水平
A:黄豆饼粉+蛋白胨(%)	0.5+0.5	1+1	1.5+1.5
B:葡萄糖(%)	4.5	6.5	8.5
C:KH_2PO_4(%)	0	0.01	0.03
D:碳源1号(%)	0.5	1.5	2.5
E:装量(毫升)	30	60	90

此外还要考察交互作用 $A\times B$、$A\times C$、$A\times E$,现在用正交表 $L_{27}(3^{13})$ 安排试验,五个因子分别置于第1、2、5、11、8列上,27次试验的结果分别为(单位:%):

68.9	54.0	37.0	65.5	75.0	47.6	80.5	68.4	38.6
92.5	115.0	90.0	86.3	97.1	117.0	98.5	113.0	79.5
69.0	110.0	91.2	85.8	115.5	129.5	65.5	137.5	73.3

(1)指出交互作用所在列;

(2)在数据满足等方差正态分布的前提下,对数据作方差分析;

(3)找出最佳水平组合,并求该水平组合下的平均产量的 0.95 置信区间。

§4.4 有重复试验情况下的数据分析

重复是科学试验中必需的,很多重要的试验都要重复多次,以考察其真实性。在多因子试验场合进行重复试验还可用来考察统计模型的真实性,这里所指的重复试验是指在同一水平组合下进行若干次试验。在这种情况下,试验设计并没有变化,仍按无重复试验时进行,但数据分析有一些变化。下面通过一个例子来叙述这种情况下的数据分析。

例 4.4.1 某厂为提高零件内孔研磨工序质量进行工艺参数的选优试验,考察孔的锥度值,希望其越小越好。在试验中考察的因子水平如下:

表 4.4.1 因子水平表

因子	水平一	水平二
A:研孔工艺设备	通用夹具	专用夹具
B:生铁研圈材质	特殊铸铁	一般灰铸铁
C:留研量(mm)	0.01	0.015

用正交表 $L_8(2^7)$ 安排试验，表头设计如下：

表头设计	A	B		C			
列号	1	2	3	4	5	6	7

在每一水平组合下加工了四个零件，测量其锥度，试验结果见表 4.4.2。

表 4.4.2 例 4.4.1 的计算表

表头设计	A	B		C				试验结果 y_{ij}				和 y_i
试验号 \ 列号	1	2	3	4	5	6	7					
1	1	1	1	1	1	1	1	1.5	1.7	1.3	1.5	6.0
2	1	1	1	2	2	2	2	1.0	1.2	1.0	1.0	4.2
3	1	2	2	1	1	2	2	2.5	2.2	3.2	2.0	9.9
4	1	2	2	2	2	1	1	2.5	2.5	1.5	2.8	9.3
5	2	1	2	1	2	1	2	1.5	1.8	1.7	1.5	6.5
6	2	1	2	2	1	2	1	1.0	2.5	1.3	1.5	6.3
7	2	2	1	1	2	2	1	1.8	1.5	1.8	2.2	7.3
8	2	2	1	2	1	1	2	1.9	2.6	2.3	2.0	8.8
T_1	29.4	28.0	26.3	29.7	31.0	30.6	28.9	$\sum\sum y_{ij}^2=116.49, T=58.3$				
T_2	28.9	35.3	32.0	28.6	27.3	27.7	29.4	$\sum y_i^2=450.81, S_T=10.275$				
S	0.008	4.728	1.015	0.038	0.428	0.263	0.008	$S_{间}=6.487, S_{内}=3.788$				

下面对数据进行分析，分几步进行，并假定每种水平组合下的数据服从等方差的正态分布。用 y_{ij} 表示第 i 号水平组合的第 j 次重复试验结果，$i=1,2,\cdots,n$（n 是正交表的行数），$j=1,2,\cdots,m$（m 是每一水平组合重复次数），y_i 是第 i 号水平组合的 m 次重复之和，表 4.4.2 中的 T_1、T_2 是用诸 y_i 算得的。

4.4.1 总平方和分解

在本例中我们获得的 nm 个数据是有差异的，它们间的差异可用总平方和 S_T 度量。

$$S_T=\sum_{i=1}^{n}\sum_{j=1}^{m}(y_{ij}-\bar{y})^2=\sum_{i=1}^{n}\sum_{j=1}^{m}y_{ij}^2-\frac{T^2}{nm},\quad f_T=nm-1$$

其中 $\bar{y}$ 是 nm 个数据的总平均，T 是 nm 个数据的总和。

由于存在重复试验，因此若我们把每一水平组合下的数据结果看成一个组，那么共有 n 个组，组内的平方和反映的是纯误差，可用**组内平方和** $S_{内}$ 度量。

$$S_{内}=\sum_{i=1}^{n}\sum_{j=1}^{m}(y_{ij}-\bar{y}_i)^2=\sum_{i=1}^{n}\left(\sum_{j=1}^{m}y_{ij}^2-\frac{y_i^2}{m}\right),\quad f_{内}=n(m-1)$$

其中 y_i、$\bar{y}_i$ 分别是第 i 个水平组合对应的 m 个数据和与平均。由于组内平方和为纯误差引起的,所以也称为**纯误差平方和**。

组间的平方和反映了因子 A、B、C 水平的不同所引起的数据的波动,还可能有模型假设不当所引起的波动,譬如实际上存在交互作用,而我们没有加以考察。这类波动用**组间平方和**表示。

$$S_{间}=\sum_{i=1}^{n} m(\bar{y}_i-\bar{y})^2=\sum_{i=1}^{n}\frac{y_i^2}{m}-\frac{T^2}{nm},\quad f_{间}=n-1$$

可以证明有 $S_T=S_{间}+S_{内}$,并且 $S_{间}$ 恰为各列平方和之和,在本例中有

$$S_{间}=\sum_{j=1}^{7} S_j,\quad f_{间}=\sum_{j=1}^{7} f_j$$

由于本例的因子都是二水平的,所以各列的平方和可以用下式计算:

$$S_{列}=\frac{(T_1-T_2)^2}{mn},\quad f_{列}=1$$

其中 T_1 与 T_2 分别是该列一水平、二水平对应的数据之和。

以上的计算都列在表 4.4.2 中。

在一般场合,设正交表为 $L_n(q^p)$,在每一水平组合下进行 m 次试验,那么

$$S_{列}=\frac{T_1^2+T_2^2+\cdots+T_q^2}{mn/q}-\frac{T^2}{mn}$$

4.4.2 对模型的检验

这里说的对模型的检验就是利用组内平方和对各种假设进行的检验。

一、模型是否正确

在本例中我们不清楚是否存在交互作用,首先要检验的是所有交互作用不存在,即检验

$$H_0:\mu_{ijk}=\mu+a_i+b_j+c_k \tag{4.4.1}$$

其中 μ_{ijk} 是在 $A_iB_jC_k$ 水平组合下的指标均值,a_i,b_j,c_k 分别是因子的主效应。

如果存在交互作用的话,那么目前的空白列中就混有交互作用的影响。但是 $S_{内}$ 是纯误差,所以首先将所有空白列的平方和合并,称为第一类误差的平方和,记为 S_{e1},将其均方和与纯误差的均方和去比较以确定第一类误差的平方和中是否混有交互作用,若有的话,将它提取出来,若无的话,也可以将它合并到误差平方和中。

据表 4.4.2,在本例中有

$$S_{e1}=S_3+S_5+S_6+S_7=1.015+0.428+0.263+0.008=1.714$$
$$f_{e1}=4,\quad MS_{e1}=0.4285$$
$$S_{内}=3.788,\quad f_{内}=24,\quad MS_{内}=0.1578$$
$$F_1=MS_{e1}/MS_{内}=0.4285/0.1578=2.715>F_{0.90}(4,24)=2.19$$

所以在显著性水平 0.10 时,我们认为假设(4.4.1)不真,即因子间可能存在交互作用。

二、哪些交互作用是显著的

至于哪一列或几列可能是交互作用呢?这相当于检验如下各假设:

$$H_{01}: (ab)_{ij}=0, \quad 对一切 i,j \tag{4.4.2}$$

$$H_{02}: (ac)_{ik}=0, \quad 对一切 i,k \tag{4.4.3}$$

$$H_{03}: (bc)_{jk}=0, \quad 对一切 j,k \tag{4.4.4}$$

有两种考察方法，可选其中之一使用。

一是直接观察哪列平方和大，譬如从表 4.4.2 中发现 S_3 相对较大，可能是 A 与 B 的交互作用。如果将 S_3 排除在 S_{e_1} 外，重新将余下的三列合并，则有

$$S_{e_1}=S_5+S_6+S_7=0.428+0.263+0.008=0.699$$

$$f_{e1}=3, \quad MS_{e1}=0.233$$

$$S_{内}=3.788, \quad f_{内}=24, \quad MS_{内}=0.1578$$

$$F_1=MS_{e1}/MS_{内}=0.233/0.1578=1.477<F_{0.90}(3,24)=2.33$$

这表明在显著性水平 0.10 上不能拒绝假设(4.4.3)与假设(4.4.4)，这时可将第 5、6、7 三列与 $S_{内}$ 合并作为误差平方和，其自由度也相应合并。

二是用 $S_{内}$ 对空白列的每一列进行检验。

表 4.4.3 对空白列的每一列的检验

列号	平方和	自由度	均方和	F 比	P 值
3	$S_3=1.015$	$f_3=1$	$MS_3=1.015$	$F_3=6.43$	1.81×10^{-2}
5	$S_5=0.428$	$f_5=1$	$MS_5=0.428$	$F_5=2.71$	0.11
6	$S_6=0.263$	$f_6=1$	$MS_6=0.263$	$F_6=1.67$	0.21
7	$S_7=0.008$	$f_7=1$	$MS_7=0.008$	$F_7=0.05$	0.82
纯误差	$S_{内}=3.788$	$f_{内}=24$	$MS_{内}=0.1578$		

由于在显著性水平 0.05 时，$F_{0.95}(1,24)=4.26$，所以仅 $F_3>4.26$，因此第 3 列不能作为误差，经过专业人员的分析，A 与 B 可能存在交互作用。而其他各列平方和可以与 $S_{内}$ 合并作为误差对其他因子及交互作用进行检验。

三、列出方差分析表，对因子与交互作用的显著性进行检验

各因子与交互作用的平方和仍然是相应列的平方和，因此可以列出如下的方差分析表(表 4.4.4)。

表 4.4.4 方差分析表

来源	平方和	自由度	均方和	F 比	P 值
A	0.008	1	0.008	0.048	0.83
B	4.728	1	4.728	28.448	<0.0001
C	0.038	1	0.038	0.229	0.64
$A\times B$	1.015	1	1.015	6.107	2.01×10^{-2}
e_1	0.699	3	0.233	1.477	0.25
组内	3.788	24	0.1578		
e	4.487	27	0.1662		
T	10.275	31	$F_{0.95}(1,27)=4.21$		

注意这里 e_1 行对应的 F 比是 $F_1=MS_{e1}/MS_{内}$，由于它在显著性水平 0.10 上不显著，因此将它与组内行的 S 合并，相应的自由度也合并，记在 e 这一行中。其他各个 F 比都是与 MS_e 的比。

从方差分析表可以看出，在显著性水平 0.05 上，因子 B 及交互作用 $A\times B$ 是显著的。

四、几点补述

1. 当正交表中存在空白列，且该列的平方和较大时，可以采用 F 检验的方法，即将该列的均方和与 $MS_{内}$ 相比，当它大于 $F_{1-\alpha}(1,f_{e2})$ 时可认为在 α 水平上该列有可能是某两个因子的交互作用所在列，从而来修改模型。如例 4.4.1 所述。

2. 如果在安排试验时，正交表中无空白列，那么就不能对模型的合适性做检验，但可以把 $S_{内}$ 作为 S_e 对因子或交互作用进行显著性检验。

3. 如果在方差分析表中发现某些因子或交互作用的均方和比误差的均方和还要小，那么它们肯定不显著，因此可以把它们的平方和与误差的平方和合并，以提高误差估计的精度。譬如在例 4.4.1 中有

$$MS_A<MS_e,\quad MS_C<MS_e$$

那么可以把 S_A 与 S_C 并入 S_e，从而误差的平方和为（为避免符号的混淆，故记为 S'_e）

$$S'_e=S_e+S_A+S_C=4.487+0.008+0.038=4.533$$

相应的自由度也相加，有 $f_e'=29$，可用此作检验，结果同上，这里不再重新列表了。

综合上述过程可见，显著的空白列的平方和可以从第一类误差平方和 S_{e1} 中分离出来，余下的并入 $S_{内}$，不显著的因子及交互作用列的平方和也可并入 $S_{内}$，这样做可以提高误差估计的精度，从而也提高 F 检验的精度。

4.4.3 最佳水平组合的选择

从方差分析结果可知，因子 B 与交互作用 $A\times B$ 对锥度值有显著影响。因为交互作用显著，因而为使锥度最小，只要选出因子 A 与 B 的水平搭配中最小值就可以了。先从表 4.4.2 计算得如表 4.4.5 的搭配表。

表 4.4.5 $A\times B$ 的搭配表

	A_1	A_2
B_1	1.275	1.600
B_2	2.400	2.0125

综上可知，A_1B_1 为最佳水平组合，即采用通用夹具与特殊铸铁做的生铁研圈为好。

习题 4.4

1. 对某种套管收缩有影响的有 A、B、C、D、E、F、G 等七个因子，现均取两个水平，用 $L_8(2^7)$ 安排试验，上述七个因子依次置于 1 至 7 列，在每一水平组合下进行四次重复试验，所得收缩率数据如下：

试验号	1	2	3	4	5	6	7	8
试	0.49	0.07	0.13	0.24	0.07	0.54	0.28	0.58
验	0.54	0.09	0.22	0.22	0.04	0.53	0.26	0.62
结	0.46	0.11	0.20	0.19	0.19	0.53	0.26	0.59
果	0.45	0.08	0.23	0.25	0.18	0.54	0.30	0.54

在数据满足等方差正态分布的前提下对数据进行方差分析，并找出最佳水平组合(收缩率以小为好)。

2. 在一个热处理工艺试验中，考察温度与时间对弯曲次数的影响，因子水平如下：

因子	一 水 平	二 水 平
A:温度(℃)	750	800
B:时间(小时)	2	3

用 $L_4(2^3)$ 安排试验，因子 A、B 分别置于第1、2列，在每一水平组合下进行十次重复试验，得到弯曲次数如下：

试验号	弯曲次数									
1	25	27	22	31	25	31	19	22	33	28
2	23	28	32	32	27	29	21	25	25	27
3	27	25	27	29	33	36	39	32	37	35
4	35	34	36	35	32	34	38	32	33	32

在数据满足等方差正态分布的前提下对数据进行方差分析，并找出使弯曲次数最多的水平组合。

3. 为提高砖的扯断强度，考虑如下三个三水平因子：

因子	一 水 平	二 水 平	三 水 平
A:成型水分(%)	9	10	11
B:碾压时间(分)	8	10	12
C:盘料重量(公斤)	330	360	400

用 $L_9(3^4)$ 安排试验，因子 A、B、C 分别置于第1、2、4列，在每一水平组合下进行五次重复试验，各次试验的扯断强度如下：

试验号	1	2	3	4	5	6	7	8	9
扯断强度	16.8	17.0	16.7	18.2	24.5	27.1	25.7	23.6	22.0
	16.2	15.6	17.7	21.3	21.0	28.4	19.3	17.2	23.4
	18.3	18.2	17.6	18.6	25.2	20.9	23.0	19.4	27.0
	17.9	15.3	17.4	18.8	24.7	20.6	28.6	22.0	22.4
	15.5	19.3	14.3	12.1	21.0	21.1	19.7	21.8	20.5

在数据满足等方差正态分布的前提下对数据进行方差分析，并找出使扯断强度达到最高的水平组合。

§4.5 水平数不等情况下的试验设计

当在试验中所考察的因子的水平数不等时，利用正交表进行试验设计有多种方法，其中有的设计方法仍然保持正交性,有的失去正交性,这里通过若干个例子介绍几种设计方法与相应的数据分析方法。

4.5.1 混合水平正交表

在附录中给出了若干混合水平正交表,其中有的是完全正交表,有的是不完全正交表。

譬如 $L_{16}(4\times2^{12})$,$L_{16}(4^2\times2^9)$,$L_{16}(4^3\times2^6)$,$L_{16}(4^3\times2^3)$,都是完全正交表,它们可以通过正交表 $L_{16}(2^{15})$改造得到。

又譬如 $L_{18}(2\times3^7)$是一张不完全正交表,但是它可以改造成一张完全正交表 $L_{18}(6\times3^6)$。

下面重点介绍改造方法及 $L_{18}(2\times3^7)$的特点。

一、并列法

1.将二水平的列改造成四水平列的方法

对 $L_{16}(2^{15})$可以通过并列法逐步获得如下的正交表:

$$L_{16}(4\times2^{12})\quad L_{16}(4^2\times2^9)\quad L_{16}(4^3\times2^6)\quad L_{16}(4^4\times2^3)$$

由于四水平因子的自由度是 3,因此在二水平正交表中应该占三列,这三列的选法是:任取两列再加上其交互列,由这三列组成一个四水平列。4 个水平的对应法则如下:将任取的两列的 4 个数对对应 4 个水平,即

$$(1,1)\to1\quad(1,2)\to2\quad(2,1)\to3\quad(2,2)\to4 \tag{4.5.1}$$

例如取第 1、2 两列加上其交互列第 3 列组成一个四水平列,经过上述改造,$L_{16}(2^{15})$变成了 $L_{16}(4\times2^{12})$,这还是一张完全正交表。

表 4.5.1 $L_{16}(4\times2^{12})$

新列号	1	2	3	4	5	6	7	8	9	10	11	12	13
原列号	1,2,3	4	5	6	7	8	9	10	11	12	13	14	15
1	1	1	1	1	1	1	1	1	1	1	1	1	1
2	1	1	1	1	1	2	2	2	2	2	2	2	2
3	1	2	2	2	2	1	1	1	1	2	2	2	2
4	1	2	2	2	2	2	2	2	2	1	1	1	1
5	2	1	1	2	2	1	1	2	2	1	1	2	2
6	2	1	1	2	2	2	2	1	1	2	2	1	1
7	2	2	2	1	1	1	1	2	2	2	2	1	1
8	2	2	2	1	1	2	2	1	1	1	1	2	2
9	3	1	2	1	2	1	2	1	2	1	2	1	2
10	3	1	2	1	2	2	1	2	1	2	1	2	1
11	3	2	1	2	1	1	2	1	2	2	1	2	1
12	3	2	1	2	1	2	1	2	1	1	2	1	2
13	4	1	2	2	1	1	2	2	1	1	2	2	1
14	4	1	2	2	1	2	1	1	2	2	1	1	2
15	4	2	1	1	2	1	2	2	1	2	1	1	2
16	4	2	1	1	2	2	1	1	2	1	2	2	1

若要在二水平正交表中安排若干个四水平因子，那么可以继续对 $L_{16}(2^{15})$ 进行并列。前面我们已经将第 1、2、3 列改造成一个四水平列了，接着还可以再用三列改造成一个四水平列，只要所选的两列及其交互列不是第 1、2、3 列即可，譬如任选第 4 与第 8 列，其交互列为第 12 列，按前面所述方法也可以改造成四水平列，则得到 $L_{16}(4^2\times2^9)$，同样想法还可将第 5、10、15 三列也改造成四水平列，则可得到 $L_{16}(4^3\times2^6)$，若再将第 7、9、14 三列改造成四水平列，那么可得到 $L_{16}(4^4\times2^3)$。

2. 并列法的应用

其实并列法不仅可以将二水平正交表改造成具有若干四水平列的正交表，还可以将 $L_{16}(2^{15})$ 改造成具有一个八水平列的正交表 $L_{16}(8\times2^8)$。由于八水平因子的自由度是 7，所以在二水平正交表中应占七列，这七列可以这么构成：对 $L_{16}(4\times2^{12})$ 继续用并列法，将第 1、2 列的 8 个数对对应 8 个水平，再将它们的交互作用三列 3，4，5 列（即 $L_{16}(2^{15})$ 的第 5、6、7 列）去掉即得。大家不难将其写出，这里就不列了。

用并列法也可以将 $L_{27}(3^{13})$ 改造成具有一个九水平列的正交表。由于九水平因子的自由度是 8，在三水平正交表中应占四列，那么我们可以任取两列（譬如取第 1、2 列）将他们的 9 个数对对应 9 个水平，并将这两列的交互列（第 3、4 列）去掉，即得 $L_{27}(9\times3^9)$。

在实际中，用得较多的是由 $L_{16}(2^{15})$ 改造得到的具有若干个四水平列的正交表 $L_{16}(4\times2^{12})$，$L_{16}(4^2\times2^9)$，$L_{16}(4^3\times2^6)$，$L_{16}(4^4\times2^3)$。由于表的自由度等于各列自由度之和，所以它们仍然具有平方和分解式，四水平列的平方和可以用二水平正交表中构成它们的列的平方和相加得到，具体见后面的例子。

二、混合水平正交表 $L_{18}(2\times3^7)$ 介绍

$L_{18}(2\times3^7)$ 是一张不完全的混合水平正交表，因为表的自由度不等于各列自由度之和。该表在参数设计中经常被使用。它具有如下特点：

(1)此表至多可以用来考察一个二水平因子与七个三水平因子；

(2)可以用来考察置于第 1 列的二水平因子（譬如因子 A）与置于第 2 列的三水平因子（譬如因子 B）的交互作用，但是该交互列不在表中，此时交互作用的平方和可用下式计算：

$$S_{A\times B}=S_T-(S_1+S_2+\cdots+S_8)$$

此外，该表不能考察其他列间的交互作用；

(3)可以将它的第 1、2 列并列后改造为 $L_{18}(6\times3^6)$，因为第 1、2 列共有 6 个数对，可以对应 6 个水平，其交互列不在表中，所以不需去掉其他列，改造后的表是一张完全正交表，此时表的自由度恰好等于各列自由度之和。

4.5.2 直接选用混合水平正交表

下面我们通过两个例子来叙述混合水平正交表的使用。

一、$L_{18}(2\times3^7)$ 的数据分析

例 4.5.1 在某种化油器设计中希望寻找一种结构，使在不同天气条件下均具有较小的比油耗。

1. 试验的设计

试验中考察的因子水平如表 4.5.2，试验结果见表 4.5.3。

表 4.5.2　因子水平表

因子	一 水 平	二 水 平	三 水 平
A：大喉管直径（Φ）	32	34	36
B：中喉管直径（Φ）	22	21	20
C：环形小喉管直径（Φ）	10	9	8
D：空气量孔直径（Φ）	1.2	1.0	0.8
E：天气	高气压	低气压	

其中一个是二水平因子，四个是三水平因子，为此，选用混合水平正交表 $L_{18}(2\times 3^7)$，其中第 1 列为二水平，其余七列均为三水平，表头设计如下：

表头设计	E		A	B	C	D		
列号	1	2	3	4	5	6	7	8

2. 方差分析

由于 $L_{18}(2\times 3^7)$ 仍然是一张正交表，其统计模型、分析方法、各列平方和、自由度的计算公式同前类似。如果在每一水平组合下进行一次试验，那么

$$S_1=\frac{T_{11}^2+T_{12}^2}{9}-\frac{T^2}{18}=\frac{(T_{11}-T_{12})^2}{18},\quad f_1=1$$

$$S_j=\frac{T_{j1}^2+T_{j2}^2+T_{j3}^2}{6}-\frac{T^2}{18}\quad (f_j=2;j=2,3,\cdots,8)$$

要注意的是，这是一张不完全正交表，所以 $S_T\neq S_1+S_2+\cdots+S_8$。在进行方差分析时，$S_e$ 用 S_T 减去各因子的平方和得到，f_e 也用 f_T 减去各因子的自由度得到，所以空白列一般就不做计算。

本例的平方和的计算与方差分析分别见表 4.5.3 与表 4.5.4。

在方差分析表 4.5.4 中，因子右上角加“△”表示该因子的均方和小于 MS_e，故将有关因子的 S 并入 S_e，同样将相关的自由度也并入 f_e，为区别起见，记在 e' 行中。

由于 $F_{0.95}(2,13)=3.81$，所以在显著性水平 0.05 上因子 A 与 C 是显著的。

注：如果在上面的例子中，还要考察因子 A 与 E 的交互作用，可以将因子 A 放在第二列，那么此时空白列的平方和也要计算，因为 $S_{A\times E}=S_T-\sum\limits_{j=1}^{8}S_j$，而 S_e 是空白列的平方和 S_2,S_7,S_8 之和。

表 4.5.3 $L_{18}(2\times3^7)$ 的计算表

表头设计	E		A	B	C	D			试验结果
试验号＼列号	1	2	3	4	5	6	7	8	y
1	1	1	1	1	1	1	1	1	240.7
2	1	1	2	2	2	2	2	2	230.1
3	1	1	3	3	3	3	3	3	236.5
4	1	2	1	1	2	2	3	3	217.1
5	1	2	2	2	3	3	1	1	210.5
6	1	2	3	3	1	1	2	2	306.8
7	1	3	1	2	1	3	2	3	247.1
8	1	3	2	3	2	1	3	1	228.3
9	1	3	3	1	3	2	1	2	237.7
10	2	1	1	3	3	2	2	1	208.4
11	2	1	2	1	1	3	3	2	253.3
12	2	1	3	2	2	1	1	3	232.0
13	2	2	1	2	3	1	3	2	209.2
14	2	2	2	3	1	2	1	3	245.1
15	2	2	3	1	2	3	2	1	234.1
16	2	3	1	3	2	3	1	2	217.7
17	2	3	2	1	3	1	2	3	209.7
18	2	3	3	2	1	2	3	1	339.8
T_1	2154.8		1340.2	1392.6	1632.8	1426.7			$T=4304.1$
T_2	2149.3		1377.0	1468.7	1359.2	1478.2			$\sum y_i^2=1048952.57$
T_3			1586.9	1442.8	1312.0	1399.2			
S	1.7		5904.1	499.0	9997.3	536.1			$S_T=19770.5$

表 4.5.4 例 4.5.1 的方差分析表

来源	平方和	自由度	均方和	F 比	P 值
A	5904.1	2	2952.0	9.92	2.42×10^{-2}
$B^{\triangle}$	499.0	2	249.5	—	—
C	9997.3	2	4998.7	16.79	2.50×10^{-3}
$D^{\triangle}$	536.1	2	268.0	—	—
$E^{\triangle}$	1.7	1	1.7	—	—
$e^{\triangle}$	2832.3	8	354.0		
e'	3869.1	13	297.6		
T	19770.5	17			

3. 最佳水平组合的选取及其均值的估计

为使平均比油耗小，最好的水平组合是 A_1C_3。

在水平组合 A_1C_3 下平均比油耗 $\mu_{1\cdot3\cdot\cdot}$ 的点估计为

$$\hat{\mu}_{1\cdot3\cdot\cdot}=\hat{\mu}+\hat{\alpha}_1+\hat{c}_3=\overline{T}_{A1}+\overline{T}_{C3}-\bar{y}$$
$$=1340.2/6+1312.0/6-4304.1/18=202.9$$

同样可以给出其 95%置信区间：由于 $f_e'=13$，$t_{0.975}(13)=2.1604$，由方差分析表可知 $\hat{\sigma}=17.25$，通过数据结构式可以得到 $n_e=18/5$，故 A_1C_3 下平均比油耗的 95% 的置信区间是

$$\hat{\mu}_{1\cdot3\cdot\cdot}\pm t_{0.975}(13)\hat{\sigma}/\sqrt{n_e}=202.9\pm19.6=(183.3,222.5)$$

二、同时具有二水平与四水平因子的数据分析

例 4.5.2 在聚氨酯合成橡胶的试验中，要考察四个因子 A、B、C、D 对抗张强度的影响，其中因子 A 取四水平，因子 B、C、D 取二水平，同时根据专业知识还需考察交互作用 $A\times B$ 与 $A\times C$。

1. 试验设计

(1)选用正交表。由于在这一问题中考察的因子与交互作用的自由度之和为

$$f_A+f_B+f_C+f_D+f_{A\times B}+f_{A\times C}=3+1+1+1+3+3=12$$

据 4.3.1 所述，所选正交表的行数 $n\geqslant12+1=13$，因此至少应该选用 $n=16$ 的具有二、四水平的混合水平正交表 $L_{16}(4\times2^{12})$。

(2)表头设计。置因子 A 在表的四水平列上(由 $L_{16}(2^{15})$ 的第 1、2、3 列组成的列)，因为因子 B 与 A 有交互作用，故再将因子 B 置于余下的列上，譬如置于第 4 列，因子 A 与 B 的交互作用的自由度为 3，也应占三列，这三列可以这么得到：A 在 $L_{16}(2^{15})$ 所占的三列与 B 所在列的交互列，由交互作用表查得为第 5、6、7 列，那么这三列为交互作用 $A\times B$ 所占据；再考虑因子 C，因为它与 A 也有交互作用，现在可将 C 置于余下的八列中的任一列，譬如置于第 8 列，同理，$A\times C$ 位于第 9、10、11 列上；最后可将因子 D 置于留下列的任一列上，譬如置于第 12 列。综上可得如下表头设计：

表头设计	A	B	$A\times B$	C	$A\times C$	D			
$L_{16}(2^{15})$的列号	1 2 3	4	5 6 7	8	9 10 11	12	13	14	15

2. 方差分析

试验结果见表 4.5.5(试验结果用实际数据－100，这不会影响方差分析的结果及最佳水平组合的选择)。

由于 $L_{16}(4\times2^{12})$ 仍然是完全正交表，且仍具有平方和分解式：$S_T=S_1+S_2+\cdots+S_{13}$，所以数据分析同前几节。可以用改造前的 $L_{16}(2^{15})$ 计算，各列平方和的计算可以采用 $S_j=\dfrac{(T_{j1}-T_{j2})^2}{16}$ 进行，那么按表头设计有

$$S_A=S_1+S_2+S_3,\quad f_A=3$$

$$S_{A\times B}=S_5+S_6+S_7,\quad f_{A\times B}=3$$
$$S_{A\times C}=S_9+S_{10}+S_{11},\quad f_{A\times C}=3$$

对因子 A 也可以按改造后的表计算：

$$S_A=\frac{T_{11}^2+T_{12}^2+T_{13}^2+T_{14}^2}{4}-\frac{T^2}{16},\quad f_A=3$$

可以证明两种计算结果相同。

关于各平方和的计算见表 4.5.5，方差分析表见表 4.5.6。

在显著性水平 0.05 时，$F_{0.95}(1,3)=10.13$，$F_{0.95}(3,3)=9.28$，故从方差分析表可知，因子 A、B、C 及交互作用 $A\times B$ 与 $A\times C$ 都是显著的。

表 4.5.5 $L_{16}(4\times 2^{12})$的计算表

表头设计	A	B	$A\times B$			C	$A\times C$			D				y
试验号＼列号	1 2 3	4	5	6	7	8	9	10	11	12	13	14	15	
1	1	1	1	1	1	1	1	1	1	1	1	1	1	75
2	1	1	1	1	1	2	2	2	2	2	2	2	2	131
3	1	2	2	2	2	1	1	1	1	2	2	2	2	−3
4	1	2	2	2	2	2	2	2	2	1	1	1	1	36
5	2	1	1	2	2	1	1	2	2	1	1	2	2	69
6	2	1	1	2	2	2	2	1	1	2	2	1	1	98
7	2	2	2	1	1	1	1	2	2	2	2	1	1	62
8	2	2	2	1	1	2	2	1	1	1	1	2	2	42
9	3	1	2	1	2	1	2	1	2	1	2	1	2	50
10	3	1	2	1	2	2	1	2	1	2	1	2	1	125
11	3	2	1	2	1	1	2	1	2	2	1	2	1	70
12	3	2	1	2	1	2	1	2	1	1	2	1	2	140
13	4	1	2	2	1	1	2	2	1	1	2	2	1	91
14	4	1	2	2	1	2	1	1	2	2	1	1	2	89
15	4	2	1	1	2	1	2	2	1	2	1	1	2	104
16	4	2	1	1	2	2	1	1	2	1	2	2	1	90
T_1	239	728	777	679	700	518	647	511	672	593	610	654	647	$T=1296$
T_2	271	541	492	590	569	751	622	758	597	676	659	615	622	$\sum y_i^2=1610361$
T_3	385													$S_T=21159$
T_4	374													
S	4019	2186	5077	495	1073	3393	39	3813	352	431	150	95	39	

表 4.5.6 例 4.5.2 方差分析表

来源	平方和	自由度	均方和	F 比	P 值
A	4019	3	1340	14.11	2.83×10^{-2}
B	2186	1	2186	23.01	1.72×10^{-2}
C	3393	1	3393	35.72	9.36×10^{-3}
D	431	1	431	4.54	0.12
$A\times B$	6645	3	2215	23.32	1.40×10^{-2}
$A\times C$	4204	3	1401	14.75	2.66×10^{-2}
e	284	3	95		
T	21159	15			

3. 最佳水平组合的选取及其均值的估计

由于交互作用显著，所以为了选择最佳水平组合，先计算两张搭配表。

表 4.5.7 $A\times B$ 的搭配表

	A_1	A_2	A_3	A_4
B_1	103.0	83.5	87.5	90.0
B_2	16.5	52.0	105.0	97.0

表 4.5.8 $A\times C$ 的搭配表

	A_1	A_2	A_3	A_4
C_1	36.0	65.5	60.0	97.5
C_2	83.5	70.0	132.5	89.5

从上可以看出，为使抗张强度大，应该选择 $A_3B_2C_2$。

在 $A_3B_2C_2$ 水平组合下均值 $\mu_{322\cdot}$ 的点估计为

$$\begin{aligned}\hat{\mu}_{322\cdot} &= \hat{\mu}+\hat{a}_3+\hat{b}_2+\hat{c}_2+(\widehat{ab})_{32}+(\widehat{ac})_{32}\\ &= \overline{T}_{A_3B_2}+\overline{T}_{A_3C_2}-\overline{T}_{A3}+100=241.25\end{aligned}$$

这里加上 100，是因为在数据分析时减去了 100 的缘由。

下求 $A_3B_2C_2$ 水平组合下均值的 95% 置信区间。由于因子 D 不显著，所以 $S_e'=431+284=715$，$f_e'=1+3=4$，则 $\hat{\sigma}=13.37$；查表得 $t_{0.975}(4)=2.7764$，再从数据结构式可以得到 $n_e=4/3$，所以 95% 置信区间是

$$\hat{\mu}_{322\cdot}\pm t_{0.975}(4)\hat{\sigma}/\sqrt{n_e}=241.25\pm32.15=(209.10,273.40)$$

4.5.3 拟水平法

当用 q 水平正交表安排试验时，如果存在水平数小于 q 的因子时可以采用拟水平法进行试验设计，注意此时的设计不再是正交的。常用的是在三水平正交表中安排少量二水平因子。

例 4.5.3 在一个三甲酯合成试验中，需要考察一个二水平因子 A 及两个三水平因子 B、C 对三甲酯转化率的影响。

一、试验设计

在这一问题中三水平因子为多，因此采用三水平正交表来安排试验。步骤如下：

1. 选正交表。现在所考察的因子的自由度之和为 $f_A+f_B+f_C=1+2+2=5$，因此选

$n=9$ 的正交表 $L_9(3^4)$ 即可。

2. 在三水平的列上安排二水平因子的方法。由于三水平列中有三个数字：1,2,3，而因子 A 仅有两个水平，为此对因子 A 可以虚拟一个水平，即其第三个水平为原有的两个水平中的某一个。这表明在拟水平法中，二水平因子的两个水平参与的试验次数不等，从而现在的试验缺乏正交性。

3. 表头设计。把每个因子分别置于正交表的一列上即可，但要说明因子 A 的"3"水平用什么水平替代，譬如在本例中，表头设计为：

表头设计	A	B	C	
列号	1	2	3	4

第 1 列中的 1,2,3 分别采用 A_1,A_2,A_2 进行试验。试验结果见表 4.5.9。

二、方差分析

由于现在的试验不具有正交性，所以数据分析有一点差异，此时在统计模型中的数据结构式仍然用下式表示：

$$y_{ijk}=\mu+a_i+b_j+c_k+\varepsilon_{ijk}\quad (i=1,2;\quad j,k=1,2,3)$$

但是关于二水平因子的效应的约束条件改写为

$$\alpha_1+2\alpha_2=0$$

同样可以按正交表的行号，将诸 y_{ijk} 改写成 $y_1,y_2,\cdots,y_9$。

下面给出各平方和的计算。

1. 按 $L_9(3^4)$ 计算各列的平方和，则对三水平因子来讲，有

$$S_B=S_2,\quad S_C=S_3$$

2. 对因子 A 来讲，它为二水平因子，其平方和的计算公式如下：

$$S_A=3(\overline{T}_{A_1}-\overline{y})^2+6(\overline{T}_{A_2}-\overline{y})^2=\frac{T_{11}^2}{3}+\frac{(T_{12}+T_{13})^2}{6}-\frac{T^2}{9},\quad f_A=1$$

3. S_e 的计算公式如下：

$$S_e=S_T-S_A-S_B-S_C=(S_1-S_A)+S_4$$
$$f_e=f_T-f_A-f_B-f_C=3$$

这里将 S_1-S_A 归入误差是因为在其中仅含误差的信息，这可从平方和之差看出

$$S_1-S_A=\left(\frac{T_{11}^2+T_{12}^2+T_{13}^2}{3}-\frac{T^2}{9}\right)-\left(\frac{T_{11}^2}{3}+\frac{(T_{12}+T_{13})^2}{6}-\frac{T^2}{9}\right)$$
$$=\frac{T_{12}^2+T_{13}^2}{3}-\frac{(T_{12}+T_{13})^2}{6}=\frac{(T_{12}-T_{13})^2}{6}$$

利用数据结构式得

$$T_{12}=y_4+y_5+y_6=3\mu+3\alpha_2+\varepsilon_4+\varepsilon_5+\varepsilon_6$$
$$T_{13}=y_7+y_8+y_9=3\mu+3\alpha_2+\varepsilon_7+\varepsilon_8+\varepsilon_9$$

从而 $S_1-S_A=\dfrac{(\varepsilon_4+\varepsilon_5+\varepsilon_6-\varepsilon_7-\varepsilon_8-\varepsilon_9)^2}{6}$，只含误差，且有 $E(S_1-S_A)=\sigma^2$。

我们也可以这么来看：S_1 应该有两个自由度，现在因子 A 仅占了一个自由度，还剩一个自由度，所以应该将 S_1-S_A 归入误差，相应将自由度也归入 f_e。

本例的计算见表 4.5.9，方差分析表见表 4.5.10。

表 4.5.9　例 4.5.3 计算表

表头设计	A		B	C		试验结果
试验号 \ 列号	1'	1	2	3	4	y
1	1	1	1	1	1	80.5
2	1	1	2	2	2	87.5
3	1	1	3	3	3	89.0
4	2	2	1	2	3	79.6
5	2	2	2	3	1	82.8
6	2	2	3	1	2	88.2
7	2	3	1	3	2	78.2
8	2	3	2	1	3	83.3
9	2	3	3	2	1	83.4
T_1	257.0	257.0	238.3	252.0	251.7	$T=757.5$
T_2	500.5	250.6	253.6	255.5	253.9	$\sum_{i=1}^{9} y_i^2=63897.43$
T_3		249.9	265.6	250.0	251.9	
S	10.12	10.21	124.82	5.17	0.99	$S_T=141.18$

注：$S_1-S_A=10.21-10.12=0.09$。

表 4.5.10　例 4.5.3 的方差分析表

来源	平方和	自由度	均方和	F 比	P 值
A	10.12	1	10.12	28.11	1.31×10^{-2}
B	124.82	2	62.41	173.36	7.95×10^{-4}
C	5.17	2	2.59	7.19	7.17×10^{-2}
e	1.08	3	0.36		
T	141.18	8			

在显著性水平 0.05 时，$F_{0.95}(1,3)=10.1$，$F_{0.95}(2,3)=9.55$，所以因子 A 与 B 是显著的。

三、最佳水平组合的选择及其均值的估计

为提高转化率，从表 4.5.9 可知 A 的两个水平下的均值分别为 $257.0/3=85.67$ 与 $500.5/6=83.42$，为使转化率高取一水平为好；对因子 B，从表 4.5.9 直接可知取三水平为好。综上最佳水平组合为 A_1B_3。

在水平组合 A_1B_3 下均值 $\mu_{13\cdot}$ 的点估计为

$$\hat{\mu}_{13\cdot}=\hat{\mu}+\hat{a}_1+\hat{b}_3=\overline{T}_{A_1}+\overline{T}_{B_3}-\bar{y}=90.03$$

下求 A_1B_3 下均值的置信区间。现在因子 C 不显著，所以 $S_e'=6.25$，$f_e'=5$，则 $\hat{\sigma}=1.12$；查表得 $t_{0.975}(5)=2.5706$，再从数据结构式可以得到 $n_e=9/5=1.8$，所以 $\mu_{13\cdot}$ 的95%置信区间是

$$\hat{\mu}_{13\cdot}\pm t_{0.975}(5)\hat{\sigma}/\sqrt{n_e}=90.03\pm 2.15=(87.88,92.18)$$

4.5.4 组合法

如果在一个试验中采用 q 水平正交表安排试验，而考察的因子除有 q 水平的因子外，还有水平数小于 q 的两个因子，且这两个因子间无交互作用，它们的自由度之和又恰好是 $q-1$，那么可以采用组合法来安排试验。

例 4.5.4 探索塑料聚丙烯的改性配方，以提高其韧性。现考察四个因子 A、B、C、D 对其韧性的影响，其中 A、B 为二水平因子，C、D 为三水平因子，各因子间无交互作用。

一、试验设计

1. 选正交表。由于有三水平因子又有二水平因子，因此考虑用三水平正交表来安排。现在各因子自由度之和为：$f_A+f_B+f_C+f_D=1+1+2+2=6$，则所选正交表的行数应满足 $n\geqslant 6+1=7$，故选 $n=9$ 的正交表。

2. 用组合法将两个二水平因子“组合”成一个三水平因子。

由于二水平因子的自由度为1，两个二水平因子的自由度之和为2，三水平一列的自由度也是2，所以可以把两个二水平因子“组合”成一个三水平因子，并置于一个三水平列上。其组合方法如下：两个二水平因子的所有组合有4对，从中选择3对，把这3对看成为一个组合因子的三个水平。譬如在本例中，令第1列的1,2,3分别对应于组合因子 $\underline{AB}$ 的如下三个水平：

$$1\rightarrow A_1B_1\quad 2\rightarrow A_1B_2\quad 3\rightarrow A_2B_1 \tag{4.5.2}$$

要注意的是经过这样的改造，试验不再具有正交性，因为二水平因子的两个水平参与的试验次数不等。

3. 表头设计。把组合因子置于一列，把另外两个三水平因子各置一列，在本例中采用如下的表头设计：

表头设计	$\underline{AB}$	C		D
列号	1	2	3	4

第1列的1,2,3按(4.5.2)式对应。

二、方差分析

由于现在的试验不具有正交性。所以数据分析有一点差异，此时数据结构式仍然用下式表示：

$$y_{ijkl}=\mu+a_i+b_j+c_k+d_l+\varepsilon_{ijkl}\quad (i,j=1,2;k,l=1,2,3)$$

关于二水平因子的效应的约束条件改写为

$$2\alpha_1+\alpha_2=0,\quad 2b_1+b_2=0$$

同样可以按正交表的行号，将诸 y_{ijkl} 改写成 $y_1,y_2,\cdots,y_9$。

在本例中对正交表 $L_9(3^4)$ 来讲，仍然有 $S_T=S_1+S_2+S_3+S_4$，下面给出各平方和的计算。

1. 按 $L_9(3^4)$ 计算各列的平方和，则对三水平因子来讲，有

$$S_C=S_2,\quad S_D=S_4$$

2. 二水平因子 A 与 B 的平方和

根据正交设计的综合可比性可知，如果按 $L_9(3^4)$ 第 1 列的水平号把数据分为三组，则对因子 A 与 B 来讲，三组试验的水平组合分别为 A_1B_1，A_1B_2，A_2B_1，前两组因子 A 均取一水平，因此它们的差异除了误差外，反映了因子 B 的两个水平对指标的影响，而在第一组与第三组中因子 B 均取一水平，故它们的差异除了误差外，反映了因子 A 的两个水平对指标的影响。综上可以用部分数据来计算因子 A 与 B 的平方和：

$$S_A=3(\overline{T}_{11}-\overline{T}_{B_1})^2+3(\overline{T}_{13}-\overline{T}_{B_1})^2=\frac{(T_{11}-T_{13})^2}{6},\quad f_A=1$$

$$S_B=3(\overline{T}_{11}-\overline{T}_{A_1})^2+3(\overline{T}_{12}-\overline{T}_{A_1})^2=\frac{(T_{11}-T_{12})^2}{6},\quad f_B=1$$

其中 $\overline{T}_{B_1}=\dfrac{\overline{T}_{11}+\overline{T}_{13}}{2}=\dfrac{T_{11}+T_{13}}{6}$，$\overline{T}_{A_1}=\dfrac{\overline{T}_{11}+\overline{T}_{12}}{2}=\dfrac{T_{11}+T_{12}}{6}$。利用数据结构式可进一步说明它的合理性，按数据结构有

$$T_{11}=y_1+y_2+y_3=3\mu+3a_1+3b_1+\varepsilon_1+\varepsilon_2+\varepsilon_3$$
$$T_{12}=y_4+y_5+y_6=3\mu+3a_1+3b_2+\varepsilon_4+\varepsilon_5+\varepsilon_6$$
$$T_{13}=y_7+y_8+y_9=3\mu+3a_2+3b_1+\varepsilon_7+\varepsilon_8+\varepsilon_9$$

则

$$T_{11}-T_{13}=3(a_1-a_2)+\varepsilon_1+\varepsilon_2+\varepsilon_3-\varepsilon_7-\varepsilon_8-\varepsilon_9$$
$$T_{11}-T_{12}=3(b_1-b_2)+\varepsilon_1+\varepsilon_2+\varepsilon_3-\varepsilon_4-\varepsilon_5-\varepsilon_6$$

从而

$$E(S_A)=\frac{3}{2}(a_1-a_2)^2+\sigma^2$$

$$E(S_B)=\frac{3}{2}(b_1-b_2)^2+\sigma^2$$

注意现在 $S_A+S_B\neq S_1$。

3. 误差平方和

仍然可用空白列的平方和表示误差平方和，即

$$S_e=S_3,\quad f_e=2$$

本例的试验结果及计算见表 4.5.11，方差分析见表 4.5.12。

表 4.5.11 例 4.5.4 的计算表

表头设计	A	B	C			D	试验结果
试验号 \ 列号	1'	1"	1	2	3	4	y
1	1	1	1	1	1	1	5
2	1	1	1	2	2	2	8
3	1	1	1	3	3	3	15
4	1	2	2	1	2	3	10
5	1	2	2	2	3	1	7
6	1	2	2	3	1	2	17
7	2	1	3	1	3	2	8
8	2	1	3	2	1	3	5
9	2	1	3	3	2	1	14
T_1	28	28	28	23	27	26	$T=89$
T_2	27	34	34	20	32	33	$\sum_{i=1}^{9} y_i^2=1037$
T_3			27	46	30	30	
S	0.17	6.00	9.56	134.89	4.22	8.22	$S_T=156.89$

表 4.5.12 例 4.5.4 的方差分析表

来源	平方和	自由度	均方和	F 比
A	0.17	1	0.17	
B	6.00	1	6.00	
C	134.89	2	67.45	
D	8.22	2	4.11	
e	4.22	2	2.11	
T	156.89	8		

从上表可知，$MS_A<MS_e$，故因子 A 必然不显著，所以第 1 列可以认为是用拟水平法仅安置了因子 B，从而可按拟水平法重新计算因子 B 的平方和，这时有

$$S_B=\frac{(28+27)^2}{6}+\frac{34^2}{3}-\frac{89^2}{9}=9.39$$

而把 $S_1-S_B=0.17$ 并入误差的平方和中，则得新的方差分析表(见表 4.5.13)。

表 4.5.13 例 4.5.4 的方差分析表

来源	平方和	自由度	均方和	F 比	P 值
B	9.39	1	9.39	6.43	8.50×10^{-2}
C	134.89	2	67.45	46.20	5.58×10^{-3}
D	8.22	2	4.11	2.89	0.20
e'	4.39	3	1.46		
T	156.89	8			

若取 $\alpha=0.05$ 时，$F_{0.95}(1,3)=10.1$，$F_{0.95}(2,3)=9.55$，在 $\alpha=0.10$ 时，$F_{0.90}(1,3)=5.54$，所以在 $\alpha=0.05$ 时因子 C 是显著的，在 $\alpha=0.10$ 时因子 B 是显著的。

三、最佳水平组合的选择及其均值的估计

对本例可按拟水平法选取因子 B 的最佳水平，又因韧性是望大特性，由于两个水平下的均值分别为 $(28+27)/6=9.17$ 与 $34/3=11.33$，因此取二水平为好，对因子 C 可从表 4.5.11 知取三水平为好，综上最佳水平组合可取为 B_2C_3。

在水平组合 B_2C_3 下均值 $\mu_{\cdot 23\cdot}$ 的点估计为

$$\hat{\mu}_{\cdot 23\cdot}=\hat{\mu}+\hat{b}_2+\hat{c}_3=\overline{T}_{B_2}+\overline{T}_{C_3}-\bar{y}=16.77$$

下求 B_2C_3 下均值的置信区间。现在因子 D 不显著，所以 $S_e{}'=12.61$，$f_e{}'=5$，则 $\hat{\sigma}=1.59$；查表得 $t_{0.975}(5)=2.5706$，再从数据结构式可以得到 $n_e=9/5=1.8$，所以 $\mu_{\cdot 23\cdot}$ 的 95%置信区间是

$$\hat{\mu}_{\cdot 23\cdot}\pm t_{0.975}(5)\hat{\sigma}/\sqrt{n_e}=16.77\pm 3.05=(13.72,19.82)$$

四、组合因子中两因子效应的估计

如果组合因子 $\underline{AB}$ 中的两个因子都显著，那么其效应的估计可以用如下方法获得(借用本例它们置于第 1 列，且三个水平取为 A_1B_1，A_1B_2，A_2B_1)：

$$\hat{a}_1+\hat{b}_1=\overline{T}_{11}-\bar{y}$$

$$\hat{a}_1+\hat{b}_2=\overline{T}_{12}-\bar{y}$$

$$\hat{a}_2+\hat{b}_1=\overline{T}_{13}-\bar{y}$$

从中可解得

$$\hat{a}_1=\frac{1}{9}(T_{11}-T_{13}),\quad \hat{a}_2=-\frac{2}{9}(T_{11}-T_{13})$$

$$\hat{b}_1=\frac{1}{9}(T_{11}-T_{12}),\quad \hat{b}_2=-\frac{2}{9}(T_{11}-T_{12})$$

借此我们可以从效应估计值的大小去选择最佳水平。

五、关于组合因子表头设计的注

根据上述例子的想法，我们还可以在其他正交表中安排组合因子。只要这两个因子的自由度之和恰为正交表一列的自由度且两个因子间没有交互作用，那么我们就可以在因子 A 的任意水平下比较因子 B 的各水平的好坏，而在因子 B 的任意水平下比较因子 A 的各水平的好坏。

例 4.5.5 设因子 A 为三水平因子，因子 B 为二水平因子，若这两个因子没有交互作用，那么由于 $f_A+f_B=3$，所以可以将它们组合成一个四水平因子。这时四个水平可以如此组成：

$$1\to A_1B_1\quad 2\to A_1B_2\quad 3\to A_2B_1\quad 4\to A_3B_1$$

这表示在 A 的一水平下比较因子 B 的两个水平的好坏，在因子 B 的一水平下比较因子 A 的三个水平的好坏。

也可以换一种组成方法：

$$1\to A_1B_1 \quad 2\to A_1B_2 \quad 3\to A_2B_2 \quad 4\to A_3B_2$$

那么表示在 A 的一水平下比较因子 B 的两个水平的好坏，在因子 B 的二水平下比较因子 A 的三个水平的好坏。

所以在组合法中水平的组合可以有多种方法。

4.5.5 赋闲列法

赋闲列法是在一张 q 水平正交表上安排若干个水平数不等的因子的一种方法，这里仅介绍在二水平正交表中同时安排若干个二水平与三水平因子的方法。

例 4.5.6 在一个提高某种农药收率的试验中考虑如下因子水平（见表 4.5.14）：

表 4.5.14 因子水平表

因子	一 水 平	二 水 平	三 水 平
A：保温温度（℃）	2	1.5	1
B：某成分含量（%）	12.5	7.5	
C：保温时间（小时）	65	75	

一、试验设计

对这一问题，可以用三水平正交表，采用拟水平法或组合法安排试验，现在我们介绍另一种试验设计方法，它是采用二水平正交表，用赋闲列法安排试验。

1. 正交表的选择

由于三个因子的自由度之和为

$$f_A+f_B+f_C=2+1+1=4$$

所以正交表的行数 n 应该大于 4，现取 $n=8$，即取正交表 $L_8(2^7)$。

2. 在二水平正交表中安排三水平因子的方法

由于三水平因子的自由度为 2，故在二水平正交表中应占两列，为此可任取两列安排三水平因子 A，但这两列的交互作用列不能安排新的因子或交互作用，也不能用来估计误差（理由下面叙述），称该列为赋闲列，譬如将第 2、3 两列取来安排因子 A，则其交互列——第 1 列为赋闲列；第 2、3 两列有四个数对，类似于拟水平法对应三个数对，譬如：

$$(1,1)\to 1 \quad (1,2)\to 2 \quad (2,1)\to 3 \quad (2,2)\to 2 \tag{4.5.3}$$

用赋闲列在二水平正交表中安排三水平因子时，通常将第 1 列取为赋闲列，并把赋闲列的“1”对应的行称为上半表，“2”对应的行称为下半表。按赋闲列法安排的试验也不再具有正交性，但是上半表与下半表分别满足正交性，并且在上半表与下半表中应有一个共同的水平——二水平，这一点在下面选择最佳水平及估计三水平因子的效应时需要用到。

3. 表头设计

在进行表头设计时，通常先取第一列为赋闲列，再取两列，只要它们的交互列是第一列即可，譬如本例中取第 2、3 列安排三水平因子 A，然后安排其他二水平因子。本例的表头设计如下：

表头设计	赋闲	A		B	C		
列号	1	2	3	4	5	6	7

第 2、3 列的数对按(4.5.3)式安排因子 A 的三个水平。

注意如果有几个三水平因子时，为了节约试验次数，可以将赋闲列都置于同一列，譬如有两个三水平因子，则可取 2、3 两列安排一个三水平因子，再取 4、5 两列安排另一个三水平因子，因为这两列的交互列也是第 1 列。

二、方差分析

由于现在的试验不具有正交性。所以数据分析有一点差异，此时数据结构式仍然用下式表示：

$$y_{ijk}=\mu+a_i+b_j+c_k+\varepsilon_{ijk} \quad (i=1,2,3;j,k=1,2)$$

关于三水平因子的效应的约束条件改写为

$$a_1+2a_2+a_3=0$$

同样可以按正交表的行号，将诸 y_{ijk} 改写成 $y_1,y_2,\cdots,y_8$。

下面给出各平方和的计算。

1. 首先按二水平正交表 $L_8(2^7)$ 计算每一列的平方和，根据表头设计，有

$$S_A=S_2+S_3, \quad f_A=2$$
$$S_B=S_4, \quad f_B=1$$
$$S_C=S_5, \quad f_A=1$$

这里$S_2=\dfrac{(T_{21}-T_{22})^2}{8}=\dfrac{1}{8}(2a_1-2a_3+\varepsilon_1+\varepsilon_2-\varepsilon_3-\varepsilon_4+\varepsilon_5+\varepsilon_6-\varepsilon_7-\varepsilon_8)^2$

$$S_3=\frac{(T_{31}-T_{32})^2}{8}=\frac{1}{8}(2a_1+2a_3-4a_2+\varepsilon_1+\varepsilon_2-\varepsilon_3-\varepsilon_4-\varepsilon_5-\varepsilon_6+\varepsilon_7+\varepsilon_8)^2$$

$$E(S_A)=E(S_2)+E(S_3)=\frac{(a_1-a_3)^2}{2}+\frac{(a_1-2a_2+a_3)^2}{2}+2\sigma^2$$

所以 S_A 中除了误差外，还反映了因子 A 的水平间的差异。

2. 赋闲列不能安排新的因子也不能估计误差

根据数据结构式，可知 S_1 中除了误差外，还含有因子 A 的部分效应：

$$S_1=\frac{(T_{11}-T_{12})^2}{8}=\frac{1}{8}(2a_1-2a_3+\varepsilon_1+\varepsilon_2+\varepsilon_3+\varepsilon_4-\varepsilon_5-\varepsilon_6-\varepsilon_7-\varepsilon_8)^2$$

$$E(S_1)=\frac{(a_1-a_3)^2}{2}+\sigma^2$$

因此该列既不能用来估计误差也不能安排新的因子或交互作用，故让其空着，称为赋闲。

3. 误差的平方和由空白列的平方和相加而得，即

$$S_e=S_6+S_7, \quad f_e=2$$

本例的试验结果(为了计算简单,用实际收率－90作为试验结果)与计算见表4.5.15,方差分析见表4.5.16。

若取 $\alpha=0.05$ 时,$F_{0.95}(2,2)=19.0$,$F_{0.95}(1,2)=18.5$,在 $\alpha=0.10$ 时,$F_{0.90}(2,2)=9.00$,所以在 $\alpha=0.05$ 时,因子 B 是显著的,在 $\alpha=0.10$ 时,因子 A 是显著的。

表4.5.15 例4.5.6的计算表

表头设计	赋闲	A		B	C			y
试验号＼列号	1	2	3	4	5	6	7	
1	1	1	1	1	1	1	1	5.0
2	1	1	1	2	2	2	2	3.1
3	1	2	2	1	1	2	2	6.1
4	1	2	2	2	2	1	1	5.5
5	2	1	2	1	2	1	2	4.5
6	2	1	2	2	1	2	1	1.7
7	2	2	1	1	2	2	1	1.8
8	2	2	1	2	1	1	2	－2.9
T_1	19.7	14.3	7.0	17.4	9.9	12.1	14.0	$T=24.8$
T_2	5.1	10.5	17.8	7.4	14.9	12.7	10.8	$\sum y_i^2=136.86$
S	26.645	1.085	14.580	12.500	3.125	0.045	1.280	$S_T=59.98$

表4.5.16 例4.5.6的方差分析表

来源	平方和	自由度	均方和	F 比	P 值
A	16.385	2	8.1925	12.37	7.48×10^{-2}
B	12.500	1	12.5000	18.87	4.91×10^{-2}
C	3.125	1	3.1250	4.72	0.16
e	1.325	2	0.6625		
T	59.98	8			

三、最佳水平组合的选择及其均值的估计

注意到本例指标"收率"是望大特性。对二水平因子 B 来讲,从表4.5.15可知取一水平为好。

对三水平因子 A 来讲,需用下面的方法。由于前面提到上半表与下半表分别是正交的,根据正交表的综合可比性知,在上半表中,因子 A 的一、二水平可以比较好坏,在下半表中因子 A 的二、三水平可以比较好坏,这可以从数据结构式看出:

在上半表中

$$\overline{T}_{A_1}=\frac{1}{2}(y_1+y_2)=a_1+\frac{1}{2}(\varepsilon_1+\varepsilon_2),\quad E(\overline{T}_{A_1})=\mu+a_1$$

$$\overline{T}_{A_2}=\frac{1}{2}(y_3+y_4)=a_2+\frac{1}{2}(\varepsilon_3+\varepsilon_4),\quad E(\overline{T}_{A_2})=\mu+a_2$$

在下半表中

$$\overline{T}_{A_2}=\frac{1}{2}(y_5+y_6)=a_2+\frac{1}{2}(\varepsilon_5+\varepsilon_6),\quad E(\overline{T}_{A_2})=\mu+a_2$$

$$\overline{T}_{A_3}=\frac{1}{2}(y_7+y_8)=a_3+\frac{1}{2}(\varepsilon_7+\varepsilon_8),\quad E(\overline{T}_{A_3})=\mu+a_3$$

这样我们可以得到 $\mu+a_2$ 的两个无偏估计,若以 $\overline{T}_{A_1上}$、$\overline{T}_{A_2上}$ 分别表示上半表中因子 A 的一、二水平的均值,$\overline{T}_{A_2下}$、$\overline{T}_{A_3下}$ 分别表示下半表中因子 A 的二、三水平的均值,再以 $\overline{T}_{A_1}$、$\overline{T}_{A_2}$、$\overline{T}_{A_3}$ 分别表示三个水平各自的均值,令

$$\begin{aligned}\overline{T}_{A_2}&=(\overline{T}_{A_2上}+\overline{T}_{A_2下})/2\\&=\overline{T}_{A_2上}+(\overline{T}_{A_2下}-\overline{T}_{A_2上})/2\\&=\overline{T}_{A_2下}-(\overline{T}_{A_2下}-\overline{T}_{A_2上})/2\end{aligned}\tag{4.5.4}$$

那么它是 $\mu+a_2$ 的无偏估计,记 $W_A=(\overline{T}_{A_2下}-\overline{T}_{A_2上})/2$,称此为校正项,从(4.5.4)式可知,二水平的均值应在其上半表的均值上加 W_A,而应在其下半表的均值上减 W_A,因此为了能对一、三个水平的均值做比较,应对上、下半表的均值作校正,则有

$$\begin{aligned}\overline{T}_{A_1}&=\overline{T}_{A_1上}+W_A\\\overline{T}_{A_3}&=\overline{T}_{A_3下}-W_A\end{aligned}\tag{4.5.5}$$

其示意图见图 4.5.1。

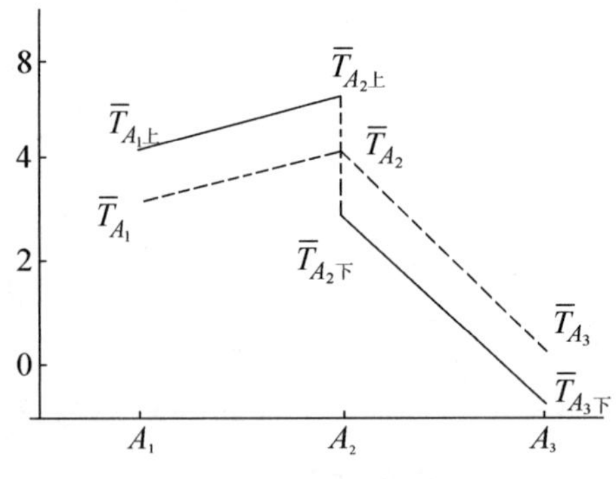

图 4.5.1 校正示意图

在本例中有

$$\overline{T}_{A_1上}=4.05,\quad \overline{T}_{A_2上}=5.80,\quad \overline{T}_{A_2下}=3.10,\quad \overline{T}_{A_3下}=-0.55$$

从而有

$$W_A=(3.10-5.80)/2=-1.35$$

则

$$\overline{T}_{A_1}=4.05+(-1.35)=2.70$$

$$\overline{T}_{A_2}=(5.80+3.10)/2=4.45$$

$$\overline{T}_{A_3}=-0.55-(-1.35)=0.80$$

由此可见因子 A 取二水平为好。

综上，最佳水平组合为 A_2B_1。由于因子 C（保温时间）不显著，因此可以任取，为节约能源可取 $C=65$ 小时。

在水平组合 A_2B_1 下，均值 $\mu_{21}.$ 的估计值为

$$\begin{aligned}\mu_{21}.&=90+\hat{\mu}+\hat{a}_2+\hat{b}_1=90+\overline{T}_{A2}+\overline{T}_{B1}-\bar{y}\\&=90+4.45+17.4/4-24.8/8=95.7\end{aligned}$$

这里加上 90 是因为在计算中数据减去 90 的缘故。为求置信水平为 0.95 的置信区间，首先需要把 $\hat{\mu}_{21}.$ 写成诸 y_i 的线性组合，由其系数可得 $n_e=8/3$，又 $t_{0.975}(2)=4.3027$，$\hat{\sigma}=\sqrt{0.6625}=0.814$，所以 $\mu_{21}.$ 的 0.95 置信区间是

$$\hat{\mu}_{21}.\pm t_{0.975}(2)\hat{\sigma}/\sqrt{n_e}=95.7\pm2.14=(93.56,97.84)$$

习题 4.5

1. 在一个试验问题中需考察两个四水平因子 A、B 及四个二水平因子 C、D、E、F。

（1）请用并列法给出表头设计，并写出各次试验的水平组合中因子 A 与 B 对应的水平号；

（2）写出各列平方和的计算公式及 S_A、S_B、S_e 的表达式。

2. 某钢厂生产一种合金，为降低合金的硬度需要进行退火热处理，希望通过试验寻找合理的退火工艺参数，以降低硬度。现考察如下因子与水平：

因子	一水平	二水平	三水平	四水平
A：退火温度(℃)	730	760	790	820
B：保温时间(小时)	1	2		
C：冷却介质	空气	水		

用 $L_8(2^7)$ 的第 1、2、3 列改造成一个四水平列，构成一张混合水平正交表 $L_8(4\times2^4)$，表头设计：

表头设计	A	B	C		
$L_8(4\times2^4)$ 的列号	1	2	3	4	5
$L_8(2^7)$ 的列号	1,2,3	4	5	6	7

考核指标为洛氏硬度（HR_c），8 次试验结果分别为：

31.6　31.0　31.6　30.5　31.2　31.0　33.0　30.3

（1）在数据满足等方差正态分布的前提下对数据进行方差分析；

（2）找出使洛氏硬度达到最小的水平组合，并求该水平组合下平均硬度的估计值及置信水平为 0.95 的置信区间。

3. 在一个试验问题中需考察两个四水平因子 A、B 及一个三水平因子 C。

（1）若选用 $L_{16}(4^5)$，请采用拟水平法给出表头设计，并写出各试验水平组合中因子 C 对应的水平号；

（2）写出各列平方和的计算公式及 S_C 与 S_e 的表达式。

4. 钢片在镀锌前需要用酸洗方法除锈,为提高除锈效率,缩短酸洗时间,需要寻找好的工艺参数。现在试验中考察如下因子与水平:

因子	一水平	二水平	三水平
A:硫酸(g/l)	300	200	250
B:洗涤剂种类	OP牌	海鸥牌	
C:温度(℃)	60	70	80

用 $L_9(3^4)$ 安排试验,三个因子分别放在第3、1、4列上,并且将第1列的三个水平按 B_1、B_2、B_2 进行试验,试验指标是酸洗时间(单位:分),结果如下:

36　32　20　22　34　21　16　19　37

(1)在数据满足等方差正态分布的前提下对数据进行方差分析;

(2)找出使酸洗时间最短的水平组合,并求该水平组合下平均时间的估计值及置信水平为0.95的置信区间。

5. 一个试验问题中需要考察两个三水平因子 A、B,两个五水平因子 C、D。

(1)若用组合法,该如何安排试验?写出试验计划;

(2)给出各因子、误差平方和的计算公式。

6. 在一个软化水降低盐耗率的试验中,考察如下因子水平:

因子	一水平	二水平	三水平
A:开一号阀门的流量	0.4	0.6	0.8
B:开二号阀门的维持时间(分)	20	30	35
C:关二号阀门调一号阀门流量	1.4	1.1	
D:关二号阀门的维持时间(分)	30	40	

现在将因子 C 与 D 组合成一个三水平因子,规定置组合因子列的1、2、3分别对应 C_1D_1、C_1D_2、C_2D_1,用 $L_9(3^4)$ 安排试验,表头设计如下:

表头设计	A		B	$\underline{CD}$
列号	1	2	3	4

9次试验的结果分别为:

160.0　152.0　145.5　159.0　152.0　138.0　134.5　143.1　152.0

(1)在数据满足等方差正态分布的前提下对数据进行方差分析;

(2)找出使盐耗率达到最低的水平组合,并求该水平组合下盐耗率均值的估计值及置信水平为0.95的置信区间。

7. 一个试验问题中需要考察两个三水平因子 A、B,四个二水平因子 C、D、E、F。

(1)在 $L_{16}(2^{15})$ 中用赋闲列法安排试验,请写出试验计划;

(2)给出各因子、误差平方和的计算公式。

8. 在研究某种合金成分对一种性能的影响时,考察四个三水平因子 V、T_i、C、S_i,一个二水平因子 M_n 对性能的影响,现在用 $L_{16}(2^{15})$ 按赋闲列法安排试验,表头设计如下:

表头设计	赋闲	T_i		V			M_n	C						S_i	
列号	1	2	3	4	5	6	7	8	9	10	11	12	13	14	15

在二水平列中安排三水平因子的对应法则均按(4.5.3)式的规定。16次试验结果依次为：

51.5　63.5　65.5　73.5　59.5　67.0　59.5　65.0

66.5　74.5　75.5　71.5　70.0　67.0　74.5　78.0

(1)在数据满足等方差正态分布的前提下对数据进行方差分析；

(2)找出使性能达到最小的水平组合，并求该水平组合下性能均值的估计值及置信水平为0.95的置信区间。

9. 在一个轧钢生产试验中考察十个因子对钢材合格率的影响，其中因子 A 是四水平因子，其他九个因子 B、C、D、E、F、G、H、I、J 都是二水平因子，此外因子 A 与 B 还可能存在交互作用，试验用 $L_{16}(2^{15})$ 安排，将1、2、3三列按并列法的规则放因子 A，因子 B 放在第4列上，除去 A 与 B 的交互作用列外，其他因子依次放在余下的各列上。在每一水平组合下进行3次重复试验，测得合格率(%)如下：

试验号	合格率		
1	70	71	70
2	73	79	75
3	85	83	84
4	82	86	83
5	72	75	78
6	55	66	61
7	67	69	65
8	64	65	68
9	70	70	57
10	54	54	56
11	57	54	55
12	74	71	66
13	72	73	70
14	62	60	62
15	69	73	61
16	67	69	71

(1)在数据满足等方差正态分布的前提下对数据进行方差分析；

(2)找出使合格率达到最大的水平组合，并求该水平组合下平均合格率的估计值及置信水平为0.95的置信区间。

§4.6 裂区法

在比较复杂的试验中,往往要通过几道工序才能获得试验结果,这些工序重复的难易程度不同,而试验中所考察的因子又分别属于不同的工序。对这类试验进行设计时,可以按重复的难易程度将因子分为一次因子、二次因子、三次因子等,尽量使重复难的工序少做试验,而使重复容易的工序多做试验。这就是裂区法的基本想法。下面通过一个例子来叙述试验的设计与数据的分析。

例 4.6.1 为了提高钢零件表面的硬度与耐磨性,通常需要进行氰化处理。工艺过程如下:

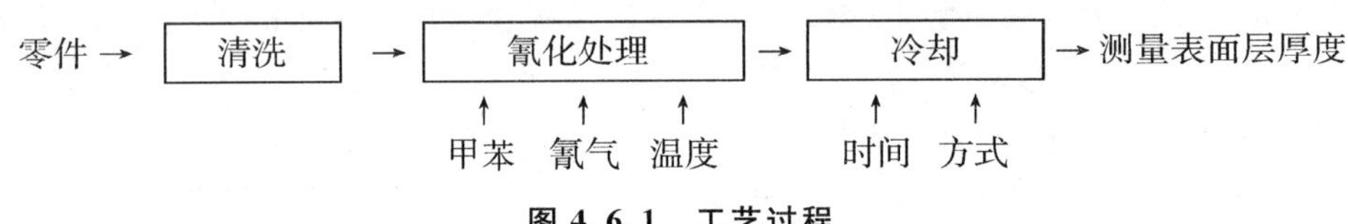

图 4.6.1 工艺过程

先将零件表面清洗后放入氰化炉内,再通入适量的甲苯与氰气,并在一定温度下保温一定时间,然后出炉冷却,使零件表面形成一层高耐磨的表面层,测量其表面层的厚度,要求厚度值要大。

4.6.1 试验设计

一、因子与水平

在这一试验中,需要考察的因子与水平见表 4.6.1。并要考察交互作用 $D\times E$。

表 4.6.1 因子水平表

因子＼水平	一水平	二水平	三水平
A:清洗方式	酸洗	吹砂	
B:甲苯量	少	多	中
C:氰气量	多	少	中
D:温度	低	中	高
E:时间(小时)	7	5	9
F:冷却方式	油冷	保温箱冷	

二、将因子分次

要完成上述试验,首先要将零件进行清洗,放入氰化炉,,然后按一定的保温时间将其取出,再冷却。这里前处理(清洗)与后处理(冷却)都不难进行,但是在氰化炉内进行氰化时间较长,一般需要 10 小时以上,从而导致试验周期延长。为此采用裂区法进行试验。

将与氰化炉有关的因子 B、C、D 看成是**一次因子**;将 A、E、F 作为**二次因子**。

三、表头设计

由于所有因子与交互作用自由度之和为 14，并且三水平因子较多，因此采用三水平正交表 $L_{27}(3^{13})$，对二水平因子采用拟水平法进行安排。

在进行表头设计时，首先注意到正交表是分组的，对 $L_{27}(3^{13})$来讲，它被分为三个组：

- 第一组含一列：第 1 列
- 第二组含三列：第 2、3、4 列
- 第三组含九列：第 5～13 列

在用裂区法进行试验时，要将正交表按组分成若干个大组。现在因子被分为一次因子与二次因子，所以要把正交表的组分为两个大组，将一次因子 B、C、D 放在第一大组，二次因子 A、E、F 放在第二大组，为此将第一、二组合并为第一大组，第三组为第二大组。根据正交表交互作用列的规则，不同组的因子的交互作用在后一组，故 $D\times E$ 在第三组，即在第二大组中。表头设计如下：

表头设计	B	C	D		E			A	$D\times E$	F			$D\times E$
列号	1	2	3	4	5	6	7	8	9	10	11	12	13
组	1	2			3								
大组	第一大组				第二大组								

其中对二水平因子来讲，按下面安排进行试验：

水平	A	F
1	A_1	F_1
2	A_2	F_2
3	A_2	F_2

四、试验计划

按上述表头设计可以列出试验计划(见表 4.6.2)。

从试验计划可以看到，在第 1～3 号、第 4～6 号、…、第 25～27 号连续的三个试验中因子 B、C、D 的水平组合是相同的，因此试验可以这样进行：取三个零件，编上号码 1、2、3，第 1 号零件采用酸洗，第 2、3 号零件采用吹砂，然后将这三个零件一起放入氰化炉中按甲苯量少、氰气量多、温度低进行处理，然后 5 小时取出第 2 号零件，采用保温箱冷，7 小时取出第 1 号零件，采用油冷，9 小时取出第 3 号零件，采用保温箱冷，之后对每一产品测定表面层的厚度，将数据记录在相应的水平组合后面。对其他试验号可以类似进行。这样一来实际上有 27 个水平组合，但是氰化处理在 9 炉中就完成了。

由于用裂区法安排试验往往比较复杂，工序多，周期长，因此在试验中特别要强调试验顺序的随机化。

对厚度数据进行了变换处理后记在表 4.6.2 中。

表 4.6.2 试验计划表

试验号	B 甲苯量	C 氰气量	D 温度	A 前处理方式	E 时间	F 冷却方式	y
1	少	多	低	酸洗	7	油冷	9
2	少	多	低	吹砂	5	保温箱冷	5
3	少	多	低	吹砂	9	保温箱冷	14
4	少	少	中	吹砂	7	保温箱冷	11
5	少	少	中	吹砂	5	油冷	7
6	少	少	中	酸洗	9	保温箱冷	16
7	少	中	高	吹砂	7	油冷	5
8	少	中	高	酸洗	5	保温箱冷	−2
9	少	中	高	吹砂	9	油冷	16
10	多	多	中	酸洗	7	保温箱冷	5
11	多	多	中	吹砂	5	保温箱冷	7
12	多	多	中	吹砂	9	油冷	10
13	多	少	高	吹砂	7	油冷	−16
14	多	少	高	吹砂	5	保温箱冷	2
15	多	少	高	酸洗	9	保温箱冷	15
16	多	中	低	吹砂	7	保温箱冷	13
17	多	中	低	酸洗	5	油冷	0
18	多	中	低	吹砂	9	保温箱冷	11
19	中	多	高	酸洗	7	保温箱冷	14
20	中	多	高	吹砂	5	油冷	8
21	中	多	高	吹砂	9	保温箱冷	4
22	中	少	低	吹砂	7	保温箱冷	5
23	中	少	低	吹砂	5	保温箱冷	−6
24	中	少	低	酸洗	9	油冷	9
25	中	中	中	吹砂	7	油冷	9
26	中	中	中	酸洗	5	保温箱冷	17
27	中	中	中	吹砂	9	保温箱冷	16

4.6.2 方差分析

一、统计模型

在裂区法中,统计模型与一般的正交设计模型差别在于要对误差作分解。以上例来讲,在氰化炉中处理时,每一炉有一个误差,在前处理与后处理中也各有误差,总试验误差是两个误差的迭加。

若用 y_{ijklmp} 表示在 $A_iB_jC_kD_lE_mF_p$ 水平组合下的试验结果，那么有如下数据结构式：

$$y_{ijklmp}=\mu+b_j+c_k+d_l+\varepsilon_{jkl}+a_i+e_m+f_p+\delta_{ijklmp}$$

关于效应的约束条件同前，对三水平因子有

$$b_1+b_2+b_3=0,\quad c_1+c_2+c_3=0$$
$$d_1+d_2+d_3=0,\quad e_1+e_2+e_3=0$$

对交互效应有

$$\sum_{l=1}^{3}(de)_{lm}=0,\quad m=1,2,3;\quad \sum_{m=1}^{3}(de)_{lm}=0,\quad l=1,2,3$$

对采用拟水平的二水平因子有

$$a_1+2a_2=0,\quad f_1+2f_2=0$$

关于误差有如下假定：

- 诸 ε_{ijk} 与诸 δ_{ijklmp} 相互独立；
- 诸 ε_{ijk} 相互独立，且服从 $N(0,\sigma_1^2)$；
- 诸 δ_{ijklmp} 相互独立，且服从 $N(0,\sigma_2^2)$。

二、平方和分解

如同一般的正交表，现在正交表的平方和分解式仍然成立。

$$S_T=S_1+S_2+\cdots+S_{13},\quad f_T=f_1+f_2+\cdots+f_{13}$$

各列平方和的计算见表 4.6.3。数据总和 $T=204$，总平方和 $S_T=1464.67$。

表 4.6.3 计算表

序	B	C	D		E			A	D×E	F			D×E	
号	1	2	3	4	5	6	7	8	9	10	11	12	13	y
1	1	1	1	1	1	1	1	1	1	1	1	1	1	9
2	1	1	1	1	2	2	2	2	2	2	2	2	2	5
3	1	1	1	1	3	3	3	3	3	3	3	3	3	14
4	1	2	2	2	1	1	1	2	2	2	3	3	3	11
5	1	2	2	2	2	2	2	3	3	3	1	1	1	7
6	1	2	2	2	3	3	3	1	1	1	2	2	2	16
7	1	3	3	3	1	1	1	3	3	3	2	2	2	5
8	1	3	3	3	2	2	2	1	1	1	3	3	3	−2
9	1	3	3	3	3	3	3	2	2	2	1	1	1	16
10	2	1	2	3	1	2	3	1	2	3	1	2	3	5
11	2	1	2	3	2	3	1	2	3	1	2	3	1	7
12	2	1	2	3	3	1	2	3	1	2	3	1	2	10

续表

序	B	C	D		E			A	$D\times E$	F			$D\times E$	
号	1	2	3	4	5	6	7	8	9	10	11	12	13	y
13	2	2	3	1	1	2	3	2	3	1	3	1	2	−16
14	2	2	3	1	2	3	1	3	1	2	1	2	3	2
15	2	2	3	1	3	1	2	1	2	3	2	3	1	15
16	2	3	1	2	1	2	3	3	1	2	2	3	1	13
17	2	3	1	2	2	3	1	1	2	3	3	1	2	0
18	2	3	1	2	3	1	2	2	3	1	1	2	3	11
19	3	1	3	2	1	3	2	1	3	2	1	3	2	14
20	3	1	3	2	2	1	3	2	1	3	2	1	3	8
21	3	1	3	2	3	2	1	3	2	1	3	2	1	4
22	3	2	1	3	1	3	2	2	1	3	3	2	1	5
23	3	2	1	3	2	1	3	3	2	1	1	3	2	−6
24	3	2	1	3	3	2	1	1	3	2	2	1	3	9
25	3	3	2	1	1	3	2	3	2	1	2	1	3	9
26	3	3	2	1	2	1	3	1	3	2	3	2	1	17
27	3	3	2	1	3	2	1	2	1	3	1	3	2	16
T_1	81	76	60	71	55	80	63	83	77	32	74	52	93	
T_2	47	43	98	84	38	41	74	63	59	97	87	70	44	
T_3	76	85	46	49	111	83	67	58	68	75	43	82	67	
S	74.89	108.67	160.89	69.55	324.22	122.00	6.89	38.89	18.00	242.89	113.55	50.67	133.55	

三、因子与交互作用的平方和

根据表头设计，对于三水平因子有

$$S_B=S_1=74.89,\quad f_B=2$$
$$S_C=S_2=108.67,\quad f_C=2$$
$$S_D=S_3=160.89,\quad f_D=2$$
$$S_E=S_5=324.22,\quad f_E=2$$

交互作用 $D\times E$ 的平方和为

$$S_{D\times E}=S_9+S_{13}=151.55,\quad f_{D\times E}=4$$

对于二水平因子有

$$S_A=\frac{T_{81}^2}{9}+\frac{(T_{82}+T_{83})^2}{18}-\frac{T^2}{27}=37.5,\quad f_A=1$$

$$S_F=\frac{T_{10,1}^2}{9}+\frac{(T_{10,2}+T_{10,3})^2}{18}-\frac{T^2}{27}=216.00,\quad f_F=1$$

这里符号与前面各节意义相同。

四、误差平方和

现在因子被分为一次因子与二次因子，从而误差也被分为一次误差与二次误差。第一大组中的空白列为一次误差的平方和，记为 S_{e_1}，第二大组中诸空白列及拟水平列中的部分合并为二次误差的平方和，记为 S_{e_2}，即

$$S_{e_1}=S_4=69.55,\quad f_{e_1}=2$$
$$S_{e_2}=S_6+S_7+S_{11}+S_{12}+(S_8-S_A)+(S_{10}-S_F)=321.39,\quad f_{e_2}=10$$

这是因为不同大组中的空白列中所含误差不同，这可以从它们的期望来看。为求期望方便，我们将 27 个试验结果重新编个号。现在的氰化处理实际上仅有 9 炉，每一炉有 3 个不同的前处理与后处理，记第 i 炉的第 j 个数据为 $y_{ij}(i=1,2,\cdots,9;j=1,2,3)$，那么可以写出各数据的具体结构式，譬如

$$y_1=y_{11}=\mu+b_1+c_1+d_1+\varepsilon_1+a_1+e_1+f_1+(de)_{11}+\delta_{11}$$
$$y_2=y_{12}=\mu+b_1+c_1+d_1+\varepsilon_1+a_2+e_2+f_2+(de)_{12}+\delta_{12}$$
$$y_3=y_{13}=\mu+b_1+c_1+d_1+\varepsilon_1+a_3+e_2+f_2+(de)_{12}+\delta_{13}$$

其他 y_{ij} 的数据结构式可类似写出，由此可得 27 个数据的总平均为

$$\overline{T}=\mu+\overline{\varepsilon}+\overline{\delta}$$

其中 $\overline{\varepsilon}=\frac{1}{9}\sum_{i=1}^{9}\varepsilon_i$，$\overline{\delta}=\frac{1}{27}\sum_{i=1}^{9}\sum_{j=1}^{3}\delta_{ij}$。在第一大组的空白列譬如第 4 列中，有

$$\begin{aligned}\overline{T}_{41}&=\frac{1}{9}\left(\sum_{j=1}^{3}y_{1j}+\sum_{j=1}^{3}y_{5j}+\sum_{j=1}^{3}y_{9j}\right)\\&=\mu+\frac{1}{3}(\varepsilon_1+\varepsilon_2+\varepsilon_3)+\frac{1}{9}\left(\sum_{j=1}^{3}\delta_{1j}+\sum_{j=1}^{3}\delta_{5j}+\sum_{j=1}^{3}\delta_{9j}\right)\end{aligned}$$

同理有

$$\overline{T}_{42}=\mu+\frac{1}{3}(\varepsilon_1+\varepsilon_2+\varepsilon_3)+\frac{1}{9}\left(\sum_{j=1}^{3}\delta_{2j}+\sum_{j=1}^{3}\delta_{6j}+\sum_{j=1}^{3}\delta_{7j}\right)$$
$$\overline{T}_{43}=\mu+\frac{1}{3}(\varepsilon_1+\varepsilon_2+\varepsilon_3)+\frac{1}{9}\left(\sum_{j=1}^{3}\delta_{3j}+\sum_{j=1}^{3}\delta_{4j}+\sum_{j=1}^{3}\delta_{8j}\right)$$

则
$$E(S_4)=E\left[9\sum_{i=1}^{3}(\overline{T}_{4i}-\overline{T})^2\right]=6\sigma_1^2+2\sigma_2^2$$

即

$$E(S_{e_1})=6\sigma_1^2+2\sigma_2^2,\quad E(MS_{e_1})=3\sigma_1^2+\sigma_2^2$$

而在第二大组的空白列中，譬如第 6 列

$$\begin{aligned}\overline{T}_{61}&=y_{11}+y_{21}+y_{31}+y_{43}+y_{53}+y_{63}+y_{72}+y_{82}+y_{92}\\&=\mu+\overline{\varepsilon}+\delta_{11}+\delta_{21}+\delta_{31}+\delta_{43}+\delta_{53}+\delta_{63}+\delta_{72}+\delta_{82}+\delta_{92}\end{aligned}$$

同理有

$$\overline{T}_{62}=\mu+\overline{\varepsilon}+\delta_{12}+\delta_{22}+\delta_{32}+\delta_{41}+\delta_{51}+\delta_{61}+\delta_{73}+\delta_{83}+\delta_{93}$$
$$\overline{T}_{63}=\mu+\overline{\varepsilon}+\delta_{13}+\delta_{23}+\delta_{33}+\delta_{42}+\delta_{52}+\delta_{62}+\delta_{71}+\delta_{81}+\delta_{91}$$

则

$$E(S_6)=E\left[9\sum_{i=1}^{3}(\overline{T}_{6i}-\overline{T})^2\right]=2\sigma_2^2$$

类似可得 $E(S_7)=E(S_{11})=E(S_{12})=2\sigma_2^2$,$E(S_8-S_A)=E(S_{10}-S_F)=\sigma_2^2$,从而有

$$E(S_{e_2})=10\sigma_2^2,\quad E(MS_{e_2})=\sigma_2^2$$

五、*F* 比

在进行因子显著性检验时,仍然可以用 F 统计量,但是同次因子的均方和要与同次误差的均方和进行比较。这是因为各次因子平方和的期望所含误差不同。譬如对一次因子 B 来讲:

$$\begin{aligned}\overline{T}_{11}&=\frac{1}{9}\left(\sum_{j=1}^{3}y_{1j}+\sum_{j=1}^{3}y_{2j}+\sum_{j=1}^{3}y_{3j}\right)\\&=\mu+b_1+\frac{1}{3}(\varepsilon_1+\varepsilon_2+\varepsilon_3)+\frac{1}{9}\left(\sum_{j=1}^{3}\delta_{1j}+\sum_{j=1}^{3}\delta_{2j}+\sum_{j=1}^{3}\delta_{3j}\right)\end{aligned}$$

同样

$$\overline{T}_{12}=\mu+b_2+\frac{1}{3}(\varepsilon_1+\varepsilon_2+\varepsilon_3)+\frac{1}{9}\left(\sum_{j=1}^{3}\delta_{4j}+\sum_{j=1}^{3}\delta_{5j}+\sum_{j=1}^{3}\delta_{6j}\right)$$

$$\overline{T}_{13}=\mu+b_3+\frac{1}{3}(\varepsilon_1+\varepsilon_2+\varepsilon_3)+\frac{1}{9}\left(\sum_{j=1}^{3}\delta_{7j}+\sum_{j=1}^{3}\delta_{8j}+\sum_{j=1}^{3}\delta_{9j}\right)$$

则

$$E(S_B)=E\left[9\sum_{i=1}^{3}(\overline{T}_{1i}-\overline{T})^2\right]=9(b_1^2+b_2^2+b_3^2)+6\sigma_1^2+2\sigma_2^2$$

$$E(MS_B)=\frac{9}{2}(b_1^2+b_2^2+b_3^2)+3\sigma_1^2+\sigma_2^2$$

当因子 B 的效应不显著时

$$E(MS_B)=E(MS_{e_1})=3\sigma_1^2+\sigma_2^2$$

而对二次因子 E 来讲:

$$\begin{aligned}\overline{T}_{51}&=y_{11}+y_{21}+y_{31}+y_{41}+y_{51}+y_{61}+y_{71}+y_{81}+y_{91}\\&=\mu+e_1+\overline{\varepsilon}+\delta_{11}+\delta_{21}+\delta_{31}+\delta_{41}+\delta_{51}+\delta_{61}+\delta_{71}+\delta_{81}+\delta_{91}\end{aligned}$$

同样

$$\overline{T}_{52}=\mu+e_2+\overline{\varepsilon}+\delta_{12}+\delta_{22}+\delta_{32}+\delta_{42}+\delta_{52}+\delta_{62}+\delta_{72}+\delta_{82}+\delta_{92}$$

$$\overline{T}_{53}=\mu+e_3+\overline{\varepsilon}+\delta_{13}+\delta_{23}+\delta_{33}+\delta_{43}+\delta_{53}+\delta_{63}+\delta_{73}+\delta_{83}+\delta_{93}$$

则

$$E(S_E)=E\left[9\sum_{i=1}^{3}(\overline{T}_{5i}-\overline{T})^2\right]=9(e_1^2+e_2^2+e_3^2)+2\sigma_2^2$$

$$E(MS_E)=\frac{9}{2}(e_1^2+e_2^2+e_3^2)+\sigma_2^2$$

当因子 E 的效应不显著时

$$E(MS_e)=E(S_{e_2})=\sigma_2^2$$

所以在进行 F 检验时，同次因子要用同次误差进行比较。至于一次误差能否与二次误差进行合并，需要进行检验，记

$$F_e=\frac{MS_{e_1}}{MS_{e_2}}$$

对给定的显著性水平 α，当 $F_e \geqslant F_{1-\alpha}(f_{e_1},f_{e_2})$ 时，两个误差不能合并，此时对因子的检验必须用同次误差进行，当 $F_e<F_{1-\alpha}(f_{e_1},f_{e_2})$ 时，可以将两个误差进行合并：

$$S_e=S_{e_1}+S_{e_2},\quad f_e=f_{e_2}+f_{e_2}$$

用 S_e 对因子及交互作用进行检验。

在本例中

$$S_{e_1}=69.55,\quad f_{e_1}=2,\quad MS_{e_1}=34.775$$
$$S_{e_2}=321.39,\quad f_{e_2}=10,\quad MS_{e_2}=32.139$$
$$F_e=\frac{MS_{e_1}}{MS_{e_2}}=1.08$$

在显著性水平 $\alpha=0.05$ 时，$F_{0.95}(2,10)=4.10$，所以现在可以将两者合并：

$$S_e=S_{e_1}+S_{e_2}=390.94,\quad f_e=f_{e_1}+f_{e_2}=12$$

下面的计算我们在方差分析表(见表 4.6.4)上进行，这里的 F 比除 e_1 行外，全是用 MS_e 得到的。

表 4.6.4 方差分析表

因子	平方和	自由度	均方和	F 比	P 值
B	74.89	2	37.445	1.15	0.35
C	108.67	2	54.335	1.67	0.23
D	160.89	2	80.445	2.47	0.13
e_1	69.55	2	34.775	1.08	0.37
A	37.50	1	37.500	1.15	0.37
E	324.22	2	162.110	4.98	0.30
F	216.00	1	216.00	6.63	2.43×10^{-2}
$C\times D$	151.55	4	37.888	1.16	0.36
e_2	321.39	10	32.139		
e	390.94	12	32.578		
T	1464.67	26			

若取显著性水平 $\alpha=0.05$，$F_{0.95}(1,12)=4.75$，$F_{0.95}(2,12)=3.89$，$F_{0.95}(4,12)=3.36$，那么因子 E 与 F 是显著的。

4.6.3 最佳水平的选取

由于在显著性水平 0.05 上，因子 E 与 F 是显著的，而厚度是望大特性，所以从表 4.6.3 可知，因子 E 应取 E_3，对二水平因子 F 来讲，从表 4.6.3 知

$$\overline{T}_{F_1}=\frac{T_{10,1}}{9}=\frac{32}{9}=3.56$$

$$\overline{T}_{F_2}=\frac{T_{10,2}+T_{10,3}}{18}=\frac{97+75}{18}=9.56$$

所以因子 F 应取 F_2。在 E_3F_2 水平组合下厚度的均值 $\mu_{\cdots 32}$ 的点估计为

$$\hat{\mu}_{\cdots 32}=\hat{\mu}+\hat{e}_3+\hat{f}_2=\overline{T}_{E_3}+\overline{T}_{F_2}-\bar{y}=111/9+9.56-204/27=14.33$$

也可以求其置信区间。在本例中由于一次误差相对于二次误差是不显著的，这表示 $\sigma_1^2=0$，因此不难求得 $\text{var}(\hat{\mu}_{\cdots 32})=\frac{7}{54}\sigma_2^2$，即$\frac{1}{n_e}=\frac{7}{54}$。此外由于仅因子 E 与 F 是显著的，所以可以将其他因子与交互作用的平方和并入误差平方和，从而

$$S'_e=S_e+S_A+S_B+S_C+S_D+S_{D\times E}=924.44,\quad f'_e=23$$

则 $\hat{\sigma}_2^2=S'_e/f'_e=40.193$，$\hat{\sigma}_2=6.340$，又查表得 $t_{0.975}(23)=2.069$，那么 $\mu_{\cdots 32}$ 的置信水平为 0.95 的置信区间是

$$\hat{\mu}_{\cdots 32}\pm t_{0.975}(f'_e)\hat{\sigma}/\sqrt{n_e}=14.33\pm 2.069\times 6.340\times\sqrt{7/54}=14.33\pm 4.72$$

即(9.61,19.05)。

习题 4.6

1. 在一个电话话筒用的碳粉试验中，需要进行粒子的筛选、氧化、碳化与烧成等工序，可以把筛选后的粒子在氧化、碳化后一起进行烧成，所以这里可以分成一次与二次因子：
一次因子为：E、F、G、H，二次因子为：A、B、C、D、R，它们的具体含义如下：

因子	一水平	二水平	三水平
A：粒子大小(目)	40～50	50～70	
B：氧化升温温度(℃/小时)	25	50	100
C：氧化保温时间(小时)	2	12	6
D：碳化升温速度(℃/小时)	25	50	100
E：烧成气体	N_2	H_2	
F：气体流量	小	大	
G：最终烧成温度(℃)	1000	1100	1200
H：烧成温度升速(℃/小时)	20	50	100
R：位置	上	中	下

试验用 $L_{27}(3^{13})$ 安排，表头设计如下：

表头设计	G	H	E	F	D			C			B	A	R
列号	1	2	3	4	5	6	7	8	9	10	11	12	13
组	1		2						3				
大组		1							2				

对于二水平因子采用拟水平法安排试验，表中的“3”用一水平进行试验，试验结果之一是效率，它们依次如下：

89.9　90.6　90.4　90.2　90.1　88.6　90.0　89.2　90.7

88.6　89.6　89.8　90.6　89.9　89.0　90.4　90.0　89.6

91.0　91.2　91.2　89.2　90.4　89.5　89.9　87.6　90.7

试对数据进行方差分析，并找出使效率达到最高的条件。

2. 为寻找镀镉的最佳条件，考虑如下二水平因子：

一次因子：前处理工序

A：材料中甲成分的含量

B：材料中乙成分的含量

C：淬火方法

二次因子：镀镉工序

D：强酸清洗

E：脱脂处理

F：低温干燥处理 1

G：弱酸处理

H：电流密度

I：电镀时间

J：铬酸盐光泽处理

K：低温干燥处理 2

此外还要考虑交互作用 $C\times H$ 与 $C\times K$，请给出所选正交表及表头设计。

3. 在一个油封试验中，对油封模具设计和橡胶材料参数进行试验，其中一次因子 A、B、C、D、E 为模具的有关尺寸，除 A 是三水平的外，其他都是二水平的，因为要制造模具，希望尽量少做些，二次因子 F、G、H、I、J 都是橡胶材料参数，均为三水平因子。此外 A 与 F 可能存在交互作用。请用 $L_{27}(3^{13})$ 给出表头设计，并说明二水平因子的安排。

§4.7 多指标的数据分析

在不少实际问题中，衡量一个水平组合好坏的指标可能不止一个，这就是多指标的试验问题。譬如衡量一个橡胶胶料配方的指标就有抗张力、伸长率、硬度等 8 个性能。

多指标问题的复杂性表现在指标之间可能出现相互矛盾的现象，对一个指标好的某水平组合对另一个指标来讲可能是不好的，因此通常意义下的“最优”水平组合可能就不存在，从而我们只能在平衡中寻找一个较为满意的方案。此外由于某些情况下指标间的矛盾性，又带来了方案间的不可比较性，从而使寻找满意方案也会遇到一些困难。

为了解决这些困难，需要建立一些综合评价的准则，从不同角度提出不同的准则就产生了不同的分析方法，大家可以从实际问题出发，去寻找一些适合实际问题的方法，没有统一的方法可以用。这里介绍两种常用的方法。

4.7.1 综合平衡法

这是一种先对每一指标分别进行分析，找出若干个较满意的水平组合，再由实际工作者进行综合，给出一个或几个较为满意的水平组合的方法。这里重要的是与实际问题相结合。

例 4.7.1 在爆炸成形工艺试验中考察四个三水平因子(见表 4.7.1)。

表 4.7.1 因子水平表

水平 \ 因子	A 药重(g)	B 吊高比	C 拉延比	D 压边力
1	6	0.125	1.28	小力矩
2	10	0.267	1.38	中力矩
3	15	0.333	1.50	大力矩

考察如下四个望大特性指标：

1. 环向应变分布会造成起皱，采用打分法给出指标值：如果不发生内皱的是好的，给 100 分；发生微皱给 80 分；有轻微内皱的给 50 分；如果发生严重的不可修复的内皱给 0 分；记为 y_1；

2. 厚度分布，如果在中心的最大减薄量超过原来厚度的 20%就报废，给 0 分；不满 20%的给出一个分数：20－(最大减薄量/原来厚度)×100，分值越高越好；记为 y_2；

3. 成形的形状，采用打分法给出指标值：无发尖的为好的，给 100 分；轻微发尖的给 50 分；严重发尖的给 0 分；记为 y_3；

4. 最大拉伸量，用实测值，记为 y_4。

试验采用 $L_9(3^4)$来安排，四个因子依次放在四列上。由于没有空白列也没有重复试验，因此只能采用直观分析，试验结果与各指标的极差见表 4.7.2。

从表上可以看出，因子对每一指标的影响程度从大到小排列如下：

对 y_1 来讲：C，A 与 B，D，最好水平组合 C 应该取 C_3，A 应该取 A_1 或 A_2，B 应该取 B_1 或 B_2，D 应该取 D_2 或 D_3

对 y_2 来讲：B，C 与 D，最好水平组合 B 应该取 B_3 或 B_2，C 应该取 C_2，D 应该取 D_1 或 D_2

对 y_3 来讲：B，最好水平组合是 B_3，其次也可以取 B_2

对 y_4 来讲：A，B，C，D，最好水平组合是 A 应该取 A_3 或 A_2，B 应该取 B_1 或 B_2，C 应该取 C_3 或 C_1，D 应该取 D_2 或 D_1

为便于选择较好的水平组合，将上述结果汇总在一张表中(见表 4.7.3)。

表 4.7.2 试验结果与计算表

表头设计		A	B	C	D				
试验号 \ 列号		1	2	3	4	y_1	y_2	y_3	y_4
1		1	1	1	1	50	0	0	74
2		1	2	2	2	80	6	50	58
3		1	3	3	3	100	1	100	52
4		2	1	2	3	80	0	0	75
5		2	2	3	1	100	3	50	78
6		2	3	1	2	0	4	100	71
7		3	1	3	2	100	0	0	120
8		3	2	1	3	0	0	50	102
9		3	3	2	1	0	7	100	88
y_1	$\overline{T}_1$	76.7	76.7	16.7	50				
	$\overline{T}_2$	60.0	60.0	53.3	60				
	$\overline{T}_3$	33.3	33.3	100	60				
	R	43.4	43.4	83.3	10				
y_2	$\overline{T}_1$	2.3	0	1.3	3.3				
	$\overline{T}_2$	2.3	3	4.3	3.3				
	$\overline{T}_3$	2.3	4	1.3	0.3				
	R	0	4	3	3				
y_3	$\overline{T}_1$	50	0	50	50				
	$\overline{T}_2$	50	50	50	50				
	$\overline{T}_3$	50	100	50	50				
	R	0	100	0	0				
y_4	$\overline{T}_1$	61.3	89.7	82.3	80.0				
	$\overline{T}_2$	74.7	79.3	73.7	83.0				
	$\overline{T}_3$	103.3	70.3	83.3	76.3				
	R	42	19.4	9.6	6.7				

表 4.7.3 结果汇总表

指标	因子重要性次序	最好水平与次好水平			
		A	B	C	D
y_1	C,A 与 B,D	A_1 或 A_2	B_1 或 B_2	C_3	D_2 或 D_3
y_2	B,C 与 D		B_3 或 B_2	C_2	D_1 或 D_2
y_3	B		B_2		
y_4	A,B,C,D	A_3 或 A_2	B_1 或 B_2	C_3 或 C_1	D_2 或 D_1

由于前三个指标不合格会造成废品，所以我们就要求在不出废品的前提下得到最大拉伸量。从数据可以看出因子 B 是最重要的，B 应该取 B_2，其次是因子 C，综合考虑 C 应该取 C_3；此外对因子 A 取 A_3，此时可以使拉伸量尽量大一些；相对而言，因子 D 不太重要，若取 D_3，在这一水平组合下进行试验，结果是令人满意的，没有发生内皱，无发尖，减薄量很小，拉伸量尽管不是最大，但是也较高。综上较好的水平组合可以取

为 $A_3B_2C_3D_3$。

这里对每一指标的分析与前面相同，难的是根据各指标进行综合。

在有些情况中也可以通过对指标均值的估计来下判断。

例 4.7.2 在荧光屏涂料试验中考察 11 个二水平因子 A、B、C、D、E、F、G、H、I、J、K，用 $L_{16}(2^{15})$安排试验，表头设计如下：

因子	A	B		C	D	E	F			G	H	I	J		K
列号	1	2	3	4	5	6	7	8	9	10	11	12	13	14	15

考察的指标有三个：外观（指标值要求小），清晰度（指标值要求大），表面缺陷数（指标值要求小）。16 次试验结果如下：

表 4.7.4 试验结果（数据已经过变换）

试验号	外观	清晰度	缺陷数
1	8	16	3
2	2	12	28
3	4	17	22
4	−10	15	14
5	2	12	22
6	4	20	18
7	−2	7	12
8	0	5	10
9	15	4	22
10	−5	4	3
11	15	−3	24
12	−5	7	25
13	−11	−2	17
14	17	−10	23
15	−3	5	8
16	9	19	5

首先对每一指标做分析，找出各自的最好水平组合。方差分析结果见表 4.7.5。结果表明：在显著性水平 0.05 上，对外观来讲，因子 G 与 H 是显著的，以 G_2H_1 为好；对清晰度来讲，因子 A、D、F、J 是显著的，以 $A_1D_1F_2J_2$ 为好；对缺陷数来讲，因子 E、H、J、K 是显著的，以 $E_1H_1J_1K_1$ 为好。

表 4.7.5 方差分析的 F 值

因子	外观	清晰度	缺陷数
A	5.14	38.46*	
B		1.54	4.33
C	5.14	1.54	1.64
D	5.14	13.85*	
E		1.54	25.10*
F		24.62*	5.03
G	96.57*		
H	28.00*	1.54	12.41*
I		3.46	2.56
J	5.14	9.62*	11.31*
K	5.14	3.46	23.26*

注:没有 F 值的空格表示该因子的均方和小于误差的均方和,因此将该因子的平方和并入了误差的平方和后再作方差分析的。在 F 值的右上角打上 * 的表示该因子在 0.05 水平上是显著的。

显著因子各水平下指标的平均值见表 4.7.6。

表 4.7.6 显著因子各水平的均值

因子	外观		清晰度		缺陷数	
	一水平	二水平	一水平	二水平	一水平	二水平
A			13.0	3.0		
D			11.0	5.0		
E					11.37	20.63
F			4.0	12.0		
G	9	−4				
H	−1	6			13.25	18.75
J			5.5	10.5	13.38	18.63
K					12.00	20.00
总平均	2.50		8.0		16.00	

将上述各自的好水平组合列成表 4.7.7 看起来方便些。

表 4.7.7 各指标的好水平组合

指标	显著因子	最好水平组合
外观	G、H	G_2H_1
清晰度	A、D、F、J	A_1D_1 F_2 J_2
缺陷数	E、H、J、K	E_1 $H_1J_1K_1$

对各单项指标进行综合，将没有矛盾的因子水平首先固定下来，现在对因子 A、D、E、F、G、H、K 可以固定，取 $A_1D_1E_1F_2G_2H_1K_1$，但是因子 J 在清晰度与缺陷数上有矛盾，那么我们可以在水平组合 $A_1D_1E_1F_2G_2H_1J_1K_1$ 与 $A_1D_1E_1F_2G_2H_1J_2K_1$ 对两个指标分别计算其均值的估计（采用效应可加模型），结果如下：

表 4.7.8 两个水平组合下指标均值

	水平组合 $A_1D_1E_1F_2G_2H_1J_1K_1$	水平组合 $A_1D_1E_1F_2G_2H_1J_2K_1$
清晰度	17.5	22.5
缺陷数	2.0	7.25

由于在水平组合 $A_1D_1E_1F_2G_2H_1J_2K_1$ 下清晰度比较好，缺陷数不算太多，所以就选定此水平组合。对于不显著因子 B、C、I 其水平可以任意选定。

4.7.2 综合评分法

将一个水平组合下的多个指标综合成为一个指标，称该指标为综合指标。综合指标通常为各指标的加权和，而每一指标的权重要根据实际问题来确定，没有统一的方法。下面给出一个例子。

例 4.7.3 在以往白地霉核酸生产中得率偏低，成本高，希望通过试验寻找好的工艺条件以提高含量。在该试验中考察四个三水平因子：

表 4.7.9 因子水平表

因子	A 时间（小时）	B 含量（%）	C PH 值	D 加水量
一水平	24	7.4	4.8	1∶4
二水平	4	8.7	6.0	1∶3
三水平	14	6.2	9.0	1∶2

用 $L_9(3^4)$ 安排试验，四个因子依次放在四列上。考察指标有两个：y_1 是纯度，y_2 是回收率。综合评分 y 采用下面的公式：$y=2.5\times$纯度$+0.5\times$回收率，得分高的水平组合为好。试验结果见表 4.7.10，对综合评分 y 的分析也见表 4.7.10。

由于没有空白列，所以采用直观分析方法。因子从主要到次要的顺序为：A、D、B、C，使得分达到最高的水平组合是 $A_1B_3C_2D_1$。

这一方法的分析比较简单，与单指标的分析一样。问题是评分公式中各指标的权要适当，否则分析结果不一定符合实际。

表 4.7.10 试验结果与数据分析

因子	A	B	C	D	试验结果		综合评分
列号	1	2	3	4	y_1	y_2	y
1	1	1	1	1	17.8	29.8	59.4
2	1	2	2	2	12.2	41.3	51.2
3	1	3	3	3	6.2	59.9	45.5
4	2	1	2	3	8.0	24.3	32.2
5	2	2	3	1	4.5	50.6	36.6
6	2	3	1	2	4.1	58.2	39.4
7	3	1	3	2	8.5	30.9	36.7
8	3	2	1	3	7.3	20.4	28.5
9	3	3	2	1	4.4	73.4	47.7
$\overline{T}_1$	52.0	42.8	42.4	47.9			
$\overline{T}_2$	36.1	38.8	43.7	42.4			
$\overline{T}_3$	37.6	44.2	39.6	35.4			
R	15.9	5.4	4.1	12.5			

习题 4.7

1. 某厂生产液体葡萄糖，要进行试验以找出最好的工艺条件，考察的因子与水平如下：

因子	一 水 平	二 水 平	三 水 平
A:分浆浓度(%)	16	18	20
B:分浆酸度	1.5	2.0	2.5
C:稳压时间(分)	0	5	10
D:工作压力(10^5 Pa)	2.2	2.7	3.2

试验用 $L_9(3^4)$安排，四个因子依次放在四列上。考察的指标有两个：一是产量(公斤)，要求越高越好；二是总还原糖(%)，在 32%～40%之间为好。9 次试验的结果分别为：

试验号	产量	总还原糖
1	498	41.6
2	568	36.4
3	568	31.0
4	577	42.4
5	512	37.2
6	540	30.2
7	501	42.4
8	550	40.4
9	510	30.0

试用综合平衡法寻找较好的水平组合。

2. 为提高某产品的质量，需要考察的指标有三个：抗压强度(要求大)，落下强度(要求大)，裂纹度(要求小)。为了寻找原料的最佳配方进行试验，考察三个三水平因子对上述指标的影响：

因子	一 水 平	二 水 平	三 水 平
A：水份(%)	8	9	7
B：粒度(%)	4	6	8
C：碱度	1.1	1.3	1.5

将这三个因子分别放在 $L_9(3^4)$ 的第 1、2、3 列上，试验结果如下：

试验号	抗压强度	落下强度	裂纹度
1	11.5	1.1	3
2	4.5	3.6	4
3	11.0	4.6	4
4	7.0	1.1	3
5	8.0	1.6	2
6	18.5	15.1	0
7	9.0	1.1	3
8	8.0	4.6	2
9	13.4	20.2	1

试用综合平衡法寻找较好的水平组合。

3. 在一个化工生产中，要考察两个指标，一是核酸纯度，二是回收率，两个指标都要求越大越好。在试验中用 $L_9(3^4)$ 依次安排如下四个三水平因子：

因子水平表

因子	一 水 平	二 水 平	三 水 平
A：时间(小时)	25	5	1
B：含量(%)	7.5	9.0	6.0
C：PH 值	5	6	9
D：加水量	1∶6	1∶4	1∶2

试验结果如下表。

采用如下综合评分法获得综合分数：综合分数＝4×核酸纯度＋1×回收率

试对数据进行分析找出最好的水平组合。

试验号	核酸纯度	回收率(%)
1	17.5	30.0
2	12.0	41.2
3	6.0	60.0
4	8.0	24.2
5	4.5	51.0
6	4.0	58.4
7	8.5	31.0
8	7.0	20.5
9	4.5	73.5

§4.8 全因子试验的数据分析

设一个试验中有 k 个因子,第 i 个因子有 r_i 个水平,$i=1,2,\cdots,k$。记一切可能的水平组合为 n 个,那么 $n=\prod_{i=1}^{k} r_i$。当实际问题中影响指标的因子个数不多,每个因子取水平数较少(如二水平),则所有水平组合数 n 不是特别大,这时有可能对所有水平组合都做同样次数的试验,这样的试验方法称为**全因子试验**,相应的设计称为完全因子设计(full factorial design)。若 n 特别大,为了试验的可行性,通常从完全因子设计中挑选有代表性的水平组合来做试验,这种设计称为部分因子设计(fractional factorial design)。本章前面介绍的正交设计都是高效的部分因子设计。完全因子设计也是一种特殊的正交设计,其所有 k 个因子的每种水平组合都出现相同次数。它对研究两个或多个因子效应的实验是最有效的,因为在每一次完全实验或每一次重复中,这些因子水平的所有可能的组合都被实际考察到。因此,当 n 不是特别大时,可以尽量采用全因子试验。本节我们补充全因子试验的数据分析方法。

全因子试验的数据也采用方差分析法进行分析。在 $k>2$ 的情况下,我们即使在每一水平组合下进行了一次试验,在不考察三级交互作用场合,还有足够的自由度用于对每一因子是否显著、任意两个因子的交互作用是否显著进行分析。全因子试验涉及的数据多,关系复杂,在进行分析时一定要注意中间结果的表示,一不留心就容易出错。所以计算一定要仔细。下面通过一个例子来介绍数据分析的方法,一些类似于单因子试验中的证明都省略了,一些符号的说明也省略了。

例 4.8.1 某合金的一种物理性能指标 y 受三种因子 A、B、C 的影响,为了寻找其规律进行试验。在试验中,因子 A、B 均取三水平,因子 C 取四水平,共有 $3\times3\times4=36$ 种不同的水平组合,在每一水平组合下进行一次试验,试验结果(物理性能指标)如下:

表 4.8.1 试验结果表

	C_1	C_2	C_3	C_4
A_1B_1	8.32	8.10	8.02	8.11
A_1B_2	6.71	6.08	7.04	6.49
A_1B_3	5.52	5.58	5.76	6.15
A_2B_1	6.61	6.71	6.69	6.55
A_2B_2	5.91	6.07	6.26	6.60
A_2B_3	5.95	6.20	6.40	6.90
A_3B_1	6.06	6.17	6.48	6.95
A_3B_2	6.47	6.74	6.96	7.16
A_3B_3	7.35	7.53	8.11	8.34

要研究三个因子及两两因子间的交互作用对物理性能指标有无显著影响。

4.8.1 统计模型

记 y_{ijk} 为 $A_iB_jC_k$ 水平组合下的试验结果,则假定有如下统计模型:

$$\begin{cases} y_{ijk}=\mu+a_i+b_j+c_k+(ab)_{ij}+(ac)_{ik}+(bc)_{jk}+\varepsilon_{ijk} \\ \qquad i,j=1,2,3;k=1,2,3,4 \\ \sum_{i=1}^{3}a_i=\sum_{j=1}^{3}b_j=\sum_{k=1}^{4}c_k=0 \\ \sum_{j=1}^{3}(ab)_{ij}=\sum_{k=1}^{4}(ac)_{ik}=0, \quad i=1,2,3 \\ \sum_{i=1}^{3}(ab)_{ij}=\sum_{k=1}^{4}(bc)_{jk}=0, \quad j=1,2,3 \\ \sum_{i=1}^{3}(ac)_{ik}=\sum_{j=1}^{3}(bc)_{jk}=0, \quad k=1,2,3,4 \\ \text{诸 } \varepsilon_{ijk} \text{ 独立同分布} \sim N(0,\sigma^2) \end{cases}$$

其中 μ 是一般平均,诸 a_i,b_j,c_k 为主效应,诸$(ab)_{ij},(ac)_{ik},(bc)_{jk}$ 为交互效应。

4.8.2 方差分析

1. 平方和分解式

在本例中总平方和可以分解为

$$S_T=S_A+S_B+S_C+S_{A\times B}+S_{A\times C}+S_{B\times C}+S_e$$

同样对自由度也有类似分解式

$$f_T=f_A+f_B+f_C+f_{A\times B}+f_{A\times C}+f_{B\times C}+f_e$$

2. 各因子、交互作用、误差平方和的计算

若记 T_{Ai}、T_{Bj}、T_{Ck} 分别是 A_i、B_j、C_k 水平下的数据和，记 $T_{A_iB_j}$、$T_{A_iC_k}$、$T_{B_jC_k}$ 分别为水平组合 A_iB_j、A_iC_k、B_jC_k 下的数据和，用 T 表示数据的总和，那么按方差分析中因子平方和的计算有

$$S_A=\frac{T_{A_1}^2+T_{A_2}^2+T_{A_3}^2}{12}-\frac{T^2}{36},\quad f_A=2$$

$$S_B=\frac{T_{B_1}^2+T_{B_2}^2+T_{B_3}^2}{12}-\frac{T^2}{36},\quad f_B=2$$

$$S_C=\frac{T_{C_1}^2+T_{C_2}^2+T_{C_3}^2+T_{C_4}^2}{9}-\frac{T^2}{36},\quad f_C=3$$

交互作用的平方和的计算比较复杂一些。以因子 A 与 B 的交互效应来讲，其诸交互效应的估计是

$$(\widehat{ab})_{ij}=\overline{T}_{A_iB_j}-\bar{y}-\hat{a}_i-\hat{b}_j=\overline{T}_{A_iB_j}-\overline{T}_{A_i}-\overline{T}_{B_j}+\bar{y},\quad i,j=1,2,3$$

平方和是

$$\begin{aligned}S_{A\times B}&=\sum_{i=1}^{3}\sum_{j=1}^{3}4(\overline{T}_{A_iB_j}-\overline{T}_{A_i}-\overline{T}_{B_j}+\bar{y})^2\\&=\sum_{i=1}^{3}\sum_{j=1}^{3}4(\overline{T}_{A_iB_j}-\bar{y})^2-\sum_{i=1}^{3}12(\overline{T}_{A_i}-\bar{y})^2-\sum_{j=1}^{3}12(\overline{T}_{B_j}-\bar{y})^2\\&=\frac{1}{4}\sum_{i=1}^{3}\sum_{j=1}^{3}\overline{T}_{A_iB_j}^2-\frac{T^2}{36}-S_A-S_B\end{aligned}$$

$$f_{A\times B}=f_A\times f_B=4$$

类似有

$$S_{A\times C}=\frac{1}{4}\sum_{i=1}^{3}\sum_{k=1}^{4}T_{A_iC_k}^2-\frac{T^2}{36}-S_A-S_C,\quad f_{A\times C}=f_A\times f_C=6$$

$$S_{B\times C}=\frac{1}{4}\sum_{j=1}^{3}\sum_{k=1}^{4}T_{B_jC_k}^2-\frac{T^2}{36}-S_B-S_C,\quad f_{B\times C}=f_B\times f_C=6$$

误差平方和可以从平方和分解式中用减法得到

$$S_e=S_T-S_A-S_B-S_C-S_{A\times B}-S_{A\times C}-S_{B\times C}$$

$$f_e=f_T-f_A-f_B-f_C-f_{A\times B}-f_{A\times C}-f_{B\times C}=12$$

3. 具体计算

对本例来讲，计算步骤如下：

(1)计算各种和

为进行方差分析，需要首先计算因子每一水平下的数据和、两个因子各种搭配下的数据和，它们列于表 4.8.2 中。

表 4.8.2 各种和

和 $T_{A_iB_j}$	A_1	A_2	A_3	和 T_{B_j}
B_1	32.55	26.56	25.66	84.77
B_2	26.32	24.84	27.33	78.49
B_3	23.01	25.45	31.33	79.79
和 T_{Ai}	81.88	76.85	84.32	总和 $T=243.05$
和 $T_{A_iC_k}$	A_1	A_2	A_3	和 T_{C_k}
C_1	20.55	18.47	19.88	58.90
C_2	19.76	18.98	20.44	59.18
C_3	20.82	19.35	21.55	61.72
C_4	20.75	20.05	22.45	63.25
和 T_{Ai}	81.88	76.85	84.32	总和 $T=243.05$
和 $T_{B_iC_k}$	B_1	B_2	B_3	和 T_{C_k}
C_1	20.99	19.09	18.82	58.90
C_2	20.98	18.89	19.31	59.18
C_3	21.19	20.26	20.27	61.72
C_4	21.61	20.25	21.39	63.25
和 T_{B_j}	84.77	78.49	79.79	总和 $T=243.05$

(2)计算各种平方和

$$\sum_{i=1}^{36} y_i^2 = 1662.6441,\qquad T^2/36 = 1640.92507$$

$$\sum_{i=1}^{3} T_{A_i}^2 = 19720.1193,\qquad \sum_{j=1}^{3} T_{B_j}^2 = 19713.0771,\qquad \sum_{k=1}^{4} T_{C_k}^2 = 14781.4033$$

$$\sum_{i=1}^{3}\sum_{j=1}^{3} T_{A_iB_j}^2 = 6638.8001,\qquad \sum_{i=1}^{3}\sum_{k=1}^{4} T_{A_iC_k}^2 = 4936.0143,\qquad \sum_{j=1}^{3}\sum_{k=1}^{4} T_{B_jC_k}^2 = 4934.0125$$

(3)计算各因子、交互作用、误差的平方和

$$S_T = \sum_{i=1}^{36} y_i^2 - \frac{T^2}{36} = 21.71903,\quad S_A = \frac{1}{12}\sum_{i=1}^{3} T_{A_i}^2 - \frac{T^2}{36} = 2.41821$$

$$S_B = \frac{1}{12}\sum_{j=1}^{3} T_{B_j}^2 - \frac{T^2}{36} = 1.83136,\quad S_C = \frac{1}{9}\sum_{k=1}^{4} T_{C_k}^2 - \frac{T^2}{36} = 1.45308$$

$$S_{A\times B} = \frac{1}{4}\sum_{i=1}^{3}\sum_{j=1}^{3} T_{A_iB_j}^2 - \frac{T^2}{36} - S_A - S_B = 14.52539$$

$$S_{A\times C} = \frac{1}{3}\sum_{i=1}^{3}\sum_{k=1}^{4} T_{A_iC_k}^2 - \frac{T^2}{36} - S_A - S_C = 0.54175$$

$$S_{B\times C} = \frac{1}{3}\sum_{j=1}^{3}\sum_{k=1}^{4} T_{B_jC_k}^2 - \frac{T^2}{36} - S_B - S_C = 0.46133$$

$$S_e = S_T - S_A - S_B - S_C - S_{A\times B} - S_{A\times C} - S_{B\times C} = 0.48792$$

(4)列方差分析表

将上述结果放入方差分析表 4.8.3 中继续计算。

表 4.8.3 方差分析表

来源	平方和	自由度	均方和	F 比	P 值
A	2.41821	2	1.20910	19.74	1.60×10^{-4}
B	1.83136	2	0.91568	22.52	<0.0001
C	1.45308	3	0.48436	11.91	6.56×10^{-4}
$A\times B$	14.52539	4	3.63135	89.31	<0.0001
$A\times C$	0.54175	6	0.09029	2.22	0.11
$B\times C$	0.46133	6	0.07689	1.89	0.16
e	0.48792	12	0.04066		
T	21.71903	35			

在显著性水平 0.05 上,查表有

$F_{0.95}(2,12)=3.89$, $F_{0.95}(3,12)=3.49$, $F_{0.95}(4,12)=3.26$, $F_{0.95}(6,12)=3.00$

因此因子 A、B、C 及交互作用 $A\times B$ 是显著的。

4.8.3 在诸水平组合下均值的估计

下面求 $A_i B_j C_k$ 水平组合下均值 μ_{ijk} 的估计。根据方差分析的结果,可以认为一切 $(ac)_{ik}$,$(bc)_{jk}$ 均为 0,所以有

$$\mu_{ijk}=\mu+a_i+b_j+c_k+(ab)_{ij}$$

那么其估计为

$$\hat{\mu}_{ijk}=\hat{\mu}+\hat{a}_i+\hat{b}_j+\hat{c}_k+(\hat{ab})_{ij}=\overline{T}_{A_iB_j}+\overline{T}_{C_k}-\bar{y}$$

在上述 36 个水平组合下的均值的点估计为:

表 4.8.4 均值的点估计

	C_1	C_2	C_3	C_4
A_1B_1	7.9305	7.9617	8.2439	8.4139
A_1B_2	6.3730	6.4042	6.6864	6.8564
A_1B_3	5.5455	5.5767	5.8589	6.0289
A_2B_1	6.4330	6.4642	6.7464	6.9164
A_2B_2	6.0030	6.0342	6.3164	6.4864
A_2B_3	6.1555	6.1867	6.4689	6.6389
A_3B_1	6.2080	6.2392	6.5214	6.6914
A_3B_2	6.6255	6.6567	6.9389	7.1089
A_3B_3	7.6255	7.6567	7.9389	8.1089

可从中寻找合适的水平组合。

习题 4.8

1. 为考察机床加工中,进刀速度 A(毫米/分)与切割深度 B(毫米)对某种金属零件表面光洁度的影响,选用三种进刀速度与四种切割深度,在每一水平组合下进行三次试验,结果如下:

		B											
		4.0			4.6			5.0			6.4		
A	5.0	74	64	60	79	68	73	82	88	92	99	104	96
	6.4	92	86	88	98	104	88	99	108	95	104	110	99
	7.6	99	98	102	104	99	95	108	110	99	114	111	107

(1)假定不同水平组合下试验结果服从同方差正态分布,在显著性水平 0.05 上,进刀速度、切割深度及其交互作用对光洁度有无显著影响?

(2)使光洁度达到最好(指标值大为好)的水平组合是什么?请对其平均光洁度作出估计。

2. 在一个化学反应过程中考察温度 A、压力 B、浓度 C、搅拌速度 D 对产品过滤比 y 的影响,每一因子取两个水平,试验结果如下:

	A_1				A_2			
	B_1		B_2		B_1		B_2	
	C_1	C_2	C_1	C_2	C_1	C_2	C_1	C_2
D_1	45	68	48	80	71	80	65	65
D_2	43	75	45	70	100	86	104	96

(1)假定不同水平组合下试验结果服从同方差正态分布,在显著性水平 0.05 上,各因子及其交互作用对过滤比有无显著影响?

(2)使过滤比达到最大的水平组合是什么?请对其均值给出点估计。

3. 为提高雷达的目标亮度,考察因子有:

因子	一水平	二水平	三水平	四水平
A:地物干扰	弱	中等	强	
B:滤光片类型	B_1	B_2		
C:操作人员	甲	乙	丙	丁

亮度值如下:

	C_1		C_2		C_3		C_4	
	B_1	B_2	B_1	B_2	B_1	B_2	B_1	B_2
A_1	90	86	96	84	100	92	92	80
A_2	102	87	106	90	105	97	96	81
A_3	114	93	112	91	108	95	98	83

(1)假定不同水平组合下试验结果服从同方差正态分布,在显著性水平 0.05 上,各因子及其交互作用对亮度有无显著影响?

(2)使亮度达到最大的水平组合是什么?请对其均值给出点估计。

第5章 参数设计

§5.1 参数设计的基本思想

5.1.1 产品开发的三个阶段

开发具有某种性能的产品以满足顾客需要，一般要经历如下三个阶段：系统设计阶段、参数设计阶段和容差设计阶段(见图5.1.1)。

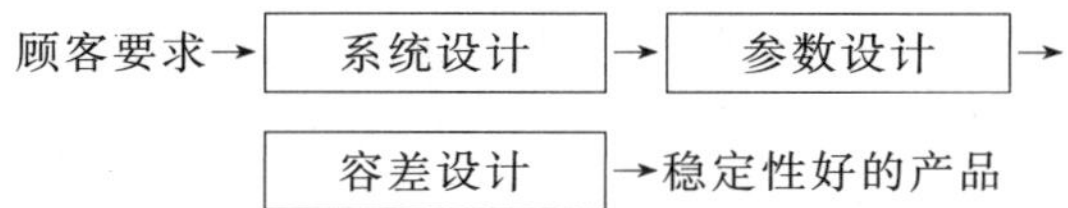

图5.1.1 产品开发的三个阶段示意图

一、系统设计

它是由专业技术人员利用专业知识和工程学原理对具有某种功能的产品给出基本结构。譬如市场需要能准确测量电阻器阻值的设备，工程师利用电路知识，确定设备应如惠斯顿电桥(见图5.1.2)那样的基本结构。

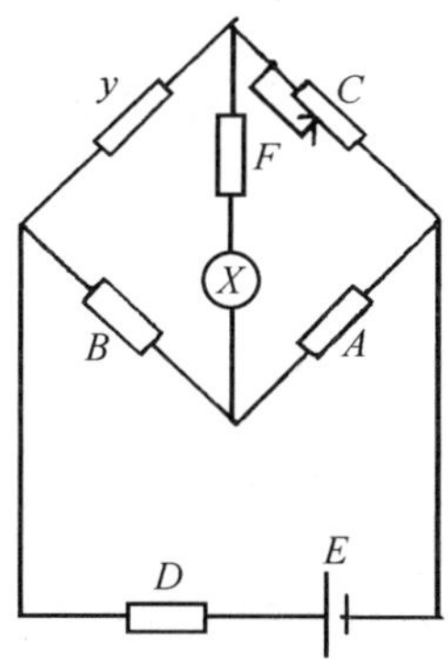

图5.1.2 惠斯顿电桥

其中电阻 A、B、D、F 可给定，C 是可调电阻，E 为电源电动势；调节 C，使电流计 X 为0，即可得知电阻 y 的值

二、参数设计

在给定基本结构后，系统中各参数如何确定，使得产品性能指标既能达到目标值，又使它在各种环境下波动小，稳定性好。譬如在惠斯顿电桥中如何选择 A、B、D、F 的电阻值和电动势 E，使得电阻 y 能准确测量出来，并且在各种使用环境下测量值波动小，稳定性好。

三、容差设计

它是用来确定参数的最佳公差。譬如在惠斯顿电桥中容差设计是揭示出设计中哪些组件很敏感,哪些组件不敏感。对敏感的组件公差要设定得窄一些,对不敏感的组件公差可设定宽一些。

上述产品开发的三阶段又称为三阶段设计。这是日本田口玄一博士在1980年提出的[33]。田口的三阶段设计思想是普遍适用的,既可同时使用这三种设计,也可单独使用其中某一种设计,不过参数设计是最重要的,也是最常用的。本章将着重讲述参数设计的思想和方法。

5.1.2 从损失函数看质量

1. 田口[33,47]认为“产品的质量就是该产品给社会带来的损失”。此种损失愈小,质量愈高,从而购买者愈多,厂家的利润也会愈丰厚。相反,若产品给用户带来许多麻烦和抱怨,它的损失就大,质量也低劣,从而购买者愈少,厂家在社会上声誉低下,甚至会在市场竞争中败下阵来。这种损失与利润统一的观点在激烈的市场竞争中已被愈来愈多的人所接受。例如购买一辆汽车,若每次使用(无论炎热的夏天还是寒冷的冬天)都有完美的性能表现,而且不污染空气,那么这种车的质量就高,相反,若一辆车经常抛锚,使开车人延迟到达目的地,有时还会引起车祸,这种车就给顾客带来莫大损失,其质量就低。

2. 损失可用损失函数来度量。一般说来,要量化损失并非易事,因为同样的产品可以被不同的人、在不同的环境下以不同的方式使用,很难对损失给出准确的评估,若把评估限于产品设计和制造给顾客带来的损失,那就简单得多了。

设 $L(y)$ 表示产品质量特性为 y 时的损失函数,m 是其目标值,则应有

$$L(m)=0,\quad L'(m)=0$$

因为在 $y=m$ 时不仅损失为零,而且损失最小。若把 $L(y)$ 在 m 点展开成幂级数,并只取到二次项,可得如下近似表达式:

$$\begin{aligned}L(y)&\approx L(m)+L'(m)(y-m)+L''(m)(y-m)^2/2!\\&=k(y-m)^2\end{aligned}\tag{5.1.1}$$

其中 $k=L''(m)/2!$ 是一常数。这个近似表达式常被称为**平方损失函数**,它的图形如图5.1.3所示,它在大多数场合能近似地描述质量损失。因为 m 是 y 的最佳值,而在 m 附近 $L(y)$ 慢慢增加,一旦偏离 m 很远,损失则快速增大。这正是我们所希望的损失函数应具有的性质,而平方损失函数(5.1.1)是具有这种性质的最简单的函数。

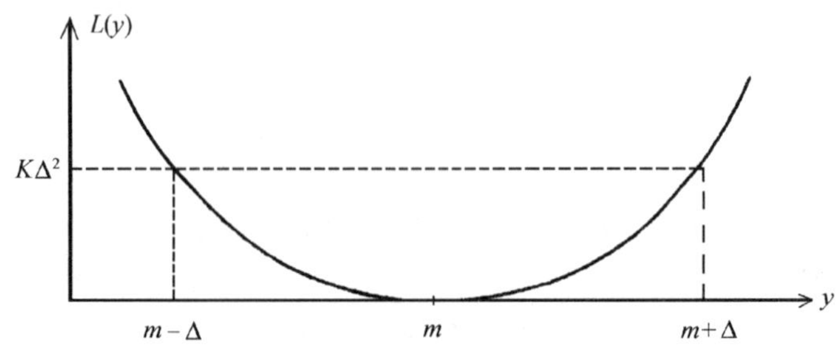

图 5.1.3　平方损失函数

传统的质量观不是这样的。传统观念认为产品达到规定标准就是合格品，超出规定标准就是不合格品。在生产者、检验员和管理者中对合格品是一视同仁的，都认为损失为零。而对不合格品也是一视同仁的，损失是一个常数 k_0。因此在他们心目中的损失函数是如同图 5.1.4 的**窗口函数**。

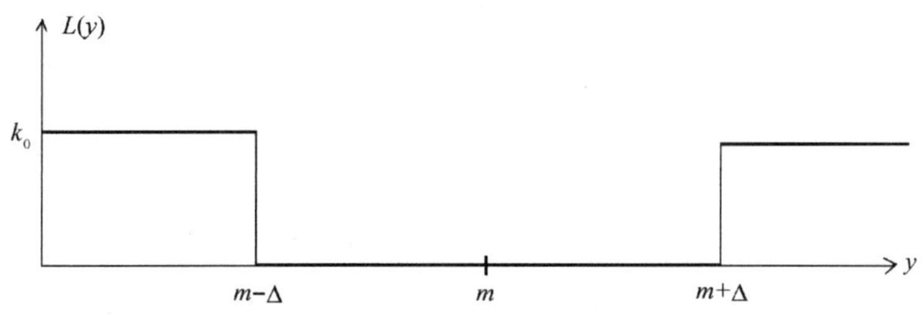

图 5.1.4 传统损失函数——窗口函数

这两种不同的质量观念常会导致产品质量特性的分布的差异。下面的实例可以说明这个问题。

例 5.1.1 索尼牌电视机有两个产地：日本与美国，两地工厂生产的索尼电视机是使用同一设计方案和相同的生产线，连使用的产品说明书也一样。按设计方案规定，电视机的彩色浓度 y 的目标值为 m，容差为 ± 5，当 y 在公差范围 $[m-5, m+5]$ 内，判该机的彩色浓度合格，否则判为不合格。两地工厂都是这样检验产品的，可到 20 世纪 70 年代后期，美国消费者购买日产索尼电视机的热情高于美产索尼电视机，这是什么原因呢？1979 年 4 月 17 日日本《朝日新闻》刊登了一份调查报告，在这份调查报告中有一张两家工厂所生产电视机的彩色浓度 y 的分布图(见图 5.1.5)，在图中，日产的图形近似正态分布，其平均值为 m，标准差为 $5/3=1.667$，而美产的图形则近似在 $m\pm 5$ 上的一个均匀分布，其均值仍为 m，可标准差是 $10/\sqrt{12}=2.887$。日产电视机大约有 0.3%的彩色浓度超出公差范围，而美产电视机基本上无不合规格的电视机出厂。所以顾客的喜爱差异是无法用不合格品率来解释的。

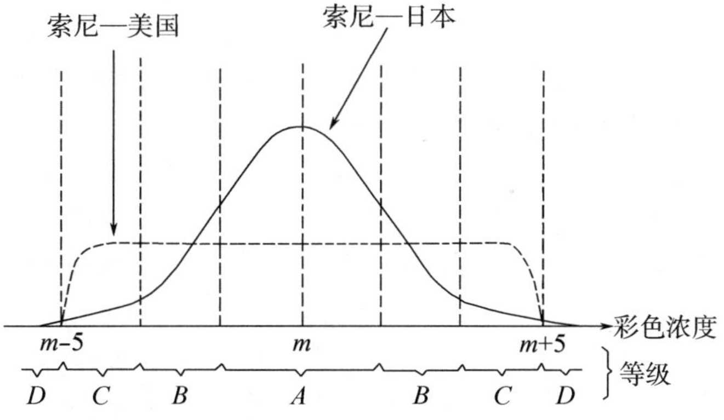

图 5.1.5 电视机彩色浓度的分布图(来源：朝日新闻，1979 年 4 月 17 日)

假如我们把注意力集中到符合公差界限的电视机上，并把彩色浓度非常接近 m 的电视机定为 A 级，偏离 m 愈远性能愈差，可定为 B 级品和 C 级品(见图 5.1.5)。于是可见，日产彩电中 A 级品比美产彩电 A 级品多得多，而 C 级品却比美产彩电少得多，这是美国消费者喜爱日产彩电的原因之一。原因之二是在使用一段时间之后暴露出来的，电视机的彩色浓度会随着时间的延长而发生退化，譬如图 5.1.5 上两个分布向左移一个标准差，美产彩电发生退化后彩色浓度不合格品(D 级)就比日产彩电多很多。造成这个现象的原因在于两个工厂在彩色浓度上的概率分布不同，美国索尼厂的生产者和管理者都认为"合格就好"，因此彩色浓度均匀地落在规格限 $m\pm\Delta$ 内，形成均匀分布，而日本索尼厂的生产者和管理者都认为"愈靠近目标值 m 愈好"，因此彩色浓度大多落在目标值附近，少数远离目标值，形成正态分布。这就是两种质量观念导出的不同结果。

5.1.3 减少平均损失的两步法

大家知道，产品质量特性 y 是随机变量，事先不能确切知道其取什么值，由此导出损失函数 $L(y)$ 也是随机的。对随机变量评定的最好方式是用其平均值(即数学期望)。损失函数 $L(y)$ 的均值 $E(L)=E[L(y)]$ 称为**平均损失**。平均损失愈小，产品质量愈高。在平方损失函数(5.1.1)中，若忽略常数因子 k，其平均损失为

$$\begin{aligned}E(L)&=E(y-m)^2=E[(y-Ey)+(Ey-m)]^2\\&=E(y-Ey)^2+(Ey-m)^2=\sigma^2+\delta^2\end{aligned}\tag{5.1.2}$$

可见，平均损失有两部分：

(1)$\sigma^2=E(y-Ey)^2$，它是 y 与自己均值的偏差的平方的期望，即 y 的方差。

(2)$\delta^2=(Ey-m)^2$，它是 y 的均值对目标值的偏差的平方。

要减少平均损失，就要努力减少方差 σ^2(或标准差 σ)和**绝对偏差** $\delta=|Ey-m|$。

传统的试验设计是在方差 σ^2 相等的条件下致力于减少绝对偏差 δ，这是提高产品质量的重要方面。田口指出，减少方差 σ^2 也是提高质量，而且是提高产品质量更重要的方面，是在更深层次上提高质量，当然也是更难的一件工作。田口参数设计的关键部分就是致力于减少方差，或者说减少产品质量特性的波动。譬如在索尼牌电视机的例子中可以看出，在同一区间$(m-\Delta,m+\Delta)$上正态分布的标准差只是均匀分布标准差的 57.7%。可见，二次损失函数观念有助于考察减少产品质量特性的波动。

田口把减少平均损失一事分成两步来实现：

第一步致力于减少波动，把 y 的标准差 σ 减下来，使产品质量较为稳定。这一步常称为稳健设计。若设质量特性 y 服从正态分布 $N(\mu,\sigma^2)$(见图 5.1.6a)，其中心 μ 与目标值 m 尚有一定距离，其标准差 σ 也较大。稳健设计目的在于减少 σ，把 σ 减少到 σ_1(见图 5.1.6b)，这样就可减少较大损失出现的机会。

第二步致力于减少偏差 δ，使 y 的均值 $E(y)$ 向目标值 m 靠拢。这一步称为**灵敏度设计**。假如能使 $E(y)=\mu$ 与目标值 m 重合(见图 5.1.6c)，则可进一步减少较大损失出现的机会。灵敏度设计的目的是把分布中心 μ 移向目标值 m，这一步的关键在于寻找所谓的"调节因子"，它的水平变化只影响分布中心，而不影响或基本不影响分布的标准差，找到调节因子后很快就可以完成灵敏度设计。

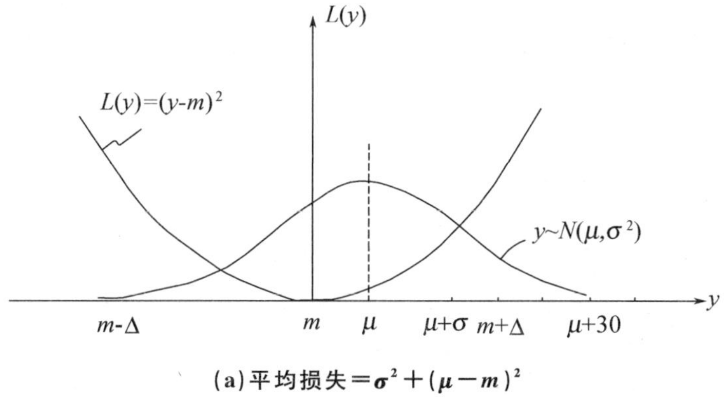

(a)平均损失$=\sigma^2+(\mu-m)^2$

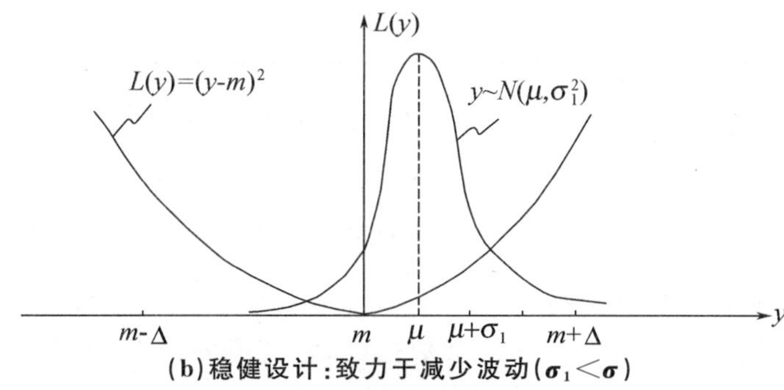

(b)稳健设计:致力于减少波动($\sigma_1<\sigma$)

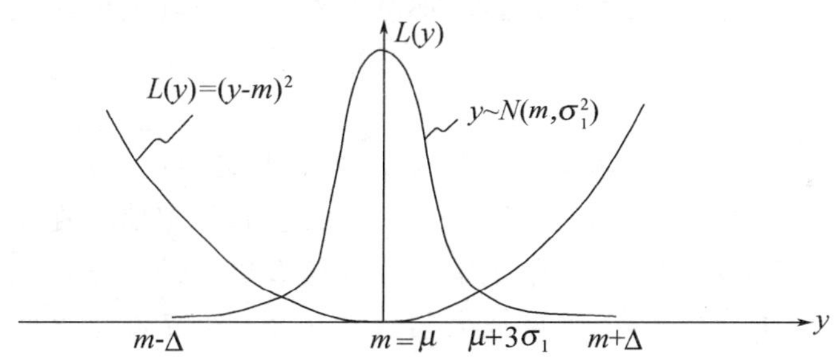

(c)灵敏度设计:致力于减少偏差 $\delta=|\mu-m|$

图 5.1.6 减少平均损失的两步法

§5.2 稳健设计

5.2.1 一个简化了的例子

现在我们转入讨论参数设计的方法。这一节讨论稳健设计与分析,下一节讨论灵敏度设计与分析。

稳健设计是致力于减少波动。我们先看一个简化了的例子,从这个例子可以看出稳健设计与分析的全过程,并从中总结出稳健设计与分析的主要步骤。

例 5.2.1 电源电路设计 要设计一个电源电路,它能把交流电 110V 变为直流电 115V。工程中已有成熟的电路可使用,但其中有两个电子元器件的参数有待确定,一个是电阻(记为因子 A)的阻值(单位:欧姆),另一个是晶体管的电流放大倍数(记为因子 B),为了寻找合适的参数搭配,特对因子 A 与 B 各选五个水平,并安排 11 次试验,其因子水平与试验结果列于表 5.2.1 上。

表 5.2.1 因子 A 与 B 的水平与试验结果

A \ B	100	260	500	800	900
200			100	115	
250	95	103	115	130	135
300			125		
350		115	127		
400			128		

从表 5.2.1 可见,有三组参数搭配可使输出直流电压为 115V,这三组参数搭配是

$$\text{I}\begin{cases}A=200\\B=800\end{cases}\qquad \text{II}\begin{cases}A=250\\B=500\end{cases}\qquad \text{III}\begin{cases}A=350\\B=260\end{cases}$$

我们应该选用哪一组参数搭配呢?

按参数设计思想,应该选这样一组参数搭配,它使得偏差 $\delta=|Ey-115|$ 和波动 σ^2 都较小的搭配。如今 δ 已为零或近似为零,那就要看三个搭配的波动大小。以下分几点进行讨论。

1. 寻找波动源

首先要问:引起输出电压 y 波动的原因是什么?大家知道,市场买到的标以 200 欧姆的电阻,其实际电阻并非 200 欧姆,常有±10%的波动,即阻值常在 180 欧姆到 220 欧姆之间。类似地,晶体管的实际放大倍数围绕标称值有更大的波动,常有±50%的波动,标以放大倍数为 500 的晶体管,其实际放大倍数常在 250 到 750 倍之间。元器件参数的此种波动是电路输出电压 y 波动的源泉,必须重视它与研究它。由于元器件参数的此种波动是人们难以控制的,又与元器件的标称值不是一回事,故称此种元器件参数的波动为**噪声因子**,分别记为 A' 和 B',即

A':电阻标称值有±10%的波动

B':晶体管电流放大倍数的标称值有±50%的波动

2. 直观分析

噪声因子 A' 和 B' 是如何引起输出电压 y 的波动的呢?从表 5.2.1 上可以看出,当电阻 A 固定在 250 欧姆时,输出电压 y 是 B 的线性函数(见图 5.2.1),这表明,B 的相同增量 ΔB(如 $\Delta B=200$)在任何位置上引起输出电压 y 的增量 Δy 是相同的($\Delta y=10$),这就是通常说的**"线性效应"**。

从表 5.2.1 上还可以看出,在电流放大倍数 B 固定在 500 时,输出电压 y 是 A 的非线性函数(见图 5.2.2),这表明 A 的相同增量 ΔA 在不同位置上引起 y 的增量 Δy 是不同的。譬如,当 A 从 200 增加到 250 时,y 增加了 15V;而当 A 从 350 增加到 400 时,y 只增加 1V。可见,要使输出电压 y 波动小,电阻 A 选得大一些较为有利。这就是通常说

的“**非线性效应**”。

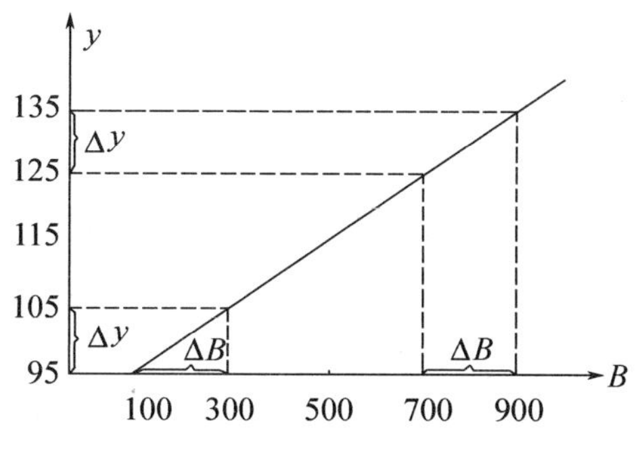

图 5.2.1 A 固定，y 是 B 的线性函数

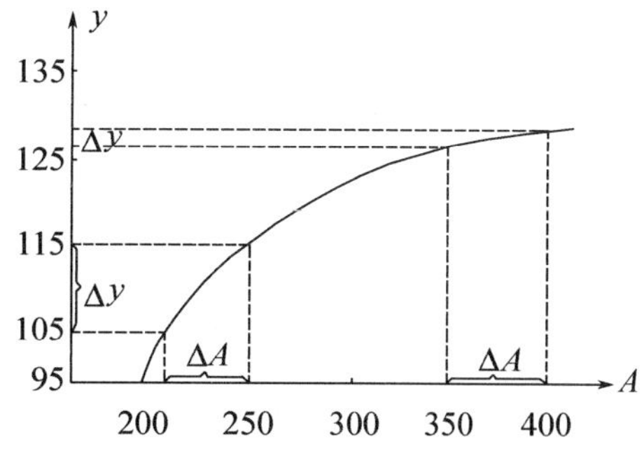

图 5.2.2 B 固定，y 是 A 的非线性函数

一般说来，线性效应有助于将平均值移至目标值，非线性效应有助于降低噪声因子的影响。

综上所述，应选参数组合Ⅲ（$A=350$，$B=260$），它可以使输出电压的波动最小，因为在这三个参数组合中，Ⅲ的电阻最大。

3. 一般方案

上述的直观分析不是在一切参数设计问题中都是可行的，特别在含有多个因子的复杂问题中，噪声因子又是多种多样时，要进行上述直观分析是不可能的，但上述思想是很好的，因此有必要寻找一个一般方案，使得上述思想得以很好地实现。下面结合例 5.2.1 继续来研究这个问题。

以参数组合Ⅰ为例，在噪声因子 A'和 B'的干扰下，取其最大的干扰，形成如下的噪声因子水平表（见表 5.2.2a），并安排一个正交试验 $L_9(3^4)$（见表 5.2.2b）。

表 5.2.2a Ⅰ的噪声因子水平表

	A'	B'
1	180	400
2	200	800
3	220	1200

表 5.2.2b Ⅰ的正交设计 $L_9(3^4)$

	A'	B'	y_i
1	1	1	84
2	1	2	104
3	1	3	124
4	2	1	95
5	2	2	115
6	2	3	135
7	3	1	101.7
8	3	2	121.7
9	3	3	141.7

表 5.2.2a 上二水平就是参数组合Ⅰ的两个参数值，而一水平和三水平分别是±10％和±50％的波动，表 5.2.2b 上的正交设计是大家熟悉的，其中输出电压 y_i 值可通过试验获得，这里我们设法从图 5.2.1 和图 5.2.2 中获得，实际上，当 $B=500$ 时，可从图 5.2.2 上读得如表 5.2.3 的值。

表 5.2.3　在 $B=500$ 时,输出电压值

A	180	200	220	225	250	275	315	350	385
y_A	89.0	100.0	106.7	108.5	115.0	120.5	126.5	127.0	127.4

当 B 取其他值时,可从图 5.2.1 获得如下公式:

$$y=y_A+(B-500)/20 \tag{5.2.1}$$

来求得输出电压 y 的值,譬如表 5.2.2b 的第 1 号试验,当 $A'=180$ 时,从表 5.2.3 查得 $y_A=89$,把它和 $B'=400$ 代入(5.2.1)式就可算得

$$y=89+(400-500)/20=84$$

这就是第 1 号试验的输出电压值,其他输出电压亦可类似算出。由表 5.2.2b 上 9 个输出电压 $y_1,y_2,\cdots,y_9$ 容易得其算术平均 $\bar{y}$、方差的无偏估计 s_1^2(即样本方差)

$$\bar{y}=\frac{1}{9}\sum_{i=1}^{9}y_i=113.57,\quad s_1^2=\frac{1}{9-1}\sum_{i=1}^{9}(y_i-\bar{y})^2=359.90$$

类似地,可对参数组合Ⅱ与Ⅲ分别安排其噪声因子水平表(见表 5.2.4a 和表 5.2.5a)和两个正交试验(见表 5.2.4b 和表 5.2.5b),最后利用表 5.2.3 和(5.2.1)式即可获得各输出电压及其相应的样本方差 $s_2^2=144.25$,$s_3^2=31.84$。比较这三个样本方差,仍以 s_3^2 最小,故参数组合Ⅲ可使输出电压波动最小。

表 5.2.4a　Ⅱ的噪声因子水平表

	A'	B'
1	225	250
2	250	500
3	275	750

表 5.2.5a　Ⅲ的噪声因子水平表

	A'	B'
1	315	130
2	350	260
3	385	390

表 5.2.4b　Ⅱ的正交设计 $L_9(3^4)$

	A'	B'	y_i
1	1	1	96.0
2	1	2	108.5
3	1	3	121.0
4	2	1	102.5
5	2	2	115.0
6	2	3	127.5
7	3	1	108.0
8	3	2	120.5
9	3	3	133.0

表 5.2.5b　Ⅲ的正交设计 $L_9(3^4)$

	A'	B'	y_i
1	1	1	108.0
2	1	2	114.5
3	1	3	121.0
4	2	1	108.5
5	2	2	115.0
6	2	3	121.5
7	3	1	108.9
8	3	2	115.4
9	3	3	121.9

从例 5.2.1 的全过程已经看出稳健设计的思路,但它的实施还有一些具体技术问题

需要研究，它们是：

- 明确参数设计问题
- 区分可控因子与噪声因子
- 内外表设计
- 信噪比问题
- 通过试验获得数据
- 统计分析
- 验证试验

以下分节逐个加以叙述。

5.2.2 明确参数设计问题

对系统设计部分要有全面的了解，特别对其功能和质量特性要有清楚的认识，要选好质量特性 y，找出影响质量特性 y 的因子，要了解 y 与这些因子的函数关系能否确定。若能确定，则写出函数关系；若不能确定，那看能否确定因子水平的变化对 y 的影响趋势，哪怕是部分因子也好。最后还要明确 y 的测量系统，使其能准确和精确地测量 y 的值。

5.2.3 区分可控因子与噪声因子

一、可控因子

在生产中水平可由试验者选择或控制的因子称为**可控因子**。如例 5.2.1 中电阻 A 与电流放大倍数 B 都是可控因子。通常一个生产过程有许多可控因子。过程愈复杂，可控因子也愈多。一般，一个稳健设计以选 3 到 8 个可控因子为宜，每个因子设定 2 到 3 个水平为好，其中一个是通常的使用水平，所设定的水平要尽量拉开距离，使所设定的水平能覆盖较广的区域。经验告诉人们，应尽量选用 3 水平，这样便于考察起始水平两侧对 y 的影响，也可识别非线性效应。

二、噪声因子

在生产中水平不宜被试验者控制、或很难控制、或要花昂贵的代价才能控制的因子称为**噪声因子**。噪声因子是引起质量特性 y 波动的源泉，一般，它有三种：

1. 外部噪声

使用产品时的环境以及其他承受的负荷是引起产品功能波动的两大外因，它们都是噪声因子。属于环境的噪声因子有周围的温度、湿度、灰尘、电源电压、电磁干扰、振动等，与负荷有关的噪声因子有连续运转的时间、负荷变化等。

2. 零件间噪声

零件制造过程不可避免的波动致使零件间有差异。如元器件的实际值与标称值的差异，标明 100 欧姆的电阻，可能是 101 欧姆，也可能是 98 欧姆。

3. 内部噪声

由于使用和储存时间过长，零件老化或产品机能衰退而引起产品质量特性的波动。

稳健设计的基本宗旨是改变某些可控因子的水平，使噪声因子对产品质量特性 y 的影响减到最小，因此确定可控因子、识别噪声因子是件非常重要的事，切勿遗留重要的可控因子和噪声因子。

5.2.4 内外表设计

把诸可控因子放在一张正交表(或其他设计表)上,此表称为**内表**(如表 5.2.1)。把诸噪声因子放在另一张正交表(或其他设计表)上,此表称为**外表**(如表 5.2.2b,表 6.2.4b,表 5.2.5b)。内表中每一个试验点(可控因子水平组合)各对应一张外表。如例 5.2.1 中,内表 5.2.1 有 11 个试验点,应有 11 张外表,如今我们只选了其中的 3 个试验点各设计了一张外表,若有需要,其他每个试验点亦可设计一张类似的外表。表 5.2.6 是一张典型的内外表设计图。其中内表用 $L_9(3^4)$,可安排 4 个三水平的可控因子 A、B、C、D,外表用 $L_4(2^3)$,可安排三个二水平的噪声因子 M、N、P。在外表相同的情况下,可以把表 5.2.6 的内外表设计图排列成一张**直积表**(见表 5.2.7),使用起来更为方便。表 5.2.6 和表 5.2.7 中诸 y_{ij} 是内表第 i 个(可控因子)水平组合与对应外表中第 j 个(噪声因子)水平组合结合的试验结果。η_i 是由第 i 张外表上试验结果 y_{1i},…,y_{i4} 算得的波动指标。

表 5.2.6 内外表设计图

$L_9(3^4)$	A 1	B 1	C 3	D 4	η
1	1	1	1	1	η_1 →
2	1	2	2	2	η_2
3	1	3	3	3	η_3
4	2	1	2	3	η_4
5	2	2	3	1	η_5
6	2	3	1	2	η_6
7	3	1	3	2	η_7
8	3	2	1	3	η_8
9	3	3	2	1	η_9 →

$L_4(2^3)$	M 1	N 2	P 3	
1	1	1	1	y_{11}
2	1	2	2	y_{12}
3	2	1	3	y_{13}
4	2	2	1	y_{14}

$L_4(2^3)$	M 1	N 2	P 3	
1	1	1	1	y_{91}
2	1	2	2	y_{92}
3	2	1	2	y_{93}
4	2	2	1	y_{94}

表 5.2.7 内外表组成的直积表

					P	1	2	2	1	
	A	B	C	D	N	1	2	1	2	
	1	2	3	4	M	1	1	2	2	η
1	1	1	1	1		y_{11}	y_{12}	y_{13}	y_{14}	η_1
2	1	2	2	2		y_{21}	y_{22}	y_{23}	y_{24}	η_2
3	1	3	3	3		y_{31}	y_{32}	y_{33}	y_{34}	η_3
4	2	1	2	3		y_{41}	y_{42}	y_{43}	y_{44}	η_4
5	2	2	3	1		y_{51}	y_{52}	y_{53}	y_{54}	η_5
6	2	3	1	2		y_{61}	y_{62}	y_{63}	y_{64}	η_6
7	3	1	3	2		y_{71}	y_{72}	y_{73}	y_{74}	η_7
8	3	2	1	3		y_{81}	y_{82}	y_{83}	y_{84}	η_8
9	3	3	2	1		y_{91}	y_{92}	y_{93}	y_{94}	η_9

5.2.5 进行试验,获得每个试验结果 y_{ij}

若内表有 m 个水平组合,每个外表都有 n 个水平组合,则内外表设计共需进行 mn 个试验,测得 mn 个质量特性值 y_{ij}。完成这些试验需要耐心和细致,任何大意都会导致误差增大,就会增加以后数据分析的困难,甚至会得到错误的结论。

假如是**可计算特性的项目**,质量特性 y 是诸可控因子和诸噪声因子的已知函数,$y=f(C_1,C_2,\cdots,C_p,N_1,N_2,\cdots,N_q)$,那就不用进行试验,而是通过计算获得 mn 个质量特性值 y_{ij}。其中 C_i 表示第 i 个可控因子,p 是可控因子的个数,N_j 表示第 j 个噪声因子,q 是噪声因子的个数。

5.2.6 信噪比

用每张外表上的数据要算出一个表示 y 的波动指标 η 作为内表指标。在例 5.2.1 中用外表上 9 个数据 $y_1,y_2,\cdots,y_9$ 算得方差的无偏估计 s^2,并找到较为稳定的参数组合。但田口认为用信噪比作为质量特性 y 的波动指标更为适合,并对不同的质量特性给出了不同的信噪比。这里介绍最常用的三种质量特性及其信噪比。

一、望目特性

若产品的质量特性 y 是连续量,且不为负,它可取 0 到∞上的任意值,其目标值 m 是非零的有限值,这样的 y 称为**望目特性**。如例 5.2.1 中电源电路输出电压 y 就是望目特性,它的目标值 $m=115\text{V}$。在望目特性场合,田口建议的信噪比是来源于信号传输中的信噪比。在信号传输中信噪比是定义为信号的功率与噪声的功率之比。在望目特性问题中把指标均值的平方 $(Ey)^2=\mu^2$ 看作信号的功率,噪声的功率就是 y 的方差 σ^2,于是**望目特性的信噪比**的定义为

$$SN\ \text{比}=\frac{\text{信号的功率}}{\text{噪声的功率}}=\frac{\mu^2}{\sigma^2}$$

从统计角度看,此种信噪比是变异系数 (σ/μ) 平方的倒数,而变异系数是一种既可消除量纲影响又可度量波动大小的指标,变异系数是愈小愈好。而信噪比是变异系数的严格减函数,当然也可用来度量波动的大小,只是信噪比愈大波动愈小。为了获得信噪比的估计,用分子 μ^2 和分母 σ^2 的无偏估计分别去代替其分子与分母,从而得到 SN 比的估计。若记 $y_1,y_2,\cdots,y_n$ 是质量特性 y 的 n 个观察值,又记

$$\bar{y}=\frac{1}{n}\sum_{i=1}^{n}y_i,\quad s^2=\frac{1}{n-1}\sum_{i=1}^{n}(y_i-\bar{y})^2 \tag{5.2.2}$$

可以验证:$\bar{y}^2-s^2/n$ 是 μ^2 的无偏估计,s^2 是 σ^2 的无偏估计,那么 y 的信噪比的估计为

$$\eta^*=\frac{\bar{y}^2-s^2/n}{s^2} \tag{5.2.3}$$

田口还仿照信号传输中信噪比的单位,对上述 η^* 取常用对数,再乘以 10 后仍称为信噪比,并以“分贝(db)”作为单位,即

$$\eta=10\ \lg\eta^*\ (\text{db}) \tag{5.2.4}$$

注:我们仅在指标 y 服从正态分布和对数正态分布场合下,产生大量随机数,在相同情况下计算出很多 SN 比观察值,然后经正态性检验,它们都近似服从正态分布,这对以后使用方差分析带来方便。这可能就是田口使用信噪比的原因吧!而方差无偏估计 s^2 不大会近似正态分布,特别在小样本场合。

二、望小特性

产品的质量特性 y 是连续量且不为负,它可取 0 到∞上的任意值,且是愈接近 0 愈好,0 是它的理想值,这样的 y 称为**望小特性**。如零件的磨损量、金属的腐蚀量、化学制品的杂质含量、微波炉的辐射量等都是望小特性。由于在望小特性场合没有目标值,故望小特性的参数设计只有稳健设计,没有灵敏度设计。

在望小特性场合,使用 $m=0$ 时的平方损失函数(见图 5.2.3),即

$$L(y)=ky^2,\quad y>0 \tag{5.2.5}$$

其平均损失为($k=1$ 时)

$$E(L)=Ey^2=\sigma^2+\mu^2 \tag{5.2.6}$$

在望小特性场合总希望 σ^2 与 μ^2 都愈小愈好,这与平均损失(5.2.6)愈小愈好是一致的。若 $y_1,y_2,\cdots,y_n$ 是 y 的 n 个观察值,则 $\frac{1}{n}\sum_{i=1}^{n}y_i^2$ 是平均损失 Ey^2 的无偏估计,故只要使 $\frac{1}{n}\sum_{i=1}^{n}y_i^2$ 愈小即可。田口为统一使用信噪比这个名称,改用

$$\eta=-10\ \lg\left(\frac{1}{n}\sum_{i=1}^{n}y_i^2\right)(\mathrm{db}) \tag{5.2.7}$$

并称 η 为**望小特性的信噪比**,用分贝作单位。其实信噪比 η 愈大愈好等价于平均损失愈小愈好。

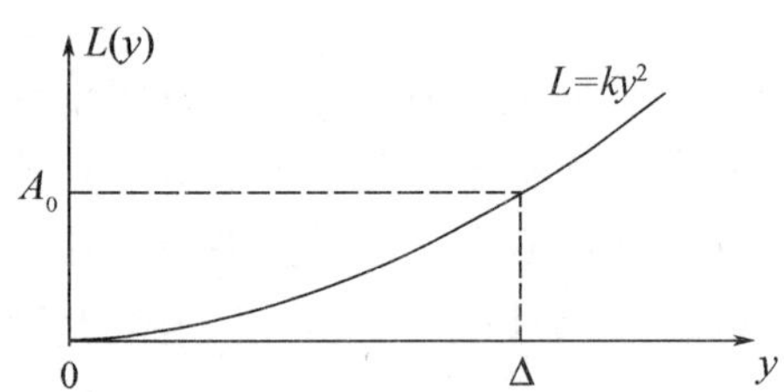

图 5.2.3 望小特性的损失函数

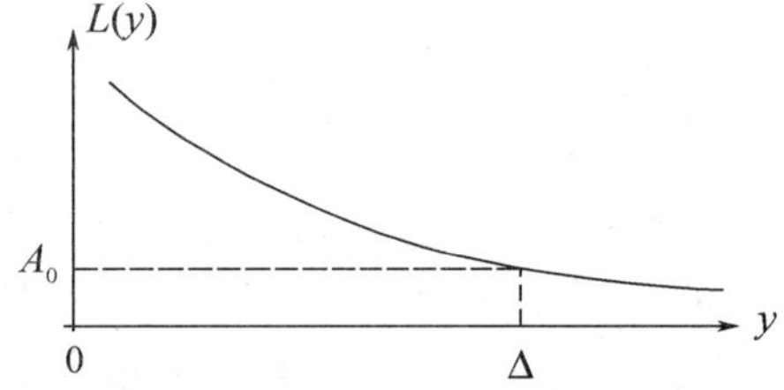

图 5.2.4 望大特性的损失函数

三、望大特性

产品的质量特性 y 是连续量且不为负,我们希望它愈大愈好,这样的 y 称为**望大特性**。如材料的强度、弹簧的寿命、电线的机械强度、载重一定的汽车一加仑汽油行驶的里程数等都是望大特性。由于在望大特性场合也没有目标值,故也不用灵敏度设计,只需进行稳健设计即可。

若 y 为望大特性,则 $1/y$ 为望小特性,故以 $1/y$ 代替(5.2.5)中的 y,即得望大特性的损失函数(见图 5.2.4)

$$L(y)=k/y^2,\quad y>0 \tag{5.2.8}$$

平均损失 $E(L)$ 可以近似算得。若把函数 $f(y)=1/y$ 在 $Ey=\mu$ 处作一阶泰勒展开，可得

$$\frac{1}{y}\approx\frac{1}{\mu}-\frac{1}{\mu^2}(y-\mu)$$

在假定 y 的分布是对称时，进而可得平均损失

$$E\left(\frac{1}{y^2}\right)=E\left[\frac{1}{\mu^2}+\frac{1}{\mu^4}(y-\mu)^2-\frac{2}{\mu^3}(y-\mu)\right]=\frac{1}{\mu^2}+\frac{\sigma^2}{\mu^4}=\frac{1}{\mu^2}\left(1+\frac{\sigma^2}{\mu^2}\right) \tag{5.2.9}$$

在望大特性场合总希望 μ^2 极大化而 σ^2 极小化，这就导致上式(平均损失)极小化。若 $y_1,y_2,\cdots,y_n$ 是 y 的 n 个观察值，则可用 $\frac{1}{n}\sum_{i=1}^{n}y_i^{-2}$ 估计平均损失。田口仿照望小特性下信噪比的定义类似给出**望大特性下信噪比**的公式如下：

$$\eta=-10\ \lg\left(\frac{1}{n}\sum_{i=1}^{n}y_i^{-2}\right)(\text{db}) \tag{5.2.10}$$

上述望小特性和望大特性的信噪比并不是遵循信噪比的原始定义导出的，而是从各自的平均损失引出的，只是借用信噪比的名称罢了。信噪比在实际应用和理论分析上都是有争议的。使用信噪比有成功的例子，也有失败的例子。当使用信噪比不满意时，可以改用其他波动指标试一下，备用的波动指标有：

1. 最大绝对偏差(在望目特性下)

$$\Delta=\max_{1\leqslant i\leqslant n}|y_i-m|$$

2. 方差的无偏估计

$$s^2=\frac{1}{n-1}\sum_{i=1}^{n}(y_i-\bar{y})^2$$

至今尚无一种比信噪比更适用又简单的波动指标，只能在实际中边使用边创造。

5.2.7　进行统计分析

分以下几步进行：

第一，每张外表上的数据算出一个信噪比 η。譬如内表第 i 号水平组合对应的外表上的试验结果为 $y_{i1},y_{i2},\cdots,y_{in}$，则对望目特性来讲：

$$\eta_i=10\ \lg\frac{\bar{y}_i^2-s_i^2/n}{s_i^2}$$

其中 $\bar{y}_i=\frac{1}{n}\sum_{j=1}^{n}y_{ij}$，　$s_i^2=\frac{1}{n-1}\sum_{j=1}^{n}(y_{ij}-\bar{y}_i)^2$

对望小特性来讲：

$$\eta_i=-10\ \lg\left(\frac{1}{n}\sum_{j=1}^{n}y_{ij}^2\right)$$

对望大特性来讲：

$$\eta_i = -10\ \lg\left(\frac{1}{n}\sum_{j=1}^{n}\frac{1}{y_{ij}^2}\right)$$

第二，算得的诸信噪比 η_i 对号放入内表，按正交设计法进行统计分析：直观分析或方差分析，从中获得一些推断。这些推断主要是：

1. 确定哪些可控因子对信噪比的增加有显著影响。

2. 可控因子的什么水平组合对降低波动是最佳的或是满意的。

3. 是否还需要进行第二轮试验？这是在波动尚未减少到满意的水平时要采取的措施。若要进行第二轮试验，就需从前一轮试验中提取各因子水平趋向的信息。

4. 对望目特性来说，还要观察其均值是否接近目标值。若已接近，达到预期要求，可以不进行灵敏度设计，否则还要进行灵敏度设计与分析。

5.2.8 验证试验

从统计分析所获得的一些推断需要通过试验验证其准确性与可重复性。若验证试验的结果与预期相符，则可采用统计分析的结果。若与预期不符，则需要寻找原因，采取补救措施。失败的可能原因有：

1. 质量特性选择不当。

2. 少数可控因子间的交互作用不应忽略，致使可加模型失效。

3. 信噪比失灵，要寻求更适宜的波动指标。

4. 诸 y_{ij} 的测量有误。

5. 统计分析中的计算有误。

综上所述，稳健设计的工作步骤可按下列框图进行（见图 5.2.5）。

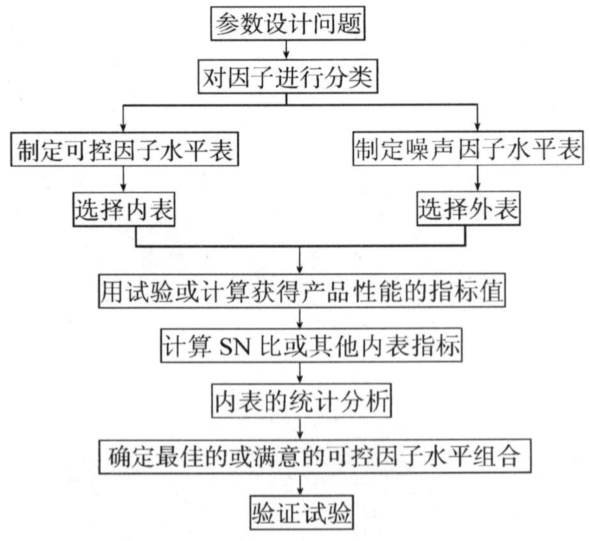

图 5.2.5 稳健设计框图

例 5.2.2 电感电路的参数设计

由电路知识知道，电感电路由电阻 R（单位：Ω），电感 L（单位：H）和一个电源组成（见图 5.2.6）。

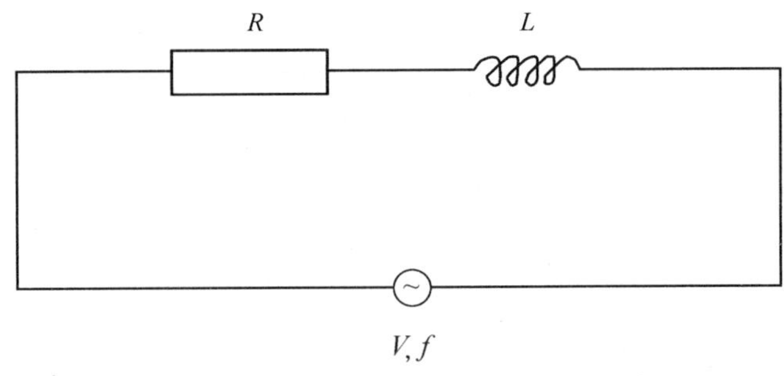

图 5.2.6 电感电路

当输入交流电压 V（单位：V）和电流频率 f（单位：Hz）时，输出电流强度 y（单位：A）可由下列公式算得

$$y=\frac{V}{\sqrt{R^2+(2\pi fL)^2}} \tag{5.2.11}$$

如今在输入电压 $V=100\pm10$V 和频率 $f=55\pm5$Hz 的条件下，要求输出电流强度的目标值为 $m=10$A 时，如何确定元件 R 与 L 的参数值？这是一个望目特性的参数设计，又是一个可计算特性的参数设计。因为此电路的指标（电流强度）可通过(5.2.11)式获得，从而可用计算代替试验，下面分几步来完成这个参数设计。

(1)因子及因子分类

在这个电路设计问题中共有四个因子：R、L、V 和 f，其中 R 和 L 是可控因子，而噪声因子有四个，R' 和 L' 是零件间的噪声，V 和 f 是外部噪声，这些都是人们不能控制的。

(2)确定因子水平

根据专业知识所确定的可控因子 R 和 L 的三个水平如表 5.2.8 所示。四个噪声因子亦各选三个水平，其中 R' 和 L' 水平按三级品的波动量为 ±10% 给出，V 按 ±10V 给出，f 按 ±5Hz 给出，具体见表 5.2.8 的下部。

表 5.2.8 因子水平表

	1	2	3
可控因子			
R(Ω)	0.5	5.0	9.5
L(H)	0.02	0.03	0.04
噪声因子			
R'(Ω)	内表值×0.9	内表值	内表值×1.1
L'(H)	内表值×0.9	内表值	内表值×1.1
V(V)	90	100	110
f(Hz)	50	55	60

(3)内外表设计

把可控因子 R 和 L 放在正交表 $L_9(3^4)$ 的第 1、2 列上，把噪声因子 R'、L'、V、f 顺次放在另一张正交表 $L_9(3^4)$ 的第 1、2、3、4 列上，由此内外表组成的直积表如表 5.2.9 所示。

表 5.2.9 $L_9 \times L_9$ 的直积表

				1	2	3	4	5	6	7	8	9			
			R' 1	1	1	1	2	2	2	3	3	3			
			L' 2	1	2	3	1	2	3	1	2	3			
	R	L	V 3	1	2	3	2	3	1	3	1	2			
	1	2	f 4	1	2	3	3	1	2	2	3	1	$\bar{y}_i$	s_i^2	η_i
1	1	1		15.87	14.44	13.24	14.70	17.45	11.81	17.62	11.90	14.42	14.61	4.47	16.78
2	1	2		10.60	9.64	8.84	9.81	11.65	7.88	11.77	7.95	9.63	9.75	2.00	16.76
3	1	3		7.95	7.23	6.63	7.36	8.75	5.92	8.83	5.96	7.23	7.32	1.13	16.75
4	2	1		12.45	12.13	11.66	11.86	13.70	9.89	13.25	9.64	11.32	11.77	1.85	18.74
5	2	2		9.37	8.85	8.31	8.82	10.31	7.23	10.16	7.16	8.52	8.75	1.24	17.90
6	2	3		7.39	6.88	6.40	6.91	8.13	5.62	8.09	5.61	6.72	6.86	0.84	17.46
7	3	1		8.78	9.10	9.23	8.57	9.66	7.40	9.05	6.98	7.98	8.53	0.80	19.59
8	3	2		7.47	7.44	7.29	7.18	8.22	6.06	7.85	5.84	6.79	7.13	0.61	19.22
9	3	3		6.35	6.15	5.89	6.04	6.98	5.02	6.77	4.91	5.77	5.99	0.49	18.63

(4)计算指标值

用(5.2.11)式计算电流强度值 y，以内表第 1 号试验($i=1$)为例来说明其计算过程。在内表第 1 号试验中可控因子 R 与 L 均取 1 水平，即 $R_1=0.5\Omega$，$L_1=0.02\text{H}$，于是根据表 5.2.8 立即可算得噪声因子 R'和 L'的三个水平如下：

$$R'_1=0.5\times0.9=0.45,\quad L'_1=0.02\times0.9=0.018$$
$$R'_2=0.5,\quad L'_2=0.02$$
$$R'_3=0.5\times1.1=0.55,\quad L'_3=0.02\times1.1=0.022$$

结合表 5.2.8 列出的另外两个噪声因子 V 和 f 的三个水平就可按外表设计算出 y_{11}，y_{12}，…，y_{19}，如

$$y_{11}=\frac{V_1}{\sqrt{R_1'^2+(2\pi f_1 L'_1)^2}}=\frac{90}{\sqrt{0.45^2+(2\pi\times50\times0.018)^2}}=15.87$$

$$y_{12}=\frac{V_2}{\sqrt{R_1'^2+(2\pi f_2 L'_2)^2}}=\frac{100}{\sqrt{0.45^2+(2\pi\times55\times002)^2}}=14.44$$

所得结果列于表 5.2.9 的中部第一行，类似计算可对另外 8 张外表进行，全部结果见表 5.2.9 的中下部。

(5)计算信噪比

用表 5.2.9 上每一行上 9 个数据 y_{i1}，y_{i2}，…，y_{i9} 分别计算均值 $\bar{y}_i$，方差估计 s_i^2 和 SN 比 η_i，譬如在 $i=1$ 时，

$$\bar{y}_1=\frac{1}{9}(15.87+14.44+\cdots+14.42)=14.61$$

$$s_1^2 = \frac{1}{8}(15.87^2 + 14.44^2 + \cdots + 14.42^2 - 9\bar{y}_1^2) = 4.47$$

$$\eta_1 = 10\ \lg \frac{\bar{y}_1^2 - s_1^2/9}{s_1^2} = 16.78$$

类似可算出内表第 2 至第 9 号试验的 SN 比，全部结果列在表 5.2.9 的右侧。

(6)内表的统计分析

按正交设计法进行统计分析。首先在内表(见表 5.2.10)上计算各列各水平 SN 比之和，然后计算各列的偏差平方和 S_1, S_2, S_3, S_4 和总的偏差平方和 S_T。譬如 S_1 和 S_T 的计算如下：

$$S_1 = \frac{1}{3}(50.29^2 + 54.10^2 + 57.44^2) - CT = 8.53$$

$$S_T = (16.78^2 + 16.76^2 + \cdots + 18.63^2) - CT = 9.85$$

其中修正项 $CT = T^2/9 = 2909.88$，这里 T 是内表的 SN 比之和。由于 $S_T = S_1 + S_2 + S_3 + S_4$，这说明上述计算无误。

表 5.2.10 正交表的统计分析

i	R 1	L 2	3	4	η (db)
1	1	1	1	1	16.78
2	1	2	2	2	16.76
3	1	3	3	3	16.75
4	2	1	2	3	18.74
5	2	2	3	1	17.90
6	2	3	1	2	17.46
7	3	1	3	2	19.59
8	3	2	1	3	19.22
9	3	3	2	1	18.63
T_1	50.29	55.11	53.46	53.31	$T=161.83$
T_2	54.10	53.88	54.13	53.81	$T^2/9=2909.88$
T_3	57.44	52.84	54.24	54.47	$S_T=9.85$
S	8.53	0.86	0.12	0.34	

把表 5.2.10 上各列偏差平方和填入方差分析表(见表 5.2.11)，空白列(第 3,4 列)的偏差平方和最小，可认为可控因子 R 与 L 之间无交互作用。经方差分析表明，可控因子 R 高度显著，而 L 不显著。

表 5.2.11 *SN* 比的方差分析表

来源	偏差平方和	自由度	均方	F 比	P 值	显著性
R	8.53	2	4.27	37.13	2.61×10^{-3}	* *
L	0.86	2	0.43	3.74	0.12	
e	0.46	4	0.115			
T	9.85	8	$F_{0.99}(2,4)=18.0$, $F_{0.95}(2,4)=6.96$			

(7)确定最佳参数设计方案

根据方差分析结果,高度显著的因子 R 应选其使 SN 比最大的水平 $R_3=9.5\Omega$。而不显著因子 L 的水平可以任意选择,宜取 SN 比较大的水平 $L_1=0.02\text{H}$ 为好。这样一来,最佳水平组合应是 R_3L_1,它是内表的第 7 号试验,该号试验的 SN 比在 9 个试验中是最大的。

第 7 号试验的可控因子水平组合 R_3L_1 确使波动减少,其方差只有 $s_7^2=0.80$,但其均值 $\bar{y}_7=8.53\text{A}$ 与目标值 $m=10\text{A}$ 尚有一定距离,进一步的工作是设法减少偏差 δ,这是下一步灵敏度分析要解决的问题。

习题 5.2

1. 将质量 $m=0.2\text{kg}$ 的物体用力 $F(\text{N})$和仰角 α 抛射,假设水平到达距离 $y(\text{m})$可用下式给出:

$$y=\frac{1}{g}\left(\frac{F}{m}\right)^2\sin(2\alpha)$$

其中 $g=9.800\text{m/s}^2$ 是重力加速度。现在要求对目标距离为 150m,用望目特性参数设计方法寻求稳定条件。这个问题的可控因子与噪声因子的水平见下表:

水平	一	二	三
可控因子			
F(力)	1	7	13
α(角度)	10	22.5	35
噪声因子			
m(质量)	0.19	0.20	0.21
F(力)	$0.9F$	F	$1.1F$
α(角度)	$\alpha-5$	α	$\alpha+5$

§5.3 灵敏度设计

5.3.1 什么是灵敏度设计

在望目特性下,田口原想把方差与均值集中于一个内表指标——SN 比之内,用极大

化 SN 比来达到目的，可在实践中不是每次都能如愿以偿的。假如可控因子的水平选得好，那用 SN 比作为内表指标，可使波动与偏差同时减少。假如可控因子的水平不在最佳区域内，那用 SN 比只能减少波动，减少偏差总有一定限度，如前述的电感电路设计的例子就是这样。而在实际操作中，可控因子水平的最佳区域一眼很难看得十分清楚，因此灵敏度设计在望目特性下常常是需要进行的。

灵敏度设计的基本宗旨是在基本不增加波动的场合下设法把均值调节到目标值。如何才能实现这一想法呢？下面的例子会给我们启发。

例 5.3.1 大规模集成电路(在 1 平方厘米的晶粒面积上有超过 25 万个电晶体)的制造大约有 150 道工序，复晶矽的沉积工序大约在制造过程的一半地方，所以当晶片进入这道工序时已有相当的附加价值了。这道工序是用一个降压反应器把复晶矽沉积在晶片上，要求沉积在晶片上的复晶矽不仅要均匀，而且厚度要达到目标值 3600Å($1Å = 10^{-10}$ 米)。通过试验，找到沉积温度(其他可控因子固定在某水平上)对厚度均匀性的影响，具体见表 5.3.1。

表 5.3.1 沉积温度对厚度均匀性的影响

实验号	沉积温度(℃)	平均厚度(Å)	标准差(Å)
1	T_0	1800	32
2	T_0+25	3400	200

从表 5.3.1 可见，在温度 T_0 ℃下，虽然厚度平均值是 1800Å，距目标值甚远，但标准差小。而在温度(T_0+25)℃下，平均厚度 3400Å 很接近目标值，但标准差较大。在这里我们看到一个很典型的情况，即改变一个因子的水平，会同时改变均值与标准差，在这种情况下，究竟选用哪一个温度呢？有人可能会选用(T_0+25)℃，然后再把温度提高 1～2℃，使平均厚度达到 3600Å ，但这样做就使标准差居高不下，可能会超过 200Å。我们可以换一条思路考虑，因为降低标准差是一件很不容易的事，如今在 T_0 ℃处已使标准差降至 32Å，那么能否保持这个温度，而在可控因子中再选出一个因子，它的水平改变对标准差无影响或影响小，而对均值(平均厚度)有较大影响，这样的因子我们称为**调节因子**。在这个问题中恰好有“沉积时间"这个可控因子，复晶矽的厚度与沉积时间成正比例，而标准差也会同倍增加。在表 5.3.1 中的两个试验的沉积时间都固定在 36 分钟，这时若固定沉积温度在 T_0 ℃上，而让沉积时间为原来的 3600/1800＝2 倍，这时，相对的标准差也增加 2 倍，即为 32×2＝64Å，远小于第 2 号试验的标准差 200Å。因此，把温度固定在 T_0 ℃上，另选一个调节因子是一个很好的思路。

从上面的例子可以看出，对于波动小的试验要给予特别重视，进一步减少偏差的关键在于寻找调节因子，此因子水平的变化对偏差增大或减少是很敏感的，但对波动的影响甚微或很小。如何寻找调节因子呢？这是灵敏度设计与分析要解决的问题。

5.3.2 灵敏度设计与分析的要点

1. 确定灵敏度

为内表确定第二个指标——灵敏度，田口建议用指标均值($Ey=\mu$)的平方 μ^2 的无

偏估计(即 SN 比的分子部分)作为灵敏度，即内表第 i 号试验的灵敏度为

$$\hat{\mu}_i^2=\bar{y}_i^2-s_i^2/n$$

或

$$S_i=10\lg(\bar{y}_i^2-s_i^2/n)(\mathrm{db})$$

其中 $\bar{y}_i$ 和 s_i^2 分别为第 i 号试验的均值和方差的无偏估计。有人批评这个定义把问题复杂化了，若用样本均值 $\bar{y}_i$ 作为灵敏度，不仅直观，计算简便，而且其正态性也更好一些，从而对 $\bar{y}_i$ 作方差分析时，其结论更为可信，故本章将用 y_i 作为灵敏度。

2. 对灵敏度做统计分析

在内表上用灵敏度 $\bar{y}_i$ 去代替 SN 比 η_i，然后仿照正交设计的统计分析方法，先计算内表上每列各水平的灵敏度之和，接着计算各列的偏差平方和及总的偏差平方和，最后进行方差分析，确定显著因子。

3. 可控因子分类

对可控因子进行分类，选出调节因子。根据可控因子在两个内表指标 SN 比 η 和灵敏度 $\bar{y}$ 下的显著性，把可控因子分为四类，详见表 5.3.2，其中"*"表示显著性，从表 5.3.2 可见第Ⅲ类因子就是我们要寻找的调节因子。

表 5.3.2　可控因子分类表

类别	稳定性分析	灵敏度分析	因子名称
Ⅰ	*	*	重要因子
Ⅱ	*		稳健因子
Ⅲ		*	调节因子
Ⅳ			次要因子

有人建议把可控因子分为五类，即把上述重要因子(Ⅰ类因子)再分为两类，现以例子形式加以叙述。

例 5.3.2　设有一个参数设计问题，其中有五个可控因子 A、B、C、D、E，它们各有三个水平，经稳健设计后，分别计算其 SN 比 η_i 和灵敏度 $\bar{y}_i$。对这五个因子分别进行 SN 比的统计分析和灵敏度的统计分析后就可作出其因子效应图。假如其因子效应图如图 5.3.1 所示，图中两条横线分别是 SN 比的总平均和灵敏度的总平均。从图中可以明显看出，因子 A 与 B 是第Ⅰ类因子，它们对 SN 比和灵敏度都有显著影响；因子 C 是第Ⅱ类因子，可用来增大 SN 比而对灵敏度影响不大；因子 D 是第Ⅲ类因子，可用来调节灵敏度而对 SN 比影响不大；因子 E 是第Ⅳ类因子，它对 SN 比和灵敏度影响都不大。对第Ⅳ类次要因子可以从其他方面考虑来选取一个最合适的水平，如加工的难易程度或成本大小等。

对第Ⅰ类因子又可分为互补因子和互斥因子两种情况。譬如调节某个Ⅰ类因子的水平，SN 比增加不少，而均值又更靠近目标值 m，这就是互补因子；若 SN 比增加，而均值反而远离目标值 m，那就是互斥因子。假如要使灵敏度 $\bar{y}$ 提高，那么因子 A 是互补因

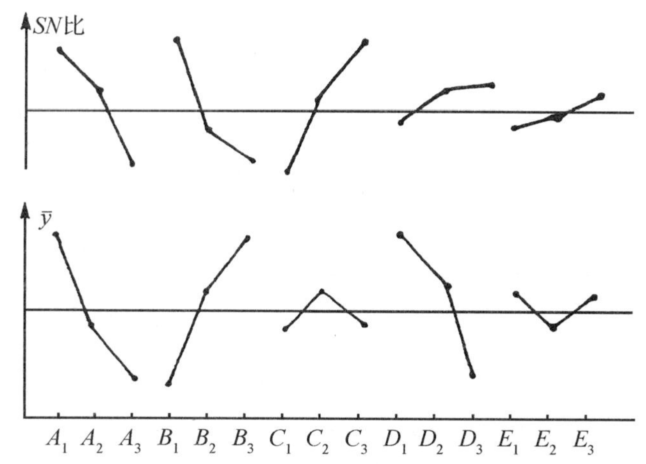

图 5.3.1　因子效应图

子，而因子 B 是互斥因子；假如要使灵敏度 $\bar{y}$ 降低，那么 A 是互斥因子，B 是互补因子。

4. 调节因子的使用

改变调节因子的水平，使其均值 $\bar{y}$ 接近目标值 m。由于调节因子只对灵敏度有影响，而对 SN 比影响不大，故在改变调节因子水平时不会使 SN 比有很大的变化，但一点影响没有也不可能。若有一点影响，那也得容忍一下，因为换来的是 $\bar{y}$ 接近目标值。若此种影响很大，那可用第Ⅱ类因子（稳健因子）再把 SN 比提高。这样调节几次后，可使波动与偏差都减到可容忍的范围之内。假如几次调节还达不到目的，就需要改变可控因子的水平区域，进行第二轮试验，在新的水平区域内重复以上过程，直至达到目标为止。而新的水平范围的确定可以利用Ⅰ，Ⅱ，Ⅲ类因子提供的信息。

在望小特性和望大特性的参数设计问题中，常不使用灵敏度分析，因为它们没有目标值。若其均值 $\bar{y}$ 尚不能使人满意时，也可寻找调节因子进行调节，若仍不能达到目的，还可以改变可控因子的水平范围，进行下一轮试验。

下面的例子告诉我们如何进行灵敏度分析。

例 5.3.3　仍考察电感电路的设计问题，其因子与水平同前，在那里对 SN 比已进行了稳健性分析，认为 R 是显著因子，这里继续下去，对 $\bar{y}$ 继续灵敏度分析，为此从表 5.2.9 中摘出诸 $\bar{y}_i$ 列于表 5.3.3 中。

在表 5.3.3 中对 $\bar{y}$ 进行统计分析，计算各列的偏差平方和，然后填入方差分析表（见表 5.3.4）。方差分析表明，因子 L 对灵敏度 $\bar{y}$ 是显著的。根据 SN 比和 $\bar{y}$ 的两张方差分析表的结果，可对可控因子进行分类（见表 5.3.5），结果是电阻 R 是稳健因子，电感 L 是调节因子，于是可用电感 L 这个调节因子使 $\bar{y}$ 接近目标值 $m=10$A。从因子效应图（图 5.3.2）上亦可以看出。

表 5.3.3 y 的统计分析

i	R 1	L 2	3	4	$\bar{y}_i$
1	1	1	1	1	14.61
2	1	2	2	2	9.75
3	1	3	3	3	7.32
4	2	1	2	3	11.77
5	2	2	3	1	8.75
6	2	3	1	2	6.86
7	3	1	3	2	8.53
8	3	2	1	3	7.13
9	3	3	2	1	5.99
T_1	31.68	34.91	28.60	29.35	$T=80.71$
T_2	27.38	25.63	27.51	25.14	$T^2/9=723.79$
T_3	21.65	20.17	24.60	26.22	
S	16.88	37.02	2.85	3.19	$S_T=59.94$

表 5.3.4 $\bar{y}$ 的方差分析表

来源	偏差平方和	自由度	均方	F 比	P 值	显著性
R	16.88	2	8.44	5.59	6.94×10^{-2}	
L	37.02	2	18.51	12.26	1.97×10^{-2}	*
e	6.04	4	1.51			
T	59.94	8	$F_{0.95}(2,4)=6.94$, $F_{0.99}(2,4)=18.0$			

表 5.3.5 可控因子分类表

类别	稳定性分析	灵敏度分析	因子
Ⅰ			无
Ⅱ	* *		R(稳健因子)
Ⅲ		*	L(调节因子)
Ⅳ			无

从图 5.3.2 的三个水平的 $\bar{y}$ 之平均可以看出，L 愈小有使 $\bar{y}$ 增大的趋势，于是可把电感 L 的最小水平 $L_1=0.02\text{H}$ 再减少到 $L_0=0.01\text{H}$，有望使 $\bar{y}$ 增加，而 R 保持在 $R_3=9.5\Omega$ 的最佳水平上，结合噪声因子的水平表，在 $R=9.5\Omega, L=0.01\text{H}$ 时，可算得 9 个外表的 y 值(单位：A)：

9.99　10.84　11.58　9.91　10.99　8.80　10.09　8.10　9.09

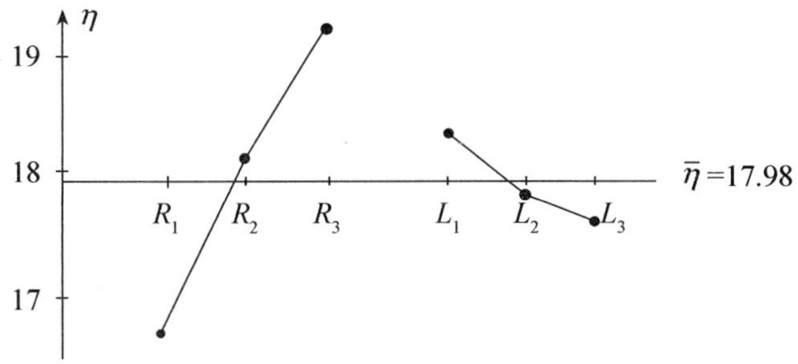

水平	R	L
1	16.73	18.33
2	18.03	17.96
3	19.15	17.61

数据来自表 5.2.10

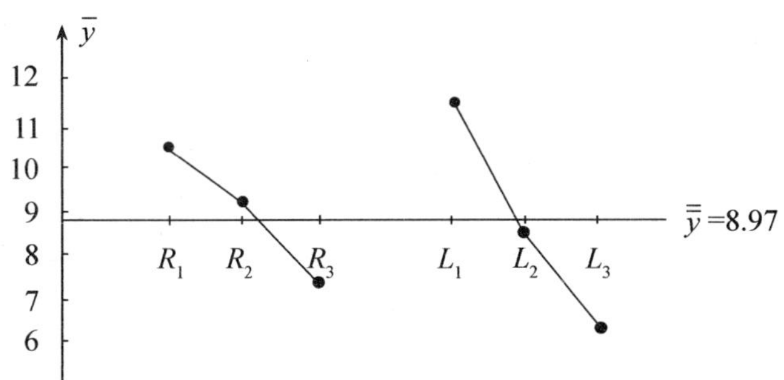

水平	R	L
1	10.56	11.64
2	9.13	8.54
3	7.22	6.72

数据来自表 5.3.3

图 5.3.2 R 与 L 的因子效应图

其均值 $\bar{y}=9.93$，$s^2=1.26$，$\eta=18.95$，可见其 $\bar{y}$ 已很接近目标值，而 SN 比略有减少(从 19.59 减少到 18.95db)，这一点减少在实际中是可以容忍的，故 $R=9.5\Omega$ 和 $L=0.01\text{H}$ 是令人满意的可控因子水平组合。

习题 5.3

1. 对习题 5.2 中的第 1 题，寻找调节因子，把抛射距离调整到目标值。

2. 某气动换向装置(见图)的设计中，关键是要使换向末速度 V 达到 $V_0=960\text{mm/s}$。据力学原理，换向末速度的运动方程式为：

$$V=\sqrt{\frac{Ag}{E}\left(\frac{\pi}{2}B^2C-2D\right)}$$

其中 A 为换向行程(待选参数)，B 为换向活塞直径(待选参数)，C 为气缸内气压(待选参数)，D 为换向阻力(不可控，但可测，大约在 750N±20N)，E 为系统重量(可在 90kg±5kg 取值)，$g=9800\text{mm/s}^2$ 为重力加速度。

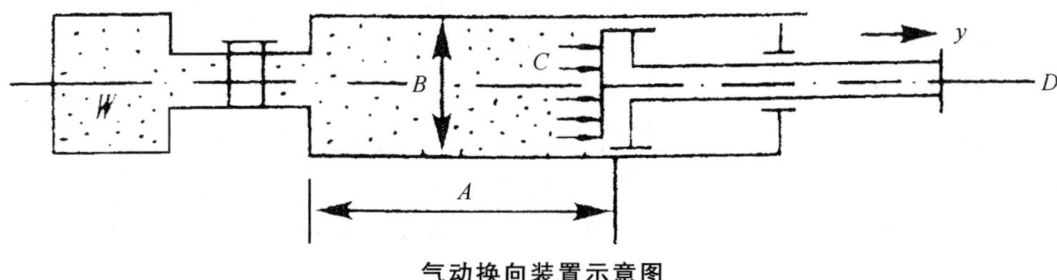

气动换向装置示意图

在这个问题中可控因子、噪声因子及其水平见下表：

水平	1	2	3
可控因子			
A:换向行程(mm)	52	56	60
B:换向活塞直径(mm)	22	24	26
C:气缸内气压(N/mm)	0.22	0.26	0.3
噪声因子			
A':换向行程(mm)	$A-0.2$	A	$A+0.2$
B':换向活塞直径(mm)	$B-0.1$	B	$B+0.1$
C':气缸内气压(N/mm)	$C-0.02$	C	$C+0.02$
D:换向阻力(N)	73	75	77
E:系统重量(kg)	85	90	95

请作参数设计,使 V 尽量接近目标值 V_0,而使波动小。(注:若被开方数小于 0,则取 $y=0$)

§5.4 综合噪声因子

从上两节叙述的参数设计方法中可以看出,参数设计的最大缺点是用内表与外表的直积法安排试验致使试验次数猛增。假如内表与外表都用正交表 $L^9(3^4)$,那么用直积法安排试验就需要进行 81 次试验,假如因子个数增多,试验次数将成倍增加。这在可计算特性的问题中尚可容忍,但在直接试验项目中常常由于经费和时间承受不了而不得不放弃参数设计的使用,试验次数较多是使参数设计不易推广的重要原因,因此减少试验次数已成为迫切需要解决的问题。

为了减少试验次数,可采取两项措施:

一是不考虑可控因子间的任何交互作用,以缩小内表,此时尽量选用不含交互作用列的正交表 $L_{12}(2^{11})$,$L_{18}(2\times3^7)$,$L_{36}(2^{11}\times3^{12})$。因为在这些正交表中列与列间的交互作用分散在其他列上,从而减少了对统计分析的干扰。

二是在一定条件下把诸噪声因子综合成一个二水平的"综合噪声因子",这就把外表减到最低限度,每张外表只需进行两次试验。这两项措施确能大幅度地减少试验次数,如内表用 L_{18},外表用综合噪声因子,那么,总试验次数只有 36 次,这样工厂还是能够承受的。

综合噪声因子是由若干个噪声因子综合而成的,不管噪声因子有多少个,也不管每个噪声因子取多少个水平,其综合噪声因子常取两个水平,这两个水平是:

N_1:负侧最坏水平,它是使产品性能指标 y 取最小值的各个噪声因子水平的组合。

N_2:正侧最坏水平,它是使产品性能指标 y 取最大值的各个噪声因子水平的组合。

有时综合噪声因子还取第三个水平,它是介于 N_1 与 N_2 之间的中间水平,记为 N_0。

如有 k 个 p 水平的噪声因子,则共有 $n=p^k$ 个噪声因子水平组合。若都进行试验,则可得 n 个试验结果,如今把这 k 个噪声因子看作一个具有 n 个水平的因子,若把相应的 n 个试验结果从小到大排序,$y_{(1)}\leqslant y_{(2)}\leqslant\cdots\leqslant y_{(n)}$,那么,综合噪声因子所取的两个水平 N_1 与 N_2 分别对应着这 n 个试验结果的最小值 $y_{(1)}$ 和最大值 $y_{(n)}$,显然,其和 $y_{(1)}+$

$y_{(n)}$含有总体均值Ey的信息，其差$y_{(n)}-y_{(1)}$称为样本极差，含有方差σ^2(或标准差σ)的信息，田口建议用下式估计Ey和σ^2，即

$$\widehat{Ey}=(y_{(1)}+y_{(n)})/2 \tag{5.4.1}$$

$$\hat{\sigma}^2=(y_{(n)}-y_{(1)})^2/2 \tag{5.4.2}$$

用

$$\eta^*=\frac{(\widehat{EY}^2-\hat{\sigma}^2/2}{\hat{\sigma}^2}=\frac{2y_{(1)}y_{(n)}}{(y_{(n)}-y_{(1)})^2} \tag{5.4.3}$$

估计望目特性下的SN比，而其10倍的常用对数为

$$\eta=10\ \lg\frac{2y_{(1)}y_{(n)}}{(y_{(n)}-y_{(1)})^2}(\text{db}) \tag{5.4.4}$$

下面仍用电感电路的参数设计来说明综合噪声因子的使用。

例 5.4.1 用综合噪声因子进行电感电路的参数设计

在例5.2.2和例5.3.3中，用电阻R、电感L和电源(包括电压V和频率f)组成的电感电路中输出电流强度：

$$y=\frac{V}{\sqrt{R^2+(2\pi f\ L)^2}}$$

其中R和L是可控因子，R'、L'、V、f是噪声因子。它们的因子水平表与表6.2.8基本相同，只是把可控因子L的三个水平由0.02，0.03和0.04顺次改为0.01，0.02和0.03，其他不变，故这里不再罗列了。由电流强度计算公式可知，y是V的增函数，又是R、L、f的减函数，因此其综合噪声因子的两个水平分别为

负侧最坏水平 $N_1=R_3L_3V_1f_3$

正侧最坏水平 $N_2=R_1L_1V_3f_1$

若内表仍用L_9，外表用此综合噪声因子，则总试验次数只有18次，是原试验次数81的2/9=22%，减少了很多。

把综合噪声因子的两个水平N_1和N_2分别代入上式，就可算得外表中各试验点的电流强度。譬如内表第1号试验的两个电流强度分别为

$$y_{11}=\frac{90}{\sqrt{0.55^2+(2\pi\times60\times0.011)^2}}=21.5A$$

$$y_{12}=\frac{110}{\sqrt{0.45^2+(2\pi\times50\times0.009)^2}}=38.4A$$

用这两个数容易算出内表第1号试验的SN比：

$$\eta_1=10\ \lg\frac{2\times21.5\times38.4}{(38.4-21.5)^2}=7.6(\text{db})$$

对内表的其他试验点亦可进行类似计算，所得结果全部列于表5.4.1上。

表 5.4.1 内表的统计分析

	R	L			N_1	N_2	η_i
i	1	2	3	4	y_{i1}	y_{i2}	(db)
1	1	1	1	1	21.5	38.4	7.6
2	1	2	2	2	10.8	19.4	7.5
3	1	3	3	3	7.2	12.9	7.6
4	2	1	2	3	13.1	20.7	9.7
5	2	2	3	1	9.0	15.2	8.5
6	2	3	1	2	6.6	11.5	8.0
7	3	1	3	2	8.0	12.2	10.4
8	3	2	1	3	6.7	10.7	9.5
9	3	3	2	1	5.5	9.1	8.9
T_1	22.7	27.7	25.1	25.0	$T=77.7$		
T_2	26.2	25.5	26.1	25.9	$T^2/9=670.81$		
T_3	28.8	24.5	26.5	26.8	$S_T=8.92$		
S	6.25	1.79	0.35	0.53			

在表 5.4.1 上进行内表的统计分析，先计算各列各水平的 SN 比之和，再计算各列的偏差平方和和总的偏差平方和。由于各列偏差平方和之和恰好等于总的偏差平方和，故计算无误。把表 5.4.1 上各列的偏差平方和填入方差分析表(见表 5.4.2)，用第 3、4 列的偏差平方和作为误差的偏差平方和对两个可控因子的显著性进行检验，结果因子 R 是显著的，因子 L 是不显著的。

表 5.4.2 SN 比 η 的方差分析表

来源	偏差平方和	自由度	均方和	F 比	P 值	显著性
R	6.25	2	3.26	14.20	1.52×10^{-2}	*
L	1.79	2	0.895	4.07	0.11	
e	0.88	4	0.220			
T	8.92	8	$F_{0.95}(2,4)=6.94$, $F_{0.9}(2,4)=18.0$			

根据方差分析结果，所选的最佳水平组合仍是 R_3L_1，这与例 5.3.3 的结果是一致的，它的 SN 比为 10.4，是 9 个试验点中最大的。

最后，要指出的是使用综合噪声因子有以下几个注意事项：

(1)必备条件

要使综合噪声因子在参数设计中发挥最大的功效，被综合的几个噪声因子必须具备以下条件：

①每个噪声因子都是主要的噪声因子；

②每个噪声因子对产品性能指标 y 的影响方向是已知的，即 y 是每个噪声因子的单调函数(增函数或减函数)；

③上述影响方向与每个可控因子的水平无关。

这些条件在许多实际问题中凭着工程知识和实践经验是可以判断的。假如这些条件得到满足,那么,综合噪声因子的两个水平 N_1 和 N_2 立即可以给出;假如部分噪声因子满足上述条件,那么,就把这些噪声因子进行综合,再与其他噪声因子重新设计一张外表;假如没有一个噪声因子满足上述条件,那么,就不能使用综合噪声因子,从而也就不能缩小外表。

(2)望大和望小特性场合使用综合噪声因子

在望小特性和望大特性场合也可以使用综合噪声因子。若设 y_{i1},y_{i2} 分别是综合噪声因子两个水平的计算值(或试验值),则望小特性场合下的 SN 比计算公式为

$$\eta_i = -10\ \lg\left[\frac{1}{2}(y_{i1}^2 + y_{i2}^2)\right]\ (\text{db}),\quad i=1,2,\cdots,k \tag{5.4.5}$$

望大特性场合下的 SN 比的计算公式为

$$\eta_i = -10\ \lg\left[\frac{1}{2}\left(\frac{1}{y_{i1}^2} + \frac{1}{y_{i2}^2}\right)\right]\ (\text{db}),\quad i=1,2,\cdots,k \tag{5.4.6}$$

例 5.4.2 抛撒器的参数设计

抛撒器是一种先进产品,各国都在研究试制。其工作过程是:当运载抛撒器抵达规定区域的一瞬间,电子时间控制器适时地启用,引燃开舱机构中的爆炸物,爆炸物产生的火焰和气体压力一方面打开抛撒门,另一方面,火焰顺着导管点燃抛撒药,抛撒药产生的气体压力作用于推板上,使推板加速运动抛撒出子体,从而完成抛撒任务。其中开舱和抛撒是关键的两个动作,我国设计的抛撒器,在一次重复试验中,就有 1/5 的机构在开舱后没有出现抛撒过程,这说明抛撒器机构的某些参数的搭配不尽合适。想用参数设计方法寻找抛撒器各部件的参数的最佳搭配。以下分几步来叙述这个课题的参数设计全过程(见参考文献[52])。

1.可控因子、水平及内表

经研究确定,影响抛撒器的开舱和抛撒两个动作完成的可控因子有:工作容积 V,点火药量 W,导管内径 d 和作用面积 S。根据计算并结合结构需要确定四个可控因子都为三水平,具体见表 5.4.3。从而内表选用正交表 $L_9(3^4)$是合适的,如今要找出四个可控因子 V、W、d,S 的最佳组合,使得抛撒器既能保证开舱,又能保证抛撒出子体。

2.噪声因子、水平及外表

主要考虑产品间噪声,即各部件加工质量和加工精度所引起的噪声,若按最低加工精度等级加工,那么,零件尺寸的波动范围不超过±10%,点火药量 W 的波动并不大,但若把高低温对火药力的影响看成是点火药量波动所引起的,并且点火药量的波动也按±10%来考虑,这样亦有四个噪声因子 V'、W'、d'、S',各取三个水平,详见表 5.4.3 下半部分,这时选用正交表 $L_9(3^4)$作为外表也是合适的,但这样安排共需做 $9\times9=81$ 次试验。为了减少试验次数,节约试验经费,决定使用综合噪声因子。由于开舱和抛撒是一对矛盾,开舱的有利条件正是抛撒的不利条件,反之亦然,故取两个极端情况作综合噪声因子的两个水平:

开舱最佳条件(抛撒最坏条件) $N_1 = V_{\max}\, W_{\max}\, d_{\min}\, S_{\max}$

表 5.4.3 例 5.4.2 的因子水平表

因子 \ 水平	1	2	3
可控因子			
工作容积 $V(cm^3)$	97.3	71.1	45.8
点火药量 $W(g)$	18	6	14
导管内径 $d(mm)$	12	7.5	6
作用面积 $S(cm^2)$	20	25	30
噪声因子			
工作容积 $V'(cm^3)$	$0.9V$	V	$1.1V$
点火药量 $W'(g)$	$0.9W$	W	$1.1W$
导管内径 $d'(mm)$	$0.9d$	d	$1.1d$
作用面积 $S'(cm^2)$	$0.9S$	S	$1.1S$

开舱最坏条件（抛撒最好条件）$N_2 = V_{min} W_{min} d_{max} S_{min}$
这样一来，试验只要做 18 次就可以了，大大节约了费用。

3. 确定指标值

指标值应能反映开舱与抛撒两个动作完成的好坏，指标 y 虽是四个可控因子 V、W、d、S 的函数，但不可计算，又难以测量，故用评分的办法给出 y 值。所制定的评分标准中最高为 16 分，若以得分多少作为指标值，那么与望大特性还有差别，若取失分 $y=16-$（得分）作为指标值，由于指标不取负值，可看作连续取值的望小特性。对 18 个试验样品的评分结果列于表 5.4.4 上。

表 5.4.4 例 5.4.2 内表的统计分析

	V	W	d	S	N_1	N_2	
	1	2	3	4	y_{i1}	y_{i2}	η_i
1	1	1	1	1	11	9	−20.04
2	1	2	2	2	9	8	−18.60
3	1	3	3	3	11	12	−21.22
4	2	1	2	3	6	4	−14.15
5	2	2	3	1	8	7	−17.52
6	2	3	1	2	0	2	−3.01
7	3	1	3	2	13	12	−20.95
8	3	2	1	3	12	11	−21.22
9	3	3	2	1	9	12	−20.51
T_1	−59.86	−55.14	−44.27	−58.07	$T=-157.22$		
T_2	−34.68	−57.34	−53.26	−42.56	$T^2/9=2746.46$		
T_3	−62.68	−44.74	−59.69	−56.59	$S_T=277.47$		
S	158.44	30.20	39.99	48.84			

4. 计算信噪比

按望小特性信噪比的计算公式

$$\eta_i = -10 \lg\left[\frac{1}{2}(y_{i1}^2 + y_{i2}^2)\right] (\text{db}), \quad i = 1, 2, \cdots, 9$$

可分别算得 9 个 SN 比，结果列于表 5.4.4 的最后一列上。

5. 内表的统计分析和最佳水平组合的确定

在表 5.4.4 上计算各列各水平的 SN 比之和，然后再计算各列的偏差平方和。由于缺少误差偏差平方和与 SN 比的概率分布知识，无法进行方差分析。在这种场合，我们只能从各列偏差平方和的大小上来看，工作容积 V 是最重要的可控因子，其他三个可控因子的作用都相差不大。另外从各水平的 SN 比之和的大小上选出最佳水平组合为 $V_2W_3d_1S_2$，这就是内表上 SN 比最大的第 6 号试验，这样确定的最佳水平组合的统计依据是不足的，尚需实践验证。为此又对第 6 号试验重复做了 3 次验证试验，对应失分为 1，0，1，这说明所找到的最佳水平不仅满足设计需要，而且稳定性很好。

习题 5.4

1. 钛合金磨削工艺参数的优化设计。钛合金以其强度高、重量轻、耐用性好和具有良好的抗腐蚀性等优点被人们誉为“未来的钢铁”，但它的磨削性能差，即使采用特制的砂轮磨削钛合金，其表面粗糙度也只能达到 $Ra \geqslant 0.6(\mu\text{m})$。为进一步降低表面粗糙度，特选如下 4 个三水平可控因子：

水平	1	2	3
A：工件转速（转/分）	112	160	80
B：砂轮的走刀量（mm/转）	0.03	0.06	0.09
C：工件纵向走刀量（mm/转）	0.82	3.30	1.65
D：磨削速度（mm）	0.0005	0.0025	0.00125

选用 $L_9(3^4)$ 作为内表，并把 A、B、C、D 四个因子依次放在 L_9 的第 1、2、3、4 列上。由于本例的质量特性 y（表面粗糙度）不可计算，只能通过试验得到。为减少试验次数，外表采用综合噪声因子的两个水平 N_1 和 N_2，试验结果见下表：

	A	B	C	D		
i	1	2	3	4	y_{i1}	y_{i2}
1	1	1	1	1	0.162	0.148
2	1	2	2	2	0.259	0.313
3	1	3	3	3	0.178	0.206
4	2	1	2	3	0.204	0.211
5	2	2	3	1	0.226	0.244
6	2	3	1	2	0.167	0.178
7	3	1	3	2	0.213	0.228
8	3	2	1	3	0.157	0.188
9	3	3	2	1	0.238	0.271

请按望小特性参数设计方法选出最佳参数设计方案。

2. 为找到电缆用的合成橡胶的最佳生产条件，选了如下七个可控因子，并依次放在 $L_8(2^7)$ 的各列上。

水平	1	2
A：老化防止剂用量(pHR)	2	3
B：硫化剂用量(pHR)	2	4
C：石蜡用量(pHR)	5	7
D：硫化时间(分)	20	30
E：催化剂用量(pHR)	0.1	0.2
F：填料用量	30	50
G：老化防止剂种类	甲	乙

现对其牵拉强度(N/cm^2)、延伸率(%)和热变化率(%)测得一批数据如下：

i	牵拉强度		延伸率		热变化率	
1	24	21	430	400	22.1	6.4
2	19	22	430	400	6.8	6.3
3	13	19	280	380	13.7	7.5
4	21	21	550	550	12.7	11.7
5	23	19	450	400	6.1	18.2
6	20	19	480	400	9.3	6.2
7	20	23	500	530	16.6	9.1
8	16	15	350	330	5.9	6.1

上述三个指标中，牵拉强度和延伸率是望大特性，而热变化率是望小特性，请寻找这三个指标的综合最佳生产条件。

§5.5 动态特性的参数设计

田口把前面讨论的望目特性的参数设计称为“静态特性的参数设计”，其中“静态”是指“目标值固定不变”。田口把目标值可按人们的意志改变的参数设计称为“动态特性的参数设计”。显然，动态特性的参数设计更为一般，应用更为广泛。有了静态特性参数设计的基础，我们就可转入讨论动态特性的参数设计了。

5.5.1 动态特性

在望目特性的参数设计问题中，目标值是固定不变的。但实际中有很多产品不仅有目标值，而且目标值可随着人们的需要而改变。简言之，一个产品有多个目标值，以适应人们的各种需要，此种产品的质量特性称为动态特性。

例 5.5.1 动态特性的例子

(1)空气调节器(空调器)的温度就是该产品的动态特性，有人希望把房间温度调节到 20 ℃，也有人希望把房间温度调节到 25 ℃，不管人们需要什么房间温度，空调器都能使房间温度稳定在人们需要的温度上，这样的空调器会受到人们的欢迎，假如空调器只能调节到某一个温度，如 20 ℃，不能调节到其他温度，这种空调器不会受到市场的欢迎。

(2)汽车的速度有时需要快一些，50 公里/小时，有时又需要慢一些，20 公里/小时，甚至更慢一些，所以速度是汽车的一个动态特性。司机用加速器来控制汽车的速度，司机给加速器一个信号，譬如 50 公里/小时的信号，那么汽车行驶速度就稳定在 50 公里/小时上。汽车的动态特性不止一个，转弯半径是汽车的另一个动态特性。汽车有时需向左转 90 度，有时需向右转 120 度，只要司机转动方向盘就可实现人们要汽车转弯的愿望。

(3)测量仪器(如电压表、温度计、磅秤等)的测量值也是动态特性，以磅秤为例，它能称 1 公斤重的物体，也能称 5 公斤重的物体，总之它能在一定的重量范围(如 0.05 公斤到 20 公斤)内准确计量，不同重量的物体使用它，都能准确地称出其重量。

各行各业都有一些产品具有动态特性，如染料的染色性能、轧钢机轧制钢板的厚度、车床对零件的切削深度等都是产品中的动态特性。因为这些产品的性能指标都不是某一个固定不变的目标值，而是允许在一定范围内变化，以适应人们的不同需要。应该说，动态特性更为常见，因此很多工程师和统计学家都更为重视动态特性的参数设计。

从上面几个例子可以看出，**当人们按照自己的意志(或目标)对产品发出一个信号，产品便产生性能指标的一个相应值，以适应人们的需要，此种性能指标就称为动态特性**。假如把产品看作一个系统，那么，信号就是该系统的输入特性，动态特性就是该系统的输出特性，这可从图 5.5.1 上直观地看出。

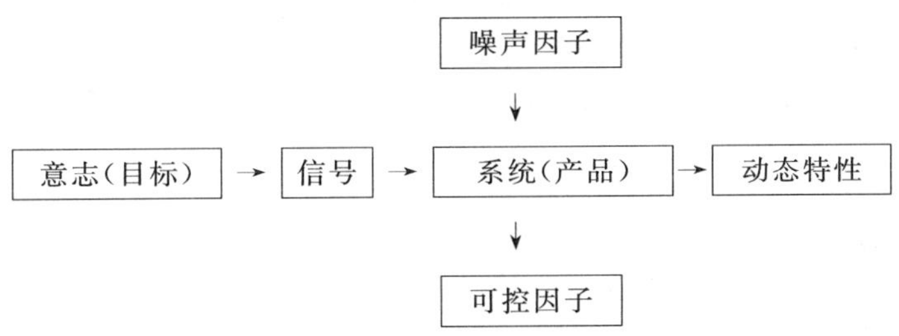

图 5.5.1 动态特性示意图

5.5.2 信号因子

从图 5.5.1 可以看出，动态特性与静态特性的差别在于其系统中多了一个信号。由于信号是按人们意志而改变的，所以把这种信号看作一个变量是妥当的，并把它称为**信号因子**。凡是动态特性都有信号因子相伴。静态特性(望目特性、望小特性、望大特性等)就不需要信号因子。

信号因子的例子是常见的。钢板的厚度可通过轧钢机的压力来实现，轧钢机的压力就是信号因子，压力的大小就是信号因子的水平；汽车的速度可用改变加速器的位级来实现，加速器就是信号因子，其位级就是信号因子的水平；在稳压电源电路设计中，调整输出电压的目标值是通过改变电阻来实现的，其电阻就是信号因子，阻值就是信号因子的水平。

当信号因子的水平可以让人们自由选择(当然在一定范围内)时，此种信号因子为**主动型信号因子**，相应的动态特性也称为**主动型动态特性**，轧钢机的压力、汽车的加速器等都是主动型信号因子。当信号因子的水平人们不能自由选择时，这种信号因子称为**被动**

型信号因子，相应的动态特性也称为**被动型动态特性**，一切测量仪器的测量值都是被动型动态特性，其信号因子是被测物品，它的测量值是人们不能选择的，所以其信号因子是被动型的。主动型信号因子可用来调节输出特性，而被动型信号因子人们只能校正输出特性，譬如用标准砝码去校正磅秤就是一个例子。

5.5.3 动态特性参数设计的要求

从图 5.5.1 可以看出，动态特性 y 应是诸可控因子 C、诸噪声因子 N 和信号因子 M 的函数，即

$$y=f(C,N,M) \tag{5.5.1}$$

其中 y 的波动是由于诸噪声因子 N 的变化引起的，其波动幅度记为 $\varepsilon=\varepsilon(N)$。在可加性假定下，(5.5.1)式可改写为

$$y=f(C,M)+\varepsilon \tag{5.5.2}$$

其中 ε 常被假定为均值为 0，方差为 σ^2 的随机变量，即

$$E(\varepsilon)=0,\quad \mathrm{var}(\varepsilon)=\sigma^2 \tag{5.5.3}$$

应该看到信号因子 M 的水平是目标值 m 的体现，M 的不同水平对应着不同的目标值。当 M 是主动型信号因子时，M 的水平就是使用者所需要的目标值的体现；当 M 是被动型信号因子时，M 的水平常常就是目标值。

动态特性参数设计的要求就是对诸可控因子 C 选定一个最佳的水平组合 C_0，使得：

(1) y 的波动（用 σ^2 表示）尽量地小；

(2) 对信号因子 M 的任一水平（如为 M_i），总能使 $f(C_0,M_i)$ 稳定于对应的目标值 m_i。当 M 的水平变化时，无须改变可控因子的水平仍能使 y 稳定于相应的目标值。

这时，若记 $f(M)=f(C_0,M)$，则(5.5.2)式可改写为

$$y=f(M)+\varepsilon \tag{5.5.4}$$

也就是说，一个好的动态特性的参数设计，所选定的水平 C_0 适用于一切可能的目标值，或是说，选定 C_0 后，动态特性 y 只是信号因子的函数，即 y 听从信号因子 M 的指挥。

从(5.5.1)式到(5.5.4)式已使动态特性参数设计的要求明确了许多，但要在实际中便于运用，对(5.5.4)式还有三点要求：

(1) 函数 $f(C_0,M)$ 要尽量简单，使得动态特性 y 便于用信号因子做调整（对主动型信号因子）或校正（对被动型信号因子）。若函数 f 较为复杂（二次函数、三次函数或其他复杂函数），会给调整或校正带来困难，使用也不方便。在实际中，最简单的函数是线性函数，即

$$y=\alpha+\beta M+\varepsilon\ （线性式） \tag{5.5.5}$$

$$y=\beta M+\varepsilon\ （零点比例式） \tag{5.5.6}$$

其中 α 和 β 是依赖于 C_0 的未知函数，待定。显然，不是所有的 f 都自然具有上述线性关系。假如在信号因子 M 的水平范围内，y 不是 M 的线性函数，那可把(5.5.5)式改写为

$$y=\alpha+\beta M+[f(M)-\alpha-\beta M]+\varepsilon \tag{5.5.7}$$

并把方括号内的量并入误差项，然后在减少波动时(即在选 C_0 时)也一并考虑减少方括号内的量。由于这个原因，我们将来把信号因子与噪声因子一起放在外表上。当然，把信号因子放在外表上还有一个原因，那就是在实际中，一个动态系统的信号因子不是掌握在设计者手中，而是掌握在使用者手中(对主动型信号因子)或掌握在“上帝”手中(对被动型信号因子)。

(2)希望信号因子 M 有较高的灵敏度，即对 M 的水平做微小的改变，就能达到调整(或校正)y 的目的。这只要在(5.5.7)式中使斜率 β 尽可能地大即可。

(3)若记 $\varepsilon'=[f(M)-\alpha-\beta M]+\varepsilon$，$\varepsilon'$的方差仍记为 σ^2，那么动态特性参数设计就是要选这样的可控因子的水平组合 C_0，使得 y 是信号因子 M 的线性函数，而使其波动(用方差 σ^2 表示)尽量地小。

田口把上述几项要求综合起来，提出一个稳健设计的指标——动态特性的信噪比：

$$\eta=10\ \lg\frac{\beta^2}{\sigma^2}(\text{db}) \tag{5.5.8}$$

它仍是愈大愈好的指标，因为 η 愈大必导致 β^2 愈大，而 σ^2 愈小，这正是我们需要的。

动态特性信噪比(5.5.8)式是用于减少 y 波动的指标，若 y 与人们要求的目标值尚有一定距离时，还要进行灵敏度设计，即寻找调节因子(对 σ^2 无大的影响，而对 β 有显著影响的可控因子)，通过改变调节因子的水平，使 $y=\alpha+\beta M$ 接近目标值。对此，田口又给出如下的灵敏度设计指标：

$$\gamma=10\ \lg\beta^2=20\ \lg\beta\ (\text{db}) \tag{5.5.9}$$

它也是愈大愈好的指标。把 γ 放入内表右侧进行统计分析，然后在可控因子分类中寻找调节因子。

在(5.5.8)式和(5.5.9)式中的 β^2 和 σ^2 的估计问题将在后面给出。

5.5.4　动态特性参数设计的试验安排

在动态特性参数设计问题中会出现下列四类因子：

(1)可控因子；

(2)标示因子，这只在主动型动态特性问题中才会出现；

(3)信号因子；

(4)噪声因子。

其中信号因子在前面已叙述，可控因子和噪声因子在静态特性参数设计中也已叙述，这里对标示因子做些说明。标示因子是指产品所处环境和使用条件之类的因子，它的水平虽然在技术上可以指定，但不能自由选择。譬如棉花的品种(产地)对纺织机械是一个标示因子，一台纺织机械可以指定使用哪几种棉花；但哪一种棉花来到，纺织工程师无法选择，他只能调节可控因子的水平组合以适应标示因子的水平。所以引入标示因子的目的不是选择其最佳水平，而是让它与可控因子放在一起进行试验，从而在各标示因子水平下分别寻找各可控因子的最适宜条件。

在弄清上述四类因子后，动态特性参数设计的具体安排如下：

1.确定各可控因子和标示因子(假如有的话)的水平，然后把它们放在适当的正交表上，此表称为内表。

2.确定信号因子与各噪声因子的水平，然后把它们放在适当的正交表上，此表称为外表。假如得知诸噪声因子对输出特性 y 的影响方向，那可启用综合噪声因子，但绝不可以把信号因子也综合进去。一般是用信号因子和综合噪声因子的完全试验作为外表。

3.按内外表设计进行试验。若信号因子有 m 个水平，综合噪声因子有 n 个水平，那么，外表有 mn 行，若内表有 k 行，则内外表设计共有 kmn 个试验，可获得 kmn 个数据：

$$y_{jl}^{(i)} \quad (i=1,\cdots,k;j=1,\cdots,m;l=1,\cdots,n)$$

其中 i 表示内表的试验号，j 表示信号因子的水平号，l 表示综合噪声因子的水平号。

4.对内表的第 i 个水平组合下的 mn 个数据：

$$\begin{matrix} y_{11}^{(i)} & y_{12}^{(i)} & \cdots & y_{1n}^{(i)} \\ y_{21}^{(i)} & y_{22}^{(i)} & \cdots & y_{2n}^{(i)} \\ \cdots & \cdots & \cdots & \cdots \\ y_{m1}^{(i)} & y_{m2}^{(i)} & \cdots & y_{mn}^{(i)} \end{matrix}$$

分别计算动态特性信噪比 η_i 和灵敏度 γ_i，其计算公式将在下一段中分几种情况给出。

5.以下计算和分析与望目特性参数设计类似，主要是：

- 对 η 和 γ 分别在正交表上计算每列各水平的平均信噪比和平均灵敏度。
- 对 η 作方差分析，确定显著因子，确定最佳水平。
- 对 γ 作方差分析，确定显著因子。
- 从可控因子分类中确定调节因子(假如需要的话)。
- 利用调节因子使质量特性 y 稳定于要求的目标值。
- 必要时可以做各可控因子的水平效应图，帮助选水平和调节因子。

5.5.5 信噪比与灵敏度的计算公式

不同情况下，SN 比和灵敏度的公式是不同的。这里仅限于动态特性 y 和信号因子 M 都是连续变量场合，这种场合的 SN 比是用得最多的。

内表第 i 号试验的 SN 比 η_i 和灵敏度 γ_i 的估计只需由表 5.5.1 所列的 mn 个数据获得。为了书写简便，表 5.5.1 中的数据都省略了上标 i。

表 5.5.1　内表第 i 号试验条件下的试验数据

	N_1	N_2	$\cdots$	N_n	行和
M_1	y_{11}	y_{12}	$\cdots$	y_{1n}	y_1
M_2	y_{21}	y_{22}	$\cdots$	y_{2n}	y_2
$\cdots$	$\cdots$	$\cdots$	$\cdots$	$\cdots$	$\cdots$
M_m	y_{m1}	y_{m2}	$\cdots$	y_{mn}	y_m

以下分几种情况分别给出 SN 比和灵敏度的估计公式。

1. 零点比例式：$y=\beta M+\varepsilon$

在此假定下，表 5.5.1 中的数据 y_{jl} 有如下一元回归模型：

$$y_{jl}=\beta M_j+\varepsilon_{jl} \quad (j=1,\cdots,m;l=1,\cdots,n)$$

因此斜率 β 的最小二乘估计(LSE)$\hat{\beta}$应满足下列等式：

$$\frac{d}{d\beta}\left[\sum_{j=1}^{m}\sum_{l=1}^{n}(y_{jl}-\beta M_j)^2\right]=0$$

解之得

$$\hat{\beta}=\frac{\sum_{j=1}^{m}\sum_{l=1}^{n}y_{jl}M_j}{\sum_{j=1}^{m}\sum_{l=1}^{n}M_j^2}=\frac{\sum_{j=1}^{m}y_{j.}M_j}{R} \tag{5.5.10}$$

其中 $R=n\sum_{j=1}^{m}M_j^2$ 称为有效除数，它完全由信号因子的水平确定，由此不难算得灵敏度的估计(仍用 $\hat{\gamma}$ 表示)

$$\hat{\gamma}=20\ \lg\hat{\beta} \tag{5.5.11}$$

据回归分析理论，总偏差平方和 S_T 可分解为回归平方和 S_β 与误差平方和 S_e 之和，它们分别是

$$S_T=\sum_{j=1}^{m}\sum_{l=1}^{n}y_{jl}^2,\quad f_T=m\cdot n \tag{5.5.12}$$

$$S_\beta=\frac{1}{R}\left(\sum_{j=1}^{m}y_{j.}M_j\right)^2=R\cdot\hat{\beta}^2,\quad f_\beta=1 \tag{5.5.13}$$

$$S_e=\sum_{j=1}^{m}\sum_{l=1}^{n}(y_{jl}-\hat{\beta}\cdot M_j)^2=S_T-R\cdot\hat{\beta}^2,\quad f_e=mn-1 \tag{5.5.14}$$

于是可得内表第 i 号试验下的方差 σ_i^2 的无偏估计(省略下标 i)

$$\hat{\sigma}^2=\frac{1}{mn-1}(S_T-R\hat{\beta}^2) \tag{5.5.15}$$

另外，从(5.5.13)式可得 β^2 的估计 $\hat{\beta}^2=S_\beta/R$，但它不是 β^2 的无偏估计。若从它再减去 $\hat{\sigma}^2/R$，就可得 β^2 的无偏估计。这样一来，SN 比的估计可由下式给出(仍用 η 表示)：

$$\eta=10\ \lg\frac{\frac{1}{R}(S_\beta-\hat{\sigma}^2)}{\hat{\sigma}^2}(\text{db}) \tag{5.5.16}$$

其中 S_β 如(5.5.13)式所示，$\hat{\sigma}^2$ 如(5.5.15)式所示。假如把上述估计加上上标 i，再让 $i=1,\cdots,k$，就可得到内表 k 个试验的 SN 比和灵敏度的估计值。

2. 基准点比例式：$y-\bar{y}_s=\beta(M-M_s)+\varepsilon$

在一个计测系统中，有时只有整个计测范围的一小部分被经常使用，而这一部分又距零点较远，这时在经常计测范围内选一个基准点 M_s（信号因子的某个水平）比用零点比例式方便，且校正误差会变小。这时若记 $\bar{y}_s$ 为在基准点多次测得的输出特性的平均值，那么用表 5.5.1 上的数据有如下一元回归模型：

$$y_{jl}-\bar{y}_s=\beta(M_j-M_s)+\varepsilon_{jl}\quad(j=1,\cdots,m;l=1,\cdots,n)$$

若令 $y'_{jl}=y_{jl}-\bar{y}_s$，$M'_j=M_j-M_s$，那就把上式化为零点比例式，SN 比和灵敏度的估计亦可按(5.5.16)式和(5.5.11)式类似算得。

3. 线性式：$y=\alpha+\beta M+\varepsilon$

在此假定下，表 5.5.1 的数据有如下一元回归模型：

$$y_{jl}=\alpha+\beta M_j+\varepsilon_{jl}\quad(j=1,\cdots,m;l=1,\cdots,n)$$

因此斜率 β 和截距 α 的最小二乘估计应满足下式：

$$\frac{\partial}{\partial\beta}\left[\sum_{j=1}^{m}\sum_{l=1}^{n}(y_{jl}-\alpha-\beta M_j)^2\right]=0$$

$$\frac{\partial}{\partial\alpha}\left[\sum_{j=1}^{m}\sum_{l=1}^{n}(y_{jl}-\alpha-\beta M_j)^2\right]=0$$

解得

$$\hat{\beta}=\frac{1}{R}\sum_{j=1}^{m}(M_j-\bar{M})y_j,\quad \hat{\alpha}=\bar{y}-\hat{\beta}\bar{M}\tag{5.5.17}$$

其中 $\bar{y}=\frac{1}{mn}\sum_{j=1}^{m}\sum_{l=1}^{n}y_{jl}$，有效除数 $R=n\sum_{j=1}^{m}(M_j-\bar{M})^2$。由此不难算得灵敏度：

$$\hat{\gamma}=20\ \lg\hat{\beta}\tag{5.5.18}$$

其中 $\hat{\beta}$ 如(5.5.17)式所示。此灵敏度是用来调整斜率 β，使动态特性 y 具有高的灵敏度，而截距 α 只影响起点。若输出特性 y 普遍偏低或普遍偏高，就需启用 $\hat{\alpha}$，作出 $\hat{\alpha}$ 的灵敏度：

$$\hat{\gamma}_0=20\ \lg\hat{\alpha}\tag{5.5.19}$$

其中 $\hat{\alpha}$ 如(5.5.17)式所示。然后寻找影响 γ_0，而不影响 SN 比的可控因子来调整 α 值，这种情况使用较少。

根据回归分析理论，总偏差平方和 S_T 可分解为回归平方和 S_β 与误差平方和 S_e 之和，它们分别是

$$S_T=\sum_{j=1}^{m}\sum_{l=1}^{n}(y_{jl}-\bar{y})^2=\sum_{j=1}^{m}\sum_{l=1}^{n}y_{jl}^2-CT,\quad f_T=mn-1\tag{5.5.20}$$

$$S_\beta=\frac{1}{R}\left[\sum_{j=1}^{m}(M_j-\bar{M})y_{j\cdot}\right]^2=R\hat{\beta}^2,\quad f_\beta=1\tag{5.5.21}$$

$$S_e=S_T-S_\beta,\quad f_e=mn-2\tag{5.5.22}$$

其中 $CT=\frac{1}{mn}\left(\sum_{j=1}^{m}\sum_{l=1}^{n}y_{jl}\right)^2$，由此可得第 i 号内表的方差 σ^2 和 β^2 的无偏估计：

$$\hat{\sigma}=\frac{1}{mn-2}(S_T-S_\beta) \tag{5.5.23}$$

$$\hat{\beta}^2=(S_\beta-\hat{\sigma}^2)/R \tag{5.5.24}$$

这样一来,SN 比的估计仍具有(5.5.16)式的形式,只是其中 S_β 如(5.5.21)式所示,$\hat{\sigma}^2$ 如(5.5.23)式所示。

例 5.5.2 为了改善一台切割机的加工性能,比较两种切割速度

$$A_1=70(\text{m/min}),\quad A_2=90(\text{m/min})$$

下的加工性能,特取切割深度 M 作为信号因子,其三个水平为

$$M_1=0.1(\text{mm}),\quad M_2=0.3(\text{mm}),\quad M_3=0.5(\text{mm})$$

对每种切割速度和切割深度做试验,并在 6 个位置(用 $N_1,N_2,\cdots,N_6$ 表示)上测量切割量(实际切割深度)y,全部数据列在表 5.5.2 上。

表 5.5.2 切割量的试验数据

		N_1	N_2	N_3	N_4	N_5	N_6	行和
A_1	M_1	0.097	0.093	0.096	0.095	0.099	0.093	0.573
	M_2	0.295	0.296	0.297	0.288	0.294	0.288	1.758
	M_3	0.489	0.494	0.490	0.496	0.494	0.493	2.956
A_2	M_1	0.094	0.099	0.092	0.097	0.091	0.091	0.564
	M_2	0.297	0.286	0.298	0.297	0.299	0.289	1.766
	M_3	0.494	0.486	0.495	0.490	0.497	0.491	2.953

这个切割机加工性能是主动型动态特性,切割速度 A 是可控因子,切割深度 M 是信号因子,测量位置 N 是噪声因子,其水平数分别为 $k=2,m=3,n=6$。假如切割量 y 与切割深度 M 之间呈零点比例式关系,要求比较 A_1 和 A_2 条件下的 SN 比,先算 A_1 条件下的 SN 比,这要用到表 5.5.2 上半部分的 18 个数据,具体计算可如下进行:

(1)总偏差平方和按(5.5.12)式计算

$$S_T=0.097^2+0.093^2+\cdots+0.493^2=2.026281$$

(2)有效除数

$$R=6\times(0.1^2+0.3^2+0.5^2)=2.1$$

(3)β 的估计按(5.5.10)计算

$$\hat{\beta}_1=(0.573\times0.1+1.758\times0.3+2.956\times0.5)/2.1=0.982238$$

(4)灵敏度的估计为

$$\hat{\gamma}_1=20\ \lg 0.982238=-0.1557(\text{db})$$

(5)回归平方和 S_β 按(5.5.13)式计算

$$S_\beta=(0.573\times0.1+1.758\times0.3+2.956\times0.5)^2/2.1=2.026063$$

(6)误差平方和 S_e 按(5.5.14)式计算

$$S_e=2.026281-2.026063=0.000218,\quad f_e=18-1=17$$

(7)方差的估计为

$$\hat{\sigma}^2=0.000218/17=0.000013$$

(8)A_1 下的 SN 比按(5.5.2)式算得

$$\hat{\eta}_1=10\lg\frac{\frac{1}{2.1}(2.026062-0.000013)}{0.000013}=48.70(\text{db})$$

类似地,用表 5.5.2 下半部分的 18 个数据可算得

$$\hat{\beta}_2=0.982238,\quad \hat{\gamma}_2=-0.1557(\text{db}),\quad \hat{\eta}_2=46.17(\text{db})$$

可见,在 A_1 与 A_2 下的灵敏度相同,但 SN 比不等,$\hat{\eta}_1>\hat{\eta}_2$,故在 A_1 条件下的加工性能要比 A_2 条件下的加工性能更稳定一些。

5.5.6 动态特性参数设计的实例

与静态特性参数设计相比,动态特性参数设计中增加了信号因子,由于信号因子 M 水平的变化引起动态系统输出特性 y 的变化,不仅要求 y 按一定的线性形式依赖于信号因子 M,而且在 M 的水平取定时,y 的波动要尽量地小,这一切都使得动态特性参数设计要比静态特性参数设计复杂一些。这里以温控电路参数设计为例来叙述动态特性参数设计的方法和步骤(此例取自 M. S. Phadke 著的《Quality Engineering Using Robust Design》一书)。

例 5.5.3 温控电路的参数设计

温控器的功能是维持一个房间、一个浴缸或一个物体的温度在人们指定的目标值上。家用空调(冷、暖气)系统是温控器的常见例子,温控器(图 5.5.2)由三部分组成:

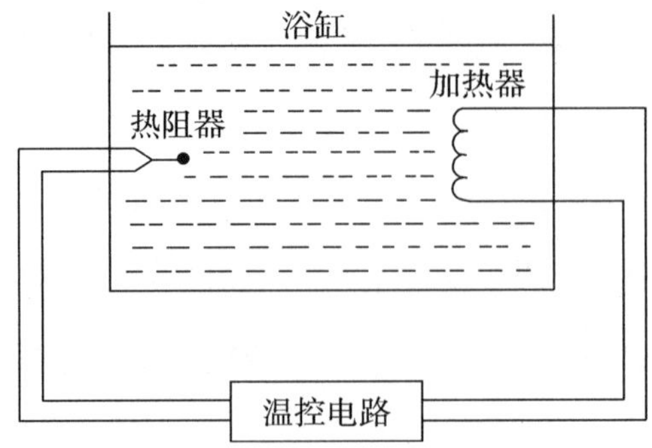

图 5.5.2 温控系统的示意图

(1)热阻器,它能精确度量温度,并把这个信息传给监控电路。

(2)温控电路(图 5.5.3),它有一个热敏电阻器 R_T,R_T 会随浴缸温度上升而降低。若降到某临界值以下,则放大器端点 1,2 之间的压差会变得非常大且为负值,这会启动继电器而关闭(OFF)加热器。反之,当温度降到某温度之下,端点 1,2 之间的压差变得非常大且为正值,这会启动继电器打开(ON)加热器。从上述动作可以看出,温控电路是提供一个设定目标温度的机构,并能与所测温度进行比较,最后作出决策,是打开加热器还是关闭加热器。

(3)加热器,主要是加热,它是否工作由温控电路控制。

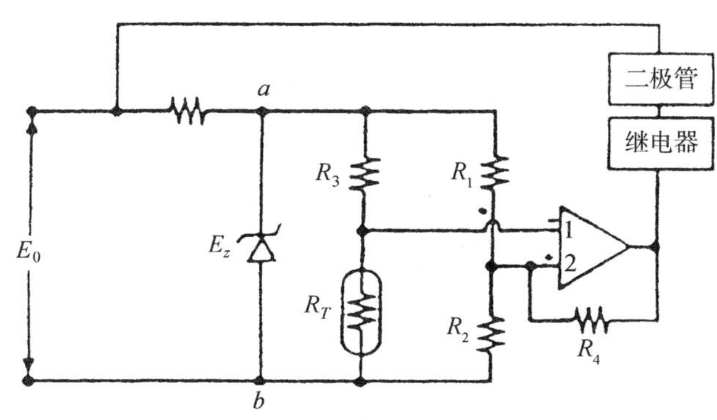

图 5.5.3 温控电路

这里主要讨论温控电路的设计问题,以下分几点叙述:

1. 确定输出特性

当人们给出一个目标温度 T 时,温控电路就用其特定机构(惠斯顿电桥)把它转化为热敏电阻器的目标值 m_T,当浴缸的温度下降时,热敏电阻 R_T 上升,当 R_T 超过 m_T 时,就会打开加热器,据电路分析技术,此时,R_T 与电路中其他参数的关系如下:

$$R_{T-\mathrm{ON}}=\frac{R_2R_3(E_zR_4+E_0R_1)}{R_1(E_zR_2+E_zR_4-E_0R_2)} \tag{5.5.25}$$

反之,当浴缸温度上升时,热敏电阻 R_T 下降,当 R_T 低于 m_T 时,就会关闭加热器,此时,R_T 与电路中有关参数的关系如下:

$$R_{T-\mathrm{OFF}}=\frac{R_2R_3R_4}{R_1(R_2+R_4)} \tag{5.5.26}$$

上述两式中 R_1,R_2,R_3,R_4 是电阻的标称值,E_0 是电源电压,E_z 是齐纳二极管的端点电压,这里 $R_{T-\mathrm{ON}}$ 和 $R_{T-\mathrm{OFF}}$ 是连续变量,且直接与开关加热器有关,所以选用 $R_{T-\mathrm{ON}}$ 和 $R_{T-\mathrm{OFF}}$ 两个输出特性,由于在人们设定温度 T 改变时,m_T 和这两个输出特性也随之改变,故它们还是动态特性。

2. 确定信号因子

在温控电路图 5.5.3 中,有四个电阻 R_1,R_2,R_3,R_T 形成一个惠斯顿电桥,所以可用 R_1,R_2,R_3 中任意一个来调整 R_T,而 R_T 是电桥平衡的地方。我们决定用 R_3,这样一来，R_3 就是用来决定温度设定值的信号因子，对这个信号因子，已选定三个水平，具体见表 5.5.4。

3. 确定可控因子及其水平

这要由设计工程师来确定电路中哪些参数是可控因子，哪些不是。这里 E_0 是电源电压，其变化是不可控制的，其他参数 R_1，R_2，R_4 和 E_z 是四个可控因子，其水平已确定，详见表 5.5.3。

表 5.5.3　温控电路可控因子及其水平

	1	2	3	注
A:R_1(KΩ)	2.667	<u>4.0</u>	6.0	水平 3 是水平 2 的 1.5 倍，水平 1 是水平 2 的 0.667 倍
B:R_2(KΩ)	5.333	<u>8.0</u>	12.0	水平 3 是水平 2 的 1.5 倍，水平 1 是水平 2 的 0.667 倍
C:R_4(KΩ)	26.67	<u>40.0</u>	60.0	水平 3 是水平 2 的 1.5 倍，水平 1 是水平 2 的 0.667 倍
D:E_z(V)	4.8	<u>6.0</u>	7.2	水平 3 是水平 2 的 1.2 倍，水平 1 是水平 2 的 0.8 倍

注：划线者为起始水平。

4. 确定噪声因子及其水平

在温控电路中有五个噪声因子，其中 R'_1，R'_2，R'_4 和 E'_z 是由于产品间的差异引起的，电源电压 E_0 是外部噪声，它们的水平列于表 5.5.4 中。

表 5.5.4　温控电路的噪声因子和信号因子及其水平

因子 \ 水平		(前四个乘以可控因子的水平值) 1	2	3
噪声因子	A: R'_1	0.9796	1.0	1.0204
	B: R'_2	0.9796	1.0	1.0204
	C: R'_4	0.9796	1.0	1.0204
	D: E'_z	0.9796	1.0	1.0204
	F: E_0(V)	9.796	10.0	10.204
信号因子	M: R_3(KΩ)	0.5	1.0	1.5

5. 试验设计

四个可控因子恰好放在正交表 $L_9(3^4)$ 上，可为了获得更多的有关可控因子的信息，分散一些交互作用的影响，最终选用了正交表 $L_{18}(2\times3^7)$，其表头设计见表 5.5.6。五个噪声因子也可放在另一张正交表 $L_{18}(2\times3^7)$ 上，但为了减少计算工作量，还是使用综合噪声因子，不过取三个水平。从(5.5.25)式可以看出，R_{T-ON} 是 R_1，R_4 和 E_z 的减函数，又是 R_2 和 E_0 的增函数，所以对 R_{T-ON} 的综合噪声因子 N 的三个水平可取

$$N_1:\quad (R'_1)_3,(R'_2)_1,(R'_4)_3,(E_0)_1,(E'_z)_3$$
$$N_2:\quad (R'_1)_2,(R'_2)_2,(R'_4)_2,(E_0)_2,(E'_z)_2$$
$$N_3:\quad (R'_1)_1,(R'_2)_3,(R'_4)_1,(E_0)_3,(E'_z)_1$$

这样一来，安排在外表上只有两个因子，信号因子 R_3 和综合噪声因子 N，它们都取三水平，可以作全面试验，这相当于把 R_3 和 N 放在 $L_9(3^4)$ 的第 1,2 列上。

在这个电路设计中有两个动态特性，除 R_{T-ON} 外，还有 R_{T-OFF}。从(5.5.26)式可以看出，R_{T-OFF} 只与 R_1，R_2，R_3，R_4 有关，而与 E_0 和 E_z 无关，所以可控因子是 R_1，R_2，R_4，信号因子是 R_3，噪声因子是 R'_1，R'_2，R'_4。由于 R_{T-OFF} 是 R_1，R_2，R_4 的减函数，故对 R_{T-OFF} 的综合噪声因子 N 的三个水平应取为

$$N_1: \quad (R'_1)_3,(R'_2)_3,(R'_4)_3$$
$$N_2: \quad (R'_1)_2,(R'_2)_2,(R'_4)_2$$
$$N_3: \quad (R'_1)_1,(R'_2)_1,(R'_4)_1$$

它们的安排仍与前面一样，内表用 L_{18}，外表用信号因子和综合噪声因子的全面试验。

6. SN 比与灵敏度的计算

对内表中每一号试验要计算两个信噪比 η 和 η'，两个灵敏度 $20\lg\beta$ 和 $20\lg\beta'$，其中 η 和 $20\lg\beta$ 是用 R_{T-ON} 的数据计算的，η' 和 $20\lg\beta'$ 是用 R_{T-OFF} 的数据计算的。由(5.5.25)式和(5.2.26)式可知用零点比例式是适当的。由于两者是类似的，这里仅对 R_{T-ON} 的计算给出说明。

以 R_{T-ON} 的内表(表 5.5.6)的第 2 号试验为例来说明其 SN 比和灵敏度的具体计算。这号试验全是由四个可控因子的二水平组成，即

$$R_1=4.0(\text{K}\Omega),\quad R_2=8.0(\text{K}\Omega),\quad R_4=40.0(\text{K}\Omega),\quad E_z=6.0(\text{V})$$

此时综合噪声因子 N 的三个水平是

	R'_1	R'_2	R'_4	E_0	E'_z
N_1:	4.0816	7.8368	40.816	9.796	6.1224
N_2:	4.0	8.0	40.0	10.0	6.0
N_3:	3.9184	8.1632	39.184	10.204	5.8776

把上述各噪声因子水平和信号因子水平的值分别代入(5.5.25)式，可得内表第 2 号试验的 9 个 R_{T-ON} 值，见表 5.5.5。

表 5.5.5 内表第 2 号试验的 R_{T-ON} 值

R_3 \ N	1	2	3	和
1	1.2586	1.3462	1.4440	4.0488
2	2.5171	2.6923	2.8880	8.0974
3	3.7757	4.0385	4.3319	12.1461

由表 5.5.5 中的 9 个数据可以算得内表第 2 号试验的 SN 比与灵敏度，为此先计算其总的偏差平方和 S_T 和有效除数 R：

$$S_T=1.2586^2+\cdots+4.3319^2=76.7370$$
$$R=3(0.5^2+1.0^2+1.5^2)=10.5$$

由(5.5.10)式可得 β 的估计

$$\hat{\beta}=(4.0488\times0.5+8.0974\times1+12.1461\times1.5)/10.5=2.6991$$

从而可得 $\hat{\beta}^2$ 和灵敏度 γ

$$\hat{\beta}^2=7.2851,\quad \gamma=20\lg\hat{\beta}=8.6244$$

再由(5.5.13)式和(5.5.15)式算得回归平方和 S_β 和 σ^2 的无偏估计

$$S_\beta=10.5\times 2.6991^2=76.4961$$
$$\hat{\sigma}^2=(76.7370-76.4961)/(9-1)=0.03011$$

最后算得其 SN 比为

$$\eta=10\ \lg\frac{(76.4961-0.03011)/10.5}{0.03011}=23.8357(\text{db})$$

其他的 SN 比和灵敏度亦可类似计算,计算结果列于表 5.5.6 中。

表 5.5.6　R_{T-ON} 的内表及其数据

			R_1	R_2	R_4			E_z		
i	1	2	3	4	5	6	7	8	η (db)	γ (db)
1	1	1	1	1	1	1	1	1	22.41	9.82
2	1	1	2	2	2	2	2	2	23.84	8.62
3	1	1	3	3	3	3	3	3	24.79	7.87
4	1	2	1	1	2	2	3	3	25.85	7.27
5	1	2	2	2	3	3	1	1	24.19	8.52
6	1	2	3	3	1	1	2	2	19.47	11.95
7	1	3	1	2	1	3	2	3	22.25	12.85
8	1	3	2	3	2	1	3	1	23.61	11.77
9	1	3	3	1	3	2	1	2	24.93	1.52
10	2	1	1	3	3	2	2	1	24.23	14.94
11	2	1	2	1	1	3	3	2	24.50	4.87
12	2	1	3	2	2	1	1	3	22.13	7.02
13	2	2	1	2	3	1	3	2	26.02	10.53
14	2	2	2	3	1	2	1	3	16.19	17.85
15	2	2	3	1	2	3	2	1	24.60	1.74
16	2	3	1	3	2	3	1	2	20.26	17.66
17	2	3	2	1	3	1	2	3	25.95	3.96
18	2	3	3	2	1	2	3	1	23.05	5.97

7.SN 比 η 和灵敏度 γ 的统计分析

在表 5.5.6 上分别对 SN 比 η 和灵敏度 γ 计算每列上诸水平的平均,然后作方差分析。表 5.5.7 和表 5.5.8 分别列出了有关的计算结果。从它们的 F 比看,对指标 R_{T-ON} 来讲,除 A(即电阻 R_1)对 η 不显著外,其他因子在不同程度上对 η 和 γ 都显著。

表 5.5.7 R_{T-ON} 的 SN 比的方差分析表

因子	η 水平之平均 1	2	3	自由度	偏差平方和	均方	F 比	P 值
A：R_1	23.50	23.40	23.16	2	0.7	0.4	—	—
B：R_2	24.70	23.58	21.42	2	33.33	16.67	22	3.43×10^{-4}
C：R_4	21.31	23.38	25.02	2	41.40	20.70	27	1.57×10^{-4}
D：E_z	21.68	23.39	24.64	2	26.37	13.19	17	8.78×10^{-4}
误差				9	6.87	0.76		
总和				17	108.67			

表 5.5.8 R_{T-ON} 的灵敏度的方差分析表

因子	γ 水平之平均 1	2	3	自由度	偏差平方和	均方	F 比	P 值
A：R_1	12.18	9.27	6.01	2	114.2	57.1	94	<0.0001
B：R_2	4.80	8.92	13.68	2	233.5	116.8	191	<0.0001
C：R_4	10.55	9.01	7.89	2	21.4	10.7	18	7.16×10^{-3}
D：E_z	10.40	9.01	8.05	2	16.8	8.4	14	1.73×10^{-3}
误差				9	5.5	0.61		
总和				17	391.4			

8. 选出诸可控因子的最佳水平组合

为了直观起见，在图 5.5.4 上画出了可控因子对 SN 比 η 和灵敏度的水平效应图，图上 ON 表示根据质量特性 R_{T-ON} 的计算结果画出的，而 OFF 表示根据质量特性 R_{T-OFF} 的计算结果画出的，后者的计算过程省略了。

从图 5.5.4a 上可以看出：

(1)R_1 对 η 和 η' 的效应均可忽略，其中 η' 表示 R_{T-OFF} 的 SN 比，以下表示相同。

(2)降低 R_2 会大幅度提高 η，但也会使 η' 稍有降低。

(3)升高 R_4 会大幅度提高 η，但也会使 η' 稍有降低。

(4)升高 E_z 会大幅度提高 η，但对 η' 没有副作用。

综上分析，对 η 的最佳水平组合是 $A_2B_1C_3D_3$，即

$$R_1=4.0\text{K}\Omega,\quad R_2=5.336\text{K}\Omega,\quad R_4=60.0\text{K}\Omega,\quad E_z=7.2\text{V}$$

这个水平组合在内表中没有出现，对它进行了验证试验，算得这个水平组合的 SN 比 $\eta=26.43$(db)，而原来的起始水平组合(内表的第 2 号试验)的 $\eta=23.84$(db)，信噪比提高了 2.59(db)。

类似地，在这个水平组合下，$\eta'=29.10$(db)，而起始水平组合的 $\eta'=29.94$(db)，相比之下，信噪比降低了 0.84(db)。

由于在各可控因子水平范围内，所有信噪比在 R_{T-OFF} 下都比 R_{T-ON} 要高，所以，用稍降 η' 换来提高 η 还是可以容忍的。

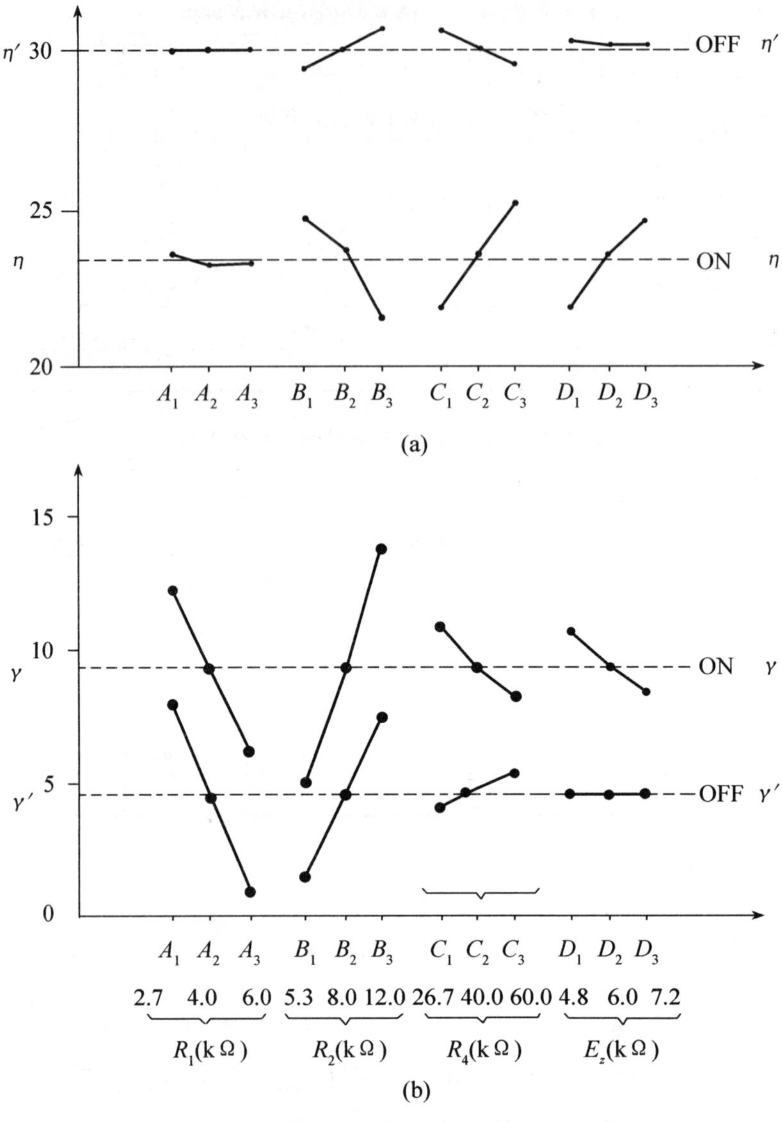

图 5.5.4　可控因子对 η 和 γ 的水平效应图

从图 5.5.4b 上还可以看出，R_1 和 R_2 都对 γ 和 γ' 有较大影响，而 R_4 和 E_z 对 γ 和 γ' 的影响较小，这里 γ' 表示 $R_{T-\mathrm{OFF}}$ 的灵敏度。又因为 R_1 对 η 和 η' 没有什么影响，故 R_1 是调整 γ 和 γ' 的理想选择，即 R_1 是调节因子。当改变信号因子 R_3 的水平尚不能达到要求的温度时，调节 R_1 的水平可达到想要的温度范围。

这个温控电路设计问题在实际中还经过两轮参数设计，这里不再重复全过程，只把主要做法和结果简要叙述一下。从图 5.5.4 可以清楚看出，提高 η 仍有潜力，但也面临降低 η' 的风险。只有在实际中做了以后，通过比较才能确认是否值得做下去。

第二轮参数设计中各可控因子的中间水平就是上一轮的最佳水平，而 1 水平和 2 水平比例、3 水平和 2 水平的比例与上一轮相同，但在以后几轮里保持 E_z 的值不超过 7.2V，使 E_z 和 E_0 之间有适当的距离。以后两轮的结果列在表 5.5.9 上。当然，再进一步的改善仍有可能，但第三轮后，改善的速度已明显趋慢，故不再继续下去了。

表 5.5.9 三轮参数设计的结果

轮次	η (db)	η' (db)	$\eta+\eta'$ (db)
起始条件	23.84	29.94	53.78
第一轮	26.43	29.10	55.53
第二轮	27.30	28.70	56.00
第三轮	27.77	28.51	56.28

习题 5.5

1. 为比较两台磅秤(A_1 与 A_2)的精度,取信号因子 M(被称物体重量)为四水平,误差因子 R(施磅员)为三水平,假定称重 Y 与信号因子 M 之间是线性关系,在已做的试验数据(见下表)下请评出精度高的磅秤。

		$M_1=0$	$M_2=300$	$M_3=600$	$M_4=900$
A_1	R_1	−0.92	299.66	600.15	900.59
	R_2	−0.75	299.55	600.13	900.62
	R_3	−0.49	300.06	600.60	900.97
A_2	R_1	−0.96	299.26	600.02	900.52
	R_2	−0.45	299.40	600.04	901.18
	R_3	−0.80	299.69	600.57	900.95

2. 某热膨胀仪主要用于测量金属材料的等温转变曲线、材料的临界点和热膨胀系数等。该仪器的温控系统的精度问题没有解决。为了用动态特性参数设计方法研究此问题,特选定五个可控因子,六个噪声因子和一个信号因子(详见下表)。为了减少试验次数,启用三水平的综合噪声因子:

	1	2	3
可控因子			
V:冷却速度	大	小	
P:比例带(%)	20	40	60
I:积分时间(s)	100	200	300
D:微分时间(s)	20	100	200
t:采样时间(s)	1	2	4
综合噪声因子	N_1	N_2	N_3
A:热电偶(%)	−0.05	0	0.05
B:环境温度(℃)	15	20	25
C:长度记录仪(%)	−0.5	0	0.5
D:试样位置	偏前	中	偏后
E:电压(V)	200	220	240
F:温控仪(%)	−0.5	0	0.5
信号因子			
M:升温速率(℃/min)	16	12	8

对上述因子，内表采用 $L_{18}(2^1 \times 3^7)$，外表采用 L_9，试验结果 Y 为升温速率的测定值，具体数据见下表。假设升温速率的测定值 Y 与信号因子 M 间为零点比例式关系，请计算内表各号试验的信噪比和灵敏度，然后选取最佳参数搭配。

	V	P	I	D	t	e	e	e	M_1			M_2			M_3		
	1	2	3	4	5	6	7	8	N_1	N_2	N_3	N_1	N_2	N_3	N_1	N_2	N_3
1	1	1	1	1	1	1	1	1	16.22	16.30	16.35	11.78	11.85	12.08	7.92	8.08	8.18
2	1	1	2		2	2	2	2	15.65	15.90	16.20	11.90	12.20	12.25	7.86	7.88	8.06
3	1	1	3	3	3	3	3	3	15.62	16.10	16.20	11.80	11.85	12.28	8.08	8.10	8.18
4	1	2	1	1	2	2	3	3	15.84	16.12	16.24	12.25	12.28	12.30	7.82	7.92	8.12
5	1	2	2	2	3	3	1	1	16.06	16.28	16.35	11.78	11.82	12.18	7.86	8.14	8.20
6	1	2	3	3	1	1	2	2	15.60	15.82	16.38	11.18	11.84	12.26	7.92	7.94	8.16
7	1	3	1	2	1	3	2	3	16.16	16.24	16.30	12.12	12.28	12.30	7.90	8.08	8.10
8	1	3	2	3	2	1	3	1	15.60	15.74	15.80	11.84	11.90	11.92	7.85	8.10	8.15
9	1	3	3	1	3	2	1	2	15.80	16.27	16.34	11.85	12.20	12.25	7.82	8.08	8.18
10	2	1	1	3	3	2	2	1	16.10	16.28	16.38	11.76	11.78	11.80	7.84	7.92	7.94
11	2	1	2	1	1	3	3	2	15.65	15.78	15.85	11.80	12.20	12.30	7.82	8.08	8.20
12	2	1	3	2	2	1	1	3	15.75	16.28	16.38	12.18	12.20	12.28	7.81	7.92	8.06
13	2	2	1	2	3	1	3	2	15.90	16.00	16.48	11.70	11.82	11.85	7.85	7.86	8.07
14	2	2	2	3	1	2	1	3	15.63	15.80	16.20	12.12	12.24	12.28	7.82	8.15	8.16
15	2	2	3	1	2	3	2	1	16.24	16.36	16.40	11.70	11.90	12.30	7.92	7.96	8.10
16	2	3	1	3	2	3	1	2	15.72	15.85	15.90	11.86	11.92	12.24	7.92	8.12	8.18
17	2	3	2	1	3	1	2	3	16.22	16.28	16.30	12.25	12.30	12.31	7.90	8.06	8.16
18	2	3	3	2	1	2	3	1	15.65	15.70	16.10	11.70	11.90	12.29	7.82	8.15	8.20

第6章 回归设计

§6.1 回归设计的基本概念

前面讨论的试验设计问题主要是判断因子的显著性，找出各因子水平的最佳组合。另一类试验设计问题需要寻找试验指标与各因子间的定量规律。**回归设计**（也称为响应曲面设计）便是这样一种设计，它是**在多元线性回归的基础上用主动收集数据的方法获得具有较好性质的回归方程的一种试验设计方法**。它是由英国统计学家G. Box在20世纪50年代初针对化工生产中的实际问题提出的，以后又成功地用于钢铁、机械、制药、农业等部门，如今这一方法在英美等西方国家使用相当广泛。

本章主要介绍*Box*的回归设计方法及其应用，并假定读者已具有多元线性回归分析的基础知识。本章6.1.2节中列出了回归分析中的主要公式，以便符号上的统一，详细内容可参考[22]。

6.1.1 多项式回归模型

在一些试验中希望建立指标y与各定量因子$z_1,z_2,\cdots,z_p$间相关关系的定量表达式，即回归方程，以便通过该回归方程找出使指标满足要求的各因子的范围。譬如在炼钢时，如何控制钢水中碳的含量(z_1)，冶炼温度(z_2)，…使钢材的强度(y)达到质量要求？

由于建立回归方程是对定量因子进行的，因此所涉及的因子$z_1,z_2,\cdots,z_p$都是定量的，也称为变量。这与正交设计不同，在正交设计中定量的和定性的因子都可使用。

由于在生产过程中，除了要控制的$z_1,z_2,\cdots,z_p$外，还存在一些不可控制的随机因素，从而在$z_1,z_2,\cdots,z_p$不变的情况下，指标y也不完全相同，它是一个随机变量，可以假定y与$z_1,z_2,\cdots,z_p$间有如下关系：

$$y=f(z_1,z_2,\cdots,z_p)+\varepsilon$$

这里$f(z_1,z_2,\cdots,z_p)$是$z_1,z_2,\cdots,z_p$的一个函数，常称为响应函数，其图形也称为响应曲面；ε是随机误差，通常假定它服从均值为0，方差为σ^2的正态分布。在上述假定下，$f(z_1,z_2,\cdots,z_p)$可以看作为在取定参数$z_1,z_2,\cdots,z_p$后指标的均值，即

$$E(y)=f(z_1,z_2,\cdots,z_p)$$

在下面讨论的设计中，我们称$z_1,z_2,\cdots,z_p$为因子（或自变量）。称$\boldsymbol{z}=(z_1,z_2,\cdots,z_p)'$的可能取值的空间为因子空间。我们的任务便是从因子空间中寻找一个点$\boldsymbol{z}^0=(z_1^0,z_2^0,\cdots,z_p^0)'$使$E(y)$满足质量要求。

当f的函数形式已知时，可以通过最优化的方法去寻找$\boldsymbol{z}^0$，然而在许多情况下f的

形式并不知道,这时常常用一个多项式去逼近它,即假定:

$$y=\beta_0+\sum_j\beta_j z_j+\sum_j\beta_{jj}z_j^2+\sum_{i<j}\beta_{ij}z_iz_j+\cdots+\varepsilon \tag{6.1.1}$$

这里各 $\beta_0,\beta_j,\beta_{jj},\beta_{ij},\cdots$ 为未知参数,也称为回归系数,通常需要通过收集到的数据对它们进行估计,若分别用 $b_0,b_j,b_{jj},b_{ij},\cdots$ 表示相应的估计,则称

$$\hat{y}=b_0+\sum_j b_jz_j+\sum_j b_{jj}z_j^2+\sum_{i<j}b_{ij}z_iz_j+\cdots \tag{6.1.2}$$

为 y 关于 $z_1,z_2,\cdots z_p$ 的多项式回归方程。在实际中常用的是如下的一次与二次回归方程(也称一阶与二阶模型):

$$\hat{y}=b_0+\sum_j b_jz_j \tag{6.1.3}$$

$$\hat{y}=b_0+\sum_j b_jz_j+\sum_j b_{jj}z_j^2+\sum_{i<j}b_{ij}z_iz_j \tag{6.1.4}$$

一般 p 个自变量的 d 次回归方程的系数个数为 $\binom{p+d}{d}$,如果 $d=2$,那么系数个数为 $\binom{p+2}{2}$,假定又有 $p=3$,则系数个数为 $\binom{3+2}{2}=10$。

6.1.2 多元线性回归

(6.1.1)式是一个多项式回归模型,在对变量作了变换并重新命名后也可以看成是一个多元线性回归模型。譬如对 $p=2$ 的二次回归模型

$$y=\beta_0+\beta_1z_1+\beta_2z_2+\beta_{11}z_1^2+\beta_{22}z_2^2+\beta_{12}z_1z_2+\varepsilon$$

只要令 $x_1=z_1,x_2=z_2,x_3=z_1^2,x_4=z_2^2,x_5=z_1z_2$,就变成了五元线性回归模型。

1. 回归模型

设所收集到的 n 组数据为

$$(x_{i1},x_{i2},\cdots,x_{ip},y_i),\quad i=1,2,\cdots,n$$

假定回归模型为

$$\begin{cases}y_i=\beta_0+\beta_1x_{i1}+\cdots+\beta_p x_{ip}+\varepsilon_i, & i=1,2,\cdots,n\\ 各\ \varepsilon_i iid\sim N(0,\sigma^2)\end{cases} \tag{6.1.5}$$

记随机变量的观察向量为 $Y=\begin{pmatrix}y_1\\y_2\\\vdots\\y_n\end{pmatrix}$,未知参数向量为 $\beta=\begin{pmatrix}\beta_0\\\beta_1\\\vdots\\\beta_p\end{pmatrix}$

不可观察的随机误差向量为 $\varepsilon=\begin{pmatrix}\varepsilon_1\\\varepsilon_2\\\vdots\\\varepsilon_n\end{pmatrix}$,结构矩阵 $X=\begin{pmatrix}1 & x_{11} & \cdots & x_{1p}\\1 & x_{21} & \cdots & x_{2p}\\\vdots & \vdots & \ddots & \vdots\\1 & x_{n1} & \cdots & x_{np}\end{pmatrix}$

那么上述模型可以表示为

$$\begin{cases}Y=X\beta+\varepsilon \\ \varepsilon\sim N_n(\mathbf{0},\sigma^2 I_n)\end{cases} \text{或记为 } Y\sim N_n(X\beta,\sigma^2 I_n) \tag{6.1.6}$$

其中 **0** 是 $n\times1$ 的元素全是 0 的向量。

2. 回归系数的最小二乘估计

估计回归模型中回归系数的方法是最小二乘法。

记回归系数的最小二乘估计(LSE)为 $b=(b_0,b_1,\cdots,b_p)'$，应满足如下正规方程组：

$$X'Xb=X'Y \tag{6.1.7}$$

当$(X'X)^{-1}$存在时，β 最小二乘估计 b 为

$$b=(X'X)^{-1}X'Y \tag{6.1.8}$$

在求得了 β 最小二乘估计 b 后，可以写出回归方程：

$$\hat{y}=b_0+b_1x_1+\cdots+b_px_p$$

今后称 $\boldsymbol{A}=X'X$ 为正规方程组的**系数矩阵**，$\boldsymbol{B}=X'Y$ 为正规方程组的**常数项向量**，$\boldsymbol{C}=(X'X)^{-1}$ 为**相关矩阵**。

在模型(6.1.6)下，有

$$b\sim N(\beta,\sigma^2(X'X)^{-1}) \tag{6.1.9}$$

若记 $C=(X'X)^{-1}=(c_{ij})$，那么

$$b_j\sim N(\beta_j,c_{jj}\sigma^2),\quad j=0,1,2,\cdots,p \tag{6.1.10}$$

在通常的回归分析中，由于 $\boldsymbol{C}=(X'X)^{-1}$ 非对角阵，所以各回归系数间是相关的：

$$\operatorname{cov}(b_i,b_j)=c_{ij}\sigma^2 \tag{6.1.11}$$

3. 对回归方程的显著性检验

对回归方程的显著性检验是指检验如下假设：

$$H_0:\beta_1=\beta_2=\cdots=\beta_p=0$$
$$H_1:\beta_1,\beta_2,\cdots,\beta_p \text{ 不全为 } 0$$

检验方法是作方差分析。

记 $\hat{y}_i=b_0+b_1x_{i1}+\cdots+b_px_{ip}$，$i=1,2,\cdots,n$，则有平方和分解式

$$S_T=\sum_{i=1}^{n}(y_i-\bar{y})^2=\sum_{i=1}^{n}(y_i-\hat{y}_i)^2+\sum_{i=1}^{n}(\hat{y}_i-\bar{y})^2=S_E+S_R \tag{6.1.12}$$

其中 $S_E=\sum_i(y_i-\hat{y}_i)^2$ 为残差平方和，自由度为 $f_E=n-p-1$；

$S_R=\sum(\hat{y}_i-\bar{y})^2$ 为回归平方和，自由度为 $f_R=p$。

当 H_0 为真时，有

$$F=\frac{S_R/f_R}{S_E/f_E}\sim F(f_R,f_E)=F(p,n-p-1) \qquad (6.1.13)$$

对于给定的显著性水平 α，拒绝域为 $F>F_{1-\alpha}(f_R,f_E)=F_{1-\alpha}(p,n-p-1)$。

若记 $p+1$ 维向量 $X'Y=B=(B_j)$，那么

$$S_E=\sum_i(y_i-\hat{y}_i)^2 \qquad (6.1.14)$$

$$=\sum_{i=1}^{n}y_i^2-b_0B_0-b_1B_1-\cdots-b_pB_p$$

$$S_R=\sum(\hat{y}_i-\bar{y})^2=S_T-S_E \qquad (6.1.15)$$

4. 失拟检验

当在某些点 $(x_{i1},x_{i2},\cdots,x_{ip})$，$i=1,2,\cdots,n$ 有重复试验数据的话，可以在检验回归方程显著性之前，先对 y 的期望是否是 $x_1,x_2,\cdots,x_p$ 的线性函数进行检验，这种检验称为失拟检验，它要检验如下假设：

$$H_0:Ey=\beta_0+\beta_1x_1+\cdots+\beta_px_p$$
$$H_1:Ey\neq\beta_0+\beta_1x_1+\cdots+\beta_px_p$$

当在 $(x_{i1},x_{i2},\cdots,x_{ip})$ 上有重复试验或观察时，将数据记为

$$(x_{i1},x_{i2},\cdots,x_{ip},y_{ij}) \quad (j=1,2,\cdots,m_i;\quad i=1,2,\cdots,n)$$

其中至少有一个 $m_i\geqslant 2$，记 $N=\sum_{i=1}^{n}m_i$。此时残差平方和可进一步分解为组内平方和与组间平方和，其中组内平方和就是误差平方和，记为 S_e，组间平方和称为失拟平方和，记为 S_{Lf}，即

$$S_E=S_e+S_{Lf} \qquad (6.1.16)$$

其中

$$S_e=\sum_{i=1}^{n}\sum_{j=1}^{m_i}(y_{ij}-\bar{y}_i)^2,\quad f_e=\sum(m_i-1)=N-n$$

$$\bar{y}_i=\frac{1}{m_i}\sum_{j=1}^{m_i}y_{ij} \qquad (6.1.17)$$

$$S_{Lf}=\sum_{i=1}^{n}m_i(\bar{y}_i-\hat{y}_i)^2,\quad f_{Lf}=n-p-1 \qquad (6.1.18)$$

检验统计量为

$$F_{Lf}=\frac{S_{Lf}/f_{Lf}}{S_e/f_e} \qquad (6.1.19)$$

在 H_0 为真时，$F_{Lf}\sim F(f_{Lf},f_e)$，对于给定的显著性水平 α，拒绝域为

$$\{F_{Lf}>F_{1-\alpha}(f_{Lf},f_e)\}$$

当拒绝 H_0 时，需要寻找原因，改变模型，否则认为线性回归模型合适，可以将 S_e 与 S_{Lf} 合并作为 S_E 检验方程是否显著。

5. 对回归系数的显著性检验

当回归方程显著时，可进一步检验某个回归系数是否为 0，也即检验如下假设：

$$H_{0j}:\beta_j=0,\quad H_{1j}:\beta_j\neq 0$$

此种检验应对 $j=1,2,\cdots,p$ 逐一进行。

常用的检验方法是 t 检验或等价的 F 检验，F 检验统计量为

$$F_j=t_j^2=\frac{b_j^2/c_{jj}}{\hat{\sigma}^2} \tag{6.1.20}$$

其中 c_{jj} 是 $(X'X)^{-1}$ 中的第 $j+1$ 个对角元。记分子为 S_j，即 $S_j=b_j^2/c_{jj}$，它是因子 x_j 的偏回归平方和，分母 $\hat{\sigma}^2=S_E/f_E$ 是模型中 σ^2 的无偏估计。$\hat{\sigma}=\sqrt{S_E/f_E}$，$\sqrt{c_{jj}}\hat{\sigma}$ 也称为 b_j 的标准误，即其标准差的估计。

当 H_{0j} 为真时，有 $F_j\sim F(1,f_E)$。对给定的显著性水平 α，当 $F_j>F_{1-\alpha}(1,f_E)$ 时拒绝假设 H_{0j}，即 β_j 显著不为零，否则可以将对应的变量从回归方程中删除。

注：当有不显著的系数时，一般情况下一次只能删除一个 F 值最小的变量，重新计算回归系数，再重新检验。通常要到余下的系数都显著时为止。

6.1.3 由被动到主动

古典的回归分析方法只是被动地处理已有的试验数据，对试验的安排不提任何要求，对如何提高回归方程的精度研究很少。往往盲目增加试验次数，而这些试验结果往往还不能提供充分的信息，以致在许多多因子试验问题中达不到试验目的。有时对模型的合适性也无法检验，因为作失拟检验要求在同一试验点上有重复试验数据，而在被动处理数据时不一定存在这些数据，从而无法检验。

为了适应寻求最佳工艺、最佳配方、建立生产过程的数学模型等的需要，人们就要求以较少的试验次数建立精度较高的回归方程，这就要求摆脱古典回归分析的被动局面，主动把试验的安排、数据的处理和回归方程的精度统一起来考虑，即根据试验目的和数据分析的要求来选择试验点，不仅使得在每一个试验点上获得的数据含有最大的信息，从而减少试验次数，而且使数据的统计分析具有一些较好的性质。这就是 20 世纪 50 年代发展起来的"回归设计"所研究的问题。

根据建立的回归方程的次数不同，回归设计有一次回归设计、二次回归设计、三次回归设计等，根据设计的性质又有正交设计、旋转设计等。本章仅介绍一次回归的正交设计与二次回归的组合设计（包括正交设计与旋转设计）。

6.1.4 因子水平的编码

在回归问题中各因子的量纲不同，其取值的范围也不同，有时因子的取值范围差别甚大。为了数据处理的方便，对所有的因子作一个线性变换，使所有因子的取值范围都转化为中心在原点的一个"立方体"中，这一变换称为对因子水平的**编码**。方法如下：

设因子 z_j 的取值范围为

$$z_{1j} \leqslant z_j \leqslant z_{2j}, \quad j=1,2,\cdots,p$$

z_{1j} 与 z_{2j} 分别称为因子 z_j 的**下水平**与**上水平**。其中心是

$$z_{0j}=(z_{1j}+z_{2j})/2, \quad j=1,2,\cdots,p$$

也称为**零水平**。因子的**变化半径**为

$$\Delta_j=(z_{2j}-z_{1j})/2, \quad j=1,2,\cdots,p$$

令

$$x_j=\frac{z_j-z_{0j}}{\Delta_j}, \quad j=1,2,\cdots,p \tag{6.1.21}$$

此变换式就称为“编码式”。通过此变换后，z_{1j} 对应的编码值为 -1，z_{2j} 对应的编码值为 1，z_{0j} 对应的编码值为 0。这样一来不管原来因子的取值范围是什么，都转化为 $[-1,1]$。其示意图如图 6.1.1。

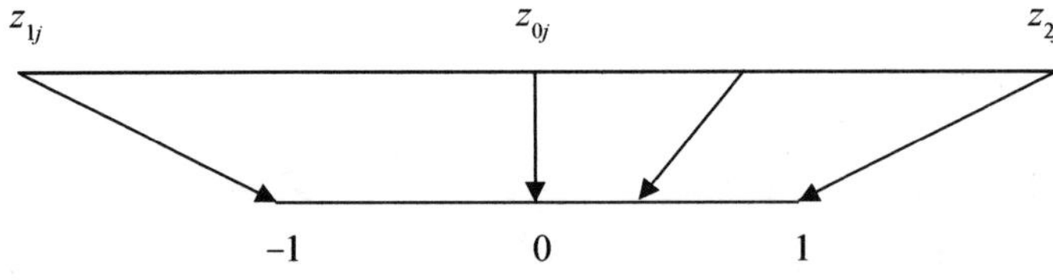

图 6.1.1　编码的示意图

今后称 $\boldsymbol{x}=(x_1,x_2,\cdots,x_p)'$ 的可能取值的空间为编码空间。我们可以先在编码空间中寻找一个点 $\boldsymbol{x}^0=(x_1^0,x_2^0,\cdots,x_p^0)'$ 使 $E(y)$ 满足质量要求，然后通过编码式寻找到 $\boldsymbol{z}^0=(z_1^0,z_2^0,\cdots,z_p^0)'$。

例 6.1.1　为提高某橡胶制品的撕裂强度，考察橡胶中某成分的百分比 z_1、树脂成分的百分比 z_2 及改良剂的百分比 z_3 三个因子对其的影响，这三个因子的取值范围分别为

$$0 \leqslant z_1 \leqslant 20, \quad 10 \leqslant z_2 \leqslant 30, \quad 0.1 \leqslant z_3 \leqslant 0.3$$

对其作编码，令

$$x_1=\frac{z_1-10}{10}, \quad x_2=\frac{z_2-20}{10}, \quad x_3=\frac{z_3-0.2}{0.1}$$

通过上述变换后，编码空间为中心在原点的立方体，其边长为 2。

在后面我们将会看到，在编码时，有时立方体的边长可以大于 2。

§6.2 一次回归正交设计

6.2.1 一次回归正交设计

建立一次回归方程的回归设计方法有多种，这里介绍一种常用的方法，它是利用二水平正交表来安排试验的设计方法。其主要步骤如下：

1. 确定因子水平的变化范围

设影响指标 y 的因子有 p 个 $z_1,z_2,\cdots,z_p$，希望通过试验建立 y 关于 $z_1,z_2,\cdots,z_p$ 的一次回归方程，那么首先要确定每个因子的变化范围，设因子 z_j 的取值范围为 $[z_{1j},z_{2j}]$，即

$$z_{1j}\leqslant z_j\leqslant z_{2j},\quad j=1,2,\cdots,p$$

这里 z_{1j} 与 z_{2j} 分别是因子 z_j 的下水平与上水平。

2. 对每一因子的水平进行编码

记因子 z_j 的零水平为

$$z_{0j}=(z_{1j}+z_{2j})/2$$

其变化半径为

$$\Delta_j=(z_{2j}-z_{1j})/2$$

那么采用(6.1.21)的编码式，即

$$x_j=\frac{z_j-z_{0j}}{\Delta_j},\quad j=1,2,\cdots,p$$

对因子的水平进行编码，其一般形式如表 6.2.1。

表 6.2.1 因子水平编码表

水平	编码值	因子			
		z_1	z_2	$\cdots$	z_p
下水平 z_{1j}	-1	z_{11}	z_{12}	$\cdots$	z_{1p}
上水平 z_{2j}	1	z_{21}	z_{22}	$\cdots$	z_{2p}
零水平 z_{0j}	0	z_{01}	z_{02}	$\cdots$	z_{0p}
变化半径 Δ_j		Δ_1	Δ_2	$\cdots$	Δ_p

3. 选择适当的二水平正交表安排试验

在用二水平正交安排试验时，要用“－1”代换通常二水平正交表中的“2”，以适应因子水平编码的需要。这样一来，正交表中的“1”与“－1”不仅表示因子水平的不同状态，也表示了因子水平的数量大小。经过这样的代换后，正交表的交互作用列可以由表中相应列的对应元素相乘得到，从而交互作用列表也不需要了。

表 6.2.2 就是一张代换后的 $L_8(2^7)$，与原来的正交表没有本质区别，仍然用 $L_8(2^7)$ 表示。用 n 表示行数，l 表示列数，则表 6.2.2 中 $n=8,l=7$。

表 6.2.2 $L_8(2^7)$

试验号 \ 列号	1 x_1	2 x_2	3 x_1x_2	4 x_3	5 x_1x_3	6 x_2x_3	7 $x_1x_2x_3$
1	1	1	1	1	1	1	1
2	1	1	1	−1	−1	−1	−1
3	1	−1	−1	1	1	−1	−1
4	1	−1	−1	−1	−1	1	1
5	−1	1	−1	1	−1	1	−1
6	−1	1	−1	−1	1	−1	1
7	−1	−1	1	1	−1	−1	1
8	−1	−1	1	−1	1	1	−1

表的选择仍然同正交设计一样，既要考虑因子的个数，有时还要考虑交互作用的个数。在改造后的正交表中，若用 x_{ij} 表示第 i 行第 j 列的取值，那么

$$\sum_{i=1}^{n} x_{ij}=0,\quad j=1,2,\cdots,l \tag{6.2.1}$$

$$\sum_{k=1}^{n} x_{ki}x_{kj}=0,\quad (i\neq j;i,j=1,2,\cdots,l) \tag{6.2.2}$$

称具有性质(6.2.1)与(6.2.2)的设计为正交设计。

6.2.2 数据分析

在一次回归的正交设计中记第 i 号试验结果为 y_i，$i=1,2,\cdots,n$，此时我们假定的模型是

$$\begin{cases} y_i=\beta_0+\sum\limits_j \beta_j x_{ij}+\varepsilon_i, & i=1,2,\cdots,n \\ \text{各 } \varepsilon_i \text{ 相互独立同分布} \sim N(0,\sigma^2) \end{cases}$$

我们要建立 y 关于 $z_1,z_2,\cdots,z_p$ 的一次回归方程

$$\hat{y}=b_0+\sum_j b_j z_j \tag{6.2.3}$$

这时可采用回归分析中的最小二乘估计去估计各个回归系数，并对回归方程及回归系数进行显著性检验，最后给出回归方程。在一次回归的正交设计中有关计算十分简单，可以用列表的方法完成，这里介绍有关的计算公式。

1.求回归系数的估计

记试验计划中第 i 号试验第 j 个因子 x_j 的取值为 x_{ij}，又记第 i 号试验结果为 y_i，$i=1,2,\cdots,n$。那么按 6.1.2 节中的公式(6.1.8)可以求出回归系数的最小二乘估计。为此我们首先写出结构矩阵

$$X=\begin{pmatrix}1 & x_{11} & \cdots & x_{1p}\\ 1 & x_{21} & \cdots & x_{2p}\\ \vdots & \vdots & \ddots & \vdots\\ 1 & x_{n1} & \cdots & x_{np}\end{pmatrix}$$

由于 X 中的元素不是 1 就是 -1，所以每列元素的平方和为 n，在考虑到(6.2.1)与(6.2.2)，此时正规方程组的系数矩阵为对角阵：

$$A=X'X=\begin{pmatrix}n & 0 & \cdots & 0\\ 0 & n & \cdots & 0\\ \vdots & \vdots & \ddots & \vdots\\ 0 & 0 & \cdots & n\end{pmatrix}$$

从而

$$C=(X'X)^{-1}=\begin{pmatrix}1/n & 0 & \cdots & 0\\ 0 & 1/n & \cdots & 0\\ \vdots & \vdots & \ddots & \vdots\\ 0 & 0 & \cdots & 1/n\end{pmatrix} \tag{6.2.4}$$

又记

$$B=X'Y=(B_0 \quad B_1 \quad \cdots \quad B_p)'$$

其中
$$B_0=\sum_{i=1}^{n}y_i=n\bar{y}, \quad B_j=\sum_{i=1}^{n}x_{ij}y_i, \quad j=1,2,\cdots,p$$

那么回归系数的最小二乘估计为

$$b=(X'X)^{-1}X'Y=\left(\bar{y} \quad \frac{B_1}{n} \quad \cdots \quad \frac{B_p}{n}\right)'$$

即

$$b_0=\bar{y}, \quad b_j=\frac{B_j}{n}, \quad j=1,2,\cdots,p$$

由于 $C=(X'X)^{-1}$ 是对角阵，所以各回归系数间不相关。在下面可以看到，这将给回归方程与系数的检验带来方便，并且在删除变量后回归系数不需重新计算。

具体计算可以列表进行(见表 6.2.3)。

2. 回归方程的显著性检验

我们可以利用(6.1.13)式做回归方程的显著性检验，即

$$F=\frac{S_R/f_R}{S_E/f_E}$$

其中
$$\begin{aligned}S_E&=\sum_{i=1}^{n}y_i^2-b_0B_0-b_1B_1-\cdots-b_pB_p\\ &=\sum_{i=1}^{n}y_i^2-n\bar{y}^2-b_1B_1-\cdots-b_pB_p\end{aligned}$$

$$=S_T-b_1B_1-\cdots-b_pB_p$$

$$f_E=n-p-1$$

考虑到 $S_E=S_T-S_R$，故

$$S_R=b_1B_1+b_2B_2+\cdots+b_pB_p,\quad f_R=p$$

具体计算与检验见表 6.2.3 与表 6.2.4。

表 6.2.3 一次回归正交设计的计算表

试验号	x_0	x_1	x_2	…	x_p	y
1	1	x_{11}	x_{12}	…	x_{1p}	y_1
2	1	x_{21}	x_{22}	…	x_{2p}	y_2
⋮	⋮	⋮	⋮	⋮	⋮	⋮
n	1	x_{n1}	x_{n2}	…	x_{np}	y_n
$B_j=\sum_{i=1}^{n}x_{ij}y_i$	B_0	B_1	B_2	…	B_p	$S_T=\sum_{i=1}^{n}y_i^2-S_0$
$b_j=B_j/n$	b_0	b_1	b_2	…	b_p	$S_R=\sum_{j=1}^{p}S_j$
$S_j=b_jB_j$	S_0	S_1	S_2	…	S_p	$S_E=S_T-S_R$

表 6.2.4 一次回归正交设计的方差分析表

来源	平方和	自由度	均方和	F 比
x_1	S_1	1	MS_1	$F_1=MS_1/MS_E$
x_2	S_2	1	MS_2	$F_2=MS_2/MS_E$
⋮	⋮	⋮	⋮	⋮
x_p	S_p	1	MS_p	$F_p=MS_p/MS_E$
回归	$S_R=\sum_{j=1}^{p}S_j$	$f_R=p$	$MS_R=S_R/f_R$	$F=MS_R/MS_E$
残差	$S_E=S_T-S_R$	$f_E=n-p-1$	$MS_E=S_E/f_E$	
总和	$S_T=\sum_{i=1}^{n}y_i^2-S_0$	$f_T=n-1$		

3.回归系数的显著性检验

可以采用(6.1.20)式检验 β_j 是否为零，即用统计量

$$F_j=\frac{b_j^2/c_{jj}}{\hat{\sigma}^2}$$

其分母是 σ^2 的无偏估计 $\hat{\sigma}^2=S_E/f_E$，分子是 x_j 的偏回归平方和，记为 S_j，那么

$$S_j=b_j^2/c_{jj}=b_jB_j,\quad j=1,2,\cdots,p$$

这里 $c_{ij}=\frac{1}{n}$。注意到回归平方和的计算公式，有

$$S_R=S_1+S_2+\cdots+S_p$$

具体计算与检验见表 6.2.3 与表 6.2.4。

例 6.2.1 硝基蒽醌中某物质的含量 y 与以下三个因子有关：

z_1：亚硝酸钠（单位：克）

z_2：大苏打（单位：克）

z_3：反应时间（单位：小时）

为提高该物质的含量，需建立 y 关于变量 z_1,z_2,z_3 的回归方程。

1. 试验设计

（1）确定因子取值范围，并对它们的水平进行编码

本例的因子水平编码见表 6.2.5。

表 6.2.5 因子水平编码表

因子	编码值	z_1	z_2	z_3
上水平	+1	9.0	4.5	3
下水平	−1	5.0	2.5	1
零水平	0	7.0	3.5	2
变化半径 Δ_j		2	1	1

（2）利用二水平正交表安排试验

本例有三个因子，即 $p=3$，为今后可能需要考察因子间的交互作用方便起见，因此选用 $L_8(2^7)$，将三个因子分别置于第 1、2、4 列上，从而可得试验计划，并按计划进行试验。试验计划及试验结果见表 6.2.6。

表 6.2.6 试验计划及试验结果

试验号	x_1（亚硝酸钠：g）	x_2（大苏打：g）	x_3（反应时间：小时）	试验结果 y
1	1 (9)	1 (4.5)	1 (3)	92.35
2	1 (9)	1 (4.5)	−1 (1)	86.10
3	1 (9)	−1 (2.5)	1 (3)	89.58
4	1 (9)	−1 (2.5)	−1 (1)	87.05
5	−1 (5)	1 (4.5)	1 (3)	85.70
6	−1 (5)	1 (4.5)	−1 (1)	83.26
7	−1 (5)	−1 (2.5)	1 (3)	83.95
8	−1 (5)	−1 (2.5)	−1 (1)	83.38

2. 数据分析

本例的计算见表 6.2.7，有关方程与系数的检验见表 6.2.8。在本例中 $n=8$。

表 6.2.7 计算表

试验号	x_0	x_1	x_2	x_3	y
1	1	1	1	1	92.35
2	1	1	1	−1	86.10
3	1	1	−1	1	89.58
4	1	1	−1	−1	87.05
5	1	−1	1	1	85.70
6	1	−1	1	−1	83.26
7	1	−1	−1	1	83.95
8	1	−1	−1	−1	83.38
$B_j=\sum_{i=1}^{n}x_{ij}y_i$	691.37	18.79	3.45	11.79	$S_T=\sum_{i=1}^{n}y_i^2-S_0$ $=59820.56-59749.06=71.50$
$b_j=B_j/n$	86.42	2.35	0.43	1.47	$S_R=\sum_{j=1}^{p}S_j=63$
$S_j=b_jB_j$	59749.06	44.13	1.49	17.38	$S_E=S_T-S_R=8.50$

表 6.2.8 对方程与系数检验的方差分析表

来源	平方和	自由度	均方和	F 比	P 值
x_1	44.13	1	44.13	20.77	1.04×10^{-2}
x_2	1.49	1	1.49	0.70	0.45
x_3	17.38	1	17.38	8.18	4.59×10^{-2}
回归	63.00	3	21.00	9.88	2.54×10^{-2}
残差	8.50	4	2.125		
总和	71.50	7			

根据表 6.2.7，可以写出 y 关于 x_1,x_2,x_3 的回归方程为

$$\hat{y}=86.42+2.35x_1+0.43x_2+1.47x_3 \tag{6.2.5}$$

若取显著性水平为 0.05，有 $F_{0.95}(3,4)=6.59$，由表 6.2.8 知 $F=9.88>6.59$，所以上述求得的回归方程是有意义的。

在显著性水平为 0.05 时，$F_{0.95}(1,4)=7.71$，由表 6.2.8 知因子 x_2 不显著，其他因子显著。

在正交回归设计中，当某一变量不显著时，可以直接将它删去，此时不会改变其他的回归系数，也不会改变这些变量的偏回归平方和，这是正交回归设计的一个优点。此时我们把不显著变量的偏回归平方和加到残差平方和中，从而获得方程对应的 σ 的估计。

现在将 x_2 从回归方程中删去，最后得各因子均为显著的回归方程是

$$\hat{y}=86.42+2.35x_1+1.47x_3 \tag{6.2.6}$$

将编码式

$$x_1=\frac{z_1-7}{2}, \quad x_3=z_3-2$$

代入(6.2.6)式,得 y 关于 z_1,z_3 的回归方程为

$$\begin{aligned}\hat{y}&=86.42+2.35\times\frac{z_1-7}{2}+1.47(z_3-2)\\&=75.255+1.175z_1+1.47z_3 \qquad (6.2.7)\end{aligned}$$

从方程知,当 z_1,z_3 增加时,y 也会相应增加。

在本例中残差平方和变成 $S_E'=S_E+S_2=8.50+1.49=9.99$,$f_E'=4+1=5$,因此 σ 的估计为 $\hat{\sigma}=\sqrt{9.99/5}=1.41$。

6.2.3 零水平处的失拟检验

上述用一次回归正交设计方法求得一次回归方程是简单、易行的,但是否能真实反映实际呢?即实际是否应用多维曲面或更高维平面来近似呢?由于试验是在各因子的上水平(+1)与下水平(-1)处进行的,即使模型在这些边界点上拟合得很好,但是在因子编码空间的中心拟合是否也好呢?这可用在零水平处增加若干重复试验,再通过检验来判断。

设在各因子均取零水平时进行了 m 次试验,记其试验结果为 $y_{01},y_{02},\cdots,y_{0m}$,其平均值为 $\bar{y}_0$,偏差平方和及其自由度为

$$S_0=\sum_{j=1}^{m}(y_{0j}-\bar{y}_0)^2, \quad f_0=m-1 \qquad (6.2.8)$$

利用在零水平处的重复试验的检验有两种方法。

方法1:

当一次回归模型在整个编码空间上都适宜时,则按回归方程(6.2.3)应有 $\hat{y}_0=b_0=\bar{y}$,如今在零水平上进行了 m 次重复试验,其平均值为 $\bar{y}_0$,这相当于存在两个正态分布:

$$\hat{y}_0=\bar{y}\sim N(\beta_0,\sigma^2/n)$$
$$\bar{y}_0\sim N(\mu_0,\sigma^2/m)$$

要检验这两个正态分布的均值是否相等,即检验

$$H_0:\beta_0=\mu_0, \quad H_1:\beta_0\neq\mu_0$$

为此可采用 t 统计量去检验。

由于 $\hat{y}_0$ 与 $\bar{y}_0$ 独立,因此有

$$\hat{y}_0-\bar{y}_0\sim N\left(\beta_0-\mu_0,\sigma^2\left(\frac{1}{n}+\frac{1}{m}\right)\right)$$

此外 $S_E/\sigma^2\sim\chi^2(f_E)$,$S_0/\sigma^2\sim\chi^2(f_0)$,且两者也独立,从而$\frac{S_E+S_0}{\sigma^2}\sim\chi^2(f_E+f_0)$,并且 S_E+S_0 与 $\hat{y}_0-\bar{y}_0$ 独立。令

$$t=\frac{\hat{y}_0-\bar{y}_0}{\hat{\sigma}\sqrt{\frac{1}{n}+\frac{1}{m}}} \tag{6.2.9}$$

其中

$$\hat{\sigma}=\sqrt{\frac{S_E+S_0}{f_E+f_0}} \tag{6.2.10}$$

在 $\beta_0=\mu_0$ 时，$t\sim t(f_E+f_0)$。对给定的显著性水平 α，当 $|t|\leqslant t_{1-\alpha/2}(f_E+f_0)$ 时认为模型在编码空间的中心也合适，不存在因子的非线性效应，否则需要另外寻找合适的模型，譬如建立二次回归方程，这将在§6.3 中介绍。

方法 2：

由于在各因子均取零水平时进行了 m 次重复试验，因此可以采用 6.1.2 中的失拟检验，将 $n+m$ 次试验结果合并在一起进行数据分析，并检验

$$H_0:E(y)=\beta_0+\sum_j\beta_j x_j$$
$$H_1:E(y)\neq\beta_0+\sum_j\beta_j x_j$$

采用统计量(6.1.19)

$$F_{Lf}=\frac{S_{Lf}/f_{Lf}}{S_e/f_e}$$

对给定的显著性水平 α，当 $F_{Lf}<F_{1-\alpha}(f_{Lf},f_e)$ 时认为模型合适，否则需要另外寻找合适的模型。

6.2.4 含交互作用的模型

当变量间存在交互作用时，我们可以更一般地考虑建立含两个因子间交互作用的模型，其交互作用用两个因子的编码值的乘积表示，即可假定有如下的回归模型：

$$y=\beta_0+\sum_{j=1}^{p}\beta_j x_j+\sum_{i<j}\beta_{ij}x_i x_j+\varepsilon$$

记 $k=p+\binom{p}{2}$，只要在回归的一次正交设计中，n 大于 k，就可以将其看成是 k 元线性回归，并且这 k 项仍然是相互正交的，因此可以在表 6.2.3 中加上诸 $x_ix_j(i<j)$ 列，按同样的计算便可求得诸回归系数 b_j,b_{ij}，并对它们进行检验。

譬如对例 6.2.1 来讲，我们可以建立如下回归方程：

$$\hat{y}=b_0+\sum_{j=1}^{3}\beta_j x_j+\sum_{i<j}b_{ij}x_i x_j$$

系数的估计可以按表 6.2.9 计算。

表 6.2.9 计算表

试验号	x_0	x_1	x_2	x_3	x_1x_2	x_1x_3	x_2x_3	y
1	1	1	1	1	1	1	1	92.35
2	1	1	1	−1	1	−1	−1	86.10
3	1	1	−1	1	−1	1	−1	89.58
4	1	1	−1	−1	−1	−1	1	87.05
5	1	−1	1	1	−1	−1	1	85.70
6	1	−1	1	−1	−1	1	−1	83.26
7	1	−1	−1	1	1	−1	−1	83.95
8	1	−1	−1	−1	1	1	1	83.38
$B_j=\sum_{i=1}^{n} x_{ij}y_j$	691.37	18.79	3.45	11.79	0.19	5.77	5.59	
$b_j=B_j/n$	86.42	2.35	0.43	1.47	0.02	0.72	0.70	
$S_j=b_jB_j$		44.13	1.49	17.38	0.00	4.16	3.91	

对系数与方程的检验见表 6.2.10。

表 6.2.10 对系数检验的方差分析表

来源	平方和	自由度	均方和	F 比	P 值
x_1	44.13	1	44.13	102.62	6.26×10^{-2}
x_2	1.49	1	1.49	3.47	0.31
x_3	17.38	1	17.38	40.42	9.93×10^{-2}
x_1x_2	0.00	1	0.00	0.00	1
x_1x_3	4.16	1	4.16	9.67	0.19
x_2x_3	3.91	1	3.19	9.09	0.20
回归	71.07	6	11.865		
残差	0.43	1	0.43		
总和	71.50	7			

若取显著性水平为 0.10，那么 $F_{0.90}(1,1)=39.9$，此时所有交互效应与因子 x_2 不显著，结论同上。

6.2.5 快速登高法

我们进行回归设计目的是要寻找最好的条件，但是在开始进行试验时，可能与最优条件相距甚远，此时需要寻找一条进行试验的路径，使指标值很快达到最大（或最小），**快速登高法**便是这样一种快速向最优点逼近的方法（若要求指标值小的话，也称**最速下降法**）。

快速登高法的基本想法是：根据微分学原理，任一多元函数在局部区域内总可以用一个多维平面去近似。利用一次回归正交设计可以建立一次回归方程,此时如果要在编码空间中寻找一个点使指标 y 达到最大(或最小),那么这个点总是位于边界上。当点越出边界后,指标值是否会更大(或更小)呢?为回答这一问题,我们可以采用如下的方法,先在一个小区域上拟合一次回归方程:

$$\hat{y}=b_0+\sum_{j=1}^{p}b_j x_j \tag{6.2.11}$$

再从编码空间的中心出发,沿着(6.2.11)式的"梯度方向"选择若干个试验点进行试验,以便观察指标 y 的变化,从而寻找使 y 达到更大(或更小)的点。这种从编码空间的中心出发,在(6.2.11)式的梯度方向上安排若干试验点的方法称为快速登高法。

上面提到的**"梯度方向"**的含意如下:一个多元函数 $y=f(x_1,x_2,\cdots,x_p)$ 在点 $(x_1,x_2,\cdots,x_p)'$ 的梯度是一个 p 维向量,其第 j 个分量是 y 关于 x_j 的偏导在该点的值,这一向量所决定的方向便是该点的梯度方向,它是多元函数 y 增长最快的方向。

对(6.2.11)式来讲,任意一点的梯度方向是 $(b_1,b_2,\cdots,b_p)'$。如果因子间存在交互作用,这时建立的回归方程为

$$\hat{y}=b_0+\sum_{j=1}^{p}b_i x_j+\sum_{i<j}b_{ij}x_i x_j \tag{6.2.12}$$

那么在编码中心 $(0,0,\cdots,0)$ 的梯度方向仍为 $(b_1,b_2,\cdots,b_p)'$。

记因子 z_j 的零水平为 z_{0j},变化半径为 Δ_j,编码值 x_j 的回归系数为 b_j,沿梯度方向的试验点取为

$$x_j=\frac{z_j-z_{0j}}{\Delta_j}=kb_j,\quad k=1,2,\cdots,m$$

这里 m 是在梯度方向上进行试验的点数。在因子空间中 $z_j=z_{0j}+kb_j\Delta_j$,称 $b_j\Delta_j$ 为步长。为实施试验方便,设置一个步长变化系数 d,那么实际试验中 z_j 的步长变化为 $db_j\Delta_j$,d 的具体确定方法参见例 6.2.2。快速登高法的具体试验点见表 6.2.11,其示意图见图 6.3.1。

表 6.2.11 快速登高的试验计划

试验号	z_1	z_2	…	z_p
1	$z_{01}+db_1\Delta_1$	$z_{02}+db_2\Delta_2$	…	$z_{0p}+db_p\Delta_p$
2	$z_{01}+2db_1\Delta_1$	$z_{02}+2db_2\Delta_2$	…	$z_{0p}+2db_p\Delta_p$
⋮	⋮	⋮	⋮	⋮
m	$z_{01}+mdb_1\Delta_1$	$z_{02}+mdb_2\Delta_2$	…	$z_{0p}+mdb_p\Delta_p$

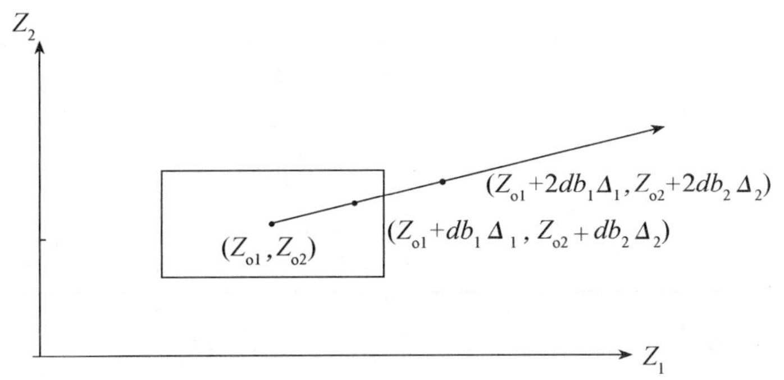

图 6.2.1 快速登高的示意图

下面我们看一个例子。

例 6.2.2 一位化学工程师需要确定化工产品收率最大的操作条件。他认为影响收率有两个因子(变量):反应时间 z_1 与反应温度 z_2,当前的运行条件是 $z_1=35$(分钟),$z_2=155$(℉),而收率约是 40%。试验与分析的步骤如下:

1.拟合一个一次回归模型,即建立一次方程

(1) 首先给出两个因子在试验中的变化范围:

表 6.2.12 因子水平表

因子	编码值	z_1	z_2
上水平	+1	40	160
下水平	−1	30	150
零水平	0	35	155
变化半径 Δ_j		5	5

(2) 用二水平正交表 $L_4(2^3)$安排试验,试验方案与结果如下:

表 6.2.13 试验设计与试验结果

试验号	x_1	x_2	y
1	−1	−1	39.3
2	−1	1	40.0
3	1	−1	40.9
4	1	1	41.5

(3)建立一次回归方程:

表 6.2.14 计算表

试验号	x_0	x_1	x_2	y
1	1	−1	−1	39.3
2	1	−1	1	40.0
3	1	1	−1	40.9
4	1	1	1	41.5

续表

试验号	x_0	x_1	x_2	y
$B_j=\sum_{i=1}^{n}x_{ij}y_i$	161.7	3.1	1.3	$S_T=2.8275$
$b_j=B_j/n$	40.425	0.775	0.325	$S_R=2.8250$
$S_j=b_jB_j$		2.4025	0.4225	$S_E=0.0025$

所得一次回归方程为

$$\hat{y}=40.425+0.775x_1+0.325x_2$$

对回归方程与回归系数作显著性检验的方差分析表如下：

表 6.2.15 对方程与系数检验的方差分析表

来源	平方和	自由度	均方和	F 比	P 值
x_1	2.4025	1	2.4025	961.0	2.05×10^{-2}
x_2	0.4225	1	0.4225	169.0	4.89×10^{-2}
回归	2.8250	2	1.4125	565.0	2.97×10^{-2}
残差	0.0025	1	0.0025		
总和	2.8275	3			

若取 $\alpha=0.05$，那么 $F_{0.95}(2,1)=200$，所以方程在显著性水平 0.05 上是显著的，又 $F_{0.95}(1,1)=161$，则两个系数也是显著的。

2. 检验一次方程的合适性

为了了解是否存在因子间的交互作用，是否有因子的高次效应，在中心点进行了 $m=5$ 次试验，结果为

$$40.3,\quad 40.5,\quad 40.7,\quad 40.2,\quad 40.6$$

其平均值为 $\bar{y}_0=40.46$，偏差平方和为 $S_0=\sum_{i=1}^{5}(y_{0i}-\bar{y}_0)^2=0.172$，其自由度 $f_0=4$。

采用方法 1 中的检验统计量(6.2.9)作检验。

现在 $\hat{y}_0=40.425$，$\bar{y}_0=40.46$，$\hat{\sigma}=\sqrt{\dfrac{S_E+S_0}{f_E+f_0}}=\sqrt{\dfrac{0.1745}{5}}=0.1868$，$n=4$，$m=5$，将它们代入(6.2.9)式后有

$$t=\frac{\hat{y}_0-\bar{y}_0}{\hat{\sigma}\sqrt{\dfrac{1}{n}+\dfrac{1}{m}}}=-0.279$$

若取 $\alpha=0.05$，那么 $t_{0.975}(5)=2.5706$，由于 $|t|<2.5706$，因此在 0.05 水平认为所得到的一次方程是合适的。

注：若采用方法 2，我们可以将九个试验结果合并在一起建立方程，用 6.1.2 中的公式，可得到如下方程：

$$\hat{y}=40.444+0.775x_1+0.325x_2$$

此方程的残差平方和为 $S_E=0.1772$，再将它分解为纯误差与失拟两个偏差平方和：

$$S_e=0.1720,\quad S_{Lf}=0.0052$$

它们的自由度分别为 4 与 2，作 F 检验得 $F_{Lf}=0.06$，取 $\alpha=0.05$，那么 $F_{0.95}(4,2)=19.2$，由于 $F_{Lf}<19.2$，这表明回归函数是线性的，再用残差平方和对方程作检验，得到 $F=47.82$，取 $\alpha=0.05$，那么 $F_{0.95}(2,6)=5.14$，由于 $F>5.14$，说明方程是合适的。

3. 给出快速登高的方向与试验点

在本例中，z_1 的变化以 5 作步长变化较为方便，则步长系数 d 可取为

$$d=\frac{5}{\Delta_1 b_1}=\frac{1}{b_1}=\frac{1}{0.775}$$

那么各因子步长变化及其修匀值见表 6.2.16，试验计划及试验结果见表 6.2.17。

表 6.2.16 快速登高参数

因子	z_1	z_2
$b_j\ \Delta_j$	3.875	1.625
$db_j\ \Delta_j$	5	2.097
修匀	5	2

表 6.2.17 快速登高计划及试验结果

试验号	z_1	z_2	y
10($z_{0j}+db_j\ \Delta_j$)	40	157	41.0
11($z_{0j}+2db_j\ \Delta_j$)	45	159	42.9
12($z_{0j}+3db_j\ \Delta_j$)	50	161	47.1
13($z_{0j}+4db_j\ \Delta_j$)	55	163	49.7
14($z_{0j}+5db_j\ \Delta_j$)	60	165	53.8
15($z_{0j}+6db_j\ \Delta_j$)	65	167	59.9
16($z_{0j}+7db_j\ \Delta_j$)	70	169	65.0
17($z_{0j}+8db_j\ \Delta_j$)	75	171	70.4
18($z_{0j}+9db_j\ \Delta_j$)	80	173	77.6
19($z_{0j}+10db_j\ \Delta_j$)	85	175	80.3
20($z_{0j}+11db_j\ \Delta_j$)	90	177	76.2
21($z_{0j}+12db_j\ \Delta_j$)	95	179	75.1

从上面的试验结果可以看出，在 $z_1=85$（分钟），$z_2=175$（℉）附近结果较好，那么可以以该点为中心，重新设计一个一次回归的正交设计，重复上述过程，直到找到最佳的或满意的最大值为止，这里不再一一叙述；也可以该试验条件作为中心点，安排二次回归设计，关于二次回归设计方法见下一节。

注：在列出快速登高计划后，不一定按顺序一一试验，可选做其中的若干个，只要 y 在不断增大即可。

6.2.6　一次回归正交设计的旋转性

所谓一个设计具有**旋转性**是指：**在离设计中心距离相等的点上，其预测值的方差相等**。由于方差相等可减少对预测的干扰，因此旋转性颇受人们的关注。

在上面介绍的一次回归的正交设计中，利用(6.1.10)式与(6.1.11)式有

$$\mathrm{var}(b_0)=\mathrm{var}(b_j)=\frac{\sigma^2}{n},\quad j=1,2,\cdots,p$$

且 $b_0,b_1,\cdots,b_p$ 互不相关，因此预测值的方差为

$$\mathrm{var}(\hat{y})=\mathrm{var}(b_0)+\sum_{j=1}^{p}x_j^2\mathrm{var}(b_j)=\frac{\sigma^2}{n}(1+\sum_{j=1}^{p}x_j^2)$$

现在编码空间中心点的坐标为(0,0,…,0)，记点$(x_1,x_2,\cdots,x_p)$离中心的距离记为ρ，则

$$\rho^2=\sum_{j=1}^{p}x_j^2$$

从而在离中心距离为ρ的点上预测值的方差相等，仅与ρ有关，其值为

$$\mathrm{var}(\hat{y})=\frac{\sigma^2}{n}(1+\rho^2)$$

这就表明一次回归的正交设计具有旋转性。

习题 6.2

1. 某橡胶制品由橡胶、树脂和改良剂复合而成，为提高其撕裂强度，考虑进行一次回归的正交设计，三个变量的取值范围分别为：

z_1：橡胶中某成分的含量　0～20

z_2：树脂中某成分的含量　10～30

z_3：改良剂的百分比　0.1～0.3

用编码值表示的试验计划与试验结果如下：

试验号	x_1	x_2	x_3	y
1	−1	−1	−1	407
2	−1	−1	1	421
3	−1	1	−1	322
4	−1	1	1	371
5	1	−1	−1	230
6	1	−1	1	243
7	1	1	−1	250
8	1	1	1	259

(1)对数据进行统计分析,建立 y 关于 z_1,z_2,z_3 的一次回归方程;

(2)如果在试验中心进行了四次重复试验,结果分别为:417,401,455,439,试检验在区域中心一次回归方程是否合适。

2. 在寻找萃取微量元素铪的最优工艺条件中,指标 y 为铪的分布系数,它与如下四个因子有关:

z_1:初始水溶液中硝酸的当量浓度

z_2:磷酸三丁酯在二甲苯中的体积百分比

z_3:两种原料之比

z_4:萃取时间(分)

且 z_1,z_2,z_3 间可能存在交互作用,希望找出各因子的适当的值使分布系数达到最大。

因子的编码值如下:

因子	z_1	z_2	z_3	z_4
上水平(+1)	5	40	2.5/1	25
下水平(-1)	1	20	0.5/1	5
零水平(0)	3	30	1.5/1	15
变化半径 Δ	2	10	1.0/1	10

采用 $L_8(2^7)$来安排试验,x_4 放在三因子乘积的列上,最后得到在显著性水平 0.05 上各系数显著的回归方程为:

$$\hat{y}=0.0648+0.01950x_1+0.02038x_2-0.01375x_3-0.00668x_4-0.01380x_1x_3$$

若 z_2 的变化以 5 作步长变化,请给出快速登高的试验计划。

3. 设某种化工产品的纯度受反应温度和压力的影响,它们的变化范围如下:

z_1:反应温度　　−220～−215

z_2:压力　　1.1～1.3

用编码值表示的试验计划与试验结果如下:

试验号	x_1	x_2	y
1	−1	−1	82.8
2	−1	1	83.5
3	1	−1	84.7
4	1	1	85.0
5	0	0	84.1
6	0	0	84.5
7	0	0	83.9
8	0	0	84.3

(1)请给出各因子的编码值。

(2)对数据进行统计分析,建立 y 关于 z_1,z_2,z_1z_2 的一次回归方程。

(3)对所得方程分别进行失拟检验和显著性检验,在显著性水平 0.05 上你有什么看法?

(4)对上述方程的系数进行显著性检验,最后给出在 0.05 显著性水平上系数均为显著的回归方程。

(5)给出快速登高的试验计划。

§6.3 二次回归的中心组合设计

建立二次回归方程,最常用的方法是一种中心组合设计方案,它不仅可在一次回归正交设计的基础上补充若干点得到,而且可以直接使用。

6.3.1 中心组合设计方案

中心组合设计中的试验点由三部分组成:

(1)将编码值−1 与 1 看成每个因子的两个水平,如同一次回归的正交设计那样,采用二水平正交表安排试验,可以是全因子试验,也可以是其 1/2 实施,1/4 实施等。记其试验次数为 m_c,则 $m_c=2^p$,或 2^{p-1}(1/2 实施)、2^{p-2}(1/4 实施)等。

(2)在每一因子的坐标轴上取两个试验点,该因子的编码值分别为 $-\gamma$ 与 γ,其他因子的编码值为 0。由于有 p 个因子,因此这部分试验点共有 $2p$ 个。常称这种试验点为星号点。

(3)在试验区域的中心进行 m_0 次重复试验,这时每个因子的编码值均为 0。

譬如 $p=2$ 与 $p=3$ 的中心组合设计方案分别如表 6.3.1 与表 6.3.2 所示,图 6.3.1 给出了 $p=2$ 时试验点的分布。

表 6.3.1 $p=2$ 的中心组合设计方案

试验号	x_1	x_2
1	1	1
2	1	−1
3	−1	1
4	−1	−1
5	γ	0
6	$-\gamma$	0
7	0	γ
8	0	$-\gamma$
9	0	0
⋮	⋮	⋮
n	0	0

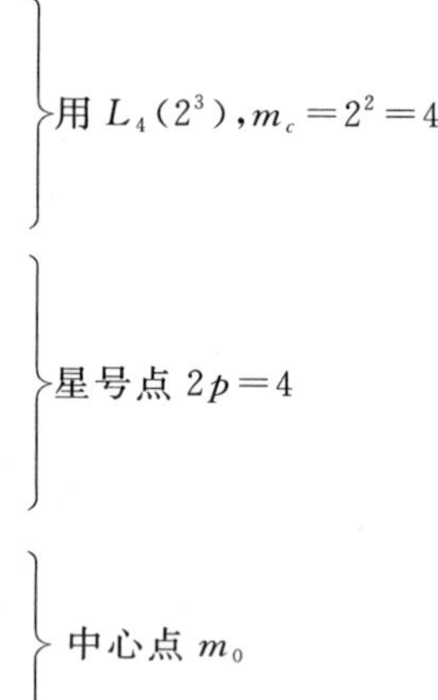

表 6.3.2 $p=3$ 的中心组合设计方案

试验号	x_1	x_2	x_3	
1	1	1	1	用 $L_8(2^7)$，$m_c=2^3=8$
2	1	1	−1	
3	1	−1	1	
4	1	−1	−1	
5	−1	1	1	
6	−1	1	−1	
7	−1	−1	1	
8	−1	−1	−1	
9	γ	0	0	星号点 $2p=6$
10	$-\gamma$	0	0	
11	0	γ	0	
12	0	$-\gamma$	0	
13	0	0	γ	
14	0	0	$-\gamma$	
15	0	0	0	中心点 m_0
⋮	⋮	⋮	⋮	
n	0	0	0	

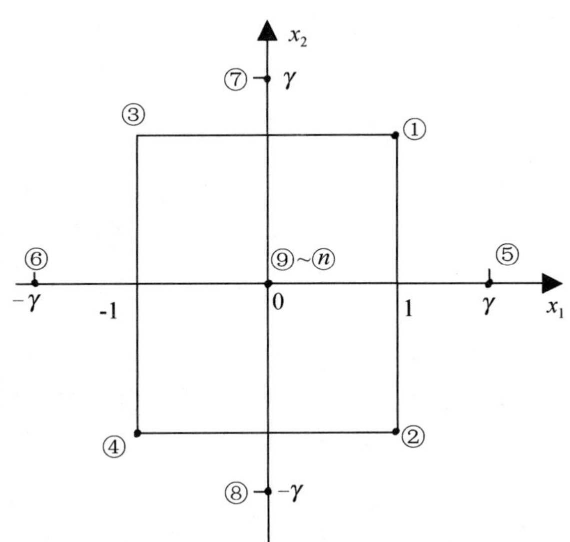

图 6.3.1 $p=2$ 的中心组合设计方案试验点的分布

6.3.2 中心组合设计方案的特点

• 该方案总试验次数 n 为

$$n=m_c+2p+m_0$$

• 每个因子(变量)都可取 5 个水平，故该方案所布的试验点范围较广。

• 该方案还有较大的灵活性，因为在方案中留有两个待定参数 m_0(中心点的试验次数)和 γ(星号点的位置)，这给人们留下选择余地，使二次回归设计具有正交性、旋转性等成为可能。

• 中心点处的 m_0 次重复，使试验误差较为准确估计成为可能，从而使对方程与系数的检验有了可靠依据。

这些特点在以后的讨论中将会得到充分展开。

§6.4 二次回归正交设计

如果一个设计具有正交性，则数据分析将是十分方便的，又由于所得的回归系数的估计间互不相关，因此删除某些因子时不会影响其他的回归系数的估计，从而很容易写出所有系数为显著的回归方程。下面将讨论，要使二次回归中心组合设计具有正交性 m_0 与 γ 应该如何选取。

6.4.1 二次中心组合设计的结构矩阵 $\boldsymbol{X}$ 与系数矩阵 $\boldsymbol{X}'\boldsymbol{X}$

以 $p=2$ 的中心组合设计来讲，其回归模型的结构式为

$$y_i=\beta_0+\beta_1 x_{i1}+\beta_2 x_{i2}+\beta_{12}x_{i1}x_{i2}+\beta_{11}x_{i1}^2+\beta_{22}x_{i2}^2+\varepsilon_i,\quad i=1,2,\cdots,n$$

其结构矩阵如下：

$$\begin{array}{cc} & \begin{array}{cccccc} x_0 & x_1 & x_2 & x_1x_2 & (x_1)^2 & (x_2)^2 \end{array} \\ \boldsymbol{X}= & \begin{bmatrix} 1 & 1 & 1 & 1 & 1 & 1 \\ 1 & 1 & -1 & -1 & 1 & 1 \\ 1 & -1 & 1 & -1 & 1 & 1 \\ 1 & -1 & -1 & 1 & 1 & 1 \\ 1 & \gamma & 0 & 0 & \gamma^2 & 0 \\ 1 & -\gamma & 0 & 0 & \gamma^2 & 0 \\ 1 & 0 & \gamma & 0 & 0 & \gamma^2 \\ 1 & 0 & -\gamma & 0 & 0 & \gamma^2 \\ 1 & 0 & 0 & 0 & 0 & 0 \\ \vdots & \vdots & \vdots & \vdots & \vdots & \vdots \\ 1 & 0 & 0 & 0 & 0 & 0 \end{bmatrix} \end{array} \tag{6.4.1}$$

其中各列依次为 $x_0,x_1,x_2,x_1x_2,(x_1)^2,(x_2)^2$ 的值，且 $m_c=4,2p=4$，则 $n=m_c+2p+m_0=8+m_0$，再记 $h=4+2\gamma^2$，$f=4+2\gamma^4$，那么

$$\boldsymbol{X}'\boldsymbol{X}=\begin{bmatrix} n & 0 & 0 & 0 & h & h \\ 0 & h & 0 & 0 & 0 & 0 \\ 0 & 0 & h & 0 & 0 & 0 \\ 0 & 0 & 0 & m_c & 0 & 0 \\ h & 0 & 0 & 0 & f & m_c \\ h & 0 & 0 & 0 & m_c & f \end{bmatrix} \tag{6.4.2}$$

一般情况下有

$$\boldsymbol{X}'\boldsymbol{X}=\begin{bmatrix} n & 0\times 1'_p & 0\times 1'_k & h\times 1'_p \\ 0\times 1_p & h\times \boldsymbol{I}_p & 0\times \boldsymbol{J}_{p\times k} & 0\times \boldsymbol{I}_p \\ 0\times 1_k & 0\times \boldsymbol{J}_{k\times p} & m_c\times \boldsymbol{I}_k & 0\times \boldsymbol{J}_{k\times p} \\ h\times 1_p & 0\times \boldsymbol{I}_p & 0\times \boldsymbol{J}_{p\times k} & \boldsymbol{G} \end{bmatrix} \tag{6.4.3}$$

其中 $k=\binom{p}{2}$，$\boldsymbol{1}_u$ 表示元素均为 1 的 u 维列向量，$\boldsymbol{1}'_u$ 表示为行向量，$\boldsymbol{I}_u$ 表示 u 阶单位阵，$\boldsymbol{J}_{u\times v}$ 表示 u 行 v 列的矩阵，其元素均为 1，$h=m_c+2\gamma^2$，$\boldsymbol{G}$ 是 p 阶对称方阵，若记 $f=m_c+2\gamma^4$，则其对角元均为 f，非对角元均为 m_c，即

$$\boldsymbol{G}=\begin{bmatrix} f & m_c & \cdots & m_c \\ m_c & f & \cdots & m_c \\ \vdots & \vdots & \ddots & \vdots \\ m_c & m_c & \cdots & f \end{bmatrix}$$

6.4.2 正交性的实现

要使中心组合设计具有正交性，就要求 $\boldsymbol{X}'\boldsymbol{X}$ 为对角阵，如今从(6.4.3)式可见，$\boldsymbol{X}'\boldsymbol{X}$ 不是对角阵，但是离对角阵不远了。

首先诸平方项 x_j^2 列的和不等于 0，这可以利用“中心化”变换使其为 0，为此把 x_j^2 列的元素减去该列的均值，即令

$$x'_j=x_j^2-\frac{h}{n} \tag{6.4.4}$$

仍以 $p=2$ 为例，此时用(6.4.1)表示的矩阵 $\boldsymbol{X}$ 可以改写为：

$$\boldsymbol{X}=\begin{bmatrix} 1 & 1 & 1 & 1 & 1-h/n & 1-h/n \\ 1 & 1 & -1 & -1 & 1-h/n & 1-h/n \\ 1 & -1 & 1 & -1 & 1-h/n & 1-h/n \\ 1 & -1 & -1 & 1 & 1-h/n & 1-h/n \\ 1 & \gamma & 0 & 0 & \gamma^2-h/n & -h/n \\ 1 & -\gamma & 0 & 0 & \gamma^2-h/n & -h/n \\ 1 & 0 & \gamma & 0 & -h/n & \gamma^2-h/n \\ 1 & 0 & -\gamma & 0 & -h/n & \gamma^2-h/n \\ 1 & 0 & 0 & 0 & -h/n & -h/n \\ \vdots & \vdots & \vdots & \vdots & \vdots & \vdots \\ 1 & 0 & 0 & 0 & -h/n & -h/n \end{bmatrix} \tag{6.4.5}$$

由于，$\sum\limits_{i=1}^{n} x'_{ij}=\sum\limits_{i=1}^{n}\left(x_{ij}^2-\frac{h}{n}\right)=4+2\gamma^2-h=0$，$j=1,2$，从而此时的 $\boldsymbol{X}'\boldsymbol{X}$ 阵为

$$
\boldsymbol{X}'\boldsymbol{X}=\begin{bmatrix} n & 0 & 0 & 0 & 0 & 0 \\ 0 & h & 0 & 0 & 0 & 0 \\ 0 & 0 & h & 0 & 0 & 0 \\ 0 & 0 & 0 & m_c & 0 & 0 \\ 0 & 0 & 0 & 0 & s_{11} & g \\ 0 & 0 & 0 & 0 & g & s_{22} \end{bmatrix}
$$

其中 s_{11},s_{22} 分别是第 5 与第 6 列元素的平方和,g 是第 5 与第 6 列元素对应乘积和。

一般情况下有

$$
\boldsymbol{X}'\boldsymbol{X}=\begin{bmatrix} n & 0\times 1'_p & 0\times 1'_k & 0\times 1'_p \\ 0\times 1_p & h\times I_p & 0\times J_{p\times k} & 0\times I_p \\ 0\times 1_k & 0\times J_{k\times p} & m_c\times I_k & 0\times J_{k\times p} \\ 0\times I_p & 0\times I_p & 0\times J_{p\times k} & \boldsymbol{GG} \end{bmatrix} \tag{6.4.6}
$$

这里 $\boldsymbol{GG}$ 是 p 阶对称方阵:

$$
\boldsymbol{GG}=\begin{bmatrix} s_{11} & g & \cdots & g \\ g & s_{22} & \cdots & g \\ \vdots & \vdots & \ddots & \vdots \\ g & g & \cdots & s_{pp} \end{bmatrix}
$$

其中的对角元 s_{jj} 为 x_j'列元素的平方和,由于该列中有 m_c 个元素为 $1-h/n$,2 个元素为 γ^2-h/n,其余 $n-m_c-2$ 个元素为 $-h/n$,$j=1,2,\cdots,p$,且诸 s_{jj} 相等,记为 s_0。

$$
s_0=(1-h/n)^2\times m_c+(\gamma^2-h/n)^2\times 2+(-h/n)^2\times(n-m_c-2),\quad j=1,2,\cdots,p
$$

非对角元 g 为 x_i' 与 x_j' $(i\neq j)$对应元素的乘积和,由于任意两列中有 m_c 对元素均为 $1-h/n$,有四对元素为 γ^2-h/n 与 $-h/n$,其余 $n-m_c-4$ 对元素均为 $-h/n$,故

$$
\begin{aligned} g=&(1-h/n)^2\times m_c+(\gamma^2-h/n)\times(-h/n)\times 4 \\ &+(-h/n)^2\times(n-m_c-4) \end{aligned} \tag{6.4.7}
$$

为使设计成为正交的只要设法使 $g=0$。由于在 g 中 m_c 是给定的,$h=m_c+2\gamma^2$,$n=m_c+2p+m_0$,所以在给定了 m_0 后,g 只是 γ 的函数:

$$
g=m_c-\frac{2m_c h}{n}-\frac{4h\gamma^2}{n}+\frac{h^2}{n}=m_c-\frac{m_c^2}{n}-\frac{4m_c}{n}\gamma^2-\frac{4}{n}\gamma^4
$$

因此可以适当选取 γ 使 $g=0$,譬如 $p=3$,$m_0=2$,$m_c=2^3=8$,$2p=6$,$n=8+6+2=16$,那么要求:

$$
\gamma^4+8\gamma^2-16=0
$$

解得 $\gamma^2=4(\sqrt{2}-1)=1.6568$,则 $\gamma=1.287$。

对不同的因子个数 p 与中心点重复次数 m_0,对应的 γ 值见表 6.4.1。譬如在 $p=3$ 时,在 m_0 可以做 5 次重复,则从表 6.4.1 中查得 $\gamma=1.471$,即得一个二次回归正交设计。

表 6.4.1 二次回归正交设计的参数 γ 值表

m_0	$p=2$	$p=3$	$p=4$	$p=5$(1/2 实施)
1	1.000	1.215	1.414	1.546
2	1.077	1.287	1.483	1.606
3	1.148	1.353	1.546	1.664
4	1.214	1.414	1.606	1.718
5	1.267	1.471	1.664	1.772
6	1.320	1.525	1.718	1.819
7	1.369	1.575	1.772	1.868
8	1.414	1.623	1.819	1.913
9	1.457	1.668	1.868	1.957
10	1.498	1.711	1.913	2.000

6.4.3 统计分析

1. 回归系数的估计

在对 x_j^2 列作了中心化变换后，我们可以首先建立 y 关于诸 $x_j, x_j x_k, x'_j$ 的回归方程：

$$\hat{y}=b_0+\sum_j b_j x_j+\sum_{j<k} b_{jk} x_j x_k+\sum_j b_{jj} x'_j$$

可用 6.1.2 节的(6.1.8)式求诸回归系数。现在 $\boldsymbol{X}'\boldsymbol{X}$ 为对角阵，从而其逆矩阵十分简单：

$$(\boldsymbol{X}'\boldsymbol{X})^{-1}=\begin{bmatrix} \dfrac{1}{n} & 0\times 1'_p & 0\times 1'_k & 0\times 1'_p \\ 0\times 1_p & \dfrac{1}{h}\times I_p & 0\times J_{p\times k} & 0\times I_p \\ 0\times 1_k & 0\times J_{k\times p} & \dfrac{1}{m_c}\times I_k & 0\times J_{k\times p} \\ 0\times 1_p & 0\times I_k & 0\times J_{p\times k} & \dfrac{1}{s_0}\times I_p \end{bmatrix}$$

再记

$$\boldsymbol{X}'\boldsymbol{Y}=(B_0 \quad B_1 \quad \cdots \quad B_p \quad B_{12} \quad \cdots \quad B_{p-1,p} \quad B_{11} \quad \cdots \quad B_{pp})'$$

其中

$$B_0=\sum_{i=1}^n y_i,\quad B_j=\sum_{i=1}^n x_{ij} y_i,\quad B_{jk}=\sum_{i=1}^n x_{ij} x_{ik} y_i,\quad j<k$$

$$B_{jj}=\sum_{i=1}^n x'_{ij} y_i,\quad j,k=1,2,\cdots,p \tag{6.4.8}$$

则

$$b_0=\frac{B_0}{n}=\bar{y},\quad b_j=\frac{B_j}{h},\quad b_{jk}=\frac{B_{jk}}{m_c},\quad j<k,\quad b_{jj}=\frac{B_{jj}}{s_0},\quad j,k=1,2,\cdots,p \tag{6.4.9}$$

具体计算见表 6.4.2。

表 6.4.2 一次回归正交设计的计算表

试验号	x_0	x_1	$\cdots$	x_p	x_1x_2	$\cdots$	$x_{p-1}x_p$	x'_1	$\cdots$	x'_p	y
1	1	x_{11}	$\cdots$	x_{1p}	$x_{11}x_{12}$	$\cdots$	$x_{1,p-1}x_{1,p}$	x'_{11}	$\cdots$	x'_{1p}	y_1
2	1	x_{21}	$\cdots$	x_{2p}	$x_{21}x_{22}$	$\cdots$	$x_{2,p-1}x_{2,p}$	x'_{21}	$\cdots$	x'_{2p}	y_2
$\vdots$	$\vdots$	$\vdots$	$\vdots$	$\vdots$	$\vdots$	$\vdots$	$\vdots$	$\vdots$	$\vdots$	$\vdots$	$\vdots$
n	1	x_{n1}	$\cdots$	x_{np}	$x_{n1}x_{n2}$	$\cdots$	$x_{n,p-1}x_{n,p}$	x'_{n1}	$\cdots$	x'_{np}	y_n
B_j	B_0	B_1	$\cdots$	B_p	B_{12}	$\cdots$	$B_{p-1,p}$	B_{11}	$\cdots$	B_{pp}	$S_T=\sum_{i=1}^{n}y_i^2-S_0$
b_j	b_0	b_1	$\cdots$	b_p	b_{12}	$\cdots$	$b_{p-1,p}$	b_{11}	$\cdots$	b_{pp}	$S_R=\sum_{j=1}^{p}S_j+\sum_{j<k}S_{jk}+\sum_{j=1}^{p}S_{jj}$
S_j	S_0	S_1	$\cdots$	S_p	S_{12}	$\cdots$	$S_{p-1,p}$	S_{11}	$\cdots$	S_{pp}	$S_E=S_T-S_R$

2. 对回归方程与回归系数的检验

由于是正交设计,因此同 6.2.2 节的推导,有诸 x_j,$x_j x_k$,x_j'的偏回归平方和为

$$S_j=b_j B_j,\quad S_{jk}=b_{jk}B_{jk},\quad j<k,\quad S_{jj}=b_{jj}B_{jj},\quad j,k=1,2,\cdots,p \tag{6.4.10}$$

回归平方和为

$$S_R=\sum_{j=1}^{p}S_j+\sum_{j<k}S_{jk}+\sum_{j=1}^{p}S_{jj},\quad f_R=2p+\binom{p}{2} \tag{6.4.11}$$

仍然用 S_T 表示总平方和,其自由度为 $f_T=n-1$,则残差平方和为

$$S_E=S_T-S_R,\quad f_E=f_T-f_R \tag{6.4.12}$$

其检验可在表 6.4.3 上进行。

表 6.4.3 二次回归的方差分析表

来源	平方和	自由度	均方和	F 比
x_1	S_1	1	MS_1	$F_1=MS_1/MS_E$
$\vdots$	$\vdots$	$\vdots$	$\vdots$	$\vdots$
x_p	S_p	1	MS_p	$F_p=MS_p/MS_E$
x_1x_2	S_{12}	1	MS_{12}	$F_{12}=MS_{12}/MS_E$
$\vdots$	$\vdots$	$\vdots$	$\vdots$	$\vdots$
$x_{p-1,p}$	$S_{p-1,p}$	1	$MS_{p-1,p}$	$F_{p-1,p}=MS_{p-1,p}/MS_E$
x'_1	S_{11}	1	MS_{11}	$F_{11}=MS_{11}/MS_E$
$\vdots$	$\vdots$	$\vdots$	$\vdots$	$\vdots$
x'_p	S_{pp}	1	MS_{pp}	$F_{pp}=MS_{pp}/MS_E$
回归	$S_R=\sum_{j=1}^{p}S_j+\sum_{j<k}S_{jk}+\sum_{j=1}^{p}S_{jj}$	$f_R=2p+\binom{p}{2}$	$MS_R=S_R/f_R$	$F=MS_R/MS_E$
残差	$S_E=S_T-S_R$	$f_E=f_T-f_R$	$MS_E=S_E/f_E$	
总和	$S_T=\sum_{i=1}^{n}y_i^2-S_0$	$f_T=n-1$		

若在中心点上有重复试验的话,还可以进一步对 S_E 进行分解:

$$S_E = S_e + S_{Lf}, \quad f_E = f_e + f_{Lf} \tag{6.4.13}$$

记在中心点上的试验结果为 $y_{01}, y_{01}, \cdots, y_{0m_0}$，其平均值为 $\bar{y}_0$，则

$$S_e = \sum_{i=1}^{m_0} (y_{0i} - \bar{y}_0)^2, \quad f_e = m_0 - 1 \tag{6.4.14}$$

$$S_{Lf} = S_E - S_e, \quad f_{Lf} = f_E - f_e \tag{6.4.15}$$

可对二次回归模型的合适性进行检验。

例 6.4.1 为提高钻头的寿命，在数控机床上进行试验，考察钻头的寿命与钻头轴向振动频率 F 及振幅 A 的关系。在试验中，F 与 A 的变动范围分别为：[125Hz，375Hz]与[1.5μm，5.5μm]，采用二次回归正交组合设计，并在中心点重复进行三次试验。

1. 对因子的取值进行编码

现在有两个因子，即 $p=2$，又在中心点进行三次试验，即 $m_0=3$，则由表 6.4.1 查得此二次回归正交组合设计中的 $\gamma=1.148$。若因子 z_j 的取值范围为$[z_{1j}, z_{2j}]$，则令 z_{1j}，z_{2j} 的编码值分别为$-\gamma$，γ，那么零水平为：

$$z_{0j} = (z_{1j} + z_{2j})/2, \quad j = 1, 2, \cdots, p$$

变化半径为

$$\Delta_j = \frac{z_{2j} - z_{1j}}{2\gamma}, \quad j = 1, 2, \cdots, p$$

编码值-1 与 1 分别对应于

$$z_{0j} - \Delta_j \text{ 与 } z_{0j} + \Delta_j, \quad j = 1, 2, \cdots, p$$

在本例中因子 F 与 A 的零水平分别是

$$z_{01} = \frac{125+375}{2} = 250, \quad z_{02} = \frac{1.5+5.5}{2} = 3.5$$

它们的变化半径分别是

$$\Delta_1 = \frac{325-125}{2\times 1.148} = 109, \quad \Delta_2 = \frac{5.5-1.5}{2\times 1.148} = 1.74$$

因子编码值见表 6.4.4。

表 6.4.4 因子编码表

因子	F	A
零水平 (0)	250	3.5
变化半径 Δ	109	1.74
$-\gamma$	125	1.5
-1	141	1.76
0	250	3.5
1	359	5.24
γ	375	5.5

2. 试验计划与试验结果

本例的试验计划见表 6.4.5,在试验随机化后所得试验结果列在该表的最右边一列。

表 6.4.5 试验计划与试验结果

试验号	编码值		实际值		试验结果(寿命)
	x_1	x_2	F	A	y
1	1	1	359	5.24	161
2	1	−1	359	1.76	129
3	−1	1	141	5.24	166
4	−1	−1	141	1.76	135
5	1.148	0	375	3.5	187
6	−1.148	0	125	3.5	170
7	0	1.148	250	5.5	174
8	0	−1.148	250	1.5	146
9	0	0	250	3.5	203
10	0	0	250	3.5	185
11	0	0	250	3.5	230

3. 参数估计

为求出 y 关于 x_1, x_2 的二次回归方程,首先将 x_1^2 与 x_2^2 列中心化,即令 $x_j'=x_j^2-h/n$,在本例中:

$$n=m_c+2p+m_0=2^2+2\times2+3=11$$
$$h=m_c+2\gamma^2=2^2+2\times1.148^2=6.636$$

则

$$x_j' = x_j^2-h/n=x_j^2-6.636/11=x_j^2-0.603, \quad j=1,2 \tag{6.4.16}$$

此时 $S_0=\sum_{i=1}^{n}(x')_{ij}^2=3.471$。回归系数的估计见表 6.4.6,其中 B_j、b_j 与 S_j 的计算公式见(6.4.8)~(6.4.10)式。

由于本例中在中心点有 3 次重复试验,所以在给出所得到的回归方程之前,先对模型的合适性、方程及系数作显著性检验:

中心点上 3 次试验结果的平均值为 $\bar{y}_0=206$,由此求得纯误差平方和

$$S_e=\sum_{i=9}^{11}(y_i-\bar{y}_0)^2=1026, \quad f_e=2$$

从而失拟平方和为

$$S_{Lf}=1281.53-1026=255.53, \quad f_{Lf}=3$$

表 6.4.6 二次回归正交设计计算表

试验号	x_0	x_1	x_2	x_1x_2	x'_1	x'_2	y
1	1	1	1	1	0.397	0.397	161
2	1	1	−1	−1	0.397	0.397	129
3	1	−1	1	−1	0.397	0.397	166
4	1	−1	−1	1	0.397	0.397	135
5	1	1.148	0	0	0.715	−0.603	187
6	1	−1.148	0	0	0.715	−0.603	170
7	1	0	1.148	0	−0.603	0.715	174
8	1	0	−1.148	0	−0.603	0.715	146
9	1	0	0	0	−0.603	−0.603	203
10	1	0	0	0	−0.603	−0.603	185
11	1	0	0	0	−0.603	−0.603	230
B_j	1886	8.516	95.144	1.000	−75.732	−124.498	$S_T=8774.7, f_T=10$
b_j	171.45	1.283	14.338	0.250	−21.818	−35.868	$S_R=7493.17, f_R=5$
S_j		10.93	1364.13	0.25	1652.36	4465.50	$S_E=1281.53, f_E=5$

失拟检验的统计量为

$$F_{Lf}=\frac{S_{Lf},\quad f_{Lf}}{S_e/f_e}=0.17$$

在 $\alpha=0.05$ 时，$F_{0.95}(3,2)=19.2$，所以认为模型合适。

有关方程与系数的检验见表 6.4.7。

表 6.4.7 方差分析表

来源	平方和	自由度	均方和	F 比	P 值
x_1	10.93	1	10.93	0.04	0.85
x_2	1364.13	1	1364.13	5.32	6.92×10^{-2}
x_1x_2	0.25	1	0.25	0.00	1
x'_1	1652.36	1	1652.36	6.45	5.19×10^{-2}
x'_2	4465.50	1	4465.50	17.42	8.71×10^{-3}
回归	7493.17	5	1498.63	5.85	3.75×10^{-2}
残差	1281.53	5	256.31		
总和	8774.70	10			

在 $\alpha=0.05$ 时，$F_{0.95}(5,5)=5.05$，所以认为方程显著。又在 $\alpha=0.05$ 时，$F_{0.95}(1,5)=6.61$，在 $\alpha=0.10$ 时 $F_{0.90}(1,5)=4.06$，所以从表 6.4.7 可知 x'_1 与 x'_2 的系数在显著性水平 0.05 上是显著的，x_2 的系数在显著性水平 0.10 上是显著的。

由表 6.4.6 中所求得的回归系数，可以写出在 0.10 水平上各系数都显著的回归方

程为

$$\hat{y}=171.45+14.338x_2-21.818x_1'-35.868x_2' \quad (6.4.17)$$

再将(6.4.16)式代入，即可得 y 关于 x_1，x_2 的二次回归方程：

$$\begin{aligned}\hat{y} &=171.45+14.338x_2-21.818(x_1^2-0.603)-35.868(x_2^2-0.603)\\ &=206.23+14.338x_2-21.818x_1^2-35.868x_2^2\end{aligned}$$

最后再将编码式

$$x_1=\frac{F-250}{109},\quad x_2=\frac{A-3.5}{1.74}$$

代入，即可得 y 关于 F，A 的二次回归方程

$$\hat{y}=-86.5547+1.0497F-0.0018F^2+82.9291A-11.8470A^2 \quad (6.4.18)$$

为延长寿命，可以将(6.4.18)式对 F 与 A 分别求导，并令其为零以解出最佳水平组合：

$$\frac{\partial\hat{y}}{\partial F}=1.0497-2\times0.0018F=0$$

$$\frac{\partial\hat{y}}{\partial A}=82.9291-2\times11.8470A=0$$

从中得 $F=291.58$，$A=3.50$，在该水平组合下，平均寿命的估计是 211.6。

习题 6.4

1. 为考察烧结矿的烧结速度与下列五个因子的关系，拟用中心组合设计进行二次回归设计。这五个因子的取值范围分别是：

   z_1：水分　6.45～9.55

   z_2：燃料　7.22～8.78

   z_3：碱度　1.02～1.18

   z_4：返矿　22.2～37.8

   z_5：生石灰　0～8

   请给出在中心点进行一次试验的二次回归正交设计的编码表与试验计划。

§6.5　二次回归旋转设计

6.5.1　旋转性条件与非退化条件

回归正交设计的最大优点是试验次数较少，计算简便，又消除了回归系数间的相关性。但是其缺点是预测值的方差依赖于试验点在因子空间中的位置。由于误差的干扰，试验者不能根据预测值直接寻找最优区域。若能使二次设计具有旋转性，即能使与试验中心距离相等的点上预测值的方差相等，那就有助于克服上述缺点。所以试验者常常希望牺牲部分正交性而获得旋转性，特别在计算机软件发展的今天，计算的不便之处可以

交由计算机帮助处理。

一、旋转性条件

要研究旋转设计,首先应搞清旋转性在回归设计中的具体要求。

下面我们先从两个变量的二次回归方程着手。二变量的二次回归数据结构式为

$$y_i=\beta_0+\beta_1 x_{i1}+\beta_2 x_{i2}+\beta_{12} x_{i1} x_{i2}+\beta_{11} x_{i1}^2+\beta_{22} x_{i2}^2+\varepsilon_i, \quad i=1,2,\cdots,n \tag{6.5.1}$$

其结构矩阵为

$$\begin{array}{c} \\ \boldsymbol{X}= \end{array}\begin{array}{c} \begin{array}{cccccc} x_0 & x_1 & x_2 & x_1 x_2 & (x_1)^2 & (x_2)^2 \end{array} \\ \begin{bmatrix} 1 & x_{11} & x_{12} & x_{11} x_{12} & x_{11}^2 & x_{12}^2 \\ 1 & x_{21} & x_{22} & x_{21} x_{22} & x_{21}^2 & x_{22}^2 \\ \vdots & \vdots & \vdots & \vdots & \vdots & \vdots \\ 1 & x_{n1} & x_{n2} & x_{n1} x_{n2} & x_{n1}^2 & x_{n2}^2 \end{bmatrix}\end{array}$$

此时对应的正规方程的系数矩阵 $\boldsymbol{A}=X'X$ 是 6 阶对称方阵(其中“$\sum$”表示“$\sum\limits_{i=1}^{n}$”):

$$\boldsymbol{A}=\begin{bmatrix} n & \sum x_{i1} & \sum x_{i2} & \sum x_{i1} x_{i2} & \sum x_{i1}^2 & \sum x_{i2}^2 \\ & \sum x_{i1}^2 & \sum x_{i1} x_{i2} & \sum x_{i1}^2 x_{i2} & \sum x_{i1}^3 & \sum x_{i1} x_{i2}^2 \\ & & \sum x_{i2}^2 & \sum x_{i1} x_{i2}^2 & \sum x_{i1}^2 x_{i2} & \sum x_{i2}^3 \\ & & & \sum x_{i1}^2 x_{i2}^2 & \sum x_{i1}^3 x_{i2} & \sum x_{i1} x_{i2}^3 \\ & & & & \sum x_{i1}^4 & \sum x_{i1}^2 x_{i2}^2 \\ & & & & & \sum x_{i2}^4 \end{bmatrix} \tag{6.5.2}$$

(这里只给出了上三角部分。)

由此可见,在两个变量的二次回归中,**A** 中元素的一般形式是

$$\sum_{i=1}^{n} x_{i1}^{a_1} x_{i2}^{a_2} \tag{6.5.3}$$

其中指数 a_1, a_2 分别可取 0,1,2,3,4 五个非负整数,且还要满足

$$0 \leqslant a_1+a_2 \leqslant 4$$

譬如 $a_1=a_2=0$ 时,便是 **A** 中第一行第一列的元素。仔细观察(6.5.2)式,可以发现 **A** 中的元素可分成两类:一类元素,它的所有指数 a_1, a_2 都是偶数或零;另一类元素,它的所有指数 a_1, a_2 中至少有一个为奇数。

在一般的 p 元 d 次回归中,共有 $\binom{p+d}{d}$ 项,此时的 A 是 $\binom{p+d}{d}$ 阶对称方阵,其中元素的一般形式是

$$\sum_{i=1}^{n} x_{i1}^{a_1} x_{i2}^{a_2} \cdots x_{ip}^{a_p}$$

其中指数 $a_1, a_2 \cdots, a_p$ 分别可取 $0,1,2,\cdots,2d$ 等非负整数，且还要满足

$$0 \leqslant a_1 + a_2 + \cdots + a_p \leqslant 2d$$

A 中的元素也可类似地分成两类。在旋转设计中，对这两类元素有如下要求：

定理 6.5.1 在 p 元 d 次回归的旋转设计中对应的 **A** 中的元素

$$\sum_{i=1}^{n} x_{i1}^{a_1} x_{i2}^{a_2} \cdots x_{ip}^{a_p} = \begin{cases} \lambda_a \dfrac{n \prod\limits_{i=1}^{p} a_i\,!}{2^{a/2} \prod\limits_{i=1}^{p} \left(\dfrac{a_i}{2}\right)!}, & \text{当所有 } a_i \text{ 都是偶数或零} \\ 0, & \text{当所有 } a_i \text{ 中至少有一个为奇数} \end{cases} \tag{6.5.4}$$

其中指数 $a_1, a_2 \cdots, a_p$ 如上所述，n 是试验次数，$a = a_1 + a_2 + \cdots + a_p$，$\lambda_a$ 是待定参数，下标 a 必为偶数，且 $\lambda_0 = 1$。

这一定理说明了旋转设计中 **A** 的具体结构，是旋转设计的基本要求，称为旋转性条件。

下面对 $d=1,2$ 的旋转性条件具体化。

$d=1$ 的情况：在一次回归旋转设计，此时 **A** 中满足

$$0 \leqslant a_1 + a_2 + \cdots + a_p \leqslant 2$$

且 $a_1, a_2 \cdots, a_p$ 都是偶数或零这些条件的，应有

$$\sum_{i=1}^{n} x_{ij}^2 = \lambda_2 n, \quad j = 1,2,\cdots,p$$

而 **A** 中其他元素都是 0，此时

$$\mathbf{A} = X'X = \lambda_2 n \boldsymbol{I}_{p+1}$$

其中 $\boldsymbol{I}_{p+1}$ 是 $p+1$ 阶单位阵。在§6.2 中给出的一次回归正交设计便是 $\lambda_2 = 1$ 的一次旋转设计。

$d=2$ 的情况：在二次回归旋转设计，此时 **A** 中满足

$$0 \leqslant a_1 + a_2 + \cdots + a_p \leqslant 4$$

且 $a_1, a_2 \cdots, a_p$ 都是偶数或零这些条件的，有以下几种情况：

$$\sum_{i=1}^{n} x_{ij}^2 = \lambda_2 n, \quad j = 1,2,\cdots,p$$

$$\sum_{i=1}^{n} x_{ij}^4 = 3 \sum_{i=1}^{n} x_{ij}^2 x_{ik}^2 = 3\lambda_4 n \quad (j \neq k; j,k = 1,2,\cdots,p) \tag{6.5.5}$$

这时

$$A = X'X = n\begin{pmatrix} 1 & & & \lambda_2 1'_p \\ & \lambda_2 I_p & & \\ & & \lambda_4 I_k & \\ \lambda_2 \mathbf{1}_p & & & \lambda_4 G \end{pmatrix}$$

这是一个$\binom{p+2}{2}$阶对称方阵，其中 $k=\binom{p}{2}$，$G=\begin{pmatrix} 3 & 1 & \cdots & 1 \\ 1 & 3 & \cdots & 1 \\ \vdots & \vdots & \ddots & \vdots \\ 1 & 1 & \cdots & 3 \end{pmatrix}$是一个 p 阶对称方阵，$\mathbf{1}_p$ 是元素全为 1 的 p 维列向量，空白处为零矩阵，λ_2 与 λ_4 可以根据具体的设计确定。

二、非退化条件

为获得二次回归方程中的回归系数的最小二乘估计，需要求 $A^{-1}=(X'X)^{-1}$，因此还要求$|A|=|X'X|\neq 0$，下面来看一下这个条件在旋转设计中的具体要求。

$$|n^{-1}A| = \lambda_2^p \lambda_4^k \begin{vmatrix} 1 & \lambda_2 & \lambda_2 & \cdots & \lambda_2 \\ \lambda_2 & 3\lambda_4 & \lambda_4 & \cdots & \lambda_4 \\ \lambda_2 & \lambda_4 & 3\lambda_4 & \cdots & \lambda_4 \\ \vdots & \vdots & \vdots & \ddots & \vdots \\ \lambda_2 & \lambda_4 & \lambda_4 & \cdots & 3\lambda_4 \end{vmatrix}_{p+1}$$

$$= \lambda_2^p \lambda_4^k \begin{vmatrix} 3\lambda_4-\lambda_2^2 & \lambda_4-\lambda_2^2 & \cdots & \lambda_4-\lambda_2^2 \\ \lambda_4-\lambda_2^2 & 3\lambda_4-\lambda_2^2 & \cdots & \lambda_4-\lambda_2^2 \\ \vdots & \vdots & \vdots & \ddots \\ \lambda_4-\lambda_2^2 & \lambda_4-\lambda_2^2 & \cdots & 3\lambda_4-\lambda_2^2 \end{vmatrix}_p$$

$$= \lambda_2^p \lambda_4^k [(p+2)\lambda_4 - p\lambda_2^2] \begin{vmatrix} 2\lambda_4 & 0 & \cdots & 0 \\ 0 & 2\lambda_4 & \cdots & 0 \\ \vdots & \vdots & \vdots & \ddots \\ 0 & 0 & \cdots & 2\lambda_4 \end{vmatrix}_{p-1}$$

$$= \lambda_2^p \lambda_4^k [(p+2)\lambda_4 - p\lambda_2^2](2\lambda_4)^{p-1}$$

要使$|A|=|X'X|\neq 0$，必须要

$$\frac{\lambda_4}{\lambda_2^2} \neq \frac{p}{p+2} \tag{6.5.6}$$

它提供了做旋转设计时应该避免的情况，称为二次设计的非退化条件。

下面我们就讨论二次回归的旋转设计，(6.5.5)式是旋转设计的必要条件，为使旋转设计成为可能，还要求参数 λ_2 与 λ_4 满足非退化条件(6.5.6)式。

6.5.2 二次旋转设计

这一小节我们具体给出一个中心组合设计要成为二次旋转设计的条件。

二次设计的旋转性条件是

$$\begin{cases}\sum_{i=1}^{n} x_{ij}^{2}=\lambda_{2} n, \quad i, j=1,2, \cdots, p \\ \sum_{i=1}^{n} x_{ij}^{4}=3 \sum_{i=1}^{n} x_{ij}^{2} x_{ik}^{2}=3 \lambda_{4} n, \quad j \neq k\end{cases}$$

若设第 i 个试验点$(x_{i1},x_{i2},\cdots,x_{ip})$位于半径为 ρ_i 的球面上,那么 $\sum_{j=1}^{p} x_{ij}^{2}=\rho_i^2$,从而

$$\sum_{i=1}^{n} \rho_{i}^{2}=\sum_{i=1}^{n} \sum_{j=1}^{p} x_{ij}^{2}=\sum_{j=1}^{p} \sum_{i=1}^{n} x_{ij}^{2}=p n \lambda_{2}$$

所以

$$\lambda_{2}=\frac{1}{p n} \sum_{i=1}^{n} \rho_{i}^{2}$$

另一方面

$$\rho_{i}^{4}=(\rho_{i}^{2})^{2}=\left[\sum_{j=1}^{p} x_{ij}^{2}\right]^{2}=\sum_{j=1}^{p} x_{ij}^{4}+2 \sum_{j<k} x_{ij} x_{ik}$$

则

$$\begin{aligned}\sum_{i=1}^{n} \rho_{i}^{4}=\sum_{i=1}^{n}\left[\sum_{j=1}^{p} x_{ij}^{4}+2 \sum_{j<k} x_{ij} x_{ik}\right] &=\sum_{j=1}^{p} \sum_{i=1}^{n} x_{ij}^{4}+2 \sum_{j<k}\left(\sum_{i=1}^{n} x_{ij} x_{ik}\right) \\ &=3 p n \lambda_{4}+2 \sum_{j<k} n \lambda_{4}=p(p+2) n \lambda_{4}\end{aligned}$$

所以

$$\lambda_{4}=\frac{1}{p(p+2) n} \sum_{i=1}^{n} \rho_{i}^{4}$$

则

$$\frac{\lambda_{4}}{\lambda_{2}^{2}}=\frac{n p}{p+2} \times \frac{\sum_{i=1}^{n} \rho_{i}^{4}}{\left(\sum_{i=1}^{n} \rho_{i}^{2}\right)^{2}}$$

这表明 λ_4 与 λ_2 平方的比值不仅与因子数 p、试验次数 n 有关,还与 n 个试验点所在球面的半径 $\rho_i(i=1,2,\cdots,n)$有关。为使设计是非退化的,就要求试验点的分布满足(6.5.6)式,即要求

$$\frac{\lambda_{4}}{\lambda_{2}^{2}} \neq \frac{p}{p+2}$$

下面我们来看一下二次中心组合设计满足非退化条件的要求。

首先我们有如下不等式:

$$(\sum_{i=1}^{n} \rho_i^2)^2 \leqslant n \sum_{i=1}^{n} \rho_i^4$$

仅当 $\rho_1 = \rho_2 = \cdots = \rho_n$ 时等号成立。这是因为对任意实数 θ 有

$$\sum_{i=1}^{n} (\theta - \rho_i^2)^2 \geqslant 0 \Rightarrow \sum_{i=1}^{n} (\theta^2 - 2\theta\rho_i^2 + \rho_i^4) \geqslant 0$$

即如下二次三项式是非负的：

$$n\theta^2 - 2\theta \sum_{i=1}^{n} \rho_i^2 + \sum_{i=1}^{n} \rho_i^4 \geqslant 0$$

这表明它不能有两个不同的实根，所以判别式

$$(\sum_{i=1}^{n} \rho_i^2)^2 - n \sum_{i=1}^{n} \rho_i^4 \leqslant 0$$

由此可知

$$\frac{\lambda_4}{\lambda_2^2} \geqslant \frac{p}{p+2}$$

等号成立的唯一条件是 n 个试验点都在同一球面上。这表明只要 n 个试验点不在同一球面上就有可能获得旋转设计方案。

在中心组合设计方案中 n 个试验点分布在三个不同半径的球面上，其中：

m_c 个点分布在半径为 $\rho_c = \sqrt{p}$ 的球面上；

$2p$ 个点分布在半径为 $\rho_\gamma = \gamma$ 的球面上；

m_0 个点分布在半径为 $\rho_0 = 0$ 的球面上。

它不会使矩阵 $\boldsymbol{A}$ 退化。

为使设计满足旋转性条件只要适当选取参数 γ，在中心组合设计中有

$$\sum_{i=1}^{n} x_{ij}^2 = m_c + 2\gamma^2 = h = \lambda_2 n$$

$$\sum_{i=1}^{n} x_{ij}^4 = m_c + 2\gamma^4 = 3\lambda_4 n$$

$$\sum_{i=1}^{n} x_{ij}^2 x_{ik}^2 = m_c = \lambda_4 n$$

因此 $\lambda_2 = h/n$，$\lambda_4 = m_c/n$，为使设计具有旋转性，则要求

$$m_c + 2\gamma^4 = 3m_c$$

即只要

$$\gamma^4 = m_c \tag{6.5.7}$$

从(6.5.7)式便可求得 γ，譬如 $p=3$，那么 $m_c = 8$，则 $\gamma = \sqrt[4]{8} = 1.682$，常用的值见表 6.5.1。

当对中心组合设计提出进一步的要求时,可以确定设计中的另一个参数 m_0。

6.5.3 二次回归正交旋转设计

当要求一个设计不仅具有旋转性,还要求保持正交性,或至少是近似正交的。这时需要使 $X'X$ 的非对角线元素全为 0,那么只需要(6.4.7)式给出的 $g=0$,现在

$$\begin{aligned} g &= (1-h/n)^2\times m_c+(\gamma^2-h/n)\times(-h/n)\times 4+(-h/n)^2\times(n-m_c-4) \\ &= m_c-\frac{m_c^2}{n}-\frac{4m_c}{n}\gamma^2-\frac{4}{n}\gamma^4 \end{aligned}$$

在 g 的表达式中,m_c 是给定的,现在 γ 也已确定,$n=m_c+2p+m_0$,从而 g 只是 m_0 的函数,所以可令 $g=0$ 解出 m_0。如果解得的 m_0 是整数,则所得设计为正交旋转设计;如果所得解不是整数,则取最接近的整数,这时的设计是近似正交的旋转设计。譬如,$p=3$,$m_c=8$,$\gamma=1.682$,$\gamma^2=2.8284$,$\gamma^4=8$,$n=14+m_0$,那么

$$g=m_c-\frac{m_c^2}{n}-\frac{4m_c}{n}\gamma^2-\frac{4}{n}\gamma^4=8-\frac{8^2}{n}-\frac{4\times 8\times 2.8284}{n}-\frac{4\times 8}{n}=0$$

解得 $n=23.3136\approx 23$,那么 $m_0=9$,这是一个近似正交的旋转设计。

二次回归正交(或近似正交)旋转组合设计的参数 γ 与 m_0 见表 6.5.1。

表 6.5.1 二次回归正交旋转组合设计参数

因子数与方案	m_c	γ	m_0	n
$p=2$	4	1.414	8	16
$p=3$	8	1.682	9	23
$p=4$	16	2.000	12	36
$p=5$	32	2.378	17	50
$p=5$(1/2 实施)	16	2.000	10	36
$p=6$(1/2 实施)	32	2.378	15	59
$p=7$(1/2 实施)	64	2.828	22	100
$p=8$(1/2 实施)	128	3.364	33	177
$p=8$(1/4 实施)	64	2.828	20	100

6.5.4 二次回归通用旋转设计

所谓一个设计具有通用性是指在与编码中心距离小于 1 的任意点 $(x_1,x_2,\cdots,x_p)$ 上的测值的方差近似相等。由于一个旋转设计各点预测值的方差仅与该点到中心的距离有关,若设 $\rho^2=\sum_{j=1}^{p}x_j^2$,则 $\mathrm{var}(\hat{y}(x_1,x_2,\cdots,x_p))=f(\rho)$,通用设计要求当 $\rho<1$ 时,$f(\rho)$ 基本为一个常数。根据这一要求,可以通过数值的方法来确定 m_0。

当一个设计既要具有旋转性又要具有通用性时,设计中的参数 γ 与 m_0 见表 6.5.2。

表 6.5.2 二次回归通用旋转组合设计参数

因子数与方案	m_c	γ	m_0	n
$p=2$	4	1.414	5	13
$p=3$	8	1.682	6	20
$p=4$	16	2.000	7	31
$p=5$(1/2 实施)	16	2.000	6	32
$p=6$(1/2 实施)	32	2.378	9	53
$p=7$(1/2 实施)	64	2.828	14	92
$p=8$(1/2 实施)	128	3.364	21	165
$p=8$(1/4 实施)	64	2.828	13	93

比较表 6.5.1 与表 6.5.2 可知，通用旋转设计的试验次数比正交旋转设计的次数要少，加上在单位超球体内各点预测值方差近似相等，因此在实用中人们喜欢采用具有通用性的设计，尽管其计算要比正交设计稍麻烦些，但是稍复杂的计算可以由计算机来完成。

6.5.5 数据分析

由于正交旋转设计的数据分析同前面 6.4.3 节一样，所以下面仅对通用旋转组合设计的数据分析作一介绍。

一、回归系数的估计

根据 § 6.1 所述，要估计回归系数必须先求出 $X'X$ 的逆矩阵，由于在二次回归组合设计中，$X'X$ 的一般形式为(6.4.6)式，因而可求得

$$(X'X)^{-1}=\begin{bmatrix} K & 0 & \cdots & 0 & 0 & \cdots & 0 & E & \cdots & E \\ 0 & 1/h & & 0 & 0 & & 0 & 0 & & 0 \\ \vdots & & \ddots & & & \ddots & & & \ddots & \\ 0 & 0 & & 1/h & 0 & & 0 & 0 & & 0 \\ 0 & 0 & & 0 & 1/m_c & & 0 & 0 & & 0 \\ \vdots & & \ddots & & & \ddots & & & \ddots & \\ 0 & 0 & & 0 & 0 & & 1/m_c & 0 & & 0 \\ E & 0 & & 0 & 0 & & 0 & F & & G \\ \vdots & & \ddots & & & \ddots & & & \ddots & \\ E & 0 & & 0 & 0 & & 0 & G & & F \end{bmatrix} \tag{6.5.8}$$

根据不同的 p 与实施方案，其中的 K、E、F、G 的值已列成表格供使用(见表 6.5.3)。如果记 $X'Y$ 阵中的元素为

$$B_0=\sum_{i=1}^{n} y_i,\quad B_j=\sum_{i=1}^{n} x_{ij}y_i,\quad B_{jk}=\sum_{i=1}^{n} x_{ij}x_{ik}y_i,\quad B_{jj}=\sum_{i=1}^{n} x_{ij}^2 y_i$$

则回归系数的估计为

$$
\begin{aligned}
&b_0 = KB_0 + E\sum_{j=1}^{p} B_j \\
&b_j = B_j/h, \quad j=1,2,\cdots,p \\
&b_{jk} = B_{jk}/m_c \quad (j<k;j,k=1,2,\cdots,p) \\
&b_{jj} = EB_0 + (F-G)B_{jj} + G\sum_{k=1}^{p} B_{kk}, \quad j=1,2,\cdots,p
\end{aligned}
\tag{6.5.9}
$$

表 6.5.3 二次通用旋转组合设计中计算回归系数的参数

因子数及方案	n	K	$-E$	F	G
$p=2$	13	0.2	0.1	0.14375	0.01875
$p=3$	20	0.1663402	0.0567920	0.06939	0.00689003
$p=4$	31	0.1428571	0.0357142	0.0349702	0.00372023
$p=5$(1/2 实施)	32	0.1590909	0.0340909	0.0340909	0.00284090
$p=6$(1/2 实施)	53	0.1107487	0.0187380	0.0168422	0.00121724
$p=7$(1/2 实施)	92	0.0703125	0.0097656	0.00830078	0.00048828

二、对回归方程的检验

由于在回归系数的估计中未进行中心化变换，因此各类偏差平方和的计算要用下面的公式：

$$
S_T = \sum_{i=1}^{n}(y_i-\bar{y})^2 = \sum_{i=1}^{n} y_i^2 - B_0^2/n \tag{6.5.10}
$$

现在残差平方和的计算可以如下进行：

$$
\begin{aligned}
S_E &= \sum_{i=1}^{n}(\hat{y}_i-y_i)^2 \\
&= \sum_{i=1}^{n} y_i^2 - b_0B_0 - \sum_{j=1}^{p} b_jB_j - \sum_{j<k} b_{jk}B_{jk} - \sum_{j=1}^{p} b_{jj}B_{jj}
\end{aligned}
\tag{6.5.11}
$$

从而回归平方和为

$$
S_R = S_T - S_E \tag{6.5.12}
$$

各类自由度分别为

$$
\begin{aligned}
&f_T = n-1 \\
&f_R = p+p+p(p-1)/2 = 2p+p(p-1)/2 \\
&f_E = f_T - f_R
\end{aligned}
$$

又由于在中心点有 m_0 次重复试验，因此还可同前面一样将 S_E 分解为

$$
S_E = S_e + S_{Lf}
$$

其自由度分别为

$$
f_e = m_0 - 1, \quad f_{Lf} = f_E - f_e
$$

这样可同前一样先检验模型的合适性，所用统计量为

$$F_{Lf}=\frac{S_{Lf}/f_{Lf}}{S_e/f_e}$$

当模型合适时，再用统计量：

$$F=\frac{S_R/f_R}{S_E/f_E}$$

检验方程的显著性。

三、对回归系数的显著性检验

为对回归系数进行显著性检验，需要诸项 $x_j, x_j x_k, x_j^2$ 的偏回归平方和及 σ^2 的估计，其公式如下：

$$\hat{\sigma}^2=s^2=S_E/f_E \tag{6.5.13}$$

$$\begin{aligned} &S_j=b_j^2/h^{-1}, && j=1,2,\cdots,p \\ &S_{jk}=b_{jk}^2/m_c^{-1} && (j<k;j,k=1,2,\cdots,p) \\ &S_{jj}=b_{jj}^2/F, && j=1,2,\cdots,p \end{aligned} \tag{6.5.14}$$

从而检验诸项 $x_j, x_j x_k, x_j^2$ 系数的统计量依次为

$$\begin{aligned} &F_j=S_j/s^2, && j=1,2,\cdots,p \\ &F_{jk}=S_{jk}/s^2, && (j<k;j,k=1,2,\cdots,p) \\ &F_{jj}=S_{jj}/s^2, && j=1,2,\cdots,k \end{aligned} \tag{6.5.15}$$

如果有不显著的项，要删去该项，一次只能剔除一项，由于这里不是正交设计，所以回归系数间具有相关性，删除一个变量后，回归系数需要重新计算。由于求回归系数的正规方程组的系数矩阵阶数较高，求逆矩阵相当麻烦，通常将这项工作交给计算机协助完成。

下面给出一个例子。

例 6.5.1 超声波换能器设计中要求灵敏度余量 y 尽量大，而这一指标与以下两个因子有关：

z_1：保护膜厚度，取值范围为 0.2～0.6(mm)

z_2：吸收材料之比，取值范围为 4∶1～7∶1

为减少试验次数并建立精度较高的回归方程，决定采用二次回归通用旋转组合设计，下面分别叙述试验的设计方法与数据分析方法。

1. 对因子的取值进行编码

在 $p=2$ 时，从表 6.5.2 查得设计参数为

$$\gamma=1.414,\quad m_0=5$$

共需进行 $n=m_c+2p+m_0=13$ 次试验。在直接进行二次回归设计时，编码可以如下进行：

设因子的取值范围为

$$z_{1j}\leqslant z_j\leqslant z_{2j},\quad j=1,2,\cdots,p$$

现令 z_{1j},z_{2j} 的编码值分别为 $-\gamma,\gamma$,则零水平为

$$z_{0j}=(z_{1j}+z_{2j})/2,\quad j=1,2,\cdots,p$$

变化半径为

$$\Delta_j=\frac{z_{2j}-z_{1j}}{2\gamma},\quad j=1,2,\cdots,p$$

那么编码值-1与1分别对应于

$$z_{0j}-\Delta_j \text{ 与 } z_{0j}+\Delta_j,\quad j=1,2,\cdots,p$$

本例的因子编码值见表6.5.4。

表6.5.4 因子编码表

因子	z_1	z_2
零水平 $z_0(0)$	0.4	5.5∶1
变化半径 Δ	0.1414	1.0607∶1
$-\gamma$	0.2	4∶1
-1	0.2586	4.4393∶1
0	0.4	5.5∶1
1	0.5414	6.5607∶1
γ	0.6	7∶1

2.试验计划与试验结果

本例用编码值表示的试验计划见表6.5.5,在试验随机化后所得试验结果列在该表的最右边一列。

表6.5.5 编码值表示的试验计划与试验结果

试验号	x_1	x_2	y
1	1	1	57
2	1	-1	58
3	-1	1	54.5
4	-1	-1	55
5	1.4142	0	54.5
6	-1.4142	0	52.5
7	0	1.4142	57
8	0	-1.4142	58
9	0	0	56.5
10	0	0	57.5
11	0	0	57
12	0	0	56.5
13	0	0	57.5

3. 参数估计

(1)先求出各 B_j,B_{jk},B_{jj},它们列在表 6.5.6 的最后一行。

(2)按(6.5.9)式求回归系数的估计:

先在表 6.5.3 中查得:$K=0.2$,$E=-0.1$,$F=0.14375$,$G=0.01875$,又由于 $m_c=4$,$\gamma=1.4142$,故得 $h=m_c+2\gamma^2=8$,代入(6.5.9)式得

$$b_0=57,\quad b_1=1.04105,\quad b_2=-0.364275$$
$$b_{12}=-0.125,\quad b_{11}=-1.59375,\quad b_{22}=0.40625$$

从而得回归方程为

$$\hat{y}=57+1.04105x_1-0.364275x_2-0.125x_1x_2-1.59375x_1^2+0.40625x_2^2 \tag{6.5.16}$$

表 6.5.6 计算表

试验号	x_0	x_1	x_2	x_1x_2	x_1^2	x_2^2	y
1	1	1	1	1	1	1	57
2	1	1	−1	−1	1	1	58
3	1	−1	1	−1	1	1	54.5
4	1	−1	−1	1	1	1	55
5	1	1.4142	0	0	2	0	54.5
6	1	−1.4142	0	0	2	0	52.5
7	1	0	1.4142	0	0	2	57
8	1	0	−1.4142	0	0	2	58
9	1	0	0	0	0	0	56.5
10	1	0	0	0	0	0	57.5
11	1	0	0	0	0	0	57
12	1	0	0	0	0	0	56.5
13	1	0	0	0	0	0	57.5
	B_0	B_1	B_2	B_{12}	B_{11}	B_{22}	$\sum y_i^2=41193.75$
B	731.5	8.3234	−2.9142	−0.5	438.5	454.5	

4. 对模型与方程的检验

为对回归方程作检验,首先要计算各类偏差平方和,按(6.5.10)~(6.5.12)式,有

$$S_T=32.8078,\quad f_T=12$$
$$S_E=2.6744,\quad f_E=7$$
$$S_R=30.1333,\quad f_R=5$$

由于在中心点重复进行了 5 次试验,中心点试验结果的平均值 $\bar{y}_0=57$,因此还可求出其误差的偏差平方和

$$S_e=\sum_{i=9}^{13}(y_i-\bar{y}_0)^2=1,\quad f_e=4$$

从而失拟平方和为

$$S_{Lf}=2.6744-1=1.6744,\quad f_{Lf}=7-4=3$$

检验模型合适性的 F 比为

$$F_{Lf}=\frac{1.6744/3}{1/4}=2.33<F_{0.95}(3,4)=6.59$$

所以模型合适，把 S_{Lf} 并入试验误差后再对方程的显著性进行检验，有

$$F=\frac{30.1333/5}{2.6744/7}=15.77>F_{0.95}(5,7)=3.97$$

所以方程有意义。

5. 对每一回归系数分别进行检验

由(6.5.13)～(6.5.15)式，可得 $\hat{\sigma}^2=s^2=2.6744/7=0.382$，那么对回归系数作检验的统计量分别为

$$F_1=8\times(1.04105)^2/0.382=22.697$$
$$F_2=8\times(-0.364275)^2/0.382=2.779$$
$$F_{12}=4\times(-0.125)^2/0.382=0.164$$
$$F_{11}=(-1.59375)^2/(0.14375\times0.382)=46.256$$
$$F_{22}=(0.40625)^2/(0.14375\times0.382)=3.005$$

若取 $\alpha=0.05$，查表得 $F_{0.95}(1,7)=5.59$，则 x_2，x_1x_2，x_2^2 三个系数不显著，但是由于系数间不独立，所以不能一次将它们全部删除。可以逐一删除不显著的项，再检验，直到获得每一系数都显著为止。由于 F_{12} 最小，所以首先删去 x_1x_2，然后建立方程，再检验，直到所有系数显著为止。这一过程通常用软件来实现，我们这里罗列以下中间结果：

首先删去 x_1x_2，得到的回归方程为

$$\hat{y}=57.0+1.0411x_1-0.3643x_2-1.5937x_1^2+0.4063x_2^2$$

对各系数检验的 F 值分别为：25.30，3.10，51.70，3.35。若取 $\alpha=0.05$，查表得 $F_{0.95}(1,8)=5.32$，则 x_2，x_2^2 两个系数不显著。

再删去 x_2，得到的回归方程为

$$\hat{y}=57.0+1.0411x_1-1.5937x_1^2+0.4603x_2^2$$

对各系数检验的 F 值分别为：20.52，41.86，2.72。若取 $\alpha=0.05$，查表得 $F_{0.95}(1,9)=5.12$，则 x_2^2 的系数不显著。

再删去 x_2^2，得到的回归方程为

$$\hat{y}=57.3+1.04x_1-1.65x_1^2\qquad(6.5.17)$$

对各系数检验的 F 值分别为：17.55，38.81。若取 $\alpha=0.05$，查表得 $F_{0.95}(1,10)=4.96$，

各系数均显著。所以最后所得方程是(6.5.17)式。

在此回归方程中，$S_E=4.946$，$f_E=10$。

6. 写出回归方程并求最优条件

各项系数在0.05水平上显著的回归方程为(6.5.17)，该方程中不含 x_2，所以只要将 x_1 的编码式

$$x_1=\frac{z_1-0.4}{0.1414}$$

代入，则得 y 关于 z_1 的回归方程为

$$\begin{aligned}\hat{y}&=57.3+1.04x_1-1.65x_1^2\\&=57.3+1.04\times\frac{z_1-0.4}{0.1414}-1.65\times\left[\frac{z_1-0.4}{0.1414}\right]^2\\&=41.158+73.255z_1-82.5z_1^2\end{aligned}\tag{6.5.18}$$

在获得了方程后，可以寻找使 y 达到最大的条件，将上式的右边对 z_1 求导并令其为零：

$$\frac{\partial\hat{y}}{\partial z_1}=73.255-2\times82.56z_1=0$$

解上述方程，得：$z_1=0.44$。

这表明我们取保护膜厚度为0.44mm，可使 y 达到最大，此时 $E(y)$ 的估计值为57.422。

由于 z_2 对 y 影响不大，所以可以在试验范围内任意选取。若该材料比较贵，则可选取 $z_2=4:1$。

习题6.5

1. 对§6.4习题1分别给出二次回归正交旋转设计及二次回归通用旋转设计的编码表与试验计划。

2. 为考察镍溶液的电导率 y 与温度(z_1)、镍的浓度(z_2)、苛性碱的浓度(z_3)的关系，采用二次回归通用旋转组合设计安排试验，各因子的取值范围如下：

$$z_1:30\sim80,\quad z_2:20\sim120,\quad z_3:0\sim300$$

用编码值表示的试验计划与试验结果如下：

试验号	x_1	x_2	x_3	y
1	1	1	1	0.485
2	1	1	−1	0.242
3	1	−1	1	0.720
4	1	−1	−1	0.435
5	−1	1	1	0.322

续表

试验号	x_1	x_2	x_3	y
6	−1	1	−1	0.159
7	−1	−1	1	0.453
8	−1	−1	−1	0.304
9	−1.682	0	0	0.284
10	1.682	0	0	0.536
11	0	−1.682	0	0.568
12	0	1.682	0	0.291
13	0	0	−1.682	0.143
14	0	0	1.682	0.521
15	0	0	0	0.433
16	0	0	0	0.422
17	0	0	0	0.435
18	0	0	0	0.436
19	0	0	0	0.423
20	0	0	0	0.440

试对数据进行统计分析,给出 y 关于因子 z_1,z_2,z_3 的二次回归方程。

第 7 章　计算机试验设计

§7.1　计算机试验的基本思想

传统的试验设计针对的是工业、农业、医药中的具体科学问题，称为物理试验，是要在实际中真实进行的。试验者在进行试验前需要明确目标，随后需明确试验待考察的因子，即可被控制的变量。当所有要考察的因子的一组水平组合确定后，就构成一个试验点，一个设计就由一些精心选定的试验点组成。在物理试验中，由于有诸多不可控因子，所以响应总是有一定的随机误差，即相同的因子水平下多次试验会有不同的响应值。第 1 章即指出的试验设计三原则——重复、随机化和分区组，就是针对物理试验而提出的，目的是尽可能精确地估计误差和减少无关因子的影响。

随着科技的发展和研究的深入，如今人们面临的科学问题越来越复杂，因子越来越多，进行一次试验的成本可能很高，或者在现实中进行试验的可行性很差。计算机技术的飞速发展让我们可以将诸多成本昂贵、条件复杂、甚至难以进行的物理试验的因变量的取值转换为输入代码，响应变量的取值转换为输出代码，经过相关领域的知识可以建立相当精确的数学模型。比如一个化学反应过程，常常可以用一组微分方程的解来描述，用计算机程序编码去表达。这样，复杂的真实试验过程可以被计算机仿真代替，并由此而产生了计算机试验的设计与分析这一新兴领域。计算机试验通过改变计算机代码的输入来研究复杂的输入输出关系。这种方法不仅能大大降低试验费用，还能显著加速研究进程，自诞生起三十多年来，已经成为工程、物理等领域的重要研究手段，被越来越广泛地应用于如精密铸造、生物力学、汽车碰撞、发动机设计等许多具体行业中，相关专著见[60]，[61]，[62]和[63]等。

计算机仿真模型分为确定性仿真和随机性仿真。假设有 p 个输入变量(因子)，试验空间为 $\mathscr{D}$，给定一个试验点 $\boldsymbol{x}=(x_1,x_2,\cdots,x_p)\in\mathscr{D}$ 时，确定性仿真模型经过计算机代码运算会输出确定的响应值

$$y=f(\boldsymbol{x})=f(x_1,x_2,\cdots,x_p)$$

其中 $f(\boldsymbol{x})$ 为确定性计算机仿真模型函数，而随机性仿真则不一定，相同的输入会有不同的输出。大多数情况下计算机试验针对前者，本章讨论的计算机试验的仿真模型亦是确定性的，关于随机仿真的研究见 Kleijnen 的著作中相关论述[62]。

虽然计算机试验相比物理试验节约了试验成本和时间，但其模拟的往往是非常复杂的物理过程，输入与输出之间关系的精确建模 $f(\boldsymbol{x})$ 也是很复杂的，没有现成的解析式。所以，运行一次计算机模型往往时间也很长，比如很多计算机试验需要数小时甚至几天才能得到一个响应，很难进行分析和处理。因此，试验者需要精心选取少量“好”的试验

点进行计算机试验,根据得到的数据建立一个容易计算的简单模型

$$\hat{y}=g(\boldsymbol{x})=g(x_1,x_2,\cdots,x_p)$$

来代替真正的模型,这个模型 $g(\boldsymbol{x})$ 称为近似模型,有些文献亦称为拟模型(meta-model)。这个运行速度快,成本低的近似模型主要用来近似真实模型在整个试验空间 $\mathscr{D}$ 的响应曲面。这个过程可以用图 7.1.1 来表示。

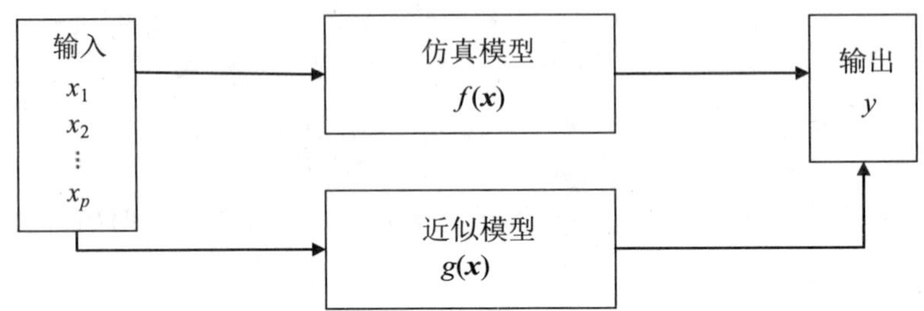

图 7.1.1　计算机试验流程图

大多数计算机试验问题的主要目标有:

1. 精确预测未知试验空间中点的响应;
2. 优化响应的某个泛函;
3. 将计算机模型转到实际的物理模型。

实现这些目标的关键是建立能够精确预测的近似模型,而一个近似模型的好坏同时依赖于试验设计和建模方法的选择。我们分别来看这两个部分。

1. 计算机试验的设计

计算机试验设计就是针对计算机试验而构造的设计点集,由于确定性仿真对相同的输入会得到相同的输出,因此计算机试验没有随机误差,重复、随机化和分区组这些传统试验设计准则就失效了,而设计点应该在试验区域无重复。另外,由于试验初始阶段对复杂的响应曲面 $f(\boldsymbol{x})$ 一无所知,为了尽可能充分地探索试验区域,需要试验点尽可能地代表整个空间,这样的性质被称为空间填充(space-filling)性。目前,计算机试验一般采用诸多空间填充设计(space-filling designs),其中最广泛应用是拉丁超立方设计(Latin hypercube design)和第 8 章 § 8.4 介绍的均匀设计。另外还有许多最优空间填充准则和基于这些准则的设计被提出和研究,这些准则包括列正交性,距离准则,熵准则,均方误差准则等。

2. 近似模型建模方法

常见的近似模型建模方法有:多项式模型,样条函数方法,高斯—克里金模型(Gaussian-Kriging model),贝叶斯方法,神经网络,局部多项式回归等。实际中最常用的是多项式模型和高斯—克里金模型。多项式模型具有简单和容易解释的优点,常用来预测真实模型的整体趋势。高斯—克里金模型最初被用于采矿勘探,后经 J. Sacks 等统计学家引入计算机试验[64]。由于高斯—克里金模型具有插值性质和优良的预测表现,现在被广泛采用。§ 7.4 我们将更具体地讨论这两种建模方法。

本节的最后我们给出一个一维的计算机仿真试验简单例子,这个例子虽然不能代表实际中复杂的计算机试验,但是却很好地展示了计算机试验设计与建模的过程。

例 7.1.1 假设 $p=1$,试验区域为 $\mathscr{D}=[0,1]$,假定已有计算机仿真模型 $f(\boldsymbol{x})$ 的解析表达式

$$y=f(\boldsymbol{x})=\frac{1}{2}\exp(-x/2)\sin(3\pi x)+x\cos(4\pi x) \tag{7.1.1}$$

该模型的图像如图 7.1.1 实线所示。

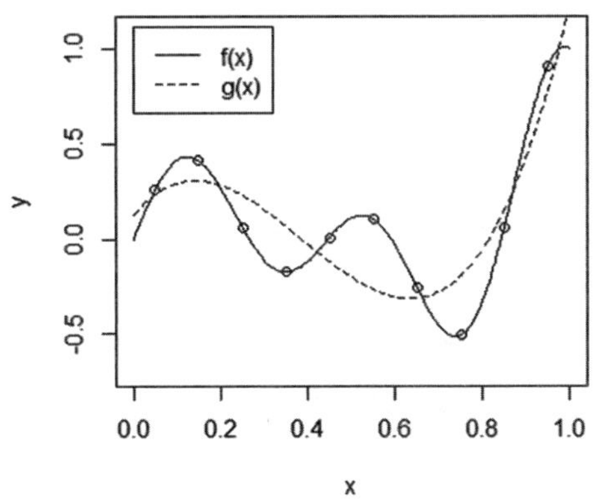

图 7.1.1 例 7.1.1 的仿真模型和近似模型图像

假设试验次数 $n=10$,选择 $\mathscr{D}$ 上 10 个点{0.05, 0.15, …, 0.95}做试验,得到数据如表 7.1.1。

表 7.1.1 例 7.1.2 的试验设计和响应

x	0.05	0.15	0.25	0.35	0.45	0.55	0.65	0.75	0.85	0.95
y	0.2618	0.4118	0.0620	−0.1738	0.0083	0.1066	−0.2574	−0.5070	0.0602	0.9097

试验数据在图 7.1.1 中用点标出。根据这 10 个数据我们可以拟合一个三次多项式作为近似模型:

$$g(\boldsymbol{x})=0.1266+2.785x-12.0724x^2+10.3848x^3$$

其图像如图 7.1.1 虚线所示。我们根据近似模型可以快速预测未知点的响应,也可以看出仿真模型在某一区间的整体趋势。

从例 7.1.1 我们可以看出,本章研究的计算机试验设计与建模的最主要目的就是复杂模型的简化。其流程主要分为三步,第一步是选点,需要通过空间填充准则作为选点准则来构造空间填充设计,这也是计算机试验设计研究的主要内容,我们将在 §7.2、§7.3 详细叙述。第二步是根据第一步的选点去计算仿真模型 $f(\boldsymbol{x})$ 的响应值,该计算过程往往是耗时的。第三步是根据第二步得到的数据建立近似模型 $g(\boldsymbol{x})$,常用的近似模型建模方法为多项式建模和高斯—克里金建模,而一个近似模型的好往往采用均方误差准则来评价,这些内容我们将在 §7.4 介绍。

§7.2 拉丁超立方设计及其抽样性质

7.2.1 拉丁超立方设计的定义

计算机试验希望设计拥有良好的空间填充性,即在试验空间 $\mathscr{D}$ 中寻找尽可能均匀地填充有界试验空间 $\mathscr{D}$ 的设计点。拉丁超立方设计(Latin hypercube design,缩写为LHD)是最流行的计算机试验设计,它由 McKay 等人 1979 年提出[65]。我们先来看拉丁超立方的定义。

定义 7.2.1 称一个矩阵 $\boldsymbol{L}$ 为试验次数为 n 因子个数为 p 的拉丁超立方(Latin hypercube,缩写为 LH),并记为 LH(n,p),如果它是一个 $n\times p$ 的矩阵,且满足每一列是一个 n 个等距水平的排列。

不失一般性,我们将一个拉丁超立方每列的 n 个等距水平取为 $0,1,\cdots,n-1$。显然,一维拉丁超立方就是一个 $0,1,\cdots,n-1$ 排列构成的列向量。

假设有 p 个因子,试验空间 $\mathscr{D}=[0,1]^p$,则生成一个试验次数为 n 拉丁超立方设计的步骤如下:

第一步:生成一个 $n\times p$ 的拉丁超立方 $L=(l_{ij})$,具体地,独立生成 p 个$\{0,1,\cdots,n-1\}$的随机排列 $\{\pi_j(1),\pi_j(2),\cdots,\pi_j(n)\}$,$j=1,\cdots,p$,令 $l_{ij}=\pi_j(i)$,$i=1,\cdots,n$,$j=1,\cdots,p$。

第二步:独立生成 np 个$[0,1)$上的均匀分布样本点 $u_{ij}\sim U[0,1)$,$i=1,\cdots,n$,$j=1,\cdots,p$,令

$$d_{ij}=\frac{l_{ij}+u_{ij}}{n}\quad(i=1,\cdots,n;j=1,\cdots,p)\tag{7.2.1}$$

于是 $D=(d_{ij})$ 就是一个试验次数为 n 因子个数为 p 的拉丁超立方设计,记为 LHD(n,p)。

考虑到 $\pi_j(i)$ 和 u_{ij} 的随机性,上述两步生成拉丁超立方设计的过程可以看成 $\mathscr{D}$ 上的一个样本容量为 n 的分层抽样方法,记作拉丁超立方抽样(Latin hypercube sampling,缩写为 LHS)。因此,一个 LHD 就是通过 LHS 产生的设计。我们把试验空间 $\mathscr{D}$ 的每一维划分为 n 个等间隔区间

$$[0,\ 1/n),\ [1/n,\ 2/n),\ \cdots,\ [(n-1)/n,\ 1]$$

这样整个空间 $\mathscr{D}$ 就被划分为 n^p 个方格。LHS 抽样第一步生成一个拉丁超立方的过程实际是对 n^p 个方格进行一个样本容量为 n 的约束随机抽样,使得任何一行和任何一列有且仅有一个方格被抽中。第二步是对步骤一中每一个抽中的方格,再从中抽取一个简单随机样本点,使得 LHS 可以等可能地取遍 $\mathscr{D}$ 上的每一点。因此,给定一个 LHD(n,p),它在 $\mathscr{D}$ 中没有重复点,且具有一维投影均匀性,将一个 LHD(n,p)投影到任意一维输入变量上,如果其范围被划分为与试验次数相同数量的 n 个等间隔区间

$$[0,\ 1/n),\ [1/n,\ 2/n),\ \cdots,\ [(n-1)/n,\ 1]$$

则在每个区间内有且仅有一个试验点。

在很多情况下，为了方便，可以把上面步骤二中的 u_{ij} 换成 1/2，即 D 的第 i 行第 j 列取为

$$d_{ij}=\frac{l_{ij}+1/2}{n}\quad(i=1,\cdots,n;j=1,\cdots,p)\tag{7.2.2}$$

这样试验点 d_{ij} 就都取到了试验空间小格子的中心，这时 D 称为一个中心点拉丁超立方设计 (mid-point LHD)，很多文献也把 D 称为一个 LHD。当 $p=1$ 时，显然中心点拉丁超立方设计的 n 个点一定为

$$\left\{\frac{1}{2n},\frac{3}{2n},\cdots,\frac{2n-1}{2n}\right\}$$

譬如例 7.1.1 中我们取得 10 个试验点就是一个中心点 LHD(10,1)。

例 7.2.1 假设 $n=9,p=2$。我们构造三个拉丁超立方设计。

第一步：生成三个 9×2 的拉丁超立方

$$L_1=\begin{pmatrix}8&0&1&7&3&2&6&5&4\\8&5&7&0&2&1&6&3&4\end{pmatrix}'$$

$$L_2=\begin{pmatrix}0&1&2&3&4&5&6&7&8\\8&7&6&5&4&3&2&1&0\end{pmatrix}'$$

$$L_3=\begin{pmatrix}0&1&2&3&4&5&6&7&8\\5&2&7&0&4&8&1&6&3\end{pmatrix}'$$

这里 L_1，L_2 和 L_3 的每一列都是$\{0,1,\cdots,8\}$的一个排列。

第二步：从均匀分布$[U\,0,1)$中生成 18 个独立样本点 $u_{ij}\sim U[0,1)$，$i=1,\cdots,9$，$j=1,2$，对 L_1 的每个元素作变换(7.2.1)，我们得到如下 LHD(9,2)：

$$D_1=\begin{pmatrix}0.930&0.019&0.155&0.835&0.414&0.308&0.673&0.647&0.471\\0.896&0.612&0.805&0.055&0.238&0.212&0.688&0.359&0.535\end{pmatrix}'$$

对 L_2 和 L_3，我们做变换(7.2.2)得到两个中心点 LHD(9,2)

$$D_2=\frac{1}{9}L_2+\frac{1}{18}$$

和

$$D_3=\frac{1}{9}L_3+\frac{1}{18}$$

图 7.2.1 画出了三个设计的图像。我们看到第一维和第二维的坐标轴上[0,1]都被等分成了 10 个小区间，每个设计投影到第一维或第二维上，每个小区间内有且仅有一个点。另外，我们看到三个 LHD 中，直观上设计 D_3 空间填充性最好，其点在 $\mathscr{D}=[0,1]^2$ 中最“均匀”，设计 D_1 次之，设计 D_2 的点呈一条直线，看上去最不“随机”，空间填充性最差。

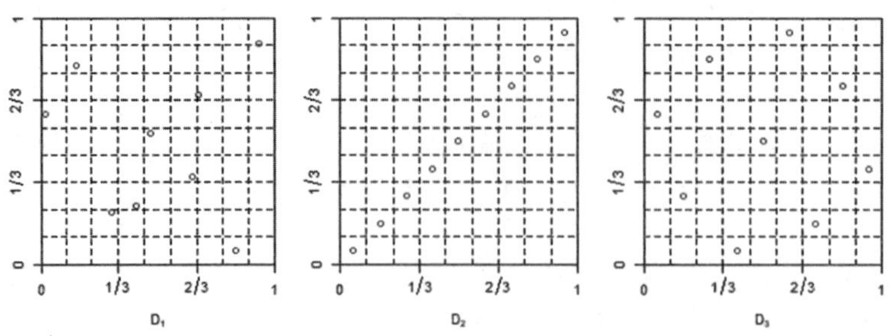

图 7.2.1　例 7.2.1 中三个 LHD(9,2)的图像

7.2.2　拉丁超立方抽样的性质

拉丁超立方抽样具有优良的性质,在其首次提出时就被证明可以减少数值积分的方差。考虑函数 $y=f(\boldsymbol{x})$,f 已知,$\boldsymbol{x}=(x_1,x_2,\cdots,x_p)$,$x_1,x_2,\cdots,x_p$ 相互独立且服从连续分布。假设 x_j 服从一个分布函数为F 的连续分布,则令 $\widetilde{x}_j$ 服从[0,1]中的均匀分布,则 $F^{-1}(\widetilde{x}_j)$ 和 x_j 同分布。因此,我们总能使得输入从 x_j 变换为 $\widetilde{x}_j$,服从 [0,1] 上的均匀分布。基于上述事实,我们从而可以假设 $\boldsymbol{x}=(x_1,x_2,\cdots,x_p)$ 在 $\mathcal{D}=[0,1]^p$ 上服从均匀分布。假设我们的目标是通过 $\mathcal{D}$ 上的一个试验设计来估计 y 的期望

$$\mu=E(y)=\int_{\mathcal{D}}f(\boldsymbol{x})dx$$

令 $\{\boldsymbol{x}_1,\cdots,\boldsymbol{x}_n\}$ 为某抽样下产生的设计,$f(\boldsymbol{x}_i)$ 则为观测值,我们通过样本均值

$$\hat{\mu}=\frac{1}{n}\sum_{i=1}^{n}f(\boldsymbol{x}_i)$$

来估计 μ。若 $\boldsymbol{x}_1,\cdots,\boldsymbol{x}_n$ 是由 $\mathcal{D}$ 上的均匀分布独立同分布产生,则称为简单随机抽样(simple random sampling,缩写为 SRS)。考虑 SRS 和 LHS 两种方法得到的估计 $\hat{\mu}_{SRS}$ 和 $\hat{\mu}_{LHS}$,显然 $\hat{\mu}_{SRS}$ 是μ 的无偏估计,方差为 $\text{var}(\hat{\mu}_{SRS})=\text{var}[f(\boldsymbol{x})]/n$。McKay 等人证明了 $\hat{\mu}_{LHS}$ 也是无偏的,并且有如下定理(证明见[65])。

定理 7.2.1　如果 $y=f(\boldsymbol{x})$ 关于 $\boldsymbol{x}=(x_1,x_2,\cdots,x_p)$ 的每一维变量 x_j 都是单调的,那么 $\text{var}(\hat{\mu}_{LHS})\leqslant\text{var}(\hat{\mu}_{SRS})$。

定理 7.2.1 说明了如果 $f(\boldsymbol{x})$ 单调性条件成立,那么 LHS 总是优于 SRS。Stein 进一步得到了以下的 LHS 抽样估计的方差分解结果,其证明见[66]。

定理 7.2.2　对 LHS,我们有

$$\text{var}(\hat{\mu}_{LHS})=\frac{\text{var}[f(\boldsymbol{x})]}{n}-\frac{1}{n}\sum_{j=1}^{p}\text{var}[f_j(x_j)]+o(1/n)$$

其中 x_j 是 $\boldsymbol{x}$ 的第j 个分量,$f_j(x_j)=E[f(\boldsymbol{x})\mid x_j]-\mu$。

定理 7.2.2 给出了 LHS 优于 SRS 的一个直观解释。LHS 估计方差分解式中 $f_j(x_j)$ 可以看作第 j 个输入变量的"主效应"。因此,LHS 通过减少主效应的方差 $\text{var}[f_j(x_j)]$ 使得样本均值方差比 SRS 更小。除非所有的主效应方差为零,否则 LHS

总能比 SRS 减少 $1/n$ 量级的方差。

另外,LHS 得到的估计还具有渐进正态性。记

$$r(\boldsymbol{x})=f(\boldsymbol{x})-\mu-\sum_{j=1}^{p}f_j(x_j)$$

为定理 7.2.2 中 $\mathrm{var}(\hat{\mu}_{LHS})$ 分解的余项,假设 $f(\boldsymbol{x})$ 是有界函数,Owen(1992)[67]证明了中心极限定理:当 $n\to\infty$时, $\sqrt{n}(\hat{\mu}_{LHS}-\mu)$ 依分布收敛到正态分布 $N\left(0,\int_D r^2(\boldsymbol{x})d\boldsymbol{x}\right)$。

7.2.3 基于正交表的拉丁超立方设计

尽管拉丁超立方设计生成简单,且具有一维投影均匀性,但一个随机生成的拉丁超立方设计不一定能很好地覆盖整个空间。譬如,例 7.2.1 中的 D_2 显然就是一个很差的设计,它在试验空间中留下大片未探索的区域。许多学者对此提出了改进方法,比如基于各种空间填充准则去优化一个拉丁超立方设计,或者将一个拉丁超立方设计限制在某种结构中。前者方法基于一个空间填充准则,如最大最小距离准则、列正交准则、均匀性准则等,我们将在下一节具体介绍。本节考虑后一种方法,其典型的代表为 Tang(1993)[68]提出的基于正交表的拉丁超立方设计。

回顾第 4 章的正交设计,一个 n 行 p 列 q 水平正交表 $L_n(q^p)$ 具有两个特征:

(1)每列中不同的 q 个水平重复次数相同,各重复 n/q 次。

(2)任意两列的同行数字看成一个数对(水平组合),则所有 q^2 个可能的不同数对重复次数相同,各重复 n/q^2 次。

事实上,上述特征表明了 $L_n(q^p)$ 同时具有一维和两维投影均匀性,即这个设计的任意 k 列 $(k\leqslant 2)$,同行数字看成一个水平组合,则所有 q^k 个可能的水平组合重复次数相同。这种正交表也称为 2 强度正交表。类似 2 强度正交表,我们可以给出一般强度的正交表的定义。称一个 n 行 p 列 q 水平的试验设计为强度为 t 的正交表,记为 OA (n,q^p,t),如果该设计的任意 k 列($k\leqslant t$),同行数字看成一个水平组合,则所有 q^k 个可能的水平组合重复次数相同。不失一般性,我们将 q 个水平取为 $0,1,\cdots,q-1$。当 $t=2$ 时一个 OA $(n,q^p,2)$ 即第 3 章介绍的 $L_n(q^p)$,这种正交表在实际中最常用。另外易见一个 n 行 p 列的拉丁超立方事实上是一个 OA $(n,n^p,1)$,即是强度为 1 的正交表。

普通 LHD 只满足一维投影均匀性,一个强度为 t ($t\geqslant 2$)的正交表 OA (n,q^p,t) 对 $1\leqslant k\leqslant t$ 均满足 k 维投影均匀性,但正交表的水平数 $q<n$,不是拉丁超立方。Tang(1993) [68]提出基于正交表来构造拉丁超立方设计:

第一步:选取一个强度为 $t(t\geqslant 2)$的 OA (n,q^p,t),记为 A。

第二步:将 A 的每一列的q 个水平替换为n 个水平,具体地,对 $m=1,\cdots,q-1$,将 A 选定列中的 n/q 个位置的 m 替换为$\{mn/q,mn/q+1,\cdots,mn/q-1\}$ 的一个随机排列。对 A 的每一列都进行独立替换后,我们得到了一个 $n\times p$ 的拉丁超立方 $L=(l_{ij})$。

第三步:基于 L,根据(7.2.1)或(7.2.2)式生成一个随机或中心点的拉丁超立方设计 $D=(d_{ij})$。

我们把 D 称为一个基于正交表 A 的拉丁超立方设计。基于正交表的拉丁超立方设计继承了相应正交表的性质,即除了一维投影均匀性外,基于 $\mathrm{OA}(n,q^p,t)$ 的拉丁超立方设计还对 $2\leqslant k\leqslant t$ 均具有 k 维投影均匀性。取 $k=t$ 为例,把 D 投影到任意 t 列上时,D 的 n 个设计点恰好均匀地分布在 q^t 个等分的小超立方体

$$\left\{\left[0,\frac{1}{q}\right),\left[\frac{1}{q},\frac{2}{q}\right),\cdots,\left[\frac{q-1}{q},1\right]\right\}^t$$

之中,即每个小超立方体中有且仅有 n/q^t 个点。但是需要强调的是,一个 $\mathrm{LHD}(n,p)$ 对任意行数 n 和列数 p 都存在,但基于正交表的 LHD 则对行列数有限制,需要相应的 n 行 p 列正交表存在。

例 7.2.2 假设 $n=9,p=4$。我们生成一个基于正交表的 LHD(9,4)。

第一步:选定二强度正交表 $L_9(3^4)$(见第 4 章表 4.1.2)。

第二步:基于该 $L_9(3^4)$,对每一列的 3 个水平替换为 9 个水平,生成一个 9 行 4 列的拉丁超立方,具体替换见表 7.2.1 左侧 $L_9(3^4)\to$LH 过程。例如,对于 $L_9(3^4)$ 的第 1 列,我们将三个 0 依次替换为{1,0,2},三个 1 依次替换为{5,3,4},三个 2 依次替换为{8,6,7};对于 $L_9(3^4)$ 的第 2 列,我们将三个 0 依次替换为{1,2,0},三个 1 依次替换为{5,4,3},三个 2 依次替换为{7,6,8};对 $L_9(3^4)$ 的第 3、4 列类似替换。

第三步:从均匀分布 $U[0,1)$ 中生成 $9\times4=36$ 个独立样本点 $u_{ij}\sim U[0,1),i=1,\cdots,9,j=1,2,3,4$,对第二步得到的 9 行 4 列 LH 的每个元素作变换(7.2.1)式得到一个 LHD(9,4),记为 D,见表 7.2.1 右侧。

表 7.2.1 由 $L_9(3^4)$ 生成拉丁超立方及拉丁超立方设计的过程

行号	$L_9(3^4)\to$LH				D			
1	0→1	0→1	0→0	0→1	0.194	0.177	0.095	0.186
2	0→0	1→5	1→4	1→3	0.081	0.612	0.504	0.369
3	0→2	2→7	2→7	2→7	0.242	0.825	0.784	0.865
4	1→5	0→2	1→5	2→8	0.594	0.251	0.659	0.892
5	1→3	1→4	2→8	0→0	0.411	0.452	0.922	0.060
6	1→4	2→6	0→1	1→4	0.537	0.758	0.174	0.528
7	2→8	0→0	2→6	1→5	0.915	0.029	0.732	0.563
8	2→6	1→3	0→2	2→6	0.736	0.398	0.327	0.776
9	2→7	2→8	1→3	0→2	0.888	0.928	0.432	0.249

我们取 D 的前两列画图,得到图 7.2.2。从图中可见,第一维和第二维的坐标轴上[0,1]都被等分成了 9 个小区间,区间投影到每一维上,每个长度为 1/9 的小区间都有且仅有一点。同时,我们将 D 的第一、二这两维中的 3×3 小正方形格子

$$\left\{\left[0,\frac{1}{3}\right),\left[\frac{1}{3},\frac{2}{3}\right),\left[\frac{2}{3},1\right]\right\}\times\left\{\left[0,\frac{1}{3}\right),\left[\frac{1}{3},\frac{2}{3}\right),\left[\frac{2}{3},1\right]\right\}$$

用粗体虚线画出来,可见 9 个设计点在每个小正方形格子里也有且仅有一点。事实上,

由于 D 是一个基于 $L_9(3^4)$ 的 LHD,对 D 的任何两列画图都满足上述性质。

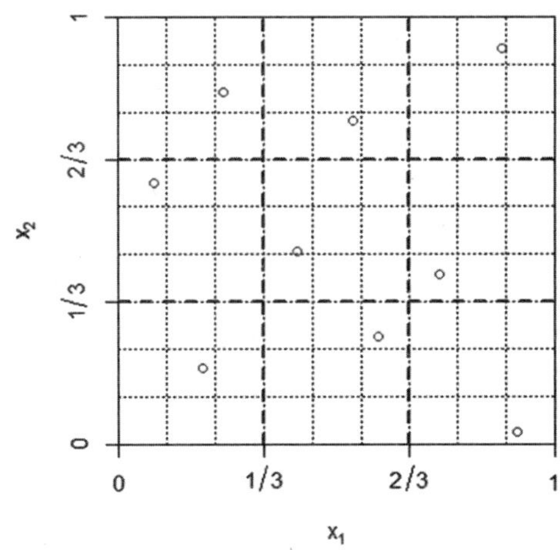

图 7.2.2 例 7.2.2 中 LHD(9,4)的前两列投影

回顾 7.2.2 节通过 $\mathscr{D}$ 上的一个试验设计来估计 $y=f(\boldsymbol{x})$ 的期望 μ 的问题。我们可以用一个基于正交表的拉丁超立方抽样去产生设计 $\{\boldsymbol{x}_1,\cdots,\boldsymbol{x}_n\}$,记由此得到的估计为 $\hat{\mu}_{OALHS}$。下面定理说明了 $\hat{\mu}_{OALHS}$ 比 $\hat{\mu}_{LHS}$ 具有更小的方差,其证明见[68]。

定理 7.2.3 对基于正交表的 LHS,我们有

$$\text{var}(\hat{\mu}_{OALHS})=\frac{\text{var}[f(\boldsymbol{x})]}{n}-\frac{1}{n}\sum_{j=1}^{p}\text{var}[f_j(x_j)]$$
$$-\frac{1}{n}\sum_{i<j}^{p}\text{var}[f_{ij}(x_i,x_j)]+o(1/n)$$

其中 x_j 是 $\boldsymbol{x}$ 的第 j 个分量;

$$f_j(x_j)=E[f(\boldsymbol{x})\mid x_j]-\mu;$$
$$f_{ij}(x_i,x_j)=E[f(\boldsymbol{x})\mid x_i,x_j]-\mu-f_i(x_i)-f_j(x_j)。$$

定理 7.2.3 中 $\text{var}(\hat{\mu}_{OALHS})$ 分解项 $f_{ij}(x_i,x_j)$ 可以看作第 i 和第 j 个输入变量的"交互效应"。因此,相比于普通 LHS,基于正交表的 LHS 不仅减少了主效应的方差 $\text{var}[f_j(x_j)]$,还进一步减少了交互效应的方差 $\text{var}[f_{ij}(x_i,x_j)]$。

基于强度为 t 的正交表 OA (n,q^p,t) 的拉丁超立方设计对 $1\leqslant k\leqslant t$ 均具有 k 维投影均匀性。但该设计仍有改进的地方, He 和 Tang (2013) [69]定义了一类强正交表(Strong Orthogonal Arrays),比正交表具有更细致的低维分层性。因此基于强正交表构造的拉丁超立方设计比基于同样强度的正交表构造的拉丁超立方设计具有更好的低维投影性质。有兴趣的读者可以参考他们的论文。

习题 7.2

1. 计算例 7.1.1 中 $f(x)$ 的期望 μ,固定样本容量 $n=20$,分别进行随机抽样和拉丁超立方抽样,计算

$\hat{\mu}_{SRS}$ 和 $\hat{\mu}_{LHS}$，重复 10000 次，计算出这 10000 个 $\hat{\mu}_{SRS}$ 和 $\hat{\mu}_{LHS}$ 的均值和方差，并比较。

2. 基于正交表 $L_4(2^3)$ 构造一个 LHD(4,3)，并画出它的所有二维投影图。

3. 构造一个中心点 LHD(8,7)和一个基于正交表 $L_8(2^7)$ 的中心点 LHD(8,7)，比较这两个设计并画出它们的所有二维投影图。

§7.3 空间填充准则与设计

计算机试验中，研究者一般对仿真函数 $f(\boldsymbol{x})$ 在试验空间 $\mathcal{D}$ 上的响应曲面没有先验信息，因此希望采用空间填充设计，即有限的设计点能尽可能代表整个试验空间 $\mathcal{D}$。一个随机拉丁超立方设计可以保证一维投影均匀性，但 $p>1$ 时不能保证设计点在整体空间具有良好的空间填充性，设计点投影到二维上可能大致位于对角线上，如例 7.2.1 中的 D_2，在这种情况下，对应的两个设计矩阵中的列高度相关。基于正交表(强度为 2)的拉丁超立方设计可以保证一维、二维投影均匀性，但若 $p>2$ 时也不能保证设计点在整体空间的填充性质。

我们想要的是在空间上更加“均匀”的设计，如例 7.2.1 中的 D_3。研究者提出了许多方法定义试验设计的空间填充性，这也导出了各种类型的空间填充的衡量准则和相应的最优空间填充设计。本章讨论最常用的一些准则，更多空间填充设计的介绍可以参见专著[60]和[61]。

7.3.1 列正交准则和相关设计

为了避免设计的二维投影如例 7.2.1 中的 D_2 那样高度相关，列正交准则考虑最小化设计的各列之间相关系数。对于两个 n 维向量 $\boldsymbol{a}=(a_1,a_2,\cdots,a_n)'$ 和 $\boldsymbol{b}=(b_1,b_2,\cdots,b_n)'$，其(皮尔逊)相关系数定义为

$$\rho(\boldsymbol{a},\boldsymbol{b})=\frac{\sum_{i=1}^{n}(a_i-\bar{a})(b_i-\bar{b})}{\sqrt{\sum_{i=1}^{n}(a_i-\bar{a})^2\sum_{i=1}^{n}(b_i-\bar{b})^2}}$$

其中 $\bar{a}=1/n\sum_{i=1}^{n}a_i$，$\bar{b}=1/n\sum_{i=1}^{n}b_i$ 分别代表向量 $\boldsymbol{a}$，$\boldsymbol{b}$ 元素的平均值。若 $\rho(\boldsymbol{a},\boldsymbol{b})=0$，则称这两个向量正交。

对一个试验次数为 n 因子个数为 p 的设计 $D=(d_{ij})$，我们考虑其列向量之间的相关系数，尽量使所有列之间正交或接近正交。记 D 的第 i 列为 $d_i=(d_{1i},\cdots,d_{ni})'$，$i=1,\cdots,p$。则 D 的第 i 列和第 j 列的相关系数为 $\rho_{ij}=\rho(\boldsymbol{d}_i,\boldsymbol{d}_j)$，$i\neq j$。若对所有 $i,j=1,\cdots,p$，$i\neq j$，都有 $\rho_{ij}=0$，则称设计 D 为一个列正交设计。

为了度量一个设计 D 的整体列正交性，可以考虑最大绝对值列相关系数

$$\rho_M(D)=\max_{i\neq j}|\rho_{ij}| \tag{7.3.1}$$

或者平均平方列相关系数

$$\rho^2(D)=\frac{2}{p(p-1)}\sum_{i\neq j}{\rho_{ij}}^2 \tag{7.3.2}$$

若一个设计有较小的 $\rho_M(D)$ 值或 $\rho^2(D)$ 值，则它是一个在列正交准则下优良的设计，或称为近似正交设计。显然，D 为一个列正交设计等价于 $\rho_M(D)=0$ 或 $\rho^2(D)=0$。

列正交设计可以更好地适应线性模型，因为线性模型下设计的列正交使得各主效应的估计不相关。另外，其他空间填充准则下优良的设计应当是正交或近似正交的，因此实际中还可以在正交或近似正交设计类中搜索其他空间填充准则下的最优设计。

列正交准则最常用来优化拉丁超立方设计。若一个拉丁超立方或拉丁超立方设计是列正交的，我们称它为正交拉丁超立方或正交拉丁超立方设计。对正交拉丁超立方设计的理论性质研究较早的文献有 Iman and Conover (1982)[70]，Owen (1994)[71]和 Tang(1998)[72]等。许多学者对正交或近似正交的拉丁超立方的构造给出了各种方法。Ye (1998)[73]首次用循环群理论构造了 $n=2^m$ 或 $n=2^m+1$ 行，$p=2m-2$ 列的正交拉丁超立方，其中 $m\geqslant 2$。Cioppa 和 Lucas(2007)[74]推广了 Ye (1998)的构造，得到了更多列数的正交拉丁超立方。Steinberg 和 Lin (2006)[75]提出利用旋转正交表的方法构造 $n=2^{2^m}$ 行的正交拉丁超立方，Pang 等人 (2009)[76]以及 Sun 和 Tang (2017)[77]将这种方法推广到了更一般的情形。Bingham 等人 (2009) [78]和 Lin 等人 (2009, 2010)[79,80]和 Ai 等人(2011) [81] 从一些行、列数较小的设计出发构造了行、列数较大的正交拉丁超立方。Sun 等人 (2009, 2010)[82,83]提出了一种递归构造正交拉丁超立方的方法。由于 Sun 等人 (2009)[82] 提出的正交拉丁超立方的递归构造方法简便，能构造的设计行、列参数选取灵活，我们主要介绍这种方法。其他列正交设计的构造方法可以参见相关文章。

Sun 等人 (2009)的递归构造方法可以构造 n 行 p 列的正交拉丁超立方 $\mathrm{LH}(n,p)$，其中 $n=2^{c+1}$ 或 $n=2^{c+1}+1$，$2\leqslant p\leqslant 2^c$，$c\geqslant 1$ 可以取任意正整数。首先来看构造正交 $\mathrm{LH}(2^{c+1}+1,2^c)$ 的方法。

正交 $\mathbf{LH}(2^{c+1}+1,2^c)$ 的递归构造：

第一步：对 $c=1$，令

$$S_1=\begin{pmatrix}1 & 1\\ 1 & -1\end{pmatrix} \quad 和 \quad T_1=\begin{pmatrix}1 & 2\\ 2 & -1\end{pmatrix}$$

第二步：对任意正整数 $c\geqslant 2$，定义

$$S_c=\begin{pmatrix}S_{c-1} & -S_{c-1}^*\\ S_{c-1} & S_{c-1}^*\end{pmatrix} \quad 和 \quad T_c=\begin{pmatrix}T_{c-1} & -(T_{c-1}^*+2^{c-1}S_{c-1}^*)\\ T_{c-1}+2^{c-1}S_{c-1} & T_{c-1}^*\end{pmatrix}$$

其中对一个具有偶数行的矩阵 $\boldsymbol{X}$，$\boldsymbol{X}^*$ 表示将 $\boldsymbol{X}$ 的上半部分每个元素改变正负号，下半部分所有元素保持不变。

第三步：令

$$L_c=\begin{pmatrix}T_c\\ \mathbf{0}_{2^c\times 1}\\ -T_c\end{pmatrix}+2^c$$

其中 $\mathbf{0}_{2^c\times 1}$ 表示全为 0 的长度为 2^c 的行向量，则 L_c 是一个正交 $\mathrm{LH}(2^{c+1}+1,2^c)$，每一列

元素为$\{0,1,\cdots,2^{c+1}\}$的一个排列。

正交 $\mathbf{LH(2^{c+1},2^c)}$ 的递归构造：

第一步和第二步同上。

第三步：令 $H_c=T_c-S_c/2$，

$$\widetilde{L}_c=\begin{pmatrix}H_c\\-H_c\end{pmatrix}+\frac{2^{c+1}-1}{2}$$

则 $\widetilde{L}_c$ 是一个正交 $LH(2^{c+1},2^c)$，每一列元素为$\{0,1,\cdots,2^{c+1}-1\}$的一个排列。

若要构造一个 $2\leqslant p<2^c$ 列的正交 $LH(2^{c+1}+1,p)$ 或 $LH(2^{c+1},p)$，只需从上述构造的 2^c 列设计中任意选择 p 列即可。通过这些正交 $LH(n,p)$ 可以按照(7.2.1)或(7.2.2)式进一步构造 $LHD(n,p)$ 或中心点 $LHD(n,p)$。

例 7.3.1 假设 $c=2$，我们用递归方法构造一个正交 LH(9,4)和一个正交 LH(8,4)。从构造方法的第一步定义的两个方阵

$$S_1=\begin{pmatrix}1&1\\1&-1\end{pmatrix}\quad 和 \quad T_1=\begin{pmatrix}1&2\\2&-1\end{pmatrix}$$

出发，我们可得

$$S_1^*=\begin{pmatrix}-1&-1\\1&-1\end{pmatrix}\quad 和 \quad T_1^*=\begin{pmatrix}-1&-2\\2&-1\end{pmatrix}$$

从而根据构造法第二步得到

$$S_2=\begin{bmatrix}1&1&1&1\\1&-1&-1&1\\1&1&-1&-1\\1&-1&1&-1\end{bmatrix}\quad 和 \quad T_2=\begin{bmatrix}1&2&3&4\\2&-1&-4&3\\3&4&-1&-2\\4&-3&2&-1\end{bmatrix}$$

因此，我们令

$$L_2=\begin{pmatrix}T_2\\\mathbf{0}_{4\times1}\\-T_2\end{pmatrix}+4=\begin{pmatrix}5&6&7&8\\6&3&0&7\\7&8&3&2\\8&1&6&3\\4&4&4&4\\3&2&1&0\\2&5&8&1\\1&0&5&6\\0&7&2&5\end{pmatrix}$$

则 L_2 是一个正交 LH(9,4)。如果我们令 $H_2=T_2-S_2/2$，则

$$\widetilde{L}_c=\begin{pmatrix}H_2\\-H_2\end{pmatrix}+\frac{7}{2}=\begin{pmatrix}4&5&6&7\\5&3&0&6\\6&7&3&2\\7&1&5&3\\3&2&1&0\\2&4&7&1\\1&0&4&5\\0&6&2&4\end{pmatrix}$$

是一个正交 LH(8,4)。

我们称一个拉丁超立方 L 为一个二阶正交拉丁超立方,如果

(a) L 的任意两列相关系数为零;

(b) L 的任意一列对应元素的平方所构成的列向量 $\boldsymbol{l}_i\odot\boldsymbol{l}_i=(l_{1i}^2,\cdots,l_{ni}^2)'$ 与 L 中任意一列的相关系数为零,L 的任意两列对应元素点乘列 $\boldsymbol{l}_i\odot\boldsymbol{l}_j=(l_{1i}l_{1j},\cdots,l_{ni}l_{nj})'$ 与 L 中任意一列的相关系数为零。

显然一个正交拉丁超立方只需要满足(a)。事实上,Sun 等人(2009)构造的正交拉丁超立方不仅满足(a)还满足(b),即这些正交 LH($2^{c+1}+1,p$)或 LH($2^{c+1},p$)都是二阶正交拉丁超立方。Sun 等人(2009)还证明了一个 n 行的二阶正交拉丁超立方最多有 $\lfloor n/2\rfloor$ 列,其中 $\lfloor x\rfloor$ 表示 x 的向下取整。因此,递归构造法的列数能达到二阶正交拉丁超立方的最大列数。

7.3.2 距离准则和相关设计

1. 距离准则

为了使一个设计具有优良空间填充性,一个自然的想法是利用设计点之间的距离作为标准。我们先介绍距离的定义和基于距离的一些准则。

对试验空间 $\mathscr{D}=[0,1]^p$ 中的两个试验点 $\boldsymbol{x}_1=(x_{11},x_{12},\cdots,x_{1p})$ 和 $\boldsymbol{x}_2=(x_{21},x_{22},\cdots,x_{2p})$,给定 $q>0$,则点 $\boldsymbol{x}_1$ 和 $\boldsymbol{x}_2$ 之间的 L_q 距离定义为

$$d(\boldsymbol{x}_1,\boldsymbol{x}_2)=\left(\sum_{i=1}^{p}|x_{1i}-x_{2i}|^q\right)^{1/q} \tag{7.3.3}$$

实际中 $q=1$ 和 $q=2$ 最常用,当 $q=2$ 时,(7.3.3)定义的 L_2 距离就是我们最常用的欧氏距离;当 $q=1$ 时,(7.3.3)定义的 L_1 距离叫做曼哈顿距离(Manhattan distance),或者叫矩形距离(rectangular distance)。

对于试验空间 $\mathscr{D}=[0,1]^p$ 中的一个 n 行的设计 $D=\{\boldsymbol{x}_1,\boldsymbol{x}_2,\cdots,\boldsymbol{x}_n\}$,我们有 $\binom{n}{2}=n(n-1)/2$ 对试验点之间的距离 $d(\boldsymbol{x}_i,\boldsymbol{x}_j)$, $i<j$。一个好的空间填充设计应当保证这些试验点之间的距离不能太小。定义一个设计 D 的距离为

$$d(D)=\min\{d(\boldsymbol{x}_i,\boldsymbol{x}_j),1\leqslant i<j\leqslant n\}$$

即 n 个试验点之间的最小距离。Johnson et al. (1990)[84] 提出最大最小距离 (maximin distance) 准则,目标是找到一个设计 D 使得 $d(D)$ 达到最大。一个设计 D^* 如果在所有的同类设计里使得 $d(D^*)$ 达到最大,则称 D^* 为最大最小距离设计。最大最小距离准则的思想就是使任何两个设计点之间不能离得太近。

在提出最大最小距离准则的同时,Johnson et al. (1990)也提出了最小最大距离准则(minimax distance)。最小最大距离准则的思想就是寻找一个设计 D,使得试验空间 $D=[0,1]^p$ 中的任意一点,都至少可以找到设计 D 中的距离比较近的一个试验点。具体地,对一个设计 $D=\{x_1,x_2,\cdots,x_n\}$ 和试验空间 $D=[0,1]^p$ 的一点 $\boldsymbol{x}$,定义 $\boldsymbol{x}$ 到设计 D 的距离为

$$d(\boldsymbol{x},D)=\min_{\boldsymbol{x}_i\in D}d(\boldsymbol{x},\boldsymbol{x}_i)$$

即 $\boldsymbol{x}$ 到 D 中最近点的距离。最小最大距离准则的目标函数是

$$\max_{\boldsymbol{x}\in D}d(\boldsymbol{x},D)$$

一个设计 D^* 如果在所有的同类设计里使得

$$\max_{\boldsymbol{x}\in D}d(\boldsymbol{x},D)$$

达到最小,则称 D^* 为最小最大距离设计。

基于设计 $D=\{\boldsymbol{x}_1,\boldsymbol{x}_2,\cdots,\boldsymbol{x}_n\}$ 的 $n(n-1)/2$ 对试验点之间的距离 $d(\boldsymbol{x}_i,\boldsymbol{x}_j)$, $i<j$,还可以提出其他优化准则。例如,Audze 和 Eglais(1977)[85]提出最小化

$$\sum_{1\leqslant i<j\leqslant n}d(\boldsymbol{x}_i,\boldsymbol{x}_j)^{-2}$$

这个量,该准则可以使得设计点之间的平均距离更小。

最小最大距离设计的构造或搜索非常困难,其准则函数的计算涉及遍历试验空间 $D=[0,1]^p$ 中的所有点。相对而言,最大最小距离设计准则函数计算相对简单,但也涉及 $n(n-1)/2$ 对试验点之间的距离计算和比较。Morris 和 Mitchell (1995)[86]提出用最大最小距离准则搜索拉丁超立方设计,并推广了最大最小距离准则的定义。对 n 行 p 列的设计 D,设其 n 个点两两之间的 $n(n-1)/2$ 对距离值从小到大排序为 $d_1<d_2<\cdots<d_s$,并且对应取 d_i 的点对数为 $(J_1,J_2,\cdots,J_s)$,称 D 为 maximin 设计,如果它依次序贯地最大化 d_1,最小化取到 d_1 这个距离的试验点对数 J_1,最大化 d_2,最小化取到 d_2 这个距离的试验点对数 J_2,……,最大化 d_s,最小化取到 d_s 这个距离的试验点对数 J_s。为了更高效地搜索 maximin 设计, Morris 和 Mitchell [86]进一步定义了 ϕ_q 准则函数:

$$\phi_q(D)=\left(\sum_{i=1}^{s}J_id_i^{-q}\right)^{1/q} \tag{7.3.4}$$

其中 q 是一个正整数。容易看出,当 q 充分大时,具有最小 $\phi_q(D)$ 的设计就是 Morris 和 Mitchell 定义的 maximin 设计。事实上,准则函数 $\phi_q(D)$ 的计算不用涉及距离的排序,易见

$$\phi_q(D)=\left(\sum_{i=1}^{n(n-1)/2}d(\boldsymbol{x}_i,\boldsymbol{x}_j)^{-q}\right)^{1/q}$$

具体 q 的值根据所搜索的设计的大小进行选择,常用范围从 5 到 50,对行列数较小的设计

q 越小,行列数较大的设计 q 越大。

上述距离准则都是考虑设计点在全空间 $\mathscr{D}=[0,1]^p$ 中的距离。Moon 等人(2011)[87]和 Joseph 等人(2015)[88]考虑了设计的投影到它的子列上面的距离准则。这里我们介绍 Joseph 等人(2015)的最大投影(maximum projection, 缩写为 MaxPro)准则。对 $\mathscr{D}=[0,1]^p$ 中两个设计点 $\boldsymbol{x}_1$ 和 $\boldsymbol{x}_2$,最大投影设计考虑 p 个变量的加权的距离

$$d(\boldsymbol{x}_1,\boldsymbol{x}_2;\boldsymbol{w})=\left[\sum_{j=1}^{p}w_j\,|x_{1,j}-x_{2,j}|^q\right]^{1/q}$$

例如,如果 $w_i=1$, 其他 $w_j=0, j\neq i$, 则 $d(\boldsymbol{x}_1,\boldsymbol{x}_2;\boldsymbol{w})$ 度量 D 的第 i 维 x_i 空间上投影的距离。假设 $\pi(\boldsymbol{w})$ 是权重的先验分布,其中权重 $\boldsymbol{w}$ 取值于$(p-1)$维单纯形

$$S_{p-1}=\left\{\boldsymbol{w}:w_1,\cdots,w_{p-1}\geqslant 0,\sum_{j=1}^{p-1}w_j\leqslant 1\right\}$$

上, $w_p=1-\sum_{j=1}^{p-1}w_j$, 则最大投影准则寻找设计 $D=\{\boldsymbol{x}_1,\boldsymbol{x}_2,\cdots,\boldsymbol{x}_n\}$ 使得

$$\int_{S_{p-1}}\sum_{1\leqslant i<j\leqslant n}\frac{1}{d^k(\boldsymbol{x}_i,\boldsymbol{x}_j;\boldsymbol{w})}\pi(\boldsymbol{w})d\boldsymbol{w}$$

达到最小,其中 n 是设计点个数,k 是一个正整数。一般情况下,上述准则函数没有解析式,计算非常复杂。但 Joseph 等人证明了当 $q=2,k=2p$ 时,最大投影准则可以解析地表示为

$$\varphi(D)=\left[\frac{1}{\binom{n}{2}}\sum_{i=1}^{n-1}\sum_{j=i+1}^{n}\frac{1}{\prod_{l=1}^{p}(x_{il}-x_{jl})^2}\right]^{1/p}\tag{7.3.5}$$

从而给出了准则函数的简化式。

2. 最大最小 L_1 距离拉丁超立方的代数构造

在各距离准则下设计的构造通常采用算法搜索,如 7.3.3 节将要介绍的随机优化算法。而由于距离准则的复杂性,目前代数构造方法比较少。已有代数构造有 Tang (1994)[89]提出的基于完全设计构造最大最小距离拉丁超立方的方法,Van Dam 等人(2007)[90]提出的最大最小距离 2 维拉丁超立方构造方法,He (2017,2019)[91,92]提出的基于格子点构造最大最小距离设计和最小最大距离设计方法,Zhou 和 Xu (2015)[93]和 Wang 等人(2018)[94]提出的基于好格子点构造最大最小距离拉丁超立方的方法等。

我们下面介绍两种 L_1 距离下拉丁超立方的代数构造结果,分别是 Van Dam 等人(2007)[90]的二维拉丁超立方构造方法和 Wang 等人(2018)[94]基于好格子点的方法,这两种构造都达到了拉丁超立方的最大最小 L_1 距离的最优界。

我们先看 van Dam 等人的构造方法。该方法给出了所有行数下最大最小 L_1 距离 LH $(n,2)$ 的代数构造。首先我们给出下面定理,该定理指出一个 2 列的最大最小 L_1 距离的拉丁超立方 LH $(n,2)$ 的距离是多少。

定理 7.3.1 设 $n\geqslant 2$,L 为一个最大最小 L_1 距离 LH $(n,2)$,则必有 L 的最大最小

L_1 距离为 $d(L)=\lfloor\sqrt{2n+2}\rfloor$。

定理 7.3.1 的证明参见 Van Dam 等人(2007)[90]。

最大最小 L_1 距离 LH(n，2)的构造：

第一步：给定设计点数 n，令 $d=\lfloor\sqrt{2n+2}\rfloor$，其中$\lfloor x\rfloor$表示 x 向下取整；

第二步：若 d 为偶数，定义 $t_0=0$，

$$t_{j+1}=t_j+\left\lfloor\frac{n+\frac{j}{2}+\frac{1}{2}(1-(-1)^j)\left(\frac{1}{2}d-\frac{1}{2}\right)}{d-1}\right\rfloor,\ j=0,1,\cdots,d-2$$

令

$$L=\left\{\left(i(d-1)-\frac{j}{2}-\frac{1}{2}(1-(-1)^j)\left(\frac{1}{2}d-\frac{1}{2}\right)-1,t_j+i-1\right)\right\} \quad (7.3.6)$$
$$j=0,\cdots,d-2;i=1,\cdots,t_{j+1}-t_j$$

若 d 为奇数，定义 $s_0=0$，

$$s_{j+1}=s_j+\left\lfloor\frac{n+\frac{j}{2}+\frac{1}{2}(1-(-1)^j)\left(\frac{1}{2}d\right)}{d}\right\rfloor,\ j=0,1,\cdots,d-1$$

令

$$L=\left\{\left(id-\frac{j}{2}-\frac{1}{2}(1-(-1)^j)\left(\frac{1}{2}d\right)-1,s_j+i-1\right)\right\} \quad (7.3.7)$$
$$j=0,\cdots,d-1;i=1,\cdots,s_{j+1}-s_j$$

则 L 是一个有 n 个试验点的最大最小 L_1 距离 LH $(n,2)$，即满足 $d(L)=\lfloor\sqrt{2n+2}\rfloor$。

例 7.3.2 假设 $n=6,d=\lfloor 2n+2\rfloor=3$。按照上述构造方法第二步，构造序列

$$\{s_0=0,s_1=2,s_2=4,s_3=6\}$$

再根据(7.3.7)式得到 L 的 6 个点的坐标，排成 6 行 2 列矩阵为

$$L_a=\begin{pmatrix}0&1&2&3&4&5\\2&5&0&3&1&4\end{pmatrix}'$$

假设 $n=7,d=\lfloor 2n+2\rfloor=4$。按照上述构造方法第二步，构造序列

$$\{t_0=0,t_1=2,t_2=5,t_3=7\}$$

再根据(7.3.6)式得到 L 的 6 个点的坐标，排成 6 行 2 列矩阵为

$$L_b=\begin{pmatrix}0&1&2&3&4&5&6\\2&5&0&3&6&1&4\end{pmatrix}'$$

容易验证这两个拉丁超立方的 L_1 距离分别为 $d(L_a)=3$ 和 $d(L_b)=4$。

下面介绍 Wang 等人(2018)[94]基于好格子点的构造方法。首先我们给出定理7.3.2,该定理对一般的 LH (n,p) 的 L_1 距离给出了一个上界。

定理 7.3.2　设 L 为一个 LH (n,p),则必有 L 的 L_1 距离

$$d(L) \leqslant \lfloor n(p+1)/3 \rfloor$$

证明:

对一个 LH(n,p),记为

$$L=\{l_1,l_2,\cdots,l_n\}=(l_{ij})_{n\times p}$$

其中 $l_1,l_2,\cdots,l_n$ 表示 L 的 n 个行。L 的第 i 行和第 j 行的距离为

$$d(l_i,l_j)=\sum_{k=1}^{p} \mid l_{ik}-l_{jk} \mid$$

由于 L 是一个 LH(n,p),必有每一列都是

$$\{0,1,2,\cdots,n-1\}$$

的一个排列。因此,L 的所有 $n(n-1)/2$ 对不同两行之间的距离求和为

$$\begin{aligned}\sum_{i=1}^{n-1}\sum_{j=i+1}^{n} d(l_i,l_j) &= \sum_{i=1}^{n-1}\sum_{j=i+1}^{n}\sum_{k=1}^{p} \mid_{ik}-l_{jk} \mid \\ &= \sum_{k=1}^{p}\sum_{i=1}^{n-1}\sum_{j=i+1}^{n} \mid l_{ik}-l_{jk} \mid \\ &= \frac{1}{6}(n^3-n)p\end{aligned}$$

由于 L 的最小距离必然小于所有 $n(n-1)/2$ 对不同两行之间的平均距离,并且 L_1 距离必然为整数,我们得到

$$\begin{aligned}d(L) &= \min\{d(\boldsymbol{x}_i,\boldsymbol{x}_j),1 \leqslant i < j \leqslant n\} \\ &\leqslant \left\lfloor \frac{1}{6}(n^3-n)p/[n(n-1)/2] \right\rfloor \\ &= \lfloor n(p+1)/3 \rfloor\end{aligned}$$

即得到所需结论。

定义 7.3.1　设 n 为一个正整数,$\boldsymbol{h}=(h_1,\cdots,h_p)$ 是一列小于 n 且与 n 互素的互不相等的数构成的行向量。令

$$x_{ij}=i\times h_j(\bmod\ n)\quad(i=1,\cdots,p;j=1,\cdots,p)$$

则称 $D=(x_{ij})$ 为一个好格子点设计。

显然一个好格子点设计有 n 行 p 列,其列数 p 最大为 $\phi(n)$,其中 $\phi(n)$ 为欧拉函数,即小于 n 且与 n 互素的正整数个数。易见一个好格子点设计就是一个 LH(n,p)。

定义 7.3.2　设 n 为一个正整数,对任意 $x\in\{0,1,\cdots,n-1\}$,定义 Williams 变换为

$$W(x)=\begin{cases}2x, & 0\leqslant x<n/2\\ 2(n-x)-1, & n/2\leqslant x<n\end{cases} \tag{7.3.8}$$

譬如,对 $n=7$,Williams 变换如下表所示。

x	1	2	3	4	5	6
$W(x)$	2	4	6	5	3	1

易见(7.3.8)定义的 Williams 变换诱导了 $\{0,1,\cdots,n-1\}$ 到自身的一个排列,因此 $W(\cdot)$ 是可逆的,我们记 $W^{-1}(\cdot)$ 为逆变换。

有了定义 7.3.1 和定义 7.3.2,对任意奇素数 n,我们现在可以分别给出 n 行 $(n-1)$ 列和 $(n-1)/2$ 行 $(n-1)/2$ 列的最大最小距离拉丁超立方的构造方法。

最大最小 L_1 距离 LH$(n,n-1)$ 的构造(对任意奇素数 n):

第一步:令 $p=n-1$,$h=(1,2,\cdots,p)$,按定义 7.3.1 构造一个 n 行 $n-1$ 列的好格子点设计 $D=(x_{ij})$,其中

$$x_{ij}=i\times j\ (\mathrm{mod}\ n)\quad (i=1,\cdots,n;j=1,\cdots,n-1)$$

第二步:令

$$c_0=\left\lfloor\sqrt{(n^2-1)/12}\right\rfloor$$

$$c=\begin{cases}c_0,\ 若\ c_0^2+2(c_0+1)^2\geqslant (n^2-1)/4\\ c_0+1,\ 否则\end{cases}$$

取

$$b=W^{-1}\left(\frac{n-1}{2}+c\right)\ 或\ b=W^{-1}\left(\frac{n-1}{2}-c\right)$$

第三步:生成一个 LH $(n,n-1)$

$$L=(l_{ij})$$

其中 $l_{ij}=W\Big((x_{ij}+b)\ (\mathrm{mod}\ n)\Big)$。

上述构造第二步中的 b 的两个取值都会生成距离分布相同的两个 LH $(n,n-1)$。因此只要取任意一个值即可。

定理 7.3.3 设 n 为一个奇素数,L 为一个上述方法构造的 LH $(n,n-1)$,则 L 的 L_1 距离满足

$$d(L)\geqslant\frac{n^2-1}{3}-\frac{2}{3}\sqrt{\frac{n^2-1}{3}}$$

定理 7.3.3 的证明参见[94]。在定理 7.3.2 的一般 LH (n,p) 的上界中取 $p=n-1$,我们得到对任意一个 LH$(n,n-1)$,其 L_1 距离一定小于等于$\lfloor(n^2-1)/3\rfloor$。因此由上述构造所得的 L 的 L_1 距离满足

$$\frac{n^2-1}{3}-\frac{2}{3}\sqrt{\frac{n^2-1}{3}}\leqslant d(L)\leqslant\left\lfloor\frac{n^2-1}{3}\right\rfloor$$

当 n 适中或较大时，$d(L)$ 已经基本达到了最大最小 L_1 距离的上界。

例 7.3.3 假设 $n=11$。我们构造一个最大最小 L_1 距离 LH(11,10)。

第一步：构造一个 11 行 10 列的好格子点设计

$$D=\begin{pmatrix}1&2&3&4&5&6&7&8&9&10\\2&4&6&8&10&1&3&5&7&9\\3&6&9&1&4&7&10&2&5&8\\4&8&1&5&9&2&6&10&3&7\\5&10&4&9&3&8&2&7&1&6\\6&1&7&2&8&3&9&4&10&5\\7&3&10&6&2&9&5&1&8&4\\8&5&2&10&7&4&1&9&6&3\\9&7&5&3&1&10&8&6&4&2\\10&9&8&7&6&5&4&3&2&1\\0&0&0&0&0&0&0&0&0&0\end{pmatrix}\tag{7.3.9}$$

第二步：计算出

$$c_0=\left\lfloor\sqrt{(11^2-1)/12}\right\rfloor=3$$

由于 $c_0^2+2(c_0+1)^2\geqslant(n^2-1)/4$，因此 $c=3$。从而

$$b=W^{-1}\left(\frac{11-1}{2}\pm 3\right)=1\text{ 或 }4$$

不妨取 $b=1$。

第三步：生成

$$L=\begin{pmatrix}4&6&8&10&9&7&5&3&1&0\\6&10&7&3&0&4&8&9&5&1\\8&7&1&4&10&5&0&6&9&3\\10&3&4&9&1&6&7&0&8&5\\9&0&10&1&8&3&6&5&4&7\\7&4&5&6&3&8&1&10&0&9\\5&8&0&7&6&1&9&4&3&10\\3&9&6&0&5&10&4&1&7&8\\1&5&9&8&4&0&3&7&10&6\\0&1&3&5&7&9&10&8&6&4\\2&2&2&2&2&2&2&2&2&2\end{pmatrix}$$

则 L 是一个最大最小 L_1 距离 LH(11，10)，其 L_1 距离为

$$d(L)=39$$

而定理7.3.2给出的上界为40，$d(L)$只与上界差1。

最大最小 L_1 距离 LH($(n-1)/2,(n-1)/2$)的构造(对任意奇素数 n)：

第一步：同上，构造一个 n 行 $n-1$ 列的好格子点设计 $D=(x_{ij})$。

第二步：令 $A=(x_{ij})_{i,j=1,\cdots,(n-1)/2}$ 为 D 的左上$\frac{n-1}{2}\times\frac{n-1}{2}$分块子矩阵。

第三步：生成一个 LH $((n-1)/2,(n-1)/2)$

$$L=(l_{ij})$$

其中 $l_{ij}=\begin{cases}x_{ij}, & \text{若 } 0\leqslant x_{ij}<n/2\\ n-x_{ij}, & \text{若 } n/2<x_{ij}<n\end{cases}$

定理7.3.4 设 n 为一个奇素数，L 为一个上述方法构造的 LH $((n-1)/2,(n-1)/2)$，则 L 的 L_1 距离为

$$d(L)=\frac{n^2-1}{12}$$

且 $d(L)$ 达到了定理7.3.2的上界，L 是一个等距设计，即 L 的任意两行的 L_1 距离都为$(n^2-1)/12$。

定理7.3.4说明了上述构造的 L 一定为所有 LH $((n-1)/2,(n-1)/2)$ 中的最大最小 L_1 距离拉丁超立方，其证明参见[94]。

例7.3.4 假设 $n=11$，则$(n-1)/2=5$。我们构造一个最大最小 L_1 距离 LH(5,5)。

第一步：仍令 D 为例7.3.4中构造的(7.3.9)式给出的11行10列好格子点设计。

第二步：令 A 为 D 的左上 5×5 分块子矩阵，

$$A=\begin{pmatrix}1&2&3&4&5\\2&4&6&8&10\\3&6&9&1&4\\4&8&1&5&9\\5&10&4&9&3\end{pmatrix}$$

第三步：生成

$$L=\begin{pmatrix}1&2&3&4&5\\2&4&5&3&1\\3&5&2&1&4\\4&3&1&5&2\\5&1&4&2&3\end{pmatrix}$$

则 L 是一个最大最小 L_1 距离 LH (5,5)，其 L_1 距离为

$$d(L)=10$$

达到了定理7.3.2给出的上界，且 L 任意两行的 L_1 距离都为10。

7.3.3 综合考虑列正交性和距离准则的设计

一般情形下，Joseph 和 Hung (2008) [95] 通过例子指出正交拉丁超立方设计在距离准则下不一定好，反之亦然，譬如一个最大最小距离拉丁超立方设计的列正交性也没法保证。Joseph 和 Hung 因此提出了正交—最大最小距离拉丁超立方设计，即对最大最小距离准则和列正交准则进行加权，来得到二者之间的平衡。

给定行数 n 和列数 p，对一个拉丁超立方或拉丁超立方设计 D，定义：

$$\psi_q(D)=\omega\rho^2(D)+(1-\omega)\frac{\phi_q(D)-\phi_{q,L}}{\phi_{q,U}-\phi_{q,L}} \tag{7.3.10}$$

其中权重 $0<\omega<1$，$\rho^2(D)$ 是(7.3.2)式定义的平均平方列相关系数，$\phi_q(D)$ 是(7.3.4)式定义的 maximin 准则函数，q 是一个正整数，$\phi_{q,U}$ 和 $\phi_{q,L}$ 分别是一个 LH(n,p)或 LHD(n,p)的函数 ϕ_q 的上下界。一个拉丁超立方(设计) D 若最小化 $\psi_q(D)$，则称它为正交—最大最小距离拉丁超立方(设计)(orthogonal-maximin Latin hypercube (design))。在 $\psi_q(D)$ 准则下优化的设计行与行之间的距离性质和列与列之间的正交性都较好。$\psi_q(D)$ 第一项中的 $\rho^2(D)$ 本身取值在[0,1]内，第二项中的

$$\frac{\phi_q(D)-\phi_{q,L}}{\phi_{q,U}-\phi_{q,L}}$$

是对最大最小距离准则函数 $\phi_q(D)$ 的尺度变换，保证了其取值也在[0,1]内，从而使得列正交性和最大最小距离两准则有相同量纲，也因为如此，实际中常取权重 $\omega=0.5$。

对于给定的 n 和 p，除了特定参数下的数学构造方法，一般情况下可以使用随机优化算法搜索最优的拉丁超立方 LH(n,p) 或 LHD(n,p)。假设我们的优化目标函数是正交—最大最小距离函数 ψ_p，一个随机优化算法步骤如下：

第一步：从所有设计类中随机选取一个初始设计 D_0，令 $D_c=D_0$。令阈值参数 T_h 为其起始值 T_c；

第二步：记 $\mathcal{N}(D_c)$ 为设计 D_c 的领域。从 $\mathcal{N}(D_c)$ 中选择一个设计 D_{new}，计算

$$\Delta\psi_q=\psi_q(D_{\text{new}})-\psi_q(D_c)$$

第三步：若 $\Delta\psi_p<0$，则替换 D_c 为 D_{new}；否则以概率

$$p(T_c,D_c,D_{\text{new}})$$

替换 D_c 为 D_{new}，其中 $p(T_c,D_c,D_{\text{new}})$ 由 T_c,D_c,D_{new} 决定。

第四步：重复第二步和第三步，直到其中满足了阈值参数更新的条件或停止准则。若满足了阈值参数更新的条件，更新 T_h；若满足了停止准则，输出 D_c 为最优正交—最大最小距离拉丁超立方或拉丁超立方设计。

上述随机优化算法还可以应用到列正交准则函数(7.3.1)或(7.3.2)，最大最小距离 maximin 准则函数 $\phi_q(D)$ (见(7.3.4))和最大投影准则函数(7.3.5)，只要把上述算法中的准则函数 $\psi_q(D)$ 替换为其他相应的准则或者函数即可。

实际中常用的门限接受算法 (Threshold Accepting Algorithm)，模拟退火算法

(Simulated Annealing Algorithm),随机进化算法(Stochastic Evolutionary Algorithm)等最优化算法都包含在随机优化算法大类之中。它们的区别主要是第三步中的 $p(T_c, D_c, D_{new})$ 定义方式不同。事实上,例 7.2.1 中的 L_3 就是由一个模拟退火算法得到的正交—最大最小距离 LH(9,2)。

7.3.4 均匀性准则和相关设计

均匀性也是常用的空间填充设计准则之一。均匀设计(Uniform design)是与拉丁超立方设计差不多时间由我国科学家王元院士和方开泰教授提出的,在计算机试验和物理试验中都有广泛应用。均匀设计的思想是将试验点尽可能均匀地布在整个试验区域中。对一个试验空间 $\mathscr{D}=[0,1]^p$ 上的设计 D,均匀性准则的目标是最小化一个"偏差"函数。这个偏差度量了设计 D 的点在试验空间 $\mathscr{D}$ 上的经验分布于 $\mathscr{D}$ 上的均匀分布的差异。因此,"偏差"越小,设计 D 的试验点在空间 $\mathscr{D}$ 上也就越均匀散布。

给定一个偏差,称一个 n 行 p 列的设计 D 为该偏差下的均匀设计,若在所有 n 行 p 列的设计类中,D 的偏差达到最小。

在 §8.4 我们将会更详细介绍均匀设计的概念。这里我们考虑均匀设计在计算机试验中的应用。计算机试验设计常用两个偏差:中心化偏差(centered L_2- discrepancy, CD)和可卷偏差(wrap-around L_2- discrepancy, WD)。这两个偏差最早由 Hicknell (1998)[96]提出。假设试验空间 $\mathscr{D}=[0,1]^p$,则 $\mathscr{D}$ 上的一个 n 行 p 列设计 $D=(x_{ij})$ 的中心化偏差和可卷偏差分别有如下计算公式:

$$(CD(D))^2 = \left(\frac{13}{12}\right)^p - \frac{2}{n}\sum_{k=1}^{n}\prod_{j=1}^{p}\left[1+\frac{1}{2}\mid x_{kj}-0.5\mid-\frac{1}{2}\mid x_{kj}-0.5\mid^2\right] + \frac{1}{n}\sum_{k,j=1}^{n}\prod_{i=1}^{p}\left[1+\frac{1}{2}\mid x_{ki}-0.5\mid+\frac{1}{2}\mid x_{ji}-0.5\mid-\frac{1}{2}\mid x_{ki}-x_{kj}\mid\right] \tag{7.3.11}$$

和

$$(WD(D))^2 = -\left(\frac{4}{3}\right)^p + \frac{1}{n^2}\sum_{k,j=1}^{n}\prod_{i=1}^{p}\left[\frac{3}{2}-\mid x_{ki}-x_{kj}\mid(1-\mid x_{ki}-x_{kj}\mid)\right] \tag{7.3.12}$$

我们关心的是均匀拉丁超立方设计。假设在所有 n 行 p 列的拉丁超立方中寻找均匀性最优的设计,即找具有最小 CD 或 WD 值的 LH (n,p)。与其他空间填充设计类似,除了特殊参数下的代数构造,一般也可以使用 7.3.3 节介绍的随机优化算法搜索均匀拉丁超立方设计,只要把相应的准则函数取为(7.3.6)或(7.3.7),更多细节见 Fang 等人的专著[63]。当行、列数比较小时,CD 或 WD 偏差下的均匀拉丁超立方设计可以从均匀设计网站 http://www.math.hkbu.edu.hk/UniformDesign/上直接得到。

例 7.3.5 考虑 $n=9$, $p=4$,在 CD 准则下的最优拉丁超立方 LH(9,4)可以从均匀设计网站得到:

$$D=\begin{pmatrix}3&0&6&4\\0&2&3&2\\8&8&4&3\\5&5&5&8\\4&6&1&0\\1&7&7&6\\2&4&0&5\\7&1&2&7\\6&3&8&1\end{pmatrix}$$

注意到原网站设计的水平是$\{1,2,\cdots,9\}$，这里把每个水平减去1替换成了$\{0,1,\cdots,8\}$。可以计算该设计的中心化偏差值为 $\mathrm{CD}(D)=0.1699275$。

考虑到许多计算机试验经常要涉及上百个以上的因子，但往往其中仅有一部分是显著的。因此，在低维投影上有好的空间填充性的设计比较适合因子筛选。CD 和 WD 偏差下的均匀设计在所有变量的空间上具有好的均匀性，但在低维投影空间上的均匀性没有保证，对仅有少量因子是显著的情况可能会不适用。实际中两因子交互作用比三因子或更高阶因子交互作用要更重要。由此，Sun 等人(2019) [97]提出一种新准则，称为均匀投影准则，只关注设计的两维投影均匀性。以 CD 偏差为例，均匀投影准则最小化

$$\frac{2}{m(m-1)}\sum_{|u|=2}CD(D_u)$$

其中 u 是$\{1,2,\cdots,p\}$ 的字迹，$|u|$ 表示 u 中元素个数，D_u 表示 D 投影到 u 包含的列上的子设计。Sun 等人(2019)证明了尽管均匀投影准则只关注两维投影的偏差，但是该准则下的设计在高维投影下也有好的均匀性，并且均匀投影设计与最大最小 L_1 距离设计有着密切联系，这里我们不具体展开了，有兴趣的读者可以参见[97]。

7.3.5 广义拉丁超立方设计

计算机试验设计大多考虑的是空间填充性 (space-filling property)，即希望设计点在设计空间中分布尽量“均匀”。这种“均匀性”理论上可以证明能更好地估计响应在试验区域整体的均值，即减少 $\mathrm{var}(\hat{\mu})$，其中 $\hat{\mu}=\frac{1}{n}\sum_{i=1}^{n}f(\boldsymbol{x}_i)$。然而计算机试验中近似模型的目的是往往为了预测真实模型，预测的好坏才应是设计所关心的。

考虑试验空间 $\mathscr{D}=[0,1]^p$ 中的一个“均匀”空间填充设计 D。假设以 $\mathscr{D}$ 的中心为球心，半径为 r $(r<0.5)$作一个球形邻域包含了 D 的 k 个试验点，那么以相同的半径和试验空间 $\mathscr{D}$ 边界的一个中心的球形邻域通常会包含少于 k 个 D 的试验点。这种效应随着维数 p 的增加而增大。因此，用“均匀”空间填充设计 D 做试验对计算机仿真函数 $f(\boldsymbol{x})$ 进行预测，可能会出现靠近试验空间 $\mathscr{D}=[0,1]^p$ 中心的预测精确度高，而边界附近的预测精度低的现象。为了避免这种现象，Dette 和 Pepelyshev (2010)[98]定义了广义拉丁超立方设计 (Generalized Latin hypercube design，缩写为 GLHD)。回顾拉丁超立方抽样，将每个因子的水平等概率地分为 n 层，以保证每层都有一点。Dette 和 Pepelyshev

(2010)从近似模型预测好坏的角度出发,改变拉丁超立方抽样的一维投影均匀性而使得试验空间 $D=[0,1]^p$ 边界附近的试验点更加密集。他们通过大量模拟发现采用这样的广义拉丁超立方设计得到的近似模型均方误差 MSE 比较小。

给定一个拉丁超立方设计 LHD(n,p) $D=(x_{ij})$,广义拉丁超立方设计是通过对 D 的设计点每一维的水平值 $x_{ij},i=1,\cdots,n,j=1,\cdots,p$ 进行逆 $B\left(\frac{a+1}{2},\frac{a+1}{2}\right)$ 分布变换,其中 $a\in[0,1]$。对 $\alpha>0$, $\beta>0$,贝塔分布 $B(\alpha,\beta)$ 有概率密度函数

$$p(x)=\frac{\Gamma(\alpha+\beta)}{\Gamma(\alpha)\Gamma(\beta)}x^{\alpha-1}(1-x)^{\beta-1}1_{(0,1)}(x)$$

其中 $1_{(0,1)}(x)$ 是(0,1)上的示性函数,$\Gamma(\alpha)=\int_0^{+\infty}x^{\alpha-1}e^{-x}\mathrm{d}x$ 为伽马函数。因此,给定一个拉丁超立方设计 $D=(x_{ij})$,令 z_{ij} 为积分方程

$$x_{ij}=\int_0^{z_{ij}}p_{(1+a)/2}(t)dt$$

的解,其中 $p_{(1+a)/2}(t)=\frac{\Gamma(2a)}{\Gamma(a)^2}t^{(a-1)/2}(1-t)^{(a-1)/2}1_{(0,1)}(x)$ 为 $B\left(\frac{a+1}{2},\frac{a+1}{2}\right)$ 分布的密度函数,则我们基于 D 得到了一个广义拉丁超立方设计 $\widetilde{D}=(z_{ij})$。

特别地,若直接取 $a=0$,这时 $B\left(\frac{1}{2},\frac{1}{2}\right)$ 分布的密度函数 $p_{1/2}(t)$ 就是 arc-sin 函数,上述逆变换有显式解

$$z_{ij}=(1-\cos(\pi x_{ij}))/2 \tag{7.3.13}$$

通常用来作变换的拉丁超立方 D 应当选为一个空间填充性准则最优下的设计,如最大最小距离设计,均匀设计等。广义拉丁超立方设计使设计点在试验空间 $D=[0,1]^p$ 的边缘相对密集,而中心相对稀疏。下面给出一个例子。

例 7.3.6 假设 $n=30,p=2$,我们利用随机优化算法生成一个 30 行 2 列的最大最小距离 LHD(30,2),记为 D。通过对 D 的每个元素作变换(7.3.8)得到一个 GLHD(30,2) $\widetilde{D}$。图 7.3.1 (a)和(b)分别画出了 D 和 $\widetilde{D}$ 的图像。可见 $\widetilde{D}$ 的点将 D 的点更密地散布到了试验空间的边缘。

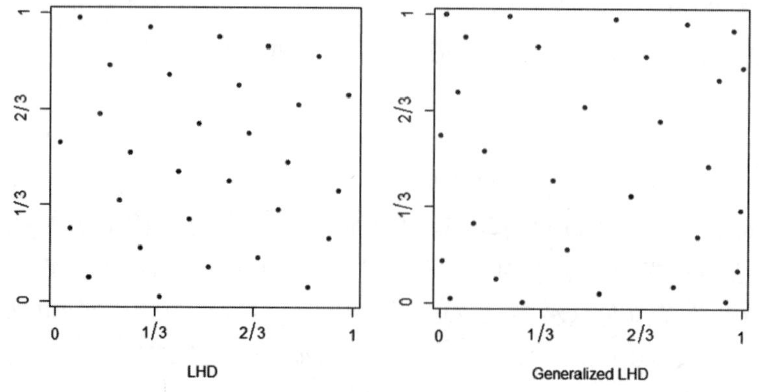

图 7.3.1 例 7.3.6 中的 LHD(30,2)和 GLHD(30,2)图像

习题 7.3

1. 分别构造正交拉丁超立方 LH(17,8)和 LH(16,8)。
2. 分别构造最大最小 L_1 距离拉丁超立方 LH(9,2)和 LH(9,9)。
3. 设 L 为一个 LH(n,p),证明:L 的 L_2 距离 $d(L)\leqslant\lfloor n(n+1)p/6\rfloor$。
4. 利用 R 包 MaxPro 构造一个行数 $n=100$,列数 $p=10$ 的最大投影设计。
5. 利用计算机构造 10000 个拉丁超立方 LH(20,5),计算其中心化偏差的均值和方差。

§7.4　建模方法

7.4.1　一些基本理论

考虑一个有 p 个因子的计算机仿真模型

$$y=f(\boldsymbol{x})=f(x_1,x_2,\cdots,x_p)$$

其中 $\boldsymbol{x}=(x_1,x_2,\cdots,x_p)\in\mathscr{D}=[0,1]^p$。 在有了试验设计和数据 $\{(\boldsymbol{x}_i,y_i),i=1,\cdots,n\}$ 后,我们的目标是建立近似模型去估计真实模型:

$$\hat{y}=g(\boldsymbol{x})=g(x_1,x_2,\cdots,x_p)$$

由于建模的目的一般是为了预测,$g(\boldsymbol{x})$ 在 $\mathscr{D}$ 上越接近 $f(\boldsymbol{x})$ 越好。我们一般采用均方误差(mean squared error,缩写为 MSE)或者加权均方误差(weighed mean squared error,缩写为 WMSE)来度量近似模型与真实模型的偏差,它们的定义分别如下:

$$\mathrm{MSE}(g)=\int_{[0,1]^p}(f(\boldsymbol{x})-g(\boldsymbol{x}))^2d\boldsymbol{x}$$

$$\mathrm{WMSE}(g)=\int_{[0,1]^p}(f(\boldsymbol{x})-g(\boldsymbol{x}))^2\omega(\boldsymbol{x})d\boldsymbol{x}$$

其中权重函数 $\omega(\boldsymbol{x})\geqslant 0$ 给定,且满足 $\int_{[0,1]^p}\omega(\boldsymbol{x})=1$。

要计算一个近似模型的 MSE 需要知道 $f(\boldsymbol{x})$ 的解析式或者在试验空间内大量点的取值,而计算机试验通常运行一次时间长,我们没有充分多的响应数据去直接计算 MSE,这时交叉验证(cross validation,缩写为 CV)是估计模型偏差的最常用的方法,即

$$\mathrm{CV}_n=\frac{1}{n}\sum_{i=1}^{n}(y_i-g_{-i}(\boldsymbol{x}_i))^2$$

其中 $g_{-i}(\boldsymbol{x})$ 是基于除去 $\{\boldsymbol{x}_i,y_i\}$ 这点的试验数据得到的近似模型。这里 CV_n 又叫做留一交叉验证。当样本量 n 较大时,CV_n 需要建立 n 个近似模型,有时候也很耗时,我们可以将 CV_n 改为 CV_K,即 K 折交叉验证:将 n 个样本点随机分成 K 组,每组的样本量近似相等,计算

$$\mathrm{CV}_K=\frac{1}{n}\sum_{k=1}^{K}(\boldsymbol{y}_{(k)}-\boldsymbol{g}_{(k)})'(\boldsymbol{y}_{(k)}-\boldsymbol{g}_{(k)})$$

其中 $\boldsymbol{y}_{(k)}$ 和 $\boldsymbol{g}_{(k)}$ 分别是基于除去第 k 组数据的响应向量和近似模型值向量。

大多数的近似模型都可以表示成一组基函数(如多项式基,正交多项式基,径向基,样条基等)的线性组合,记 $\{B_0(\boldsymbol{x}),B_1(\boldsymbol{x}),\cdots,B_L(\boldsymbol{x})\}$ 为 $\mathscr{D}$ 上一组基函数,则

$$g(\boldsymbol{x})=\sum_{j=0}^{L}B_j(\boldsymbol{x})\beta_j \tag{7.4.1}$$

记 $\boldsymbol{y}=(y_1,y_2,\cdots,y_n)',\boldsymbol{\beta}=(\beta_0,\beta_1,\cdots,\beta_L)'$,

$$B=\begin{pmatrix}B_0(\boldsymbol{x}_1) & \cdots & B_L(\boldsymbol{x}_1)\\ B_0(\boldsymbol{x}_2) & \cdots & B_L(\boldsymbol{x}_2)\\ \cdots & \cdots & \cdots\\ B_0(\boldsymbol{x}_n) & \cdots & B_L(\boldsymbol{x}_n)\end{pmatrix} \tag{7.4.2}$$

则近似模型对 $\boldsymbol{y}$ 的估计为 $\hat{\boldsymbol{y}}=B\boldsymbol{\beta}$。大多数情况 B 不满秩或 $L\leqslant n$,$\boldsymbol{\beta}$ 的最小二乘估计为

$$\hat{\boldsymbol{\beta}}=\mathrm{argmin}_{\boldsymbol{\beta}}Q(\boldsymbol{\beta}),\quad Q(\boldsymbol{\beta})=\|\boldsymbol{y}-B\boldsymbol{\beta}\|^2$$

为了防止近似模型过拟合,可以对模型进行变量(因子)筛选。统计中常用办法是寻找带惩罚项的最小二乘估计(penalized least squares estimator)

$$\hat{\boldsymbol{\beta}}=\mathrm{argmin}_{\boldsymbol{\beta}}Q(\boldsymbol{\beta}),\quad Q(\boldsymbol{\beta})=\frac{1}{2}\|\boldsymbol{y}-B\boldsymbol{\beta}\|^2+n\sum_{j=0}^{L}p_\lambda(|\beta_j|)$$

其中 $p_\lambda(\cdot)$ 是非负惩罚项函数,$\lambda>0$ 是正则化参数。惩罚项函数的选择很多,常用的有:

1. L_2 惩罚函数

$$p_\lambda(|\beta|)=\lambda|\beta|^2$$

对应 Hoerl and Kennard(1970) [99] 提出的岭回归(ridge regression)。

2. L_1 惩罚函数

$$p_\lambda(|\beta|)=\lambda|\beta|$$

对应 Tibshirani (1996) [100] 提出的 LASSO(least absolute shrinkage selection operator)算法。

3. SCAD(smoothly clipped absolute deviation)惩罚函数,由 Fan and Li (2001) [101]提出,$p_\lambda(\beta)$ 由其导函数定义,导函数为

$$p_\lambda'(\beta)=\lambda\{I(\beta\leqslant\lambda)+\frac{(a\lambda-\beta)_+}{(a-1)\lambda}I(\beta>\lambda)\}$$

其中 $a>0$,并满足 $p_\lambda(0)=0$。

在众多计算机试验的建模方法中,多项式回归模型和高斯—克里金模型在实际中应用最广泛。多项式模型简单并且理论成熟,统计意义明确,模型解释容易。高斯—克里金模型具有优良的插值性质,拟合与预测效果都很好。本节主要考虑这两种模型。其他模型如样条函数,局部多项式回归,多层感知器神经网络,径向基函数神经网络和贝叶斯

方法等，也都各有适用范围，可以参考[61]。

7.4.2 多项式模型

多项式模型即采用一个多项式回归去估计 y，第 6 章我们曾介绍过。多项式模型满足(7.4.1)的形式，基函数为

$$B_0(\boldsymbol{x})=1, B_1(\boldsymbol{x})=x_1, \cdots, B_p(\boldsymbol{x})=x_p$$
$$B_{p+1}(\boldsymbol{x})=x_1^2, \cdots, B_{2p}(\boldsymbol{x})=x_p^2$$
$$B_{2p+1}(\boldsymbol{x})=x_1x_2, \cdots, B_{p(p+3)/2}(\boldsymbol{x})=x_{p-1}x_p, \cdots$$

一个 d 阶的多项式模型为

$$\hat{y}=g(\boldsymbol{x})=\beta_0+\sum_j \beta_j x_j+\sum_{j=1}^p \sum_{k=1}^p \beta_{jk} x_j x_k+\cdots+\sum_{j_1=1}^p \cdots \sum_{j_d=1}^p \beta_{j_1 j_2 \cdots j_d} x_{j_1} \cdots x_{j_d}$$

多项式模型本质是线性回归，其计算简单，速度快，对试验次数比较小的计算机试验数据，其拟合效果和预测能力都不错。根据数据，若回归模型矩阵 B 是列满秩的，用最小二乘法得到系数的估计

$$\hat{\boldsymbol{\beta}}=(B'B)^{-1}B'\boldsymbol{y}$$

就得到了一个多项式模型，其中 B，$\boldsymbol{y}$ 如 7.4.1 节定义。

在§6.1 里我们曾给出一个 d 阶多项式模型的系数(包括常数项系数)个数为 $\binom{p+d}{d}$。当多项式的阶数为 1 时，$g(\boldsymbol{x})$ 就是普通的 p 元线性回归方程。实际中 2 阶和 3 阶的多项式模型最常用，例 7.1.1 即为采用 3 阶多项式建模的一个例子。当因子数比较多或 $f(\boldsymbol{x})$为特别复杂的非线性响应曲面，低阶多项式模型对试验数据的拟合较差。如果数据量比较小，高阶多项式模型可能参数太多，导致模型不可估。在数据量合适时，采用高阶多项式模型能提高对试验数据的拟合能力，但也可能出现过拟合现象而导致预测效果变差。随着变量数 p 和阶数 d 的增加，多项式模型的系数个数 $\binom{p+2}{d}$ 会增加很快，需要进行变量筛选以提高模型的预测能力。变量筛选可以根据先验知识和经典回归分析中的 C_p 准则，AIC 准则，BIC 准则，逐步回归方法以及 7.4.1 节提到的岭回归，LASSO，SCAD 等带惩罚项最小二乘方法，参见 Weisberg (2005)[102]等。以 AIC 准则举例，对于一个用 n 个观测数据区拟合的线性回归模型

$$y=\boldsymbol{\beta}'\boldsymbol{x}_A$$

设变量 $\boldsymbol{x}_C$ 是全部变量 $\boldsymbol{x}_A$ 的非空子集，拟合线性回归子模型

$$y=\boldsymbol{\beta}'\boldsymbol{x}_C$$

其残差平方和为 RSS_C。记 $p_C=\#\boldsymbol{x}_C$ 代表 $\boldsymbol{x}_C$ 中的元素个数，则上面子模型的 AIC 定义为

$$\text{AIC}=n\log(RSS_C/n)+2p_C$$

AIC 准则就是要筛选出具有最小 AIC 值的子模型。

7.4.3 高斯—克里金模型

1. 模型形式

高斯—克里金模型最早由南非地理学家 Krige 于 1951 年提出,最初被用于采矿勘探,其后被用于空间统计和计算机试验,是目前计算机试验建模的主要方法之一。高斯—克里金模型假设响应值之间有相关性,相关系数的大小与试验空间中点的距离有关,因此有的文献也称之为空间相关模型(spatial correlation model)。高斯—克里金模型能拟合多因子且复杂的响应曲面,对试验数据有精确插值性质,即若 $\{(\boldsymbol{x}_i, y_i), i=1, \cdots, n\}$ 是试验数据,则 $\hat{y}_i = y_i$ 对任意 i 成立。

高斯—克里金模型一般形式如下:

$$\hat{y} = g(\boldsymbol{x}) = \sum_{j=0}^{L} \beta_j B_j(\boldsymbol{x}) + z(\boldsymbol{x}) \tag{7.4.3}$$

其中 $B_j(\boldsymbol{x}), j=0, \cdots, L$ 是一组选定的基函数;

$\sum_{j=0}^{L} \beta_j B_j(\boldsymbol{x})$ 称为趋势项;

$z(\boldsymbol{x})$ 是一个零均值随机过程,一般设为高斯过程,其方差为 $\sigma^2 > 0$,自相关函数为

$$r(\boldsymbol{\theta}; \boldsymbol{s}, \boldsymbol{t}) = \mathrm{Corr}(z(\boldsymbol{s}), z(\boldsymbol{t})) \tag{7.4.4}$$

(7.4.4)式中的 $\boldsymbol{\theta} = (\theta_1, \cdots, \theta_p)'$ 为自相关函数的待估参数,$\boldsymbol{s}, \boldsymbol{t}$ 是 $\mathscr{D} = [0,1]^p$ 中的两点。模型(7.4.3)称为通用高斯—克里金模型(universal Kriging model)。特别地,当趋势项 $\sum_{j=0}^{L} \beta_j B_j(\boldsymbol{x})$ 为常数参数时

$$g(\boldsymbol{x}) = \mu + z(\boldsymbol{x}) \tag{7.4.5}$$

此模型在很多文献中被称为普通克里金模型(ordinary Kriging model)。

自相关函数(7.4.4)一般选为试验点之间距离的函数,

$$r(\boldsymbol{\theta}; \boldsymbol{s}, \boldsymbol{t}) = r(\boldsymbol{\theta}; \boldsymbol{h}) = \prod_{k=1}^{p} g(h_k; \theta_k)$$

其中 $\boldsymbol{h} = \boldsymbol{s} - \boldsymbol{t} = (h_1, \cdots, h_p)$,$g$ 称为一维自相关核函数。常用的核函数为幂指数核函数 $g(h; \theta) = \exp(-|\boldsymbol{h}|^q / \theta^q)$,$0 < q \leqslant 2$,特别地,当 $q=2$ 时称为高斯核函数,当 $q=1$ 时称为指数核函数。当取幂指数核函数时,自相关函数则为

$$r(\boldsymbol{\theta}; \boldsymbol{s}, \boldsymbol{t}) = \exp\{-\sum_{k=1}^{m} \tilde{\theta}_k |s_k - t_k|^q\}, \quad 0 < q \leqslant 2$$

其中 $\tilde{\theta}_k = \theta_k^{-q}$,可见相关系数为点 $\boldsymbol{s}$ 和 $\boldsymbol{t}$ 的加权 L_q 距离 $d(\boldsymbol{s}, \boldsymbol{t}) = \left(\sum_{k=1}^{m} \tilde{\theta}_k |s_k - t_k|^q\right)^{1/q}$ 的函数,第 k 维的权重为 $\tilde{\theta}_k$。如果模型参数过多,还可以更简单地取 $\tilde{\theta}_k = \theta$,$k=1, \cdots, n$,即

$$r(\boldsymbol{\theta};\boldsymbol{s},\boldsymbol{t})=\exp\{-\sum_{k=1}^{m}\theta\mid s_k-t_k\mid^q\},\quad 0<q\leqslant 2$$

可见此时相关系数为点 $\boldsymbol{s}$ 和 $\boldsymbol{t}$ 的 L_q 距离 $d(\boldsymbol{s},\boldsymbol{t})=(\sum_{k=1}^{m}\mid s_k-t_k\mid^q)^{1/q}$ 的函数。

2. 模型预测与参数估计

高斯—克里金模型的(7.4.2)待估参数为回归系数 $\boldsymbol{\beta}=(\beta_1,\cdots,\beta_L)'$，方差参数 σ^2 和自相关函数参数 $\boldsymbol{\theta}=(\theta_1,\cdots,\theta_m)'$。设计算机试验数据为 $\{(\boldsymbol{x}_i,y_i),i=1,\cdots,n\}$，记 $\boldsymbol{y}=(y_1,y_2,\cdots,y_n)'$，$B$ 如(7.4.2)定义，

$$R=\mathrm{Corr}(z(\boldsymbol{x}_1),\cdots,z(\boldsymbol{x}_n))=(r(\boldsymbol{\theta};\boldsymbol{x}_i,\boldsymbol{x}_j))_{n\times n}$$

为 $\boldsymbol{y}$ 的相关函数矩阵。对于一个新的未知点 $\boldsymbol{x}$，定义

$$b(\boldsymbol{x})=(B_1(\boldsymbol{x}),\cdots,B_L(\boldsymbol{x}))'$$
$$\boldsymbol{r}(\boldsymbol{x})=(r(\boldsymbol{\theta};\boldsymbol{x},\boldsymbol{x}_1),\cdots,r(\boldsymbol{\theta};\boldsymbol{x},\boldsymbol{x}_n))'$$

我们期望对计算机仿真模型的响应 $y=f(\boldsymbol{x})$ 给出一个好的预测 $\hat{y}=g(\boldsymbol{x})$。考虑线性预测

$$\hat{y}=g(\boldsymbol{x})=\boldsymbol{c}(\boldsymbol{x})'\boldsymbol{y}=\sum_{i=1}^{n}c_i(\boldsymbol{x})y_i$$

其中 $\boldsymbol{c}(\boldsymbol{x})=(c_1(\boldsymbol{x}),\cdots,c_n(\boldsymbol{x}))'$ 为待定系数向量。

定义 7.4.1 称线性预测 $\hat{y}=g(\boldsymbol{x})=\boldsymbol{c}(\boldsymbol{x})'\boldsymbol{y}$ 为无偏估计，若 $E(\hat{y})=y=f(\boldsymbol{x})$。称线性预测 $\hat{y}=g(\boldsymbol{x})=\boldsymbol{c}(\boldsymbol{x})'\boldsymbol{y}$ 为 $y=f(\boldsymbol{x})$ 的一致最小方差无偏预测(best linear unbiased predictor，缩写为 BLUP)，若在所有线性无偏预测中 $\hat{y}$ 的方差达到最小，即对任意线性无偏预测 $\tilde{y}$ 都有 $E(\hat{y}-y)^2\leqslant E(\tilde{y}-y)^2$ 成立。

假设 $\boldsymbol{\theta}=(\theta_1,\cdots,\theta_m)'$ 已知，即自相关函数 $r(\boldsymbol{\theta};\boldsymbol{s},\boldsymbol{t})$ 已知，我们来求解 $y=f(\boldsymbol{x})$ 的 BLUP。由于 $z(\boldsymbol{x})$ 是零均值非退化高斯过程，我们有

$$(z(\boldsymbol{x}_1),\cdots,z(\boldsymbol{x}_n),z(\boldsymbol{x}))'\sim N_{n+1}(0_{n+1},\Sigma)$$

其中

$$\Sigma=\sigma^2\begin{pmatrix}R & \boldsymbol{r}(\boldsymbol{x})'\\ \boldsymbol{r}(\boldsymbol{x}) & 1\end{pmatrix}$$

因此，根据多元正态分布的条件分布，可以得到 $z(\boldsymbol{x})$ 的 BLUP 为

$$\hat{z}(\boldsymbol{x})=\boldsymbol{r}(\boldsymbol{x})'R^{-1}(z(\boldsymbol{x}_1),\cdots,z(\boldsymbol{x}_n))'$$

进而对 $y(\boldsymbol{x})$ 的 BLUP 为

$$\hat{y}(\boldsymbol{x})=b(\boldsymbol{x})'\hat{\beta}+\boldsymbol{r}(\boldsymbol{x})'R^{-1}(\boldsymbol{y}-B\hat{\beta})\tag{7.4.6}$$

这里

$$\hat{\beta}=(B'R^{-1}B)^{-1}B'R^{-1}\boldsymbol{y}$$

为 $\boldsymbol{\beta}$ 的广义最小二乘估计。

上面的推导都是基于自相关函数已知的前提下得到的。在实际中，$\boldsymbol{\theta}=(\theta_1,\cdots,\theta_m)'$ 往往未知，需要估计，因此(7.4.6)式定义的 BLUP 无法直接得到。在给定一个 $\boldsymbol{\theta}$ 的估计 $\hat{\boldsymbol{\theta}}$ 后，就能得到相关函数矩阵 R 和向量 $\boldsymbol{r}(\boldsymbol{x})$ 的估计 $\hat{R}$ 和 $\hat{\boldsymbol{r}}(\boldsymbol{x})$，再代入(7.4.6)式可以得到 $y(\boldsymbol{x})$ 的估计，称为经验最优线性无偏估计(empirical best linear unbiased predictor，缩写为 EBLUP)。参数 $\boldsymbol{\theta}$ 的估计方法有极大似然法，约束极大似然法，交互验证方法，贝叶斯方法，带惩罚项的极大似然法等。我们简单介绍极大似然方法得到 EBLUP 的步骤，其他方法可参见[60,61]。

极大似然方法：由假设 $z(\boldsymbol{x})$ 为高斯过程，可以写出 $\boldsymbol{y}$ 的概率密度函数

$$p(\boldsymbol{y};\boldsymbol{\beta},\sigma^2,\boldsymbol{\theta})=(2\pi\sigma^2)^{-n/2}\mid R\mid^{-1/2}\exp\left\{-\frac{1}{2\sigma^2}(\boldsymbol{y}-B\boldsymbol{\beta})'R^{-1}(\boldsymbol{y}-B\boldsymbol{\beta})\right\}$$

从而待估参数的对数似然函数为

$$l(\boldsymbol{y};\boldsymbol{\beta},\sigma^2,\boldsymbol{\theta})=-\frac{1}{2}[n\log(\sigma^2)-\log(\mid R\mid)-(\boldsymbol{y}-B\boldsymbol{\beta})'R^{-1}(\boldsymbol{y}-B\boldsymbol{\beta})/\sigma^2]$$

给定 $\boldsymbol{\theta}$，参数向量 $\boldsymbol{\beta}$ 的 MLE 为广义最小二乘估计

$$\hat{\beta}=(B'R^{-1}B)^{-1}B'R^{-1}\boldsymbol{y}$$

σ^2 的 MLE 为

$$\hat{\sigma}^2=\frac{1}{n}(\boldsymbol{y}-B\boldsymbol{\beta})'R^{-1}(\boldsymbol{y}-B\boldsymbol{\beta})$$

将 $\hat{\boldsymbol{\beta}}$ 和 $\hat{\sigma}^2$ 代入到对数似然函数式中，得到只含 $\boldsymbol{\theta}$ 的表达式：

$$l(\boldsymbol{y};\hat{\boldsymbol{\beta}},\hat{\sigma}^2,\boldsymbol{\theta})=-\frac{n}{2}\log(\hat{\sigma}^2)-\frac{1}{2}\log(\mid R\mid)-\frac{n}{2}$$

最大化 $l(\boldsymbol{y};\hat{\boldsymbol{\beta}},\hat{\sigma}^2,\boldsymbol{\theta})$，我们就能得到 $\boldsymbol{\theta}$ 的极大似然估计

$$\hat{\boldsymbol{\theta}}_{MLE}=\text{argmin}_{\{\boldsymbol{\theta}\}}[n\log(\hat{\sigma}^2)+\log(\mid R\mid)]$$

从而得到 $y(\boldsymbol{x})$ 的 EBLUP。注意 $\hat{\boldsymbol{\theta}}_{MLE}$ 没有显式解，通常可以通过 Newton-Raphson 迭代算法或其他优化算法得到数值解。

7.4.4 计算机试验设计与建模的示例

我们给出两个计算机试验设计与建模的模拟，来直观比较设计和模型的实际预测能力。在例 7.4.1 中我们对同一试验数据使用本节介绍的多项式与高斯—克里金两种建模方法进行比较。在例 7.4.2 中我们使用不同的空间填充设计以及两种建模方法进行比较。在模拟中我们已知计算机仿真函数 $f(\boldsymbol{x})$，故得到近似模型 $g(\boldsymbol{x})$ 后可以直接用均方误差 MSE 衡量设计与模型综合预测表现的好坏。实际计算 MSE 时用均方误差的经验值

$$\frac{1}{N}\sum_{j=1}^{N}(g(\boldsymbol{x}_j)-f(\boldsymbol{x}_j))^2$$

来估计真值，其中 N 取为非常大的整数，下面几个例子都取 $N=10^4$，$\boldsymbol{x}_j(j=1,\cdots,N)$ 是试验区域为 $\mathscr{D}$ 上 N 个简单随机样本点。在实际中不知道真实计算机仿真函数，可以用交互验证误差代替 MSE。关于计算机试验设计的点数 n 的选择，Loeppky 等人(2009)[103]建议采用 $n=10p$ 的经验准则，其中 p 是输入因子个数。

例 7.4.1 考虑例 7.1.1 的计算机仿真函数。由于输入因子只有一个，我们不考虑不同的空间填充设计，都采用例 7.1.1 的 10 个点作为设计，相应的试验结果已列于表 7.1.1。例 7.1.1 拟合了一个 3 阶多项式模型，根据表 7.1.1 我们另外用 5 阶多项式模型进行建模，拟合的模型为

$$g(x)=0.0373+7.9269x-63.6241x^2+182.2606x^3-225.8217x^4+101.4263x^5$$

同时，我们也用通用高斯—克里金模型(7.4.3)和普通高斯—克里金模型(7.4.5)来建模，两模型的自相关核函数都取为高斯核函数，(7.4.3)模型中基函数取为 $B_0(x)=1$ 和 $B_1(x)=x$。

模型(7.4.3)的参数估计为

$$\hat{\beta}_0=-0.2596,\ \hat{\beta}_1=0.9124,\ \hat{\theta}=0.1565,\ \hat{\sigma}^2=0.3220$$

而模型(7.4.5)的参数估计为

$$\hat{\mu}=0.1951,\quad \hat{\theta}=0.1565,\quad \hat{\sigma}^2=0.3651$$

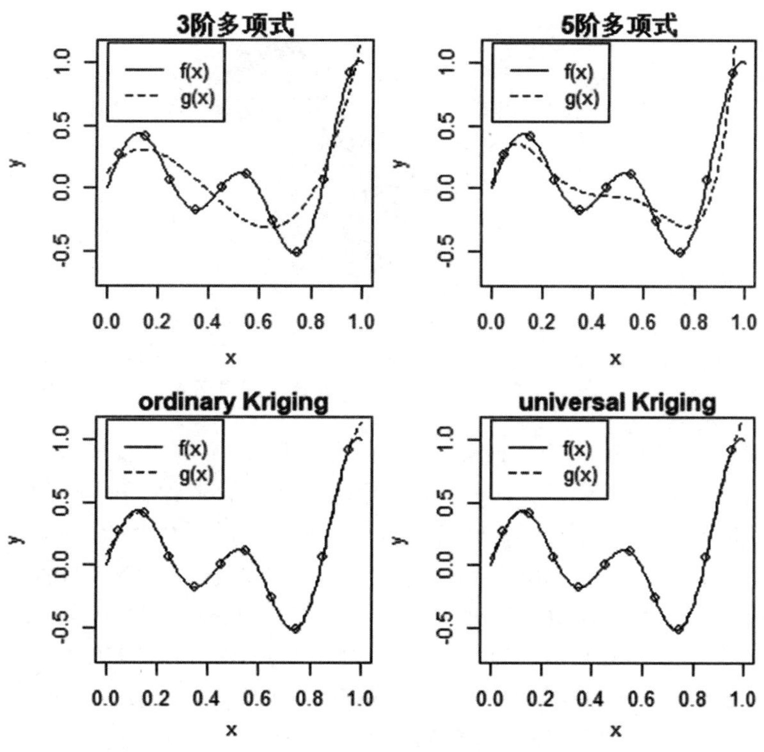

图 7.4.1 例 7.4.1 的仿真模型和四种不同近似模型图像

图 7.4.1 画出了仿真模型和四种不同近似模型的图像,其中 3 阶多项式的图像就是图 7.1.1。我们看到两个高斯—克里金模型比两个多项式模型拟合效果明显要好,5 阶多项式模型和 3 阶拟合效果相近。表 7.4.1 是根据[0,1]上 10000 个独立均匀分布样本点计算的 MSE,可见两个高斯—克里金模型有相近的 MSE,两多项式模型也有相近的 MSE,但高斯—克里金模型的 MSE 明显比多项式模型更小,普通高斯—克里金模型(7.4.5)的 MSE 最小,预测效果最好。

表 7.4.1 例 7.4.1 各近似模型下的 MSE

近似模型	3 阶多项式	5 阶多项式	ordinary Kriging	universal Kriging
MSE	3.869×10^{-2}	3.961×10^{-2}	3.554×10^{-3}	4.479×10^{-3}

例 7.4.2 (Branin-Hoo 函数)该函数是一个二维函数,在文献[104]中最早使用,是被广泛用于计算机建模的一个测试函数。Branin-Hoo 函数表达式为

$$y=f(x_1,x_2)=\left(x_2-\frac{5}{4\pi^2}x_1^2+\frac{5}{\pi}x_1-6\right)^2+10\left(1-\frac{1}{8\pi}\right)\cos(x_1)+10 \tag{7.4.7}$$

其中 $x_1\in[-5,10]$, $x_2\in[0,15]$,函数图象如图 7.1.2 所示。

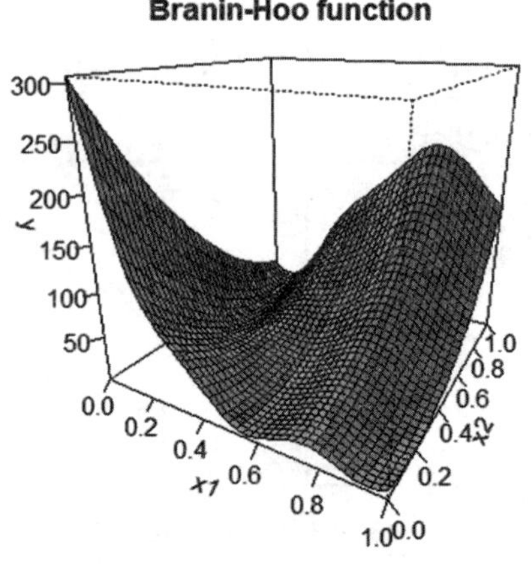

图 7.4.2 例 7.1.2 Branin-Hoo 函数图像

仿真模型(7.4.7)是一个二维函数,对于输入变量 $x_1\in[-5,10]$, $x_2\in[0,15]$,可以先变换为 $u_1=(x_1+5)/15$, $u_2=x_2/15$ 使得输入变量取值在 $\mathscr{D}=[0,1]^2$ 中。根据 Loeppky 等人(2009)[103]的 $n=10p$ 经验准则大约要选 20 个左右的试验点。我们实际选择 6 组不同的 n 值:15,20,25,30,40,50。在给定试验点数 n 后,我们构造了普通拉丁超立方设计(LHD),(7.3.2)准则下的列正交拉丁超立方设计(OLHD),在(7.3.4) ϕ_q (q=50)准则下的最大最小距离(MLHD),(7.3.5)准则下的同时考虑正交性和最大最小距离的拉丁超立方设计(OMLHD),(7.3.6)CD 准则下的均匀拉丁超立方设计(ULHD),以及上述设计相应的经过 (7.3.8)变换后的广义拉丁超立方设计(分别简记为 G-LHD, G-OLHD, G-MLHD, G-OMLHD, G-ULHD)。我们采用 7.3.4 节介绍的随机优化算法产

生 OLHD,MLHD,OMLHD 和 ULHD 这四种空间填充准则下的拉丁超立方设计。

在建模方面,我们考虑 2 阶和 3 阶多项式模型,以及例 7.4.1 中的通用高斯—克里金模型(7.4.3)和普通高斯—克里金模型(7.4.5)。高斯—克里金模型的自相关核函数都取为高斯核函数,(7.4.3)模型中基函数取为 $B_0(\boldsymbol{x})=1$, $B_1(\boldsymbol{x})=x_1$ 和 $B_2(\boldsymbol{x})=x_2$。

近似模型的预测能力好坏是设计与建模的综合结果。对每个 n, 每个设计和建模方法的组合下都能计算出 MSE 进行比较。为了简便,我们看部分结果。首先对固定的设计 OMLHD,我们比较不同模型和试验次数 n 下的近似模型预测能力,MSE 计算结果见表 7.4.2。

表 7.4.2 例 7.4.3 在 OMLHD 设计下各近似模型的 MSE

	近似模型			
	2 阶多项式	3 阶多项式	ordinary Kriging	universal Kriging
$n=15$	989.9348	59.1786	208.6633	215.5076
$n=20$	758.7421	53.7972	61.0866	106.4005
$n=25$	682.5700	44.2080	3.1903	20.6792
$n=30$	712.0817	44.1463	1.1772	1.0149
$n=40$	672.1254	46.6824	0.2675	0.5636
$n=50$	721.7426	43.6520	0.2151	0.2470

从表 7.4.2 我们可以看出,在 OMLHD 下,2 阶多项式模型的预测能力最差,表明该例子 2 阶多项式模型过于简单。而 3 阶多项式比 2 阶多项式模型改进很多。但是两个多项式模型的 MSE 随着 试验次数 n 增加的下降趋势不明显。通用高斯—克里金模型(7.4.3)和普通高斯—克里金模型(7.4.5)的预测能力表现差不多,两模型在 $n=15$ 和 20 时预测能力比 3 阶多项式差,但当试验次数 $n \geqslant 25$ 时高斯—克里金模型的 MSE 比多项式模型明显小很多,且随着 n 增加的下降趋势明显。在其他的空间填充设计下,各近似模型的预测能力比较结果类似。

我们再在固定的试验次数 $n=20$ 下,来看不同空间填充设计和不同近似模型下的 MSE,结果列于表 7.4.3 中。由于普通拉丁超立方的随机性太大,因此我们独立生成 20 个 LHD(和相应的 GLHD),取 20 个设计下的 MSE 的中位数列于表中。从表 7.4.3 可以看出采用具有列正交、最大最小距离等空间填充性质的拉丁超立方设计得到的 MSE 大多比普通 LHD 的 MSE 要小,尤其是对高斯—克里金模型更明显。具有列正交性质的 OLHD 的结果不如最大最小距离 MLHD、同时优化列正交性和最大最小距离的 OMLHD 和均匀设计 ULHD 的结果。经过(7.3.8)变换后的广义拉丁超立方设计与相应的原拉丁超立方设计相比,MSE 相近或有所改进,特别对高斯—克里金模型改进更明显。关于模型方面,从表中可见大多数情况两个高斯—克里金模型具有相近的预测能力。3 阶多项式模型要比 2 阶多项式模型明显要好,并且与两高斯—克里金模型的结果接近。综合所有的模拟结果,本例中 MLHD,OMLHD,UMLHD 和它们相对应的广义拉丁超立方设计是表现最好的设计,高斯—克里金模型是最好的近似模型。

表 7.4.3　例 7.4.3 试验次数 $n=20$ 时不同空间填充设计各近似模型的 MSE

	近似模型			
	2 阶多项式	3 阶多项式	ordinary Kriging	universal Kriging
LHD	903.3902	72.5304	123.3134	217.6629
OLHD	994.0649	47.1210	113.4398	121.2370
MLHD	781.7544	60.5031	20.0917	27.4381
OMLHD	758.7421	53.7972	61.0866	59.9385
ULHD	673.4096	46.2861	28.6390	46.8527
G-LHD	950.5091	65.8875	87.7912	103.0538
G-OLHD	965.3383	75.4693	86.5591	40.4126
G-MLHD	793.5430	55.5804	45.4162	45.0671
G-OMLHD	928.0139	50.8294	35.4203	15.9081
G-ULHD	935.2050	49.1592	34.8432	31.4195

实际中计算机试验的设计与建模问题是复杂的，没有一个设计或建模方法会永远最优，实际中采用列正交准则、距离准则或均匀性准则优化的空间填充设计通常会有更好的效果，而多项式模型和高斯—克里金模型各有优势，各种变量筛选方法和其他统计建模方法也都应该尝试和探索。

习题 7.4

1. 证明在自相关函数 $r(\boldsymbol{\theta};s,t)$ 已知条件下，高斯—克里金模型的最优线性无偏预测是(7.4.4)式，并推导其方差。

2. 假设计算机仿真模型为

$$y=f(\boldsymbol{x})=\frac{1}{2}x_1\left(\sqrt{1+(x_2+x_3^2)x_4/(x_1^2)}-1\right)+(x_1+3x_4)\exp\{1+\sin x_3\} \tag{7.4.8}$$

该函数有 4 个因子，都在[0,1)内取值。

(1)从普通拉丁超立方设计，列正交拉丁超立方设计，最大最小距离拉丁超立方设计，最大投影拉丁超立方设计和均匀拉丁超立方设计中选择三种，对计算机仿真模型(7.4.8)进行试验，给出相应的试验点和相应值；

(2)应用多项式模型和高斯克里金模型(必要时应用变量筛选)进行建模，写出模型拟合结果，并比较各近似模型的 MSE。

(3)探索其他统计建模方法，重复(2)。

3. (Borehole 模型) 该模型选自文献 Morris，Mitchell，and Ylvisaker (1993) [105]，被广泛用作计算机试验设计与建模的模拟。Borehole 模型考虑一个工程流体力学问题，研究水从上蓄水层经过一个地面钻孔流到下蓄水层的流速，其中上、下蓄水层被不透水的岩层隔开。该例子中响应变量是水流速度 y，单位为 m^3/年，假设水流为稳态层流且等温流动，根据流体力学定律可以得到计算机仿真模型

$$y=f(\boldsymbol{x})=\frac{2\pi T_u(H_u-H_l)}{\log(r/r_w)\left[1+\dfrac{2LT_u}{\log(r/r_w)r_w^2K_w}+T_u/T_l\right]} \tag{7.4.9}$$

其中输入变量有 8 个,其各自含义、取值范围和单位列于表 7.4.4。

表 7.4.4 Borehole 模型的输入变量、单位和取值范围

变量	含义	取值范围	单位
r_w	钻孔的半径	[0.05,0.15]	m
r	影响半径	[100, 5000]	m
T_u	上蓄水层的传导率	[63070,115600]	m^2/年
H_u	上蓄水层的分压器的源头距离	[990,1110]	m
T_l	下蓄水层的传导率	[63.1,116]	m^2/年
H_l	下蓄水层的分压器的源头距离	[700,820]	m
L	钻孔的长度	[1120,1680]	m
K_w	钻孔的水传导性	[1500,15000]	m/年

对计算机仿真模型(7.4.9)重复第 2 题的(1)至(3)问。

第 8 章　其他试验设计方法介绍

§8.1　最优设计

最优设计理论由美国统计学家 J. Kiefer 于 1959 年提出，其思想是：当一个响应曲面模型的形式给定，但模型中含有未知参数时，选择能够使得模型中未知参数信息收益最大的试验方案。与传统正交设计和中心组合设计不同，最优设计可以构造试验次数任意给定的方案，同时也能处理不规则的试验区域和不同因子类型的试验，如定性因子、定量因子和第 8.5 节介绍的混料因子等。同时，最优设计理论的提出使得试验者可以定量比较模型给定下诸多不同试验设计方案的优劣，从而给出已有设计的量化评价准则。

本节我们简单介绍最优回归设计的基本思想、常用的最优准则和理论以及讨论。在统计模型给定下，通过本节给出的最优设计准则，我们可以对前面章节的诸多试验设计方案给出评价。例如，二水平完全因子设计在多项式模型下是最优的，二水平正交表在一次回归模型下是最优的（见 §8.3）。更多关于最优设计的理论和构造方法可见[106]的第 4 章，以及相关专著 Silvey (1980)[107]和 Pukelsheim (2006)[108]等。

8.1.1　连续设计与离散设计

考虑一个 p 个因子的响应曲面模型

$$y=f(z_1,z_2,\cdots,z_p)+\varepsilon$$

随机误差 ε 的均值为 0，方差为 σ^2，记 $\boldsymbol{z}=(z_1,z_2,\cdots,z_p)'$，因子 z_j 的取值范围为$[z_{1j},z_{2j}]$。定义 $z_{0j}=(z_{1j}+z_{2j})/2$ 和 $\Delta_j=(z_{2j}-z_{1j})/2$，通过(6.1.21)的编码式，我们把每个因子标准化到$[-1,1]$区间

$$x_j=\frac{z_j-z_{0j}}{\Delta_j},\quad j=1,2,\cdots,p$$

这样得到编码后的因子 $\boldsymbol{x}=(x_1,x_2,\cdots,x_p)'$，记 $\Xi=[-1,1]^p$ 为 $\boldsymbol{x}$ 的取值空间，称为试验区域。

本节我们假定响应曲面为线性回归形式：

$$y=\sum_{i=1}^{q}f_i(\boldsymbol{x})\beta_i+\varepsilon=f'(\boldsymbol{x})\boldsymbol{\beta}+\varepsilon$$

其中 $f(\boldsymbol{x})=(f_1(\boldsymbol{x}),f_2(\boldsymbol{x}),\cdots,f_q(\boldsymbol{x}))'$ 为 Ξ 上一组线性不相关的回归函数，$\boldsymbol{\beta}=(\beta_1,\cdots,\beta_q)'$ 为回归系数向量。

假设试验次数为 n，试验设计的目标是在试验区域 Ξ 中确定我们需要做试验的 n 个

试验点 $\boldsymbol{x}$ 的最优取值。试验区域中的一个 n 次试验的设计可以表示为

$$\xi_n=\begin{Bmatrix}\boldsymbol{x}_1 & \boldsymbol{x}_2 & \cdots & \boldsymbol{x}_m\\ n_1 & n_2 & \cdots & n_m\end{Bmatrix} \tag{8.1.1}$$

其中 $\boldsymbol{x}_1,\boldsymbol{x}_2,\cdots,\boldsymbol{x}_m$ 表示试验区域中选取的 m 个不同试验点，$n_1,n_2,\cdots,n_m$ 为相应点的重复次数，n_i 均为正整数,且满足 $n_1+n_2+\cdots+n_m=n$。显然,(8.1.1)的设计等价于 Ξ 上的一个离散型概率测度

$$\begin{Bmatrix}\boldsymbol{x}_1 & \boldsymbol{x}_2 & \cdots & \boldsymbol{x}_m\\ n_1/n & n_2/n & \cdots & n_m/n\end{Bmatrix}$$

通常把(8.1.1)这样的设计称为离散设计。

Kiefer 的最优回归设计理论对(8.1.1)的离散设计进行了改进,放宽其中每个设计点 $\boldsymbol{x}_i$ 的重复次数 n_i 必须要取整数的限制,由此而产生连续设计(continuous design)的概念。一个 Ξ 上 m 个不同试验点构成的连续型设计定义为

$$\xi=\begin{Bmatrix}\boldsymbol{x}_1 & \boldsymbol{x}_2 & \cdots & \boldsymbol{x}_m\\ w_1 & w_2 & \cdots & w_m\end{Bmatrix} \tag{8.1.2}$$

其中 w_i 为实数，$0\leqslant w_i\leqslant 1$，$i=1,\cdots,m$，并且满足 $\sum_{i=1}^{m}w_i=1$。换句话说,Kiefer 把一个设计看成 Ξ 上的一个具有有限支撑集的概率测度 ξ。当每个 w_i 都为 $1/n$ 的非负整数倍时,连续设计(8.1.2)就退化成离散设计(8.1.1)。尽管现实中所有的设计都是离散设计,但对于中等或较大的 n,离散设计通常都可以由一个连续设计较好地近似。使用连续设计的好处是使得最优设计的求解优化简单。假设我们求得一个最优连续设计 ξ，令 $n_i=\lfloor nw_i\rfloor$或$\lfloor nw_i\rfloor+1$ 即可得到一个离散设计 ξ_n。

对于一个给定的离散设计 ξ_n，我们称

$$\boldsymbol{M}(\xi_n)=\frac{1}{n}\sum_{i=1}^{m}n_i f(\boldsymbol{x}_i)f'(\boldsymbol{x}_i)$$

为设计 ξ_n 在模型 $y=f'(\boldsymbol{x})\boldsymbol{\beta}+\varepsilon$ 下的 Fisher 信息矩阵,或简称信息矩阵。易见当 $\boldsymbol{M}(\xi_n)$ 可逆时,回归系数 $\boldsymbol{\beta}$ 的最小二乘估计 $\hat{\boldsymbol{\beta}}$ 的方差为

$$\mathrm{var}(\hat{\boldsymbol{\beta}})=\frac{\sigma^2}{n}M^{-1}(\xi_n)$$

因此,信息矩阵表示了一个设计所得到的模型未知参数的“信息”量。我们希望一个设计使得信息矩阵 $\boldsymbol{M}(\xi_n)$ 在某种意义下越大越好,从而 $\mathrm{var}(\hat{\boldsymbol{\beta}})$ 也就越小,对 $\boldsymbol{\beta}$ 估计也就越精确。下一小节介绍的最优准则就是根据如何最大化信息而定义的。给定离散设计 ξ_n 和 $\Xi=[-1,1]^p$ 上任一点 $\boldsymbol{x}$，我们称

$$d(\boldsymbol{x},\xi_n)=f(\boldsymbol{x})'\boldsymbol{M}^{-1}(\xi_n)f(\boldsymbol{x})$$

为标准化预测方差。可以证明标准化预测方差等于 $n\sigma^{-2}\mathrm{var}\{\hat{y}(\boldsymbol{x})\}$，其中 $\hat{y}(\boldsymbol{x})=$

$f'(\boldsymbol{x})\hat{\boldsymbol{\beta}}$ 就是模型在 $\boldsymbol{x}$ 点的预测值。

对于一个给定的连续设计 ξ，我们称

$$\boldsymbol{M}(\xi)=\sum_{i=1}^{m}w_i f(\boldsymbol{x}_i)f'(\boldsymbol{x}_i) \tag{8.1.3}$$

为设计 ξ 在模型 $y=f'(\boldsymbol{x})\boldsymbol{\beta}+\varepsilon$ 下的信息矩阵。相应的，给定连续设计 ξ 和 $\Xi=[-1,1]^p$ 上任一点 $\boldsymbol{x}$，我们称

$$d(\boldsymbol{x},\xi)=f'(\boldsymbol{x})M^{-1}(\xi)f(\boldsymbol{x}) \tag{8.1.4}$$

为标准化预测方差。

例 8.1.1 （一元简单线性回归模型）考虑模型

$$y=\beta_0+\beta_1 x+\varepsilon \tag{8.1.5}$$

试验区域为 $\Xi=[-1,1]$。假设一个离散设计为

$$\xi_n=\begin{Bmatrix} x_1 & x_2 & \cdots & x_m \\ n_1 & n_2 & \cdots & n_m \end{Bmatrix}$$

其中 $n_1+n_2+\cdots+n_m=n$，$x_1\in[-1,1]$。则该设计在模型(8.1.5)下的信息矩阵为

$$\begin{aligned}\boldsymbol{M}(\xi_n)&=\frac{1}{n}\sum_{i=1}^{m}n_i\begin{pmatrix}1\\x_i\end{pmatrix}(1,x_i)\\&=\frac{1}{n}\sum_{i=1}^{m}n_i\begin{pmatrix}1 & x_i\\x_i & x_i^2\end{pmatrix}\\&=\begin{pmatrix}1 & \dfrac{1}{n}\sum_{i=1}^{m}n_i x_i\\ \dfrac{1}{n}\sum_{i=1}^{m}n_i x_i & \dfrac{1}{n}\sum_{i=1}^{m}n_i x_i^2\end{pmatrix}\end{aligned}$$

对一个连续设计

$$\xi=\begin{Bmatrix} x_1 & x_2 & \cdots & x_m \\ w_1 & w_2 & \cdots & w_m \end{Bmatrix}$$

其在模型(8.1.5)下的信息矩阵为

$$\boldsymbol{M}(\xi)=\begin{pmatrix}1 & \sum_{i=1}^{m}w_i x_i\\ \sum_{i=1}^{m}w_i x_i & \sum_{i=1}^{m}w_i x_i^2\end{pmatrix}$$

如果一个设计 ξ_n 试验点没有重复，即所有 n_i 都为 1，那么

$$\boldsymbol{M}(\xi_n)=\frac{1}{n}\begin{pmatrix} n & \sum_{i=1}^{m} x_i \\ \sum_{i=1}^{m} x_i & \sum_{i=1}^{m} x_i^2 \end{pmatrix}$$

这个设计也对应于连续设计

$$\xi=\begin{Bmatrix} x_1 & x_2 & \cdots & x_n \\ 1/n & 1/n & \cdots & 1/n \end{Bmatrix}$$

考虑两个连续设计，分别有 $n=2$ 和 $n=3$ 个试验点，

$$\xi^{(1)}=\begin{Bmatrix} -1 & 1 \\ 1/2 & 1/2 \end{Bmatrix}$$

和

$$\xi^{(2)}=\begin{Bmatrix} -1 & 0 & 1 \\ 1/3 & 1/3 & 1/3 \end{Bmatrix}$$

可以算出它们在模型(8.1.5)信息矩阵分别为

$$\boldsymbol{M}(\xi^{(1)})=\begin{pmatrix} 1 & 0 \\ 0 & 1 \end{pmatrix}$$

和

$$\boldsymbol{M}(\xi^{(2)})=\begin{pmatrix} 1 & 0 \\ 0 & 2/3 \end{pmatrix}$$

对任意 $x\in[-1,1]$，在 $\xi^{(1)}$ 和 $\xi^{(2)}$ 下的标准化预测方差分别为

$$d(x,\xi^{(1)})=1+x^2$$

和

$$d(x,\xi^{(2)})=1+3x^2/2$$

可以看到 $d(x,\xi^{(1)})\leqslant d(x,\xi^{(2)})$ 始终成立。当 $x=\pm 1$ 时，$d(x,\xi^{(1)})$ 和 $d(x,\xi^{(2)})$ 都达到最大值，最大值分别为 2 和 3/2。

例 8.1.2 （一元二次回归模型）考虑模型

$$y=\beta_0+\beta_1 x+\beta_2 x^2+\varepsilon \tag{8.1.6}$$

假设一个离散设计为

$$\xi_n=\begin{Bmatrix} x_1 & x_2 & \cdots & x_m \\ n_1 & n_2 & \cdots & n_m \end{Bmatrix}$$

其中 $n_1+n_2+\cdots+n_m=n$，$x_1\in[-1,1]$。类似例 8.1.1，设计 ξ_n 在模型(8.1.6)下的信息矩阵为

$$M(\xi_n)=\begin{pmatrix}1 & \frac{1}{n}\sum_{i=1}^{m}n_ix & \frac{1}{n}\sum_{i=1}^{m}n_ix_i^2\\ \frac{1}{n}\sum_{i=1}^{m}n_ix & \frac{1}{n}\sum_{i=1}^{m}n_ix_i^2 & \frac{1}{n}\sum_{i=1}^{m}n_ix_i^3\\ \frac{1}{n}\sum_{i=1}^{m}n_ix_i^2 & \frac{1}{n}\sum_{i=1}^{m}n_ix_i^3 & \frac{1}{n}\sum_{i=1}^{m}n_ix_i^4\end{pmatrix}$$

对一个连续设计

$$\xi=\begin{Bmatrix}x_1 & x_2 & \cdots & x_m\\ w_1 & w_2 & \cdots & w_m\end{Bmatrix}$$

其在模型(8.1.6)下的信息矩阵为

$$M(\xi)=\begin{pmatrix}1 & \sum_{i=1}^{m}w_ix & \sum_{i=1}^{m}w_ix_i^2\\ \sum_{i=1}^{m}w_ix & \sum_{i=1}^{m}w_ix_i^2 & \sum_{i=1}^{m}w_ix_i^3\\ \sum_{i=1}^{m}w_ix_i^2 & \sum_{i=1}^{m}w_ix_i^3 & \sum_{i=1}^{m}w_ix_i^4\end{pmatrix}$$

仍考虑例 8.1.1 中的两个设计 $\xi^{(1)}$ 和 $\xi^{(2)}$，以及一个新的设计

$$\xi^{(3)}=\begin{Bmatrix}-1 & -1/2 & 1/2 & 1\\ 1/4 & 1/4 & 1/4 & 1/4\end{Bmatrix}$$

它们在模型(8.1.6)信息矩阵分别为

$$M(\xi^{(1)})=\begin{pmatrix}1 & 0 & 1\\ 0 & 1 & 0\\ 1 & 0 & 1\end{pmatrix}$$

$$M(\xi^{(2)})=\begin{pmatrix}1 & 0 & 2/3\\ 0 & 2/3 & 0\\ 2/3 & 0 & 2/3\end{pmatrix}$$

和

$$M(\xi^{(3)})=\begin{pmatrix}1 & 0 & 5/8\\ 0 & 5/8 & 0\\ 5/8 & 0 & 17/32\end{pmatrix}$$

可见 $M(\xi^{(1)})$ 是退化的，其逆矩阵不存在，因此设计 $\xi^{(1)}$ 对模型(8.1.6)不可估。设计 $\xi^{(2)}$ 和 $\xi^{(3)}$ 的信息矩阵都是非退化的。

对任意 $x\in[-1,1]$，在 $\xi^{(2)}$ 和 $\xi^{(3)}$ 下的标准化预测方差分别为

$$d(x,\xi^{(2)}) = 3 - 9x^2/2 + 9x^4/2$$

和

$$d(x,\xi^{(3)}) = 34/9 - 328x^2/45 + 64x^4/9$$

当 $x=0$ 和 ± 1 时，$d(x,\xi^{(2)})$ 达到最大值 3。当 $x=0$ 时，$d(x,\xi^{(3)})$ 达到最大值 34/9。

8.1.2 最优准则

给定回归模型 $y=\boldsymbol{f}'(x)\boldsymbol{\beta}+\varepsilon$ 和试验区域 $\Xi=[-1,1]^p$，最优设计的目的是寻找一个最优的 ξ（这里以连续设计为例）。一个最优设计 ξ 应该能够使得试验后，对待估参数 $\boldsymbol{\beta}$ 带来最多的“信息量”，即使得(8.1.3)定义的 Fisher 信息矩阵 $\boldsymbol{M}(\xi)$ 在某种意义下最大化。然而 $\boldsymbol{M}(\xi)$ 是一个非负定矩阵，直接优化一个矩阵非常不便，或者不存在最优解。Kiefer 的最优设计理论考虑优化 $\boldsymbol{M}(\xi)$ 的一个函数 $\psi(\boldsymbol{M}(\xi))$。我们不妨设函数 $\psi(\boldsymbol{M}(\xi))$ 的优化目标是最小化，否则可以取 $-\psi(\boldsymbol{M}(\xi))$。称一个 Ξ 上的设计 ξ^* 是 ψ 一最优设计，若

$$\psi\{\boldsymbol{M}(\xi^*)\} = \min_{\xi}\psi\{M(\xi)\}$$

成立，即它在所有设计中最小化 $\psi(\boldsymbol{M}(\xi))$。最优准则函数 ψ 应当满足若 $\boldsymbol{M}(\xi_1)-\boldsymbol{M}(\xi_2)$ 为非负定矩阵，则 $\psi(\boldsymbol{M}(\xi_1)) \leqslant \psi(\boldsymbol{M}(\xi_2))$。

在文献中可以找到许多最优准则，它们中的大多数都是以字母开头命名的。实际中常用的最优准则有 D-最优，A-最优，E-最优，Φ_k-最优，G-最优和 I-最优等。下面我们分别介绍。

1. D-最优准则

D-最优准则是最常用的最优设计准则，它最大化信息矩阵的行列式，即最小化

$$\psi_D(\boldsymbol{M}(\xi)) = |\boldsymbol{M}^{-1}(\xi)| = |\boldsymbol{M}(\xi)|^{-1}$$

由于

$$\operatorname{var}(\hat{\boldsymbol{\beta}}) = \frac{\sigma^2}{n}\boldsymbol{M}^{-1}(\xi)$$

因此 D-最优准则等价于最小化参数估计 $\hat{\boldsymbol{\beta}}$ 的广义方差 $|\operatorname{var}(\hat{\boldsymbol{\beta}})|$。假设信息矩阵 $\boldsymbol{M}(\xi)$ 的特征根为

$$\lambda_1 \geqslant \lambda_2 \geqslant \cdots \geqslant \lambda_q > 0$$

则 D-最优准则也可写为

$$\psi_D(\boldsymbol{M}(\xi)) = \prod_{i=1}^{q}\frac{1}{\lambda_i}$$

在误差为正态分布的假设下，可以证明 D-最优设计最小化参数 $\boldsymbol{\beta}$ 的置信椭球的体积。

D-最优设计具有尺度变换不变性，即假设 ξ^* 是模型 $y=f'(\boldsymbol{x})\boldsymbol{\beta}+\varepsilon$ 的D-最优设计，如果把变量 $\boldsymbol{x}$ 做非退化线性变换 $T\boldsymbol{x}$，其中 T 为非退化方阵，则 ξ^* 仍是模型 $y=f'(T\boldsymbol{x})\boldsymbol{\beta}+\varepsilon$ 的 D-最优设计。

2. A-最优准则

A-最优准则函数为

$$\psi_A(\boldsymbol{M}(\xi)) = \operatorname{tr}(\boldsymbol{M}^{-1}(\xi))$$

若用信息矩阵的特征根表示,则 A-最优准则函数还可以写为

$$\psi_A(\boldsymbol{M}(\xi)) = \sum_{i=1}^{q} \frac{1}{\lambda_i}$$

对于最小二乘估计 $\hat{\boldsymbol{\beta}} = (\hat{\beta}_1, \hat{\beta}_2, \cdots, \hat{\beta}_p)$,易见

$$\operatorname{var}(\hat{\beta}_i) = \frac{\sigma^2}{n}(\boldsymbol{M}(\xi)^{-1})_{ii}$$

其中 $(\boldsymbol{M}(\xi)^{-1})_{ii}$ 表示矩阵 $M(\xi)^{-1}$ 的第 i 个对角元。因此,A-最优设计实际上最小化所有参数估计的平均方差

$$\sum_{i=1}^{q} \operatorname{var}(\hat{\beta}_i)$$

3. E-最优准则

E-最优准则希望最小化 $\boldsymbol{M}^{-1}(\xi)$ 的最大特征根,即

$$\psi_E(\boldsymbol{M}(\xi)) = \max\ \lambda(\boldsymbol{M}^{-1}(\xi)) = \frac{1}{\lambda_q}$$

考虑其统计含义:设 $\boldsymbol{a}$ 为一个 q 维向量,满足模长为 1,即 $\boldsymbol{a}'\boldsymbol{a} = 1$。考虑线性对照 $\boldsymbol{a}'\boldsymbol{\beta}$ 的估计,其方差为

$$\operatorname{var}(\boldsymbol{a}'\hat{\boldsymbol{\beta}}) = \boldsymbol{a}'\operatorname{var}(\hat{\boldsymbol{\beta}})\boldsymbol{a} = \frac{\sigma^2}{n}\boldsymbol{a}'\boldsymbol{M}^{-1}(\xi)\boldsymbol{a}$$

在所有满足 $\boldsymbol{a}'\boldsymbol{a} = 1$ 的线性对照 $\boldsymbol{a}'\boldsymbol{\beta}$ 中,最大方差为

$$\max_{\boldsymbol{a}'\boldsymbol{a}=1}\operatorname{var}(\boldsymbol{a}'\hat{\boldsymbol{\beta}}) \propto \max_{\boldsymbol{a}'\boldsymbol{a}=1}\boldsymbol{a}'M^{-1}(\xi)\boldsymbol{a} = \frac{1}{\lambda_q}$$

因此,E-最优最小化 $\boldsymbol{a}'\hat{\boldsymbol{\beta}}$ 的最大可能的方差。

4. $\boldsymbol{\Phi}_k$-最优准则

D-最优,A-最优和 E-最优准则都是信息矩阵的特征根的函数。这些准则可以被推广为 Φ_k-最优准则。设 k 是一个非负整数,Φ_k-最优准则函数为

$$\Phi_k(\boldsymbol{M}(\xi)) = \left(\frac{1}{q}\sum_{i=1}^{q}\frac{1}{\lambda_i^k}\right)^{1/k}, \quad k > 0, k \neq 0 \text{ 且 } k \neq \infty$$

易见当 $k=1$ 时,Φ_k-最优准则即 A-最优准则。若 $k=0$ 或 $k=\infty$,分别取上面函数的极限,定义

$$\Phi_0(\boldsymbol{M}(\xi)) = \left(\prod_{i=1}^{q}\frac{1}{\lambda_i}\right)^{1/q}$$

和

$$\Phi_{\infty}(\boldsymbol{M}(\xi))=\frac{1}{\lambda_q}$$

它们分别对应于 D-最优和 E-最优准则。除了 D-最优设计，一般的 Φ_k-最优设计，如 A-最优、E-最优设计，没有尺度变换不变这一性质。

5. G-最优准则

给定试验区域 Ξ 上任一点 $\boldsymbol{x}$，前面我们定义了标准化预测方差

$$d(\boldsymbol{x},\xi)=f'(\boldsymbol{x})\boldsymbol{M}^{-1}(\xi)f(\boldsymbol{x})$$

G-最优设计的目的是最小化试验区域 Ξ 上一个新点的预测方差的最大值，即

$$\psi_G(\boldsymbol{M}(\xi))=\max_{x\in\Xi}d(\boldsymbol{x},\xi)=\max_{x\in\Xi}f'(\boldsymbol{x})\boldsymbol{M}^{-1}(\xi)f(\boldsymbol{x})$$

可以证明，对于连续型设计，G-最优准则等价于 D-最优准则，但对离散设计该结论不成立。

6. I-最优准则

I-最优准则的目的是使试验区域 Ξ 上的平均预测方差达到最小，因此，其准则函数为

$$\psi_I(\boldsymbol{M}(\xi))=E[d(\boldsymbol{x},\xi)]=\int_{\Xi}f'(\boldsymbol{x})\boldsymbol{M}^{-1}(\xi)f(\boldsymbol{x})d\boldsymbol{x}$$

对一些常用模型，其最优设计已有一些理论结果。如 Guest (1958)[109]给出了任意阶的一元多项式回归模型的连续 D-最优设计，Box 和 Draper (1971)[110]给出了二元二次多项式模型的试验次数从 6 到 9 的离散 D-最优设计。有兴趣的读者可以参见他们的文章。下面三个例子给出了最优设计准则在前面章节介绍的正交设计、中心组和设计等的应用。

例 8.1.3 (二水平完全因子设计的最优性) 在 §4.8 我们介绍了完全因子设计(full factorial design)及其分析方法。考虑一个 k 因子的二水平完全因子设计，记为 ξ，k 个因子记为 $x_1,\cdots,x_k$，各自水平取值为 $+1$ 或 -1，每种水平组合重复次数相，设计行数为 n。对包含主效应和各阶交互效应的回归模型

$$y=\beta_0+\sum_j\beta_jx_j+\sum_{i<j}\beta_{ij}x_ix_j+\sum_{i<j<l}\beta_{ijl}x_ix_jx_l\cdots+\beta_{1,2,\cdots,k}x_1x_2\cdots x_k+\varepsilon$$

记 X 为设计 ξ 的模型矩阵，则由完全因子设计的性质容易推得系数矩阵 $X'X$ 为对角阵：

$$X'X=\begin{pmatrix} n & 0 & \cdots & 0 \\ 0 & n & \cdots & 0 \\ \vdots & \vdots & \ddots & \vdots \\ 0 & 0 & \cdots & n \end{pmatrix}$$

信息矩阵 $\boldsymbol{M}(\xi)=X'X/n$ 为单位阵。对其他任何一个 $[-1,1]^k$ 上的设计 ξ'，其信息矩阵 $\boldsymbol{M}(\xi')$ 的对角元素都不会超过 1，因此必定满足 $\boldsymbol{M}(\xi)-\boldsymbol{M}(\xi')$ 是非负定的。从而由最优准则函数的性质，对任意最优准则函数 ψ，$\psi(\boldsymbol{M}(\xi))\leqslant\psi(\boldsymbol{M}(\xi'))$，即对上述各种准

则，二水平完全因子设计都是最优的。

易见当回归模型只包含主效应和部分交互效应，上述结论依旧成立。譬如对一次回归模型 $y=\beta_0+\sum_j\beta_jx_j+\varepsilon$ 和包含主效应和二阶交互效应模型 $y=\beta_0+\sum_j\beta_jx_j+\sum_{i<j}\beta_{ij}x_ix_j+\varepsilon$，在各种准则下二水平完全因子设计都是最优设计。

例 8.1.4 （二水平正交设计的最优性） 考虑一个 k 因子的二水平正交设计 ξ，对一次回归模型 $y=\beta_0+\sum_j\beta_jx_j+\varepsilon$，在§6.2中我们已得到系数矩阵为对角阵，因此，$\xi$ 的信息矩阵为单位阵，同例 8.1.3 中的分析我们也能得出在各准则下，二水平正交设计都是最优的。

例 8.1.5 对第6章表6.3.1中的 $p=2$ 的中心组合设计（记为 ξ）考虑 D-最优准则作为评价准则。该设计的中心点个数为 m_0，总试验点个数为 $n=8+m_0$，(8.4.2)式给出了系数矩阵 $X'X$ 的表达式，信息矩阵 $\boldsymbol{M}(\xi)=X'X/n$。容易计算

$$\psi_D(\boldsymbol{M}(\xi))=|\boldsymbol{M}(\xi)|^{-1}=\frac{(m_0+8)^6}{64\gamma^4(4(\gamma^4-4)^2+(\gamma^4+4)(\gamma^2+2)^2m_0)}$$

从上式可见星号点里 γ 的值越大，中心组合设计的 D-最优准则函数值越小。假设 $\gamma=1$ 固定，则

$$\psi_D(\boldsymbol{M}(\xi))=\frac{(8+m_0)^6}{64(45m_0+36)}$$

此时 $\psi_D(\boldsymbol{M}(\xi))$ 的值随着中心点个数 m_0 的增加而增大，当 $m_0=1$ 时，此时的中心组合设计在 D-准则下最优，$\psi_D(\boldsymbol{M}(\xi))$ 的值为 102.516。

8.1.3 等价性定理

等价性定理给出了一个连续设计是最优设计的等价条件。该定理假设试验区域 Ξ 上的全体设计集合为一个闭凸集，最优准则函数 $\psi(\boldsymbol{M}(\xi))$ 是凸函数并且可微，具体见[107]。对于 D-最优准则，我们取等价的准则函数

$$\psi_D(\boldsymbol{M}(\xi))=\log|\boldsymbol{M}^{-1}(\xi)|=-\log|\boldsymbol{M}(\xi)|$$

即满足上述要求。对 $\boldsymbol{x}\in\Xi$，令

$$\delta_x=\begin{Bmatrix}\boldsymbol{x}\\1\end{Bmatrix}$$

为单点 $\boldsymbol{x}$ 上的连续设计，即 δ_x 的全部权重集中在单点 $\boldsymbol{x}$ 上。

对任何一个连续设计 ξ 和 $0\leqslant\alpha\leqslant1$，$(1-\alpha)\xi+\alpha\delta_x$ 也是一个连续设计，并且由信息矩阵的定义，设计 $\alpha\xi+(1-\alpha)\delta_x$ 的信息矩阵为

$$\boldsymbol{M}((1-\alpha)\xi+\alpha\delta_x)=(1-\alpha)\boldsymbol{M}(\xi)+\alpha\boldsymbol{M}(\delta_x)$$

定义最优准则函数 ψ 在设计 ξ 处沿着 δ_x 方向的导数为

$$\phi(\boldsymbol{x},\xi)=\lim_{\alpha\to 0+}\frac{1}{\alpha}[\psi((1-\alpha)\boldsymbol{M}(\xi)+\alpha\boldsymbol{M}(\delta_x))-\psi(\boldsymbol{M}(\xi))] \tag{8.1.7}$$

则有下列等价性定理成立，该定理证明比较复杂，我们略去，有兴趣的读者可见[106—108]。

定理 8.1.1 （ψ-最优设计等价性定理）以下三条命题等价：

(1) ξ^* 是 ψ-最优设计；

(2)对任意 $\boldsymbol{x}\in\Xi$，$\phi(\boldsymbol{x},\xi^*)\geqslant 0$；

(3) $\phi(\boldsymbol{x},\xi^*)$ 在 ξ^* 的每一个设计点 $\boldsymbol{x}$ 上取到最小值，且 $\phi(\boldsymbol{x},\xi^*)=0$。

例 8.1.7 考虑模型 $y=f'(\boldsymbol{x})\boldsymbol{\beta}+\varepsilon$ 和 D-最优准则，准则函数取为 $-\log|\boldsymbol{M}(\boldsymbol{\xi})|$，根据(8.1.7)式容易求出

$$\phi(\boldsymbol{x},\xi)=q-d(\boldsymbol{x},\xi)$$

其中 q 为参数向量 $\boldsymbol{\beta}$ 的维数，$d(\boldsymbol{x},\xi)$ 为(8.1.4)式定义的标准化预测方差。由定理 8.1.1，一个连续设计 ξ^* 为 D-最优设计当且仅当对任意 $\boldsymbol{x}\in\Xi$，$d(\boldsymbol{x},\xi^*)\leqslant q$，也等价于 $\phi(\boldsymbol{x},\xi^*)$ 在 ξ^* 的每一个设计点 $\boldsymbol{x}$ 上取到最小值，且 $d(\boldsymbol{x},\xi^*)=q$。

现考虑例 8.1.1 中的一元简单线性回归模型(8.1.5)，此时 $p=2$。我们已经求出在设计 $\xi^{(1)}$ 下的标准化预测方差为

$$d(x,\xi^{(1)})=1+x^2$$

易见对任意 $x\in[-1,1]$，$d(x,\xi^{(1)})\leqslant q=2$，且在 $\xi^{(1)}$ 的两个试验点 -1 和 1 上 $d(\pm 1,\xi^{(1)})=2$，因此 $\xi^{(1)}$ 是模型(8.1.5)的 D-最优设计。在设计 $\xi^{(2)}$ 下的标准化预测方差

$$d(x,\xi^{(2)})=1+3x^2/2$$

其在$[-1,1]$上最大值为 $d(\pm 1,\xi^{(2)})=5/2>q=2$，因此 $\xi^{(2)}$ 不是模型(8.1.5)的 D-最优设计。

再考虑例 8.1.2 中的一元二次回归模型(8.1.6)，此时 $p=3$。我们已经求出在设计 $\xi^{(2)}$ 下的标准化预测方差为

$$d(x,\xi^{(2)})=3-9x^2/2+9x^4/2$$

易见对任意 $x\in[-1,1]$，$d(x,\xi^{(2)})\leqslant q=3$，且在 $\xi^{(2)}$ 的三个试验点 0 和 ± 1 上 $d(x,\xi^{(2)})=3$，因此 $\xi^{(2)}$ 是模型(8.1.5)的 D-最优设计。在设计 $\xi^{(3)}$ 下的标准化预测方差为

$$d(x,\xi^{(3)})=34/9-328x^2/45+64x^4/9$$

当 $x=0$ 时，$d(x,\xi^{(3)})$ 达到最大值 34/9，大于 3，因此 $\xi^{(3)}$ 不是模型(8.1.6)的 D-最优设计。

习题 8.1

1. 对一元简单线性回归模型(8.1.5),考虑例 8.1.2 中的设计

$$\xi^{(3)} = \begin{Bmatrix} -1 & -1/2 & 1/2 & 1 \\ 1/4 & 1/4 & 1/4 & 1/4 \end{Bmatrix}$$

计算其信息矩阵和标准化方差。

2. 对一元二次回归模型(8.1.6),若设计为

$$\xi = \begin{Bmatrix} -1 & -\sqrt{\sqrt{5}-2} & \sqrt{\sqrt{5}-2} & 1 \\ 1/4 & 1/4 & 1/4 & 1/4 \end{Bmatrix}$$

计算其信息矩阵和标准化方差。

3. 对一元简单线性回归模型(8.1.5),证明对任意 $a \in (0,1)$,设计

$$\xi = \begin{Bmatrix} -a & a \\ 0.5 & 0.5 \end{Bmatrix}$$

不是 D-最优设计。

4. 对通过原点的一元二次模型

$$y = \beta_1 x + \beta_2 x^2$$

设试验区域为$[0,1]$。

(1)考虑

$$\xi = \begin{Bmatrix} a & 1 \\ w & 1-w \end{Bmatrix}$$

这样的连续设计,其中 $a \in [0,1]$, $w \in [0,1]$,计算其信息矩阵和标准化方差。

(2)证明 $a = \sqrt{2}-1$, $w = \sqrt{2}/2$ 时的设计 ξ^* 是所有$[0,1]$上连续设计中最小化 $\mathrm{var}(\hat{\beta}_2)$ 的最优设计。

§8.2 饱和设计

8.2.1 定义

我们先看一个例子。

例 8.2.1 某电缆厂希望改进其电缆产品的抗拉强度,因此需找出对抗拉强度指标有显著影响的重要因子。经专家分析影响此指标的因子可能有 A、B、C、D、E、F、G、H 和 I 等 9 个。另外交互作用 AG、AH、GH、DH、EH、FH 也可能存在。据经验 9 个因子和 6 个交互作用全都对指标有显著影响是不可能的,但不知道哪些因子和交互作用对指标有显著影响哪些没有影响。每个因子各取两个水平,因此用二水平正交表 $L_{16}(2^{15})$ 安排试验。由于条件的限制,无法进行重复试验。表头设计见表 8.2.1。

表 8.2.1　电缆抗拉强度试验的表头设计

表头设计	A	G	AG	H	AH	GH	B	D	E	F	I	DH	EH	FH	C	y
试验号 / 列号	1	2	3	4	5	6	7	8	9	10	11	12	13	14	15	
1	1	1	1	1	1	1	1	1	1	1	1	1	1	1	1	46.5
2	1	1	1	1	1	1	1	2	2	2	2	2	2	2	2	42.5
3	1	1	1	2	2	2	2	1	1	1	1	2	2	2	2	40.2
4	1	1	1	2	2	2	2	2	2	2	2	1	1	1	1	44.0
5	1	2	2	1	1	2	2	1	1	2	2	1	1	2	2	40.6
6	1	2	2	1	1	2	2	2	2	1	1	2	2	1	1	43.6
7	1	2	2	2	2	1	1	1	1	2	2	2	2	1	1	45.5
8	1	2	2	2	2	1	1	2	2	1	1	1	1	2	2	42.4
9	2	1	2	1	2	1	2	1	2	1	2	1	2	1	2	40.6
10	2	1	2	1	2	1	2	2	1	2	1	2	1	2	1	42.2
11	2	1	2	2	1	2	1	1	2	1	2	2	1	2	1	45.9
12	2	1	2	2	1	2	1	2	1	2	1	1	2	1	2	42.4
13	2	2	1	1	2	2	1	1	2	2	1	1	2	2	1	44.7
14	2	2	1	1	2	2	1	2	1	1	2	2	1	1	2	42.4
15	2	2	1	2	1	1	2	1	2	2	1	2	1	1	2	40.2
16	2	2	1	2	1	1	2	2	1	1	2	1	2	2	1	43.7

从表 8.2.1 可见，这是一个二水平的正交设计。它考查了 9 个因子的主效应，同时又考查了 6 个交互效应。所考查的因子和交互作用放满了正交表的各列。像这样，在一试验设计中，被考察的因子（包括交互作用）达到此设计所能容许的最大个数，这一设计就称为**饱和设计**。在饱和设计中，若不进行重复试验，各因子（包括交互作用）的自由度之和等于总试验次数减一，从而不再有剩余的自由度可用于误差的估计。这时，虽然仍能估计出各因子的效应，但却无法再用通常的方差分析来对因子进行显著性检验。因此必须另外设法对饱和设计进行分析。

当一个饱和设计又是一个正交设计时，则称其为正交饱和设计，否则就称为非正交饱和设计。任何一个正交设计方案，当考察的因子和交互作用排满了正交表各列时，就成为一个正交饱和设计方案。根据所用的正交表的不同，正交饱和设计又可分为二水平正交饱和设计，多水平（二水平以上）正交饱和设计，以及混合水平正交饱和设计等。例 8.2.1 中的设计就是一个二水平正交饱和设计。

饱和设计在实际中应用广泛，可以节省大量的试验时间和费用，带来较大的经济效益。基于正交表的正交饱和设计，特别是二水平正交饱和设计，在开发新产品和改进产品设计或生产过程的初始阶段（即筛选阶段）应用得相当普遍。而非正交饱和设计在实际中使用极少。但有时一个正交设计，比如在发生数据缺失而又无法再进行试验弥补时，也会成为一个非正交饱和设计。目前对非正交饱和设计及其分析方法研究得还不多，技术还不够成熟，这里我们将不做介绍。对此有兴趣的读者可参见[56]和[57]等。

下面主要介绍二水平正交饱和设计的分析方法。

8.2.2 统计模型

对一个试验次数为 n 的饱和设计,通常可用如下的线性统计模型来描述:

$$y_j = \sum_{i=0}^{p} x_{ji}\beta_i + \varepsilon_j, \quad j=1,\cdots,n \tag{8.2.1}$$

此模型是前几章中介绍的效应可加模型的一般化形式。其中因子个数 $p = n-1$(正交表的列数),β_0 是总平均,$\beta_1,\cdots,\beta_p$ 代表因子的主效应,也可代表某些需考察的交互效应。记 $\boldsymbol{y}=(y_1,\cdots,y_n)'$,$\boldsymbol{x}_i=(x_{1i},x_{2i},\cdots,x_{ni})'$,$i=0,1,\cdots,p$,其中 $\boldsymbol{x}_0=\boldsymbol{1}_n$,$\boldsymbol{x}_1,\cdots,\boldsymbol{x}_p$ 由试验设计来确定。矩阵 $\boldsymbol{X}=(\boldsymbol{x}_1,\cdots,\boldsymbol{x}_p)$ 称为设计矩阵。对二水平正交设计,$\boldsymbol{x}_i$ 对应于正交表的第 i 列,只需将该列水平 2 变成 -1 就构成了 $\boldsymbol{x}_i$。例如,正交表 $L_{16}(2^{15})$ 的第 1 列为 (111 1111 1 2 2 2 2 2 2 2 2)′,则 $\boldsymbol{x}_1=(+1,+1,+1,+1,+1,+1,+1,+1,-1,-1,-1,-1,-1,-1,-1,-1)'$。

假设:

(a) ε_i, $i=1,\cdots,n$ 是相互独立的随机误差,具有相同的均值 0 和相同的方差 σ^2;

(b) ε_i, $i=1,\cdots,n$ 服从正态分布;

(c)在 p 个因子中最多有 r($1\leqslant r<p$)个非零效应的因子,即 $\beta_1,\cdots,\beta_p$ 中最多 r 个不等于零。

当试验设计是正交的时候,若假设的条件(a)满足,易知

$$\hat{\beta}_i=\boldsymbol{x}'_i\boldsymbol{y}/(\boldsymbol{x}'_i\boldsymbol{x}_i), \quad 0\leqslant i\leqslant p \tag{8.2.2}$$

是 β_i 的最优线性无偏估计(BLUE)。如果设计是二水平正交设计,则

$$\begin{aligned}2\hat{\beta}_i &= 2\boldsymbol{x}'_i\boldsymbol{y}/\boldsymbol{n}\\ &=\text{第 } i \text{ 列水平 1 的观察值之均值}-\text{第 } i \text{ 列水平 2 的观察值之均值}\\ &=R_i, \quad 0\leqslant i\leqslant p\end{aligned} \tag{8.2.3}$$

这里 R_i 的绝对值就是正交表第 i 列的极差。

若条件(b)也满足,则 $\hat{\beta}_i$ 还是正态的,其期望为 β_i,方差 $\mathrm{var}(\hat{\beta}_i)$ 为

$$\tau^2=\sigma^2/(\boldsymbol{x}'_i\boldsymbol{x}_i) \tag{8.2.4}$$

当设计是二水平正交设计时,$\tau^2=\sigma^2/n$。另外,$\hat{\beta}_0,\hat{\beta}_1,\cdots,\hat{\beta}_p$ 还是相互独立的随机变量。

我们的任务是利用 n 个观察值 $y_1,\cdots,y_n$ 来对假设

$$\begin{aligned}&H_0: \beta_1=\beta_2=\cdots=\beta_p=0\\ &H_1: \text{诸 } \beta_i \text{ 不全为零}\end{aligned} \tag{8.2.5}$$

进行检验。若 H_0 被拒绝,则说明有显著性因子存在。然后再确定哪些因子是显著的。然而由于没有进行重复试验,正交表中也没有空白列,从而误差平方和 $S_e\equiv 0$。因此无法再用方差分析对因子进行显著性检验。

实际经验告知,在筛选试验阶段,Pareto 原理常常是正确的,即指标波动的大部分往

往是由少部分因子所引起的。换句话说，就是大部分因子的效应都为零，而非零效应的因子只占少部分，尽管不知道哪些效应不等于 0，哪些等于 0。因此，有人就想到了利用这些效应为零的因子来识别少量可能存在的显著性因子。在这种显著因子稀疏假设下，人们提出了一些对饱和设计的统计分析方法。这些方法可分成图形法和数值分析法两类。下面我们分别介绍。

8.2.3 图形分析法

图形分析法，顾名思义，就是用图来分析是否存在着显著性因子。第一个可接受的达到实用程度的分析方法是由 Daniel[28]在 1959 年提出的正态或半正态图法。后来 Zahn[35][36]对 Daniel 的方法加以了改进。我们介绍用半正态图来识别二水平正交饱和设计中显著性因子的方法。

若一个随机变量 X 的概率密度函数为

$$p(x)=\begin{cases}\dfrac{2}{\sqrt{2\pi}\ \tau}e^{-\frac{x^2}{2\tau^2}}, & x\geqslant 0\\ 0, & x<0\end{cases} \tag{8.2.6}$$

则称 X 服从参数为 τ^2 的半正态分布，记为 $X\sim HN(\tau^2)$。易知 $E(X)=\sqrt{\dfrac{2}{\pi}}\tau$，$\mathrm{var}(X)=\left(1-\dfrac{2}{\pi}\right)\tau^2$。当 $\tau^2=1$ 时，称其为标准半正态分布，记为 $X\sim HN(1)$。

当假设 H_0 成立时，效应的估计量 $\hat{\beta}_i$ 服从 $N(0,\tau^2)$ 分布。从而 $|\hat{\beta}_i|\sim HN(\tau^2)$。设半正态分布 $HN(\tau^2)$ 的 α 分位数为 x_α，则必有

$$\alpha=P\left(\left|\frac{\hat{\beta}_i}{\tau}\right|\leqslant\frac{x_\alpha}{\tau}\right)=\Phi\left(\frac{x_\alpha}{\tau}\right)-\Phi\left(-\frac{x_\alpha}{\tau}\right)=2\Phi\left(\frac{x_\alpha}{\tau}\right)-1$$

因此，若 $x_\alpha=\tau$，则 $\alpha=2\Phi(1)-1\approx 0.683$，即 τ 恰是半正态分布 $HN(\tau^2)$ 的 0.683 分位数。另外，还可得 $x_\alpha/\tau=\Phi^{-1}\left(\dfrac{\alpha}{2}+0.5\right)$。令 $q_\alpha=\Phi^{-1}(\alpha/2+0.5)$，则 $q_\alpha=x_\alpha/\tau$，其中 q_α 是标准半正态分布的 α 分位数。因此，在以 x_α 为横轴，q_α 为纵轴的直角坐标系中，(x_α，q_α)的轨迹是一条过原点的直线，其斜率是 $1/\tau$。另外，若取 $\alpha=0.5$，则

$$\tau=\frac{x_{0.5}}{q_{0.5}}=\frac{x_{0.5}}{\Phi^{-1}(0.5/2+0.5)}=\frac{x_{0.5}}{\Phi^{-1}(0.75)}\approx 1.5x_{0.5} \tag{8.2.7}$$

也就是说，正态分布 $N(0,\tau^2)$ 的标准差 τ 约等于半正态分布 $HN(\tau^2)$ 中位数的 1.5 倍。

如果 H_0 成立，$|\hat{\beta}_i|$，$i=1,2,\cdots,p$，是来自参数为 τ^2 的半正态总体的样本，点($|\hat{\beta}|_{(i)}$，q_i)，$i=1,2,\cdots,p$，应该近似地排列成一条过原点的直线，其中 $|\hat{\beta}|_{(i)}$ 为次序统计量，$q_i=\Phi^{-1}((i-0.5)/(2p)+0.5)$ 为标准半正态总体的 $(i-0.5)/p$ 分位数。如果 H_0 不成立，则有某些因子效应不为 0，其效应估计的绝对值将偏大，从而对应于这些效应的点将偏离上述直线。所以，我们可以用效应估计的绝对值为横坐标，对应的标准

半正态分布分位数为纵坐标，将点（$|\hat{\beta}|_{(i)}$，q_i），$i=1,2,\cdots,p$，描在直角坐标系中，通过观察图中是否所有的点都近似落在一条过原点的直线上，来判断是否有显著性因子存在。这样的图就是半正态图。而图中过原点的直线称为显著性因子的判别直线，简称判别直线。若图中有些点明显偏离大多数点所确定的判别直线，则认为这些点所对应的因子是显著的。对二水平的正交饱和设计，由等式(8.2.3)知，正交表第 i 列的 $R_i=2\hat{\beta}_i$，因此 $\hat{\beta}_i$ 可由 R_i 代替，其效果是完全等价的。

判别直线可用原点和选取的一点（$|\hat{\beta}|_{(k)}$，q_k）来确定。如果选取的点（$|\hat{\beta}|_{(k)}$，q_k）离原点太近，由于样本的波动性，由此确定的判别直线将受 $|\hat{\beta}|_{(k)}$ 波动的影响太大；如果离原点太远，$|\hat{\beta}|_{(k)}$ 将靠近 $|\hat{\beta}|_{(p)}$，这时 $|\hat{\beta}|_{(k)}$ 的值就可能会受到来自非半正态分布的样本异常值的影响，故这样确定的判别直线将受样本异常值的影响太大。因此，理想的取法是，取尽可能大的 $k(k<p)$，又不使 $|\hat{\beta}|_{(k)}$ 受到异常值的影响。一个常见的取法是 $k=[0.683(p+1)]$，这里 $[x]$ 表示不大于 x 的最大整数。也就是，通过原点和点（$|\hat{\beta}|_{([0.683(p+1)])}$，$q_{([0.683(p+1)])}$）来确定半正态图中的判别直线。因为参数为 τ^2 的半正态分布的 0.683 分位数恰好等于 τ。所以 $|\hat{\beta}|_{([0.683(p+1)])}$ 也可作为 τ 的一个估计。

例 8.2.2 对例 8.2.1 中的正交饱和设计，$p=15$。现算得第 1 列到第 15 列的 R_i 分别为：$R_1=0.40$，$R_2=0.15$，$R_3=0.13$，$R_4=-0.15$，$R_5=0.42$，$R_6=-0.03$，$R_7=2.15$，$R_8=0.13$，$R_9=-0.05$，$R_{10}=0.40$，$R_{11}=-0.37$，$R_{12}=0.30$，$R_{13}=0.13$，$R_{14}=0.37$，$R_{15}=3.10$

将 $R_1,R_2,\cdots,R_{15}$ 取绝对值后从小到大排序得 $|R|_{(1)}\leqslant|R|_{(2)}\leqslant\cdots\leqslant|R|_{(15)}$。通过软件或查表得到 $q_i=\Phi^{-1}\left(\frac{i-0.5}{30}+0.5\right)$，$i=1,2,\cdots,15$。然后将点（$|R|_{(i)}$，$q_i$）$i=1,2,\cdots,15$ 描在直角坐标系中所得的半正态图见图 5.2.1。由 $p=15$，$[0.683\times(15+1)]=10$，所以在半正态图中过原点和点（$|R|_{(10)}$，q_{10}）作一直线，将此直线作为判别直线。见图 5.2.1。从图中可见，有两个点远离此判别直线，因此认为在 15 个效应中两个绝对值最大的效应是显著的。也即，第 7 列的因子 B 和第 15 列的因子 C 是显著的。

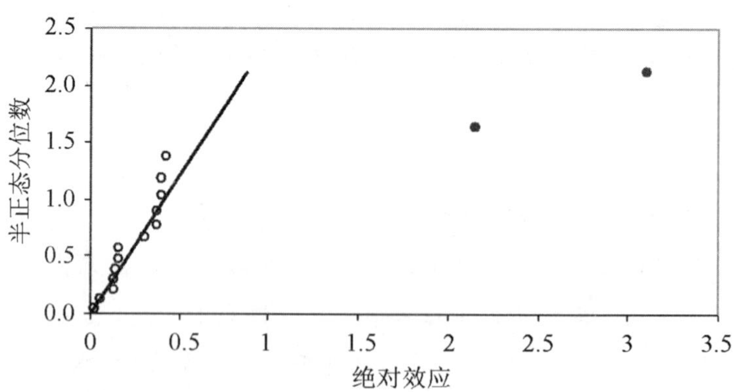

图 8.2.1 半正态图(数据来源于[33])

例 8.2.3　此例的数据来源于 Quinlan(1985)的试验[32]。它是一个基于 $L_{16}(2^{15})$ 的二水平正交饱和设计，共有 15 个因子。已算得各因子效应的估计值，见表 8.2.2。

表 8.2.2　例 8.2.3 各因子效应的估计值

序号 i	1	2	3	4	5	6	7	8
$\hat{\beta}_i$	−0.111	0.014	0.159	−0.119	0.441	0.106	0.301	−0.085
序号 i	9	10	11	12	13	14	15	
$\hat{\beta}_i$	0.043	−0.023	−0.155	0.058	0.010	0.050	0.013	

图 8.2.2 是它的半正态图。从这张半正态图，也许会得出两种不同的结论。第一种是，由原点和点$(|\hat{\beta}|_{(10)}, q_{10})$来确定判别直线(图中虚线)，则可得出有两个效应 β_5 和 β_7 是显著的结论。第二种是，考虑到显著的因子可能比较多，所以由原点和点$(|\hat{\beta}|_{(4)}, q_4)$来确定判别直线(图中实线)，则得显著的效应可能是 β_5，β_7，β_3，β_{11}，β_4，β_1 和 β_6 7 个或 8 个(再加 β_8)。那么，哪个结论正确呢？这只有通过验证试验来检验才能确定。

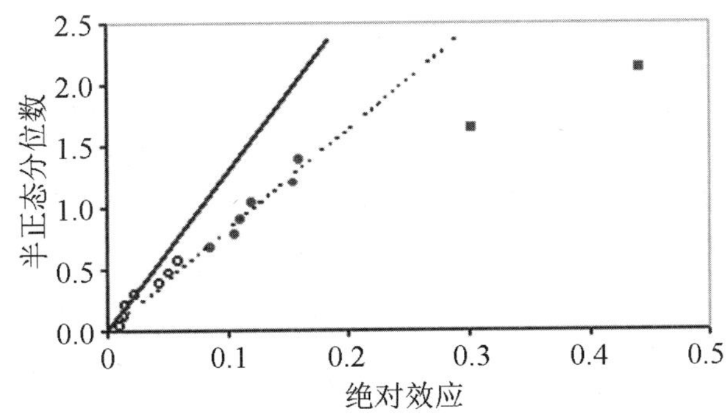

图 8.2.2　半正态图(数据来源于 Quinlan(1985)[32]，经过 ln(y)变换(见[26]))

由上例可见，半正态图也有一些缺点，主要是它的解释相当主观。图中的判别直线该怎么确定？点离判别直线多远才算显著？这都得凭经验，靠主观判断来确定。有时，两个人对同一张半正态图会有两种不同的解释。有时，同一个人对同一张图在不同的时候也会得出不同的结论。它的解释不是唯一的。另外，即使是全部效应都为零，由于样本的随机性，所有的点也不会完美地落在同一条直线上(参见 Daniel，1976[29]，pp. 84 - 213)。因此，往往只有非常有经验的专家才能正确使用图形法。

8.2.4　数值分析法

为了克服图形法的主观性缺点，人们提出了许多用数值分析法来分析饱和设计数据。有别于图形分析法，数值分析法用一个适当的统计量来检验显著性因子是否存在，同时识别出哪些因子是显著的。与图形法相比，数值分析法具有(判断)客观性和(结论)一致性的特点。我们介绍两种比较实用的、计算较简便的、效率相对较高的数值分析法，对其他数值方法感兴趣的读者可参考 Hamada 和 Balakrishnan(1998)[30]，Chen(2003)[27]等文章。

1. 直接法

受到 t 检验的启发,若能获得(8.2.4)式中标准差 τ 的估计,那么就可类似 t 检验那样,将效应的绝对值与标准差的估计直接进行比较;当此效应显著不为 0 时,此比值就会偏大;因此当此比值大到一定程度时,就有理由认为此效应是显著的。直接法的检验统计量具有如下形式

$$T_i = |\hat{\beta}_i|/\hat{\tau}$$

其中,$\hat{\tau}$ 是 τ 的一个估计。当 T_i 的值大于相应的临界值时,就认为第 i 个因子是显著的。估计 τ 的方法很多,应用最多的是由 Lenth(1989)[31]提出来的伪标准误差(简写 PSE)。他利用了如下事实:参数为 τ^2 的半正态分布的中位数的 1.5 倍约等于 τ(见等式(8.2.7))。如前所述,当所有 β_i 等于 0 时,$|\hat{\beta}_i|$, $i=1,2,\cdots,p$,独立同分布,其分布是参数为 τ^2 的半正态分布。因此,可用 $|\hat{\beta}_i|$, $i=1,2,\cdots,p$,的样本中位数来估计总体的中位数。即可用

$$s_0 = 1.5 \times (|\hat{\beta}_1|, |\hat{\beta}_2|, \cdots, |\hat{\beta}_p| \text{ 的中位数})$$

来估计 τ。用中位数估计 τ 的优点是,它对异常值具有稳健性。若 β_i, $i=1,2,\cdots,p$,不全为 0,则 $|\hat{\beta}_i|$, $i=1,2,\cdots,p$,中含有来自非半正态分布的样本,其值要比来自半正态分布的样本大。但只要这些来自非半正态分布的异常点个数少于 50%,那么它们对中位数的估计值将没有什么影响。然而,若异常点个数多于 50%,则中位数的估计值将会偏大。所以为了更可靠起见,Lenth 没有直接将 s_0 作为 τ 的估计,而是先用 s_0 将一些绝对值过大的异常点去除,然后再用剩下的 $|\hat{\beta}_i|$ 的中位数来估计 τ。即

$$\text{PSE} = 1.5 \times (\text{小于 } 2.5s_0 \text{ 的 } |\hat{\beta}_i| \text{ 的中位数})$$

当 $T_i = |\hat{\beta}_i|/\text{PSE}$ 的值大于相应的临界值 $c_{\alpha;p}$,或等价地,$|\hat{\beta}_i|$ 的值大于

$$\text{SME} = c_{\alpha;p} \times \text{PSE}$$

时,就认为第 i 个因子是显著的。其中,$1-\alpha$ 临界值 $c_{\alpha;p}$ 可在本书附表 11 中查得。它们是通过随机模拟而获得的(详见[34])。对二水平正交饱和设计,由等式(8.2.3)知,第 i 列的 $R_i = 2\hat{\beta}_i$,所以用 R_i 代替 $\hat{\beta}_i$ 计算所得的 T_i 与用 $\hat{\beta}_i$ 计算所得的 T_i 完全相同。

当显著性因子较少时(少于全部因子数的 1/4),Lenth 方法检验效率较高。随着显著性因子个数的增加,其检验效率逐渐降低。当显著性因子多于全部因子数一半时,它常常无法检出任何显著性因子。其他直接法也有同样的现象。因此,当显著性因子可能较多时,就不要使用直接法,而应该使用其他方法,比如下面介绍的 $MaxU_r$ 方法。

2. $MaxU_r$ 方法

此方法由它的检验统计量的名称而得名。它是由 Chen(2003)[27]提出来的。Chen 的想法是:当 β_i, $i=1,2,\cdots,p$,全为 0 时,$\hat{\beta}_i^2/\tau^2$, $i=1,2,\cdots,p$,独立同分布为 $\chi^2(1)$。当 β_i 不全为 0 时,对应于那些 $\beta_i \neq 0$ 的 $\hat{\beta}_i^2$ 将偏大。假如我们知道哪些 β_i 等于 0,哪些 β_i 不等于 0 的话,不失一般性,设已知 $\beta_j \neq 0$, $j=1,2,\cdots,k$, $\beta_j=0$, $j=k+1,\cdots,p$;那么

如通常的方差分析，我们就可以用统计量

$$F=\frac{\sum_{j=1}^{k}\hat{\beta}_j^2/k}{\sum\limits_{j\neq 1,2,\cdots,k}\hat{\beta}_j^2/(p-k)}$$

来检验(5.1.5) H_0。当 F 的值大于相应的临界值时，拒绝 H_0。

再考虑如下情况：假设知道恰好有 $k(1\leqslant k<p)$ 个 β_i 不等于 0，但不知道是哪 k 个。这时我们可以从 p 个 β_i 中任取 k 个(这种取法有 $\binom{p}{k}$ 种)，记它们的估计为 $\hat{\beta}_{i_j}$，$j=1,2,\cdots,k$。然后计算

$$v_k^{i_1\cdots i_k}=\frac{\sum_{j=1}^{k}\hat{\beta}_{i_j}^2/k}{\sum\limits_{j\neq i_1,\cdots,i_k}\hat{\beta}_j^2/(p-k)} \tag{8.2.8}$$

易知，当 β_i，$i=1,2,\cdots,p$，全为 0 时，$v_k^{i_1\cdots i_k}$ 都服从 F 分布 $F(k,p-k)$。若取出的这 k 个 β_i 恰好是不等于 0 的那 k 个 β_i，不失一般性，设其为 $\beta_1,\beta_2,\cdots,\beta_k$。那么，相应的 $v_k^{12\cdots k}$ 应该是在所有 $\binom{p}{k}$ 个 $v_k^{i_1\cdots i_k}$ 中最大的一个。因此，这时我们可用

$$v_{(k)}=\max_{\{i_1,\cdots,i_k\}\in P_k}(v_k^{i_1\cdots i_k})$$

来检验 H_0。当 $v_{(k)}$ 的值大于相应的临界值时，拒绝 H_0。这里，P_k 是集合 $\{1,2,\cdots,p\}$ 中 k 个不同元素的所有子集所组成的集合类。

最后考虑真实的情况：不知道不等于 0 的 β_i 的个数是多少，只知道它的一个可能的范围。比如，知道不等于 0 的 β_i 最多不超过 $r(r<p)$ 个。这时，我们可以依次假设恰好有 $k(k=1,2,\cdots,r)$ 个 β_i 不等于 0，按(8.2.8)式计算 $v_k^{i_1\cdots i_k}$，$k=1,2,\cdots,r$。

不失一般性，设：

v_1^1 是 $k=1$ 时在所有 $\binom{p}{1}$ 个 $v_1^{i_1}$ 中最大的；

v_2^{12} 是 $k=2$ 时在所有 $\binom{p}{2}$ 个 $v_2^{i_1i_2}$ 中最大的；

…

$v_r^{12\cdots r}$ 是 $k=r$ 时在所有 $\binom{p}{r}$ 个 $v_r^{i_1i_2\cdots i_r}$ 中最大的。

由于在 H_0 成立时，$v_1^1,v_2^{12},\cdots,v_r^{12\cdots r}$ 服从自由度各不相同的 F 分布，所以它们之间不具有可比性。对此，做如下变换。令

$$u_k^{12\cdots k}=F_{k,(p-k)}(v_k^{12\cdots k}),\quad k=1,2,\cdots,r$$

其中 $F_{k,(p-k)}(\cdot)$ 是 F 分布 $F(k,p-k)$ 的分布函数。那么，当 H_0 成立时，$u_k^{12\cdots k}$，$k=1,2,\cdots,r$，都服从均匀分布 $U(0,1)$。若不等于 0 的 β_i 的个数恰好是 k^*，那么 $u_{k^*}^{12\cdots k^*}$ 的值

应是其中最大的。因此,我们可用下列统计量

$$MaxU_r = \max_{1\leqslant k\leqslant r}\left(\max_{i_1,\cdots,i_k\in P_k}\left(F_{k,(p-k)}\left(v_k^{i_1\cdots i_k}\right)\right)\right)$$

对假设

$$H_0: \beta_i = 0, i = 1,2,\cdots,p$$
H_1: 最多有 r 个 β_i 不等于 0

进行检验。这里,r 是不等于 0 的 β_i 个数的上界的一个估计值。若事先对此一无所知,就取 $r = p-1$。容易证明

$$MaxU_r = \max_{1\leqslant k\leqslant r}(u_{(k)}) \tag{8.2.9}$$

其中

$$u_{(k)} = F_{k,(p-k)}\left(\frac{\sum_{i=p-k+1}^{p}|\hat{\beta}|_{(i)}^2/k}{\sum_{i=1}^{p-k}|\hat{\beta}|_{(i)}^2/(p-k)}\right)$$

$$= F_{k,(p-k)}\left(\frac{\text{绝对值最大的 } k \text{ 个 } \hat{\beta}_i \text{ 的均方}}{\text{绝对值最小的 } p-k \text{ 个 } \hat{\beta}_i \text{ 的均方}}\right), \quad k = 1,2,\cdots,r \tag{8.2.10}$$

这里,$|\hat{\beta}|_{(1)} \leqslant |\hat{\beta}|_{(2)} \leqslant \cdots \leqslant |\hat{\beta}|_{(p)}$ 是 $|\hat{\beta}_1|, |\hat{\beta}_2|, \cdots, |\hat{\beta}_p|$ 的次序统计量。

当 $MaxU_r$ 大于相应的 $1-\alpha$ 临界值 $c_{\alpha;p,r}$ 时,就拒绝 H_0。认为 k^* 个绝对值最大的 $\hat{\beta}_i$ 对应的 β_i 不等于 0,其中 k^* 满足下式:

$$u_{(k^*)} = \max_{1\leqslant k\leqslant r}(u_{(k)})$$

这里 $c_{\alpha;p,r}$ 满足

$$P(MaxU_r > c_{\alpha;p,r}) = \alpha$$

$MaxU_r$ 的临界值 $c_{\alpha;p,r}$ 可在本书的附表 12 中查得。

由上面的分析可见,当 H_0 成立时,$MaxU_r$ 等于一些抽样分布为均匀分布的统计量的最大值,这正是它的名字的由来。

例 8.2.4 对于例 8.2.3 中的正交饱和设计,$p=15$。由于没有显著性因子个数的可靠的先验信息,故取 $r=p-1=14$。例 8.2.3 中已算得各效应的估计 $\hat{\beta}_i$,$i=1,2,\cdots,15$。将 $\hat{\beta}_i$ 按其绝对值的大小排序,然后按(8.2.10)式计算。

$$u_{(1)} = F_{1,14}\left(\frac{0.441^2}{(0.301^2+0.159^2+(-0.155)^2+\cdots+0.013^2+0.010^2)/(15-1)}\right)$$
$$= F_{1,14}\left(\frac{0.194481}{0.193557/14}\right)$$
$$= F_{1,14}(14.067)$$
$$=0.9978590$$

类似可算得 $u_{(2)}=0.9998228,\cdots,u_{(14)}=0.9529582$。最后按(8.2.9)式算得 $MaxU_{14}=\max\limits_{1\leqslant k\leqslant 14}(u_{(k)})=0.9999594$。计算结果列于表 8.2.3 中。表 8.2.3 中也列出了 $r=1,2,\cdots,13$ 时的 $MaxU_r$ 的值以及相应的 0.90 临界值 $c_{0.10;15,r}$。

从表中可见,由于 $MaxU_{14}=0.9999594>c_{0.10;15,14}=0.9999581$,所以拒绝原假设 H_0,认为有显著性因子存在。因为,$u_{(8)}=0.9999594=MaxU_{14}$,故认为 8 个效应绝对值最大的 $\hat{\beta}_i$ 所对应的因子是显著的,即 $\beta_5,\beta_7,\beta_3,\beta_{11},\beta_4,\beta_1,\beta_6$ 和 β_8 是显著的。显著性水平为 0.10。此结论已被 Quinlan 所做的验证试验所证实。

表 8.2.3 Quinlan 试验的 $MaxU_r$ 分析

k	$u_{(k)}$	r	$MaxU_r$	$c_{0.10;15,r}$	效应	列号	显著
1	0.9978590	1	0.9978590	0.9934845	0.441	5	是
2	0.9998228	2	0.9998228	0.9980245	0.301	7	是
3	0.9998300	3	0.9998300	0.9992156	0.159	3	是
4	0.9998935	4	0.9998935	0.9996129	−0.155	11	是
5	0.9998886	5	0.9998935	0.9997834	−0.119	4	是
6	0.9999007	6	0.9999007	0.9998602	−0.111	1	是
7	0.9999409	7	0.9999409	0.9999015	0.106	6	是
8	0.9999594	8	0.9999594	0.9999257	−0.085	8	是
9	0.9999357	9	0.9999594	0.9999406	0.058	12	否
10	0.9999022	10	0.9999594	0.9999492	0.050	14	否
11	0.9998934	11	0.9999594	0.9999545	0.043	9	否
12	0.9995459	12	0.9999594	0.9999569	−0.023	10	否
13	0.9957175	13	0.9999594	0.9999579	0.014	2	否
14	0.9529582	14	0.9999594	0.9999581	0.013	15	否
					0.010	13	否

$MaxU_r$ 方法可检出多达 $p-1$(这个数相当于总试验次数减 2)个显著性因子。也就是说,当真实的显著性因子个数(记为 N)在 1 到 $p-1$ 之间时,它都适用。但它的检验效率与 r 的值有关。r 的值应选择为使之大于等于 N。当 $r=N$ 时,$MaxU_r$ 方法的检验效率达到最高。当 r 的值逐渐大于 N 时,$MaxU_r$ 的效率将逐渐降低。但当 r 小于 N 时,$MaxU_r$ 的效率急剧下降。因此,当显著性因子较少时,选择较小的 r 将有利于提高检验的效率。当显著性因子可能较多时,而又没有把握给出其个数的一个较精确的上界时,可先取 $r=p-1$ 进行检验;若 H_0 没有被拒绝,则可适当减小 r 的值,再次进行检验。当然,若这样做的话,犯第一类错误的概率将会增大。

习题 8.2

1. 有一基于正交表 $L_{16}(2^{15})$ 的二水平正交饱和设计。已算得此设计的 15 个因子的效应的估计分别为:$\hat{\beta}_1=-0.191$,$\hat{\beta}_2=-0.021$,$\hat{\beta}_3=-0.001$,$\hat{\beta}_4=-0.076$,$\hat{\beta}_5=0.034$,$\hat{\beta}_6=-0.066$,$\hat{\beta}_7=0.149$,$\hat{\beta}_8=0.274$,$\hat{\beta}_9=-0.161$,$\hat{\beta}_{10}=-0.251$,$\hat{\beta}_{11}=-0.101$,$\hat{\beta}_{12}=-0.026$,$\hat{\beta}_{13}=-0.006$,$\hat{\beta}_{14}=0.124$,$\hat{\beta}_{15}=0.019$

(1)试用半正态图法对上面的饱和设计进行分析。

(2)试用 Lenth 方法对上面的饱和设计进行分析,显著性水平 α 取 0.10。

(3)试用 $MaxU_r$ 法对上面的饱和设计进行分析,r 取 14,显著性水平 α 取 0.10。

(4)比较前面各种分析方法所得的结果。

2. 试用 Lenth 方法对例 8.2.1 中的饱和设计进行分析。显著性水平 α 取 0.05。

3. 试用 $MaxU_r$ 法对例 8.2.1 中的饱和设计进行分析。其中 r 取 8,显著性水平 α 取 0.01。

§8.3 超饱和设计

8.3.1 定义

为了能使成本降到最低,人们总是希望用尽可能少的试验次数来考察尽可能多的因子。饱和设计能考察的因子数最多达到了总试验数减一。然而,人们对此并不满足。在筛选阶段,在考察的大量因子中对指标有较大影响的重要因子往往只有少数几个,而大多数因子的效应都为 0 或近似于 0;在这种情况下,我们就有可能用更少的试验次数将少数几个重要因子从大量被考查的因子中识别出来。这就是超饱和设计的思想。

例 8.3.1 在某一研究中,需要考查的因子有 23 个。但根据专家推测,其中重要因子不会超过 10 个。据此,研究人员安排了一个试验总次数为 14 的二水平试验设计,来识别这些少量的重要因子,其具体方案见表 8.3.1。

表 8.3.1 具 14 次试验 23 个因子的超饱和设计

试验号	因子																							观察值
	1	2	3	4	5	6	7	8	9	10	11	12	13	14	15	16	17	18	19	20	21	22	23	
1	+	+	+	−	−	−	+	+	+	+	+	−	+	−	−	+	−	−	+	−	−	−	+	133
2	+	−	−	−	−	−	+	+	+	−	−	−	+	+	+	−	+	−	−	+	+	−	−	62
3	+	+	−	+	+	−	−	−	−	+	−	+	+	+	+	+	−	−	−	−	+	+	−	45
4	+	+	−	+	−	+	−	−	−	+	+	−	+	−	+	−	+	+	+	−	−	−	−	52
5	−	−	+	+	+	+	−	+	+	−	−	−	+	−	+	+	−	−	+	−	+	+	+	56
6	−	−	+	+	+	+	+	−	+	+	+	−	−	+	+	+	+	+	+	+	+	−	−	47
7	−	−	−	−	+	−	−	+	−	+	−	+	+	+	−	+	+	+	+	+	−	−	+	88
8	−	+	+	−	−	+	−	+	−	+	−	−	−	−	−	−	−	+	−	+	+	+	−	193
9	−	−	−	−	−	+	+	−	−	−	+	+	−	−	+	+	+	−	−	−	−	+	+	32
10	+	+	+	+	−	+	+	+	−	−	−	+	−	+	+	+	−	+	−	+	−	−	+	53
11	−	+	−	+	+	−	−	+	+	−	+	−	−	+	−	−	+	+	−	−	−	+	+	276
12	+	−	−	−	+	+	+	−	+	+	+	+	+	−	−	−	−	+	−	+	+	+	+	145
13	+	+	+	+	+	−	+	−	+	−	−	+	−	−	−	−	+	−	+	+	−	+	−	130
14	−	−	+	−	−	−	−	−	−	−	+	+	−	+	−	−	−	−	+	−	+	−	−	127

表 8.3.1 中的第 1 列是试验号,从 1 到 14,共有 14 次试验。最后一列是 14 次试验的指标观察值。中间的 23 列由+和−组成。其中"+"代表因子的高水平,"−"代表因

子的低水平，每一列上放一个二水平因子，共有23个因子。

我们知道，n 个方程最多能解出 n 个未知数。因此，14个观察值最多能确定14个参数；故除了一般平均外，最多只能估计13个效应。而现在有23个因子，这已超出了此设计正常情况下所能容许的最大个数。像这种，**被考虑的因子(包括交互作用)超过此设计正常情况下所能容许的最大个数的设计，称为超饱和设计。**表8.3.1是由＋和－构成的一张(二水平)超饱和设计表。一个具有 n 次试验可安排 p $(n \leqslant p)$ 个因子的超饱和设计，常写作超饱和设计 (n,p)。例8.3.1中的设计就是一个超饱和设计(14,23)。

在超饱和设计中，各因子的自由度之和要大于总试验次数减一。因此，与饱和设计相同，这时也不再有剩余的自由度可用于误差的估计。而且，这时各因子的效应是不可估的；也就是说，不能获得各因子效应的无偏估计。只能获得各因子效应的有偏估计。因此如何选择适当的超饱和设计表，在重要因子稀疏的条件下，使这种偏性不很大是非常重要的。

与饱和设计的同样原因，超饱和设计中也大都使用二水平的因子。所以，下面我们只介绍二水平超饱和设计的设计和分析方法；所提到的超饱和设计均指二水平超饱和设计。

8.3.2 统计模型

对超饱和设计问题通常也使用可加主效应模型(8.2.1)，其中 $n-1<p$。常规的最小二乘估计

$$\hat{\beta}_i = \boldsymbol{x}'_i\boldsymbol{y}/(\boldsymbol{x}'_i\boldsymbol{x}_i) = \boldsymbol{x}'_i\boldsymbol{y}/n, \quad 0 \leqslant i \leqslant p \tag{8.3.2}$$

依然适用。对二水平正交饱和设计，$\hat{\beta}_i$ 是 β_i 的最优线性无偏估计。对超饱和设计，$\hat{\beta}_i$ 的期望

$$E(\hat{\beta}_i) = E(\boldsymbol{x}'_i\boldsymbol{y}/n) = \beta_i + \sum_{j \neq i}\rho_{ij}\beta_j$$

其中

$$\rho_{ij} = x'_i x_j / n$$

称为设计矩阵的第 i 列 $\boldsymbol{x}_i$ 与第 j 列 $\boldsymbol{x}_j$ 之间的相关系数。由于 n 维向量空间最多只有 n 个相互正交的向量，而现在设计矩阵的列数 p 要大于 n；所以 p 个列向量 $\boldsymbol{x}_i$ $(1 \leqslant i \leqslant p)$ 之间不可能都相互正交；因此 ρ_{ij} 不能全为0。故这时 $\hat{\beta}_i$ 一般不再是 β_i 的无偏估计。$E(\hat{\beta}_i)$ 与 β_i 的偏差为

$$E(\hat{\beta}_i) - \beta_i = \sum_{j \neq i}\rho_{ij}\beta_j$$

在重要因子稀疏的假设下，大多数 β_j 都等于0，所以只要 ρ_{ij} 的绝对值都很小，用 $\hat{\beta}_i$ 作为非零 β_i 的估计的相对偏差就不会很大。

可以证明由(8.3.2)式给出的 $\hat{\beta}_i$ 是最小方差线性可比估计。这里线性可比估计的定义为：若 β_j 的一个线性估计 $\hat{\beta}_j = \boldsymbol{a}'\boldsymbol{y}$ 满足下列约束条件：

$$\boldsymbol{a}'\boldsymbol{1}_n = 0 \text{ 且 } \boldsymbol{a}'\boldsymbol{x}_j = 1$$

则称 $\hat{\beta}_j = \boldsymbol{a}'\boldsymbol{y}$ 为 β_j 的线性可比估计。其中 $\boldsymbol{x}_j$ 是设计矩阵 $\boldsymbol{X}$ 的第 j 个列向量(详见[41])。

在正交饱和设计中，$\hat{\beta}_1,\cdots,\hat{\beta}_p$ 还是相互独立的随机变量。但超饱和设计中

$$\mathrm{cov}(\hat{\beta}_i,\hat{\beta}_j) = \frac{\sigma^2}{n}\rho_{ij} \tag{8.3.2}$$

所以，只有当 $\rho_{ij}=0$ 时，$\hat{\beta}_i$ 与 $\hat{\beta}_j$ 才相互独立。因为 ρ_{ij} 不可能全为 0，故一般情况下不再能保证任意两个 $\hat{\beta}_i$ 与 $\hat{\beta}_j$ 相互独立。易见，$\hat{\beta}_i$ 与 $\hat{\beta}_j$ 的相关系数就等于 ρ_{ij}。所以它们之间的相关性强弱取决于的 ρ_{ij} 大小。只要 $|\rho_{ij}|$ 很小，就能保证 $\hat{\beta}_i$ 与 $\hat{\beta}_j$ 接近独立。

8.3.3 超饱和设计的构造

为了使得各个效应估计量 $\hat{\beta}_i$ 之间的相关程度减少，$|\rho_{ij}|$ 应尽可能地小。一个优良的超饱和设计就应该具备这种特性。于是人们提出了 $E(s^2)$ 准则[37]。它是设计矩阵中所有 $\binom{p}{2}$ 对列向量内积的均方和，即

$$E(s^2) = \sum_{1\leqslant i<j\leqslant p}(x'_i x_j)^2 \Big/ \binom{p}{2} = n^2 \sum_{1\leqslant i<j\leqslant p}\rho_{ij}^2 \Big/ \binom{p}{2}$$

(这里 $E(s^2)$ 只是一个记号)。可见，$E(s^2)$ 度量了设计矩阵各列之间的平均相关程度。$E(s^2)$ 的值越小，各列间的相关性就越小，此超饱和设计就越好。显然 $E(s^2)\geqslant 0$。当 $E(s^2)=0$ 时，设计就是正交设计。然而，对超饱和设计来说，由于 $p\geqslant n$，所以 $E(s^2)$ 不可能为 0。一个自然的想法是寻找使 $E(s^2)$ 值最小的超饱和设计。

如果有一个超饱和设计 (n,p)，在所有可能的超饱和设计 (n,p) 中，没有其他设计比它具有更小的 $E(s^2)$ 值，那么我们称此设计为 $E(s^2)$ 最优的超饱和设计。但是对任意的 (n,p)，要寻找 $E(s^2)$ 最优超饱和设计 (n,p) 并不容易。下面的定理给出了 $E(s^2)$ 值的一个下界。

定理 8.3.1 a. 对任何一个设计矩阵为 $\boldsymbol{X}=(\boldsymbol{x}_1,\cdots,\boldsymbol{x}_p)$ 的超饱和设计 (n,p)，$p\geqslant n$，均有 $E(s^2)\geqslant n^2(p-n+1)/((n-1)(p-1))$。

b. 对 $p=t(n-1)$，如果有设计矩阵 $\boldsymbol{X}^*$ 使得 $E(s^2)=n^2(p-n+1)/((n-1)(p-1))=n^2(t-1)/(p-1)$，则有 $\boldsymbol{X}^*\boldsymbol{X}^{*\prime}=(p+t)\boldsymbol{I}_n-t\boldsymbol{J}_n\boldsymbol{J}'_n$，其中 $\boldsymbol{J}_n$ 是一元素全为 1 的列向量。反之亦然。(证明见[44])

此定理提供了一种通过计算 $E(s^2)$ 来检验一个超饱和设计是否是 $E(s^2)$ 最优的可能性。只要一个设计的 $E(s^2)$ 值达到下界 $n^2(p-n+1)/((n-1)(p-1))$，则该设计就是 $E(s^2)$ 最优的。

但是要注意的是，没有达到此下界的设计，未必不是 $E(s^2)$ 最优的。刘民千和张润楚(1998)[42]证明了，当 $(n,p)=(2k+2,t(2k+1))$，k 为偶数，t 为奇数时，任何超饱和设计的 $E(s^2)$ 值都达不到此下界。另外，$E(s^2)$ 最优的超饱和设计不一定是唯一的。有可能存在多个 $E(s^2)$ 最优的超饱和设计 (n,p)。

另一个度量超饱和设计好坏的指标是

$$\rho = \max_{1 \leqslant i \neq j \leqslant p} (|\rho_{ij}|)$$

显然 $\rho \geqslant 0$。ρ 的值越小越好。当 $\rho = 0$ 时，设计就是正交设计。因为 $E(s^2) \leqslant n^2\rho^2$；所以只要控制了 ρ，也就控制了 $E(s^2)$。下面我们介绍一个，在给定试验次数 n 和 $0 < \rho_0 < 1$ 的前提下，寻找满足条件 $\rho \leqslant \rho_0$ 的，能容纳因子最多的超饱和设计的算法(见[40])：

1. 给定试验次数 n。产生所有满足下列条件的 n 维列向量。

1)向量中的分量非 $+1$ 即 -1，即形如 $(+1, -1, -1, +1, -1, +1, +1, -1)'$。

2) 向量中的 $+1$ 和 -1 各占一半或仅差一个，具体是：当 n 为偶数时，$+1$ 和 -1 的个数均为 $n/2$；当 n 为奇数时，$+1$ 的个数为 $(n+1)/2$，-1 的个数为 $(n-1)/2$。

可见，当 n 为偶数时，满足上述条件的向量共有 $n!/[(n/2)!(n/2)!]$ 个。当 n 为奇数时，共有 $n!/[((n+1)/2)!((n-1)/2)!]$ 个。所有这些向量组成了一个候选列向量集。需要构造的超饱和设计表中的列就从这些候选列中选出。

2. 从候选列中任取一列作为超饱和设计表中的第一列，并将此列从候选列集中删除。

3. 从剩余的候选列中取一列 $\boldsymbol{x}_i$。计算 $\boldsymbol{x}_i$ 与所有已引入到设计表中的各列间的相关系数 ρ_{ij}。

4. 检查是否所有 ρ_{ij} 均满足条件 $|\rho_{ij}| \leqslant \rho_0$。

1)若满足，则将 $\boldsymbol{x}_i$ 引入到设计表中，并将 $\boldsymbol{x}_i$ 从候选列集中删除。

2)若 $\boldsymbol{x}_i$ 与已引入到设计表中的某一列 $\boldsymbol{x}_v$ 的相关系数不满足条件 $|\rho_{iv}| \leqslant \rho_0$，而 $\boldsymbol{x}_i$ 与表中其他各列的相关系数均满足 $|\rho_{ij}| \leqslant \rho_0$；则将 $\boldsymbol{x}_i$ 暂时放入另一个标记为 $\boldsymbol{x}'$ 的队列中，并将 $\boldsymbol{x}_i$ 从候选列集中删除。若这时 $\boldsymbol{x}'$ 的队列中只有 $\boldsymbol{x}_i$，则保留设计表中的 $\boldsymbol{x}_v$，然后转到第 3 步。若这时 $\boldsymbol{x}'$ 的队列中已有列 $\boldsymbol{x}_q$，则计算 $\boldsymbol{x}_i$ 和 $\boldsymbol{x}_q$ 的相关系数 ρ_{iq}；如果 $|\rho_{iq}| \leqslant \rho_0$，则将 $\boldsymbol{x}_i$ 和 $\boldsymbol{x}_q$ 两列替换设计表中的 $\boldsymbol{x}_v$；并清空标记为 $\boldsymbol{x}'$ 的队列。

3)若设计表中至少有两列与 $\boldsymbol{x}_i$ 的相关系数不满足 $|\rho_{ij}| \leqslant \rho_0$，则将 $\boldsymbol{x}_i$ 从候选列集中删除。

5. 重复 3,4 两步，再从剩余的候选列中寻找新的满足条件的列，直至无候选列可选为止。

因为目前还不知道上述第二步中的初始列的选取是否对最终所得的设计表有影响，所以上述的算法应该用不同的初始列重复多运算几次，观察其结果是否不同。若不同，则取其中最大的设计表。这样最终就获得了一张超饱和设计表(n, p)。它是试验次数为 n 的，满足条件 $\rho \leqslant \rho_0$ 的最大的超饱和设计表。最后应该对获得的超饱和设计表的列进行排序，将相关系数绝对值小的列放在前面，而将相关系数绝对值大的列放在后面；使得在相关系数矩阵中，相关系数绝对值小的在左上方，而相关系数绝对值大的在右下方。这样能使得，在只有 k 个(小于 p)因子需要安排的时候，用超饱和设计表(n, p)来安排试验，只需将 k 个因子依次放在设计表(n, p)的前 k 列上；而这样的设计将是效率最高的。

对给定的 $\rho_0 = \dfrac{1}{3}$，当 $n = 12$ 时，用上述算法找到了超饱和设计(12,66)(见附

表 13.3)。对同样的 ρ_0，还找到了超饱和设计(18,111)和(24,276)。对 $\rho_0=\frac{1}{4}$，找到了超饱和设计(16,42)。对 $\rho_0=\frac{1}{5}$，有超饱和设计(20,34)。

对 $\rho_0=\frac{1}{3}$ 的超饱和设计(12,66)表,其各列正好是由 12 次试验的 Plackett-Burman 正交设计中的 11 个主效应列,再加上其所有 $\binom{11}{2}=55$ 对两因子的交互作用列而组成的。对 $\rho_0=\frac{1}{3}$ 的超饱和设计(24,276)表,也有同样的结构。可以验证上面获得的超饱和设计(12,66)是 $E(s^2)$ 最优的超饱和设计。

还有其他许多学者提出了各种不同的方法来构造超饱和设计。如,Lin(1993)[39]提出了一种用 Hadamard 矩阵折半来构造超饱和设计 $(n,p)=(2k+2,2(2k+1))$ 的方法。Nguyen(1996)[44],刘民千和张润楚(2000)[43]等,分别提出了用区组设计(BIB)来构造超饱和设计 $(n,p)=(2k+2,2(2k+1))$，以及超饱和设计 $(n,p)=(2k+2,t(2k+1))$（这里 k 和 t 均为偶数)的方法。Tang 和 Wu(1997)[45]提出了将 Hadamard 矩阵的行进行重排来构造超饱和设计的方法。用这些方法构造的超饱和设计都是 $E(s^2)$ 最优的。另外,Wu(1993)[46],Li 和 Wu(1997)[38],Xu 和 Wu(2005)[111]等,也提出了一些构造方法。对此感兴趣的读者可参阅他们的文章。一些常用的超饱和设计表我们收录在本书的附表 13 中。

$E(s^2)$ 只提供了在显著性因子个数 $f=2$ 时,对超饱和设计效率的一种度量。为了度量当 $f\geqslant 3$ 时的设计的效率,Wu(1993)提出了 D_f 和 A_f 准则。

$$D_f=\sum_{X_{(f)}}\left|\frac{1}{n}\boldsymbol{X}'_{(f)}\boldsymbol{X}_{(f)}\right|^{\frac{1}{f}}\Big/\binom{p}{f}$$

$$A_f=\sum_{X_{(f)}}\frac{1}{f}\mathrm{tr}\left(\frac{1}{n}\boldsymbol{X}'_{(f)}\boldsymbol{X}_{(f)}\right)^{-1}\Big/\binom{p}{f}$$

其中 $\boldsymbol{X}_{(f)}$ 是超饱和设计 (n,p) 的设计矩阵 $\boldsymbol{X}$ 的 $n\times f$ 阶子阵。

如果有一个超饱和设计 (n,p)，在所有可能的超饱和设计 (n,p) 中,没有其他设计比它具有更大的 D_f 值,那么我们称此设计为 D_f 最优的超饱和设计。按 D_f 准则,D_f 值越大,设计也就越优。

如果有一个超饱和设计 (n,p)，在所有可能的超饱和设计 (n,p) 中,没有其他设计比它具有更小的 A_f 值,那么我们称此设计为 A_f 最优的超饱和设计。按 A_f 准则,A_f 值越小的设计就越优。

8.3.4 数据分析

1. 半正态图法

由前面分析可知,只要选用了一张优良的超饱和设计表,那么在重要因子稀疏的条件下,用(8.3.2)式的 $\hat{\beta}_i$ 来估计 β_i，$i=1,2,\cdots,p$，其偏差将不会很大,并且也能使 $\hat{\beta}_i$，$i=1,2,\cdots,p$，保持近似独立。因此,我们仍可用 8.2.2 节中介绍的半正态图法来识别其中的显著性因子。

例 8.3.2　对例 8.3.1 中的超饱和设计问题，按(8.3.2)式计算出 23 个因子效应的估计 $\hat{\beta}_i$，其值列于表 8.3.2 中。然后，按 8.2.2 节中介绍方法作半正态图，见图 8.3.1。

表 8.3.2　例 8.3.1 中超饱和设计的参数估计

因子 i	1	2	3	4	5	6	7	8	9	10	11	12
$\hat{\beta}_i$	−14.21	23.21	2.79	−8.64	9.64	−20.21	−16.79	20.21	18.5	−2.36	13.21	−14.21
因子 i	13	14	15	16	17	18	19	20	21	22	23	
$\hat{\beta}_i$	−19.79	−3.07	−53.21	−37.93	−4.64	19.21	−12.36	−0.21	−6.36	22.5	9.07	

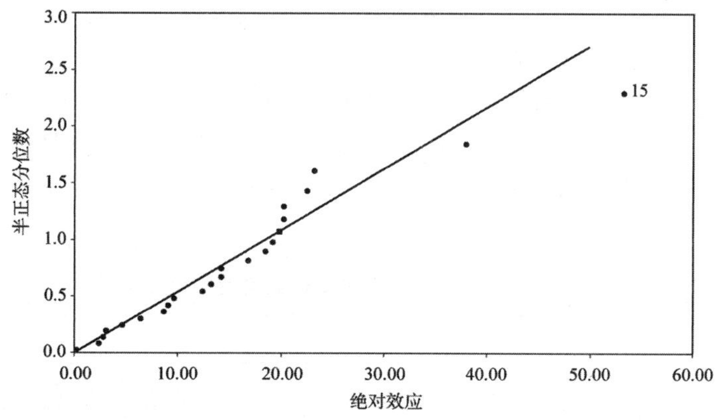

图 8.3.1　例 8.3.1 中超饱和设计参数估计的半正态图(1)

从图 8.3.1 可见，第 15 个因子是显著的。由于半正态图对探测最大的显著性因子比较敏感，而对次大的显著性因子比较迟钝；所以可将第 15 个因子删除后，再用剩余的 22 个因子的效应作正态图(见图 8.3.2)，以观察是否还有显著性因子存在。从图 8.3.2 可见，第 17、第 2、第 23、第 8、第 6 个因子也可能是显著的。由于超饱和设计的使用前提是显著性因子稀疏性，而到第二步已获得了较多的可能显著的因子，因此不再作第三幅正态图。最终获得的显著性因子是：因子 2，6，8，15，17 和 23。

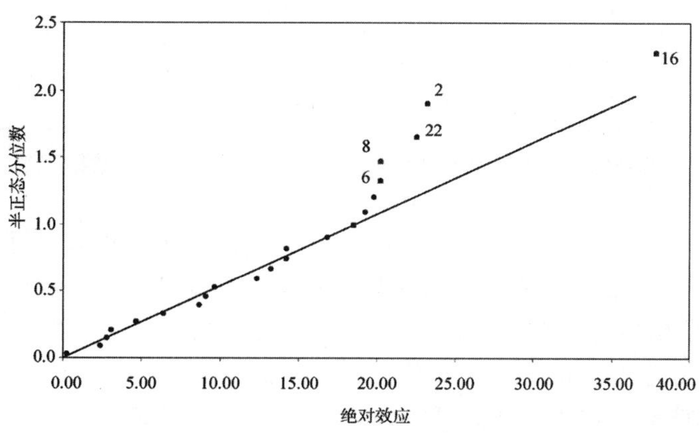

图 8.3.2　例 8.3.1 中超饱和设计参数估计的半正态图(2)

2. 逐步回归法

这里所用的逐步回归法是向前逐步回归法。逐步回归在许多教科书中都有详细介绍(如[21]),所以我们下面只简述用其来识别超饱和设计中显著性因子的实施步骤:

1)给定引入和剔除变量所用 F 检验(或 t 检验)的临界值 F_1 和 F_2(或 t_1 和 t_2)。

2)计算全部候选变量的 F 比(或 t 值)。若其中最大的 F 比值大于 F_1,则将对应于此最大 F 比值的变量引入到线性回归模型中,并计算出复相关系数 R。否则,停止逐步回归。

3)对已引入到回归模型中的每个变量进行显著性检验。将 F 比值最小的且其值小于 F_2 的不显著变量从模型中剔除。然后重复步骤 2),3)。

最终模型中各变量所对应的因子就是超饱和设计中的显著性因子。在实际中,应注意观察逐步回归中每一步模型的复相关系数 R 值的变化。若 R 已接近 1,而再引入新变量时 R 值增加微弱,那么此时就可停止逐步回归。

例 8.3.3 对例 8.3.1 中的超饱和设计问题,用逐步回归法进行分析,每一步的计算结果见表 8.3.3。最终模型里引入的变量分别为 15、12、20、4、10。相应的复相关系数 $R^2=0.973$。若再引入一个变量,R^2 的值增加很小。因此,认为在 23 个因子中,第 15、12、20、4 和 10 号因子是显著的。

表 8.3.3 例 8.3.1 中超饱和设计的数据逐步回归结果

步骤	引入变量					$\hat{\sigma}$	复相关系数 R^2
	15	12	20	4	10		
1	−53.2 (20.61)					43.9	0.63
2	−56.4 (29.38)	−22.3 (4.58)				38.5	0.74
3	60.5 (60.06)	−26.4 (11.42)	24.8 (10.05)			28.5	0.87
4	−70.5 (167.96)	−25.3 (26.94)	−29.2 (34.34)	22.1 (16.73)		17.8	0.95
5	−71.3 (254.72)	−26.8 (43.96)	−28.0 (46.24)	20.7 (21.53)	−9.4 (5.43)	14.5	0.97

注:表 8.3.3 中给出的数据是各主效应的估计值和它们的 F 比值(括号中的数据)。在所有各步中常数项 $\hat{\beta}_0=102.8$。

关于临界值 F_1 和 F_2(或 t_1 和 t_2)的确定。因为在实际中我们对显著性因子的个数和大小往往并不知情,所以不能以引入多少因子和引入哪些因子为依据来确定 F_1 和 F_2 的值。可以作为依据的是模型拟合的优劣程度。故可视复相关系数的变化情况来确定 F_1 和 F_2 的值。我们可以事先给定复相关系数 R 的一个临界值,使得达到该值后,引入的因子对 R 的贡献不再重要。从而可找到一组 F_1 和 F_2 的值。

习题 8.3

1. 证明(8.3.3)式。

2. 在某一产品的初试阶段，需要找出对产品的质量指标起主要作用的重要因子。据专家分析，对质量指标有影响的因子可能有 60 个，但其中对质量指标起决定作用的因子不大会超过 8 个。于是，用超饱和设计(12,66)来安排试验。将 60 个因子分别依次放在超饱和设计表(12,66)的前 60 列上。经 12 次试验，得到 12 个指标观察值为：

92.88,9.17,79.24,29.19,4.19,4.07,7.31,15.01,14.48,4.20,93.66,7.18

(1)试用半正态图法分析此超饱和设计。有哪些因子是显著的？

(2)用逐步回归法分析此超饱和设计。结论又如何？(复相关系数 R 的临界值取 0.999)

§8.4 均 匀 设 计

8.4.1 均匀设计表

均匀设计是用均匀设计表安排试验，而用回归分析进行数据分析的一种试验设计方法。

均匀设计的基本想法是要使试验点在因子空间中具有较好的均匀分散性，这是我国数学家王元与方开泰于 1980 年提出的，它特别适用于变量取值范围大、水平多(一般不少于 5)的场合，并在材料、化工、航天、医药、环保等方面取得了不少成果。第 7 章里我们介绍过了均匀设计在计算机试验中的应用。

一、均匀设计表 $U_n(q^m)$

均匀设计表是均匀设计的基本工具，它是用数论方法编制的，并用代号 $U_n(q^m)$ 表示，U 表示均匀设计表，它有 n 行，m 列，每列的水平数为 q。

下面是一张七水平的均匀设计表 $U_7(7^6)$。

该表的每一列都是{1,2,3,4,5,6,7}的一个特定排列。

表 8.4.1 均匀设计表 $U_7(7^6)$

	1	2	3	4	5	6
1	1	2	3	4	5	6
2	2	4	6	1	3	5
3	3	6	2	5	1	4
4	4	1	5	2	6	3
5	5	3	1	6	4	2
6	6	5	4	3	2	1
7	7	7	7	7	7	7

该表的特点是：

(1)对任意的 n 都可以构造均匀设计表，并且行数 n 与水平数 q 相同，因此试验次数少；

(2)列数可按下面规则给出:

当 n 为素数时,列数最多等于 $n-1$,譬如上面 $n=7$,所以列数最多为 $n-1=6$ 列;

当 n 是合数时,设 $n=p_1^{l_1}p_2^{l_2}\cdots p_k^{l_k}$,其中 $p_1,p_2,\cdots,p_k$ 为素数,$l_1,l_2,\cdots,l_k$ 为正整数,那么列数为 $n\left(1-\frac{1}{p_1}\right)\left(1-\frac{1}{p_2}\right)\cdots\left(1-\frac{1}{p_k}\right)$,譬如 $n=9$,由于 $9=3^2$,所以列数为 $9\times\left(1-\frac{1}{3}\right)=6$ 列。

二、另一类均匀设计表 $U_n^*(q^m)$

这表避开了当 n 为奇数时,最后一行全为 n 的情况。

对于 n 为合数的表,一般列数较少,譬如 $n=6$ 时,由于 $n=2\times3$,所以列数只有 $6\times\left(1-\frac{1}{2}\right)\times\left(1-\frac{1}{3}\right)=2$,由于列数太少,不太适用。所以建议用 $U_7(7^6)$ 划去最后一行的方法得到,为区别起见,记为 $U_6^*(6^6)$(见表 8.4.2)。这种方法之所以可行,是因为原均匀设计表 $U_7(7^6)$ 最后一行全是"7"组成的,故划去这一行,相当于减少一个水平。

表 8.4.2 均匀设计表 $U_6^*(6^6)$

	1	2	3	4	5	6
1	1	2	3	4	5	6
2	2	4	6	1	3	5
3	3	6	2	5	1	4
4	4	1	5	2	6	3
5	5	3	1	6	4	2
6	6	5	4	3	2	1

8.4.2 均匀设计的使用表

在用均匀设计表安排试验时,用哪些列是有讲究的。因为任意两列的均匀性是不同的,譬如用 $U_6^*(6^6)$ 安排两个因子时,用 1,3 列与用 1,6 列的均匀性是不同的,试验点在平面上的分布见图 8.4.1。

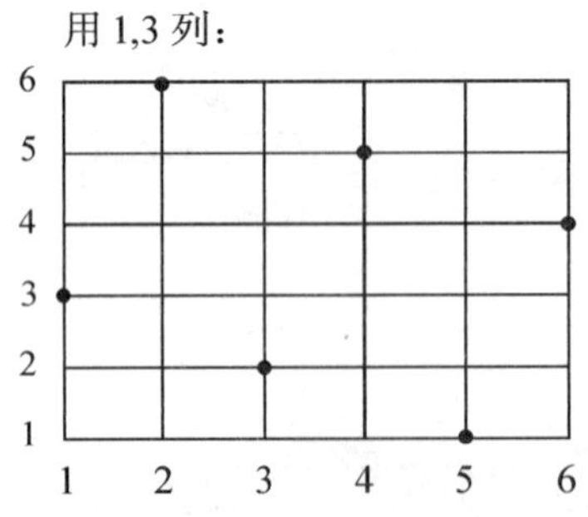

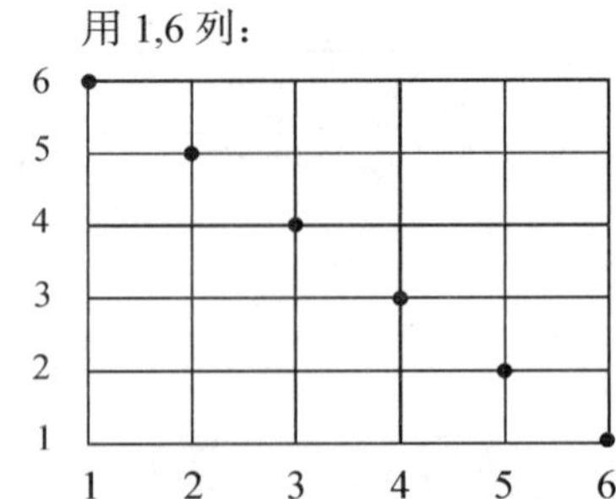

图 8.4.1 试验点的分布

由此可见,前者试验点的分布比后者均匀。

均匀设计表的均匀性是用"**偏差**"来度量的,偏差愈小均匀性愈好。偏差的定义有多种，如 L_p 偏差，中心化偏差（CD），可卷偏差（WD），离散偏差（DD），Lee 偏差（LD）等。L_p 偏差是数论方法中采用最普遍的偏差，其定义如下：

（1）把均匀设计表 $U_n(n^m)$ 中每一行看成 m 维空间中的一个点，其 m 个坐标必是集合 $\{1,2,\cdots,n\}$ 中某个数。

（2）用线性变换将 $\{1,2,\cdots,n\}$ 均匀地变换到区间 $[0,1]$ 中的某个数，此线性变换为

$$i \to \frac{2i-1}{2n}, \quad i=1,2,\cdots,n$$

这样一来，$U_n(n^m)$ 中 n 个试验点变换成 $C^m=[0,1]^m$ 中的 n 个点 $\boldsymbol{x}_1,\boldsymbol{x}_2,\cdots,\boldsymbol{x}_n$。考虑 $U_n(n^m)$ 中 n 个试验点的均匀性等价于考虑 $\boldsymbol{x}_1,\boldsymbol{x}_2,\cdots,\boldsymbol{x}_n$ 在 $[0,1]^m$ 中的均匀性。

（3）设 $\boldsymbol{x}=(x_1,x_2,\cdots x_m)$ 是 $[0,1]^m$ 中任一点，则

$$V(\boldsymbol{x})=\prod_{i=1}^{m} x_i$$

为多维矩形 $[\boldsymbol{0},\boldsymbol{x}]$ 的体积，且 $0\leqslant V(\boldsymbol{x})\leqslant 1$。

（4）记 n_x 为 n 个点 $\boldsymbol{x}_1,\boldsymbol{x}_2,\cdots,\boldsymbol{x}_n$ 落在多维矩形 $[\boldsymbol{0},\boldsymbol{x}]$ 的个数，则 n_x/n 表示有多少比例的点落在矩形 $[\boldsymbol{0},\boldsymbol{x}]$ 中。若此 n 个点在 $[0,1]^m$ 中均匀散布，则 n_x/n 与该多维矩形的体积 $V(\boldsymbol{x})$ 相差不大。

（5）设 $\boldsymbol{x}_1,\boldsymbol{x}_2,\cdots,\boldsymbol{x}_n$ 是 $[0,1]^m$ 中的 n 个点，则称

$$D_p(\boldsymbol{x}_1,\boldsymbol{x}_2,\cdots,\boldsymbol{x}_n)=\begin{cases}\left\{\iint_{[0,1]^m}\left|\dfrac{n_x}{n}-V(x)\right|^p d\boldsymbol{x}\right\}^{1/p}, & 1\leqslant p<\infty \\ \sup\limits_{x\in[0,1]^m}\left|\dfrac{n_x}{n}-V(x)\right|, & p=\infty\end{cases}$$

为点集 $\{\boldsymbol{x}_1,\boldsymbol{x}_2,\cdots,\boldsymbol{x}_n\}$ 在 $[0,1]^m$ 中的 L_p 偏差。

L_p 偏差的计算需要专门程序，这里不再涉及了。但要指出上述偏差 D_p 可对任一均匀设计表 U_n 或 U_n^* 中任意二列、任意三列、……进行计算，从中选出使 D_p 达到最小的列作为使用列，从而形成使用表，如表 8.4.3 就是 $U_7(7^6)$ 的使用表，s 表示因子数，这里考虑 L_∞ 偏差 D_∞。

表 8.4.3 均匀设计表 $U_7(7^6)$ 的使用表

s	列号	D_∞
2	1,3	0.2398
3	1,2,3	0.3721
4	1,2,3,6	0.4760

而从 $U_7(7^6)$ 选出 5 列使用，就会使偏差 D_∞ 过大，故建议不使用，最后把使用表中不出现的列剔去，并重新编号，可得 $U_7(7^4)$ 及其使用表。

表 8.4.4　均匀设计表 $U_7(7^4)$ 及其使用表

均匀设计表 $U_7(7^4)$

	1	2	3	4
1	1	2	3	6
2	2	4	6	5
3	3	6	2	4
4	4	1	5	3
5	5	3	1	2
6	6	5	4	1
7	7	7	7	7

$U_7(7^4)$ 的使用表

s	列号	D_∞
2	1,3	0.2398
3	1,2,3	0.3721
4	1,2,3,4	0.4760

使用表说明：当在 $U_7(7^4)$ 上安排两个因子时，第 1,3 列是最佳的选择，若安排 4 个因子，第 1,2,3,4 列是最佳选择。

附表 14 对 $n\leqslant 20$ 列出所有的均匀设计表及其使用表，供实际使用。

表 8.4.5 列出了均匀设计表 $U_7(7^4)$ 与 $U_7^*(7^4)$ 的使用表，由表上的 D_∞ 值可知，在表上加"*"的比不加"*"的均匀，譬如 $U_7^*(7^4)$ 比 $U_7(7^4)$ 均匀，因此在实际中我们首先使用加"*"的均匀设计表。但是 $U_7(7^4)$ 可以用来安排四个因子，$U_7^*(7^4)$ 只能用来安排三个因子。

表 8.4.5　均匀设计表 $U_7(7^4)$ 与 $U_7(7^4)$ 的使用表

(a) $U_7(7^4)$

s	列号	D_∞
2	1,3	0.2398
3	1,2,3	0.3721
4	1,2,3,4	0.4760

(b) $U_7^*(7^4)$

s	列号	D_∞
2	1,3	0.1582
3	2,3,4	0.2132

L_p 偏差的缺点是忽略了设计的低维投影空间的均匀性，并且把原点放在了特殊的地位：在定义的第(4)步中一切多维矩形 $[0,\boldsymbol{x}]$ 都从原点开始。为了克服 L_p 偏差的缺点，Hickernell(1998)[96]利用再生核希尔伯特空间的概念提出了改进的偏差，其中包括目前常用的中心化偏差(CD)和可卷偏差(WD)。相比 L_p 偏差，对一个设计，CD 和 WD 的有解析表达式，计算简单，在 7.3.5 节我们介绍过 CD 和 WD，这里不再赘述。有关其他偏差的介绍参见[63]。

8.4.3　试验设计与数据分析的步骤

下面通过一个例子来叙述使用均匀设计表进行试验设计与数据分析的步骤。

例 8.4.1　为了研究环境污染对人体的危害，考察六种重金属 Cd、Cu、Zn、Ni、Cr、Pb 对老鼠寿命的影响，为此考察老鼠体内某种细胞的死亡率，为了了解误差，每一水平组合重复三次。

1. 试验目的：了解六种重金属 Cd、Cu、Zn、Ni、Cr、Pb 对老鼠寿命的影响。

2. 试验指标：老鼠体内某种细胞的死亡率。

3. 因子与水平：这里因子是定量的，水平可以是等间隔的，也可以是不等间隔的。本例中有六种重金属可看作六个因子，每一因子取 17 个水平，其水平值均为(单位:ppm)：

0.01,0.05,0.1,0.2,0.4,0.8,1,2,4,5,8,10,12,14,16,18,20

注意水平必须按顺序排列(也可以将水平从小到大按顺时针方向排成一个圈，将任一值作为一水平，其他水平按顺时针方向命名)。

4. 选择均匀设计表，利用使用表进行表头设计

由于这里考察六个因子，每一因子取 17 个水平，可以用表 $U_{17}(17^{16})$，六个因子按使用表的规定分别置于 1,2,3,5,7,8 列上，得到如下试验计划(见表 8.4.6)，表中括号内的数据是水平编号，括号外的数据是水平取值。

5. 进行试验，获得试验结果

本例在每一水平组合下进行三次重复试验，试验结果列在表 8.4.6 的最后三列上。

表 8.4.6　试验计划与试验结果

列号	1	2	3	5	7	8			
序号	Cd	Cu	Zn	Ni	Cr	Pb		y	
1	(1) 0.01	(4) 0.2	(6) 0.8	(10) 5	(14) 14	(15) 16	17.95	17.65	18.33
2	(2) 0.05	(8) 2	(12) 10	(3) 0.1	(11) 8	(13) 12	22.09	22.85	22.62
3	(3) 0.1	(12) 10	(1) 0.01	(13) 12	(8) 2	(11) 8	31.74	32.79	32.87
4	(4) 0.2	(16) 18	(7) 1	(6) 0.8	(5) 0.4	(9) 4	39.37	40.65	37.87
5	(5) 0.4	(3) 0.1	(13) 12	(16) 18	(2) 0.05	(7)1	31.90	31.18	33.75
6	(6) 0.8	(7)1	(2) 0.05	(9) 4	(16) 18	(5) 0.4	31.14	30.66	31.18
7	(7) 1	(11) 8	(8) 2	(2) 0.05	(13) 12	(3) 0.1	39.81	39.61	40.80
8	(8) 2	(15) 16	(14) 14	(12) 10	(10) 5	(1) 0.01	42.48	41.86	73.79
9	(9) 4	(2) 0.05	(3) 0.1	(5) 0.4	(7) 1	(16) 18	24.97	24.65	25.05
10	(10) 5	(6) 0.8	(9) 4	(15) 16	(4) 0.2	(14) 14	50.29	51.22	50.54
11	(11) 8	(10) 5	(15) 16	(8) 2	(1) 0.01	(12) 10	60.71	60.43	59.69
12	(12) 10	(14) 14	(4) 0.2	(1) 0.01	(15) 16	(10) 5	67.01	71.99	67.12
13	(13) 12	(1) 0.01	(10) 5	(11) 8	(12) 10	(8) 2	32.77	30.86	33.70
14	(14) 14	(5) 0.4	(16) 18	(4) 0.2	(9) 4	(6) 0.8	29.94	28.68	30.66
15	(15) 16	(9) 4	(5) 0.4	(14) 14	(6) 0.8	(4) 0.2	67.87	69.25	67.04
16	(16) 18	(13) 12	(11) 8	(7) 1	(3) 0.1	(2) 0.05	55.56	55.28	56.52
17	(17) 20	(17) 20	(17) 20	(17) 20	(17) 20	(17) 20	79.57	79.43	78.48

6. 数据分析

对均匀设计所得到的试验结果通常采用回归分析方法，建立回归方程。设在一个试验中有 p 个因子 $x_1,x_2,\cdots,x_p$。

若只考虑 y 关于 $x_1,x_2,\cdots,x_p$ 的线性关系，则可用多元线性回归方法(见 §6.1)建立回归方程，并对每一系数作显著性检验，然后逐个删去不显著的变量，直到所有系数显著为止。

若考虑 y 关于 $x_1,x_2,\cdots,x_p$ 的二次回归，除每一变量的线性项外，还要考虑其二次项、变量间的乘积项，那么回归系数就有 $2p+\binom{p}{2}+1=\dfrac{(p+1)(p+2)}{2}$ 个，当 $p=6$ 时，

回归系数有 28 个,超过试验次数 $n=17$,这时只能用逐步回归方法(参考[22])从中选出显著的项建立回归方程。

在本例中,根据实际问题,认为死亡率与含量的对数有关,因此先将含量进行变换(这里将六个自变量分别取对数),并考虑他们的二次项、交叉乘积项等,用逐步回归方法,在显著性水平 0.05 上挑选变量,所建立的方程如下(利用统计软件建立方程,具体步骤略):

$$\begin{aligned}\hat{y}=&27.9+4.83\ln\mathrm{Cd}+5.27\ln\mathrm{Cu}+2.29\ln\mathrm{Ni}+0.670(\ln\mathrm{Cd})^2\\&+0.367(\ln\mathrm{Cu})^2+0.710(\ln\mathrm{Ni})^2-0.576\times\ln\mathrm{Cd}\times\ln\mathrm{Zn}\\&+0.393\times\ln\mathrm{Zn}\times\ln\mathrm{Ni}-0.401\times\ln\mathrm{Zn}\times\ln\mathrm{Cr}+0.384\times\ln\mathrm{Zn}\times\ln\mathrm{Pb}\end{aligned}$$

对方程作失拟检验与显著性检验的方差分析表如下:

表 8.4.7 方差分析表

来源	偏差平方和	自由度	均方和	F 比	P 值
回归	15628.8	10	1562.9	72.83	<0.0001
残差	858.5	40	21.5		
其中:失拟	154.5	6	25.7	1.24	0.31
纯误差	704.0	34	20.7		
总计	16487.3	50			

在显著性水平 0.05 上,$F_{0.95}(6,34)=2.40$,由于 $F_{Lf}=1.24<2.40$,因此上述方程是合适的,又 $F_{0.95}(10,40)=2.10$,由于 $F=72.83>2.10$,因此方程是显著的。

对每一回归系数的检验的 F 值分别是:159.52,225.00,40.45,19.18,4.24,20.43,8.58,4.84,8.76,8.35。在显著性水平 0.05 时,$F_{0.95}(1,40)=4.11$,故上述诸系数都是显著的。所以上面所得到的方程是可信的。

此方程对应的误差标准差的估计为 $\hat{\sigma}=\sqrt{21.5}=4.633$,复相关系数的平方是 0.948。它反映了该种细胞的死亡率与六种重金属的关系。从方程可以看出 Cd、Cu、Ni 的含量增加会增加该种细胞的死亡率,Zn 与 Cd、Ni、Cr、Pb 的结合对该种细胞的死亡率有较大影响。

若在一些问题中需要寻找最好水平组合,可以通过求极值等方法获得。

习题 8.4

1. 若在一个试验中需要考察如下因子与水平,请给出均匀设计方案:

(1)三个八水平因子;

(2)四个十一水平因子。

2. 在某化工合成工艺中,为了提高产量(用收率表示),试验者选用如下三个因子,每一因子取 7 个水平:

水平 变量	一	二	三	四	五	六	七
x_1:原料配比(%)	1.0	1.4	1.8	2.2	2.6	3.0	3.4
x_2:吡啶量(ml)	10	13	16	19	22	25	28
x_3:反应时间(h)	0.5	1.0	1.5	2.0	2.5	3.0	3.5

用 $U_7^*(7^4)$安排试验,三个因子依次放在2,3,4列上,试验结果依次为:

0.6146　0.3506　0.7537　0.8195　0.0970　0.7114　0.4186

(1)写出试验计划;

(2)请分别建立 y 关于三个变量的一次、二次回归方程,你认为哪个方程较好?

(3)找出使收率达到最高的水平组合。

§8.5　混料设计

8.5.1　混料设计的概念

一、混料试验

有些产品是通过混合多种成分制造出来的,每种成分的多少不是用绝对量表示的,而是用相对量表示的,这种相对量就是所用成分在总量中所占比例。譬如糕点是将面粉、油、糖、发酵粉及某些香料混合在一起经过烘烤而成,糕点的特性(譬如柔软性)就与糕点配方中各种成分在总量中所占的比例有关,当成分比例发生变化时,特性也会发生变化,因此性能与诸成分比例具有相关关系,通常需要通过试验来确定使性能达到最好的每种成分的比例。然而在这种试验中各成分的比例不能自由变动,它们受到一个约束:所有成分比例的和为1。这种试验设计称为混料设计。它的一般叙述如下:

设在一个试验中有 p 个因子,用 $x_1,x_2,\cdots,x_p$ 表示,若试验中每一因子的取值满足如下条件:$0\leqslant x_i\leqslant 1, i=1,2,\cdots,p$,且 $\sum_{i=1}^{p} x_i=1$,那么称这一试验为**混料试验**。

二、单形、单形的顶点、单形点的坐标

1.单形

方程 $\sum_{i=1}^{p} x_i=1$ 的图形是一个 p 维平面,而$(x_1,x_2,\cdots,x_p)$为 p 维平面上点的坐标。在该 p 维平面上满足 $0\leqslant x_i\leqslant 1, i=1,2,\cdots,p$ 的区域构成的图形称为**单形**。

若单形上点的 p 个坐标中有一个为1,其他都为0,则称这种点为**单形的顶点**。譬如 $p=3$ 时,其图形为三维空间中的一个平面上的等边三角形(见图8.5.1(a)),其三个顶点的坐标分别为(1,0,0),(0,1,0),(0,0,1),从而该等边三角形就是三维空间上的一个单形。而 $p=4$ 时的单形是三维空间中的一个正四面体(见图8.2.1(b))。在一般场合,点(1,0…,0),(0,1,…,0)(0,0,…,1)是 p 维单形的顶点。

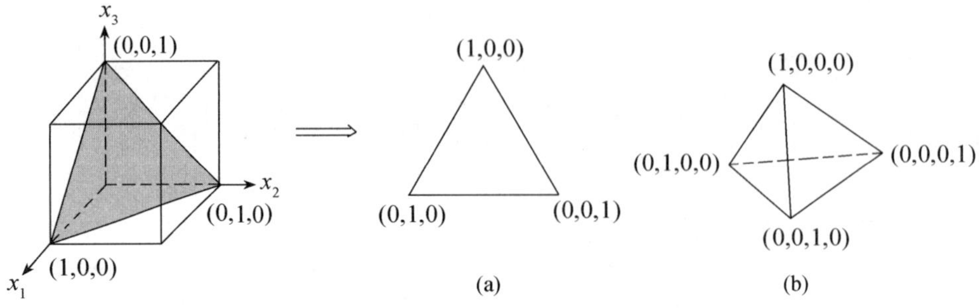

图 8.5.1　三维、四维空间的一个单形

2. 单形上点的坐标

首先看 $p=3$ 的情况，此时的单形是平面上的一个正三角形，设其高为 1，记其三个顶点分别为 A、B、C，它们的坐标分别是(1,0,0)，(0,1,0)，(0,0,1)。又设 $P(x_1,x_2,x_3)$是该三角形的一个内点，定义 P 到边 BC 的距离为 x_1，到边 AC 的距离为 x_2，到边 AB 的距离为 x_3，此时三个距离之和恰为该正三角形的高，即有 $x_1+x_2+x_3=1$。这种坐标系就是单形上的坐标系，(x_1,x_2,x_3)便是单形上点在这个坐标系下的坐标(见图 8.5.2)。

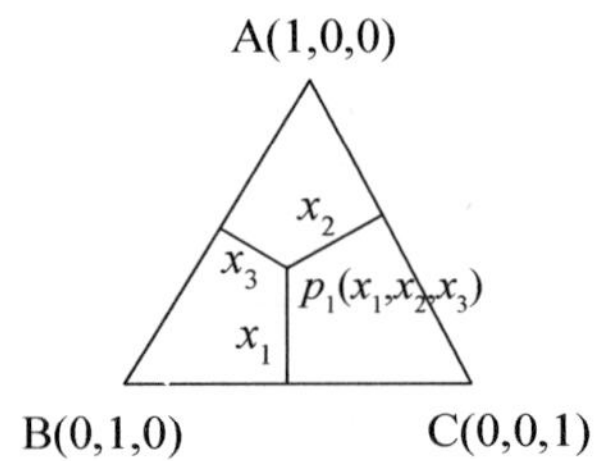

图 8.5.2　三维空间单形上的坐标系

在 p 因子的混料试验中，若设超正面体的高为 1，其 p 个顶点记为

$$A_1=(1,0,\cdots,0),\quad A_2=(0,1,\cdots,0),\quad \cdots,\quad A_p=(0,0,\cdots,1)$$

其中若干个点就可以构成 p 维空间中的一个超平面。记单形上任一内点 P 的坐标为$(x_1,x_2,\cdots,x_p)$，那么这里 x_1 是 P 点到 $A_2A_3\cdots A_p$ 平面的距离，x_2 是 P 点到 $A_1A_3\cdots A_p$ 平面的距离，…，x_p 是 P 点到 $A_1A_2\cdots A_{p-1}$ 平面的距离。

三、混料试验的统计模型

设试验中所考察的指标为 y，那么 y 与 p 个因子 $x_1,x_2,\cdots,x_p$ 的关系可以表示为

$$y=f(x_1,x_2,\cdots,x_p)+\varepsilon$$

这里 ε 是随机误差，通常假定它服从 $N(0,\sigma^2)$。称 $Ey=f(x_1,x_2,\cdots,x_p)$为响应函数，其图形也称为响应曲面，当响应函数中的未知参数用估计值代替后便得到回归方程，也称响应曲面方程。

由于 $f(x_1,x_2,\cdots,x_p)$形式往往是未知的，通常用 $x_1,x_2,\cdots,x_p$ 的一个 d 次多项式表示，此时一个混料试验由因子数 p 与响应多项式的次数 d 来确定，以后用$\{p,d\}$表示一个混料试验。

利用混料试验的特点,多项式中的参数可以得到简化,此时给出的多项式模型称为 Scheffe 正则多项式模型,下面我们主要来研究 $d=1$ 与 $d=2$ 的情况。

对 p 因子一次混料试验$\{p,1\}$, Scheffe 利用 $\sum_{i=1}^{P} x_i=1$ 把 p 元一次多项式模型

$$Ey=\gamma_0+\gamma_1 x_1+\gamma_2 x_2+\cdots+\gamma_p x_p$$

简化为

$$Ey=\beta_1 x_1+\beta_2 x_2+\cdots+\beta_p x_p \tag{8.5.1}$$

这是因为

$$\begin{aligned}Ey &=\gamma_0+\gamma_1 x_1+\gamma_2 x_2+\cdots+\gamma_p x_p=\gamma_0\sum_{i=1}^{P} x_i+\gamma_1 x_1+\gamma_2 x_2+\cdots+\gamma_p x_p\\ &=\beta_1 x_1+\beta_2 x_2+\cdots+\beta_p x_p\end{aligned}$$

其中 $\beta_i=\gamma_0+\gamma_i, i=1,2,\cdots,p$,此时未知参数个数为 p 个,比原来减少 1。

对 p 因子二次混料试验$\{p,2\}$, Scheffe 同样把 p 元二次多项式模型

$$Ey=\gamma_0+\sum_{i=1}^{p}\gamma_i x_i+\sum_{i=1}^{p}\gamma_{ii} x_i^2+\sum_{i<j}\gamma_{ij} x_i x_j$$

简化为

$$E_y=\sum_{i=1}^{p}\beta_i x_i+\sum_{i<j}\beta_{ij} x_i x_j \tag{8.5.2}$$

这里利用了 $\sum_{i=1}^{p} x_i=1$,并利用 $x_i^2=x_i(1-x_1-\cdots-x_{i-1}-x_{i+1}-\cdots-x_p), i=1,2,\cdots,p$ 消去 x_i^2 项$(i=1,2,\cdots,p)$,此时未知参数个数减少了 $p+1$ 个:

$$\begin{aligned}Ey &=\gamma_0+\sum_{i=1}^{p}\gamma_i x_i+\sum_{i=1}^{p}\gamma_{ii} x_i^2+\sum_{i<j}\gamma_{ij} x_i x_j\\ &=\gamma_0\sum_{i=1}^{p} x_i+\sum_{i=1}^{p}\gamma_i x_i+\sum_{i=1}^{p}\gamma_{ii} x_i(1-x_1-\cdots-x_{i-1}-x_{i+1}-\cdots x_p)+\\ &\quad\sum_{i<j}\gamma_{ij} x_i x_j\\ &=\sum_{i=1}^{p}(\gamma_0+\gamma_i+\gamma_{ii})x_i+\sum_{i<j}(\gamma_{ij}-\gamma_{ii}-\gamma_{jj})x_i x_j\end{aligned}$$

其中$\beta_i=\gamma_0+\gamma_i+\gamma_{ii}, i=1,2,\cdots,p$

$\beta_{ij}=\gamma_{ij}-\gamma_{ii}-\gamma_{jj}(i<j; i,j=1,2,\cdots,p)$

类似 p 因子三次混料试验$\{p,3\}$, Scheffe 的 p 元三次多项式模型为

$$Ey=\sum_{i=1}^{p}\beta_i x_i+\sum_{i<j}\beta_{ij} x_i x_j+\sum_{i<j<k}\beta_{ijk} x_i x_j x_k \tag{8.5.3}$$

p 因子四次混料试验$\{p,4\}$, Scheffe 的 p 元四次多项式模型为

$$Ey=\sum_{i=1}^{p}\beta_i x_i+\sum_{i<j}\beta_{ij} x_i x_j+\sum_{i<j<k}\beta_{ijk} x_i x_j x_k+\sum_{i<j<k<l}\beta_{ijkl} x_i x_j x_k x_l \tag{8.5.4}$$

将(8.5.1)～(8.5.4)这类多项式称为 Scheffe 正则多项式。下面我们给出这类模型的试验设计方法。

8.5.2 单形格子设计

一、试验设计方法

单形格子设计是 Scheffe 提出的一种混料设计。

1. 模型(8.5.1)的设计

在模型(8.5.1)中仅含 p 个未知参数，这时的单形格子设计是由 p 个单形顶点组成的设计，其设计方案如下：

表 8.5.1 $\{p,1\}$单形格子设计

试验号	x_1	x_2	x_3	…	x_p
1	1	0	0	…	0
2	0	1	0	…	0
…	…	…	…	…	…
p	0	0	0	…	1

2. 模型(8.5.2)的设计

在模型(8.5.2)中含 $p+p(p-1)/2=p(p+1)/2$ 个未知参数，这时的单形格子设计由两类点组成，一类点是 p 个单形顶点，另一类点是两个坐标为 1/2，其他坐标为 0 的点，这类点共有 $p(p-1)/2$ 个，其设计方案如下：

表 8.5.2 $\{p,2\}$单形格子设计

试验号	x_1	x_2	x_3	…	x_{p-1}	x_p
1	1	0	0	…	0	0
2	0	1	0	…	0	0
…	…	…	…	…	…	…
p	0	0	0	…	0	1
$p+1$	1/2	1/2	0	…	0	0
$p+2$	1/2	0	1/2	…	0	0
…	…	…	…	…	…	…
$p(p+1)/2$	0	0	0	…	1/2	1/2

一般来讲，单形格子设计具有如下两个特点：

(1)每个$\{p,d\}$设计的试验次数恰好等于响应函数中未知参数个数，即此为饱和设计。其试验点对称地排列在单形上，构成单形的一个格子，每一点的 p 个坐标代表 p 个因子的成分比例，其和为 1。

(2)试验点的分量与模型的次数 d 有关，每一成分 x_i 的取值为 $1/d$ 的倍数，即只能取 $0,1/d,2/d,\cdots,(d-1)/d,1$，并且在设计中因子成分量的各种配合都要用到。譬如

{3,3}单形格子设计如下：

表 8.5.3　{3,3}单形格子设计

试验号	x_1	x_2	x_3
1	1	0	0
2	0	1	0
3	0	0	1
4	1/3	2/3	0
5	2/3	1/3	0
6	1/3	0	2/3
7	2/3	0	1/3
8	0	1/3	2/3
9	0	2/3	1/3
10	1/3	1/3	1/3

注意这里各 x_i 应该看成是类似于回归设计中一种编码值，具体见下面的例 8.5.1。

例 8.5.1　一种火箭推进剂由三种成分 A、B、C 混合制成，这里 A 表示固定剂，B 氧化剂，C 表示燃料。采用{3,2}单形格子设计，具体见表 8.5.4。在 A、B、C 下的是编码值 x_1，x_2，x_3，右边的实际成分用 z_1，z_2，z_3 表示，他们是根据如下要求给出的：

首先找出各变量 x_i 的最小成分值 a_i，譬如在本例中 $a_1=0.2$，$a_2=0.4$，$\alpha_3=0.2$，他们对应的编码值应该是 0，那么编码公式为

$$x_i=\frac{z_i-a_i}{1-\sum\limits_{i=1}^{3}a_i},\quad i=1,2,3$$

也即给出了编码值后，实际成分值可以用下式获得：

$$z_i=a_i+\left(1-\sum_{i=1}^{3}a_i\right)x_i,\quad i=1,2,3$$

表 8.5.4　试验计划表

试验号	编码值			实际成分		
	A x_1	B x_2	C x_3	固定剂 z_1	氧化剂 z_2	燃料 z_3
1	1	0	0	0.4	0.4	0.2
2	0	1	0	0.2	0.6	0.2
3	0	0	1	0.2	0.4	0.4
4	1/2	1/2	0	0.3	0.5	0.2
5	1/2	0	1/2	0.3	0.4	0.3
6	0	1/2	1/2	0.2	0.5	0.3

一般在 p 个因子的场合，实际值与编码值的转换公式为

$$z_i = a_i + (1 - \sum_{i=1}^{P} a_i) x_i, \quad i=1,2,\cdots,p$$

其中 a_i 是变量 x_i 的最小成分值。

二、数据分析方法

用最小二乘法可以求出参数的估计,但是由于是饱和设计,所以残差平方和为 0,因此不能估计误差方差。

1.$\{p,1\}$单形格子设计

记表 8.5.1 中 p 个试验的结果分别为 $y_1, y_2, \cdots, y_p$,为使残差平方和为 0,所以每一点的残差都是 0,从而由数据的结构式便可以方便地得到参数的最小二乘估计。对模型(8.5.1)来讲,由于 $y_j = \beta_j + \varepsilon_j, j=1,2,\cdots,p$,为使残差为 0,则得 β_j 的估计(记为 b_j)为

$$b_j = y_j, \quad j=1,2,\cdots,p$$

2.$\{p,2\}$单形格子设计

我们用具体例子来说明最小二乘估计的结果。

例 8.5.2 $\{3,2\}$单形格子设计的参数估计

$\{3,2\}$单形格子设计的方案与试验结果可以具体表示如下:

表 8.5.5 {3,2}单形格子设计

试验号	x_1	x_2	x_3	y
1	1	0	0	y_1
2	0	1	0	y_2
3	0	0	1	y_3
4	1/2	1/2	0	y_4
5	1/2	0	1/2	y_5
6	0	1/2	1/2	y_6

下面我们首先写出数据的结构式:

$$\begin{cases} y_i = \beta_i + \varepsilon_i, \quad i=1,2,3 \\ y_4 = \dfrac{1}{2}\beta_1 + \dfrac{1}{2}\beta_2 + \dfrac{1}{4}\beta_{12} + \varepsilon_4 \\ y_5 = \dfrac{1}{2}\beta_1 + \dfrac{1}{2}\beta_3 + \dfrac{1}{4}\beta_{13} + \varepsilon_5 \\ y_6 = \dfrac{1}{2}\beta_2 + \dfrac{1}{3}\beta_3 + \dfrac{1}{4}\beta_{23} + \varepsilon_6 \end{cases}$$

为使每一点残差为 0,从上述第一个表达式可以得知

$$\hat{\beta}_i \hat{=} b_i = y_i, \quad i=1,2,3$$

从第二个表达式可以得到

$$\hat{\beta}_{12} \hat{=} b_{12} = 4(y_4 - \frac{1}{2}\hat{\beta}_1 - \frac{1}{2}\hat{\beta}_2) = 4y_4 - 2y_1 - 2y_2$$

同理可得

$$\hat{\beta}_{13} \hat{=} b_{13} = 4y_5 - 2y_1 - 2y_3$$

$$\hat{\beta}_{23} \hat{=} b_{23} = 4y_6 - 2y_2 - 2y_3$$

8.5.3 单形重心设计

在$\{p,d\}$单形格子设计中，当 $d>2$ 时某些混料设计中格子点的非零坐标并不相等，这种非对称性会使某些点对回归系数的估计产生较大的影响，为改进这一点，Scheffe 提出了一种只考虑有相等非零坐标的单形重心设计。

Scheffe 考虑的模型为

$$Ey = \sum_{i=1}^{p} \beta_i x_i + \sum_{i<j} \beta_{ij} x_i x_j + \sum_{i<j<k} \beta_{ijk} x_i x_j x_k + \cdots + \beta_{12\cdots p} x_1 x_2 \cdots x_p$$

譬如 $d=3$，则模型为

$$Ey = \sum_{i=1}^{p} \beta_i x_i + \sum_{i<j} \beta_{ij} x_i x_j + \sum_{i<j<k} \beta_{ijk} x_i x_j x_k$$

一、试验设计方法

p 个因子的单形重心设计的试验点是由如下形式的 2^p-1 点组成的：

以$(1,0,\cdots,0)$为代表的$\binom{p}{1}$个排列的点；

以$\left(\frac{1}{2},\frac{1}{2},0,\cdots,0\right)$为代表的$\binom{p}{2}$个排列的点；

以$\left(\frac{1}{3},\frac{1}{3},\frac{1}{3},0,\cdots,0\right)$为代表的$\binom{p}{3}$个排列的点；

…

以$\left(\frac{1}{p},\frac{1}{p},\frac{1}{p},\cdots,\frac{1}{p}\right)$为代表的$\binom{p}{p}$个排列的点。

这些试验点的坐标不依赖于 d，通常我们选用饱和设计。在 $d=1$ 或 2 时，单形重心设计与单形格子是设计一致的，但是 $d>2$ 就不相同了。譬如 $p=3$ 时，$\{3,3\}$单形重心设计共做 $2^p-1=7$ 次试验，试验点如下：

表 8.5.6 {3,3}单形重心设计

试验号	x_1	x_2	x_3
1	1	0	0
2	0	1	0
3	0	0	1
4	1/2	1/2	0
5	1/2	0	1/2
6	0	1/2	1/2
7	1/3	1/3	1/3

若要建立{3,2}单形重心设计,那么可以省略第七号试验(从下面的数据分析可以知道,这一试验是为估计 $x_1x_2x_3$ 的系数而设立的),只进行六次试验,这时与单形格子设计就相同了。

二、数据分析方法

由于现在仍是饱和设计,所以我们只能求得每一个残差为 0 的参数估计。下面以{3,3}单形重心设计为例加以说明。其模型为

$$Ey=\sum_{i=1}^{p}\beta_i x_i+\sum_{i<j}\beta_{ij}x_i x_j+\beta_{123}x_1 x_2 x_3$$

表 8.5.7 {3,3}单形重心设计

试验号	x_1	x_2	x_3	y
1	1	0	0	y_1
2	0	1	0	y_2
3	0	0	1	y_3
4	1/2	1/2	0	y_4
5	1/2	0	1/2	y_5
6	0	1/2	1/2	y_6
7	1/3	1/3	1/3	y_7

前三个数据的结构式为:$y_i=\beta_i+\varepsilon_i$,$i=1,2,3$,因此

$$\hat{\beta}_i\hat{=}b_i=y_i,\quad i=1,2,3$$

再由 y_4 至 y_6 的结构式可以得到

$$\hat{\beta}_{12}\hat{=}b_{12}=4y_4-2y_1-2y_2$$

$$\hat{\beta}_{13}\hat{=}b_{13}=4y_5-2y_1-2y_3$$

$$\hat{\beta}_{23}\hat{=}b_{23}=4y_6-2y_2-2y_3$$

从最后一个结构式 $y_7=\frac{1}{3}\beta_1+\frac{1}{3}\beta_2+\frac{1}{3}\beta_3+\frac{1}{9}\beta_{12}+\frac{1}{9}\beta_{13}+\frac{1}{9}\beta_{23}+\frac{1}{27}\beta_{123}+\varepsilon_7$ 可以得到

$$\hat{\beta}_{123}\hat{=}b_{123}=27y_7+3(y_1+y_2+y_3)-12(y_4+y_5+y_6)$$

进一步的研究可以参看文献[55]。

习题 8.5

1. 请给出{4,2}的单形格子设计,并给出此时 Scheffe 正则多项式模型中参数的估计。

2. 请给出{4,3}的单形重心设计的饱和设计,并给出此时 Scheffe 正则多项式模型中参数的估计。

3. 设在研究炉料中各种粒度燃料所占比例对烧结矿强度影响的试验中,记 x_1,x_2,x_3,x_4 分别为 0～0.5 mm、0.5～2.0 mm、2.0～3.0 mm、3.0～5.0 mm 粒度所占燃料的百分比,$\sum_{i=1}^{4}x_i=1,z_i\geqslant 0$,$i=1,2,3,4$,试验结果 y 为烧结矿强度。用编码值表示的试验方案与试验结果见下表:

序号	x_1	x_2	x_3	x_4	y
1	1	0	0	0	26.2
2	0	1	0	0	23.0
3	0	0	1	0	21.5
4	0	0	0	1	21.0
5	1/2	1/2	0	0	26.0
6	1/2	0	1/2	0	23.8
7	1/2	0	0	1/2	27.5
8	0	1/2	1/2	0	21.5
9	0	1/2	0	1/2	22.3
10	0	0	1/2	1/2	21.7

给出二次 Scheffe 正则多项式模型中诸参数的估计。

4. 现有四种化学杀虫剂，为提高杀虫效果，将它们混合使用，x_1，x_2，x_3，x_4 表示混合配方中每种杀虫剂所占比例，采用如下 15 种配方，记录杀虫率，试给出{4,4}Scheffe 正则多项式模型中诸参数的估计。

序号	x_1	x_2	x_3	x_4	Y(%)
1	1	0	0	0	1.6
2	0	1	0	0	25.4
3	0	0	1	0	28.6
4	0	0	0	1	38.5
5	1/2	1/2	0	0	4.9
6	1/2	0	1/2	0	3.1
7	1/2	0	0	1/2	28.7
8	0	1/2	1/2	0	3.4
9	0	1/2	0	1/2	37.4
10	0	0	1/2	1/2	10.7
11	1/3	1/3	1/3	0	22.0
12	1/3	1/3	0	1/3	2.4
13	1/3	0	1/3	1/3	2.6
14	0	1/3	1/3	1/3	11.1
15	1/4	1/4	1/4	1/4	0.8

参考文献

[1] 项可风,吴启光.试验设计与数据分析.上海科学技术出版社,1989.

[2] Montgomery,D.C. 实验设计与分析(第三版).汪仁官,陈荣昭译.中国统计出版社,1998.

[3] 王松桂.线性模型的理论及其应用.安徽教育出版社,1987.

[4] 石磊,王学仁,孙文爽.试验设计基础.重庆大学出版社,1987.

[5] Netrella,M.G. 实验统计学.毛道镇,蒋子刚译.上海翻译出版公司,1990.

[6] 茆诗松等.统计手册.科学出版社,2003.

[7] Devore, J. and Peck, R. Statistics:The Explocation and Analysis of Data (second edition) ,Wadsworth Publishing Company, 1993.

[8] Tukey,J.W. The Problem of Multiple Comparisons,Unpublished Noted,Princeton University , 1953.

[9] Scheffe,H. A method for judging all contrasts in the analysis of variance,Biometrika,Vol. 40,87-104,1953.

[10] 茆诗松,吕晓玲.数理统计学.中国人民大学出版社,2011.

[11] Box, G.E.P. and Cox,D.R. An Analysis of Transformations, Journal of the Royal Statistical Society. B. Vol. 26,211-243,1964.

[12] Anderson, V.L. and McLean, R.A. Design of Experiments:A Realistic Approach, Marcel Dekker Inc. ,New York,1978.

[13] Box,G.E.P. , Hunter, W.G. and Hunter, J.S. Statistics for Experimenters, Wiley, New York,1978.

[14] Cochran,W.G. and Cox, G.M. Experimental Design(2d. Edition) ,Jahn Wiley and Sons Inc. , New York,N.Y. ,1957.

[15] 上海科技交流站.正交试验设计法.上海人民出版社,1975.

[16] 北京大学数学力学系概率统计组.正交设计法.石油化学工业出版社,1976.

[17] 王万中,茆诗松.试验的设计与分析.华东师范大学出版社,1997.

[18] 周纪芗,茆诗松.质量管理统计方法.中国统计出版社,1999.

[19] 田口玄一.实验设计法(上).魏锡禄,王世芳译.机械工业出版社,1987.

[20] 金良超.正交设计与多指标分析.中国铁道出版社,1988.

[21] 茆诗松等.回归分析及其试验设计.华东师范大学出版社,1986.

[22] 周纪芗.回归分析.华东师范大学出版社,1993.

[23] 许守群.超声波换能器优化设计.数理统计与管理,1989 年第 6 期.

[24] 陈魁.试验设计与分析.清华大学出版社,1996.

[25] Box, G.E.P. , and Meyer, R.D. An analysis for unreplicated fractional factorials,Technometrics 28,11-18,1986.

[26] Box, G.E.P. Signal-to-noise ratios, performance criteria, and transformations,Technometrics 30, 1-17,1988.

[27] Chen Ying. On the analysis of unreplicated factorial designs,doctoral thesis,Department of Statistics of the University of Dortmund, Germany,(http://eldorado.uni-dortmund.de:8080/FB5/ls2/forschung/2003/Chen),2003.

[28] Daniel, C. Use of Half-normal plots in interpreting factorial two-level experiments, Technometrics 1, 311-341, 1959.

[29] Daniel, C. Applications of Statistics to Industrial Experimentation, New York, John Wiley, 1976.

[30] Hamada, M. and Balakrishnan, N. Analyzing unreplicated factorial experiments: A review with some new proposals (with Comments and Rejoinder), Stat. Sin. 8, No. 1, 1-41, 1998.

[31] Lenth, R. V. Quick and easy analysis of unreplicated factorials, Technometrics 31, 469-473, 1989.

[32] Quinlan, J. Product improvement by application of Taguchi methods, American Supplier Institute Third Symposium on Taguchi Methods, 11-16, 1985.

[33] Taguchi, G. and Wu, Y. Introduction to off -Line Quality Control, Gentral Japan Quality Control Association, Nagoya, Japan, 1980.

[34] Ye, Kenny Q. Hamada, Michael and Wu, C. F. J. A Step-Down Lenth Method for Analyzing Unreplicated Factorial Designs, Journal of Quality Technology 33, 140-152, 2001.

[35] Zahn, D. A. Modifications of and revised critical values for the half-normal plot, Technometrics, 17, 189-200, 1975.

[36] Zahn, D. A. An empirical study of the half-normal plot, Technometrics, 17, 201-211, 1975.

[37] Booth, K. H. V. and Cox D. R. Some systematic supersaturated designs, Technometrics, 4, 489-495, 1962.

[38] Li, W. W and Wu, C. F. J. Columnwise-pairwise algorithms with applications to the construction of supersaturated designs, Technometrics, 39, 171-179, 1997.

[39] Lin, Dennis K. J. A new class of supersaturated designs , Technometrics, 35, 28-31, 1993.

[40] Lin, Dennis K. J. Generating systematic supersaturated designs, Technometrics, 37, 213-225, 1995.

[41] 陆璇. 超饱和试验设计中的参数估计问题. 数理统计与管理, 16(5), 37-42, 1997.

[42] 刘民千, 张润楚. $E(s^2)$最优超饱和设计与 BIB 设计的对等关系. 科学通报 43, 2053-2056, 1998.

[43] 刘民千, 张润楚. 超饱和设计的变量选择. 南开大学学报(自然科学), 33(3), 13-16, 2000.

[44] Nguyen, N. K. An algorithmic approach to constructing supersaturated designs, Technometrics 38, 69-73, 1996.

[45] Tang, B. and Wu, C. F. J. A method for constructing supersaturated designs and its $E(s^2)$ optimality, Canadian Journal of Statistics 25, 191-201, 1997.

[46] Wu, C. F. J. Construction of supersaturated designs through partially aliased interactions, Biometrika, 80, 661-669, 1993.

[47] Taguchi, G. , Introduction to Quality Engineering, Asian Productivity Organization, UNIPUB, White Ptains , New York, 1986.

[48] 中国现场统计研究会三次设计组. 可计算项目的三次设计. 北京大学出版社, 1986.

[49] 韩之俊, 章渭基. 质量工程学. 科学出版社, 1991.

[50] 田口玄一. 计量管理设计手册. 缪以德译. 上海翻译出版公司, 1989.

[51] Phadke, M. S. 稳健设计之品质工程. 黎正中译. 台北图书有限公司, 1993.

[52] 武太平. 用三次设计方法进行抛撒器的设计. 应用概率统计, 第五卷第一期, 1989.

[53] 方开泰. 均匀设计与均匀设计表. 科学出版社, 1994.

[54] 方开泰, 马长兴. 正交与均匀试验设计. 科学出版社, 2001.

[55] 关颖男. 混料试验设计. 上海科学技术出版社, 1990.

[56] Box, G. E. P. and Meyer, R. D. Finding the Active Factors in Fractionated Screening Experiments, Journal of Quality Technology 25, 94-105,1993.

[57] Kunert, J. On the use of the factor-sparsity assumption to get an estimate of the variance in saturated designs, Technometrics 39, No. 1, 81-90. , 1997.

[58] 杨兆军,王立江,于骏一. 振动钻削微小孔中钻头寿命与振动参数的二次回归试验研究. 数理统计与管理,1996,第 4 期.

[59] 吴建福,滨田. 试验设计与分析及参数优化. 张润楚等译. 中国统计出版社,2003.

[60] Santner, T. J. , Williams, B. J. , and Notz, W. I. The Design and Analysis of Computer Experiments, Springer Verlag, 2003.

[61] Fang, K-T. , Li, R. and Sudjianto, A. Design and Modeling for Computer Experiments, Chapman & Hall/CRC, 2006.

[62] Kleijnen, J. P. Design and analysis of simulation experiments, Springer Publishing Company, Incorporated, 2008.

[63] Fang, K. T. , Liu, M. Q. , Qin, H. and Zhou, Y. D. Theory and Application of Uniform Experimental Designs, Springer, Singapore, 2018.

[64] Sacks, J. , Welch, W. J. , Mitchell, T. J. and Wynn, H. P. Design and analysis of computer experiments (with discussion),Statistica Sinica 4, 409 - 435, 1989.

[65] McKay, M. D. , Beckman, R. J. , and Conover, W. J. A comparison of three methods for selecting values of input variables in the analysis of output from a computer code,Technometrics 21, 239 - 245, 1979.

[66] Stein, M. Large sample properties of simulations using Latin hypercube sampling,Technometrics 29, 143 - 151, 1987.

[67] Owen, A. B. A central limit theorem for Latin hypercube sampling, Journal of the Royal Statistical Society Series B 54, 541 - 551, 1992.

[68] Tang, B. Orthogonal array-based Latin hypercubes, Journal of the American Statistical Association 88, 1392 - 1397, 1993.

[69] He, Y. and Tang, B. Strong orthogonal arrays and associated Latin hypercubes for computer experiments,Biometrika 100, 254 - 260, 2013.

[70] Iman, R. L. and Conover, W. J. Distribution-free approach to inducing rank correlation among input variables, Communications in Statistics - Simulation and Computation 11, 311 - 334, 1982.

[71] Owen, A. B. Controlling correlations in Latin hypercube samples, Journal of the American Statistical Association 89, 1517 - 1522, 1994.

[72] Tang, B. Selecting Latin hypercubes using correlation criteria, Statistica Sinica 8, 965 - 978, 1998.

[73] Ye, K. Q. Orthogonal column Latin hypercubes and their application in computer experiments, Journal of the American Statistical Association 93, 1430 - 1439, 1998.

[74] Cioppa, T. M. and Lucas, T. W. Efficient nearly orthogonal and space-filling Latin hypercubes, Technometrics 49, 45 - 55, 2007.

[75] Sun, F. , Liu, M. Q. , and Lin, D. K. J. Construction of orthogonal Latin hypercube designs, Biometrika 96, 971 - 974, 2009.

[76] Pang, F. , Liu, M. Q. , and Lin, D. K. J. A construction method for orthogonal Latin hypercube designs with prime power levels,Statistica Sinica 19, 1721 - 1728, 2009.

[77] Sun, F. and Tang, B. A general rotation method for orthogonal Latin hypercubes, Biometrika 104, 465 - 472, 2017.

[78] Bingham, D., Sitter, R. R., and Tang, B. Orthogonal and nearly orthogonal designs for computer experiments, Biometrika 96, 51 - 65, 2009.

[79] Lin, C. D., Mukerjee, R., and Tang, B. Construction of orthogonal and nearly orthogonal Latin hypercubes, Biometrika, 96, 243 - 247, 2009.

[80] Lin, C. D., Bingham, D., Sitter, R. R., and Tang, B. A new and flexible method for constructing designs for computer experiments, Annals of Statistics, 38, 1460 - 1477, 2010.

[81] Ai, M., He, Y. and Liu, S. Some new classes of orthogonal Latin hypercube designs, Journal of Statistical Planning and Inference 142, 2809 - 2818, 2012.

[82] Sun, F., Liu, M. Q., and Lin, D. K. J. Construction of orthogonal Latin hypercube designs, Biometrika, 96, 971 - 974, 2009.

[83] Sun, F., Liu, M. Q., and Lin, D. K. J. Construction of orthogonal Latin hypercube designs with flexible run sizes, Journal of Statistical Planning and Inference, 140, 3236 - 3242, 2010.

[84] Johnson, M. E., Moore, L. M., and Ylvisaker, D. Minimax and maximin distance designs, Journal of Statistical Planning and Inference, 26, 131 - 148, 1990.

[85] Audze, P. and Eglais, V. New approach to planning out of experiments, Problems of Dynamics and Strength, 35, 104 - 107, 1977.

[86] Morris, M. D. and Mitchell, T. J. Exploratory designs for computer experiments, Journal of Statistical Planning and Inference, 43, 381 - 402, 1995.

[87] Moon, H., Dean, A. M., andSantner, T. J. Algorithms for generating maximin orthogonal and Latin hypercube designs, Journal of Statistical Theory and Practice, 5, 81 - 98, 2011.

[88] Joseph, V. R., Gul, E. and Ba, S. Maximum projection designs for computer experiments, Biometrika 102 371 - 380, 2015.

[89] Tang, B. A theorem for selecting OA-based Latin hypercubes using a distance criterion, Communications in Statistics - Theory and Methods, 23, 2047 - 2058, 1994.

[90] van Dam, E. R., Husslage, B., den Hertog, D., and Melissen, H. Maximin Latin hypercube designs in two dimensions, Operations Research, 55, 158 - 169, 2007.

[91] He, X. Interleaved lattice-based minimax distance designs, Biometrika, 104(3): 713-725, 2017.

[92] He, X. Interleaved lattice-based maximin distance designs, Biometrika, 106(2): 453 - 464, 2019.

[93] Zhou, Y. and Xu, H. Space-filling properties of good lattice point sets, Biometrika 102, 959 - 966, 2015.

[94] Wang, L., Xiao, Q. and Xu, H. Optimal maximin L1-distance Latin hypercube designs based on good lattice point designs, Annals of Statistics, 46 3741 - 3766, 2018.

[95] Joseph, V. R. and Hung, Y. Orthogonal-maximin Latin hypercube designs, Statistica Sinica, 18, 171 - 186, 2008.

[96] Hickernell, F. J. A generalized discrepancy and quadrature error bound, Mathematics of Computation, 67, 299 - 322, 1998.

[97] Sun, F., Wang, Y. and Xu, H. Uniform projection designs, Annals of Statistics, 47, 641 - 661, 2019.

[98] Dette, H and Pepelyshev, A. Generalized Latin hypercube design for computer experiments, Technometrics, 52, 421—429, 2010.

[99] Hoerl, A. E. , Kennard, R. W. Ridge regression: Biased estimation for nonorthogonal problems, Technometrics, 12, 55—67, 1970.

[100] Tibshirani, R. Regression shrinkage and selection via the lasso, Journal of the Royal Statistical Society: Series B, 58, 267—288, 1996.

[101] Fan, J, Li, R. Variable selection via nonconcave penalized likelihood and its oracle properties, Journal of the American statistical Association, 96, 1348—1360, 2001.

[102] Weisberg, S. Applied linear regression, John Wiley & Sons, 2005.

[103] Loeppky, J. L. , Sacks, J. and Welch, W. J. Choosing the sample size of a computer experiment: A practical guide, Technometrics, 51, 366 - 376, 2009.

[104] Branin, F. Widely convergent method for finding multiple solutions of simultaneous nonlinear equations, IBM Journal of Research and Development, 16, 504 - 522, 1972.

[105] Morris, M. D. , Mitchell, T. J. and Ylvisaker, D. Bayesian design and analysis of computer experiments: Use of derivatives in surface prediction, Technometrics 35, 243 - 255, 1993.

[106] 方开泰,刘民千,周永道,试验设计与建模. 高等教育出版社,2011.

[107] Silvey, S. D. Optimal Design, Chapman and Hall, London, 1980.

[108] Pukelsheim, F. Optimal design of experiments. Society for Industrial and Applied Mathematics, 2006.

[109] Guest, P. The spacing of observations in polynomial regression, Annals of Mathematical Statistics, 29, 294 - 299, 1958.

[110] Box, M. J. and Draper, N. R. Factorial designs, the |FF| ceiterion and some related matters. Technometrics, 13, 731 - 742, 1971.

[111] Xu, H. and Wu, C. F. J. Construction of optimal multi-level supersaturated designs, Annals of Statistics, 33, 2811 - 2836, 2005.

附表 1　标准正态分布函数表

$$\Phi(x)=\int_{-\infty}^{x}\frac{1}{\sqrt{2\pi}}e^{-\frac{x^2}{2}}\mathrm{d}x$$

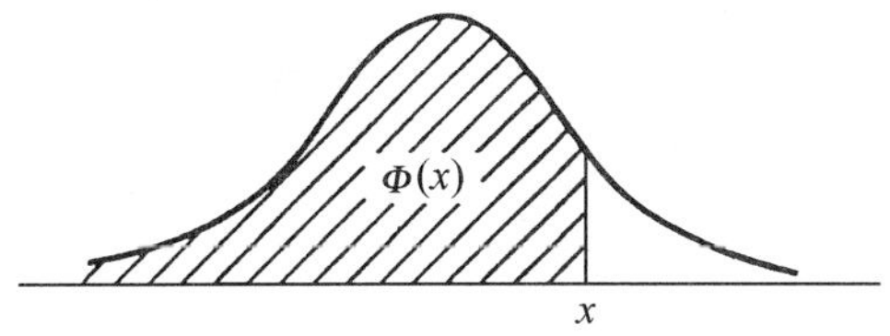

x	0.00	0.01	0.02	0.03	0.04	0.05	0.06	0.07	0.08	0.09
0.0	0.5000	0.5040	0.5080	0.5120	0.5160	0.5199	0.5239	0.5279	0.5319	0.5359
0.1	0.5398	0.5438	0.5478	0.5517	0.5557	0.5596	0.5636	0.5675	0.5714	0.5753
0.2	0.5793	0.5832	0.5871	0.5910	0.5948	0.5987	0.6026	0.6064	0.6103	0.6141
0.3	0.6179	0.6217	0.6255	0.6293	0.6331	0.6368	0.6406	0.6443	0.6480	0.6517
0.4	0.6554	0.6591	0.6628	0.6664	0.6700	0.6736	0.6772	0.6808	0.6844	0.6879
0.5	0.6915	0.6950	0.6985	0.7019	0.7054	0.7088	0.7123	0.7157	0.7190	0.7224
0.6	0.7257	0.7291	0.7324	0.7357	0.7389	0.7422	0.7454	0.7486	0.7517	0.7549
0.7	0.7580	0.7611	0.7642	0.7673	0.7704	0.7734	0.7764	0.7794	0.7823	0.7852
0.8	0.7881	0.7910	0.7939	0.7967	0.7995	0.8023	0.8051	0.8079	0.8106	0.8133
0.9	0.8159	0.8186	0.8212	0.8238	0.8264	0.8289	0.8315	0.8340	0.8365	0.8389
1.0	0.8413	0.8438	0.8461	0.8485	0.8508	0.8531	0.8554	0.8577	0.8599	0.8621
1.1	0.8643	0.8665	0.8686	0.8708	0.8729	0.8749	0.8770	0.8790	0.8810	0.8830
1.2	0.8849	0.8869	0.8888	0.8907	0.8925	0.8944	0.8962	0.8980	0.8997	0.9015
1.3	0.9032	0.9049	0.9066	0.9082	0.9099	0.9115	0.9131	0.9147	0.9162	0.9177
1.4	0.9192	0.9207	0.9222	0.9236	0.9251	0.9265	0.9279	0.9292	0.9306	0.9319
1.5	0.9332	0.9345	0.9357	0.9370	0.9382	0.9394	0.9406	0.9418	0.9429	0.9441
1.6	0.9452	0.9463	0.9474	0.9484	0.9495	0.9505	0.9515	0.9525	0.9535	0.9545
1.7	0.9554	0.9564	0.9573	0.9582	0.9591	0.9599	0.9608	0.9616	0.9625	0.9633
1.8	0.9641	0.9649	0.9656	0.9664	0.9671	0.9678	0.9686	0.9693	0.9700	0.9706
1.9	0.9713	0.9719	0.9726	0.9732	0.9738	0.9744	0.9750	0.9756	0.9761	0.9767
2.0	0.9773	0.9778	0.9783	0.9788	0.9793	0.9798	0.9803	0.9808	0.9812	0.9817
2.1	0.9821	0.9826	0.9830	0.9834	0.9838	0.9842	0.9846	0.9850	0.9854	0.9857
2.2	0.9861	0.9864	0.9868	0.9871	0.9875	0.9878	0.9881	0.9884	0.9887	0.9890
2.3	0.9893	0.9896	0.9898	0.9901	0.9904	0.9906	0.9909	0.9911	0.9913	0.9916
2.4	0.9918	0.9920	0.9922	0.9925	0.9927	0.9929	0.9931	0.9932	0.9934	0.9936
2.5	0.9938	0.9940	0.9941	0.9943	0.9945	0.9946	0.9948	0.9949	0.9951	0.9952
2.6	0.9953	0.9955	0.9956	0.9957	0.9959	0.9960	0.9961	0.9962	0.9963	0.9964
2.7	0.9965	0.9966	0.9967	0.9968	0.9969	0.9970	0.9971	0.9972	0.9973	0.9974
2.8	0.9974	0.9975	0.9976	0.9977	0.9977	0.9978	0.9979	0.9979	0.9980	0.9981
2.9	0.9981	0.9982	0.9983	0.9983	0.9984	0.9984	0.9985	0.9985	0.9986	0.9986

x	0.0	0.1	0.2	0.3	0.4	0.5	0.6	0.7	0.8	0.9
3.0	$0.9^{2}8650$	$0.9^{3}0324$	$0.9^{3}3129$	$0.9^{3}5166$	$0.9^{3}6631$	$0.9^{3}7674$	$0.9^{3}8409$	$0.9^{3}8922$	$0.9^{4}2765$	$0.9^{4}5190$
4.0	$0.9^{4}6833$	$0.9^{4}7934$	$0.9^{4}8665$	$0.9^{5}1460$	$0.9^{5}4587$	$0.9^{5}6602$	$0.9^{5}7887$	$0.9^{5}8699$	$0.9^{6}2067$	$0.9^{6}5208$
5.0	$0.9^{6}7133$	$0.9^{6}8302$	$0.9^{7}0036$	$0.9^{7}4210$	$0.9^{7}6668$	$0.9^{7}8101$	$0.9^{7}8928$	$0.9^{8}4010$	$0.9^{8}6684$	$0.9^{8}8192$
6.0	$0.9^{9}0136$									

附表 2　t 分布的 p 分位数表

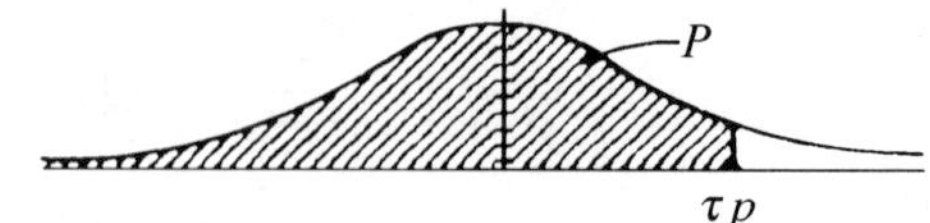

df	$t_{.60}$	$t_{.70}$	$t_{.80}$	$t_{.90}$	$t_{.95}$	$t_{.975}$	$t_{.99}$	$t_{.995}$
1	.325	.727	1.376	3.078	6.314	12.706	31.821	63.657
2	.289	.617	1.061	1.886	2.920	4.303	6.965	9.925
3	.277	.584	.978	1.638	2.353	3.182	4.541	5.841
4	.271	.569	.941	1.533	2.132	2.776	3.747	4.604
5	.267	.559	.920	1.476	2.015	2.571	3.365	4.032
6	.265	.553	.906	1.440	1.943	2.447	3.143	3.707
7	.263	.549	.896	1.415	1.895	2.365	2.998	3.499
8	.262	.546	.889	1.397	1.860	2.306	2.896	3.355
9	.261	.543	.883	1.383	1.833	2.262	2.821	3.250
10	.260	.542	.879	1.372	1.812	2.228	2.764	3.169
11	.260	.540	.876	1.363	1.796	2.201	2.718	3.106
12	.259	.539	.873	1.356	1.782	2.179	2.681	3.055
13	.259	.538	.870	1.350	1.771	2.160	2.650	3.012
14	.258	.537	.868	1.345	1.761	2.145	2.624	2.977
15	.258	.536	.866	1.341	1.753	2.131	2.602	2.947
16	.258	.535	.865	1.337	1.746	2.120	2.583	2.921
17	.257	.534	.863	1.333	1.740	2.110	2.567	2.898
18	.257	.534	.862	1.330	1.734	2.101	2.552	2.878
19	.257	.533	.861	1.328	1.729	2.093	2.539	2.861
20	.257	.533	.860	1.325	1.725	2.086	2.528	2.861
21	.257	.532	.859	1.323	1.721	2.080	2.518	2.831
22	.256	.532	.858	1.321	1.717	2.074	2.508	2.819
23	.256	.532	.858	1.319	1.714	2.069	2.500	2.807
24	.256	.531	.857	1.318	1.711	2.064	2.492	2.797
25	.256	.531	.856	1.316	1.708	2.060	2.485	2.787
26	.256	.531	.856	1.315	1.706	2.056	2.479	2.779
27	.256	.531	.855	1.314	1.703	2.052	2.473	2.771
28	.256	.530	.855	1.313	1.701	2.048	2.467	2.763
29	.256	.530	.854	1.311	1.699	2.045	2.462	2.756
30	.256	.530	.854	1.310	1.697	2.042	2.457	2.750
40	.255	.529	.851	1.303	1.684	2.021	2.423	2.704
60	.254	.527	.848	1.296	1.671	2.000	2.390	2.660
120	.254	.526	.845	1.289	1.658	1.980	2.358	2.617
∞	.253	.524	.842	1.282	1.645	1.960	2.326	2.576

附表 3　χ^2 分布的 p 分位数表

x^2分布的P分位数表

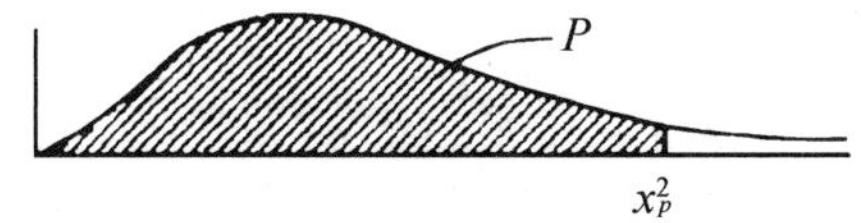

df	$X^2_{.005}$	$X^2_{.01}$	$X^2_{.025}$	$X^2_{.05}$	$X^2_{.10}$	$X^2_{.90}$	$X^2_{.95}$	$X^2_{.975}$	$X^2_{.99}$	$X^2_{.995}$
1	.000039	.00016	.00098	.0039	.0158	2.71	3.84	5.02	6.63	7.88
2	.0100	.0201	.0506	.1026	.2107	4.61	5.99	7.38	9.21	10.60
3	.0717	.115	.216	.352	.584	6.25	7.81	9.35	11.34	12.84
4	.207	.297	.484	.711	1.064	7.78	9.49	11.14	13.28	14.86
5	.412	.554	.831	1.15	1.61	9.24	11.07	12.83	15.09	16.75
6	.676	.872	1.24	1.64	2.20	10.64	12.59	14.45	16.81	18.55
7	.989	1.24	1.69	2.17	2.83	12.02	14.07	16.01	18.48	20.28
8	1.34	1.65	2.18	2.73	3.49	13.36	15.51	17.53	20.09	21.96
9	1.73	2.09	2.70	3.33	4.17	14.68	16.92	19.02	21.67	23.59
10	2.16	2.56	3.25	3.94	4.87	15.99	18.31	20.48	23.21	25.19
11	2.06	3.05	3.82	4.57	5.58	17.28	19.68	21.92	24.73	26.76
12	3.07	3.57	4.40	5.23	6.30	18.55	21.03	23.34	26.22	28.30
13	3.57	4.11	5.01	5.89	7.04	19.81	22.36	24.74	27.69	29.82
14	4.07	4.66	5.63	6.57	7.79	21.06	23.68	26.12	29.14	31.32
15	4.60	5.23	6.26	7.26	8.55	22.31	25.00	27.49	30.58	32.80
16	5.14	5.81	6.91	7.96	9.31	23.54	26.30	28.85	32.00	34.27
18	6.26	7.01	8.23	9.39	10.86	25.99	28.87	31.53	34.81	37.16
20	7.43	8.26	9.59	10.85	12.44	28.41	31.41	34.17	37.57	40.00
24	9.89	10.86	12.40	13.85	15.66	33.20	36.42	39.36	42.98	45.56
30	13.79	14.95	16.79	18.49	20.60	40.26	43.77	46.98	50.89	53.67
40	20.71	22.16	24.43	26.51	29.05	51.81	55.76	59.34	63.69	66.77
60	35.53	37.48	40.48	43.19	46.46	74.40	79.08	83.30	88.38	91.95
120	83.85	86.92	91.58	95.70	100.62	140.23	146.57	152.21	158.95	163.64

对于大的自由度，近似有

$$X_P^2=\frac{1}{2}(Z_p+\sqrt{2v-1})^2$$

其中 v＝自由度，Z_p 是标准正态分布的 p 分位数。

附表 4　*F* 分布的分位数表

1. *F* 分布的 0.90 分位数表

F 分布的0.90分位数表

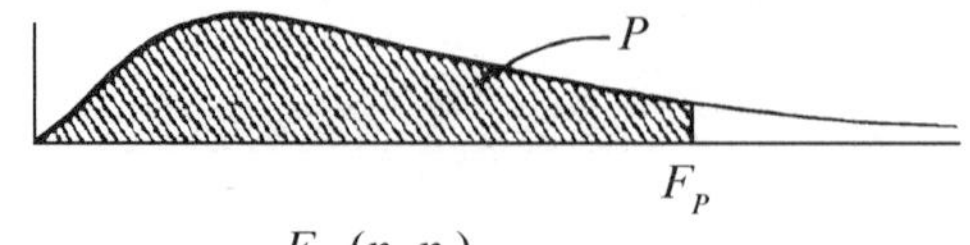

$F_{.90}(n_1,n_2)$

n_1=分子的自由度,n_2=分母的自由度

n_2 \ n_1	1	2	3	4	5	6	7	8	9	10	12	15	20	24	30	40	60	120	∞
1	39.86	49.50	58.59	55.83	57.24	58.20	58.91	59.44	59.86	60.19	60.71	61.22	61.74	62.00	62.26	62.53	62.79	63.06	63.33
2	8.53	9.00	9.16	9.24	9.29	9.33	9.35	9.37	9.38	9.39	9.41	9.42	9.44	9.45	9.46	9.47	9.47	9.48	9.49
3	5.54	5.46	5.39	5.34	5.31	5.28	5.27	5.25	5.24	5.23	5.22	5.20	5.18	5.18	5.17	5.16	5.15	5.14	5.13
4	4.54	4.32	4.19	4.11	4.05	4.01	3.98	3.95	3.94	3.92	3.90	3.87	3.84	3.83	3.82	3.80	3.79	3.78	3.76
5	4.06	3.78	3.62	3.52	3.45	3.40	3.37	3.34	3.32	3.30	3.27	3.24	3.21	3.19	3.17	3.16	3.14	3.12	3.10
6	3.78	3.46	3.29	3.18	3.11	3.05	3.01	2.98	2.96	2.94	2.90	2.87	2.84	2.82	2.80	2.78	2.76	2.74	2.72
7	3.59	3.26	3.07	2.96	2.88	2.83	2.78	2.75	2.72	2.70	2.67	2.63	2.59	2.58	2.56	2.54	2.51	2.49	2.47
8	3.46	3.11	2.92	2.81	2.73	2.67	2.62	2.59	2.56	2.50	2.50	2.46	2.42	2.40	2.38	2.36	2.34	2.32	2.29
9	3.36	3.01	2.81	2.69	2.61	2.55	2.51	2.47	2.44	2.42	2.38	2.34	2.30	2.28	2.25	2.23	2.21	2.18	2.16
10	3.29	2.92	2.73	2.61	2.52	2.46	2.41	2.38	2.35	2.32	2.28	2.24	2.20	2.18	2.16	2.13	2.11	2.08	2.06
11	3.23	2.86	2.66	2.54	2.45	2.39	2.34	2.30	2.27	2.25	2.21	2.17	2.12	2.10	2.08	2.05	2.03	2.00	1.97
12	3.18	2.81	2.61	2.48	2.39	2.33	2.28	2.24	2.21	2.19	2.15	2.10	2.06	2.04	2.01	1.99	1.96	1.93	1.90
13	3.14	2.76	2.56	2.43	2.35	2.28	2.23	2.20	2.16	2.14	2.10	2.05	2.01	1.98	1.96	1.93	1.90	1.88	1.85
14	3.10	2.73	2.52	2.39	2.31	2.24	2.19	2.15	2.12	2.10	2.05	2.01	1.96	1.94	1.91	1.89	1.86	1.83	1.80
15	3.07	2.70	2.49	2.36	2.27	2.21	2.16	2.12	2.09	2.06	2.02	1.97	1.92	1.90	1.87	1.85	1.82	1.79	1.76
16	3.05	2.67	2.46	2.33	2.24	2.18	2.13	2.09	2.06	2.03	1.99	1.94	1.89	1.87	1.84	1.81	1.78	1.75	1.72
17	3.03	2.64	2.44	2.31	2.22	2.15	2.10	2.06	2.03	2.00	1.96	1.91	1.86	1.84	1.81	1.78	1.75	1.72	1.69
18	3.01	2.62	2.42	2.29	2.20	2.13	2.08	2.04	2.00	1.98	1.93	1.89	1.84	1.81	1.78	1.75	1.72	1.69	1.66
19	2.99	2.61	2.40	2.27	2.18	2.11	2.06	2.02	1.98	1.96	1.91	1.86	1.81	1.79	1.76	1.73	1.70	1.67	1.63
20	2.97	2.59	2.38	2.25	2.16	2.09	2.04	2.00	1.96	1.94	1.89	1.84	1.79	1.77	1.74	1.71	1.68	1.64	1.61
21	2.96	2.57	2.36	2.23	2.14	2.08	2.02	1.98	1.95	1.92	1.87	1.83	1.78	1.75	1.72	1.69	1.66	1.62	1.59
22	2.95	2.56	2.35	2.22	2.13	2.06	2.01	1.97	1.93	1.90	1.86	1.81	1.76	1.73	1.70	1.67	1.64	1.60	1.57
23	2.94	2.55	2.34	2.21	2.11	2.05	1.99	1.95	1.92	1.89	1.84	1.80	1.74	1.72	1.69	1.66	1.62	1.59	1.55
24	2.93	2.54	2.33	2.19	2.10	2.04	1.98	1.94	1.91	1.88	1.83	1.78	1.73	1.70	1.67	1.64	1.61	1.57	1.53
25	2.92	2.53	2.32	2.18	2.09	2.02	1.97	1.93	1.89	1.87	1.82	1.77	1.72	1.69	1.66	1.63	1.59	1.56	1.52
26	2.91	2.52	2.31	2.17	2.08	2.01	1.96	1.92	1.88	1.86	1.81	1.76	1.71	1.68	1.65	1.61	1.58	1.54	1.50
27	2.90	2.51	2.30	2.17	2.07	2.00	1.95	1.91	1.87	1.85	1.80	1.75	1.70	1.67	1.64	1.60	1.57	1.53	1.49
28	2.89	2.50	2.29	2.16	2.06	2.00	1.94	1.90	1.87	1.84	1.79	1.74	1.69	1.66	1.63	1.59	1.56	1.52	1.48
29	2.89	2.50	2.28	2.15	2.06	1.99	1.93	1.89	1.86	1.83	1.78	1.73	1.68	1.65	1.62	1.58	1.55	1.51	1.47
30	2.88	2.49	2.28	2.14	2.05	1.98	1.93	1.88	1.85	1.82	1.77	1.72	1.67	1.64	1.61	1.57	1.54	1.50	1.46
40	2.84	2.44	2.23	2.09	2.00	1.93	1.87	1.83	1.79	1.76	1.71	1.66	1.61	1.57	1.54	1.51	1.47	1.42	1.38
60	2.79	2.39	2.18	2.04	1.95	1.87	1.82	1.77	1.74	1.71	1.66	1.60	1.54	1.51	1.48	1.44	1.40	1.35	1.29
120	2.75	2.35	2.13	1.99	1.90	1.82	1.77	1.72	1.68	1.65	1.60	1.55	1.48	1.45	1.41	1.37	1.32	1.26	1.19
∞	2.71	2.30	2.08	1.94	1.85	1.77	1.72	1.67	1.63	1.60	1.55	1.49	1.42	1.38	1.34	1.30	1.24	1.17	1.00

2. F 分布的 0.95 分位数 $F_{0.95}(n_1, n_2)$ 表

n_1=分子的自由度,n_2=分母的自由度

n_2 \ n_1	1	2	3	4	5	6	7	8	9	10	12	15	20	24	30	40	60	120	∞
1	161.4	199.5	215.7	224.6	230.2	234.0	236.8	238.9	240.5	241.9	243.9	245.9	248.0	249.1	250.1	251.1	252.2	253.3	254.3
2	18.51	19.00	19.16	19.25	19.30	19.33	19.35	19.37	19.38	19.40	19.41	19.43	19.45	19.45	19.46	19.47	19.48	19.49	19.50
3	10.13	9.55	9.28	9.12	9.01	8.94	8.89	8.85	8.81	8.79	8.74	8.70	8.66	8.64	8.62	8.59	8.57	8.55	8.53
4	7.71	6.94	6.59	6.39	6.26	6.16	6.09	6.04	6.00	5.96	5.91	5.86	5.80	5.77	5.75	5.72	5.69	5.66	5.63
5	6.61	5.79	5.41	5.19	5.05	4.95	4.88	4.82	4.77	4.74	4.68	4.62	4.56	4.53	4.50	4.46	4.43	4.40	4.36
6	5.99	5.14	4.76	4.53	4.39	4.28	4.21	4.15	4.10	4.06	4.00	3.94	3.87	3.84	3.81	3.77	3.74	3.70	3.67
7	5.59	4.74	4.35	4.12	3.97	3.87	3.79	3.73	3.68	3.64	3.57	3.51	3.44	3.41	3.38	3.34	3.30	3.27	3.23
8	5.32	4.46	4.07	3.84	3.69	3.58	3.50	3.44	3.39	3.35	3.28	3.22	3.15	3.12	3.08	3.04	3.01	2.97	2.93
9	5.12	4.26	3.86	3.63	3.48	3.37	3.29	3.23	3.18	3.14	3.07	3.01	2.94	2.90	2.86	2.83	2.79	2.75	2.71
10	4.96	4.10	3.71	3.48	3.33	3.22	3.14	3.07	3.02	2.98	2.91	2.85	2.77	2.74	2.70	2.66	2.62	2.58	2.54
11	4.84	3.98	3.59	3.36	3.20	3.09	3.01	2.95	2.90	2.85	2.79	2.72	2.65	2.61	2.57	2.53	2.49	2.45	2.40
12	4.75	3.89	3.49	3.26	3.11	3.00	2.91	2.85	2.80	2.75	2.69	2.62	2.54	2.51	2.47	2.43	2.38	2.34	2.30
13	4.67	3.81	3.41	3.18	3.03	2.92	2.83	2.77	2.71	2.67	2.60	2.53	2.46	2.42	2.38	2.34	2.30	2.25	2.21
14	4.60	3.74	3.34	3.11	2.96	2.85	2.76	2.70	2.65	2.60	2.53	2.46	2.39	2.35	2.31	2.27	2.22	2.18	2.13
15	4.54	3.68	3.29	3.06	2.90	2.79	2.71	2.64	2.59	2.54	2.48	2.40	2.33	2.29	2.25	2.20	2.16	2.11	2.07
16	4.49	3.63	3.24	3.01	2.85	2.74	2.66	2.59	2.54	2.49	2.42	2.35	2.28	2.24	2.19	2.15	2.11	2.06	2.01
17	4.45	3.59	3.20	2.96	2.81	2.70	2.61	2.55	2.49	2.45	2.38	2.31	2.23	2.19	2.15	2.10	2.06	2.01	1.96
18	4.41	3.55	3.16	2.93	2.77	2.66	2.58	2.51	2.46	2.41	2.34	2.27	2.19	2.15	2.11	2.06	2.02	1.97	1.92
19	4.38	3.52	3.13	2.90	2.74	2.63	2.54	2.48	2.42	2.38	2.31	2.23	2.16	2.11	2.07	2.03	1.98	1.93	1.88
20	4.35	3.49	3.10	2.87	2.71	2.60	2.51	2.45	2.39	2.35	2.28	2.20	2.12	2.08	2.04	1.99	1.95	1.90	1.84
21	4.32	3.47	3.07	2.84	2.68	2.57	2.49	2.42	2.37	2.32	2.25	2.18	2.10	2.05	2.01	1.96	1.92	1.87	1.81
22	4.30	3.44	3.05	2.82	2.66	2.55	2.46	2.40	2.34	2.30	2.23	2.15	2.07	2.03	1.98	1.94	1.89	1.84	1.78
23	4.28	3.42	3.03	2.80	2.64	2.53	2.44	2.37	2.32	2.27	2.20	2.13	2.05	2.01	1.96	1.91	1.86	1.81	1.76
24	4.26	3.40	3.01	2.78	2.62	2.51	2.42	2.36	2.30	2.25	2.18	2.11	2.03	1.98	1.94	1.89	1.84	1.79	1.73
25	4.24	3.39	2.99	2.76	2.60	2.49	2.40	2.34	2.28	2.24	2.16	2.09	2.01	1.96	1.92	1.87	1.82	1.77	1.71
26	4.23	3.37	2.98	2.74	2.59	2.47	2.39	2.32	2.27	2.22	2.15	2.07	1.99	1.95	1.90	1.85	1.80	1.75	1.69
27	4.21	3.35	2.96	2.73	2.57	2.46	2.37	2.31	2.25	2.20	2.13	2.06	1.97	1.93	1.88	1.84	1.79	1.73	1.67
28	4.20	3.34	2.95	2.71	2.56	2.45	2.36	2.29	2.24	2.19	2.12	2.04	1.96	1.91	1.87	1.82	1.77	1.71	1.65
29	4.18	3.33	2.93	2.70	2.55	2.43	2.35	2.28	2.22	2.18	2.10	2.03	1.94	1.90	1.85	1.81	1.75	1.70	1.64
30	4.17	3.32	2.92	2.69	2.53	2.42	2.33	2.27	2.21	2.16	2.09	2.01	1.93	1.89	1.84	1.79	1.74	1.68	1.62
40	4.08	3.23	2.84	2.61	2.45	2.34	2.25	2.18	2.12	2.08	2.00	1.92	1.84	1.79	1.74	1.69	1.64	1.58	1.51
60	4.00	3.15	2.76	2.53	2.37	2.25	2.17	2.10	2.04	1.99	1.92	1.84	1.75	1.70	1.65	1.59	1.53	1.47	1.39
120	3.92	3.07	2.68	2.45	2.29	2.17	2.09	2.02	1.96	1.91	1.83	1.75	1.66	1.61	1.55	1.50	1.43	1.35	1.25
∞	3.84	3.00	2.60	2.37	2.21	2.10	2.01	1.94	1.88	1.88	1.75	1.67	1.57	1.52	1.46	1.39	1.32	1.22	1.00

3. F 分布的 0.975 分位数 $F_{0.975}(n_1,n_2)$ 表

n_1=分子的自由度，n_2=分母的自由度

n_2 \ n_1	1	2	3	4	5	6	7	8	9	10	12	15	20	24	30	40	60	120	∞
1	647.8	799.5	864.2	899.6	921.8	937.1	948.2	956.7	963.3	968.6	976.7	984.9	993.1	997.2	1001	1006	1010	1014	1018
2	38.51	39.00	39.17	39.25	39.30	39.33	39.36	39.37	39.39	39.40	39.41	39.43	39.45	39.46	39.46	39.47	39.48	39.49	39.50
3	17.44	16.04	15.44	15.10	14.88	14.73	14.62	14.54	14.47	14.42	14.34	14.25	14.17	14.12	14.08	14.04	13.99	13.95	13.90
4	12.22	10.65	9.98	9.60	9.36	9.20	9.07	8.98	8.90	8.84	8.75	8.66	8.56	8.51	8.46	8.41	8.36	8.31	8.26
5	10.01	8.43	7.76	7.39	7.15	6.98	6.85	6.76	6.68	6.62	6.52	6.43	6.33	6.28	6.23	6.18	6.12	6.07	6.02
6	8.81	7.26	6.60	6.23	5.99	5.82	5.70	5.60	5.52	5.46	5.37	5.27	5.17	5.12	5.07	5.01	4.96	4.90	4.85
7	8.07	6.54	5.89	5.52	5.29	5.12	4.99	4.90	4.82	4.76	4.67	4.57	4.47	4.42	4.36	4.31	4.25	4.20	4.14
8	7.57	6.06	5.42	5.05	4.82	4.65	4.53	4.43	4.36	4.30	4.20	4.10	4.00	3.95	3.89	3.84	3.78	3.73	3.67
9	7.21	5.71	5.08	4.72	4.48	4.32	4.20	4.10	4.03	3.96	3.87	3.77	3.67	3.61	3.56	3.51	3.45	3.39	3.33
10	6.94	5.46	4.83	4.47	4.24	4.07	3.95	3.85	3.78	3.72	3.62	3.52	3.42	3.37	3.31	3.26	3.20	3.14	3.08
11	6.72	5.26	4.63	4.28	4.04	3.88	3.76	3.66	3.59	3.53	3.43	3.33	3.23	3.17	3.12	3.06	3.00	2.94	2.88
12	6.55	5.10	4.47	4.12	3.89	3.73	3.61	3.51	3.44	3.37	3.28	3.18	3.07	3.02	2.96	2.91	2.85	2.79	2.72
13	6.41	4.97	4.35	4.00	3.77	3.60	3.48	3.39	3.31	3.25	3.15	3.05	2.95	2.89	2.84	2.78	2.72	2.66	2.60
14	6.30	4.86	4.24	3.89	3.66	3.50	3.38	3.29	3.21	3.15	3.05	2.95	2.84	2.79	2.73	2.67	2.61	2.55	2.49
15	6.20	4.77	4.15	3.80	3.58	3.41	3.29	3.20	3.12	3.06	2.96	2.86	2.76	2.70	2.64	2.59	2.52	2.46	2.40
16	6.12	4.69	4.08	3.73	3.50	3.34	3.22	3.12	3.05	2.99	2.89	2.79	2.68	2.63	2.57	2.51	2.45	2.38	2.32
17	6.04	4.62	4.01	3.66	3.44	3.28	3.16	3.06	2.98	2.92	2.82	2.72	2.62	2.56	2.50	2.44	2.38	2.32	2.25
18	5.98	4.56	3.95	3.61	3.38	3.22	3.10	3.01	2.93	2.87	2.77	2.67	2.56	2.50	2.44	2.38	2.32	2.26	2.19
19	5.92	4.51	3.90	3.56	3.33	3.17	3.05	2.96	2.88	2.82	2.72	2.62	2.51	2.45	2.39	2.33	2.27	2.20	2.13
20	5.87	4.46	3.86	3.51	3.29	3.13	3.01	2.91	2.84	2.77	2.68	2.57	2.46	2.41	2.35	2.29	2.22	2.16	2.09
21	5.83	4.42	3.82	3.48	3.25	3.09	2.97	2.87	2.80	2.73	2.64	2.53	2.42	2.37	2.31	2.25	2.18	2.11	2.04
22	5.79	4.38	3.78	3.44	3.22	3.05	2.93	2.84	2.76	2.70	2.60	2.50	2.39	2.33	2.27	2.21	2.14	2.08	2.00
23	5.75	4.35	3.75	3.41	3.18	3.02	2.90	2.81	2.73	2.67	2.57	2.47	2.36	2.30	2.24	2.18	2.11	2.04	1.97
24	5.72	4.32	3.72	3.38	3.15	2.99	2.87	2.78	2.70	2.64	2.54	2.44	2.33	2.27	2.21	2.15	2.08	2.01	1.94
25	5.69	4.29	3.69	3.35	3.13	2.97	2.85	2.75	2.68	2.61	2.51	2.41	2.30	2.24	2.18	2.12	2.05	1.98	1.91
26	5.66	4.27	3.67	3.33	3.10	2.94	2.82	2.73	2.65	2.59	2.49	2.39	2.28	2.22	2.16	2.09	2.03	1.95	1.88
27	5.63	4.24	3.65	3.31	3.08	2.92	2.80	2.71	2.63	2.57	2.47	2.36	2.25	2.19	2.13	2.07	2.00	1.93	1.85
28	5.61	4.22	3.63	3.29	3.06	2.90	2.78	2.69	2.61	2.55	2.45	2.34	2.23	2.17	2.11	2.05	1.98	1.91	1.83
29	5.59	4.20	3.61	3.27	3.04	2.88	2.76	2.67	2.56	2.53	2.43	2.32	2.21	2.15	2.09	2.03	1.96	1.89	1.81
30	5.57	4.18	3.59	3.25	3.03	2.87	2.75	2.65	2.57	2.51	2.41	2.31	2.20	2.14	2.07	2.01	1.94	1.87	1.79
40	5.42	4.05	3.46	3.13	2.90	2.74	2.62	2.53	2.45	2.39	2.29	2.18	2.07	2.01	1.94	1.88	1.80	1.72	1.64
60	5.29	3.93	3.34	3.01	2.79	2.63	2.51	2.41	2.33	2.27	2.17	2.06	1.94	1.88	1.82	1.74	1.67	1.58	1.48
120	5.15	3.80	3.23	2.89	2.67	2.52	2.39	2.30	2.22	2.16	2.05	1.94	1.82	1.76	1.69	1.61	1.53	1.43	1.31
∞	5.02	3.69	3.12	2.79	2.57	2.41	2.29	2.19	2.11	2.05	1.94	1.83	1.71	1.64	1.57	1.48	1.39	1.27	1.00

4. F 分布的 0.99 分位数 $F_{0.99}(n_1, n_2)$ 表

n_1 = 分子的自由度，n_2 = 分母的自由度

n_2 \ n_1	1	2	3	4	5	6	7	8	9	10	12	15	20	24	30	40	60	120	∞
1	4052	4999.5	5403	5625	5764	5859	5928	5982	6022	6056	6106	6157	6209	6235	6261	6287	6313	6339	6366
2	98.50	99.00	99.17	99.25	99.30	99.33	99.36	99.37	99.39	99.40	99.42	99.43	99.45	99.46	99.47	99.47	99.48	99.49	99.50
3	34.12	30.82	29.46	28.71	28.24	27.91	27.67	27.49	27.35	27.23	27.05	26.87	26.69	26.60	26.50	26.41	26.32	26.22	26.13
4	21.20	18.00	16.69	15.98	15.52	15.21	14.98	14.80	14.66	14.55	14.37	14.20	14.02	13.93	13.84	13.75	13.65	13.56	13.46
5	16.26	13.27	12.06	11.39	10.97	10.67	10.46	10.29	10.16	10.05	9.89	9.72	9.55	9.47	9.38	9.29	9.20	9.11	9.02
6	13.75	10.92	9.78	9.15	8.75	8.47	8.26	8.10	7.98	7.87	7.72	7.56	7.40	7.31	7.23	7.14	7.06	6.97	6.88
7	12.25	9.55	8.45	7.85	7.46	7.19	6.99	6.84	6.72	6.62	6.47	6.31	6.16	6.07	5.99	5.91	5.82	5.74	5.65
8	11.26	8.65	7.59	7.01	6.63	6.37	6.18	6.03	5.91	5.81	5.67	5.52	5.36	5.28	5.20	5.12	5.03	4.95	4.86
9	10.56	8.02	6.99	6.42	6.06	5.80	5.61	5.47	5.35	5.26	5.11	4.96	4.81	4.73	4.65	4.57	4.48	4.40	4.31
10	10.04	7.56	6.55	5.99	5.64	5.39	5.20	5.06	4.94	4.85	4.71	4.56	4.41	4.33	4.25	4.17	4.08	4.00	3.91
11	9.65	7.21	6.22	5.67	5.32	5.07	4.89	4.74	4.63	4.54	4.40	4.25	4.10	4.02	3.94	3.86	3.78	3.69	3.60
12	9.33	6.93	5.95	5.41	5.06	4.82	4.64	4.50	4.39	4.30	4.16	4.01	3.86	3.78	3.70	3.62	3.54	3.45	3.36
13	9.07	6.70	5.74	5.21	4.86	4.62	4.44	4.30	4.19	4.10	3.96	3.82	3.66	3.59	3.51	3.43	3.34	3.25	3.17
14	8.86	6.51	5.56	5.04	4.69	4.46	4.28	4.14	4.03	3.94	3.80	3.66	3.51	3.43	3.35	3.27	3.18	3.09	3.00
15	8.68	6.36	5.42	4.89	4.56	4.32	4.14	4.00	3.89	3.80	3.67	3.52	3.37	3.29	3.21	3.13	3.05	2.96	2.87
16	8.53	6.23	5.29	4.77	4.44	4.20	4.03	3.89	3.78	3.69	3.55	3.41	3.26	3.18	3.10	3.02	2.93	2.83	2.75
17	8.40	6.11	5.18	4.67	4.34	4.10	3.93	3.79	3.68	3.59	3.46	3.31	3.16	3.08	3.00	2.92	2.84	2.75	2.65
18	8.29	6.01	5.09	4.58	4.25	4.01	3.84	3.71	3.60	3.51	3.37	3.23	3.08	3.00	2.92	2.84	2.75	2.66	2.57
19	8.18	5.93	5.01	4.50	4.17	3.94	3.77	3.63	3.52	3.43	3.30	3.15	3.00	2.92	2.84	2.76	2.67	2.58	2.49
20	8.10	5.85	4.94	4.43	4.10	3.87	3.70	3.56	3.46	3.37	3.23	3.09	2.94	2.86	2.78	2.69	2.61	2.52	2.42
21	8.02	5.78	4.87	4.37	4.04	3.81	3.64	3.51	3.40	3.31	3.17	3.03	2.88	2.80	2.72	2.64	2.55	2.46	2.36
22	7.95	5.72	4.82	4.31	3.99	3.76	3.59	3.45	3.35	3.26	3.12	2.98	2.83	2.75	2.67	2.58	2.50	2.40	2.31
23	7.88	5.66	4.76	4.26	3.94	3.71	3.54	3.41	3.30	3.21	3.07	2.93	2.78	2.70	2.62	2.54	2.45	2.35	2.26
24	7.82	5.61	4.72	4.22	3.90	3.67	3.50	3.36	3.26	3.17	3.03	2.89	2.74	2.66	2.58	2.49	2.40	2.31	2.21
25	7.77	5.57	4.68	4.18	3.85	3.63	3.46	3.32	3.22	3.13	2.99	2.85	2.70	2.62	2.54	2.45	2.36	2.27	2.17
26	7.72	5.53	4.64	4.14	3.82	3.59	3.42	3.29	3.18	3.09	2.96	2.81	2.66	2.58	2.50	2.42	2.33	2.23	2.13
27	7.68	5.49	4.60	4.11	3.78	3.56	3.39	3.26	3.15	3.06	2.93	2.73	2.63	2.55	2.47	2.38	2.29	2.20	2.10
28	7.64	5.45	4.57	4.07	3.75	3.53	3.36	3.23	3.12	3.03	2.90	2.75	2.60	2.52	2.44	2.35	2.26	2.17	2.06
29	7.60	5.42	4.54	4.04	3.73	3.50	3.33	3.20	3.09	3.00	2.87	2.73	2.57	2.49	2.41	2.33	2.23	2.14	2.03
30	7.56	5.39	4.51	4.02	3.70	3.47	3.30	3.17	3.07	2.98	2.84	2.70	2.55	2.47	2.39	2.30	2.21	2.11	2.01
40	7.31	5.18	4.31	3.83	3.51	3.29	3.12	2.99	2.89	2.80	2.66	2.52	2.37	2.29	2.20	2.11	2.02	1.92	1.80
60	7.08	4.98	4.13	3.65	3.34	3.12	2.95	2.82	2.72	2.63	2.50	2.35	2.20	2.12	2.03	1.94	1.84	1.73	1.60
120	6.85	4.79	3.95	3.48	3.17	2.96	2.79	2.66	2.56	2.47	2.34	2.19	2.03	1.95	1.86	1.76	1.66	1.53	1.38
∞	6.63	4.61	3.78	3.32	3.02	2.80	2.64	2.51	2.41	2.32	2.18	2.04	1.88	1.79	1.70	1.59	1.47	1.32	1.00

附表 5 t 化极差统计量的分位数 $q_{1-\alpha}(r,f)$ 表

(α=0.10)

f \ r	2	3	4	5	6	7	8	9	10	15	20
1	8.93	13.4	16.4	18.5	20.2	21.5	22.6	23.6	24.5	27.6	29.7
2	4.13	5.73	6.77	7.54	8.14	8.63	9.05	9.41	9.72	10.9	11.7
3	3.33	4.47	5.20	5.74	6.16	6.51	6.81	7.06	7.29	8.12	8.68
4	3.01	3.98	4.59	5.03	5.39	5.68	5.93	6.14	6.33	7.02	7.50
5	2.85	3.72	4.26	4.66	4.98	5.24	5.46	5.65	5.82	6.44	6.86
6	2.75	3.56	4.07	4.44	4.73	4.97	5.17	5.34	5.50	6.07	6.47
7	2.68	3.45	3.93	4.28	4.55	4.78	4.97	5.14	5.28	5.83	6.19
8	2.63	3.37	3.83	4.17	4.43	4.65	4.83	4.99	5.13	5.64	6.00
9	2.59	3.32	3.76	4.08	4.34	4.54	4.72	4.87	5.01	5.51	5.85
10	2.56	3.27	3.70	4.02	4.26	4.47	4.64	4.78	4.91	5.40	5.73
11	2.54	3.23	3.66	3.96	4.20	4.40	4.57	4.71	4.84	5.31	5.63
12	2.52	3.20	3.62	3.92	4.16	4.35	4.51	4.65	4.78	5.24	5.55
13	2.50	3.18	3.59	3.88	4.12	4.30	4.46	4.60	4.72	5.18	5.48
14	2.49	3.16	3.56	3.85	4.08	4.27	4.42	4.56	4.68	5.12	5.43
15	2.48	3.14	3.54	3.83	4.05	4.23	4.39	4.52	4.64	5.08	5.38
16	2.47	3.12	3.52	3.80	4.03	4.21	4.36	4.49	4.61	5.04	5.33
17	2.46	3.11	3.50	3.78	4.00	4.18	4.33	4.46	4.58	5.01	5.30
18	2.45	3.10	3.49	3.77	3.98	4.16	4.31	4.44	4.55	4.98	5.26
19	2.45	3.09	3.47	3.75	3.97	4.14	2.29	4.42	4.53	4.95	5.23
20	2.44	3.08	3.46	3.74	3.95	4.12	4.27	4.40	4.51	4.92	5.20
24	2.42	3.05	3.42	3.69	3.90	4.07	4.21	4.34	4.44	4.85	5.12
30	2.40	3.02	3.39	3.65	3.85	4.02	4.16	4.28	4.38	4.77	5.03
40	2.38	2.99	3.35	3.60	3.80	3.96	4.10	4.21	4.32	4.69	4.95
60	2.36	2.96	3.31	3.56	3.75	3.91	4.04	4.16	4.25	4.62	4.86
120	2.34	2.93	3.28	3.52	3.71	3.86	3.99	4.10	4.19	4.54	4.78
∞	2.33	2.90	3.24	3.48	3.66	3.81	3.93	4.04	4.13	4.47	4.69

附表 5(续 1)　　　　（α＝0.05）

f \ r	2	3	4	5	6	7	8	9	10	15	20
1	18.0	27.0	32.8	37.1	40.4	43.1	45.4	47.4	49.1	55.4	59.6
2	6.08	8.33	9.80	10.9	11.7	12.4	13.0	13.5	14.0	15.7	16.8
3	4.50	5.91	6.82	7.50	8.04	8.48	8.85	9.18	9.46	10.05	11.2
4	3.93	5.04	5.76	6.29	6.71	7.05	7.35	7.60	7.83	8.66	9.23
5	3.64	4.60	5.22	5.67	6.03	6.33	6.58	6.80	6.99	7.72	8.21
6	3.46	4.34	4.90	5.30	5.63	5.90	6.12	6.32	6.49	7.14	4.59
7	3.34	4.16	4.68	5.06	5.36	5.61	5.82	6.00	6.16	6.76	7.17
8	3.26	4.04	4.53	4.89	5.17	5.40	5.60	5.77	5.92	6.48	6.87
9	3.20	3.95	4.41	4.76	5.02	5.24	5.43	5.59	5.74	6.28	6.64
10	3.15	3.88	4.33	4.65	4.91	5.12	5.30	5.46	5.60	6.11	6.47
11	3.11	3.82	4.26	4.57	4.82	5.03	5.20	5.35	5.49	5.98	6.33
12	3.08	3.77	4.20	4.51	4.75	4.95	5.12	5.27	5.39	5.88	6.21
13	3.06	3.73	4.15	4.45	4.69	4.88	5.05	5.19	5.32	5.79	6.11
14	3.03	3.70	4.11	4.41	4.64	4.83	4.99	5.13	5.25	5.71	6.03
15	3.01	3.67	4.08	4.37	4.59	4.78	4.94	5.08	5.20	5.65	5.96
16	3.00	3.65	4.05	4.33	4.56	4.74	4.90	5.03	5.15	5.59	5.90
17	2.98	3.63	4.02	4.30	4.52	4.70	4.86	4.99	5.11	5.54	5.84
18	2.97	3.61	4.00	4.28	4.49	4.67	4.82	4.96	5.07	5.50	5.79
19	2.96	3.59	3.98	4.25	4.47	4.65	4.79	4.92	5.04	5.46	5.75
20	2.95	3.58	3.96	4.23	4.45	4.62	4.77	4.90	5.01	5.43	5.71
24	2.92	3.53	3.90	4.17	4.37	4.54	4.68	4.81	4.92	5.32	5.59
30	2.89	3.49	3.85	4.10	4.30	4.46	4.60	4.72	4.82	5.21	5.47
40	2.86	3.44	3.79	4.04	4.23	4.39	4.52	4.63	4.73	5.11	5.36
60	2.83	3.40	3.74	3.98	4.16	4.31	4.44	4.55	4.65	5.00	5.24
120	2.80	3.36	3.68	3.92	4.10	4.24	4.36	4.47	4.56	4.90	5.13
∞	2.77	3.31	3.63	3.86	4.03	4.17	4.29	4.39	4.47	4.80	5.01

附表 5(续 2) (α=0.01)

f \ r	2	3	4	5	6	7	8	9	10	15	20
1	90.0	135	164	186	202	216	227	237	246	277	298
2	14.0	19.0	22.3	24.7	26.6	28.2	29.5	30.7	31.7	35.4	37.9
3	8.26	10.6	12.2	13.3	14.2	15.0	15.6	16.2	16.7	18.5	19.8
4	6.51	8.12	9.17	9.96	10.6	11.1	11.5	11.9	12.3	13.5	14.4
5	5.70	6.98	7.80	8.42	8.91	9.32	9.67	9.97	10.2	11.2	11.9
6	5.24	6.33	7.03	7.56	7.97	8.32	8.61	8.87	9.10	9.95	10.5
7	4.95	5.92	6.54	7.01	7.37	7.68	7.94	8.17	8.37	9.12	9.65
8	4.75	5.64	6.20	6.62	6.96	7.24	7.47	7.68	7.86	8.55	9.03
9	4.60	5.43	5.96	6.35	6.66	6.91	7.13	7.33	7.49	8.13	8.57
10	4.48	5.27	5.77	6.14	6.43	6.67	6.87	7.05	7.21	7.81	8.22
11	4.39	5.14	5.62	5.97	6.25	6.48	6.67	6.84	6.99	7.56	7.95
12	4.32	5.04	5.50	5.84	6.10	6.32	6.51	6.67	6.81	7.36	7.73
13	4.26	4.96	5.40	5.73	5.98	6.19	6.37	6.53	6.67	7.19	7.55
14	4.21	4.89	5.32	5.63	5.88	6.08	6.26	6.41	6.54	7.05	7.39
15	4.17	4.84	5.25	5.56	5.80	5.99	6.16	6.31	6.44	6.93	7.26
16	4.13	4.79	5.19	5.49	5.72	5.92	6.08	6.22	6.35	6.82	7.15
17	4.10	4.74	5.14	5.43	5.66	5.85	6.01	6.15	6.27	6.73	7.05
18	4.07	4.70	5.09	5.38	5.60	5.79	5.94	6.08	6.20	6.65	6.97
19	4.05	4.67	5.05	5.33	5.55	5.73	5.89	6.02	6.14	6.58	6.89
20	4.02	4.64	5.02	5.29	5.51	5.69	5.84	5.97	6.09	6.52	6.82
24	3.96	4.54	4.91	5.17	5.37	5.54	5.69	5.81	5.92	6.33	6.61
30	3.89	4.45	4.80	5.05	5.24	5.40	5.54	5.65	5.76	6.14	6.41
40	3.82	4.37	4.70	4.93	5.11	5.26	5.39	5.50	5.60	5.96	6.21
60	3.76	4.28	4.60	4.82	4.99	5.13	5.25	5.36	5.45	5.78	6.01
120	3.70	4.20	4.50	4.71	4.87	5.01	5.12	5.21	5.30	5.61	5.83
∞	3.64	4.12	4.40	4.60	4.76	4.88	4.99	5.08	5.16	5.45	5.65

附表 6　正态性检验统计量 W 的系数 $\alpha_i(n)$ 的数值表

i \ n	3	4	5	6	7	8	9	10
1	0.7071	0.6872	0.6646	0.6431	0.6233	0.6052	0.5888	0.5739
2	—	0.1677	0.2413	0.2806	0.3031	0.3164	0.3244	0.3291
3	—	—	—	0.0875	0.1401	0.1743	0.1976	0.2141
4	—	—	—	—	—	0.0561	0.0947	0.1224
5	—	—	—	—	—	—	—	0.0399

i \ n	11	12	13	14	15	16	17	18	19	20
1	0.5601	0.5475	0.5359	0.5251	0.5150	0.5056	0.4968	0.4886	0.4808	0.4734
2	0.3315	0.3325	0.3325	0.3318	0.3306	0.3290	0.3273	0.3253	0.3232	0.3211
3	0.2260	0.2347	0.2412	0.2460	0.2495	0.2521	0.2540	0.2553	0.2561	0.2565
4	0.1429	0.1586	0.1707	0.1802	0.1878	0.1939	0.1988	0.2027	0.2059	0.2085
5	0.0695	0.0922	0.1099	0.1240	0.1353	0.1447	0.1524	0.1587	0.1641	0.1686
6	—	0.0303	0.0539	0.0727	0.0880	0.1005	0.1109	0.1197	0.1271	0.1334
7	—	—	—	0.0240	0.0433	0.0593	0.0725	0.0837	0.0932	0.1013
8	—	—	—	—	—	0.0196	0.0359	0.0496	0.0612	0.0711
9	—	—	—	—	—	—	—	0.0163	0.0303	0.0422
10	—	—	—	—	—	—	—	—	—	0.0140

i \ n	21	22	23	24	25	26	27	28	29	30
1	0.4643	0.4590	0.4542	0.4493	0.4450	0.4407	0.4366	0.4328	0.4291	0.4254
2	0.3185	0.3156	0.3126	0.3098	0.3069	0.3043	0.3018	0.2992	0.2968	0.2944
3	0.2578	0.2571	0.2563	0.2554	0.2543	0.2533	0.2522	0.2510	0.2499	0.2487
4	0.2119	0.2131	0.2139	0.2145	0.2148	0.2151	0.2152	0.2151	0.2150	0.2148
5	0.1736	0.1764	0.1787	0.1807	0.1822	0.1836	0.1848	0.1857	0.1864	0.1870
6	0.1399	0.1443	0.1480	0.1512	0.1539	0.1563	0.1584	0.1601	0.1616	0.1630
7	0.1092	0.1150	0.1201	0.1245	0.1283	0.1316	0.1346	0.1372	0.1395	0.1415
8	0.0804	0.0878	0.0941	0.0997	0.1046	0.1089	0.1128	0.1162	0.1192	0.1219
9	0.0530	0.0618	0.0696	0.0764	0.0823	0.0876	0.0923	0.0965	0.1002	0.1036
10	0.0263	0.0368	0.0459	0.0539	0.0610	0.0672	0.0728	0.0778	0.0822	0.0862
11	—	0.0122	0.0228	0.0321	0.0403	0.0476	0.0540	0.0598	0.0650	0.0668
12	—	—	—	0.0107	0.0200	0.0284	0.0358	0.0424	0.0483	0.0537
13	—	—	—	—	—	0.0094	0.0178	0.0253	0.0320	0.0381
14	—	—	—	—	—	—	—	0.0084	0.0159	0.0227
15	—	—	—	—	—	—	—	—	—	0.0076

i \ n	31	32	33	34	35	36	37	38	39	40
1	0.4220	0.4188	0.4156	0.4127	0.4096	0.4068	0.4040	0.4015	0.3989	0.3964
2	0.2921	0.2898	0.2876	0.2854	0.2834	0.2813	0.2794	0.2774	0.2755	0.2737
3	0.2475	0.2463	0.2451	0.2439	0.2427	0.2415	0.2403	0.2391	0.2380	0.2368
4	0.2145	0.2141	0.2137	0.2132	0.2127	0.2121	0.2116	0.2110	0.2104	0.2098
5	0.1874	0.1878	0.1880	0.1882	0.1883	0.1883	0.1883	0.1881	0.1880	0.1878
6	0.1641	0.1651	0.1660	0.1667	0.1673	0.1678	0.1683	0.1686	0.1689	0.1691

附表 6(续)

i \ n	31	32	33	34	35	36	37	38	39	40
7	0.1433	0.1449	0.1463	0.1475	0.1487	0.1496	0.1505	0.1513	0.1520	0.1526
8	0.1243	0.1265	0.1284	0.1301	0.1317	0.1331	0.1344	0.1356	0.1366	0.1376
9	0.1066	0.1093	0.1118	0.1140	0.1160	0.1179	0.1196	0.1211	0.1225	0.1237
10	0.0899	0.0931	0.0961	0.0988	0.1013	0.1036	0.1056	0.1075	0.1092	0.1108
11	0.0739	0.0777	0.0812	0.0844	0.0873	0.0900	0.0924	0.0947	0.0967	0.0986
12	0.0585	0.0629	0.0669	0.0706	0.0739	0.0770	0.0798	0.0824	0.0848	0.0870
13	0.0435	0.0485	0.0530	0.0572	0.0610	0.0645	0.0677	0.0706	0.0733	0.0759
14	0.0289	0.0344	0.0395	0.0441	0.0484	0.0523	0.0559	0.0592	0.0622	0.0651
15	0.0144	0.0206	0.0262	0.0314	0.0361	0.0404	0.0444	0.0481	0.0515	0.0546
16	—	0.0068	0.0131	0.0187	0.0239	0.0287	0.0331	0.0372	0.0409	0.0444
17	—	—	—	0.0062	0.0119	0.0172	0.0220	0.0264	0.0305	0.0343
18	—	—	—	—	—	0.0057	0.0110	0.0158	0.0203	0.0244
19	—	—	—	—	—	—	—	0.0053	0.0101	0.0146
20	—	—	—	—	—	—	—	—	—	0.0049

i \ n	41	42	43	44	45	46	47	48	49	50
1	0.3940	0.3917	0.3894	0.3872	0.3850	0.3830	0.3803	0.3789	0.3770	0.3751
2	0.2719	0.2701	0.2684	0.2667	0.2651	0.2635	0.2620	0.2604	0.2589	0.2574
3	0.2357	0.2345	0.2334	0.2323	0.2313	0.2302	0.2291	0.2281	0.2271	0.2260
4	0.2091	0.2085	0.2078	0.2072	0.2065	0.2058	0.2052	0.2045	0.2038	0.2032
5	0.1876	0.1874	0.1871	0.1868	0.1865	0.1862	0.1859	0.1855	0.1851	0.1847
6	0.1693	0.1694	0.1695	0.1695	0.1695	0.1695	0.1695	0.1693	0.1692	0.1691
7	0.1531	0.1535	0.1539	0.1542	0.1545	0.1548	0.1550	0.1551	0.1553	0.1554
8	0.1384	0.1392	0.1398	0.1405	0.1410	0.1415	0.1420	0.1423	0.1427	0.1430
9	0.1249	0.1259	0.1269	0.1278	0.1286	0.1293	0.1300	0.1306	0.1312	0.1317
10	0.1123	0.1136	0.1149	0.1160	0.1170	0.1180	0.1189	0.1197	0.1205	0.1212
11	0.1004	0.1020	0.1035	0.1049	0.1062	0.1073	0.1085	0.1095	0.1105	0.1113
12	0.0891	0.0909	0.0927	0.0943	0.0959	0.0972	0.0986	0.0998	0.1010	0.1020
13	0.0782	0.0804	0.0824	0.0842	0.0860	0.0876	0.0892	0.0906	0.0919	0.0932
14	0.0677	0.0701	0.0724	0.0745	0.0765	0.0783	0.0801	0.0817	0.0832	0.0846
15	0.0575	0.0602	0.0628	0.0651	0.0673	0.0694	0.0713	0.0731	0.0748	0.0764
16	0.0476	0.0506	0.0534	0.0560	0.0584	0.0607	0.0628	0.0648	0.0667	0.0685
17	0.0379	0.0411	0.0442	0.0471	0.0497	0.0522	0.0546	0.0568	0.0588	0.0608
18	0.0283	0.0318	0.0352	0.0383	0.0412	0.0439	0.0465	0.0489	0.0511	0.0532
19	0.0188	0.0227	0.0263	0.0296	0.0328	0.0357	0.0385	0.0411	0.0436	0.0459
20	0.0094	0.0136	0.0175	0.0211	0.0245	0.0277	0.0307	0.0335	0.0361	0.0386
21	—	0.0045	0.0087	0.0126	0.0163	0.0197	0.0229	0.0259	0.0288	0.0314
22	—	—	—	0.0042	0.0081	0.0118	0.0153	0.0185	0.0215	0.0244
23	—	—	—	—	—	0.0039	0.0076	0.0111	0.0143	0.0174
24	—	—	—	—	—	—	—	0.0037	0.0071	0.0104
25	—	—	—	—	—	—	—	—	—	0.0035

附表 7　正态性检验统计量 W 的 α 分位数 W_α 表

n \ α	0.01	0.05	0.10	n \ α	0.01	0.05	0.10
				26	0.891	0.920	0.933
				27	0.894	0.923	0.935
3	0.753	0.767	0.789	28	0.896	0.924	0.936
4	0.687	0.748	0.792	29	0.898	0.926	0.937
5	0.686	0.762	0.806	30	0.900	0.927	0.939
6	0.713	0.788	0.826	31	0.902	0.929	0.940
7	0.730	0.803	0.838	32	0.904	0.930	0.941
8	0.749	0.818	0.851	33	0.906	0.931	0.942
9	0.764	0.829	0.859	34	0.908	0.933	0.943
10	0.781	0.842	0.869	35	0.910	0.934	0.944
11	0.792	0.850	0.876	36	0.912	0.935	0.945
12	0.805	0.859	0.883	37	0.914	0.936	0.946
13	0.814	0.866	0.889	38	0.916	0.938	0.947
14	0.825	0.874	0.895	39	0.917	0.939	0.948
15	0.835	0.881	0.901	40	0.919	0.940	0.949
16	0.844	0.887	0.906	41	0.920	0.941	0.950
17	0.851	0.892	0.910	42	0.922	0.942	0.951
18	0.858	0.897	0.914	43	0.923	0.943	0.951
19	0.863	0.901	0.917	44	0.924	0.944	0.952
20	0.868	0.905	0.920	45	0.926	0.945	0.953
21	0.873	0.908	0.923	46	0.927	0.945	0.953
22	0.878	0.911	0.926	47	0.928	0.946	0.954
23	0.881	0.914	0.928	48	0.929	0.947	0.954
24	0.884	0.916	0.930	49	0.929	0.947	0.955
25	0.888	0.918	0.931	50	0.930	0.947	0.955

附表 8 统计量 H 的分位数 $H_{1-\alpha}(r,f)$ 表

(α=0.05)

f \ r	2	3	4	5	6	7	8	9	10	11
2	39.0	87.5	142	202	266	333	403	475	550	526
3	15.4	27.8	39.2	50.7	62.0	72.9	83.5	93.9	104	114
4	9.60	15.5	20.6	25.2	29.5	33.6	37.5	41.1	44.6	48.0
5	7.15	10.8	13.5	16.3	18.7	20.8	22.9	24.7	26.5	28.2
6	5.82	8.38	10.4	12.1	13.7	15.0	16.3	17.5	18.6	19.7
7	4.99	6.94	8.44	9.70	10.8	11.8	12.7	13.5	14.3	15.1
8	4.43	6.00	7.18	8.12	9.03	9.78	10.5	11.1	11.7	12.2
9	4.03	5.34	6.31	7.11	7.80	8.41	8.95	9.45	9.91	10.3
10	3.72	4.85	5.67	6.34	6.92	7.42	7.87	8.28	8.66	9.01
12	3.28	4.16	4.79	5.30	5.72	6.09	6.42	6.72	7.00	7.25
15	2.86	3.54	4.01	4.37	4.68	4.95	5.19	5.40	5.59	5.77
20	2.46	2.95	3.29	3.54	3.76	3.94	4.10	4.24	4.37	4.49
30	2.07	2.40	2.61	2.78	2.91	3.02	3.12	3.21	3.29	3.36
60	1.67	1.85	1.96	2.04	2.11	2.17	2.22	2.26	2.30	2.33
∞	1.00	1.00	1.00	1.00	1.00	1.00	1.00	1.00	1.00	1.00

(α=0.01)

f \ r	2	3	4	5	6	7	8	9	10	11
2	199	448	729	1036	1362	1705	2063	2432	2813	3204
3	47.5	85	120	151	184	216	249	281	310	337
4	23.2	37	49	59	69	79	89	97	106	113
5	14.9	22	28	33	38	42	46	50	54	57
6	11.1	15.5	19.1	22	25	27	30	32	34	36
7	8.89	12.1	14.5	16.5	18.4	20	22	23	24	26
8	7.50	9.9	11.7	13.2	14.5	15.8	16.9	17.9	18.9	19.8
9	6.54	8.5	9.9	11.1	12.1	13.1	13.9	14.7	15.3	16.0
10	5.85	7.4	8.6	9.6	10.4	11.1	11.8	12.4	12.9	13.4
12	4.91	6.1	6.9	7.6	8.2	8.7	9.1	9.5	9.9	10.2
15	4.07	4.9	5.5	6.0	6.4	6.7	7.1	7.3	7.5	7.8
20	3.32	3.8	4.3	4.6	4.9	5.1	5.3	5.5	5.6	5.8
30	2.63	3.0	3.3	3.4	3.6	3.7	3.8	3.9	4.0	4.1
60	1.96	2.2	2.3	2.4	2.4	2.5	2.5	2.6	2.6	2.7
∞	1.00	1.0	1.0	1.0	1.0	1.0	1.0	1.0	1.0	1.0

附表 9　平衡不完全区组设计表($4\leqslant v\leqslant 10, r\leqslant 10$)

索引

v	k	r	b	λ	E①	设计编号②	v	k	r	b	λ	E①	设计编号②
4	2	3	6	1	2/3	1	8	2	7	28	1	4/7	9
	3	3	4	2	8/9	*		4	7	14	3	6/7	10
5	2	4	10	1	5/8	2		7	7	8	6	48/49	*
	3	6	10	3	5/6	*	9	2	8	36	1	9/16	*
	4	4	5	3	15/16	*		3	4	12	1	3/4	11
6	2	5	15	1	3/5	3		4	8	18	3	27/32	12
	3	5	10	2	4/5	4		5	10	18	5	9/10	13
	3	10	20	4	4/5	5		6	8	12	5	15/16	14
	4	10	15	6	9/10	6		8	8	9	7	63/64	*
	5	5	6	4	24/25	*	10	2	9	45	1	5/9	15
7	2	6	21	1	7/12	*		3	9	30	2	20/27	16
	3	3	7	1	7/9	7		4	6	15	2	5/6	17
	4	4	7	2	7/8	8		5	9	18	4	8/9	18
	6	6	7	5	35/36	*		6	9	15	5	25/27	19
								9	9	10	8	80/81	*

注:①$E=v\lambda/rk$ 是效率因子,表示该 BIB 设计相对于随机化完全区组设计的效率它愈接近于 1 愈好。

② * 号表示这样的 BIB 设计,从 v 个处理性取 k 个组成区组,所有此种区组共有 $b=\binom{v}{k}$ 个此类 BIB 设计不用再列出所有区组。

设计表

(P 可按作数字表示处理,行表示区组,罗马数字表示重复)

设计 1: $v=4, k=2, r=3, b=6, \lambda=1, E=2/3$

组 Ⅰ	组 Ⅱ	组 Ⅲ
(1)1,2	(3)1,3	(5)1,4
(2)3,4	(4)2,4	(6)2,3

设计 2: $v=5, k=2, r=4, b=10, \lambda=1, E=5/8$

组 Ⅰ	组 Ⅱ
(1)1,2	(6)1,3
(2)2,5	(7)2,4
(3)3,4	(8)3,2
(4)4,1	(9)4,5
(5)5,3	(10)5,1

设计 3: $v=6, k=2, r=5, b=15, \lambda=1, E=3/5$

组 Ⅰ	组 Ⅱ	组 Ⅲ	组 Ⅳ	组 Ⅴ
(1)1,2	(4)1,3	(7)1,4	(10)1,5	(13)1,6
(2)3,4	(5)2,5	(8)2,6	(11)2,4	(14)2,3
(3)5,6	(6)4,6	(9)3,5	(12)3,6	(15)4,5

设计 4: $v=6, k=3, r=5, b=10, \lambda=2, E=4/5$

(1)1,2,5	(5)1,4,5	(8)2,4,6
(2)1,2,6	(6)2,3,4	(9)3,5,6
(3)1,3,4	(7)2,3,5	(10)4,5,6
(4)1,3,6		

设计 5: $v=6, k=3, r=10, b=20, \lambda=4, E=4/5$

组 Ⅰ	组 Ⅱ	组 Ⅲ	组 Ⅳ	组 Ⅴ
(1)1,2,3	(3)1,2,4	(5)1,2,5	(7)1,2,6	(9)1,3,4
(2)4,5,6	(4)3,5,6	(6)3,4,6	(8)3,4,5	(10)2,5,6
组 Ⅵ	组 Ⅶ	组 Ⅷ	组 Ⅸ	组 Ⅹ
(11)1,3,5	(13)1,3,6	(15)1,4,5	(17)1,4,6	(19)1,5,6
(12)2,4,6	(14)2,4,5	(16)2,3,6	(18)2,3,5	(20)2,3,4

设计 6: $v=6, k=4, r=10, b=15, \lambda=6, E=9/10$

组 Ⅰ	组 Ⅱ	组 Ⅲ	组 Ⅳ	组 Ⅴ
(1)1,2,3,4	(4)1,2,3,5	(7)1,2,3,6	(10)1,2,4,5	(13)1,2,5,6
(2)1,4,5,6	(5)1,2,4,6	(8)1,3,4,5	(11)1,3,5,6	(14)1,3,4,5
(3)2,3,5,6	(6)3,4,5,6	(9)2,3,4,5	(12)2,3,4,6	(15)2,3,4,5

设计 7: $v=7, k=3, r=3, b=7, \lambda=1, E=7/9$

(1)1,2,4	(3)3,4,6	(5)5,6,1	(7)7,1,3
(2)2,3,5	(4)4,5,7	(6)6,7,2	

设计 8: $v=7, k=4, r=4, b=7, \lambda=2, E=7/8$

(1)1,2,3,6	(3)3,4,5,1	(5)5,6,7,3	(7)7,1,2,5
(2)2,3,4,7	(4)4,5,6,2	(6)6,7,1,4	

设计 9：$v=8,k=2,r=7,b=28,\lambda=1,E=4/7$

组Ⅰ	组Ⅱ	组Ⅲ	组Ⅳ	组Ⅴ	组Ⅵ	组Ⅶ
(1)1,2	(5)1,3	(9)1,4	(13)1,5	(17)1,6	(21)1,7	(25)1,8
(2)3,4	(6)2,8	(10)2,7	(14)2,3	(18)2,4	(22)2,6	(26)2,5
(3)5,6	(7)4,5	(11)3,6	(15)4,7	(19)3,8	(23)3,5	(27)3,7
(4)7,8	(8)6,7	(12)5,8	(16)6,8	(20)5,7	(24)4,8	(28)4,6

设计 10：$v=8,k=4,r=7,b=14,\lambda=3,E=6/7$

组Ⅰ	组Ⅱ	组Ⅲ	组Ⅳ	组Ⅴ	组Ⅵ	组Ⅶ
(1)1,2,3,4	(3)1,2,7,8	(5)1,3,6,8	(7)1,4,6,7	(9)1,2,5,6	(11)1,3,5,7	(13)1,4,5,8
(2)5,6,7,8	(4)3,4,5,6	(6)2,4,5,7	(8)2,3,5,8	(10)3,4,7,8	(12)2,4,6,8	(14)2,3,6,7

设计 11：$v=9,k=3,r=4,b=12,\lambda=1,E=3/4$

组Ⅰ	组Ⅱ	组Ⅲ	组Ⅳ
(1)1,2,3	(4)1,4,7	(7)1,5,9	(10)1,8,6
(2)4,5,6	(5)2,5,8	(8)7,2,6	(11)4,2,9
(3)7,8,9	(6)3,6,9	(9)4,8,3	(12)7,5,3

设计 12：$v=9,k=4,r=8,b=18,\lambda=3,E=27/32$

组Ⅰ	组Ⅱ
(1)1,4,6,7	(10)1,2,5,7
(2)2,6,8,9	(11)2,3,6,5
(3)3,8,9,1	(12)3,4,7,9
(4)4,1,3,2	(13)4,9,2,1
(5)5,7,1,8	(14)5,1,9,6
(6)6,9,4,5	(15)6,8,1,3
(7)7,3,2,6	(16)7,6,4,8
(8)8,2,5,4	(17)8,5,3,4
(9)9,5,7,3	(18)9,7,8,2

设计 13：$v=9,k=5,r=10,b=18,\lambda=5,E=9/10$

组Ⅰ	组Ⅱ
(1)1,2,3,7,8	(10)1,2,3,5,9
(2)2,6,8,4,1	(11)2,6,5,1,8
(3)3,8,5,9,2	(12)3,5,1,4,6
(4)4,3,9,2,6	(13)4,3,2,8,7
(5)5,1,7,3,4	(14)5,7,9,2,4
(6)6,4,2,5,7	(15)6,8,7,3,5
(7)7,9,1,6,3	(16)7,4,8,9,1
(8)8,5,4,1,9	(17)8,9,4,6,3
(9)9,7,6,8,5	(18)9,1,6,7,2

设计 14：$v=9,k=6,r=8,b=12,\lambda=5,E=15/16$

组Ⅰ	组Ⅱ	组Ⅲ	组Ⅳ
(1)1,2,4,5,7,8	(4)1,2,5,6,7,9	(7)1,3,5,6,7,8	(10)4,5,6,7,8,9
(2)2,3,5,6,8,9	(5)1,3,4,5,8,9	(8)1,2,4,6,8,9	(11)1,2,3,4,5,6
(3)1,3,4,6,7,9	(6)2,3,4,6,7,8	(9)2,3,4,5,7,9	(12)1,2,3,7,8,9

设计 15：$v=10, k=2, r=9, b=45, \lambda=1, E=5/9$

组Ⅰ	组Ⅱ	组Ⅲ	组Ⅳ	组Ⅴ	组Ⅵ	组Ⅶ	组Ⅷ	组Ⅸ
(1)1,2	(6)1,3	(11)1,4	(16)1,5	(21)1,6	(26)1,7	(31)1,8	(36)1,9	(41)1,10
(2)3,4	(7)2,7	(12)2,10	(17)2,8	(22)2,9	(27)2,6	(32)2,3	(37)2,4	(42)2,5
(3)5,6	(8)4,8	(13)3,7	(18)3,10	(23)3,8	(28)3,9	(33)4,6	(38)3,5	(43)3,6
(4)7,8	(9)5,9	(14)5,8	(19)4,9	(24)4,10	(29)4,5	(34)5,10	(39)6,8	(44)4,7
(5)9,10	(10)6,10	(15)6,9	(20)6,7	(25)5,7	(30)8,10	(35)7,9	(40)7,10	(45)8,9

设计 16：$v=10, k=3, r=9, b=30, \lambda=2, E=20/27$

(1)1,2,3	(11)1,2,4	(21)1,3,5
(2)2,5,8	(12)2,3,6	(22)2,7,6
(3)3,7,4	(13)3,4,8	(23)3,8,9
(4)4,1,6	(14)4,9,5	(24)4,2,10
(5)5,8,7	(15)5,7,1	(25)5,6,3
(6)6,4,9	(16)6,8,9	(26)6,1,8
(7)7,9,1	(17)7,10,3	(27)7,9,2
(8)8,10,2	(18)8,1,10	(28)8,4,7
(9)9,3,10	(19)9,5,2	(29)9,10,1
(10)10,6,5	(20)10,6,7	(30)10,5,4

设计 17：$v=10, k=4, r=6, b=15, \lambda=2, E=5/6$

(1)1,2,3,4	(6)1,6,8,10	(11)3,5,9,10
(2)1,2,5,6	(7)2,3,6,9	(12)3,6,7,10
(3)1,3,7,8	(8)2,4,7,10	(13)3,4,5,8
(4)1,4,9,10	(9)2,5,8,10	(14)4,5,6,7
(5)1,5,7,9	(10)2,7,8,9	(15)4,6,8,9

设计 18：$v=10, k=5, r=9, b=18, \lambda=4, E=8/9$

(1)1,2,3,4,5	(7)1,4,5,6,10	(13)2,5,6,8,10
(2)1,2,3,6,7	(8)1,4,8,9,10	(14)2,6,7,9,10
(3)1,2,4,6,9	(9)1,5,7,9,10	(15)3,4,6,7,10
(4)1,2,5,7,8	(10)2,3,4,8,10	(16)3,4,5,7,9
(5)1,3,6,8,9	(11)2,3,5,9,10	(17)3,5,6,8,9
(6)1,3,7,8,10	(12)2,4,7,8,9	(18)4,5,6,7,8

设计 19：$v=10, k=6, r=9, b=15, \lambda=5, E=25/27$

(1)1,2,4,5,8,9	(6)2,3,4,6,8,10	(11)1,4,5,7,8,10
(2)5,6,7,8,9,10	(7)1,2,6,7,9,10	(12)1,2,3,5,7,10
(3)2,4,5,6,7,10	(8)1,3,5,6,8,9	(13)2,3,5,6,7,8
(4)1,2,4,6,7,8	(9)1,2,3,8,9,10	(14)1,3,4,5,6,10
(5)3,4,7,8,9,10	(10)2,3,4,5,7,9	(15)1,3,4,6,7,9

附表 10　正交表

$L_4(2^3)$

试验号 \ 列号	1	2	3
1	1	1	1
2	1	2	2
3	2	1	2
4	2	2	1

注:任意二列间的交互作用出现于另一列。

$L_8(2^7)$

试验号 \ 列号	1	2	3	4	5	6	7
1	1	1	1	1	1	1	1
2	1	1	1	2	2	2	2
3	1	2	2	1	1	2	2
4	1	2	2	2	2	1	1
5	2	1	2	1	2	1	2
6	2	1	2	2	1	2	1
7	2	2	1	1	2	2	1
8	2	2	1	2	1	1	2

$L_8(2^7)$:二列间的交互作用表

列号 \ 列号	1	2	3	4	5	6	7
	(1)	3	2	5	4	7	6
		(2)	1	6	7	4	5
			(3)	7	6	5	4
				(4)	1	2	3
					(5)	3	2
						(6)	1

$L_{12}(2^{11})$

试验号 \ 列号	1	2	3	4	5	6	7	8	9	10	11
1	1	1	1	1	1	1	1	1	1	1	1
2	1	1	1	1	1	2	2	2	2	2	2
3	1	1	2	2	2	1	1	1	2	2	2
4	1	2	1	2	2	1	2	2	1	1	2
5	1	2	2	1	2	2	1	2	1	2	1
6	1	2	2	2	1	2	2	1	2	1	1
7	2	1	2	2	1	1	2	2	1	2	1
8	2	1	2	1	2	2	2	1	1	1	2
9	2	1	1	2	2	2	1	2	2	1	1
10	2	2	2	1	1	1	1	2	2	1	2
11	2	2	1	2	1	2	1	1	1	2	2
12	2	2	1	1	2	1	2	1	2	2	1

$L_{16}(2^{15})$

试验号＼列号	1	2	3	4	5	6	7	8	9	10	11	12	13	14	15
1	1	1	1	1	1	1	1	1	1	1	1	1	1	1	1
2	1	1	1	1	1	1	1	2	2	2	2	2	2	2	2
3	1	1	1	2	2	2	2	1	1	1	1	2	2	2	2
4	1	1	1	2	2	2	2	2	2	2	2	1	1	1	1
5	1	2	2	1	1	2	2	1	1	2	2	1	1	2	2
6	1	2	2	1	1	2	2	2	2	1	1	2	2	1	1
7	1	2	2	2	2	1	1	1	1	2	2	2	2	1	1
8	1	2	2	2	2	1	1	2	2	1	1	1	1	2	2
9	2	1	2	1	2	1	2	1	2	1	2	1	2	1	2
10	2	1	2	1	2	1	2	2	1	2	1	2	1	2	1
11	2	1	2	2	1	2	1	1	2	1	2	2	1	2	1
12	2	1	2	2	1	2	1	2	1	2	1	1	2	1	2
13	2	2	1	1	2	2	1	1	2	2	1	1	2	2	1
14	2	2	1	1	2	2	1	2	1	1	2	2	1	1	2
15	2	2	1	2	1	1	2	1	2	2	1	2	1	1	2
16	2	2	1	2	1	1	2	2	1	1	2	1	2	2	1

$L_{16}(2^{15})$:二列间的交互作用表

列号＼列号	1	2	3	4	5	6	7	8	9	10	11	12	13	14	15
	(1)	3	2	5	4	7	6	9	8	11	10	13	12	15	14
		(2)	1	6	7	4	5	10	11	8	9	14	15	12	13
			(3)	7	6	5	4	11	10	9	8	15	14	13	12
				(4)	1	2	3	12	13	14	15	8	9	10	11
					(5)	3	2	13	12	15	14	9	8	11	10
						(6)	1	14	15	12	13	10	11	8	9
							(7)	15	14	13	12	11	10	9	8
								(8)	1	2	3	4	5	6	7
									(9)	3	2	5	4	7	6
										(10)	1	6	7	4	5
											(11)	7	6	5	4
												(12)	1	2	3
													(13)	3	2
														(14)	1

$L_{32}(2^{31})$

试验号 \ 列号	1	2	3	4	5	6	7	8	9	10	11	12	13	14	15	16	17	18	19	20	21	22	23	24	25	26	27	28	29	30	31
1	1	1	1	1	1	1	1	1	1	1	1	1	1	1	1	1	1	1	1	1	1	1	1	1	1	1	1	1	1	1	1
2	1	1	1	1	1	1	1	1	1	1	1	1	1	1	1	2	2	2	2	2	2	2	2	2	2	2	2	2	2	2	2
3	1	1	1	1	1	1	1	2	2	2	2	2	2	2	2	1	1	1	1	1	1	1	1	2	2	2	2	2	2	2	2
4	1	1	1	1	1	1	1	2	2	2	2	2	2	2	2	2	2	2	2	2	2	2	2	1	1	1	1	1	1	1	1
5	1	1	1	2	2	2	2	1	1	1	1	2	2	2	2	1	1	1	1	2	2	2	2	1	1	1	1	2	2	2	2
6	1	1	1	2	2	2	2	1	1	1	1	2	2	2	2	2	2	2	2	1	1	1	1	2	2	2	2	1	1	1	1
7	1	1	1	2	2	2	2	2	2	2	2	1	1	1	1	1	1	1	1	2	2	2	2	2	2	2	2	1	1	1	1
8	1	1	1	2	2	2	2	2	2	2	2	1	1	1	1	2	2	2	2	1	1	1	1	1	1	1	1	2	2	2	2
9	1	2	2	1	1	2	2	1	1	2	2	1	1	2	2	1	1	2	2	1	1	2	2	1	1	2	2	1	1	2	2
10	1	2	2	1	1	2	2	1	1	2	2	1	1	2	2	2	2	1	1	2	2	1	1	2	2	1	1	2	2	1	1
11	1	2	2	1	1	2	2	2	2	1	1	2	2	1	1	1	1	2	2	1	1	2	2	2	2	1	1	2	2	1	1
12	1	2	2	1	1	2	2	2	2	1	1	2	2	1	1	2	2	1	1	2	2	1	1	1	1	2	2	1	1	2	2
13	1	2	2	2	2	1	1	1	1	2	2	2	2	1	1	1	1	2	2	2	2	1	1	1	1	2	2	2	2	1	1
14	1	2	2	2	2	1	1	1	1	2	2	2	2	1	1	2	2	1	1	1	1	2	2	2	2	1	1	1	1	2	2
15	1	2	2	2	2	1	1	2	2	1	1	1	1	2	2	1	1	2	2	2	2	1	1	2	2	1	1	1	1	2	2
16	1	2	2	2	2	1	1	2	2	1	1	1	1	2	2	2	2	1	1	1	1	2	2	1	1	2	2	2	2	1	1
17	2	1	2	1	2	1	2	1	2	1	2	1	2	1	2	1	2	1	2	1	2	1	2	1	2	1	2	1	2	1	2
18	2	1	2	1	2	1	2	1	2	1	2	1	2	1	2	2	1	2	1	2	1	2	1	2	1	2	1	2	1	2	1
19	2	1	2	1	2	1	2	2	1	2	1	2	1	2	1	1	2	1	2	1	2	1	2	2	1	2	1	2	1	2	1
20	2	1	2	1	2	1	2	2	1	2	1	2	1	2	1	2	1	2	1	2	1	2	1	1	2	1	2	1	2	1	2
21	2	1	2	2	1	2	1	1	2	1	2	2	1	2	1	1	2	1	2	2	1	2	1	1	2	1	2	2	1	2	1
22	2	1	2	2	1	2	1	1	2	1	2	2	1	2	1	2	1	2	1	1	2	1	2	2	1	2	1	1	2	1	2
23	2	1	2	2	1	2	1	2	1	2	1	1	2	1	2	1	2	1	2	2	1	2	1	2	1	2	1	1	2	1	2
24	2	1	2	2	1	2	1	2	1	2	1	1	2	1	2	2	1	2	1	1	2	1	2	1	2	1	2	2	1	2	1
25	2	2	1	1	2	2	1	1	2	2	1	1	2	2	1	1	2	2	1	1	2	2	1	1	2	2	1	1	2	2	1
26	2	2	1	1	2	2	1	1	2	2	1	1	2	2	1	2	1	1	2	2	1	1	2	2	1	1	2	2	1	1	2
27	2	2	1	1	2	2	1	2	1	1	2	2	1	1	2	1	2	2	1	1	2	2	1	2	1	1	2	2	1	1	2
28	2	2	1	1	2	2	1	2	1	1	2	2	1	1	2	2	1	1	2	2	1	1	2	1	2	2	1	1	2	2	1
29	2	2	1	2	1	1	2	1	2	2	1	2	1	1	2	1	2	2	1	2	1	1	2	1	2	2	1	2	1	1	2
30	2	2	1	2	1	1	2	1	2	2	1	2	1	1	2	2	1	1	2	1	2	2	1	2	1	1	2	1	2	2	1
31	2	2	1	2	1	1	2	2	1	1	2	1	2	2	1	1	2	2	1	2	1	1	2	2	1	1	2	1	2	2	1
32	2	2	1	2	1	1	2	2	1	1	2	1	2	2	1	2	1	1	2	1	2	2	1	1	2	2	1	2	1	1	2

$L_{32}(2^{31})$：二列间的交互作用表

列号＼列号	1	2	3	4	5	6	7	8	9	10	11	12	13	14	15	16	17	18	19	20	21	22	23	24	25	26	27	28	29	30	31
	(1)	3	2	5	4	7	6	9	8	11	10	13	12	15	14	17	16	19	18	21	20	23	22	25	24	27	26	29	28	31	30
		(2)	1	6	7	4	5	10	11	8	9	14	15	12	13	18	19	16	17	22	23	20	21	26	27	24	25	30	31	28	29
			(3)	7	6	5	4	11	10	9	8	15	14	13	12	19	18	17	16	23	22	21	20	27	26	25	24	31	30	29	28
				(4)	1	2	3	12	13	14	15	8	9	10	11	20	21	22	23	16	17	18	19	28	29	30	31	24	25	26	27
					(5)	3	2	13	12	15	14	9	8	11	10	21	20	23	22	17	16	19	18	29	28	31	30	25	24	27	26
						(6)	1	14	15	12	13	10	11	8	9	22	23	20	21	18	19	16	17	30	31	28	29	26	27	24	25
							(7)	15	14	13	12	11	10	9	8	23	22	21	20	19	18	17	16	31	30	29	28	27	26	25	24
								(8)	1	2	3	4	5	6	7	24	25	26	27	28	29	30	31	16	17	18	19	20	21	22	23
									(9)	3	2	5	4	7	6	25	24	27	26	29	28	31	30	17	16	19	18	21	20	23	22
										(10)	1	6	7	4	5	26	27	24	25	30	31	28	29	18	19	16	17	22	23	20	21
											(11)	7	6	5	4	27	26	25	24	31	30	29	28	19	18	17	16	23	22	21	20
												(12)	1	2	3	28	29	30	31	24	25	26	27	20	21	22	23	16	17	18	19
													(13)	3	2	29	28	31	30	25	24	27	26	21	20	23	22	17	16	19	18
														(14)	1	30	31	28	29	26	27	24	25	22	23	20	21	18	19	16	17
															(15)	31	30	29	28	27	26	25	24	23	22	21	20	19	18	17	16
																(16)	1	2	3	4	5	6	7	8	9	10	11	12	13	14	15
																	(17)	3	2	5	4	7	6	9	8	11	10	13	12	15	14
																		(18)	1	6	7	4	5	10	11	8	9	14	15	12	13
																			(19)	7	6	5	4	11	10	9	8	15	14	13	12
																				(20)	1	2	3	12	13	14	15	8	9	10	11
																					(21)	3	2	13	12	15	14	9	8	11	10
																						(22)	1	14	15	12	13	10	11	8	9
																							(23)	15	14	13	12	11	10	9	8
																								(24)	1	2	3	4	5	6	7
																									(25)	3	2	5	4	7	6
																										(26)	1	6	7	4	5
																											(27)	7	6	5	4
																												(28)	1	2	3
																													(29)	3	2
																														(30)	1

$L_9(3^4)$

试验号 \ 列号	1	2	3	4
1	1	1	1	1
2	1	2	2	2
3	1	3	3	3
4	2	1	2	3
5	2	2	3	1
6	2	3	1	2
7	3	1	3	2
8	3	2	1	3
9	3	3	2	1

注:任意二列间的交互作用出现于另外二列。

$L_{18}(3^7)$　　　　［注］

试验号 \ 列号	1	2	3	4	5	6	7	1′
1	1	1	1	1	1	1	1	1
2	1	2	2	2	2	2	2	1
3	1	3	3	3	3	3	3	1
4	2	1	1	2	2	3	3	1
5	2	2	2	3	3	1	1	1
6	2	3	3	1	1	2	2	1
7	3	1	2	1	3	2	3	1
8	3	2	3	2	1	3	1	1
9	3	3	1	3	2	1	2	1
10	1	1	3	3	2	2	1	2
11	1	2	1	1	3	3	2	2
12	1	3	2	2	1	1	3	2
13	2	1	2	3	1	3	2	2
14	2	2	3	1	2	1	3	2
15	2	3	1	2	3	2	1	2
16	3	1	3	2	3	1	2	2
17	3	2	1	3	1	2	3	2
18	3	3	2	1	2	3	1	2

注:把两水平的列1′排进$L_{18}(2^7)$,便得混合型$L_{18}(2^1\times3^7)$,交互作用$1'\times1$可从两列的二元表求出。在$L_{18}(2^1\times3^7)$中把列1′和列1的水平组合11,12,13,21,22,23,分别换成1,2,3,4,5,6,便得混合型$L_{18}(6^1\times3^6)$。

$L_{27}(3^{13})$

试验号 \ 列号	1	2	3	4	5	6	7	8	9	10	11	12	13
1	1	1	1	1	1	1	1	1	1	1	1	1	1
2	1	1	1	1	2	2	2	2	2	2	2	2	2
3	1	1	1	1	3	3	3	3	3	3	3	3	3
4	1	2	2	2	1	1	1	2	2	2	3	3	3
5	1	2	2	2	2	2	2	3	3	3	1	1	1
6	1	2	2	2	3	3	3	1	1	1	2	2	2
7	1	3	3	3	1	1	1	3	3	3	2	2	2
8	1	3	3	3	2	2	2	1	1	1	3	3	3
9	1	3	3	3	3	3	3	2	2	2	1	1	1
10	2	1	2	3	1	2	3	1	2	3	1	2	3
11	2	1	2	3	2	3	1	2	3	1	2	3	1
12	2	1	2	3	3	1	2	3	1	2	3	1	2
13	2	2	3	1	1	2	3	2	3	1	3	1	2
14	2	2	3	1	2	3	1	3	1	2	1	2	3
15	2	2	3	1	3	1	2	1	2	3	2	3	1
16	2	3	1	2	1	2	3	3	1	2	2	3	1
17	2	3	1	2	2	3	1	1	2	3	3	1	2
18	2	3	1	2	3	1	2	2	3	1	1	2	3
19	3	1	3	2	1	3	2	1	3	2	1	3	2
20	3	1	3	2	2	1	3	2	1	3	2	1	3
21	3	1	3	2	3	2	1	3	2	1	3	2	1
22	3	2	1	3	1	3	2	2	1	3	3	2	1
23	3	2	1	3	2	1	3	3	2	1	1	3	2
24	3	2	1	3	3	2	1	1	3	2	2	1	3
25	3	3	2	1	1	3	2	3	2	1	2	1	3
26	3	3	2	1	2	1	3	1	3	2	3	2	1
27	3	3	2	1	3	2	1	2	1	3	1	3	2

$L_{27}(3^{13})$:二列间的交互作用表

列号 \ 列号	1	2	3	4	5	6	7	8	9	10	11	12	13
(1)		3 4	2 4	2 3	6 7	5 7	5 6	9 10	8 10	8 9	12 13	11 13	11 12
(2)			1 4	1 3	8 11	9 12	10 13	5 11	6 12	7 13	5 8	6 9	7 10
(3)				1 2	9 13	10 11	8 12	7 12	5 13	6 11	6 10	7 8	5 9
(4)					10 12	8 13	9 11	6 13	7 11	5 12	7 9	5 10	6 8
(5)						1 7	1 6	2 11	3 13	4 12	2 8	4 10	3 9
(6)							1 5	4 13	2 12	3 11	3 10	2 9	4 8
(7)								3 12	4 11	2 13	4 9	3 8	2 10
(8)									1 10	1 9	2 5	3 7	4 6
(9)										1 8	4 7	2 6	3 5
(10)											3 6	4 5	2 7
(11)												1 13	1 12
(12)													1 11

$L_{36}(3^{13})$ [注]

试验号 \ 列号	1	2	3	4	5	6	7	8	9	10	11	12	13	1′	2′	3′
1	1	1	1	1	1	1	1	1	1	1	1	1	1	1	1	1
2	1	2	2	2	2	2	2	2	2	2	2	2	2	1	1	1
3	1	3	3	3	3	3	3	3	3	3	3	3	3	1	1	1
4	1	1	1	1	1	2	2	2	2	3	3	3	3	1	2	2
5	1	2	2	2	2	3	3	3	3	1	1	1	1	1	2	2
6	1	3	3	3	3	1	1	1	1	2	2	2	2	1	2	2
7	1	1	1	2	3	1	2	3	3	1	2	2	3	2	1	2
8	1	2	2	3	1	2	3	1	1	2	3	3	1	2	1	2
9	1	3	3	1	2	3	1	2	2	3	1	1	2	2	1	2
10	1	1	1	3	2	1	3	2	3	2	1	3	2	2	2	1
11	1	2	2	1	3	2	1	3	1	3	2	1	3	2	2	1
12	1	3	3	2	1	3	2	1	2	1	3	2	1	2	2	1
13	2	1	2	3	1	3	2	1	3	3	2	1	2	1	1	1
14	2	2	3	1	2	1	3	2	1	1	3	2	3	1	1	1
15	2	3	1	2	3	2	1	3	2	2	1	3	1	1	1	1
16	2	1	2	3	2	1	1	3	2	3	3	2	1	1	2	2
17	2	2	3	1	3	2	2	1	3	1	1	3	2	1	2	2
18	2	3	1	2	1	3	3	2	1	2	2	1	3	1	2	2
19	2	1	2	1	3	3	3	1	2	2	1	2	3	2	1	2
20	2	2	3	2	1	1	1	2	3	3	2	3	1	2	1	2
21	2	3	1	3	2	2	2	3	1	1	3	1	2	2	1	2
22	2	1	2	2	3	3	1	2	1	1	3	3	2	2	2	1
23	2	2	3	3	1	1	2	3	2	2	1	1	3	2	2	1
24	2	3	1	1	2	2	3	1	3	3	2	2	1	2	2	1
25	3	1	3	2	1	2	3	3	1	3	1	2	2	1	1	1
26	3	2	1	3	2	3	1	1	2	1	2	3	3	1	1	1
27	3	3	2	1	3	1	2	2	3	2	3	1	1	1	1	1
28	3	1	3	2	2	2	1	1	3	2	3	1	3	1	2	2
29	3	2	1	3	3	3	2	2	1	3	1	2	1	1	2	2
30	3	3	2	1	1	1	3	3	2	1	2	3	2	1	2	2
31	3	1	3	3	3	2	3	2	2	1	2	1	1	2	1	2
32	3	2	1	1	1	3	1	3	3	2	3	2	2	2	1	2
33	3	3	2	2	2	1	2	1	1	3	1	3	3	2	1	2
34	3	1	3	1	2	3	2	3	1	2	2	3	1	2	2	1
35	3	2	1	2	3	1	3	1	2	3	3	1	2	2	2	1
36	3	3	2	3	1	2	1	2	3	1	1	2	3	2	2	1

注：把两水平的列 1′，2′ 和 3′ 排进 $L_{36}(3^{13})$，便得混合型 $L_{36}(2^3\times 3^{13})$。这时交互作用 $1'\times 2'$ 出现于 3′，并且交互作用 $1'\times 1$，$2'\times 1$ 和 $3'\times 1$ 可分别从各自的二元表求出。

$L_{16}(4^5)$

试验号 \ 列号	1	2	3	4	5
1	1	1	1	1	1
2	1	2	2	2	2
3	1	3	3	3	3
4	1	4	4	4	4
5	2	1	2	3	4
6	2	2	1	4	3
7	2	3	4	1	2
8	2	4	3	2	1
9	3	1	3	4	2
10	3	2	4	3	1
11	3	3	1	2	4
12	3	4	2	1	3
13	4	1	4	2	3
14	4	2	3	1	4
15	4	3	2	4	1
16	4	4	1	3	2

注:任意二列间的交互作用出现于其他三列。

$L_{32}(4^9)$ [注]

试验号 \ 列号	1	2	3	4	5	6	7	8	9	1′
1	1	1	1	1	1	1	1	1	1	1 1 1 1
2	1	2	2	2	2	2	2	2	2	1 1 1 1
3	1	3	3	3	3	3	3	3	3	1 1 1 1
4	1	4	4	4	4	4	4	4	4	1 1 1 1
5	2	1	1	2	2	3	3	4	4	1 1 1 1
6	2	2	2	1	1	4	4	3	3	1 1 1 1
7	2	3	3	4	4	1	1	2	2	1 1 1 1
8	2	4	4	3	3	2	2	1	1	1 1 1 1
9	3	1	2	3	4	1	2	3	4	1 1 1 1
10	3	2	1	4	3	2	1	4	3	1 1 1 1
11	3	3	4	1	2	3	4	1	2	1 1 1 1
12	3	4	3	2	1	4	3	2	1	1 1 1 1
13	4	1	2	4	3	3	4	2	1	1 1 1 1
14	4	2	1	3	4	4	3	1	2	1 1 1 1
15	4	3	4	2	1	1	2	4	3	1 1 1 1
16	4	4	3	1	2	2	1	3	4	1 1 1 1
17	1	1	4	1	4	2	3	2	3	2 2 2 2
18	1	2	3	2	3	1	4	1	4	2 2 2 2
19	1	3	2	3	2	4	1	4	1	2 2 2 2
20	1	4	1	4	1	3	2	3	2	2 2 2 2
21	2	1	4	2	3	4	1	3	2	2 2 2 2
22	2	2	3	1	4	3	2	4	1	2 2 2 2
23	2	3	2	4	1	2	3	1	4	2 2 2 2
24	2	4	1	3	2	1	4	2	3	2 2 2 2
25	3	1	3	3	1	2	4	4	2	2 2 2 2
26	3	2	4	4	2	1	3	3	1	2 2 2 2
27	3	3	1	1	3	4	2	2	4	2 2 2 2
28	3	4	2	2	4	3	1	1	3	2 2 2 2
29	4	1	3	4	2	4	2	1	3	2 2 2 2
30	4	2	4	3	1	3	1	2	4	2 2 2 2
31	4	3	1	2	4	2	4	3	1	2 2 2 2
32	4	4	2	1	3	1	3	4	2	2 2 2 2

注:把两水平的列 1′ 排进 $L_{32}(4^9)$,便得混合型 $L_{32}(2^1\times4^9)$。这时交互作用 $1'\times1$ 可从二元表求出。把列 1′ 和列 1 的水平组合 11,12,13,14,21,22,23,24,分别换成 1,2,3,4,5,6,7,8 便得混合型 $L_{32}(8^1\times4^8)$。

$L_{25}(5^6)$

试验号＼列号	1	2	3	4	5	6
1	1	1	1	1	1	1
2	1	2	2	2	2	2
3	1	3	3	3	3	3
4	1	4	4	4	4	4
5	1	5	5	5	5	5
6	2	1	2	3	4	5
7	2	2	3	4	5	1
8	2	3	4	5	1	2
9	2	4	5	1	2	3
10	2	5	1	2	3	4
11	3	1	3	5	2	4
12	3	2	4	1	3	5
13	3	3	5	2	4	1
14	3	4	1	3	5	2
15	3	5	2	4	1	3
16	4	1	4	2	5	3
17	4	2	5	3	1	4
18	4	3	1	4	2	5
19	4	4	2	5	3	1
20	4	5	3	1	4	2
21	5	1	5	4	3	2
22	5	2	1	5	4	3
23	5	3	2	1	5	4
24	5	4	3	2	1	5
25	5	5	4	3	2	1

注:任意二列间的交互作用出现于其他四列。

附表 11 Lenth 检验的临界值表

Lenth 检验的临界值 $c_{\alpha;p}$

α	因子数(p)										
	4	5	6	7	8	9	10	11	12	13	14
0.001	42.47	40.59	24.28	24.51	18.93	18.25	15.39	14.79	12.99	12.75	11.54
0.002	29.86	28.00	19.06	18.88	14.94	14.51	12.48	12.14	10.78	10.62	9.77
0.003	24.58	22.79	16.36	16.07	13.02	12.64	11.06	10.82	9.64	9.53	8.22
0.004	21.01	19.45	14.66	14.32	11.84	11.47	10.10	9.91	8.92	8.77	8.22
0.005	18.83	17.28	13.50	13.10	11.03	10.61	9.46	9.26	8.43	8.24	7.79
0.006	17.15	15.67	12.60	12.13	10.36	9.95	8.96	8.73	8.03	7.85	7.44
0.007	15.73	14.34	11.90	11.40	9.80	9.45	8.54	8.32	7.70	7.54	7.16
0.008	14.70	13.33	11.30	10.79	9.38	9.01	8.19	7.98	7.44	7.26	6.92
0.009	13.78	12.51	10.78	10.23	9.00	8.63	7.90	7.70	7.21	7.04	6.73
0.010	13.03	11.83	10.33	9.75	8.68	8.32	7.65	7.45	7.00	6.83	6.55
0.020	8.89	8.18	7.77	7.18	6.80	6.47	6.19	5.97	5.78	5.63	5.51
0.030	7.07	6.66	6.52	6.03	5.89	5.57	5.45	5.24	5.16	5.02	4.96
0.040	5.95	5.81	5.74	5.33	5.30	5.01	4.97	4.78	4.75	4.62	4.60
0.050	5.14	5.24	5.17	4.87	4.87	4.62	4.62	4.45	4.45	4.33	4.33
0.060	4.52	4.83	4.73	4.53	4.53	4.33	4.35	4.20	4.22	4.10	4.12
0.070	4.02	4.51	4.37	4.26	4.26	4.10	4.12	4.00	4.03	3.92	3.95
0.080	3.59	4.23	4.07	4.04	4.03	3.92	3.93	3.83	3.86	3.77	3.80
0.090	3.17	4.00	3.82	3.85	3.83	3.75	3.77	3.69	3.72	3.64	3.68
0.100	2.67	3.79	3.59	3.69	3.65	3.62	3.63	3.56	3.60	3.53	3.56
0.200	1.91	2.28	2.23	2.42	2.39	2.59	2.48	2.74	2.72	2.80	2.81
0.300	1.61	1.88	1.90	2.06	2.07	2.17	2.17	2.25	2.25	2.31	2.32
0.400	1.41	1.63	1.68	1.80	1.84	1.93	1.95	2.02	2.04	2.09	2.10

附表 11(续 1)

α	因子数(p)										
	15	16	17	18	19	20	21	22	23	24	25
0.001	11.09	10.39	10.07	9.54	9.35	8.93	8.82	8.44	8.18	8.06	7.97
0.002	9.44	8.93	8.73	8.33	8.17	7.82	7.75	7.50	7.32	7.17	7.14
0.003	8.57	8.14	8.01	7.65	7.53	7.22	7.18	6.59	6.85	6.70	6.65
0.004	8.00	7.63	7.52	7.21	7.10	6.83	6.79	6.59	6.49	6.37	6.33
0.005	7.59	7.25	7.15	6.88	6.77	6.55	6.50	6.31	6.23	6.13	6.08
0.006	7.25	6.96	6.87	6.62	6.52	6.32	6.28	6.10	6.03	5.93	5.89
0.007	6.99	6.73	6.63	6.40	6.31	6.13	6.09	5.93	5.87	5.78	5.73
0.008	6.77	6.52	6.43	6.22	6.14	5.97	5.93	5.79	5.73	5.64	5.59
0.009	6.57	6.35	6.27	6.06	5.99	5.83	5.80	5.66	5.61	5.52	5.47
0.010	6.40	6.20	6.11	5.93	5.86	5.71	5.68	5.55	5.50	5.42	5.37
0.020	5.38	5.28	5.19	5.11	5.05	4.97	4.93	4.87	4.83	4.78	4.74
0.030	4.84	4.79	4.72	4.67	4.61	4.57	4.53	4.49	4.46	4.43	4.40
0.040	4.50	4.47	4.39	4.37	4.32	4.30	4.26	4.24	4.21	4.19	4.16
0.050	4.24	4.23	4.16	4.15	4.11	4.10	4.06	4.05	4.02	4.01	3.98
0.060	4.03	4.04	3.97	3.98	3.94	3.94	3.90	3.90	3.87	3.87	3.84
0.070	3.87	3.89	3.82	3.84	3.79	3.81	3.77	3.77	3.75	3.75	3.73
0.080	3.73	3.75	3.69	3.72	3.67	3.69	3.65	3.66	3.64	3.65	3.63
0.090	3.61	3.64	3.58	3.61	3.57	3.59	3.56	3.57	3.55	3.56	3.54
0.100	3.51	3.54	3.49	3.52	3.48	3.50	3.47	3.48	3.46	3.48	3.46
0.200	2.84	2.85	2.87	2.89	2.89	2.91	2.91	2.93	2.93	2.95	2.94
0.300	2.36	2.37	2.41	2.41	2.44	2.45	2.48	2.48	2.55	2.56	2.61
0.400	2.14	2.16	2.20	2.21	2.24	2.25	2.28	2.29	2.31	2.32	2.34

附表 11(续 2)

α	因子数(p)									
	26	27	28	29	30	31	32	33	34	35
0.001	7.75	7.56	7.38	7.35	7.17	7.16	7.03	6.97	6.80	6.72
0.002	6.93	6.84	6.66	6.64	6.47	6.47	6.37	6.31	6.21	6.15
0.003	6.49	6.41	6.25	6.23	6.09	6.10	6.02	5.96	5.89	5.84
0.004	6.19	6.13	6.00	5.97	5.84	5.86	5.77	5.73	5.65	5.62
0.005	5.96	5.91	5.80	5.77	5.66	5.67	5.59	5.54	5.48	5.46
0.006	5.78	5.73	5.64	5.60	5.51	5.52	5.44	5.40	5.34	5.32
0.007	5.63	5.58	5.50	5.47	5.38	5.38	5.32	5.28	5.23	5.21
0.008	5.50	5.46	5.39	5.36	5.27	5.28	5.22	5.18	5.13	5.11
0.009	5.40	5.36	5.29	5.26	5.18	5.18	5.13	5.10	5.05	5.03
0.010	5.31	5.27	5.20	5.18	5.10	5.10	5.05	5.02	4.98	4.95
0.020	4.70	4.68	4.63	4.62	4.58	4.58	4.54	4.52	4.50	4.48
0.030	4.38	4.36	4.32	4.32	4.29	4.29	4.26	4.25	4.23	4.22
0.040	4.15	4.13	4.11	4.11	4.09	4.08	4.06	4.05	4.04	4.03
0.050	3.98	3.97	3.95	3.94	3.93	3.93	3.91	3.90	3.90	3.89
0.060	3.84	3.83	3.82	3.81	3.81	3.80	3.79	3.78	3.78	3.77
0.070	3.73	3.72	3.71	3.70	3.70	3.69	3.69	3.68	3.68	3.67
0.080	3.63	3.62	3.62	3.61	3.61	3.60	3.60	3.60	3.60	3.59
0.090	3.54	3.53	3.54	3.53	3.53	3.52	3.52	3.52	3.52	3.51
0.100	3.47	3.45	3.46	3.45	3.46	3.45	3.46	3.45	3.45	3.45
0.200	2.96	2.96	2.97	2.97	2.99	2.98	3.00	2.99	3.01	3.00
0.300	2.62	2.65	2.65	2.67	2.68	2.70	2.71	2.71	2.73	2.73
0.400	2.35	2.37	2.38	2.40	2.40	2.42	2.43	2.44	2.45	2.46

附表 12　$MaxU_r$ 检验的临界值 $c_{\alpha;p,r}$ 表

附表 12.1：　$MaxU_r$ 临界值表（$2\leqslant p\leqslant 9; r=1,2,\cdots,p-1$）

p	r	α				
		0.20	0.10	0.05	0.025	0.01
2	1	0.8999835	0.9493034	0.9745063	0.9877042	0.9951688
3	1	0.9313855	0.9652261	0.9832665	0.9913436	0.9965511
	2	0.9577377	0.9808187	0.9908710	0.9955862	0.9981815
4	1	0.9504775	0.9748824	0.9878541	0.9934903	0.9971137
	2	0.9708046	0.9875912	0.9938884	0.9969313	0.9987545
	3	0.9792087	0.9908944	0.9956872	0.9981283	0.9991959
5	1	0.9608247	0.9803927	0.9905788	0.9953829	0.9982574
	2	0.9782969	0.9903121	0.9955114	0.9980193	0.9992433
	3	0.9854659	0.9937394	0.9972438	0.9987114	0.9995125
	4	0.9881919	0.9949333	0.9978835	0.9989767	0.9995942
6	1	0.9675291	0.9841156	0.9920399	0.9959464	0.9984267
	2	0.9834245	0.9924763	0.9963203	0.9984004	0.9993395
	3	0.9889392	0.9953467	0.9979555	0.9990657	0.9996053
	4	0.9919333	0.9965658	0.9985064	0.9993287	0.9997309
	5	0.9929774	0.9971057	0.9987390	0.9994179	0.9997886
7	1	0.9709150	0.9847355	0.9926990	0.9968258	0.9987041
	2	0.9860312	0.9936809	0.9972449	0.9986215	0.9994449
	3	0.9917365	0.9965355	0.9984861	0.9992564	0.9997482
	4	0.9939139	0.9976750	0.9990135	0.9995253	0.9998187
	5	0.9951706	0.9981618	0.9991909	0.9996400	0.9998611
	6	0.9957065	0.9983210	0.9992564	0.9996765	0.9998700
8	1	0.9747526	0.9873443	0.9938646	0.9971847	0.9989308
	2	0.9884873	0.9949420	0.9976842	0.9989530	0.9996541
	3	0.9932500	0.9973399	0.9988399	0.9995019	0.9998224
	4	0.9954130	0.9981834	0.9992804	0.9996844	0.9998855
	5	0.9965362	0.9987034	0.9994942	0.9997811	0.9999117
	6	0.9970633	0.9989287	0.9995690	0.9998197	0.9999324
	7	0.9973640	0.9990373	0.9995896	0.9998295	0.9999347
9	1	0.9776760	0.9892877	0.9944806	0.9974404	0.9989139
	2	0.9905945	0.9958680	0.9981448	0.9991068	0.9996011
	3	0.9946660	0.9978722	0.9990371	0.9995289	0.9998520
	4	0.9964096	0.9986392	0.9994197	0.9997511	0.9999103
	5	0.9973669	0.9990412	0.9995881	0.9998330	0.9999421
	6	0.9979090	0.9992216	0.9996874	0.9998655	0.9999556
	7	0.9981688	0.9993265	0.9997439	0.9998840	0.9999584
	8	0.9983116	0.9993635	0.9997541	0.9998897	0.9999612

附表 12.2：$MaxU_r$ 临界值表($10\leqslant p\leqslant 12;r=1,2,\cdots,p-1$)

p	r	α				
		0.20	0.10	0.05	0.025	0.01
10	1	0.9800326	0.9902236	0.9948804	0.9974786	0.9989945
	2	0.9917575	0.9962114	0.9983427	0.9992603	0.9997071
	3	0.9956123	0.9981376	0.9991869	0.9996435	0.9998730
	4	0.9971658	0.9988908	0.9995573	0.9998119	0.9999362
	5	0.9979861	0.9992512	0.9997103	0.9998688	0.9999531
	6	0.9984374	0.9994327	0.9997817	0.9998982	0.9999645
	7	0.9987257	0.9995415	0.9998158	0.9999197	0.9999714
	8	0.9988621	0.9995939	0.9998354	0.9999268	0.9999727
	9	0.9989233	0.9996073	0.9998437	0.9999299	0.9999744
11	1	0.9824784	0.9912833	0.9954692	0.9978646	0.9991495
	2	0.9930438	0.9968914	0.9985847	0.9993530	0.9997763
	3	0.9963898	0.9985047	0.9993265	0.9997111	0.9998951
	4	0.9978440	0.9991176	0.9996630	0.9998441	0.9999489
	5	0.9985244	0.9994382	0.9997826	0.9999060	0.9999691
	6	0.9988618	0.9996020	0.9998474	0.9999373	0.9999779
	7	0.9990805	0.9996872	0.9998765	0.9999509	0.9999824
	8	0.9992187	0.9997346	0.9998926	0.9999585	0.9999847
	9	0.9992999	0.9997601	0.9999026	0.9999608	0.9999850
	10	0.9993227	0.9997673	0.9999050	0.9999625	0.9999851
12	1	0.9838530	0.9920499	0.9961314	0.9980414	0.9992604
	2	0.9939386	0.9972112	0.9986877	0.9994279	0.9998028
	3	0.9969852	0.9987353	0.9994631	0.9997565	0.9999146
	4	0.9982481	0.9993155	0.9997346	0.9998788	0.9999569
	5	0.9988035	0.9995859	0.9998412	0.9999312	0.9999756
	6	0.9991474	0.9997112	0.9998903	0.9999531	0.9999854
	7	0.9993223	0.9997756	0.9999199	0.9999629	0.9999877
	8	0.9994376	0.9998220	0.9999328	0.9999713	$0.9^5 00000$
	9	0.9995160	0.9998444	0.9999388	0.9999750	$0.9^5 10000$
	10	0.9995539	0.9998533	0.9999412	0.9999765	$0.9^5 12549$
	11	0.9995668	0.9998560	0.9999431	0.9999768	$0.9^5 13488$

注：9^5 意为重复 5 个 9。例如：$0.9^5 13488=0.9999913488$。

附表 12.3:$MaxU$,临界值表($13 \leqslant p \leqslant 15; r=1,2,\cdots,p-1$)

p	r	α				
		0.20	0.10	0.05	0.025	0.01
13	1	0.9847782	0.9924934	0.9964059	0.9982283	0.9992700
	2	0.9944997	0.9976504	0.9989028	0.9995264	0.9998339
	3	0.9974662	0.9989663	0.9995455	0.9998047	0.9999402
	4	0.9985735	0.9994533	0.9997709	0.9999071	0.9999691
	5	0.9990959	0.9996700	0.9998720	0.9999450	0.9999810
	6	0.9993669	0.9997791	0.9999128	0.9999649	0.9999884
	7	0.9995218	0.9998382	0.9999386	0.9999727	$0.9^5 13000$
	8	0.9996019	0.9998726	0.9999519	0.9999796	$0.9^5 34000$
	9	0.9996543	0.9998893	0.9999584	0.9999829	$0.9^5 45000$
	10	0.9996835	0.9999005	0.9999621	0.9999846	$0.9^5 51000$
	11	0.9997038	0.9999030	0.9999633	0.9999853	$0.9^5 53911$
	12	0.9997106	0.9999060	0.9999641	0.9999860	$0.9^5 54728$
14	1	0.9861304	0.9929962	0.9964026	0.9982485	0.9992832
	2	0.9951047	0.9979179	0.9990505	0.9995685	0.9998417
	3	0.9977539	0.9991215	0.9996336	0.9998425	0.9999472
	4	0.9988098	0.9995567	0.9998271	0.9999275	0.9999755
	5	0.9992645	0.9997355	0.9999029	0.9999606	0.9999850
	6	0.9994998	0.9998297	0.9999367	0.9999746	$0.9^5 17000$
	7	0.9996349	0.9998764	0.9999547	0.9999822	$0.9^5 44000$
	7	0.9996349	0.9998764	0.9999547	0.9999822	$0.9^5 44000$
	8	0.9997094	0.9999059	0.9999635	0.9999859	$0.9^5 60000$
	9	0.9997577	0.9999230	0.9999718	0.9999890	$0.9^5 68000$
	10	0.9997862	0.9999323	0.9999751	$0.9^5 05000$	$0.9^5 72000$
	11	0.9998034	0.9999373	0.9999765	$0.9^5 09287$	$0.9^5 74227$
	12	0.9998098	0.9999385	0.9999771	$0.9^5 12147$	$0.9^5 74305$
	13	0.9998131	0.9999392	0.9999773	$0.9^5 12509$	$0.9^5 74395$
15	1	0.9866033	0.9934845	0.9967511	0.9984956	0.9993982
	2	0.9955954	0.9980245	0.9991350	0.9995962	0.9998618
	3	0.9980299	0.9992156	0.9996795	0.9998601	0.9999538
	4	0.9989703	0.9996129	0.9998458	0.9999294	0.9999780
	5	0.9993896	0.9997834	0.9999110	0.9999641	0.9999880
	6	0.9995944	0.9998602	0.9999441	0.9999772	$0.9^5 20000$
	7	0.9997044	0.9999015	0.9999630	0.9999853	$0.9^5 48000$
	8	0.9997766	0.9999257	0.9999733	$0.9^5 04000$	$0.9^5 66000$
	9	0.9998207	0.9999406	0.9999789	$0.9^5 22000$	$0.9^5 73000$
	10	0.9998470	0.9999492	0.9999825	$0.9^5 33000$	$0.9^5 78000$
	11	0.9998614	0.9999545	0.9999847	$0.9^5 41000$	$0.9^5 82000$
	12	0.9998708	0.9999568	0.9999856	$0.9^5 45245$	$0.9^5 83141$
	13	0.9998761	0.9999579	0.9999859	$0.9^5 45695$	$0.9^5 83228$
	14	0.9998767	0.9999581	0.9999859	$0.9^5 45695$	$0.9^5 83228$

注:9^5 意为重复 5 个 9。例如:$0.9^5 13488 = 0.9999913488$。

附表 12.4: $MaxU_r$ 临界值表($p = 16, 17; r=1,2,\cdots,p-1$)

p	r	α				
		0.20	0.10	0.05	0.025	0.01
16	1	0.9874910	0.9939795	0.9970191	0.9985773	0.9995023
	2	0.9958562	0.9982808	0.9992585	0.9996554	0.9998638
	3	0.9982559	0.9993132	0.9997122	0.9998810	0.9999597
	4	0.9991123	0.9996712	0.9998747	0.9999437	0.9999814
	5	0.9994841	0.9998254	0.9999362	0.9999710	0.9999899
	6	0.9996730	0.9998927	0.9999609	0.9999826	$0.9^5 40000$
	7	0.9997756	0.9999285	0.9999737	0.9999893	$0.9^5 67000$
	8	0.9998376	0.9999473	0.9999813	$0.9^5 24000$	$0.9^5 78000$
	9	0.9998688	0.9999609	0.9999852	$0.9^5 45000$	$0.9^5 84000$
	10	0.9998917	0.9999669	0.9999881	$0.9^5 55000$	$0.9^5 86000$
	11	0.9999065	0.9999720	0.9999897	$0.9^5 59592$	$0.9^5 87077$
	12	0.9999151	0.9999742	$0.9^5 04225$	$0.9^5 63479$	$0.9^5 88325$
	13	0.9999197	0.9999756	$0.9^5 09221$	$0.9^5 65562$	$0.9^5 89030$
	14	0.9999217	0.9999762	$0.9^5 10660$	$0.9^5 66020$	$0.9^5 89454$
	15	0.9999226	0.9999765	$0.9^5 11141$	$0.9^5 66105$	$0.9^5 89646$
17	1	0.9880125	0.9943096	0.9971242	0.9985531	0.9994553
	2	0.9962699	0.9983953	0.9992816	0.9996722	0.9998764
	3	0.9984665	0.9993880	0.9997403	0.9998832	0.9999650
	4	0.9992567	0.9997222	0.9998790	0.9999579	0.9999841
	5	0.9995720	0.9998471	0.9999423	0.9999767	$0.9^5 25000$
	6	0.9997323	0.9999104	0.9999666	0.9999870	$0.9^5 63000$
	7	0.9998231	0.9999416	0.9999794	$0.9^5 18000$	$0.9^5 78000$
	8	0.9998710	0.9999604	0.9999855	$0.9^5 44000$	$0.9^5 85000$
	9	0.9998997	0.9999704	0.9999894	$0.9^5 60000$	$0.9^5 88000$
	10	0.9999199	0.9999765	$0.9^5 18000$	$0.9^5 70000$	$0.9^6 10000$
	11	0.9999308	0.9999795	$0.9^5 32407$	$0.9^5 74301$	$0.9^6 29250$
	12	0.9999377	0.9999821	$0.9^5 39947$	$0.9^5 78607$	$0.9^6 36540$
	13	0.9999426	0.9999833	$0.9^5 41870$	$0.9^5 79589$	$0.9^6 38310$
	14	0.9999457	0.9999840	$0.9^5 44625$	$0.9^5 80402$	$0.9^6 43940$
	15	0.9999472	0.9999842	$0.9^5 44778$	$0.9^5 80626$	$0.9^6 43940$
	16	0.9999477	0.9999843	$0.9^5 45015$	$0.9^5 80681$	$0.9^6 43940$

注:9^n 意为重复 n 个 9。例如:$0.9^6 43940=0.99999943940$。

附表 12.5：$MaxU_r$ 临界值表（$p = 18,19;r=1,2,\cdots,p-1$）

p	r	α				
		0.20	0.10	0.05	0.025	0.01
18	1	0.9889960	0.9945512	0.9973700	0.9986641	0.9993930
	2	0.9965228	0.9985250	0.9993623	0.9997010	0.9998914
	3	0.9986172	0.9994525	0.9997676	0.9999085	0.9999723
	4	0.9993546	0.9997566	0.9999037	0.9999599	0.9999868
	5	0.9996545	0.9998749	0.9999521	0.9999819	$0.9^{5}40000$
	6	0.9997846	0.9999298	0.9999742	0.9999895	$0.9^{5}69000$
	7	0.9998574	0.9999544	0.9999834	$0.9^{5}37000$	$0.9^{5}82000$
	8	0.9999001	0.9999680	0.9999889	$0.9^{5}58000$	$0.9^{5}88000$
	9	0.9999238	0.9999766	$0.9^{5}19000$	$0.9^{5}71000$	$0.9^{6}20000$
	10	0.9999387	0.9999816	$0.9^{5}36000$	$0.9^{5}78000$	$0.9^{6}30000$
	11	0.9999491	0.9999851	$0.9^{5}50744$	$0.9^{5}82482$	$0.9^{6}41210$
	12	0.9999551	0.9999868	$0.9^{5}56276$	$0.9^{5}84375$	$0.9^{6}44040$
	13	0.9999601	0.9999884	$0.9^{5}61840$	$0.9^{5}85364$	$0.9^{6}48470$
	14	0.9999625	0.9999891	$0.9^{5}64043$	$0.9^{5}85946$	$0.9^{6}52640$
	15	0.9999643	0.9999895	$0.9^{5}65587$	$0.9^{5}86353$	$0.9^{6}53550$
	16	0.9999648	0.9999897	$0.9^{5}66021$	$0.9^{5}86357$	$0.9^{6}53550$
	17	0.9999651	0.9999897	$0.9^{5}66054$	$0.9^{5}86449$	$0.9^{6}53550$
19	1	0.9894540	0.9948108	0.9974648	0.9987307	0.9993798
	2	0.9968378	0.9986490	0.9993916	0.9997044	0.9999022
	3	0.9987432	0.9995122	0.9997860	0.9999138	0.9999743
	4	0.9994295	0.9997772	0.9999168	0.9999652	$0.9^{5}03000$
	5	0.9996883	0.9998926	0.9999600	0.9999831	$0.9^{5}46000$
	6	0.9998188	0.9999394	0.9999789	$0.9^{5}13000$	$0.9^{5}73000$
	7	0.9998856	0.9999639	0.9999874	$0.9^{5}47000$	$0.9^{5}85000$
	8	0.9999204	0.9999757	$0.9^{5}12000$	$0.9^{5}63000$	$0.9^{6}10000$
	9	0.9999407	0.9999826	$0.9^{5}37000$	$0.9^{5}77000$	$0.9^{6}40000$
	10	0.9999556	0.9999870	$0.9^{5}55000$	$0.9^{5}83000$	$0.9^{6}50000$
	11	0.9999627	0.9999895	$0.9^{5}63708$	$0.9^{5}86647$	$0.9^{6}68120$
	12	0.9999686	$0.9^{5}09025$	$0.9^{5}69060$	$0.9^{5}88557$	$0.9^{6}70360$
	13	0.9999726	$0.9^{5}19454$	$0.9^{5}72950$	$0.9^{5}89976$	$0.9^{6}72120$
	14	0.9999752	$0.9^{5}28530$	$0.9^{5}75215$	$0.9^{6}07760$	$0.9^{6}75790$
	15	0.9999763	$0.9^{5}32040$	$0.9^{5}76565$	$0.9^{6}10150$	$0.9^{6}76380$
	16	0.9999768	$0.9^{5}32733$	$0.9^{5}76957$	$0.9^{6}12440$	$0.9^{6}76380$
	17	0.9999773	$0.9^{5}33062$	$0.9^{5}77071$	$0.9^{6}12450$	$0.9^{6}77520$
	18	0.9999775	$0.9^{5}33218$	$0.9^{5}77243$	$0.9^{6}12580$	$0.9^{6}77520$

注：9^n 意为重复 n 个 9。例如：$0.9^{6}43940=0.99999943940$。

附表 12.6:$MaxU_r$ 临界值表($p=20,\ 21;r=1,2,\cdots,p-1$)

p	r	α				
		0.20	0.10	0.05	0.025	0.01
20	1	0.9897086	0.9949093	0.9975153	0.9987603	0.9995363
	2	0.9970863	0.9987466	0.9994447	0.9997336	0.9998936
	3	0.9989022	0.9995466	0.9998136	0.9999214	0.9999755
	4	0.9994886	0.9998013	0.9999241	0.9999696	$0.9^{5}06000$
	5	0.9997316	0.9999074	0.9999648	0.9999855	$0.9^{5}56000$
	6	0.9998483	0.9999478	0.9999809	$0.9^{5}22000$	$0.9^{5}79000$
	7	0.9999066	0.9999693	0.9999885	$0.9^{5}58000$	$0.9^{5}89000$
	8	0.9999372	0.9999801	$0.9^{5}27000$	$0.9^{5}72000$	$0.9^{6}20000$
	9	0.9999555	0.9999863	$0.9^{5}54000$	$0.9^{5}83000$	$0.9^{6}60000$
	10	0.9999660	0.9999897	$0.9^{5}66000$	$0.9^{5}87000$	$0.9^{6}70000$
	11	0.9999721	$0.9^{5}17052$	$0.9^{5}72968$	$0.9^{5}89827$	$0.9^{6}75410$
	12	0.9999768	$0.9^{5}32094$	$0.9^{5}77135$	$0.9^{6}25640$	$0.9^{6}79560$
	13	0.9999801	$0.9^{5}43260$	$0.9^{5}81488$	$0.9^{6}36240$	$0.9^{6}81400$
	14	0.9999821	$0.9^{5}48475$	$0.9^{5}83431$	$0.9^{6}44500$	$0.9^{6}84500$
	15	0.9999833	$0.9^{5}52462$	$0.9^{5}84460$	$0.9^{6}48290$	$0.9^{6}85080$
	16	0.9999844	$0.9^{5}54216$	$0.9^{5}85181$	$0.9^{6}49650$	$0.9^{6}85580$
	17	0.9999848	$0.9^{5}55727$	$0.9^{5}85201$	$0.9^{6}49840$	$0.9^{6}85580$
	18	0.9999849	$0.9^{5}55946$	$0.9^{5}85208$	$0.9^{6}49870$	$0.9^{6}85580$
	19	0.9999850	$0.9^{5}55966$	$0.9^{5}85209$	$0.9^{6}49870$	$0.9^{6}85580$
21	1	0.9903029	0.9951063	0.9976164	0.9988141	0.9995264
	2	0.9972642	0.9988356	0.9994678	0.9997668	0.9999072
	3	0.9990117	0.9996070	0.9998314	0.9999306	0.9999758
	4	0.9995741	0.9998404	0.9999400	0.9999736	$0.9^{5}20000$
	5	0.9997835	0.9999253	0.9999712	0.9999894	$0.9^{5}66000$
	6	0.9998800	0.9999599	0.9999857	$0.9^{5}50000$	$0.9^{5}86000$
	7	0.9999260	0.9999759	$0.9^{5}17000$	$0.9^{5}72000$	$0.9^{6}20000$
	8	0.9999510	0.9999848	$0.9^{5}51000$	$0.9^{5}84000$	$0.9^{6}50000$
	9	0.9999663	$0.9^{5}00000$	$0.9^{5}68000$	$0.9^{5}89000$	$0.9^{6}70000$
	10	0.9999748	$0.9^{5}28661$	$0.9^{5}77347$	$0.9^{6}18590$	$0.9^{6}81240$
	11	0.9999799	$0.9^{5}43730$	$0.9^{5}82540$	$0.9^{6}37780$	$0.9^{6}85650$
	12	0.9999833	$0.9^{5}54222$	$0.9^{5}85799$	$0.9^{6}52970$	$0.9^{6}87560$
	13	0.9999856	$0.9^{5}61168$	$0.9^{5}87308$	$0.9^{6}61990$	$0.9^{6}89740$
	14	0.9999877	$0.9^{5}66410$	$0.9^{5}88792$	$0.9^{6}64340$	$0.9^{7}07500$
	15	0.9999887	$0.9^{5}69646$	$0.9^{6}00030$	$0.9^{6}68260$	$0.9^{7}19200$
	16	0.9999894	$0.9^{5}71426$	$0.9^{6}04100$	$0.9^{6}71690$	$0.9^{7}25400$
	17	0.9999898	$0.9^{5}72084$	$0.9^{6}05080$	$0.9^{6}71810$	$0.9^{7}25400$
	18	$0.9^{5}00653$	$0.9^{5}72605$	$0.9^{6}06880$	$0.9^{6}72020$	$0.9^{7}25400$
	19	$0.9^{5}00824$	$0.9^{5}72843$	$0.9^{6}07190$	$0.9^{6}72190$	$0.9^{7}25400$
	20	$0.9^{5}01028$	$0.9^{5}72957$	$0.9^{6}08310$	$0.9^{6}72190$	$0.9^{7}25400$

注:9^{n} 意为重复 n 个 9。例如:$0.9^{6}43940=0.99999943940$。

附表 13 超饱和设计表

附表 13.1:超饱和设计表(6,10),$\rho=\frac{1}{3}$

试验号	因子									
	1	2	3	4	5	6	7	8	9	10
1	+	+	+	+	+	+	+	+	+	+
2	+	−	−	−	+	+	−	−	+	−
3	+	+	−	−	−	−	+	−	−	+
4	−	+	+	−	−	+	−	+	−	−
5	−	−	+	+	−	−	+	−	+	−
6	−	−	−	+	+	−	−	+	−	+

附表 13.2:超饱和设计表(8,14),$\rho=\frac{1}{2}$

试验号	因子													
	1	2	3	4	5	6	7	8	9	10	11	12	13	14
1	+	+	+	+	+	+	+	+	+	+	+	+	+	+
2	+	−	−	−	+	−	+	+	−	+	−	−	−	+
3	+	+	−	−	−	+	−	+	+	−	+	−	−	−
4	−	+	+	−	−	−	+	−	+	+	−	+	−	−
5	+	−	+	+	−	−	−	−	−	+	+	−	+	−
6	−	+	−	+	+	−	−	−	−	−	+	+	−	+
7	−	−	+	−	+	+	−	+	−	−	−	+	+	−
8	−	−	−	+	−	+	+	−	+	−	−	−	+	+

附表 13.3:超饱和设计表(12,66),$\rho=\frac{1}{3}$

试验号	因子																					
	1	2	3	4	5	6	7	8	9	10	11	12	13	14	15	16	17	18	19	20	21	22
1	+	+	+	+	+	+	+	+	+	+	+	+	+	+	+	+	+	+	+	+	+	+
2	+	+	+	+	+	−	−	−	−	−	−	+	+	+	+	+	+	−	−	−	−	−
3	+	−	+	−	−	+	+	+	−	−	−	+	+	+	−	−	−	+	+	+	−	−
4	+	−	−	+	−	−	+	−	+	+	−	+	−	−	+	+	−	+	+	−	+	−
5	+	−	−	−	+	+	−	−	+	−	+	−	+	−	+	−	−	+	−	−	−	+
6	+	+	−	−	−	−	−	+	−	+	+	−	−	+	−	+	−	−	+	−	−	+
7	−	+	+	−	−	+	−	−	+	+	−	+	−	−	−	+	+	+	−	+	−	+
8	−	+	−	−	+	−	+	+	+	−	−	−	−	+	+	−	−	−	−	+	+	+
9	−	+	−	+	−	+	+	−	−	−	+	+	−	−	+	−	+	−	+	+	−	−
10	−	−	−	+	+	+	−	+	−	+	−	−	+	−	−	−	+	−	+	−	+	+
11	−	−	+	−	+	−	+	−	−	+	+	−	−	+	−	−	+	+	−	−	+	−
12	−	−	+	+	−	−	−	+	+	−	+	−	+	−	−	+	−	−	−	+	+	−

附表 13.3(续)

试验号	23	24	25	26	27	28	29	30	31	32	33	34	35	36	37	38	39	40	41	42	43	44
1	+	+	+	+	+	+	+	+	+	+	+	+	+	+	+	+	+	+	+	+	+	+
2	+	+	+	+	+	+	+	+	+	−	−	−	−	−	+	+	+	+	−	−	−	−
3	−	−	+	−	−	−	−	+	+	+	+	−	−	−	+	−	+	−	+	+	−	−
4	+	+	−	−	−	−	−	+	−	+	+	+	−	−	−	−	−	+	+	−	−	−
5	+	−	+	+	−	+	−	−	−	+	−	+	+	−	−	+	+	−	−	+	+	−
6	−	+	−	+	−	+	−	−	+	−	+	+	−	+	+	+	−	−	−	+	−	+
7	−	−	+	−	−	+	+	−	−	−	−	+	+	−	+	−	−	+	+	−	−	+
8	−	+	+	−	+	−	+	−	−	+	−	−	−	+	−	+	−	+	−	−	+	+
9	−	−	−	+	+	−	−	−	+	−	−	+	−	+	−	−	+	−	−	−	+	−
10	−	+	−	+	−	−	+	+	−	+	−	−	+	+	+	−	−	−	+	+	+	−
11	+	−	−	−	+	+	−	+	−	−	+	−	+	+	−	−	+	+	−	+	−	+
12	+	−	−	−	+	−	+	−	+	−	+	−	+	−	−	+	−	−	+	−	+	+

试验号	45	46	47	48	49	50	51	52	53	54	55	56	57	58	59	60	61	62	63	64	65	66
1	+	+	+	+	+	+	+	+	+	+	+	+	+	+	+	+	+	+	+	+	+	+
2	−	−	−	−	−	−	−	−	−	−	−	−	+	−	+	+	−	+	+	−	−	+
3	+	+	−	−	+	+	−	−	−	+	+	−	+	−	−	−	+	+	−	+	−	−
4	−	−	+	−	+	+	−	+	+	−	−	+	−	+	−	+	−	+	−	−	+	+
5	+	−	+	−	+	−	+	+	−	−	+	−	−	−	−	+	+	−	+	−	+	−
6	+	−	−	+	−	+	−	+	−	+	−	+	−	−	+	−	+	−	−	−	+	+
7	−	+	−	+	−	+	+	−	+	+	−	−	−	+	−	+	+	−	+	−	−	−
8	+	+	−	−	−	+	+	+	+	−	+	+	+	−	−	−	−	+	−	−	−	−
9	+	−	+	+	+	−	+	−	+	+	−	+	+	+	−	−	−	−	+	+	−	+
10	−	+	+	+	−	−	−	−	+	−	−	−	+	−	+	+	−	−	−	+	+	−
11	−	+	+	−	−	−	+	+	−	+	+	−	−	+	+	−	−	−	−	+	−	+
12	−	−	−	+	+	−	−	−	−	−	+	+	−	+	+	−	+	+	+	+	+	−

附表 13.4:超饱和设计表(14,23)

试验号	因子																						
	1	2	3	4	5	6	7	8	9	10	11	12	13	14	15	16	17	18	19	20	21	22	23
1	+	+	+	−	−	−	+	+	+	+	+	−	+	−	−	+	−	−	+	−	−	−	+
2	+	−	−	−	−	−	+	+	+	−	−	−	+	+	+	−	+	−	−	+	+	−	−
3	+	+	−	+	+	−	−	−	−	+	−	+	+	+	+	+	−	−	−	−	+	+	−
4	+	+	−	+	−	+	−	−	−	+	+	−	+	−	+	−	+	+	+	−	−	−	−
5	−	−	+	+	+	+	−	+	+	−	−	−	+	−	+	+	−	−	+	−	+	+	+
6	−	−	+	+	+	+	+	−	+	+	+	−	−	+	+	+	+	+	+	+	+	−	−
7	−	−	−	−	+	−	−	+	−	+	−	+	+	+	−	+	+	+	+	+	−	−	+
8	−	+	+	−	−	+	−	+	−	+	−	−	−	−	−	−	−	+	−	+	+	+	−
9	−	−	−	−	−	+	+	−	−	−	+	+	−	−	+	+	+	−	−	−	−	+	+
10	+	+	+	+	−	+	+	+	−	−	−	+	−	+	+	+	−	+	−	+	−	−	+
11	−	+	−	+	+	−	−	+	+	−	+	−	−	+	−	−	+	+	−	−	−	+	+
12	+	−	−	−	+	+	+	−	+	+	+	+	+	−	−	−	−	+	−	+	+	+	+
13	+	+	+	+	+	−	+	−	+	−	−	+	−	−	−	−	+	−	+	+	−	+	−
14	−	−	+	−	−	−	−	−	−	−	+	+	−	+	−	−	−	−	+	−	+	−	−

附表 13.5:超饱和设计表(18,54),$\rho=\frac{1}{3}$

试验号	因子																	
	1	2	3	4	5	6	7	8	9	10	11	12	13	14	15	16	17	18
1	+	+	+	+	+	+	+	+	+	+	+	+	+	+	+	+	+	+
2	+	−	+	+	+	+	+	−	−	−	−	−	+	−	−	+	−	+
3	+	+	+	−	+	+	−	+	+	−	−	+	−	+	−	+	+	−
4	+	−	+	+	−	−	−	+	−	+	−	−	−	+	−	−	+	+
5	+	+	−	−	+	−	−	−	−	+	+	+	+	−	+	−	+	+
6	+	−	−	−	−	−	+	−	+	−	−	−	−	+	+	+	−	+
7	+	+	−	−	−	+	+	+	−	−	−	−	+	−	−	+	+	−
8	+	+	+	−	−	+	+	−	+	+	+	−	−	−	−	−	−	+
9	+	−	−	+	−	−	−	+	+	−	+	+	−	−	+	−	−	−
10	−	−	+	−	+	−	+	+	−	+	+	−	+	+	−	−	−	−
11	−	−	−	+	+	+	−	−	+	−	+	−	−	+	+	−	+	−
12	−	+	+	+	−	+	−	−	−	+	−	−	−	+	+	+	−	−
13	−	−	−	+	−	+	+	+	−	+	+	+	−	−	−	+	−	−
14	−	+	+	−	−	−	−	+	+	−	+	−	+	−	+	+	−	−
15	−	+	−	+	+	−	−	−	−	−	+	+	+	+	−	+	+	+
16	−	+	−	+	+	−	+	+	+	+	−	+	+	+	+	−	−	+
17	−	−	−	−	−	+	−	−	+	+	−	+	+	−	−	−	+	+
18	−	−	+	−	+	−	+	−	−	−	−	+	−	−	+	−	+	−

附表 13.5(续)

试验号	因子																	
	19	20	21	22	23	24	25	26	27	28	29	30	31	32	33	34	35	36
1	+	+	+	+	+	+	+	+	+	+	+	+	+	+	+	+	+	+
2	+	+	+	+	+	−	−	−	+	+	−	−	+	+	+	+	+	−
3	+	−	−	−	+	+	+	+	−	−	+	−	−	−	+	+	−	+
4	+	+	−	+	−	+	+	−	+	+	+	+	−	−	−	+	−	−
5	+	+	+	−	+	+	+	−	+	−	−	−	−	+	−	−	−	−
6	+	−	−	−	+	−	+	+	−	+	+	+	+	+	−	−	−	−
7	−	−	−	−	−	+	−	+	−	+	−	−	−	−	+	−	+	−
8	−	−	+	+	−	−	−	+	+	−	+	−	−	+	−	−	−	+
9	−	−	+	+	+	+	−	−	−	+	−	+	−	+	+	−	−	+
10	+	−	+	−	+	+	−	−	−	−	+	−	+	−	−	−	+	−
11	+	+	−	+	−	+	−	+	+	−	−	−	−	+	−	+	+	−
12	−	+	+	−	−	+	−	−	−	−	−	+	+	+	+	−	+	+
13	+	−	−	−	−	−	+	−	+	−	+	+	−	+	−	+	+	+
14	−	+	−	+	−	−	+	−	−	+	+	−	+	−	+	+	+	+
15	−	−	+	+	−	−	−	+	−	+	+	−	+	−	−	+	−	−
16	−	−	−	−	−	−	+	+	+	+	−	+	−	−	+	−	+	−
17	−	+	−	+	+	−	−	−	−	−	−	+	+	−	−	−	−	+
18	−	+	+	−	+	−	+	+	+	−	−	+	+	−	+	+	−	+

试验号	因子																	
	37	38	39	40	41	42	43	44	45	46	47	48	49	50	51	52	53	54
1	+	+	+	+	+	+	+	+	+	+	+	+	+	+	+	+	+	+
2	−	−	−	+	−	−	+	+	+	+	+	−	+	+	−	−	+	+
3	−	+	−	−	+	+	+	−	+	−	+	−	−	−	+	+	+	+
4	−	+	+	−	+	−	−	+	−	+	−	+	+	−	−	−	+	−
5	+	−	+	+	−	−	+	−	+	+	+	−	+	−	−	+	−	+
6	−	−	+	+	+	−	+	−	−	+	+	+	−	+	+	+	+	−
7	+	−	−	+	+	+	−	+	−	+	−	+	+	−	+	+	−	−
8	+	+	+	−	+	−	−	+	−	−	+	−	+	+	+	+	−	+
9	−	+	−	+	−	+	+	+	−	−	−	−	−	−	+	−	+	−
10	−	+	+	+	−	+	−	−	+	−	+	+	−	+	+	−	−	−
11	+	−	+	−	−	+	−	−	−	−	−	−	−	+	−	+	+	−
12	+	−	−	−	+	−	+	−	+	−	−	+	−	−	+	−	+	+
13	+	−	−	+	−	−	−	+	+	+	−	−	−	+	−	+	−	−
14	−	−	+	−	−	−	−	−	−	−	+	+	+	+	−	+	+	−
15	+	+	−	+	+	−	+	−	+	−	−	−	+	−	−	−	−	−
16	−	+	−	−	−	+	+	+	−	−	+	+	−	−	−	−	−	+
17	−	−	−	−	+	+	−	+	+	+	−	−	−	+	−	−	−	+
18	+	+	+	−	−	+	−	−	−	+	−	+	+	−	+	−	−	+

附表 14 均匀设计表及其使用表

1. $U_5(5^3)$

	1	2	3
1	1	2	4
2	2	4	3
3	3	1	2
4	4	3	1
5	5	5	5

$U_5(5^3)$的使用表

s	列号			D
2	1	2		0.3100
3	1	2	3	0.4570

2. $U_6^*(6^4)$

	1	2	3	4
1	1	2	3	6
2	2	4	6	5
3	3	6	2	4
4	4	1	5	3
5	5	3	1	2
6	6	5	4	1

$U_6^*(6^4)$的使用表

s	列号				D
2	1	3			0.1875
3	1	2	3		0.2656
4	1	2	3	4	0.2990

3. $U_7(7^4)$

	1	2	3	4
1	1	2	3	6
2	2	4	6	5
3	3	6	2	4
4	4	1	5	3
5	5	3	1	2
6	6	5	4	1
7	7	7	7	7

$U_7(7^4)$的使用表

s	列号				D
2	1	3			0.2398
3	1	2	3		0.3721
4	1	2	3	4	0.4760

4. $U_7^*(7^4)$

	1	2	3	4
1	1	3	5	7
2	2	6	2	6
3	3	1	7	5
4	4	4	4	4
5	5	7	1	3
6	6	2	6	2
7	7	5	3	1

$U_7^*(7^4)$的使用表

s	列号			D
2	1	3		0.1582
3	2	3	4	0.2132

5. $U_8^*(8^5)$

	1	2	3	4	5
1	1	2	4	7	8
2	2	4	8	5	7
3	3	6	3	3	6
4	4	8	7	1	5
5	5	1	2	8	4
6	6	3	6	6	3
7	7	5	1	4	2
8	8	7	5	2	1

$U_8^*(8^5)$的使用表

s	列号				D
2	1	3			0.1445
3	1	3	4		0.2000
4	1	2	3	5	0.2709

6. $U_9(9^5)$

	1	2	3	4	5
1	1	2	4	7	8
2	2	4	8	5	7
3	3	6	3	3	6
4	4	8	7	1	5
5	5	1	2	8	4
6	6	3	6	6	3
7	7	5	1	4	2
8	8	7	5	2	1
9	9	9	9	9	9

$U_9(9^5)$的使用表

s	列号				D
2	1	3			0.1944
3	1	3	4		0.3102
4	1	2	3	5	0.4066

7. $U_9^*(9^4)$

	1	2	3	4
1	1	3	7	9
2	2	6	4	8
3	3	9	1	7
4	4	2	8	6
5	5	5	5	5
6	6	8	2	4
7	7	1	9	3
8	8	4	6	2
9	9	7	3	1

$U_9^*(9^4)$的使用表

s	列号			D
2	1	2		0.1574
3	2	3	4	0.1980

8. $U_{10}^*(10^8)$

	1	2	3	4	5	6	7	8
1	1	2	3	4	5	7	9	10
2	2	4	6	8	10	3	7	9
3	3	6	9	1	4	10	5	8
4	4	8	1	5	9	6	3	7
5	5	10	4	9	3	2	1	6
6	6	1	7	2	8	9	10	5
7	7	3	10	6	2	5	8	4
8	8	5	2	10	7	1	6	3
9	9	7	5	3	1	8	4	2
10	10	9	8	7	6	4	2	1

$U_{10}^*(10^8)$的使用表

s	列号						D
2	1	6					0.1125
3	1	5	6				0.1681
4	1	3	4	5			0.2236
5	1	3	4	5	7		0.2414
6	1	2	3	5	6	8	0.2994

9. $U_{11}(11^6)$

	1	2	3	4	5	6
1	1	2	3	5	7	10
2	2	4	6	10	3	9
3	3	6	9	4	10	8
4	4	8	1	9	6	7
5	5	10	4	3	2	6
6	6	1	7	8	9	5
7	7	3	10	2	5	4
8	8	5	2	7	1	3
9	9	7	5	1	8	2
10	10	9	8	6	4	1
11	11	11	11	11	11	11

$U_{11}(11^6)$的使用表

s	列号						D
2	1	5					0.1632
3	1	4	5				0.2649
4	1	3	4	5			0.3528
5	1	2	3	4	5		0.4286
6	1	2	3	4	5	6	0.4942

10. $U_{11}^*(11^4)$

	1	2	3	4
1	1	5	7	11
2	2	10	2	10
3	3	3	9	9
4	4	8	4	8
5	5	1	11	7
6	6	6	6	6
7	7	11	1	5
8	8	4	8	4
9	9	9	3	3
10	10	2	10	2
11	11	7	5	1

$U_{11}^*(11^4)$的使用表

s	列号			D
2	1	2		0.1136
3	2	3	4	0.2307

11. $U_{12}^{*}(12^{10})$

	1	2	3	4	5	6	7	8	9	10
1	1	2	3	4	5	6	8	9	10	12
2	2	4	6	8	10	12	3	5	7	11
3	3	6	9	12	2	5	11	1	4	10
4	4	8	12	3	7	11	6	10	1	9
5	5	10	2	7	12	4	1	6	11	8
6	6	12	5	11	4	10	9	2	8	7
7	7	1	8	2	9	3	4	11	5	6
8	8	3	11	6	1	9	12	7	2	5
9	9	5	1	10	6	2	7	3	12	4
10	10	7	4	1	11	8	2	12	9	3
11	11	9	7	5	3	1	10	8	6	2
12	12	11	10	9	8	7	5	4	3	1

$U_{12}^{*}(12^{10})$的使用表

s	列号							D
2	1	5						0.1163
3	1	6	9					0.1838
4	1	6	7	9				0.2233
5	1	3	4	8	10			0.2272
6	1	2	6	7	8	9		0.2670
7	1	2	6	7	8	9	10	0.2768

12. $U_{13}(13^{8})$

	1	2	3	4	5	6	7	8
1	1	2	5	6	8	9	10	12
2	2	4	10	12	3	5	7	11
3	3	6	2	5	11	1	4	10
4	4	8	7	11	6	10	1	9
5	5	10	12	4	1	6	11	8
6	6	12	4	10	9	2	8	7
7	7	1	9	3	4	11	5	6
8	8	3	1	9	12	7	2	5
9	9	5	6	2	7	3	12	4
10	10	7	11	8	2	12	9	3
11	11	9	3	1	10	8	6	2
12	12	11	8	7	5	4	3	1
13	13	13	13	13	13	13	13	13

$U_{13}(13^{8})$的使用表

s	列号							D
2	1	3						0.1405
3	1	4	7					0.2308
4	1	4	5	7				0.3107
5	1	4	5	6	7			0.3814
6	1	2	4	5	6	7		0.4439
7	1	2	4	5	6	7	8	0.4992

13. $U_{13}^{*}(13^4)$

	1	2	3	4
1	1	5	9	11
2	2	10	4	8
3	3	1	13	5
4	4	6	8	2
5	5	11	3	13
6	6	2	12	10
7	7	7	7	7
8	8	12	2	4
9	9	3	11	1
10	10	8	6	12
11	11	13	1	9
12	12	4	10	6
13	13	9	5	3

$U_{13}^{*}(13^4)$的使用表

s	列号				D
2	1	3			0.0962
3	1	3	4		0.1442
4	1	2	3	4	0.2076

14. $U_{14}^{*}(14^5)$

	1	2	3	4	5
1	1	4	7	11	13
2	2	8	14	7	11
3	3	12	6	3	9
4	4	1	13	14	7
5	5	5	5	10	5
6	6	9	12	6	3
7	7	13	4	2	1
8	8	2	11	13	14
9	9	6	3	9	12
10	10	10	10	5	10
11	11	14	2	1	8
12	12	3	9	12	6
13	13	7	1	8	4
14	14	11	8	4	2

$U_{14}^{*}(14^5)$的使用表

s	列号				D
2	1	4			0.0957
3	1	2	3		0.1455
4	1	2	3	5	0.2091

15. $U_{15}(15^5)$

	1	2	3	4	5
1	1	4	7	11	13
2	2	8	14	7	11
3	3	12	6	3	9
4	4	1	13	14	7
5	5	5	5	10	5
6	6	9	12	6	3
7	7	13	4	2	1
8	8	2	11	13	14
9	9	6	3	9	12
10	10	10	10	5	10
11	11	14	2	1	8
12	12	3	9	12	6
13	13	7	1	8	4
14	14	11	8	4	2
15	15	15	15	15	15

$U_{15}(15^5)$的使用表

s	列号				D
2	1	4			0.1233
3	1	2	3		0.2043
4	1	2	3	5	0.2772

16. $U_{15}^*(15^7)$

	1	2	3	4	5	6	7
1	1	5	7	9	11	13	15
2	2	10	14	2	6	10	14
3	3	15	5	11	1	7	13
4	4	4	12	4	12	4	12
5	5	9	3	13	7	1	11
6	6	14	10	6	2	14	10
7	7	3	1	15	13	11	9
8	8	8	8	8	8	8	8
9	9	13	15	1	3	5	7
10	10	2	6	10	14	2	6
11	11	7	13	3	9	15	5
12	12	12	4	12	4	12	4
13	13	1	11	5	15	9	3
14	14	6	2	14	10	6	2
15	15	11	9	7	5	3	1

$U_{15}^*(15^7)$的使用表

s	列号					D
2	1	3				0.0833
3	1	2	6			0.1361
4	1	2	4	6		0.1551
5	2	3	4	5	7	0.2272

17. $U_{16}^{*}(16^{12})$

	1	2	3	4	5	6	7	8	9	10	11	12
1	1	2	4	5	6	8	9	10	13	14	15	16
2	2	4	8	10	12	16	1	3	9	11	13	15
3	3	6	12	15	1	7	10	13	5	8	11	14
4	4	8	16	3	7	15	2	6	1	5	9	13
5	5	10	3	8	13	6	11	16	14	2	7	12
6	6	12	7	13	2	14	3	9	10	16	5	11
7	7	14	11	1	8	5	12	2	6	13	3	10
8	8	16	15	6	14	13	4	12	2	10	1	9
9	9	1	2	11	3	4	13	5	15	7	16	8
10	10	3	6	16	9	12	5	15	11	4	14	7
11	11	5	10	4	15	3	14	8	7	1	12	6
12	12	7	14	9	4	11	6	1	3	15	10	5
13	13	9	1	14	10	2	15	11	16	12	8	4
14	14	11	5	2	16	10	7	4	12	9	6	3
15	15	13	9	7	5	1	16	14	8	6	4	2
16	16	15	13	12	11	9	8	7	4	3	2	1

$U_{16}^{*}(16^{12})$的使用表

s	列号							D
2	1	8						0.0908
3	1	4	6					0.1262
4	1	4	5	6				0.1705
5	1	4	5	6	9			0.2070
6	1	3	5	8	10	11		0.2518
7	1	2	3	6	9	11	12	0.2769

18. $U_{17}(17^8)$

	1	2	3	4	5	6	7	8
1	1	4	6	9	10	11	14	15
2	2	8	12	1	3	5	11	13
3	3	12	1	10	13	16	8	11
4	4	16	7	2	6	10	5	9
5	5	3	13	11	16	4	2	7
6	6	7	2	3	9	15	16	5
7	7	11	8	12	2	9	13	3
8	8	15	14	4	12	3	10	1
9	9	2	3	13	5	14	7	16
10	10	6	9	5	15	8	4	14
11	11	10	15	14	8	2	1	12
12	12	14	4	6	1	13	15	10
13	13	1	10	15	11	7	12	8
14	14	5	16	7	4	1	9	6
15	15	9	5	16	14	12	6	4
16	16	13	11	8	7	6	3	2
17	17	17	17	17	17	17	17	17

$U_{17}(17^8)$的使用表

s	列号							D
2	1	6						0.1099
3	1	5	8					0.1832
4	1	5	7	8				0.2501
5	1	2	5	7	8			0.3111
6	1	2	3	5	7	8		0.3667
7	1	2	3	4	5	7	8	0.4174

19. $U_{17}^{*}(17^{5})$

	1	2	3	4	5
1	1	7	11	13	17
2	2	14	4	8	16
3	3	3	15	3	15
4	4	10	8	16	14
5	5	17	1	11	13
6	6	6	12	6	12
7	7	13	5	1	11
8	8	2	16	14	10
9	9	9	9	9	9
10	10	16	2	4	8
11	11	5	13	17	7
12	12	12	6	12	6
13	13	1	17	7	5
14	14	8	10	2	4
15	15	15	3	15	3
16	16	4	14	10	2
17	17	11	7	5	1

$U_{17}^{*}(17^{5})$的使用表

s	列号				D
2	1	2			0.0856
3	1	2	4		0.1331
4	2	3	4	5	0.1785

20. $U_{18}^{*}(18^{11})$

	1	2	3	4	5	6	7	8	9	10	11
1	1	3	4	5	6	7	8	9	11	15	16
2	2	6	8	10	12	14	16	18	3	11	13
3	3	9	12	15	18	2	5	8	14	7	10
4	4	12	16	1	5	9	13	17	6	3	7
5	5	15	1	6	11	16	2	7	17	18	4
6	6	18	5	11	17	4	10	16	9	14	1
7	7	2	9	16	4	11	18	6	1	10	17
8	8	5	13	2	10	18	7	15	12	6	14
9	9	8	17	7	16	6	15	5	4	2	11
10	10	11	2	12	3	13	4	14	15	17	8
11	11	14	6	17	9	1	12	4	7	13	5
12	12	17	10	3	15	8	1	13	18	9	2
13	13	1	14	8	2	15	9	3	10	5	18
14	14	4	18	13	8	3	17	12	2	1	15
15	15	7	3	18	14	10	6	2	13	16	12
16	16	10	7	4	1	17	14	11	5	12	9
17	17	13	11	9	7	5	3	1	16	8	6
18	18	16	15	14	13	12	11	10	8	4	3

$U_{18}^{*}(18^{11})$的使用表

s	列号							D
2	1	7						0.0779
3	1	4	8					0.1394
4	1	4	6	8				0.1754
5	1	3	6	8	11			0.2047
6	1	2	4	7	8	10		0.2245
7	1	4	5	6	8	9	11	0.2247

21. $U_{19}(19^7)$

	1	2	3	4	5	6	7
1	1	6	7	8	10	14	17
2	2	12	14	16	1	9	15
3	3	18	2	5	11	4	13
4	4	5	9	13	2	18	11
5	5	11	16	2	12	13	9
6	6	17	4	10	3	8	7
7	7	4	11	18	13	3	5
8	8	10	18	7	4	17	3
9	9	16	6	15	14	12	1
10	10	3	13	4	5	7	18
11	11	9	1	12	15	2	16
12	12	15	8	1	6	16	14
13	13	2	15	9	16	11	12
14	14	8	3	17	7	6	10
15	15	14	10	6	17	1	8
16	16	1	17	14	8	15	6
17	17	7	5	3	18	10	4
18	18	13	12	11	9	5	2
19	19	19	19	19	19	19	19

$U_{19}(19^7)$的使用表

s	列号							D
2	1	4						0.0990
3	1	3	4					0.1660
4	1	2	4	6				0.2277
5	1	2	4	6	7			0.2845
6	1	2	4	5	6	7		0.3386
7	1	2	3	4	5	6	7	0.3850

22. $U_{19}^{*}(19^{7})$

	1	2	3	4	5	6	7
1	1	3	7	9	11	13	19
2	2	6	14	18	2	6	18
3	3	9	1	7	13	19	17
4	4	12	8	16	4	12	16
5	5	15	15	5	15	5	15
6	6	18	2	14	6	18	14
7	7	1	9	3	17	11	13
8	8	4	16	12	8	4	12
9	9	7	3	1	19	17	11
10	10	10	10	10	10	10	10
11	11	13	17	19	1	3	9
12	12	16	4	8	12	16	8
13	13	19	11	17	3	9	7
14	14	2	18	6	14	2	6
15	15	5	5	15	5	15	5
16	16	8	12	4	16	8	4
17	17	11	19	13	7	1	3
18	18	14	6	2	18	14	2
19	19	17	13	11	9	7	1

$U_{19}^{*}(19^{7})$的使用表

s	列号					D
2	1	4				0.0755
3	1	5	6			0.1372
4	1	2	3	5		0.1807
5	3	4	5	6	7	0.1897

23. $U_{20}^{*}(20^{7})$

	1	2	3	4	5	6	7
1	1	4	5	10	13	16	19
2	2	8	10	20	5	11	17
3	3	12	15	9	18	6	15
4	4	16	20	19	10	1	13
5	5	20	4	8	2	17	11
6	6	3	9	18	15	12	9
7	7	7	14	7	7	7	7
8	8	11	19	17	20	2	5
9	9	15	3	6	12	18	3
10	10	19	8	16	4	13	1
11	11	2	13	5	17	8	20
12	12	6	18	15	9	3	18
13	13	10	2	4	1	19	16
14	14	14	7	14	14	14	14
15	15	18	12	3	6	9	12
16	16	1	17	13	19	4	10
17	17	5	1	2	11	20	8
18	18	9	6	12	3	15	6
19	19	13	11	1	16	10	4
20	20	17	16	11	8	5	2

$U_{20}^{*}(20^{7})$的使用表

s	列号						D
2	1	5					0.0744
3	1	2	3				0.1363
4	1	4	5	6			0.1915
5	1	2	4	5	6		0.2012
6	1	2	4	5	6	7	0.2010

习 题 答 案

习题 2.2

3. $\bar{y}_A=\bar{y}_B+d,\tilde{y}_A=\tilde{y}_B,R_A=R_B,s_A^2=s_B^2$

4. $S_e=24,S_A=32,S_T=56;f_e=6,f_A=1,f_T=7$

5. $f_e=22,f_A=3,f_T=25$

6.

水平	均值 $\bar{y}_i$	组内平方和 Q_i^2	自由度 f_i
A_1	6	10	4
A_2	2	8	4
A_3	4	10	4

$S_e=28,S_A=40,S_T=68;f_e=12,f_A=2,f_T=14$

7. $f_e=r(m-1),f_A=r-1,f_T=rm-1$

8. $S_e=20.5,\hat{\sigma}^2=2.56$

9. (2) $E(MS_e)=7.84,E(MS_A)=374.51$，$E(MS_A)$是 $E(MS_e)$的 47.8 倍，表明四个平均住院天数间差异很大。

(3) $E(MS_A)=522.61$

(4)增大原因是四个平均住院天数间更为分散，向两侧集中。

10. $S_A=256,f_A=3,S_e=46,f_e=6,S_T=304,f_T=9$；对四种包装的喜爱程度有显著差异；且 $\hat{\mu}_1=15$，$\hat{\mu}_2=13,\hat{\mu}_3=19,\hat{\mu}_4=27$（最佳），$\hat{\sigma}_2=7.67$

11. 方差分析表如下：

来源	平方和	自由度	均方和	F 值	P 值
因子 A	11675	2	5838	28.34	<0.0001
误差 e	5569	27	206		
综合 T	17244	29			

在显著性水平 0.05 上，不同饲料增肥效果有显著差异。

13. 方差分析表如下：

来源	平方和	自由度	均方和	F 值	P 值
因子 A	2.5400	3	0.8467	12.70	<0.0001
误差 e	1.3333	20	0.0667		
综合 T	3.8733	24			

在显著性水平 0.05 上，不同安眠药的安眠时间有显著差异。

14. 方差分析表如下：

来源	平方和	自由度	均方和	F 值	P 值
因子 A	61.4	2	30.70	6.18	6.17×10^{-3}
误差 e	134.1	27	4.97		
综合 T	195.5	29			

在显著性水平 0.05 上，咖啡因的三种剂量对手指叩击次数有显著差异。

习题 2.3

1.(1)方差分析表如下：

来源	平方和	自由度	均方和	F 值	P 值
因子 A	9.40	2	4.70	6.57	2.05×10^{-2}
误差 e	5.72	8	0.715		
综合 T	15.12	10			

在显著性水平 0.05 上，不同储藏方法的含水率之间有显著差异。

(2)三种储藏方法的平均含水率的估计分别是 $\hat{\mu}_1=7.98$，$\hat{\mu}_2=6.63$，$\hat{\mu}_3=9.13$，它们的置信水平为 0.95 的置信区间分别是：[7.11, 8.85]，[5.50, 7.76]，[8.00, 10.26]。

(3)仅 A_2 与 A_3 之间存在显著差异。

2.(1)方差分析表如下：

来源	平方和	自由度	均方和	F 值	P 值
因子 A	405.53	4	101.38	11.28	<0.0001
误差 e	269.74	30	8.99		
综合 T	675.27	34			

在显著性水平 0.05 上，五种推销方法在推销额上有显著差异。

(2)第五种推销方法一个月的平均推销额最高，其平均值的估计为 $\hat{\mu}_5=27.986$，置信水平为 0.95 的置信区间是：[25.67, 30.30]。

(3)在 A_1 与 A_5，A_2 与 A_4，A_3 与 A_5，A_4 与 A_5 之间有显著差异。

3. 方差分析表如下：

来源	平方和	自由度	均方和	F 值	P 值
因子 A	18.5819	3	6.1940	153.32	<0.0001
误差 e	0.8080	20	0.0404		
综合 T	19.3899	24			

在显著性水平 0.05 上，四种工种每小时的平均收入有显著差异。通过多重比较，任意两种工种每小时的平均收入间都有显著差异。

4.(1)在显著性水平 0.05 上，七种纤维强度间无显著差异。

(2)平均强度的置信水平为 0.95 的置信区间是[6.31,7.01]。

习题 2.4

1. (1)方差分析表如下:

来源	平方和	自由度	均方和	F 值	P 值
因子 A	5983.6	2	2991.80	83.73	<0.0001
误差 e	428.8	12	35.73		
综合 T	6412.4	14			

在显著性水平 0.05 上,三类职工的测验平均分间有显著差异。

(2)优等职工平均分的估计值为 89.2 分,置信水平为 0.95 的置信区间是:[83.38,95.02]。

(3)本例只能用固定效应模型描述,因为它的三个水平已固定,不能随机选定。

2. (1)方差分析表如下:

来源	平方和	自由度	均方和	F 值	P 值
因子 A	0.01044	3	0.00348	27.95	<0.0001
误差 e	0.001494	1212	0.0001245		
综合 T	0.011934	1415			

在显著性水平 0.05 上,四个观察点上 SO_2 的平均含量间有显著差异。

(2)本例应用随机效应模型描述,因为它的四个水平是从众多的点上随机选出的。

(3)它有两个方差分量 σ^2(观察值的误差方差)和 σ_a^2(水平效应的方差),其估计值分别为:$\hat{\sigma}^2=0.0001245$,$\hat{\sigma}_a^2=0.008389$。

3. (1)方差分析表如下:

来源	平方和	自由度	均方和	F 值	P 值
因子 A	610.878	4	152.72	15.41	<0.0001
误差 e	327.016	33	9.91		
综合 T	937.894	37			

在显著性水平 0.05 上,五台机器的粘接强度间有显著差异。

(2)方差分量的估计值分别为:$\hat{\sigma}^2=9.91$,$\hat{\sigma}_a^2=18.98$。

习题 2.5

1. (1)A_1 水平下的 9 个数据在正态 Q-Q 图上近似在一直线附近;A_2 水平下的 12 个数据在正态 Q-Q 图上近似在一直线附近。

(2)三个水平下数据的均值分别为 $\bar{y}_1=6.88$,$\bar{y}_2=8.13$,$\bar{y}_3=9.2$,由此可计算残差。

(3)27 个残差在正态 Q-Q 图上近似在一直线附近。

(4)方差分析表如下:

来源	平方和	自由度	均方和	F 值	P 值
因子 A	20.125	2	10.063	15.72	<0.0001
误差 e	15.362	24	0.640		
综合 T	35.487	26			

在显著性水平 0.05 上,三种不同水平花费下生产力提高的指数间有显著差异。

(5)三个水平的任意两个间都有显著差异。

2.(1)每一台灌装机的数据在正态 Q-Q 图上堤各在一直线附近。

(2)方差分析表如下：

来源	平方和	自由度	均方和	F 值	P 值
因子 A	1.9098	5	0.38196	12.70	<0.0001
误差 e	3.4285	114	0.03007		
综合 T	5.3383	119			

在显著性水平 0.05 上，六台灌装机灌装的平均重量间有显著差异。

(3)可以把六台机器分为两组：第一组含 1,2,5,6 号机器，第二组含 3,4 号机器，在组内无显著差异，但组间都有显著差异。

3. 在显著性水平 0.05 上可认为三个正态总体的方差彼此相等。

4. 在显著性水平 0.05 上可认为六个正态总体的方差彼此相等。

5. 在显著性水平 0.05 上可认为三个正态总体的方差彼此相等。

6. 在显著性水平 0.05 上可认为四个正态总体的方差彼此相等。

7. 在显著性水平 0.05 上可认为四个正态总体的方差彼此相等。

习题 3.1

1. 若以①②③④⑤表示 5 个处理，则其随机化完全区组设计可能为

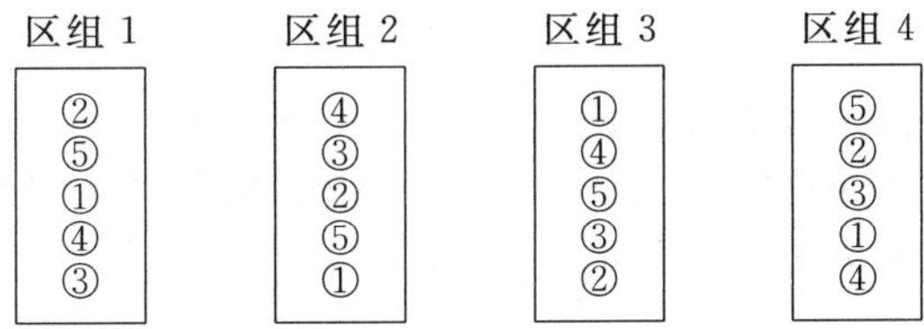

在一个区组内的随机次序是用掷骰子决定的，其中 6 点不取，重复也不取。

2. 按销售量大小划分区组。

3. 按牲畜重量划分区组。

4. 若把两个处理记为①与②，把对照物记为○，对其区组设计可能为

区组 1	区组 2	区组 3	区组 4	区组 5
①	○	○	○	②
○	②	○	①	○
②	①	①	○	○
○	○	②	②	①

5.(2)这是固定效应模型。

(3) $\hat{a}_i=\overline{T}_i-\bar{y}$ 依次为：4.9，　3.9，　2.2，　3.2，　1.2，　0.9，　-1.1，　-3.8，　-4.1，　-7.4

$\hat{b}_j=\overline{B}_j-\bar{y}$ 依次为：-6.5，-2.5，9.0

(4)按 $e_{ij}=y_{ij}-\overline{T}_i-\overline{B}_j+\bar{y}$ 计算得到所有残差为

-2.5	1.5	2.2	0.2	4.2	1.5	-1.5	-2.8	-1.5	-1.2
1.5	-0.5	-0.8	-0.8	-4.8	-0.5	-1.5	3.2	2.5	1.8
1.0	-1.0	-1.3	2.7	0.7	-1.0	3.0	-0.3	-1.0	-0.7

(5)各类平方和为

$S_T = 1840.7$， $f_T = 29$

$S_A = 1295.0$， $f_A = 2$

$S_B = 433.4$， $f_B = 9$

$S_e = 112.3$， $f_e = 18$

结论:处理间有显著差异,区组间也有显著差异,$\hat{\sigma}^2 = 6.24$， $\hat{\sigma} = 2.5$。

(6)用 T 法对三种处理作多重比较,两两间都有显著差异。

6.(2)这是随机区组效应模型。

(3)$\hat{a}_i = \overline{T}_i - \bar{y}$ 依次为:0.266， 0.146， −0.414

$\hat{b}_j = \overline{B}_j - \bar{y}$ 依次为:−0.324， −0.234， −0.174， 0.316,0.426。

(4)按 $e_{ij} = y_{ij} - \overline{T}_i - \overline{B}_j + \bar{y}$ 计算得到所有残差为

−0.06	−0.08	0	−0.03	0.06
0	−0.01	−0.01	0.02	−0.01
0.04	0.01	0	0	−0.08

(5)各类平方和为

$S_T = 2.9461$， $f_T = 14$

$S_A = 1.3203$， $f_A = 2$

$S_B = 1.4190$， $f_B = 4$

$S_e = 0.2068$， $f_e = 8$

结论:处理间与区组间都有显著差异,$\hat{\sigma}^2 = 0.0259$， $\hat{\sigma} = 0.16$。

(6)用 T 法对三种处理作多重比较,可见极低与相当低的脂肪含量食物间无显著差异,但它们与适当低脂肪含量食物间有显著差异。

7.(1)各类平方和为

$S_T = 129.00, f_T = 15$

$S_A = 38.50, f_A = 3$

$S_B = 82.50, f_B = 3$

$S_e = 8.00, f_e = 9$

结论:处理间与区组间都有显著差异。

(2)第四种处理与前三种处理间有显著差异,而前三种处理间无显著差异。

8.(1)$y_{ij} = \mu + a_i + b_j + \varepsilon_{ij}, i = 1,, 2\cdots, v, j = 1, 2, \cdots, b$

其中y_{ij} 为第 i 个处理在第 j 个区组内的试验结果;

μ 为一般平均,是待估参数;

a_i 为第 i 个随机处理的效应,诸 a_i 是来自正态分布 $N(0, \sigma_a^2)$的一个样本,其中 σ_a^2 是随机处理效应的方差分量,是待估参数;

b_j 为第 j 个区组的效应,是待估参数,且满足 $b_1 + b_2 + \cdots + b_b = 0$;

ε_{ij} 为试验误差,诸 ε_{ij} 是相互独立同分布的随机变量,它们的共同分布为 $N(0, \sigma_2)$,其中 σ_2 为误差方差,是待估参数;

诸 ε_{ij} 与诸 a_i 相互独立。

(2)$y_{ij} \sim N(\mu + b_j, \sigma_a^2 + \sigma^2)$， $i = 1, 2, \cdots, v, j = 1, 2\cdots, b$

(3)$\hat{\sigma}^2 = \dfrac{S_e}{(\nu - 1)(b - 1)} = MS_e$， $\hat{\sigma}_a^2 = \dfrac{MS_A - MS_e}{b}$

9.(1)$y_{ij}=\mu+a_i+b_j+\varepsilon_{ij}$， $i=1,2\cdots,\nu,j=1,2,\cdots,b$

其中y_{ij}为第i个处理在第j个区组内的试验结果；

μ为一般平均，是待估参数；

a_i为第i个随机处理的效应，诸a_i是来自正态分布$N(0,\sigma_a^2)$的一个样本，其中σ_a^2是随机处理效应的方差分量，是待估参数；

b_j为第j个随机区组的效应，诸b_j是来自正态分布$N(0,\sigma_b^2)$的一个样本，其中σ_b^2是随机处理区组的方差分量，是待估参数；

ε_{ij}为试验误差，诸ε_{ij}是相互独立同分布的随机变量，它们的共同分布为$N(0,\sigma^2)$，其中σ^2为误差方差，是待估参数；

诸ε_{ij}、诸a_i、诸b_j相互独立。

(2)$y_{ij}\sim N(\mu,\sigma_a^2+\sigma_b^2+\sigma^2)$， $i=1,2,\cdots,\nu,j=1,2,\cdots,b$

(4)$\hat{\sigma}^2=MS_e$， $\hat{\sigma}_a^2=\dfrac{MS_A-MS_e}{b}$， $\hat{\sigma}_b^2=\dfrac{MS_B-MS_e}{v}$

习题 3.2

3.(1)各类平方和为

$S_T=4621.50$， $f_T=3$

S_A(应用) $=986.50$， $f_A=3$

S_B(位置) $=1468.50$， $f_B=3$

$S_e=367.50$， $f_e=6$

结论：不同材料间(处理)与应用间(区组)、位置间(区组)都有显著差异。

(2)材料A和B、A和C、A和D以及B和C都有显著差异。

4.(1)各类平方和为

$S_T=2858.00$， $f_T=4$

S_A(天) $=125.00$， $f_A=4$

S_B(操作员) $=167.00$， $f_B=4$

S_D(机器类型) $=3425.00$， $f_B=4$

$S_e=163.00$， $f_e=8$

结论：不同组装方法间(处理)，不同机器间(区组)都有显著差异。

(2)组装方法A和B、A和D、A和E、B和C、B和D、C和D、C和E都有显著差异，方法D最好。

习题 3.3

1. $v=4,k=2,r=3,b=6,\lambda=1$

2.

处理 \ 区组	1	2	3	4	5	6	7
1	y_{11}				y_{15}		y_{17}
2	y_{21}	y_{22}				y_{26}	
3		y_{32}	y_{33}				y_{37}
4	y_{41}		y_{43}	y_{44}			
5		y_{52}		y_{54}	y_{55}		
6			y_{63}		y_{65}	y_{66}	
7				y_{74}		y_{76}	y_{77}

3.(2)$\hat{a}_1=0.2787$，$\hat{a}_2=-0.1762$，$\hat{a}_3=0.1225$，$\hat{a}_4=-0.2250$

(3)$\hat{b}_1=-0.3438$，$\hat{b}_2=0.0925$，$\hat{b}_3=0.0900$，$\hat{b}_4=0.1613$

(4)各类平方和：

$S_A=0.16504$，$S_B=0.34737$，$S_T=0.88090$，$S_e=0.06849$

方差分析结果表明，诸处理效应间有显著差异，该试验误差标准差的估计为$\hat{\sigma}=0.117$。

(5)经多重比较T法检验，a_1与a_3，a_1与a_4间有显著差异，其他各对处理效应间无显著差异。

4.(1)本题与习题3所用设计是同一个BIB设计，它们只是在区组排列次序或处理排列次序上不同而已，这些对统计分析毫无影响。

(2)$\hat{a}_1=-9/8$，$\hat{a}_2=-7/8$，$\hat{a}_3=-4/8$，$\hat{a}_4=20/8$

(3)$\hat{b}_1=7/8$，$\hat{b}_2=24/8$，$\hat{b}_3=-31/8$，$\hat{b}_4=0$

(4)各类平方和：

$S_T=81.00$，$S_B=55.00$，$S_A=22.75$，$S_e=3.25$

方差分析结果表明：四种催化剂对原料批的反应时间上有显著差异，其中A_1所用反应时间最短，A_4所用反应时间最长。该试验误差标准差的估计为$\hat{\sigma}=0.81$。

(5)多重比较表明：a_1,a_2,a_3间无显著差异，但它们与a_4间都有显著差异。

5.(1)$\hat{a}_1=-8/7$，$\hat{a}_2=16/7$，$\hat{a}_3=6/7$，$\hat{a}_4=-16/7$，$\hat{a}_5=-9/7$，$\hat{a}_6=26/7$，$\hat{a}_7=-15/7$

(2)$S_T=156.29$，$S_B=72.95$，$S_A=75.90$，$S_e=7.44$

方差分析结果表明：7种合金钢对钢管内径的影响是显著的，使钢管内径最小的是第4种合金钢，使钢管内径最大的是第6种合计钢。该试验误差标准差的估计为$\hat{\sigma}=0.96$。

(3)多重比较表明：a_6,a_2与a_1,a_5,a_7,a_4间都有显著差异，a_3与a_4间也有显著差异，其他各对处理效应间无显著差异。

6.$v=b=7$，$r=k=4$，$\lambda=2$

7.原BIB设计的5个参数可以用关联矩阵表示，即

$$\boldsymbol{N1}_b=r\boldsymbol{1}_v \quad (\boldsymbol{1}_n \text{ 是元素全为 1 的 } n \text{ 维列向量})$$
$$\boldsymbol{N}'\boldsymbol{1}_v=r\boldsymbol{1}_b$$
$$\boldsymbol{NN}'=\lambda J_v+(r-\lambda)I_v \quad (J_v=\boldsymbol{1}_v\boldsymbol{1}'_v)$$

如今令$\overline{\boldsymbol{N}}=\boldsymbol{1}_v\boldsymbol{1}'_b-\boldsymbol{N}$，对$\overline{\boldsymbol{N}}$验证上述三个性质就可获得结论。

习题3.4

1.$v=14,b=4,m=3,n=26,k_1=k_2=7,k_3=k_4=6$

2.(1)$v=10,b=5,m=2,n=20,k_1=k_2=k_3=k_4=4$

(2)$v=10,b=4,m=2,n=18,k_1=k_2=5,k_3=k_4=4$

(3)$v=10,b=3,m=3,n=19,,k_1=7,k_2=k_3=6$

(4)$v=10,b=2,m=5,n=20,k_1=k_2=10$，这是一个随机化完全区组设计。

3.(1)$\hat{b}_1=6,\hat{b}_2=30,\hat{b}_3=-36$

(2)$\hat{\mu}_1=68.5,\hat{\mu}_2=55,\hat{\mu}_3=0,\hat{\mu}_4=3.5,\hat{\mu}_5=67,\hat{\mu}_6=18.5$

$\hat{\mu}_7=80,\hat{\mu}_8=1,\hat{\mu}_9=23$

(3)$S_T=16840.93,f_T=14$

$S_B=4638.53,f_B=2$

$S_e=1223.50,f_e=4$

$S_A=10979.43,f_A=8$

(4)$F=4.48$，若取$\alpha=0.10$，则可认为9个品种的亩产量间有显著差异，其中第1和第9个品种的平

均亩产量分别为 298.5 公斤和 295 公斤。该试验的误差方差的估计为 $\hat{\sigma}^2=305.875$，标准差的估计为 $\hat{\sigma}=17.49$ 公斤。

4.(1)$\hat{b}_1=3.25,\hat{b}_2=-2.05,\hat{b}_3=-1.15,\hat{b}_4=-0.05$

(2)$\hat{\mu}_1=80.9,\hat{\mu}_2=67.4,\hat{\mu}_3=80.9,\hat{\mu}_4=87.4,\hat{\mu}_5=72.4$

$\hat{\mu}_6=76.9,\hat{\mu}_7=78.9,\hat{\mu}_8=84.9,\hat{\mu}_9=73.4,\hat{\mu}_{10}=87.9$

$\hat{\mu}_{11}=72.6,\hat{\mu}_{12}=89.1,\hat{\mu}_{13}=80.6,\hat{\mu}_{14}=84.6,\hat{\mu}_{15}=92.1$

$\hat{\mu}_{16}=90.1,\hat{\mu}_{17}=82.6,\hat{\mu}_{18}=71.6,\hat{\mu}_{19}=79.1,\hat{\mu}_{20}=81.6$

(3)$S_T=2335.5,f_T=39$

$S_B=241.3,f_B=3$

$S_e=557.5,f_e=17$

$S_A=1656.7,f_A=19$

(4)$F=2.66$，若取 $\alpha=0.05$，则可认为 20 位学生的数学竞赛成绩间有显著差异，其中第 15、第 12、第 16 位学生位于前三名，这次竞赛成绩的误差方差的估计为 $\hat{\sigma}^2=32.7941$，标准差的估计为 $\hat{\sigma}=5.73$。

习题 4.2

1.

因子	A	B	C	D
一水平均值	181.3	176.0	177.3	171.3
二水平均值	181.3	174.7	171.0	174.0
三水平均值	158.3	170.3	172.7	175.7
极差	23	5.7	6.3	4.3

因子从主要到次要的次序为：A,C,B,D，最好水平组合为 $A_1B_1C_1C_3$ 或 $A_2B_1C_1D_3$。

2.(1)因子从主要到次要的次序为：A,C,B，最好水平组合为 $A_3B_2C_2$。

(2)在显著性水平 0.05 上因子 A 是显著的。

(3)最好水平组合为 A_3BC，平均收率为 85.3%，置信水平为 0.95 的置信区间是 85.33±7.06=(78.27,92.39)。

(4)因子 A、B、C 及误差在总的偏差平方和中所占百分比分别是 87.9%、0.8%、5.2%、6.1%。

3. $L_{27}(3^{13})$ 中 $S_j=\dfrac{T_{1j}^2+T_{2j}^2+T_{3j}^2}{9}-\dfrac{T^2}{27}$

$L_{16}(4^5)$ 中 $S_j=\dfrac{T_{1j}^2+T_{2j}^2+T_{3j}^2+T_{4j}^2}{4}-\dfrac{T^2}{16}$

$L_{25}(5^6)$ 中 $S_j=\dfrac{T_{1j}^2+T_{2j}^2+T_{3j}^2+T_{4j}^2+T_{5j}^2}{5}-\dfrac{T^2}{25}$

5.(1)因子从主要到次要的次序为：A,B,E,C,D，最好水平组合为 $A_1B_1C_1D_2E_1$。

(2)在显著性水平 0.05 上因子 A 与 B 是显著的，在显著性水平 0.10 上因子 E 是显著的。

(3)最好水平组合为 $A_1B_1CDE_1$，平均产量为 91.52，置信水平为 0.95 的置信区间是 91.52±1.45=(90.07,92.97)。

6.(1)因子从主要到次要的次序为：B,A,C，最好水平组合为 $A_1B_1C_3$。

(2)在显著性水平 0.05 上因子 B 是显著的。

(3)最好水平组合为 $A_1B_1CDE_1$，平均产量为 47.65，置信水平为 0.95 的置信区间是 47.65±8.31=

(39.34,55.96)。

习题 4.3

1.(2)在显著性水平 0.05 上因子 A 与交互作用 $A\times C$ 是显著的,在显著性水平 0.10 上因子 B 是显著的。

(3)最佳水平组合是 A_2BC_1,平均棉粒结数的 0.90 的置信区间是 0.15±0.046 =(0.104,0.196)。

3.(2)在显著性水平 0.05 上因子 A 与 C 是显著的,在显著性水平 0.10 上交互作用 $A\times C$ 是显著的。

(3)最佳水平组合是 A_3BC_2DE,平均产量的 0.95 的置信区间是 121.0±17.5=(103.5,138.5)。

习题 4.4

1. 在显著性水平 0.05 上因子 A、C、D、E、F、G 都是显著的,收缩率最小的水平组合是 $A_1BC_2D_1E_1F_2G_2$。

2. 由于空白列的偏差平方和不显著,所以可以认为不存在交互作用,从而将两类误差的偏差平方和合并。在显著性水平 0.05 上因子 A 是显著的,使弯曲次数最多的水平组合是 A_2B。

3. 由于空白列的偏差平方和不显著,所以将两类误差的偏差平方和合并。在显著性水平 0.05 上因子 A 与 C 是显著的,使扯断强度最高的水平组合是 A_3BC_2。

习题 4.5

2.(1)在将因子均方和小于误差均方和的项并入误差项后,在 0.05 水平上因子 B 是显著的。

(2)使平均硬度最小的水平组合是 B_2,其平均硬度的估计值是 30.7,0.95 的置信区间是 30.70±1.06=(29.64,31.76)。

4.(1)在 0.05 水平上因子 C 是显著的。

(2)使酸洗时间最短的水平组合是 C_3,其平均时间的估计值是 20.33,0.95 的置信区间是 20.33±6.91=(13.42,27.24)。

6.(1)在 0.10 水平上因子 D 是显著的。

(2)使盐耗率最低的水平组合是 D_2,其平均盐耗率的估计值是 141.5,0.95 的置信区间是 141.5±10.4=(131.1,151.9)。

8.(1)在 0.05 水平上因子 V,Mn,C 是显著的。

(2)使性能达到最小的水平组合是 $V_1Mn_1C_1$,其平均性能的估计值是 51.69,0.95 的置信区间是 51.69±7.61=(44.08,59.30)。

9.(1)在 0.05 水平上因子 A、B、E、G、H、J,交互作用 $A\times B$ 是显著的,在 0.10 水平上因子 C 是显著的。

(2)使合格率达到最大的水平组合是 $A_1B_2C_1E_2G_1H_2J_2$,其平均合格率的估计值是 93.21%,0.95 的置信区间是 93.21±3.47=(89.74,96.68)。

习题 4.6

1. 在显著性水平 0.05 上因子 A、C、E、F、H 是显著的。使效率达到最大的水平组合是 $A_1C_2E_1F_2H_1$。

习题 4.7

1.

指标	因子从主要到次要	最佳水平组合
产量	D、C、A、B	$A_1B_2C_2D_3$
总还原糖	B、D、A、C	$A_1B_2C_3D_2$

由于因子 D 对产量来讲,极差特别大,而对总还原糖来讲,极差较小,故取三水平为好,对因子 C 来讲,有同样考虑,所以最佳水平组合取 $A_1B_2C_2D_3$。

2. 对抗压强度来讲仅因子 B 在显著性水平 0.10 上是显著的，对其他两个指标来讲，所有因子在 0.10 水平上都不显著。最好的条件是 B_3。

3. 因子从主要到次要为 A、D、B、C，最好水平组合是 $A_1B_3C_2D_1$。

习题 4.8

1. (1)在显著性水平 0.05 上三者对光洁度都有显著影响。

   (2)使光洁度达到最好的水平组合是进刀速度为 7.4，切割深度为 6.4，此时平均光洁度的估计为 110.67。

2. (1)在显著性水平 0.05 上因子 A、C、D 及交互作用 $A\times C$、$A\times D$ 对产品过滤比有显著影响。

   (2)使过滤比达到最大的水平组合是 $A_2BC_1D_2$，其均值的估计为 98.125。

3. (1)在显著性水平 0.05 上因子 A、B、C 及交互作用 $A\times B$ 对产品亮度有显著影响。

   (2)使亮度达到最大的水平组合是 $A_3B_1C_3$，其均值的估计为 112.6。

习题 5.2

1. 内外表都选用 $L_9(3^4)$，因子分别放在前面各列上。对给定的可控因子与噪声因子水平，可得到内表上 9 个信噪比 η 依次为

   6.0906 11.5801 13.6277 6.0906 11.5801 13.6277 6.0906 11.5801 13.6277

   对信噪比 η 的方差分析结果为：在显著性水平为 0.05 上 α 是显著的，F 不显著。

   稳定条件取 $\alpha_3=35°$。

习题 5.3

1. 可得到内表上 9 个均值 $\bar{y}$ 依次为

   0.877 1.809 2.402 42.952 88.620 117.681 148.141 305.647 405.880

   对均值 $\bar{y}$ 的方差分析结果为：在显著性水平为 0.05 上 F 是显著的，α 不显著。

   结合§6.2 第 1 题，可得调节因子为 F。

   在 $\alpha=35°$下，取 $F=8$，可得 $\bar{y}=153.707$，$\eta=13.6277$。若取 $F=7.9$ 会更好。

2. 内表用 $L_9(3^4)$，外表用 $L_{18}(2\times3^7)$，把因子依次放入各列。

   内表上 9 个信噪比 η 依次为

   5.06 20.36 24.53 16.75 23.20 18.91 20.97 15.55 22.31

   内表上 9 个均值 $\bar{y}$ 依次为

   276.74 692.47 976.34 534.43 859.47 710.48 712.30 559.41 906.05

   对信噪比 η 的方差分析结果为：在显著性水平为 0.10 上，因子 C 是显著的，最好水平为 C_3。

   对均值 $\bar{y}$ 的方差分析结果为：在显著性水平为 0.05 上，因子 B 与 C 是显著的，其中因子 B 可以作为调节因子。

   最接近 960 的水平组合是 B_3C_3。对应于上述内表第 3 号试验，此时 $\eta=24.53$，$\bar{y}=976.34$。

习题 5.4

1. 内表上 9 个信噪比 η 依次为：

   16.1845 10.8341 14.3109 13.6584 12.5723 15.2598 13.1268 15.2293 11.8680

   各因子的平方和如下：

   $$S_A=S_1=0.3168,\quad S_B=S_2=3.2205,\quad S_C=S_3=18.2312,\quad S_D=S_4=2.7133$$

   因内表无空白列，故取第一列平方和作为误差平方和，即 $S_e=0.3168$，作方差分析，结果是在显著性水平为 0.05 上因子 C 是显著的，在显著性水平为 0.10 上因子 B 是显著的。

   使波动最小的水平组合是 AB_1C_1D，其中因子 A 与 D 的水平任意。(内表中 $A_1B_1C_1D_1$ 对应的 $\eta=16.1845$ 为最大)

2. 三个指标的信噪比如下：

内表序号	牵拉强度信噪比 η_1	延伸率信噪比 η_2	热变化率信噪比 η_3
1	26.9851	52.3439	−24.2273
2	26.1653	52.3439	−16.3311
3	23.6214	50.0700	−20.8623
4	26.4443	54.8073	−21.7345
5	26.3260	52.5227	−22.6535
6	25.7921	52.7612	−17.9564
7	16.5853	54.2250	−22.5330
8	23.7931	50.6183	−15.5642

各因子平方和如下：

因子	牵拉强度信噪比 η_1	延伸率信噪比 η_2	热变化率信噪比 η_3
A	0.0649	0.0395	2.743
B	2.9099	0.0079	0.028
C	0.2262	0.0496	2.589
D	0.2190	0.2343	43.665
E	3.5492	8.2124	2.693
F	0.2398	0.0994	5.275
G	4.3537	9.2077	15.235

由于内表无空白列，因此取平方和最小的一列或几列作为误差平方和：

对 η_1 取 $S_e=S_A+S_C+S_D+S_F=0.7499$，$f_e=4$，经方差分析：

在 0.05 水平上因子 B 与 E 显著，可取 B_2，E_2；

在 0.10 水平上因子 G 显著，可取 G_1。

对 η_2 取 $S_e=S_A+S_B+S_C+S_D+S_F=0.04307$，$f_e=5$，经方差分析：

在 0.05 水平上因子 E 与 G 显著，可取 E_2，G_1。

对 η_3 取 $S_e=S_B=0.28$，$f_e=1$，经方差分析：

在 0.05 水平上因子 A，C 与 E 显著，可取 A_2，C_1，E_1；

在 0.10 水平上因子 D，F，G 显著，可取 D_2，F_2，G_2。

综上，在波动最小下，最佳搭配为 $A_2B_1C_1D_2EF_2G$，其中 E 与 G 对三个指标的贡献不一致，取 E_2G_1 对 η_1、η_2 有利，取 E_1G_2 对 η_3 有利。

习题 5.5

1. 以 A_1 为例，可求得各平方和、R 与信噪比分别为：

$S_T=1354393.041$，$f_T=11$；$S_\beta=1354392.267$，$f_\beta=1$；$S_e=0.474$，$f_e=10$

$\hat{\sigma}^2=0.0474$，$R=1350000$，$\eta_{A_1}=13.26$(db)

类似可得 $\eta_{A_2}=10.50$(db)。

比较两个信噪比，磅秤 A_1 的测量精度比 A_2 高。

2. 经计算内表上 18 个条件的信噪比 η 与灵敏度 γ 分别如下：

序号	η	γ
1	14.602	0.0738
2	13.954	−0.0087
3	13.195	−0.0047
4	14.672	0.0748
5	13.973	0.0622
6	8.787	−0.0732
7	19.706	0.1254
8	16.992	−0.1070
9	13.772	0.0671
10	12.894	0.0115
11	12.903	−0.0445
12	13.493	0.0795
13	12.729	−0.0202
14	12.592	0.0175
15	13.088	0.0909
16	15.615	−0.0405
17	19.733	0.1490
18	12.479	−0.0548

各因子的水平均值如下：

η	1	2	3
V	14.41	13.95	
P	13.51	12.64	16.38
I	15.04	15.02	12.47
D	14.80	14.39	13.35
t	13.51	14.64	14.38

γ	1	2	3
V	0.02434	0.02144	
P	0.02005	0.02534	0.02328
I	0.03811	0.01151	0.01903
D	0.06860	0.03057	−0.03049
t	0.00737	0.01483	0.04647

对 η 的方差分析表明：

在 0.05 水平上因子 P 是显著的，可取 P_3；

在 0.10 水平上因子 I 是显著的，可取 I_1 或 I_2。

对 γ 的方差分析表明：在 0.15 水平上因子 D 是显著的，可取 D_1，它可作为调节因子。

综上，使波动最小的搭配是 $VP_3I_1D_1t$。若 V 取 V_2，t 取 t_3，即为内表中第 17 号试验，其 $\eta=19.733$，$\gamma=0.1490$ 均是最大。若指标尚不能达到目标值，则可用调节因子 D 把指标值向目标值靠近。

习题 6.2

1.（1）在显著性水平 0.05 上系数显著的回归方程是：$\hat{y}=380.25-6.74z_1$

（2）在中心区域方程是合适的。

3.（2）回归方程是 $\hat{y}=259.5+0.82z_1-84.5z_2-0.40z_1z_2$

（3）在显著性水平 0.05 上可以认为模型是合适的，方程是显著的。

(4)上述方程中三项系数都不显著,在逐一删去不显著项后,最后得到系数在显著性水平 0.05 上都显著的回归方程是:$\hat{y}=185.05+0.34z_1$

习题 6.5

2. y 关于编码值的回归方程是:

$$\hat{y}=0.431+0.078x_1-0.086x_2+0.108x_3-0.019x_1x_2+0.027x_1x_3-0.007x_1^2-0.035x_3^2$$

习题 8.2

1. (1)从它的半正态图中,无法断定有显著性效应存在。

(2) 在 0.10 显著性水平下,没有显著因子存在。

(3)在显著性水平为 0.10 下,因子 8,10,1,9,7,14,11,4 和 6 是显著的。

2. β_7,β_{15} 所对应的 2 个因子是显著的。

3. 因子 14 和 15 是显著的,其他因子不显著。

习题 8.3

1. (1)可能显著的因子是 7,30,18,33,14,39,46,55,54,3 和 42。

(2)第 7,3,42,23 和 10 号因子是显著的。

习题 8.4

2. (2)无论是一次方程还是二次方程,系数在显著性水平 0.05 上都显著的回归方程相同,均为

$$\hat{y}=1.11-0.26x_1$$

(3)使收率达到最高的水平组合是 $x_1=1.0$。

习题 8.5

3. 求得多项式系数的估计后,可写出:

$$\hat{y}=26.2x_1+23.0x_2+21.5x_3+21.0x_4+5.6x_1x_2-0.2x_1x_3 \\ +15.6x_1x_4-3.0x_2x_3+1.2x_2x_4+1.8x_3x_4$$

4. 求得多项式系数的估计后,可写出:

$$\hat{y}=1.6x_1+25.4x_2+28.6x_3+38.5x_4-34.4x_1x_2-48.0x_1x_3+34.6x_1x_4-94.4x_2x_3 \\ +21.8x_2x_4-91.4x_3x_4+924x_1x_2x_3-591x_1x_2x_4-234x_1x_3x_4 \\ -40.8x_2x_3x_4-1674x_1x_2x_3x_4$$